DEUTSCHE AKADEMIE DER WISSENSCHAFTEN ZU BERLIN
INTERNATIONALES BÜRO FÜR GEBIRGSMECHANIK

BERICHT

ÜBER DAS
11. LÄNDERTREFFEN DES INTERNATIONALEN BÜROS FÜR GEBIRGSMECHANIK

Rahmenthema

Der Mechanismus der Gebirgsbewegungen
— Mechanische Betrachtung der Gebirgsbewegungen
vom Abbau bis zur Tagesoberfläche —

Leipzig, 2. bis 6. November 1969

Gegründet von

Prof. Dr.-Ing. Dr. e. h. GEORG BILKENROTH

Herausgegeben von

Dr.-Ing. KARL-HEINZ HÖFER
Leiter des Internationalen Büros für Gebirgsmechanik

Mit 194 Abbildungen, 7 Tafeln, 6 Tabellen, 1 Skizze

AKADEMIE-VERLAG · BERLIN
1971

Erschienen im Akademie-Verlag GmbH, 108 Berlin, Leipziger Straße 3 – 4

Lizenznummer: 202 · 100/524/71
Kartengenehmigung: Nr. P 391/71
Gesamtherstellung: VEB Druckerei „Thomas Müntzer“, 582 Bad Langensalza
Bestellnummer: 2001/70/III/1 · ES 20 F 1, 18 F 2, 18 E 2
EDV 7614253
76, –
Printed in German Democratic Republic

INHALTSVERZEICHNIS

Referate zum Rahmenthema

Zum 11. Ländertreffen des Internationalen Büros für Gebirgsmechanik vorgelegte Arbeiten

Wissenschaftliche Aussprache

Berichte über die Arbeit des Internationalen Büros für Gebirgsmechanik und seiner Arbeitsgruppen im Jahre 1969

Einführungsvortrag zur Exkursion

VORWORT

Der vorliegende Bericht über das 11. Ländertreffen des Internationalen Büros für Gebirgsmechanik bei der Deutschen Akademie der Wissenschaften zu Berlin beendet die Serie der seit dem 1. Ländertreffen 1959 in jährlicher Folge erschienenen Berichte.

Wie den an der Arbeit des IBG beteiligten Wissenschaftlern bereits mitgeteilt wurde, hat das Internationale Büro für Gebirgsmechanik mit Wirkung vom 1. 8. 1970 seine Arbeit eingestellt.

An dieser Stelle sei nochmals allen Mitarbeitern und Institutionen gedankt, die das IBG in seiner 11jährigen Tätigkeit unterstützt haben.

Glückauf!

Dr.-Ing. K.-H. Höfer

REFERATE ZUM RAHMENTHEMA

Der Mechanismus der Gebirgsbewegungen

— Mechanische Betrachtung der Gebirgsbewegungen vom Abbau bis zur Tagesoberfläche —

Zum Rahmenthema

Der Mechanismus der Gebirgsbewegungen

— Mechanische Betrachtung der Gebirgsbewegungen vom Abbau bis zur Tagesoberfläche —

von K.-H. Höfer, Leipzig

Meine geehrten Herren!

Wenn wir an Gebirgsbewegungen denken, meinen wir beim ersten Gedanken meist die markscheiderischen Arbeiten im Zusammenhang mit den durch den Abbau verursachten Bergschäden. Tatsächlich waren es die Markscheider, die sich mit den großräumigen Bewegungen der Erdkruste im durch den Abbau gestörten Bereich beschäftigten. Ihre Arbeiten haben auf meßtechnischer Grundlage mit empirischen Berechnungsverfahren sehr viel zur bisherigen Kenntnis der abbaubedingten Senkungen und Verschiebungen beigetragen.

Erinnert sei

an die Namen	Lehmann, Bals, Fläschenträger, Niemczyk, Keinhorst, Neubert und Hoffmann,	

die im deutschen Steinkohlenbergbau wesentliche Erkenntnisse sammeln konnten;

an Arbeiten von	Martos	in Ungarn,
	Budryck, Kochmanski,	
	Kowalczyk und Knothe	in Polen,
	Orchard, King und Wardell	in England,
	van Iterson, Grond und Seldenrath	in Holland,
an	Bachurin, Averšin, Müller und Kuznecov	

und all die Mitarbeiter des VNIMI in der Sowjetunion,

an	Perz	in Österreich

und viele andere.

Aus den Erkenntnissen solcher Forschungen wurden nicht nur Vorausberechnungsmethoden für die Übertagesenkungen entwickelt, sondern auch Grundsatzregeln für die Vermeidung von Gebirgsschlägen erarbeitet, wie dies beispielsweise Niemczyk getan hat. Diese Arbeiten nahmen vorzugsweise im Steinkohlenbergbau ihren Anfang.

In letzter Zeit sind neuere Untersuchungen auch in anderen Bergbauzweigen, die mit kammerartigen Abbauverfahren arbeiteten, durchgeführt worden. Erwähnt seien hier nur die Arbeiten von

Wardell im elsässischen Kalibergbau,

von Neuwirth und Erasmus im westdeutschen Kali- bzw. Steinsalzbergbau

und die sehr sorgfältigen Untersuchungen im Kalibergbau der DDR, die der leider zu früh verstorbene hoffnungsvolle Markscheider Dr. Hottewitz durchgeführt hat.

So lobenswert die markscheiderischen Arbeiten auf der Grundlage von Messungen im Flözhorizont, in Schächten und an der Tagesoberfläche sind, muß man jedoch leider sagen, daß sie uns nur einen bescheidenen Einblick in das tatsächliche Wesen der Gebirgsbewegungen vermitteln. So ist es auch nicht verwunderlich, daß sich Wissenschaftler anderer Fachgebiete ebenfalls mit diesen Problemen beschäftigten, um durch theoretische Untersuchungen tiefer in das physikalische Wesen der Gebirgsbewegungen einzudringen.

Litwiniszyn und Smolarski in Polen entwickelten theoretische Ansätze einer stochastischen Theorie der Gebirgsbewegungen und konnten nachweisen, daß diese den mathematischen Gleichungen des Wärmedurchganges entsprechen.

Buchheim verfolgte die Wanderung eines Hohlraumes von untertage bis übertage an Hand der Diffusionstheorie und kommt hierbei zu interessanten Ansätzen.

Berry, Richter und Averšin betrachten die Vorgänge auf der Grundlage der Kontinuumstheorie als elastische Verformungen in einem transversal isotropen Medium bzw. mit Hilfe von Gleichungen der Plastizitätstheorie.

Wesentlich für die neuen Betrachtungsweisen ist das tiefere Eindringen in die physikalischen Vorgänge und die dadurch besser mögliche Verallgemeinerung der Ergebnisse. Trotz aller Fortschritte können wir jedoch noch nicht behaupten, daß wir heute schon genügend Kenntnisse über alle tatsächlichen Vorgänge rings um den Abbauraum mit seinen elastischen und plastischen Verformungen und den Bewegungen der gebrochenen Gesteinspartien haben, geschweige denn, über alle Vorgänge, die zwischen Abbauraum und Tagesoberfläche liegen. Das Problem ist wegen der Vielseitigkeit des Gebirgsaufbaues und wegen der Unzulänglichkeit der Gebirgsschichten auch äußerst schwierig. Neben einer Verfeinerung der Meßmethoden, nicht nur an den unmittelbar zugänglichen Stellen im Grubengebäude und an der Tagesoberfläche, sondern auch in dazwischenliegenden Schichten durch großräumige Bohrlochmessungen,

- wie sie beispielsweise Kanlybajeva und Turčaninov in der UdSSR durchgeführt haben
- wie sie vom Institut für Grubensicherheit, Leipzig, im Kalibergbau durchgeführt wurden

standen versuchsweise Methoden der Geophysik, insbesondere der Seismik, für die Untersuchungen der Vorgänge zur Diskussion.

In Frankreich bemühten sich Tincelin und Sinou, durch Refraktionsmessungen die Lage des Überganges vom festen Gebirge zu Bruchzonen festzustellen.

Vielfältig sind auch die Probleme in der Richtung, ob untertägige Hohlräume sich in ihrer Auswirkung bis zur Tagesoberfläche nur als Senkungen zeigen oder ob sie weitreichende Tagesbrüche und Erdfälle hervorrufen können. Erinnert sei hierbei

- an die plötzlichen Einbrüche auf der Grube West-Driefontein, über die vor Jahren an dieser Stelle Herr Hill berichtete,
- an Einbrüche über wassergefüllten alten Kalibergwerken,
- an Erdfälle in Auslaugungszonen.

Neue Beispiele über solche katastrophale Tagesbrüche und Erdfällle behandelt Berger in seinem vorliegenden Beitrag.

Eine neue Untersuchungsmöglichkeit bieten die in den letzten Jahren in der gebirgsmechanischen Forschung verstärkt angewandten Modellversuche, die unter Inkaufnahme von Vereinfachungen ein reales Bild von den Vorgängen zwischen Ursprungshohlraum und Tagesoberfläche geben können. Es ist erfreulich, zu sehen, wie die von G. N. Kuznezov 1937 in der Sowjetunion erstmalig angewandte Methode der Modellierung mit äquivalenten Materialien immer mehr verfeinert wurde und jetzt weltweit in allen gebirgsmechanischen Laboratorien angewendet wird. Die bisherigen Aufzählungen der verschiedenen Forschungsrichtungen in der Gebirgsmechanik, die sich mit der Frage des Mechanismus der Gebirgsbewegungen beschäftigen, zeigt uns, welch breiten Rahmen dieses Thema einnimmt.

Die ökonomischen Bedeutungen einer besseren Kenntnis des Mechanismus der Gebirgsbewegungen sind, wenn man an bereits eingetretene Schäden in den Grubengebäuden oder an der Tagesoberfläche denkt, immens. Deshalb ist es wohl auch gerechtfertigt, daß wir dieses Thema heute hier mit Experten des Fachgebietes behandeln, wobei gezeigt werden kann, daß unser Rahmenthema nicht nur ein markscheiderisches Thema ist, sondern ein Thema, das alle Forscher der Gebirgsmechanik mit ihren speziellen Arbeitsmethoden interessieren muß.

Die sicherheitliche Bedeutung neuer Erkenntnisse auf diesem Gebiete braucht wohl nicht betont zu werden, da entsprechende Ereignisse Ihnen allen bekannt sind, wo Gebirgsschläge oder Erdbrüche, Rutschungen oder Grundbrüche zu bedeutenden Schäden geführt haben.

Wenn wir von unserem Ausgangspunkt, dem Bergbau, auch formuliert haben „Gebirgsbewegungen vom Abbau bis zur Tagesoberfläche", so sollen in der Diskussion doch auch andere Vorgänge im durch menschliche Tätigkeit gestörten Teil der Erdkruste mit erörtert werden, soweit sie für unser Problem nützlich sein können. Es ist fast zu befürchten, daß wir mit dem Rahmenthema den Kreis zu weit abgesteckt haben, da hier praktisch alle vorangegangenen Themen unserer bisherigen Ländertreffen in irgendeiner Weise berührt werden:

- seien es die rheologischen Eigenschaften des Gebirges oder die Modellversuchstechnik
- seien es die Festigkeitseigenschaften oder die gebirgsmechanische Meßtechnik
- seien es die Fragen des Bruchmechanismus im Gebirge und der Gebirgsschläge oder die
- mathematische Behandlung gebirgsmechanischer Probleme.

Wir sind uns indes gewiß, daß nicht alle Fragen auf dieser dreitägigen Tagung gelöst werden können. Es werden jedoch viele Anregungen durch die Referate und durch die wissenschaftliche Aussprache gegeben werden, die die Möglichkeit zu weiterer Forschung und damit zur Lösung des Problems geben.

Die vorliegenden Beiträge zum Rahmenthema vermitteln einen repräsentativen Querschnitt der Probleme und sind damit eine gute Grundlage für die folgende wissenschaftliche Aussprache.

Zeitlich begrenzte Beharrungszustände in hangenden Gebirgsstrukturen bei der Entstehung von Tagebrüchen und Erdfällen

von H. Berger, Leipzig

Kurzfassung

Die fortschreitende stufenweise Auflockerung der Decken- bzw. Firstbereiche natürlicher oder sich der Kontrolle entziehender bergmännischer Hohlräume führt zu sehr differenzierten Aufbruchvorgängen. Die Ursachen und Faktoren, die zwischen dem primären Volumenschwund und der endlichen Deformation an der Tagesoberfläche die einzelnen Bruchphasen beeinflussen, hängen in erster Linie von den regional beschreibbaren geologisch-stratigraphischen Verhältnissen, den jeweilig betroffenen Gebirgsstrukturen, Fest- oder Lockergesteinsbereichen, Klüftigkeitsverhältnissen und nicht zuletzt von der Festigkeit, Dichte und den rheologischen Eigenschaften des gesamten erdfallgefährdeten Gebirgsverbandes ab.

Es wird versucht, anhand ausgewählter Erdfallschäden und einiger Modellversuche darzulegen, daß bereits mit den vorhandenen gebirgs- und bodenmechanischen Erkenntnissen die Möglichkeit besteht, nach Probennahme, örtlichem Bohrlochtest oder geophysikalischer Prüfung bestimmte Kennzahlen zu ermitteln, die in erster Linie bei Lockergesteinsverbänden zu einer Aussage über evtl. Verspannungswilligkeit (z. B. Ungleichförmigkeitsgrad, natürlicher Verdichtungsgrad, Kornanordnung, Reibungswinkel, Porenwinkelwasser) oder Neigung zum plötzlichen siloartigem Schichtendurchbruch führen können.

Es ist anzustreben, daß solche Überlegungen recht bald zu einer zeitlichen Einschätzung der Bruchphasen Anlaß geben und die geophysikalische Hohlraumortung auch für die tiefer liegenden Primär- und Zwischenbereiche wirksam wird.

Summary

The progressing gradual loosening-up of the overlying rock mass or roof rock of natural cavities of those mining cavities that are beyond of control leads to very differentiated breaking-through processes towards the surface. The causes and factors that influence the different breaking stages between the primary loss in volume up to the definite deformation on the surface depend above all on the regionally describable conditions, the rock structures concerned, the zones of solid or loose ground, the jointing conditions and last not least the strength, density and rheological properties of the entire rock mass endagnered by funnelshaped subsidence due to naturally caused loss in substance.

By means of a selection of damages caused by funnel-shaped subsidence due to naturally caused loss in substance and some model tests an attempt is made for revealing that, basing on the existent knowledge in rock and soil mechanics and after carrying out sampling, drill-hole tests or geophysical studies, there is yet some possibility of determining certain characteristics that can primarily for loose ground lead to a statement on the potential readiness for arching (e. g. degree of unconformability, natural degree of compression, grain arrangement, friction angle, water of pore angles) or tendency to the sudden silo-like break-through of strata.

It must be aimed at such reflexions soon to give rise to a temporary evaluation of the breaking stages and the geophysical cavity location also to become efficient for the primary and intermediate zones situated at greater depths.

Résumé

La désagrégation progressive par étapes des zones des morts-terrains et du toit de vides naturels ou de vides miniers incontrôlables aboutit à des processus de rupture très différenciés en direction de la surface. Les causes et facteurs influençant les différentes phases de déformation entre la perte en volume primaire et la déformation ultérieure à la surface dépendent en premier lieu des conditions géologiques et stratigraphiques qui peuvent être dérrites régionalement, des structures de roches concernées, des zones de roches solides ou meubles, des conditions de fissuration et non finalement de la résistance, de la densité et des propriétés rhéologiques du massif entier mis en danger par des affaissements.

L'essai est fait de démontrer à l'aide d'une sélection de dommages causés par des affaissements que l'état actuel des connaissances de mécanique des roches et du sol donne la possibilité, après prélèvement des échantillons, essais de sondage locaux ou de géophysique, de déterminer certains caractéristiques qui, en premier chef pour les structures des roches meubles, peuvent mener à une information sur la susceptibilité de la formation d' une voûte en plein cintre (par example degré d'irrégularité, degré de compression naturel, disposition des grains, angle de friction, eau des angles de pores) et la tendence des strates à la rupture instantanée sous la frome d'un silo.

Il faut faire des efforts pour que de pareilles réflexions donnent aussitôt que possible lieu à une estimation temporelle des phases de rupture et que le repérage de vides géophysique devienne efficace aussi pour les zones primaires et intermédiaires situées plus profondément.

Резюме

Растущее ступеньчатое разрыхление потолочин или кровли естественных пустот или горных выработок, которые не подвергаются контролю, приводит к очень дифференцированным процессам разрушения. Причины и факторы, которые между первичным уменьшением объема и конечной деформацией на дневной поверхности повлияют на отдельные фазы разрушения, в первой очереди зависят от регионально описываемых геолого-стратиграфических условий, структур соответствующего массива горных пород, о-т зон прочных и разрыхленных горных пород, от условий трещиноватости и не в последней очереди от прочности, плотности и реологических свойств всего провалоопасного массива горных пород.

На основе выбранных повреждений от провалов и некоторых испытаний на моделях автор пытается объяснить, что уже на основе существующих познаний в области механики горных пород и механики грунтов существует возможность для того, чтобы после пробоотбора, бурения пробной скважины или геофизического испытания получить ошределенные характеристики, которые, в частности в случае рыхлых массивов горных пород могут привести к высказыванию о возможной способности к зажиму (например степень неравнометности, степень естественного уплотнения, расположение зерен, угол трения, интергранулярная вода) или о склонении к внезапному силосообразному провалу слоев.

Необходимо стремиться к тому, чтобы такие соображения как возможно скорее дали повод для оценки фах разрушения по времени и геофизическое определение местонахождения пустот стала эффективным и для более глубоких первичных и промежуточных зон.

Einleitung

Die Bruchmechanismen bei der Entstehung von Tagebrüchen und Erdfällen sind nicht nur von der geologischen, bruchphasenbedingten Teilsituation abhängig, sondern von kombinierten Faktoren, die Kvapil in [1] behandelt. In Fortsetzung von [2] soll in diesem Zusammenhang das jeweilige schichten- und zeitabhängige Entwicklungsstadium eines Erdfalles bzw. Tagebruches, wiederum aus gebirgsmechanischer Sicht, betrachtet werden. Nur in der Jugendform, nach einem siloartigen Hoch- und Durchbruch bis zur Oberfläche, wird das gesamte Ausmaß der Zerstörung der hangenden Gebirgskonstruktion, soweit es die Bruchmassen zulassen, übertage sicht- und meßbar. Dagegen können sich in Schichtenbereichen, bei einem statisch möglichen Setzungsbetrag, Widerlager ausbilden, die für einige Zeit in der Deckenverspannung ein Gleiten der Kornflächen oder Kluftkörperfugen verhindern, d. h. im Idealfall, wenn der Fugendruck mit der Normalen einen Winkel bildet, der größer als der Reibungswinkel ist.

Dabei ist bei *Erdfällen* die stratigraphische Basis, das ist in diesem Falle die Schicht mit der primären Hohlraum- oder Lockerzonenbildung, unzugängig und durch Punktaufschlüsse schwer erfaßbar. Ihr Zustand kann aber, je nach den aufgeschlossenen Lokationen, mit einer Wahrscheinlichkeit, die nach einem statistischen Verteilungstyp bestimmbar ist, durch die geologische Erkundung erhellt werden. Hierfür sind auch seitens der Geophysik bezüglich der Hohlraumortung Fortschritte zu erwarten. Der Anlaß zur Entstehung von *Tagebrüchen* sind zugängige, bzw. zugängig gewesene Abbau- oder Montageräume, die in der Regel nach Lage und Gebirgssituation wesentlich eindeutiger im Grubenrißwerk oder mittels Lageplan abgegrenzt werden können.

Gebirgsmechanischer Anteil am Erdfallproblem

Unabhängig von geologisch-hydrologisch-speläologischen bzw. ingenieurgeologisch-bautechnischen Gesichtspunkten wird vorgeschlagen, die Spannungswirkungen, einschließlich der Kennzahlermittlung für Tagebrüche und Erdfälle, einheitlich zu betrachten. Die Erscheinungsformen der Tagebrüche und Erdfälle werden wohl am besten durch den Auslösungsort der Bruchfolgen unterschieden:

1. *Tagebrüche* stehen mit dem Zusammenbruch hangender Gesteinsverbände durch technisch bedingten untertägigen Volumenschwund in Verbindung (z. B. Bergbau, Steinbruch, Solegewinnung, Wassergewinnung, Rohrleitungsschäden).
2. *Erdfälle* haben als primäre Ursache naturbedingten Substanzschwund (z. B. Auslaugung von Gips- und Salzgesteinen, Lockerzonen, Suffosion, natürl. Wasserdefizit).
3. *Senkungen* sind die oberflächenmeßbaren Auswirkungen allmählicher, bruchloser Deformationen im hangenden Gebirgsverband von Schwächezonen. Um neue Fachworte zu vermeiden, werden sie künstlichen und natürlichen Ursachen zugeschrieben.

Diese Bezeichnungen lassen sich gut mit den von Reuter [4] gegebenen Definitionen vereinbaren.

Bei der Ausbildung von natürlichen Widerlagern, besonders im Lockergestein, spielt der Begriff der *Setzung* eine wichtige Rolle. Es ist daher zwischen „Senkung“ und „Setzung“ zu unterscheiden. Als Unterscheidungsmerkmal sollte das Verhalten eines Bauwerkes maßgebend sein [5]: Auf Senkungen reagiert dieses passiv, während es bei Setzungen durch seine Eigenlast den Untergrund zusammendrückt.

Tagebrüche, Erdfälle und Senkungen sind bei der Themenbehandlung als nicht eingeplante Gebirgsereignisse mit katastrophischem Charakter anzusehen. Der Bergschadenskunde wird insofern zugearbeitet, als die gebirgsmechanischen Grundlagen bei der Klärung von echten und Pseudobergschäden um die entsprechende Erforschung der Erdfallprobleme erweitert werden.

In letzter Zeit ist eine Anzahl Lagerstätten beschrieben worden, in deren hangenden Gebirgsbereichen naturbedingte Erdfallerscheinungen auftreten, die die Abbauführung und die bergschadensmäßig notwendige Trennung von Bergbau- und Pseudoschäden übertage außerordentlich erschweren.

Erdfallerscheinungen im Deckgebirge von Lagerstätten

Einige Beispiele sollen darauf hinweisen, daß die Erforschung der Bruchcharakteristik von Erdfällen auch für den Bergbau von größtem Interesse sein muß.

Beim untertägigen Abbau der Quecksilber-Lagerstätte von Nikitovka im Donez-Becken der UdSSR [6] traten 65 Jahre nach Aufschluß der Lagerstätte, völlig unerwartet, Erdfälle im Hangenden auf, die von ausgedehnten, mehr als 4 m tiefen Senkungen begleitet sind. Das Gebirge (Bild 1) besteht aus kuppelförmig aufgefalteten karbonischen Sandsteinen, Quarziten und geringmächtigen Kohlenflözen und ist stark mit Verwerfungen durchsetzt. Der Zinnober wird vorwiegend an den Scharungsstellen der Spalten und imprägniert im Sandstein angetroffen und im Magazinbau gewonnen. Schon im Jahre 1904 wurde beobachtet, daß kleinere Partien der Sandsteinschicht „unter Hinterlassung von Kaolin“ [7] der Auslaugung unterworfen waren. Heute wird der Übertagebereich mittels 390 Boden- und 75 Mauerpunkten markscheiderisch überwacht. Das Hangende wird aus Zweckmäßigkeitsgründen in drei Zonen unterteilt: 1. Die Senkungszone (ohne Störung des Gesteinszusammenhanges), 2. die Zone der Spalten und Brüche (als Primärbereich der Erdfälle im Deckgebirge) und 3. die Einsturzzone an der Oberfläche (als Hauptschadensgebiet). Dementsprechend werden Einsturzwinkel, Bruchwinkel und Schadenswinkel unterschieden.

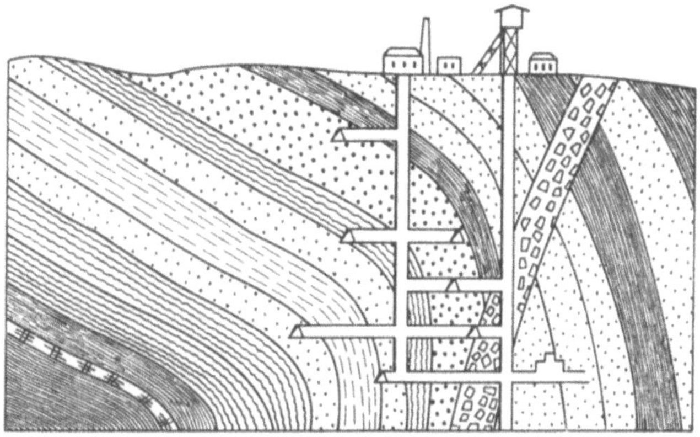

Bild 1. Profil der Quecksilbererz-Lagerstätte bei Nikitovka/UdSSR mit auslaugungsgefährdeten Sandsteinschichten

Die Steinkohlenlagerstätte im Gebiet des Domes de la Mure, südlich von Grenoble in Frankreich [8], wird diskordant von Trias- und Liasschichten überlagert. Die Triasserie besteht aus Dolomit und dolomitischem Kalkstein mit eingelagerten Gips- und Anhydritschichten. Der Lias ist mit Kalkstein und Kalkmergel vertreten. Oberflächennah werden glaziale Ablagerungen des Pleistozäns von holozänen Bildungen überdeckt. Der Triasanteil des Deckgebirges würde beachtliche Biegungsfestigkeit aufweisen, wenn nicht die zirkulierenden Hangendwässer in den zwischengelagerten Gips- und Anhydritschichten eine Hydratation der Sulfatgruppe bewirkten, deren Lösungen wiederum in Form der Bikarbonatbildung die Dolomite zersetzen und durch diese Verkarstung eine für die untertägige Abbauführung sehr nachteilige Schwächung des Hangenden der Lagerstätte resultiert. Augenscheinlich vorhandene Bergwasserströmung sorgt dafür, daß keine Laugensättigung eintritt und ein Stillstand der Auslaugung nie erfolgt. Da der Zeiteinfluß bei den vorhandenen Löslichkeitsunterschieden sich recht genau bestimmen läßt, dürfte sich die Anfertigung von Löslichkeitsprofilen des Deckgebirges, wie es von Jung in der Mansfelder Mulde geschehen ist, zusätzlich die Bestimmung der Kluftverhältnisse im Hangenden und die geohydrologische Überwachung des ober- und unterirdischen Niederschlag-Einzugsgebietes besonders dort lohnen, wo sich über den Baufeldern die Schlotten- und Erdfallbildungen konzentrieren.

Auf ein weiteres Beispiel wurde bereits in [9] eingegangen, wo im Dolomit-Deckgebirge des Grubengebietes von Westdriefontain bei Johannisburg im Jahre 1962 im Hangenden bergbaufremde Karsterscheinungen zu katastrophalen Kesselbrüchen an der Oberfläche führten. Leider sind die Ergebnisse der von Jennings und Mitarbeitern angekündigten in-situ-und Modellversuche noch nicht bekannt geworden.

Nelson [10] behandelt Senkungsprobleme beim Abbau söhliger Kohlenflöze durch lange und kurze Pfeiler und bezieht sich dabei auf Steinkohlenlagerstätten in Großbritannien. Die Hangendgesteine bestehen in diesem Falle aus ineinander übergehenden Schichten von Tonschiefer und Sandstein, die von auslaugbaren Sandsteinen mit Karsthohlräumen überlagert werden. Die für die planmäßige Hangendabsenkung erwünschte volumen-elastische Lockerung des Gebirges wäre, auch ohne den schädlichen hydrologischen Fremdeinfluß, wegen des Auftretens von Zugrissen nicht vorhanden. Unkontrollierbare Wasserzirkulationen im Hangenden, durch diese Zugspalten stark begünstigt, bedingen eine Groblockerung des Deckgebirges, die nicht mehr nur eine Frage der Wasserhaltung ist. Die fortschreitende Korrosion ist für die gesamte Abbauführung signifikant. Sie führt unter Umständen zum völligen Zerfall des Gebirges bzw. zur Aufhebung des Formänderungsvermögens des Haupthangenden. Wie weit bei der

Wasserumläufigkeit in der Zugrißzone Faktoren der Felsmechanik (Strömungsdruck, Kluftwasserschub u. ä.) Berücksichtigung finden müssen, kann nur anhand der örtlichen Gegebenheiten überprüft werden. Die jährliche Niederschlagshöhe und die Versickerung sowie wasserstauende Einlagerungen sind in jedem Falle zu beachten und machen das Gewinnungsproblem sozusagen witterungsabhängig. Bei irregulärer Auslaugung, wenn also die Richtung des Wasserzutrittes bei ab- oder aufsteigendem Wasser verschieden ist, kommt es zu örtlichen Destruktionen, die einseitige Druckwirkungen in den Grubenräumen zur Folge haben können.

Am Schluß dieser Beispiel-Serie seien die wassergefüllten Schlottenzüge im Hangenden unserer mitteldeutschen Kupferschiefer-Lagerstätten genannt, deren allmähliche Entwässerung im Zuge des Abbaus vorgenommen werden mußte [11]. Bei der Umwandlung des Anhydrites durch Wasseraufnahme zu Gips müßte durch die Volumenzunahme beim Gips die Wasserumläufigkeit im Spaltensystem gedrosselt werden. Da es sich hier um zirkulierendes Salzwasser handelt und dieses das Kalziumsulfat wesentlich leichter als Süßwasser löst, werden mächtige Anteile des Haupthangenden verhältnismäßig schnell zerstört. Die Ausbildung des Gipshutes und die Art der Lageneinlagerungen sind deshalb auch für den gesamten Kali- und Steinsalzbergbau von größter Bedeutung. Die Entleerung der Schlotten leitet zugleich die Primärphase einer Erdfallbildung ein. Beim Hocharbeiten des Schlottenhohlraums entscheiden die jeweiligen Kohäsionskräfte eines Schichtenanteils im Hangenden die zeitliche Aufbruchsfolge. Wenn das Druckgefälle nicht vollständig von der Kohäsion aufgenommen werden kann, erfolgt ein neuer Deckeneinbruch, und die herabfallenden Lockermassen erhöhen wiederum den Schle-Schuttkegel, so daß die Höhe des Hohlraumes sich gar nicht viel zu ändern braucht. Diese Annahme gilt für sich allmählich, etwa in der Reihenfolge Kämpferablaugung-Deckeneinsturz-Neuverspannung, hocharbeitende echte Kuppelgewölbe, die sich anschaulich mittels räumlicher Modellversuche, z. B. kohäsiver Sande, nachbilden lassen.

Primäre Hohlräume und Lockerzonen

Im Rahmen dieser Abhandlung wird speziell auf Tagebrüche nicht eingegangen, weil Schäden dieser Art seit langer Zeit im Blickfeld des Gebirgsmechanikers stehen und Erfahrungen für eine entsprechende Abbauführung vorliegen, die durch Einbeziehung der oberen Hangendschichten noch verbessert werden können.

Dagegen sind die Ursachen natürlicher Erdfälle in bergbaufremden Gebieten und natürliche Erdfälle im Haupthangenden von Lagerstätten, beide häufig an geologische Schwächezonen gebunden, wohl geologisch deutbar, es fehlen aber wegen der vorläufig noch schwierigen Ortung und Vermessung der Zone des ersten Massenschwundes alle Möglichkeiten, der Gefahr mit technischen Mitteln an der Basis zu begegnen oder wenigstens auf indirektem Wege ein sofort ansprechendes Warnsystem zu schaffen. Wertvoll sind schon einmal regional präzisierte Angaben über die Auslaugungsgeschwindigkeit bei zirkulierendem Salz- oder Süßwasser. Spackeler [12] gibt z. B. an, daß in Steinsalz und Anhydrit 1 m³ wegfließende 10%ige Sole rd. 50 *l* Auslaugungshohlraum schaffen und 3 m³/min Süßwasser je Jahr rd. 80000 m³ Gestein auswaschen. Es fehlen gebirgs- bzw. bodenmechanische, für das Festigkeitsverhalten der betr. Schicht maßgebende Kennzahlen. Über Karstphänomene und ingenieurgeologische Untersuchungen aufgetretener Erdfälle besteht eine umfangreiche Literatur, die in gebirgsmechanischer Hinsicht z. Z. noch ausgewertet wird. Von den zahlreichen Autoren (s. [9]) sei an dieser Stelle Cramer [13] zitiert, nach dessen Auffassung die Bildung primärer Hohlräume im Bereich von Kluftnestern in Kalk und Dolomit nur infolge der lösenden Wirkung von langsam strömendem, turbulentem Wasser denkbar ist. Bei dem Lösungsvorgang häufen sich hohlraumverkleinernde Rückstände (Aschen) an. Durch Sinter- und Tropfsteinbildung werden die Versturzmassen im Hohlraum verkittet. Bei Vertiefung der Vorflut entstehen, wie am Beispiel der

Mansfelder Schlotten schon gesagt, wasserleere, einsturzgefährliche Hohlräume, deren Zubruchgehen die Zwischenerdfallphase einleitet.

Vertikale, erdfallerzeugende Bruch-,,Kettenreaktionen" können demnach z. B. durch statisch schwer beschreibbare Laughöhlen; durch Laugenzirkulationswege in Spalten, Klüften, Druckröhren, Tonlösern usw.; zusammenrutschende Kluftkörperverbände; Summierungen von Porenräumen; Sackungen; Entleerung wassergefüllter Schlotten u. ä. erstmalig ausgelöst werden.

Angesichts dieser Problematik der ersten Phase kann aber festgestellt werden, daß in der nun folgenden Bruchsituation im Hangenden jede Gesteinsschicht schichtentypisch und recht unterschiedlich auf die jeweils entzogene Basis reagiert. Beim langsamen Hocharbeiten des Erdfalls entstehen schichtenabhängige Bruchbilder, die oft völlig anders als die erste Hohlraumphase in der lauggefährdeten Basisschicht verlaufen.

Zwischen-Bruchformen im Deckgebirge und Endform übertage

Zwei Möglichkeiten können in der Natur beobachtet werden:

1. *Sofortiges Durchbrechen des Erdfalles oder Tagebruches* vom Primärhohlraum bis zur Erdoberfläche. In diesem Fall reagieren alle Schichtenanteile des Hangenden festigkeitsmäßig ähnlich. Im Bereich eines sich bildenden Bruchzylinders sacken die hangenden Massen siloartig nach. Der lockere Bereich über dem primären Hohlraum verursacht eine Laststeigerung und damit eine Vergrößerung der Schubkräfte, so daß die Haftreibung nicht mehr wirksam bleiben kann. Bei der oft ruckartigen Umlagerung des Kluftkörper- bzw. Kornverbandes wird ein dilatantes Verhalten vorauszusetzen sein, und es muß Wärme frei werden. Diese essenartigen Hochbrüche sind die gefährlichsten Erdfallwirkungen mit oft katastrophaler Situation an der Oberfläche.

Als Beispiel seien die von Weber [14] durchgeführten Untersuchungen im Thüringer Gebiet genannt. Am Erdfall 1924 bei Zimmern wurde eine mächtige, homogen abgelagerte mo_2-Schicht durchbrochen. Bezeichnend ist hierbei, daß von Weber als primärer Hohlraum im Gips der Anhydritgruppe ein regelrechtes Kuppelgewölbe angenommen wird und darüber, in der mo_1-Schicht, eine kleinere Kuppel, die ja beide auf eine anfängliche Stagnation des Aufbruchprozesses hinweisen würden. Bei neuen räumlichen Modellversuchen hat sich die Gewölbekuppel, schon im kohäsiven Sand, als recht beständige Zwischenform erwiesen.

Beim Erdfall 1937 in der Nähe von Frauensee, in einem typischen Zerrspaltengebiet am Rande der Lindenau, wurde ein Schichtenpaket (Ältestes Steinsalz, Oberer Zechstein, Bröckelschiefer, Unterer Buntsandstein) durchbrochen. Vielleicht sind diese essenartigen plötzlichen Hochbrüche häufiger in Bodenregionen, die sich im aktiven Zustand befinden, als in normalen oder passiven Zonen.

2. *Allmähliches Hocharbeiten des Erdfalls mit Bruchformen, die vom Festigkeitsverhalten der betreffenden Schicht bestimmt werden.* In plattig absondernden Schichtgesteinen können sich, wenn durch den primären Hohlraum (Lockerzone) die Unterlage entzogen wird, die von Kegel beschriebenen gewölbeähnlichen Druckzustände ausbilden, wobei beim Abbrechen der Platten die sich nach oben verjüngenden überkragenden Teile ein Gewölbe vortäuschen. Wie weit aus dieser, bisher als unechtes Tonnengewölbe betrachteten Form ein unechtes Kuppelgewölbe entstehen kann und wie über dem Bereich der Weberschen ,,Hohllinsen" der Durchbruch zur nächst höheren Schicht mit anderen Festigkeitseigenschaften erfolgt, ist im räumlichen Modell noch zu untersuchen.

Im Modell wurde nachgeahmt, in welcher Weise und Form im Lockergestein ein aufgehender Bruch hängen bleiben kann. Im räumlichen Versuch wurde bergfeuchter Sand (1—2 mm, Rundkorn) verwendet. Der Sandbereich mit $c_{f\,\mathrm{vorh.}}$ (scheinbare Kohäsion) wurde unverdichtet über einen simulierten primären Hohlraum in Form eines mit Schieber abgedeckten

Gefäßes aufgeschichtet. An der Oberfläche noch nicht durchgebrochene, latente Hohlräume konnte man an den Bruchmassen im durchsichtigen Gefäß erkennen und das Volumen einschätzen. Eben durchgebrochene Hohlräume wurden von der Oberfläche aus mittels Lämpchen und Spiegel ausgetastet. Ein unverspannt über den Schieber eingelegtes Stück Nylongewebe, das den Versuch nicht beeinträchtigte, gestattete ein weitgehend reibungs- und erschütterungsfreies schnelles Ziehen des Schieber-Bleches.

Nach Entzug der Unterlage stellte sich im kohäsiven Sandbereich sofort eine dichtere Lagerung ein, die an der Oberfläche bei einer Gesamtmächtigkeit von 0,5 m die in [2] theoretisch behandelte Vorsenkung mit $s_{max} = 4$ mm ergab. Den Absturzmassen zufolge mußte sich ein äußerlich noch nicht erkennbarer Hohlraum durch Kornverspannung gebildet haben. Nach 3 Tagen erfolgte der Durchbruch des ,,Erdfalls" an der Oberfläche mit zunächst sehr kleinem Lochdurchmesser. Es zeigte sich, daß das oben offene Kuppelgewölbe mit verhältnismäßig großer Wölbstärke im kohäsiven Sand recht stabil sein kann. Erst nach 5 Tagen erweiterte sich der Durchbruch geringfügig, wohl durch die Verdunstung des ohnehin geringen w_n-Ge-

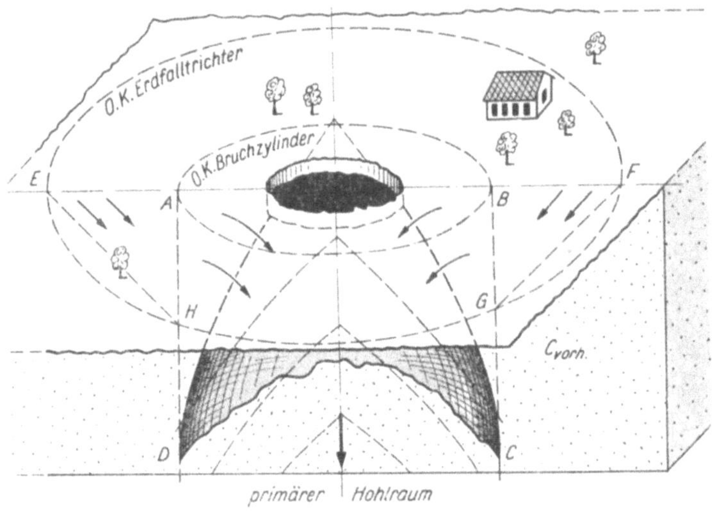

Bild 2. Kuppelgewölbeartige Verspannung in einer kohäsiven Sandschicht mit erstem Oberflächendurchbruch. Schema als Auswertung eines räumlichen Modellversuches

haltes bedingt. Im echten Kuppelgewölbe ist das Gleichgewicht unendlichfach statisch unbestimmt. Jede beliebig im Gewölbequerschnitt gezogene Linie ist statisch als Stützlinie denkbar, wenn die in den Meridianschnitten übertragenen Ringspannungen dazu passen. Dem Statiker ist bekannt, daß sich im Kuppelgewölbe, aus Gründen des Gleichgewichtes, im oberen Teil Druckspannungen, also aktiver Zustand, in den unteren Meridianschnitten sich dagegen Zugspannungen ausbilden. Dementsprechend zeigte sich, beginnend nach etwa 3 Tagen, im Versuch ein Nachfall aus der Kuppeldecke, der von der fortschreitenden Verringerung der Kohäsion des an der Luft trocknenden Sandes stark begünstigt wurde. Auf diese Weise bildete sich der Bruchbereich *ABCD* (Bild 2) aus, der sich nach einiger Zeit zum Erdfalltrichter *EFGH* ausweitete.

Die gewölbemäßige und ringartige Kornverspannung ergibt eine bessere Standdauer als beim Tonnengewölbe, das auch mehr von der Inhomogenität des Bodenbereichs beeinflußt wird. Mehrfache Widerholungen der räumlichen Versuche, auch mit nur geringem w_n-Gehalt, zeigten immer das gleiche Kuppelgewölbe mit Spitzbogenquerschnitt. Noch nach dem Durchbruch an der Oberfläche werden im Bereich des späteren Bruchzylinders *AB* noch Flächenlasten ge-

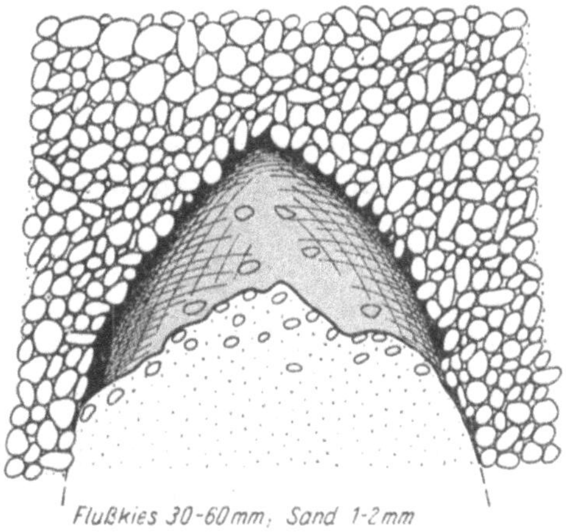

Bild 3. Verspannungswilligkeit im Modell mit rolligem Flußkies ist nur bei Anwesenheit von trockenem, besser feuchtem Sand möglich. Ausrieseln des trockenen Sandes aus der Kiesschicht vor der Hohlraumbildung. Geringer Sandrückstand im Kiesgefüge wirkt reibungserhöhend.

tragen, wenn diese symmetrisch um die Kuppelachse verteilt sind. Die Wölbstärke der Erdstoff-Kuppel richtet sich nach der Festigkeit und Dichte der betr. Schicht.

Bild 3 zeigt denselben räumlichen Modellversuch bei Verwendung von rolligem Flußkies (30—60 mm). Das Kiesgerüst ist sehr labil, eine Verspannung mit Hohlraumbildung ist in vielen Versuchen nie gelungen. Derselbe Kieskornverband, mit trockenem Mittelsand (1—2 mm, Rundkorn) vermischt, zeigte Verspannungswilligkeit. Vor einer Hohlraumbildung floß zunächst der Sand zwischen dem Kieskorn schnell in das Gefäß ab und veranlaßte durch sein

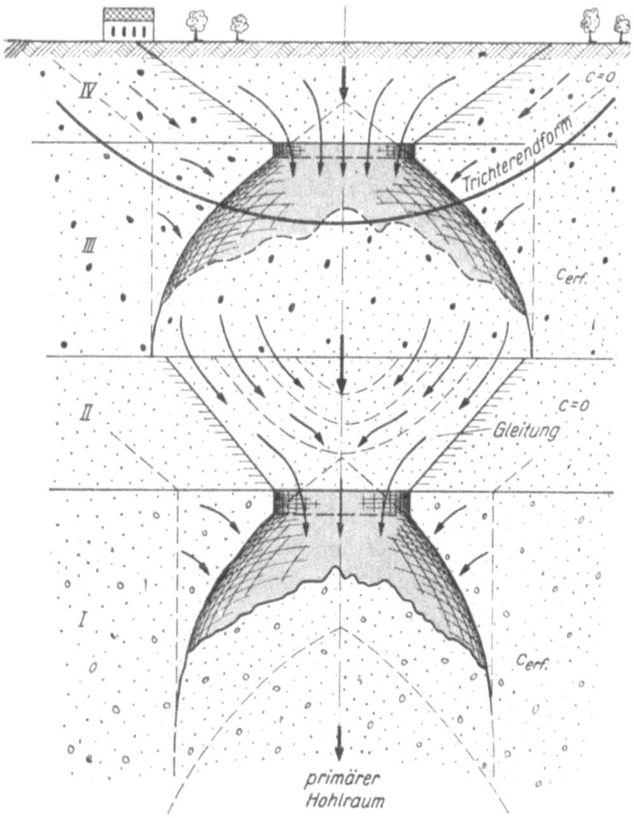

Bild 4. Kornverspannungen und Gleitwirkungen in einem Schichtenverband mit unterschiedlicher Kohäsion als Ergebnis eines räumlichen Modellversuches

Ausfließen ein langsames Zusammenrücken der Kieskörner, wobei Restsandkörner reibungserhöhend in der Struktur wirkten. Eine kurzzeitige Verspannung war nur der Gegenwart der Sandkörner zu verdanken. Kieskorn, mit feuchtem Sand vermischt, gewährleistet wiederum die Bildung ziemlich standfester Kuppelgewölbe-Hohlräume, die sich, wie in Versuch 2, zuerst in der Firste auflösen und, falls nicht noch einmal eine Neuverspannung auftritt, essenförmig hochbrechen.

Anschaulich verlief der in Bild 4 gezeigte räumliche Modellversuch, bei dem der simulierte Schichtenverband aus Erdstoffen verschiedener Konsistenz bestand. Schicht I mit bergfeuchtem Mittelsand zeigt nach Öffnung des Bodengefäßes das echte Kuppelgewölbe. Ein erster Durchbruch erfolgt an der Schichtengrenze zur Schicht II. Diese besteht aber aus rolligem, trockenem Dünensand, der in das Gewölbe I gleitet. Dieser Gleitungsprozeß entspricht etwa den Folgerungen, die REUTER aus seinen Untersuchungen an Senkungskesseln in Bad Frankenhausen gezogen hat. Bei der Trichterbildung in Schicht II wird der kohäsiven Sandschicht III ziemlich schnell die Unterlage entzogen, und es bildet sich hier wiederum ein größeres Kuppelgewölbe entsprechend dem Trichterumfang. In diesen Hohlraum fließt endlich ein Teil der trockenen, kohäsionslosen Oberflächen-Sandschicht ein, wobei sich an der Oberfläche durch Gleitung gleich die Endform des Erdfalltrichters ausbildet.

Dieser Versuch stellt den Beweis dar, daß die Zwischenbruchphasen schichtentypisch sind und mit meßbaren Kennzahlen in Verbindung stehen. Er beweist ferner, daß sich eine Verkarstung im engeren Sinne nur auf die Basisschicht bezieht, in der Auslaugungsvorgänge die primären Hohlräume oder Lockerzonen erzeugen. Alle anderen Schichtenschwächungen im Hangenden müssen, obgleich sie von einem primären Karsthohlraum ausgehen, mehr nach gebirgs- und bodenmechanischen Gesichtspunkten untersucht werden. Nun hat der Modellstoff Sand einen besonderen Aggregatzustand, so daß die Verspannungsversuche, soweit Ergebnisse vorliegen, nicht einfach auf andere Gesteine übertragen werden können. Ergänzt man aber die hier beobachteten Bruchformen durch die in der Literatur bekanntgewordenen Verspannungsmöglichkeiten in verschieden absondernden Gesteinen, wird man feststellen müssen, daß auch die so kompliziert erscheinenden Bruchfolgen der Erdfälle mit dem derzeitigen gebirgsmechanischen Wissen recht gut erklärbar sind und die Lösung vieler weiterer Fragen mit Hilfe der gebirgs- und bodenmechanischen Modelltechnik erfolgreich sein wird. Die vorliegenden sehr einfachen Modellversuche zeigen aber auch, daß in jedem Falle, wo Fragen der Sicherheit im Vordergrund stehen, gesteinstechnische, ingenieurgeologische, gebirgs- und bodenmechanische sowie physikalische Kennzahlenermittlungen den Vorrang haben und die Vereinfachungsmaßnahmen bei Anwendung von Methoden der statistischen und stochastischen Mechanik jeweils kritisch überprüft werden müssen. Als Beispiel sei die rechnerische Behandlung des Fortschreitens einer Senkungsmulde im idealisierten Gebirge genannt, wobei als auslösender Faktor der Zusammenbruch eines Hohlganges oder -raumes angenommen wird. Die festigkeitsmäßigen Reaktionen der verschiedenen Gebirgsschichten sind, entsprechend der petrologisch-stratigraphisch-tektonischen Gegebenheiten im Hangenden, außerordentlich vielseitig, und Senkungen, essenartige Hochbrüche, unechte und echte Verspannungen mit Hohlraumbildung, Senkungen über steckenbgeliebenen Hohlräumen, Gleitungen, sind sicher noch nicht die einzigen Bruchwirkungen.

In Bild 5 wird im Schema das Ergebnis eines räumlichen Modellversuches gezeigt, bei dem ein im Hangenden steckengebliebener Hohlraum (Kuppelgewölbe) unter einer elastischen, evtl. steifplastischen Schicht für längere Zeit fixiert werden kann. Die entstandene Senkungsmulde als Relikt einer bruchlosen Teilverformung der Schichten II und III kann jederzeit noch von einem echten Erdfall abgelöst werden. Schicht II ist allseitig eingespannt und, falls sie geringmächtig ist, vorwiegend auf Zug beansprucht, so daß ihre physikalisch-mechanischen-rheologischen Eigenschaften von allen Erdfall-Bruchphasen eine für die Sicherheit übertage entscheidende Rolle spielen. Das ringförmig ausgebildete Widerlager des Kuppelgewölbes wird

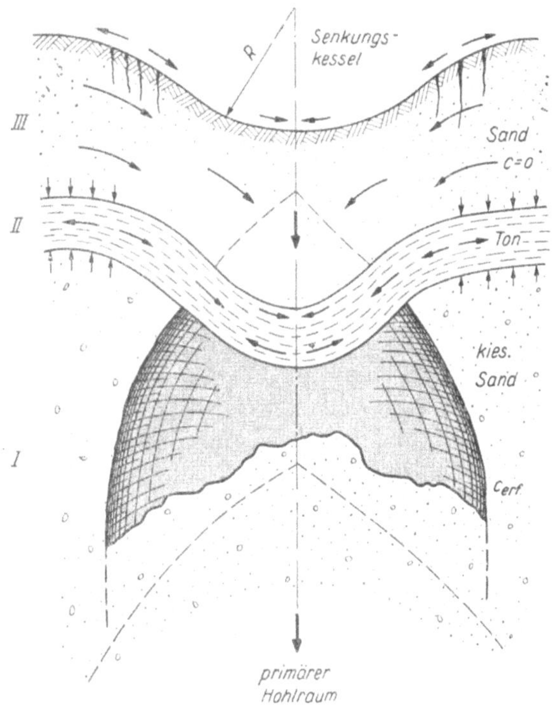

Bild 5. Im Hangenden unter einer elastischen bzw. steifplastischen Schicht steckengebliebener Hohlraum mit vorläufiger Ausbildung eines Senkungskessels an der Oberfläche (Modellversuche)

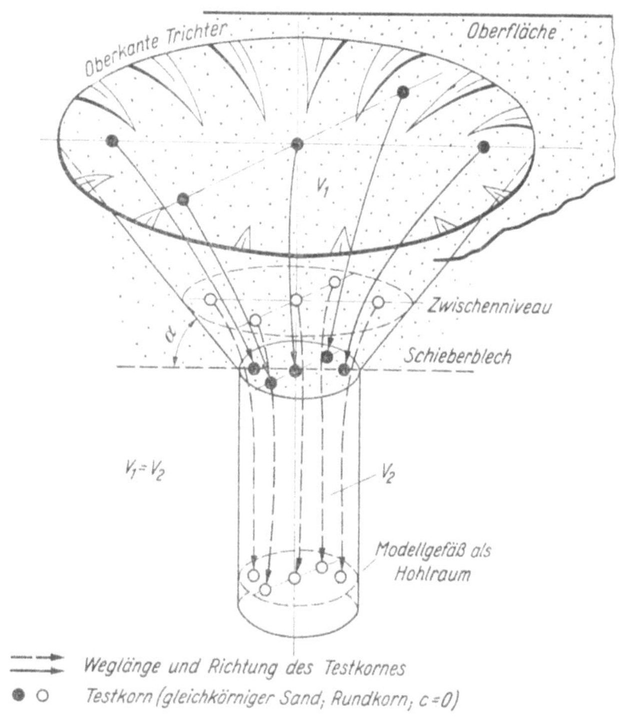

Bild 6. Räumlicher Testkornversuch zur Klärung des laminaren oder turbulenten Einfließens von rolligen Erdstoffen in tiefliegende Hohlräume

symmetrisch stark belastet und das Sand(Wasser)-Gemisch stark verdichtet. Die Absturzmassen im Hohlraum können den im Zerrungsbereich liegenden, rissegefährdeten unteren Teil des in Form eines Kuppelgewölbes verspannten Schichtenteiles druck- und erschütterungsmäßig beeinträchtigen, wobei besonders die Stoßfaktoren nachträglich zusammenbrechender „Silobrücken" den Aufbruchvorgang generell beschleunigen können. Vom Schuttkegel im Hohlraum abrutschende Gesteinsmassen dürften unter Umständen diese Wirkung verstärken.

Gleitungen, d. h. das Einfließen von Erdstoffen in tiefer liegende Hohlräume, können mutmaßlich laminar oder turbulent verlaufen. Bei einer Trichterentstehung, z. B. im Bereich kohäsionsloser, rolliger Sande, wird der Beobachter nach dem äußerlichen Befund die Ableitungsvorgänge als eine wirbelfreie Bewegung einschätzen. Der Einfließvorgang selbst, der Massenabsturz in den Hohlraum und die Bewegungsvorgänge in der Kornmasse bei der Schüttung sind messungsmäßig schwer erfaßbar. Die Frage des Kornweges ist aber wichtig für die Einschätzung des Stoßfaktors der Absturzmassen, für die lockere oder dichte Lage im Hohlraum, für energievernichtende Faktoren während des Falles, für das Rutschverhalten beim Schuttkegel u. ä. Schon aus Bild 4 geht hervor, daß Gleitungen im Erdfallgeschehen, besonders in den Lockergesteinsschichten nahe der Oberfläche, einen maßgeblichen Anteil an der Entstehung von Senkungstrichtern und -mulden haben und in der Hohlraumbilanz eines Erdfalls häufig für den Ausgleich des Volumendefizites bedeutungsvoll sind.

In Bild 6 wird abschließend ein Versuch im Schema angedeutet, der Aufschluß über Kornwege und Kornbewegung beim Einfließen von Sand in einen Hohlraum geben soll. Trockener, gleichkörniger Mittelsand (Rundkorn) wurde über ein oben mittels Schieber verschlossenes Gefäß aufgeschichtet. Farbig gekennzeichnete Testkörner, in symmetrischer Anordnung zu den Radien, waren dabei im unteren Bereich und an der Oberfläche eingelegt worden. Der Schieber über dem „Hohlraum" mußte diesmal sehr schnell geöffnet werden, damit ein ungehinderter Absturz der Massen erfolgen konnte. Nach Abtragung der Sandschicht mit der Trichterbildung wurde das Gefäß untersucht und in der Sandfüllung vorsichtig die Testkörner herauspräpariert. Dabei zeigte sich, daß jedes Testkorn im Gefäß in gleicher symmetrischer Anordnung wie beim Ersteinbau wieder angetroffen wurde. Nach 10 gleichartig verlaufenden Versuchen wird angenommen, daß das Einfließen der Körner bei vorliegenden Versuchsbedingungen laminar erfolgt. Jedes Korn folgt dem kürzesten geraden Weg. Beim Hochschütten des Kegels im Hohlraum dürften die Gleitungsvorgänge der umgekehrten Trichterbildung ähneln. Unterschiedliche Kornform wird zweifellos kleinere Richtungsänderungen herbeiführen. Bei Haufwerk mit sehr unterschiedlichem Korndurchmesser sind Entmischungsvorgänge berechenbar.

Literatur

[1] Kvapil, R.: Arten der Bruchmechanismen und Tragfähigkeit von zerstörten Gebirgskonstruktionen. Ber. 9. Ländertreffen IBG. Berlin 1968, S. 112.

[2] Berger, H.: Gewölbewirkungen und Scherzonenbereiche in Abhängigkeit der Bruchphasen bei Tagebrüchen und Erdfällen hinsichtlich der Deutung von Vorsenkungen und Nachsetzungen. Ber. 10. Ländertreffen IBG. Leipzig 1968, Akademie-Verlag, Berlin 1970.

[3] Marsal, D.: Statistische Methoden für Erdwissenschaftler. Stuttgart 1967, S. 47.

[4] DDR-Standard: Ingenieurgeologische Erkundung. Grundsätze und Vorschriften für auslaugungsgefährdete Gebiete. Entw. Sept. 1963.

[5] Neumann, R.: Geologie für Bauingenieure. Berlin 1964.

[6] Lisica, I. G.: Einige Untersuchungsergebnisse zu den Bewegungen an der Tagesoberfläche bei untertägigem Abbau der Quecksilberlagerstätte von Nikitovka. Izv. vyss. ucebn. Zaved., Gorn. Sh. Sverdlovsk H. 1 (1962). S. 53.

[7] Stelzner, A. W. und Bergeat, A.: Die Erzlagerstätten. Leipzig 1904, S. 909.

[8] Moret, L., Houdaur, J. und Sarrot-Reynauld, J.: Ein Beitrag zur Erforschung der Ursachen von Bergschäden in dem Gebiet des Domes de la Mure. Rev. ind. miner. **44** (1962) 9, S. 597.

[9] BERGER, H.: Zur Problematik des Bruchverhaltens im Gebirge über zu Erdfällen führenden Hohlräumen oder Lockerzonen. Ber. 9. Ländertreffen IBG. Leipzig 1967. Akademie-Verlag, Berlin 1968, S. 92.

[10] NELSON, A.: Bewegung der Tagesoberfläche unter dem Einfluß bergmännischer Arbeiten. Canad. Mining **85** (1964) S. 69.

[11] EISENHUTH, K.-H. und KAUTZSCH, E.: Handbuch für den Kupferschieferbergbau. Leipzig 1954.

[12] SPACKELER, G.: Lehrbuch des Kali- und Steinsalz-Bergbaues. 2. Aufl. Halle 1957, S. 515.

[13] CRAMER, H.: Die Entstehung der Karsthöhlen. Der Naturforscher **10** (1933) H. 6.

[14] WEBER, H.: Zur Formentwicklung der thüringischen Erdfälle. Hall. Jahrb. f. Mitteldeutsch. Erdgesch. 2. Bd. Lief. 2, Halle 1955, S. 100.

Einige Aufgaben der Theorie der Gesteinsverschiebungen unter dem Einfluß bergmännischer Hohlräume

von S. G. Averšin, Frunse

Kurzfassung

Aus den Gleichungen der Plastizitätstheorie kann man für die Verschiebung bei Einführung entsprechender Vereinfachungen, ausgehend vom Gesteinsverschiebungsprozeß in der Nähe der Tagesoberfläche, eine parabolische Differentialgleichung erhalten, die analog der Wärmeleitungsgleichung ist. Das heißt, der Durchgangsprozeß eines Hohlraumes durch das Gebirge ist dem Prozeß der Wärmeausbreitung analog. An einem Beispiel der söhligen und geneigten Lagerung wird das Rechenverfahren demonstriert.

Zusammenfassend wird festgestellt, daß sowohl die vom Verfasser vorgelegte als auch die von Litwiniszyn von der stochastischen Betrachtungsweise aus entwickelte parabolische Differentialgleichung die Haupteigenschaften des Gesteinsverschiebungsmechanismus wiedergeben. Es wird auf weitere Autoren, die Rechenverfahren mit guten praktischen Ergebnissen für die Oberflächenverschiebungen und der Erfassung des Zeitfaktors entwickelten, hingewiesen.

Für Oberflächenverschiebungen sind diejenigen modernen Berechnungsmethoden am wertvollsten, die sich auf die Einflußfunktion in der Gaussschen Form stützen.

Summary

From the equations of the theory of plasticity a parabolic differential equation being analogous to the heat transfer equation can be obtained for the displacement in introducing corresponding simplifications on the basis of the rock displacement process in the vicinity of the surface. This means that the extension process of a cavity across the rock mass is analogous to the thermal diffusion process. By means of an example of the horizontal and inclined stratification the method of calculation is demonstrated.

Summarazing it is realised that both the parabolic differential equation advanced by the author and that developped by Litwiniszyn on the basis of the basis of the stochastic way of consideration reproduce the main properties of the rock displacement mechanism. Other authors that developped method of calculation with good practical results for the surface displacements and for the determination of the time factor are hinted at.

For surface displacements those of the modern methods of calculation are of most value that rely on the correlation function in the Gaussian form.

Résumé

Par les équations de la théorie de plasticité, en introduisant des simplifications correspondantes qui se basent sur le processus de déplacement des roches aux environs de la surface, on peut obtenir pour le déplacement une équation différentielle parabolique analogue à l'équation de la diffusion thermique. Cela signifie que le processus d'extension d'une catvié à travers les roches est analogue au processus de la diffusion thermique. À l'aide d'un exemple de la stratification horizontale et inclinée la méhode de calculation est démontrée.

Pour résumer il est constaté que non seulement l'équation différentielle parabolique proposée par l'auteur mais aussi celle développée par Litwiniszyn sur la base de la manière de considération stochastique reproduise les propriétés principales du mécanisme de déplacement des roches. D'autres auteurs qui ont développé des méthodes de calculation donnant de bons résultats pratiques pour les déplacements de la surface et la détermination du facteur temporel ont été indiqués.

Celles des méthodes modernes de calculation qui se fondent sur la fonction d'influence sous la forme Gaussienne ont la plus grande valeur pour les déplacements de surface.

Резюме

Испольеуя уравнения теории пластичности и упрощая их соответствующим образом и исходя из процесса сдвижения горных пород в близн земной поверхности можно получить дифференциальное уравнение параболического типа, аналогичное уравнению процесса распространения тепла, Это значит, что процесс прохождения пустоты через толщу пород аналогичен процессу распространения тепла. Способ расчета показан на примере горизонтального и наклонного залеганий.

Обобщая утверждается, что как предлагаемое автором параболическое дифференциальное уравнение, так и получаемое Литвинишиным на основе рассмотрения процесса сдвижения пород как стохастический процесс уравнение отражают главные свойства механизма сдвижения горных пород.

Дальше в работе указывается на другие авторы, которые разработали методы расчета, дающие практические результаты в области сдвижений поверхности и учета времени.

Из современных методов расчета сдвижений поверхности методы, использующие функцию влияния в форме экспонента Гаусса, дают наиболее удовлетворительные результаты.

I.

Das Problem der Gesteinsverschiebungen ist eines der am meisten untersuchten gebirgsmechanischen Aufgaben. Dessen ungeachtet sind noch viele Seiten unerforscht. Uns fehlt das wichtigste — eine grundlegende Theorie des Gesteinsverschiebungsprozesses.

Ich möchte auf einige Fragen der Theorie des Verschiebungsprozesses und auf den derzeitigen Stand der Erkenntnisse auf diesem Gebiet eingehen. Die allgemeinen Züge der qualitativen Seite des Prozesses, seine Entwicklungsfolge, die von diesem Prozeß befaßten Gebirgsteile, können als genügend erforscht betrachtet werden. Viel wichtiger ist es, unsere Kenntnisse auf dem Gebiet der rationellen Methoden zur Beschreibung des Verschiebungsprozesses zu verbessern, die die Lösung ingenieurtechnischer Aufgaben ermöglichen. Hierbei muß in Betracht gezogen werden, daß der Gesteinsverschiebungsprozeß nicht nur im Zusammenhang mit dem Problem der Bergschadenkunde interessiert, sondern auch in Verbindung mit der Erhaltung untertägiger Anlagen, dem Problem des Abbaues von Flözfolgen, Schutzflözen u. a.

Früher [1] zeigten wir auf, daß das Gebirge im Verschiebungsbereich außerhalb der Bruchzone ein plastisches Medium darstellt und daß zu seiner Beschreibung der gesamte Komplex der mathematischen Plastizitätstheorie herangezogen werden kann. Zur Ermittlung der Gesetzmäßigkeiten des Gesteinsverschiebungsprozesses wenden wir uns nun auch dieser Theorie zu.

Aus den Gleichungen der Plastizitätstheorie:

$$(\sigma_x - \sigma_y)^2 + \tau_{xy}^2 = \sin^2 \varrho \, (\sigma_x + \sigma_y + 2\, k \cot \varrho)^2$$

und

$$\left(\frac{\partial \xi}{\partial y} + \frac{\partial \eta}{\partial x}\right) \frac{\sigma_x - \sigma_y}{2} + \left(\frac{\partial \eta}{\partial y} - \frac{\partial \xi}{\partial x}\right) \tau_{xy} = 0$$

erhalten wir bei Ausschluß der Spannungskomponenten ein Gleichungssystem, welches die Komponenten des Verschiebungsvektors zueinander in Verbindung bringt:

$$\frac{\partial \xi}{\partial x} + \frac{\partial \eta}{\partial y} = 0, \qquad \left(\frac{\partial \eta}{\partial x} + \frac{\partial \xi}{\partial y}\right) \sin (2\,\varphi + \varrho) + \left(\frac{\partial \eta}{\partial y} - \frac{\partial \xi}{\partial x}\right) \cos (2\,\varphi + \varrho) = 0\,, \tag{1}$$

wobei bedeuten:

ξ und η — horizontale bzw. vertikale Komponente des Verschiebungsvektors[1]),
φ — Winkel, der von der Richtung der größten Hauptspannung (σ_1) und der X-Achse gebildet wird,
ϱ — Reibungswinkel des jeweiligen Gesteins.

[1]) Die Größen ξ und η sind im Vergleich zum Verschiebungsbereich sehr klein, und in unserem Falle können in diese Gleichungen an Stelle der Komponenten der mittleren Geschwindigkeiten (v_x und v_y) die Verschiebungskomponenten eingesetzt werden.

Die Ausdrücke der vollständigen Differentiale

$$d\xi = \frac{\partial \xi}{\partial x} dx + \frac{\partial \xi}{\partial y} dy, \qquad d\eta = \frac{\partial \eta}{\partial x} dx + \frac{\partial \eta}{dy} dy$$

und das System [1] führen zu den Gleichungen zweier Scharen von Gleitlinien [2]:

$$\begin{aligned} &1. \text{ Schar } \frac{dy}{dx} = \tan(\varphi + \varrho/2), \ \frac{d\eta}{d\xi} = \tan(\varphi + \varrho/2) ; \\ &2. \text{ Schar } \frac{dy}{dx} = -\cot(\varphi + \varrho/2), \ \frac{d\eta}{d\xi} = \tan(\varphi + \varrho/2) . \end{aligned} \tag{2}$$

Für die weitere Berechnung führen wir die Parameterausdrücke der Kennliniengleichungen ein:

$$\alpha(x, y) = \text{const} ,$$
$$\beta(x, y) = \text{const}$$

und erhalten eine Verbindung zwischen unseren Funktionen mit α und β:

$$\frac{dy}{dx} = \tan(\varphi + \varrho/2) = -\frac{\frac{\partial \alpha}{\partial x}}{\frac{\partial \alpha}{\partial y}}$$

oder

$$\cos(\varphi + \varrho/2) \frac{\partial \alpha}{\partial x} + \sin(\varphi + \varrho/2) \frac{\partial \alpha}{\partial y} = 0 .$$

Analog hierzu erhalten wir:

$$\sin(\varphi + \varrho/2) \frac{\partial \beta}{\partial x} - \cos(\varphi + \varrho/2) \frac{\partial \beta}{\partial y} = 0 . \tag{3}$$

Nach den entsprechenden algebraischen Berechnungen [1] erhalten wir ein System von Gleichungen, die x, y, ξ, η, c, α, β und φ miteinander verbinden:

$$\begin{aligned} &\frac{\partial \eta}{\partial \alpha} - \tan(\varphi + \varrho/2) \frac{\partial \xi}{\partial \alpha} = 0 , \qquad \frac{\partial \eta}{\partial \beta} + \cot(\varphi + \varrho/2) \frac{\partial \xi}{\partial \beta} = 0 , \\ &\frac{\partial y}{\partial \alpha} + \cot(\varphi + \varrho/2) \frac{\partial x}{\partial \alpha} = 0 , \qquad \frac{\partial y}{\partial \beta} - \tan(\varphi + \varrho/2) \frac{\partial x}{\partial \beta} = 0 . \end{aligned} \tag{4}$$

Dieses System kann nur mit Hilfe angenäherter numerischer Verfahren gelöst werden, wenn hinsichtlich φ keinerlei Einschränkungen zugelassen werden.

Bei der Untersuchung von Verschiebungsprozessen in Schichten, die an die Tagesoberfläche angrenzen, welche nicht belastet ist, gilt auch für sie $\sigma_n = \sigma_1 = 0$, $\tau_{xy} = 0$.

Die in dieser Zone auftretenden, relativ geringen Gesteinsverschiebungen können die bis zum Beginn des Verschiebungsprozesses existente, d. h. mit einer Vertikalrichtung übereinstimmende Richtung von σ_1 nicht wesentlich ändern.

Wenn wir im Koordinatensystem die Vertikale als X-Achse und die Horizontale als Y-Achse bezeichnen, so sind die Richtungen der von der Oberfläche ausgehenden Gleitlinien konstant. In diesem Falle haben wir:

$$\sigma_x = \sigma_1 , \qquad \sigma_y = \sigma_2 , \qquad \tau_{xy} = 0 ,$$

und die Berechnungen in [4] führen zu folgenden Gleichungen:

$$\frac{\partial^2 \xi}{\partial \alpha \, \partial \beta} = 0 , \qquad \frac{\partial^2 \eta}{\partial \alpha \, \partial \beta} = 0 . \tag{5}$$

Deren Lösung ist:

$$\begin{aligned} \xi &= [\tan(\varphi + \varrho/2) \, \eta_0^{(1)} + \xi_0^{(1)}] + [\zeta_0^{(2)} - \cot(\varphi + \varrho/2) \, \eta_0^{(2)}] , \\ \eta &= [\tan(\varphi + \varrho/2) + \eta_0^{(1)}] - [\cot(\varphi + \varrho/2) \, \xi_0^{(2)} - \eta_0^{(2)}] . \end{aligned} \tag{6}$$

An dieser Stelle muß vermerkt werden, daß der Mechanismus des Verschiebungsprozesses und der Charakter der Verschiebungsverteilung in qualitativer Hinsicht gleichartig sind, sowohl in rolligem Gestein mit $K = 0$ als auch in Gesteinen mit hoher Kohäsion, in denen die Reibung eine untergeordnete Rolle spielt.

Unter Beachtung dieser Tatsache kann für die Beschreibung des Gesteinsverschiebungsprozesses in der Nähe der Tagesoberfläche in diesem Sonderfall das folgende System zu Hilfe genommen werden:

$$\frac{\partial \xi}{\partial x} + \frac{\partial \eta}{\partial y} = 0\,, \qquad \frac{\partial \xi}{\partial y} + \frac{\partial \eta}{\partial x} = 0\,. \tag{7}$$

Durch Vertauschen von

$$\alpha = y - x\,, \qquad \beta = y + x$$

ergeben diese Gleichungen:

$$\frac{\partial^2 \xi}{\partial \alpha\, \partial \beta} = 0\,, \qquad \frac{\partial^2 \eta}{\partial \alpha\, \partial \beta} = 0\,. \tag{8}$$

In unserer Aufgabe sind für einen Abschnitt der Tagesoberfläche ξ_0 und η_0 gegeben, und anhand dieser Grenzbedingungen sollen ξ und η für das an die Oberfläche anliegende Gebirge ermittelt werden.

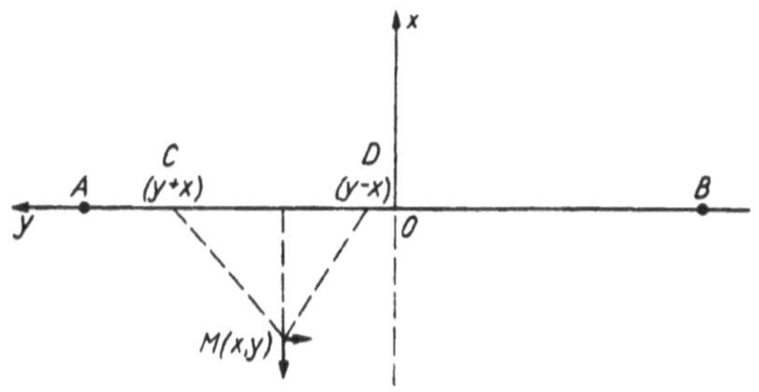

Bild 1. Anordnungsschema der Punkte an der Oberfläche und im Gebirge

Eine Integration der Gleichungen (8) führt zu Formeln für die Verschiebungskomponenten in einem Punkt mit den Koordinaten x, y (Bild 1):

$$\begin{aligned} \xi &= \frac{1}{2}\{[\eta_0^{(y-x)} + \xi_0^{(y-x)}] - [\eta_0^{(y+x)} - \xi^{(y+x)}]\}\,, \\ \eta &= \frac{1}{2}\{[\eta_0^{(y-x)} + \xi^{(y-x)}] + [\eta_0^{(y+x)} - \xi_0^{(y+x)}]\}\,. \end{aligned} \tag{9}$$

Hierbei sind

$$\xi_0^{(y+x)}, \qquad \eta_0^{(y+x)}$$

die Komponenten des Verschiebungsvektors in den Oberflächenpunkten mit den Abszissen $y - x$ und $y + x$.

Die Geschwindigkeitskomponenten im Punkt M werden in diesem Sonderfall durch die Komponenten der Oberflächenpunkte C und D mit den Koordinaten $y + x$ bzw. $y - x$ ermittelt (Bild 1).

Für drei Fälle, und zwar für $\alpha = 0$, $\alpha = 45°$ und $\alpha = 15°$, wurden die Verschiebungsgeschwindigkeitsfelder nach den Formeln (9) berechnet. Der Gültigkeitsbereich dieser Formeln wird durch die Länge des Abschnitts AB (Bild 1) bestimmt. Das Beispiel einer söhligen Lagerung wird auf Bild 2 dargestellt, das einer Lagerung mit einem Einfallen von $\alpha = 45°$ auf Bild 3a und mit einem Einfallen von $\alpha = 15°$ auf Bild 3b. Bild 3a zeigt die Krümmungen der vertikalen und geneigten Linien, die nach den Ergebnissen von Berechnungen konstruiert wurden. Diese Krümmungen stimmen gut mit den tatsächlichen Abweichungen überein.

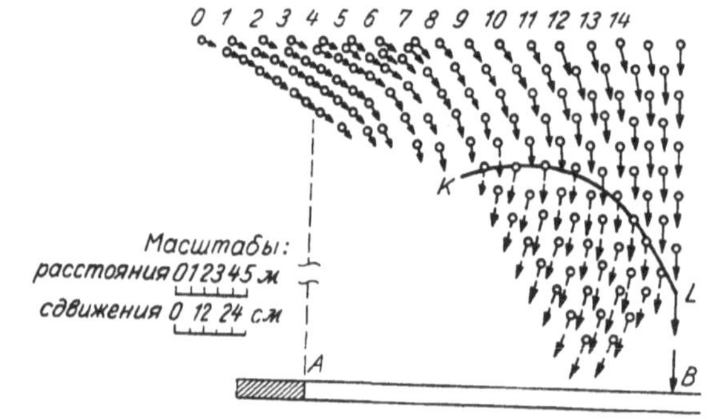

Bild 2. Für $\alpha = 0$ berechnetes Verschiebungsvektorenfeld (Moskauer Becken)

Die Verteilung von V_x und V_y bzw. ξ und η in dem an die Tagesoberfläche angrenzenden Gebirgsteil weist auf eine Gesetzmäßigkeit in ihrer Verteilung hin, die aus Bild 2 hervorgeht. Die Änderung von V_x, V_y bzw. ξ, η entlang der vertikalen Linie ist als nahezu linear zu bezeichnen, wie das an der Linie MN (Bild 4) gezeigt wird. Aus dieser graphischen Darstellung folgt die Beziehung:

$$V_x = K \frac{\partial V_y}{\partial x}. \tag{10}$$

Ganz offensichtlich existiert eine solche Beziehung auch zwischen den Komponenten des Verschiebungsvektors (in Anbetracht der relativ geringen Verschiebungen im Vergleich zur Größe des erfaßten Gebietes):

$$\xi = K \frac{\partial \eta}{\partial x}; \tag{11}$$

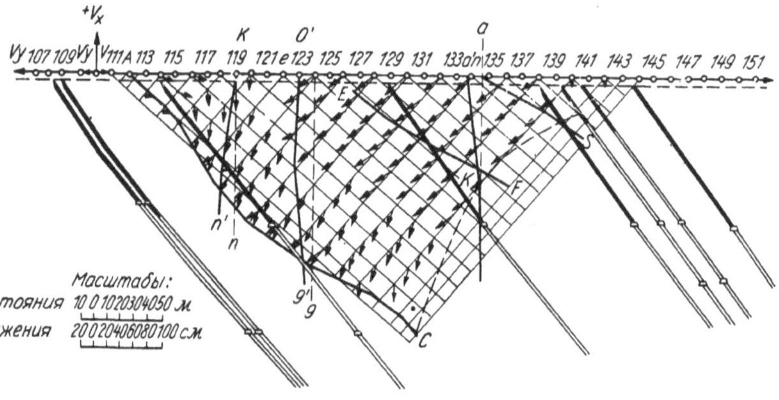

Bild 3a. Für $\alpha = 45°$ berechnetes Verschiebungsvektorenfeld (Donbass)

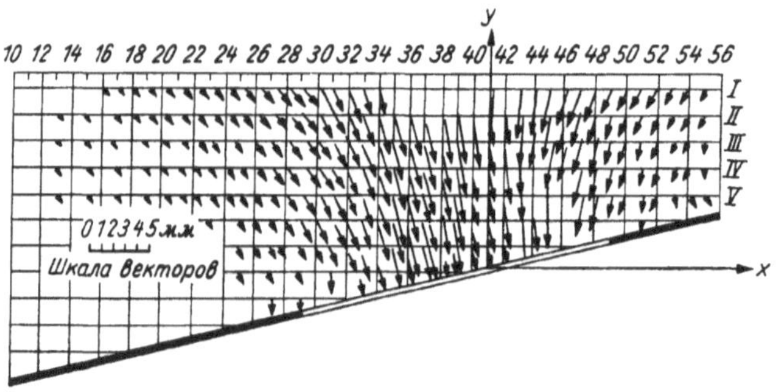

Bild 3b. Vektorenfeld $\alpha = 15°$

hierbei bedeuten:

ξ und η — horizontale bzw. vertikale Verschiebungskomponente.

Der Koeffizient K ist in diesem Sonderfall die Entfernung zwischen Tagesoberfläche und „neutraler Schicht", in deren Punkten $V_x = 0$ und $\xi = 0$ sind.

Der Koeffizient K wird von der Abbauteufe und von den Gesteinseigenschaften bestimmt. Nachfolgend gehen wir auf seine Werte ein.

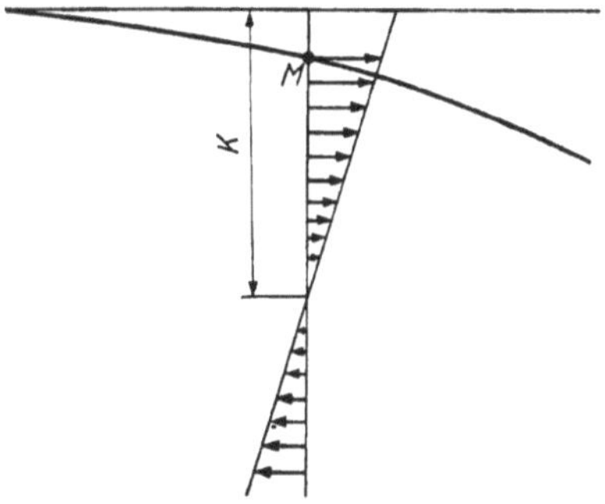

Bild 4. Schema der linearen Verteilung der Komponente ξ in der Vertikalen

II.

Wenn wir für das sich bewegende Gebirge das Modell eines kontinuierlichen Mediums wählen, und das hat für den Bereich außerhalb der Zone ungeordneter Brüche genügend Begründungen, so können wir schreiben:

$$\frac{\partial \xi}{\partial x} + \frac{\partial \eta}{\partial y} = 0 . \tag{12}$$

Aus den Gleichungen (12) und (11) folgt für die vertikale Komponente:

$$\frac{\partial \eta}{\partial y} = K \frac{\partial^2 \eta}{\partial x^2} . \tag{13}$$

Gleichung (13) zeigt uns, daß sich die Vertikalverschiebung den Gesetzmäßigkeiten der Wärmeausbreitung unterordnet. Das physikalische Wesen dieser Analogie kann verfolgt werden, wenn wir den Verschiebungsprozeß als Durchgang des vom Alten Mann gebildeten Hohlraumes durch die Gebirgsschichten bis zu seinem Austritt an der Tagesoberfläche mit Bildung einer Senkungsmulde betrachten. Dieser Durchgangsprozeß eines Hohlraumes durch das Gebirge ist dem Prozeß der Wärmeverteilung analog.

Gleichung (11) ist ähnlich der nachfolgend genannten Gleichung:

$$\varepsilon_x = z \frac{\partial^2 \omega}{\partial x^2} , \tag{14}$$

die für einen sich biegenden elastischen und plastischen Balken gilt. Die Verformung ε_n ist proportional der Krümmung der neutralen Achse und der Proportionalitätskoeffizient entspricht dem Abstand des Punktes von der neutralen Achse. In unserem Untersuchungsfall muß der Koeffizient K eine Funktion von y sein.

Die Richtigkeit von Gleichung (11) wird durch die Ergebnisse zahlreicher Messungen von ξ_n und η_n an der Tagesoberfläche bestätigt. Für Oberflächenpunkte gilt bekanntlich die folgende Beziehung:

$$\xi_n = K \frac{\partial \eta_n}{\partial x} ;$$

K stellt eine Funktion der Teufe dar, d. h. eine Funktion von $y = H$. Experimentelle Werte ergeben für eine söhlige Lagerung in den Oberflächenpunkten:

$$K = 0{,}2\,H\,.$$

Unter diesen Bedingungen kann K für Punkte im sich bewegenden Gebirge als linear und als von der Entfernung zum Grubenbau abhängig betrachtet werden:

$$K = A\,y = 0{,}2\,y\,,$$

und somit haben wir:

$$\frac{\partial \eta}{\partial y} = A\,y\,\frac{\partial^2 \eta}{\partial x^2}. \tag{15}$$

Die Verteilung der Komponenten ξ und η in einer sich verschiebenden Schichtenfolge über einem untertägigen Grubenbau hat eine Ähnlichkeit mit der Verteilung beider Komponenten in einem starken Balken bzw. einer dicken Platte. Das sich verschiebende Gebirge kann als Medium betrachtet werden, das sich in einem Grenzzustand befindet, d. h. als plastisches Medium.

Wenn die Werte von ξ und η im Vergleich zur Größe der Verschiebungszone nur sehr klein sind, so wird sich ihre Verteilung auch nur wenig vom ξ- und η-Feld unterscheiden, welches im Stadium der elastischen Verformungen des Mediums erhalten wird. Aus diesem Grunde gibt ein qualitatives Bild, welches dem o. g. ähnlich ist, auch die Lösung dieser Aufgabe.

Bekanntlich sieht die Lösung von Gleichung (15) folgendermaßen aus:

$$\eta = -\frac{m}{2}\left[\Phi\left(\frac{S+x}{\sqrt{A\,y}}\right) + \Phi\left(\frac{S-x}{\sqrt{A\,y}}\right)\right], \tag{16}$$

wobei bedeuten:

S — halbe Streckenbreite,

m — Streckenhöhe,

A = const $\approx 0{,}2$.

R. A. Muller [3] befaßte sich eingehend mit der Lösung von Gleichung (15) und erhielt Formeln für die Verschiebungskomponenten und ihre Ableitungen.

Die Übereinstimmung zwischen den Rechenergebnissen und den tatsächlichen ξ- und η-Werten kann als ziemlich gut bezeichnet werden.

III.

Für den Fall einer nicht söhligen Lagerung kompliziert sich Gleichung (8) für $\alpha \neq 0$.

In meiner Arbeit [4] wurde nachgewiesen, daß wir für die Bedingungen $\alpha \neq 0$ folgende Gleichung erhalten:

$$\frac{\partial \eta}{\partial y} = K(y)\,\frac{\partial^2 \eta}{\partial x^2} + B(y)\,\frac{\partial \eta}{\partial x}. \tag{17}$$

Hierbei ist $B(y)$ ein Koeffizient, der den Einfluß des Flözeinfallens zum Ausdruck bringt. Wir haben seinen Wert ermittelt [4]. Bei söhliger Lagerung ist der geometrische Ort der Zentren, d. h. der Biegungskurvenmitten eine vertikale Linie, die durch den Streckenmittelpunkt hindurchgeht. Bei $\alpha = 0$ müßte eine solche Linie eine durch den Mittelpunkt führende Normale sein. Die parallel zum Flöz liegenden Schnitte biegen sich jedoch in der Normalen durch und die Mittelpunkte dieser Senkungslinien bewegen sich von der durch den Streckenmittelpunkt führenden Normalen weg. Der Koeffizient $B(y)$ ist Bestandteil der Kurvengleichung, die den geometrischen Ort der Biegungskurvenmitten in der Normalen für parallel zum Flöz liegende Schnitte darstellt (Bild 5, Kurve 00_1).

Die Lösung von Gleichung (17) ist:

$$\eta_n = m\left\{\Phi\left(\frac{x - \Theta(y) + S}{\sqrt{A\,y}}\right) - \Phi\left(\frac{x - \Theta(y) - S}{\sqrt{A\,y}}\right)\right\}, \tag{18}$$

wobei bedeuten:

η_n — Größe der Verschiebungen in der Flöznormalen,
m — hereingewonnene Flözmächtigkeit,
S — halbe Streckenbreite,

$$A = K(y) = \text{const}, \qquad \Theta(y) = \int_0^y B(y)\,dy\,,$$

$$\Phi\left(\frac{x - \Theta(y) + S}{\sqrt{A\,y}}\right) = \frac{1}{2\pi}\int_0^{\frac{x-\Theta(y)+S}{\sqrt{A\,y}}} e^{-\frac{t^2}{2}}\,dt$$

— das GAUSSsche Tabellenintegral.

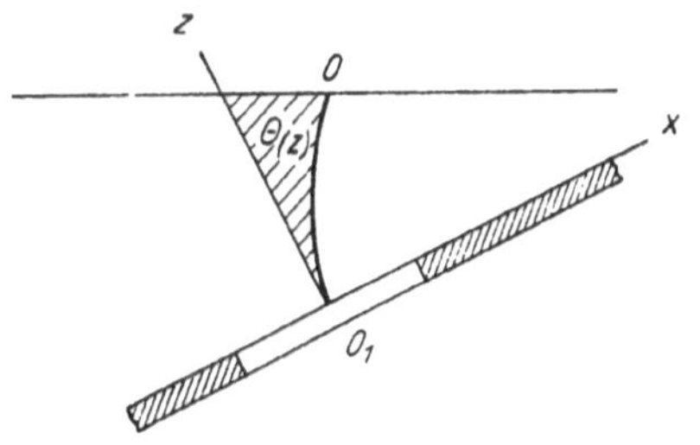

Bild 5. Abweichung der Biegungskurvenmitten von der Normalen

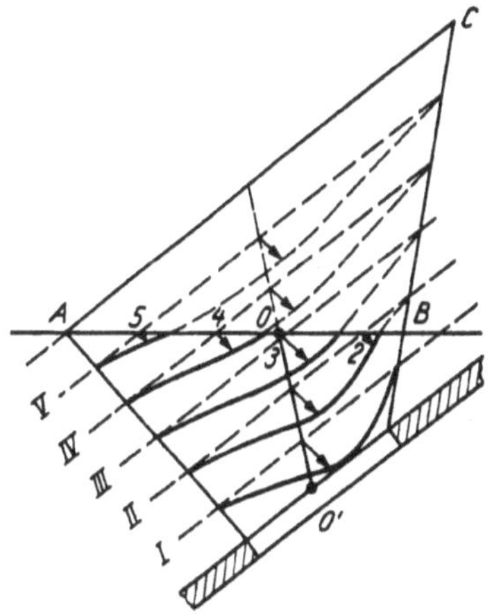

Bild 6. Schema der Geraden 00_1

Bei kleinen Einfallwinkeln ($\alpha < 30°$) kann Linie 00_1 in erster Annäherung als Gerade betrachtet werden, die der geometrische Ort aller Punkte ist, in denen

$$\frac{\partial \eta_n}{\partial x} = 0$$

gilt. Unter Berücksichtigung von (11) erhalten wir:

$$\Theta(y) = x = y \tan\varphi \tag{19}$$

und somit

$$B(y) = \tan\varphi\,. \tag{20}$$

Das bedeutet, daß $\Theta(y)$ die Gleichung für die Linie 00_1 ist, in deren Punkten $\frac{\partial \eta_x}{\partial x} = 0$ ist. Die Linie 00_1 charakterisiert die Abweichung der Biegungsmittelpunkte der parallel zum Flöz liegenden Schnitte von der Normalen zu K.

Aus Bild 6 geht hervor, daß $\varphi = \lambda - 90 + \alpha$ ist. α ist der Neigungswinkel der Linie 00_1, die den Muldenmittelpunkt mit dem Streckenmittelpunkt verbindet, zur Waagerechten. Dieser Winkel ist auf Grund direkter Beobachtungen verhältnismäßig gut nachgewiesen und beträgt etwa

$$90 + \frac{\gamma - \beta}{2},$$

wobei bedeuten:

γ und β — ebenfalls ausreichend bekannte Verschiebungswinkel.

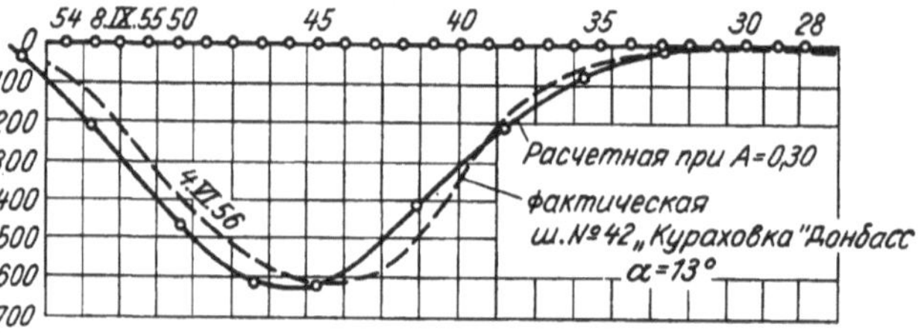

Bild 7. Berechnete und tatsächliche Senkungskurve bei $\alpha = 13°$

Deshalb können wir die Formel in folgender Form niederschreiben:

$$\varphi = 90 + \frac{\gamma - \beta}{2} - 90 + \alpha = \frac{\gamma - \beta}{2} + \alpha .$$

Bild 7 gibt einen Vergleich der Oberflächensenkungskurve für $\alpha = 13°$ mit den tatsächlichen Werten und Bild 8 zeigt die nach Formel (11) berechneten Kurven der Durchbiegung in Normalrichtung.

Im Falle einer räumlichen Aufgabe haben wir bei $\alpha = 0$ [4]:

$$\frac{\partial \eta}{\partial y} = K(y) \left(\frac{\partial^2 \eta}{\partial x^2} + \frac{\partial^2 \eta}{\partial z^2} \right). \tag{21}$$

Die Lösung dieser Gleichung — nach den Verfahren der mathematischen Physik [5] — in Anwendung auf unsere Aufgabe lautet:

$$\eta = \int_{-\infty}^{+\infty} \int_{-\infty}^{+\infty} \eta_0 \frac{1}{2 \pi K(y) y} e^{-\frac{(\lambda - x)^2 + (\nu - z)^2}{2 K(y) y}} d\lambda \, d\nu . \tag{22}$$

Für den Fall eines rechteckigen Grubenbaus mit Abmessungen von 2 S_1 und 2 S_2 haben wir bei einem Koordinatenursprung im Mittelpunkt des Grubenbaus folgende Gleichung erhalten:

$$\eta = - \int_{-S_1}^{+S_1} \int_{-S_2}^{+S_2} \eta_0 \frac{1}{2 \pi K(y) y} e^{-\frac{(\lambda - x)^2 + (\nu - z)^2}{2 K(y) y}} d\lambda \, d\nu . \tag{23}$$

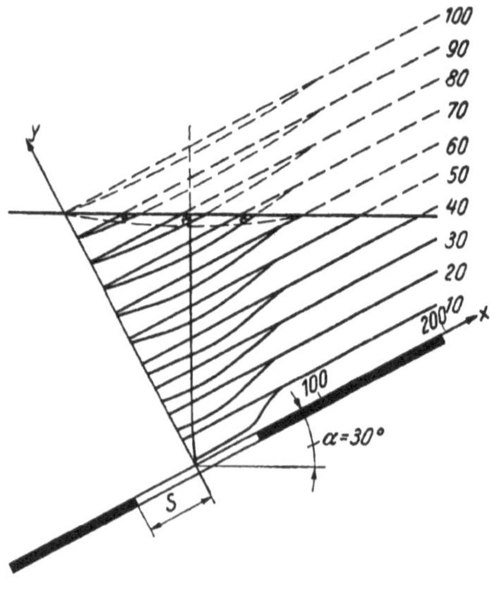

Bild 8. Nach Formel (11) berechnete Biegungskurven in der Normalen

Durch Integration erhalten wir in GAUSSschen Symbolen:

$$\eta = -\frac{\eta_0}{4}\left\{\Phi\left(\frac{S_1 + x}{\sqrt{A\,y}}\right) + \Phi\left(\frac{S_1 - x}{\sqrt{A\,y}}\right)\right\}.\left\{\Phi\left(\frac{S_2 + z}{\sqrt{A\,y}}\right) + \Phi\left(\frac{S_2 - z}{\sqrt{A\,y}}\right)\right\}; \tag{24}$$

hierbei ist $K(y) = A\,y$.

Auf einem völlig anderen Wege ermittelte LITWINISZYN eine noch vollständigere parabolische Differentialgleichung für einen sich verschiebenden Gebirgsteil:

$$\frac{\partial \eta}{\partial z} = K(x, z)\frac{\partial^2 \eta}{\partial x^2} + M(x, z)\frac{\partial \eta}{\partial x} + N(x, z)\,\eta\,. \tag{25}$$

LITWINISZYN und seine Schüler befaßten sich sehr eingehend mit der Lösung von Gleichung (25) in Anwendung auf den Gesteinsverschiebungsprozeß.

LITWINISZYN betrachtet den Prozeß der Gesteinsverschiebungen als stochastischen Prozeß und verwendet Berechnungsmethoden zur Beschreibung derartiger Prozesse, die zu wesentlichen Verallgemeinerungen führen.

Der physikalische Sinn der Koeffizienten K, M und N bleibt ungeklärt, was die praktische Anwendung der von LITWINISZYN erzielten interessanten Ergebnisse erschwert.

IV.

Bei Berechnung von Oberflächenverschiebungen wurden von Beier für praktische Zwecke gute Ergebnisse ermittelt. In den letzten Jahren wurde auf diesem Gebeit von den polnischen Wissenschaftlern KOCHMANSKI und KOWALCZYK weitergearbeitet. Diese Richtung in der Erforschung von Oberflächenverschiebungen wird durch die Anwendung der Methode der Einflußfunktionen gekennzeichnet.

Als Einflußfunktion gilt hierbei eine Exponentialfunktion in der Form der GAUSSschen Exponenten, wie sie in Formel (23) vorkommt. Ist die Einflußfunktion gut gewählt, so führt die Berechnung der Oberflächenverschiebungen zur Summation (Integration) dieses Einflusses in der Gesamtstreckenfläche, wie das bei Formel (23) geschieht.

Das von den genannten Verfassern entwickelte Rechenverfahren gibt sehr gute Ergebnisse, jedoch nur im Falle der Berechnung von Oberflächenverschiebungen. Derartige Ergebnisse können in Einzelfällen auch mit zahlreichen empirischen Formeln erhalten werden, nur ist in ihnen keine Erklärung des Prozeßmechanismus enthalten.

Von den letzten Arbeiten sollte die von KNOTHE genannt werden. In ihr gibt uns der Verfasser einen Weg zur Erfassung des Zeitfaktors.

Auch die von MARTOS [1]) vorgeschlagene empirische Formel zur Berechnung von Oberflächenverschiebungen enthält die ausführliche Beschreibung einer Rechenmethode, die in Einzelfällen, wenn die notwendigen Parameter durch direkte Beobachtungen ermittelt werden, zufriedenstellende Ergebnisse gibt.

V.

Zusammenfassend kann bestätgt werden, daß die parabolischen Differentialgleichungen (17) und (25) die Haupteigenschaften des Gesteinsverschiebungsmechanismus wiedergeben. Zum Zweck der praktischen Nutzung der Untersuchungsergebnisse und zur Lösung dieser Gleichungen muß der physikalische Sinn der in den Gleichungen vorkommenden Funktionalkoeffizienten geklärt und ihre Beziehungen zu den Charakteristika der mechanischen Gesteinseigenschaften

[1]) Vortrag von MARTOS auf der VI. Sitzung der Gruppe IV des Internationalen Büros für Gebirgsmechanik, die 1969 in Krakow stattfand.

(Reibung, Kohäsion) und zum Flözeinfallen (α) festgestellt werden. Auf diesem Wege finden wir die beste Lösung der Aufgabe zur Ermittlung der Gesteins- und Oberflächenverschiebungen. Aus der Zahl der modernen Berechnungsmethoden für die Oberflächenverschiebungen sind diejenigen für die Praxis am wertvollsten, die sich auf die Einflußfunktion in der GAUSSschen Form stützen.

Literatur

[1] AVERŠIN, S. G.: Gornye raboty pod sooruženijami i vodoemami. (Bergmännische Arbeiten unter Gebäuden und Wasserspeichern.) Ugletechizdat, Moskva 1954.

[2] SOKOLOVSKIJ, V. V.: Statika sypučej sredy. (Die Statik kohäsionsloser Medien.) Techniko-teoretičeskoe izd., Moskva 1954.

[3] MULLER, R. A.: Vlijanie gornych vyrabotok na deformaciju zemnoj poverchnosti. (Der Einfluß bergmännischer Hohlräume auf die Oberflächenverformung.) Ugletechizdat, Moskva 1958.

[4] AVERŠIN, S. G.: Rasčet deformacij massiva gornych porod pod vlijaniem podzemnych razrabotok. (Ermittlung von Gebirgsverformungen unter dem Einfluß untertägiger Gewinnungsarbeit.) VNIMI, Leningrad 1960.

[5] SOBOLEV, S. L.: Uravnenija matematičeskoj fiziki. (Gleichungen der mathematischen Physik.) Gostechizdat, Moskva 1954.

Über einige mathematische lineare Modelle in der Mechanik des Gebirges (Stochastisches Medium)

von J. LITWINISZYN und A. Z. SMOLARSKI, Krakow

Kurzfassung

Aus der Erkenntnis, daß bei der Bewegung einer Menge von Sandkörnern die Bedingung einer kontinuierlichen Abbildung nicht erfüllt wird, führen die Verfasser ein Modell ein, daß den Gebrauch solcher Begriffe gestattet, die die Kontinuität dieses Mediums nicht voraussetzen.

Als Grundgedanke wurde der Begriff der Verschiebung in das mathematische Modell eingeführt. Eine weitere Forderung ist die der Linearität.

Im Ergebnis wird ein Integralgleichungssystem erhalten, das eine Verallgemeinerung der sog. SMOLUCHOWSKIschen Gleichung darstellt. Es werden zwei Lösungsmethoden besprochen. Einmal sind die Übergangsfunktionen nicht von den Raumkoordinaten, sondern von deren Differenz abhängig, was einem homogenen Verschiebungsprozeß entspricht.

Die zweite Methode besteht in der Entwicklung eines Systems parabolischer Differentialgleichungen, dessen Lösungen die Integralgleichungen erfüllen. Es werden damit im allgemeinen Verschiebungsprozesse, die nicht homogen sind, beschrieben.

Die erwähnten Lösungen, die sich auf die Verschiebungen im Gravitationsfeld beziehen, kann man auch auf Verschiebungen im Potentialkraftfeld anwenden. Es werden einige Rechenbeispiele mit trockenem, durchgesiebtem und gereinigtem Sand als Medium angegeben.

Summary

Knowing that during the movement of a quantity of sand grains the condition of a continuous representation is not fulfilled the authors introduce a model permitting the use of those terms that do not suppose the continuity of this medium.

As a fundamental conception the term of displacement was introduced into the mathematical model. Another requirement is that for linearity.

One finally obtains an integral equation system representing a generalisation of the so-called equation of SMOLUCHOWSKI. Two solution methods are discussed. On one hand the functions of transition are not dependent on the space coordinates but on their difference what corresponds to a homogeneous displacement process.

The second method consists in developping a system of parabolic differential equations whose solutions meet the integral equations. By this one inhomogeneous displacement processes are generally described.

The solutions mentioned that refer to displacements in the gravitational field can also be applied to displacements in the potential field of forces. Some calculation examples with dry screened and purified sand as medium are given.

Résumé

Sachant que, dans le mouvement d'une quantité de grains de sable, la condition d'une représentation continue n'est pas remplie, les auteurs introduisent un modèle qui permet d'utiliser les termes qui ne supposent pas la continuité de ce médium.

Comme idée fondamentale le terme du déplacement fut introduit dans le modèle mathématique. Une demande autre est celle de la linéarité.

Dans le résultat un système d'équations intégrales est obtenu représentant une généralisation de la soi-disante équation de SMOLUCHOWSKI. Deux méthodes de solution sont discutées. D'abord les fonctions de transition ne dépendent pas des coordonnées à trois dimensions mais de leur différence ce qui correspond à un procès de déplacement homogène. La deuxième méthode consiste en le développement d'un système d'équations différentielles paraboliques dont les solutions remplissent les équations intégrales. Par celle-ci des processus de déplacement inhomogènes sont en général décrits.

Les solutions mentionées qui se réfèrent aux déplacements dans le champ de gravitation peuvent aussi être appliquées à des déplacements dans le champ de potentiel. Quelques exemples numériques avec le sable sec passé au crible et purifié comme médium sont donnés.

Резюме

Зная, что условия непрерывного отражения в случае сдвижения массы зерен песка не выполняются, авторы предлагают модель, позволяющая употребление таких терминов, в которых непрерыв ность среды не является предпосылкой.

Основной идеей этой математической модели является понятие сдвижения. Кроме того модель требует линейности.

В результате получается система интегральных уравнений, представляющая собой обобщение так называемого уравнения Смолуховского. В настоящей работе рассматриваются два способа решения. Во первых функции перехода не зависят от простренственных координат, а от их разницы, что соответствует однородному процессу сдвижения. Второй способ состоит в развитии системы параболических дифференциальных уравнений, решения которой выполняют интегральные уравнения. Этим, как правило, описываются неоднородные процессы сдвижения.

Приведенные решения, относящиеся к сдвижениям в гравитационном поле, можно применить и для определения сдвижений в потенциальном силовом поле. Рассматриваются некоторые примеры расчета для сухого грохоченного и очищенного песков как исследуемой среды.

Bei der Betrachtung von Erscheinungen der Mechanik der den äußeren Teil der Erdkruste bildenden Felsmassen erhebt sich die Grundfrage, welches physikalische Modell zur Beschreibung dieser Erscheinungen am besten geeignet ist.

In einer Reihe diesbezüglicher Betrachtungen kommt das Modell des kontinuierlichen Mediums in Anwendung. Bei der Einführung eines solchen Modells werden z. B. mechanische Erscheinungen der Erdkruste mit Hilfe von Gleichungen der Elastizitätstheorie beschrieben (wie z. B. in der Seismologie) und das Medium der Erdkruste wird als plastisches, plastisch-viskoses oder als ein anderes, rheologisches Medium betrachtet.

Die grundsätzliche Anwendung der Mechanik des kontinuierlichen Mediums, abgesehen vom angenommenen rheologischen Modell, geht von der Voraussetzung der Kontinuität der die Bewegung dieses Mediums beschreibenden Funktionen aus.

Der Zweifel, ob die tatsächlich auftretenden mechanischen Erscheinungen im Felsmedium der Erdkruste mittels solcher Funktionen beschrieben werden können, wurde schon seit langem von einer Reihe von Geomechanikern hervorgehoben. Solche Zweifel sind übrigens nicht nur auf dem Gebiet der Felsmechanik entstanden, sondern auch auf dem der turbulenten Strömungen, wo eine fehlende entsprechende Regelmäßigkeit der die Geschwindigkeitsebene beschreibenden Funktion eine weitläufige Anwendung statistischer Methoden hervorgerufen hat.

Derartige Zweifel kommen beispielsweise auch auf dem Gebiet der Bodenmechanik, also der lockeren Medien zum Vorschein, wo die Bedingung der Kontinuität der Deformation während der Bewegung offensichtlich nicht erfüllt wird.

So kann man z.B. bei der Betrachtung der Bewegung von Sandmassen feststellen, daß sich die Berührungen der einzelnen Sandkörner ändern. Die Unveränderlichkeit der Relation der Berührungen einzelner Elemente des Mediums (kontinuierliche Medien kennzeichnend) tritt also in den lockeren Medien nicht auf.

Man kann das folgendermaßen ausdrücken: die Bewegung des kontinuierlichen Mediums läßt sich mittels einer kontinuierlichen Abbildungsformel beschreiben.

Möge a die LAGRANGE-Koordinaten dieses Mediums bestimmen. Die Bewegung des Mediums wird durch folgende Gleichung ausgedrückt:

$$x = f(a, t)\,, \quad \text{wo} \quad a = f(a, 0)\,.$$

x bezeichnet z. B. die Koordinaten im unbeweglichen Koordinatensystem, t die Zeit.

Die Bewegung ist kontinuierlich, wenn man für einen jeden Wert $\varepsilon(t)$ eine solche Zahl δ finden kann, daß für jeden Punkt b, wo $\varrho(a, b) < \delta$ erfüllt ist, $\varrho\,[f(a, t), f(b, t)] < \varepsilon(t)$ ist, wo $\varrho(\alpha, \beta)$ den Abstand von α zu β bedeutet.

Die erwähnte Bewegung einer Menge von Sandkörnern erfüllt nicht die Bedingung der kontinuierlichen Abbildung. Wegen der fehlenden Kontinuität wird im allgemeinen die Bedingung der Unveränderlichkeit der Anordnung der Mediumelemente nicht erfüllt. Die Elemente des Mediums können sich untereinander durchmengen, wie das z. B. in den Erscheinungen der Diffusion zutage tritt.

Das Gebirge weist bestimmende Eigenschaften auf. So darf beispielsweise ein von bergmännischem Abbau unberührtes Gebirge als ein kontinuierliches, im allgemeinen nicht homogenes, doch aber anisotropes Medium betrachtet werden. Die bergmännische Wirkung kann einen Kohärenzverlust der Gesteinsmasse verursachen, z. B. im Zusammenhang mit der Spaltbarkeit des Gebirges. Das Gebirge wird dann von einer Menge gesonderter Körper gebildet. Die Bewegung einer solchen Menge kann mittels kontinuierlicher Abbildung nicht beschrieben werden.

Um die mit der Unstetigkeit des Mediums verbundenen Schwierigkeiten zu vermeiden, führen wir ein Modell ein, das den Gebrauch von solchen Begriffen gestattet, die die Voraussetzung der Kontinuität dieses Mediums nicht verlangen.

Als Grundidee der hier vorgestellten Auffassung führen wir den Begriff der Verschiebung ein. Im euklidischen Raum, in dem die Bewegung des betreffenden Mediums (das auch ein lockeres Medium sein kann) stattfindet, führen wir das Flächenelement S ein, das hinsichtlich des angenommenen Koordinatensystems unbeweglich ist. Während der Bewegung des Mediums tritt die Verschiebung der Teilchen dieses Mediums durch das Element S hervor. Wenn nun in einem festgelegten Zeitraum die Umfangsgröße des durch das Flächenelement S verschobenen Mediums $V = V(S)$ ist, bestimmen wir den normalen Einheitsvektor $n(P)$ zur Fläche S im Punkte $P \in S$.

Es möge die Funktion $w = w(P)$ angenommen werden, wo

$$\int_S w(P)\, n(P)\, dS(P) = V(S)$$

erfüllt ist.

Als Verschiebungsmaß $w = w(P)$ des betrachteten Mediums, identifiziert mit den Punkten, bestimmen wir die Grenzen [1])

$$\lim_{S \to P_0} \frac{V(S)}{S} = w(P_0)\,.$$

Wählen wir das cartesische Koordinatensystem, bezeichnen wir deren Achsen mit 1, 2 und 3. Die entsprechenden Koordinaten entlang dieser Achsen nennen wir x^1, x^2, x^3. Möge in diesem Koordinatensystem der Punkt P_0 festgelegt sein, wo drei Basis-Einheitsvektoren n_i tangential zu den Parameterlinien x_i $(i = 1, 2, 3)$ gegeben sind.

Es sei S_i die zu diesen Vektoren senkrechte Ebene. Offensichtlich ist $P_0 \in S_i$ $i = 1, 2, 3$. Die Größen

$$\lim_{S_i \to P_0} \frac{1}{S_i} \int_{S_i} w^i(P)\, n_i(P)\, dS_i = w^i(P_0) \tag{1}$$

für $P \in S_i$ für $i = 1, 2, 3$

sind Komponenten der Verschiebungen in der Achsenrichtung des Koordinatensystems (1, 2, 3).

Aus der Definition (1) ergibt sich, daß die Größen w^i Komponenten des kontravarianten Dichtevektors sind.

[1]) Dort, wo die Grenzen existieren. Die Unstetigkeitspunkte, wo die Grenzen nicht existieren, bilden eine abzählbare Menge, höchstens eine Menge von der Größe 0. Demzufolge sind die Integrale auf dieser Menge gleich 0.

Weiter werden wir uns mit dem Problem der Verschiebungen im asymptotischen Zustand befassen. Bei den Verschiebungen des Mediums im Gravitationsfeld nehmen wir das cartesische Koordinatensystem 1, 2, 3 an, wobei die Achse 3 als Parallele zum Vertikalvektor der Schwerkraft und ihm entgegengesetzt gerichtet angenommen wird.

In der festgesetzten horizontalen Ebene $x^3 = \underset{\mathrm{I}}{x^3} = \text{const}$ werden die übrigen Koordinaten als $\underset{\mathrm{I}}{x^1}$ und $\underset{\mathrm{I}}{x^2}$ bezeichnet.

In der Ebene ist das nachstehende Vektorfeld gegeben:

$$w^i = w^i(\underset{\mathrm{I}}{x^1}, \underset{\mathrm{I}}{x^2}, \underset{\mathrm{I}}{x^3}) \qquad \text{für } i = 1, 2, 3. \tag{2}$$

Kurzgefaßt wird die letzte Beziehung wie folgt angegeben:

$$w^i = w^i(\mathrm{I}) \qquad \text{für } 1, 2, 3 \tag{2a}$$

oder, da w^i Komponenten des Vektors $\bar{w}$ bilden, in der Gestalt:

$$\bar{w} = \bar{w}(\mathrm{I}). \tag{2b}$$

Die Gl. (2) bestimmt die Randbedingungen des Problems. Das Problem der Randbedingungen mit der das Verschiebungsvektorfeld bestimmenden Funktionen entspricht in dem Teil des betrachteten Gebietes den physikalischen Forderungen, in dem die Verschiebungen vor sich gehen. Unter diesen Verhältnissen läßt sich die Verschiebung an der Grenze des betrachteten Bereiches angeben, physikalisch aber lassen sich die Ableitungen dieser Verschiebungen nicht realisieren. Aus den phyikalischen Forderungen des Problems ergibt sich, daß die Verschiebungen nur an einem Teil der Bereichsgrenze vorgeschrieben sein dürfen.

Wir nehmen an, daß das in der Ebene $x^3 = \underset{\mathrm{I}}{x^3}$ gegebene Verschiebungsvektorfeld $\bar{w} = \bar{w}(\mathrm{I})$ eindeutig das Vektorfeld $\bar{w}$ für $x^3 \leqq \underset{\mathrm{I}}{x^3}$ bestimmt.

Es ist für beliebiges $x^3 = \underset{\mathrm{II}}{x^3} > \underset{\mathrm{I}}{x^3}$

$$\bar{w}(\mathrm{III}) = F[w(\mathrm{I}), \mathrm{I}, \mathrm{II}]. \tag{3}$$

Das bedeutet, daß es eine Operation F gibt, die auf dem in der Ebene $x^3 = \underset{\mathrm{I}}{x^3}$ gegebenen Vektorfeld $\bar{w}_3 = \bar{w}(\mathrm{I})$ ausgeführt, das Vektorfeld $\bar{w} = \bar{w}(\mathrm{II})$ in der Ebene $x^3 = \underset{\mathrm{II}}{x^3} > \underset{\mathrm{I}}{x^3}$ bestimmt. Wenn wir auf analoge Weise von der Ebene $x^3 = x^3$ zur Ebene $x^3 = \underset{\mathrm{III}}{x^3} > \underset{\mathrm{II}}{x^3}$ übergehen, erhalten wir

$$\bar{w}(\mathrm{III}) = F[\bar{w}(\mathrm{II}), \mathrm{II}, \mathrm{III}]. \tag{4}$$

Wegen der vorausgesetzten Eindeutigkeit des Operators F soll die Zusammensetzung der Übergangsoperationen I → II und II → III die gleiche Wirkung haben wie der Übergang I → III. Es ist

$$\bar{w}(\mathrm{III}) = F[\bar{w}(\mathrm{I}), \mathrm{I}, \mathrm{III}]. \tag{5}$$

Auf die Gl. (3), (4) und (5) gestützt, ergibt sich für den Operator F die nachstehende Beziehung:

$$F[\bar{w}(\mathrm{I}), \mathrm{I}, \mathrm{III}] = F\{F[\bar{w}(\mathrm{I}), \mathrm{I}, \mathrm{II}]\, \mathrm{II}, \mathrm{III}\}. \tag{A}$$

Indem wir die Eindeutigkeit des Operators F fordern, fordern wir auch die Beziehung (A).

Die weitere Forderung des fraglichen mathematischen Modells der Verschiebungen im Medium ist die der Linearität.

Wir geben ihr die nachstehende Gestalt:

$$F\left[\sum_{\alpha=1}^{m} \underset{\alpha}{a}\, \underset{\alpha}{\bar{w}}(\mathrm{I}), \mathrm{I}, \mathrm{II}\right] = \sum_{\alpha=1}^{m} \underset{\alpha}{a}\, F\left[\underset{\alpha}{w}(\mathrm{I}), \mathrm{I}, \mathrm{II}\right], \tag{B}$$

wo $\underset{\alpha}{\bar{w}}$ für $\alpha = 1, 2 \ldots m$ die Folge von m Vektoren und a die Folge der beliebigen skalaren Größen ist.

Vom Operator F fordern wir, daß er die Grenzrelation

$$\lim_{\mathrm{II}\to\mathrm{I}} F\,[\bar{w}\,(\mathrm{I}), \mathrm{I}, \mathrm{II}] = \bar{w}\,(\mathrm{I}) \tag{C}$$

erfüllt und daß für $\bar{w}\,(\mathrm{I}) < \infty$ gilt:

$$F\,[\bar{w}\,(\mathrm{I}), \mathrm{I}, \mathrm{II}] < \infty\,. \tag{D}$$

Aus dem FRECHET-RIESZ-Satz ergibt sich, daß jeder lineare Operator im HILBERT-Raum ein Skalarprodukt ist; wie sich aus der geforderten Linearität (B) ergibt, ist der Operator F ein Integraloperator.

Der Operator hat die Gestalt:

$$w^k\,(\mathrm{II}) = \sum_{i=1}^{3}{}' \int\limits_{\Omega(\mathrm{I})} w^i\,(\mathrm{I})\,\varphi^{ik}\,(\mathrm{I}, \mathrm{II})\,\mathrm{d}\,\Omega\,(\mathrm{I})\,, \tag{6}$$

wobei $\int\limits_{\Omega(\mathrm{I})} \ldots .\,\mathrm{d}\Omega\,(\mathrm{I})$ das Integrieren über den Bereich Ω der Ebene $x = \underset{\mathrm{I}}{x^3}$ bedeutet.

Das Funktionssystem

$$w^i = w^i\,(\mathrm{I}) \qquad \text{für } i = 1, 2, 3$$

bestimmt das in der Ebene $x^3 = \underset{\mathrm{I}}{x^3}$ gegebene Vektorfeld $\bar{w}$. Die Matrix der Funktion $\varphi^{ik} = \varphi^{ik}\,(\mathrm{I}, \mathrm{II})$ bezeichnen wir als Matrix der Übergangsfunktionen (von der Ebene $x^3 = \underset{\mathrm{I}}{x^3}$ zur Ebene $x^3 = \underset{\mathrm{II}}{x^3} < \underset{\mathrm{I}}{x^3}$).

Da die geforderte Bedingung (C) erfüllt werden soll, müssen die Übergangsfunktionen φ^{ik} der Gl. (6) nachstehende Bedingungen erfüllen:

$$\lim_{\mathrm{II}\to\mathrm{I}} \varphi^{ik}\,(\mathrm{I}, \mathrm{II}) = \delta^{ik}\,\delta\,(\mathrm{I}, \overset{0}{\mathrm{I}})\,, \tag{7}$$

wo δ^{ik} das KRONECKERsche Symbol

$$\delta^{ik} = \begin{cases} 1 & \text{für } i = k \\ 0 & \text{für } i \neq k \end{cases}$$

und $\delta\,(\mathrm{I}, \overset{0}{\mathrm{I}})$ die sog. DIRACsche Funktion mit der Eigenschaft $\delta\,(\mathrm{I}, \overset{0}{\mathrm{I}}) = 0$ für $\mathrm{I} \neq \overset{0}{\mathrm{I}}$ (wo I und $\overset{0}{\mathrm{I}}$ Punkte auf der Ebene $x^3 = \underset{\mathrm{I}}{x^3}$ sind) ist und

$$\int\limits_{\Omega(\mathrm{I})} \delta\,(\mathrm{I}, \overset{0}{\mathrm{I}})\,\mathrm{d}\Omega\,(\mathrm{I}) = 1\,.$$

Aus der Forderung (A) ergibt sich, daß die Kerne des Integraloperators (6), die die Übergangsmatrix bilden, das Integralgleichungssystem (8) erfüllen in der Form:

$$\varphi^{im}(\mathrm{I}, \mathrm{III}) = \sum_{k=1}^{3} \int\limits_{\Omega(\mathrm{II})} \varphi^{ik}\,(\mathrm{I}, \mathrm{II})\,\varphi^{km}\,(\mathrm{II}, \mathrm{III})\,\mathrm{d}\Omega\,(\mathrm{II}) \qquad \text{für } i, m = 1, 2, 3\,. \tag{8}$$

Das Gleichungssystem (8) ist eine Verallgemeinerung der sog. SMOLUCHOWSKIschen Gleichung, das eine Klasse kontinuierlicher MARKOV-Prozesse beschreibt.

Die Lösung des Gleichungssystems (8) bildet die Grundlage zur Bestimmung des Verschiebungsfeldes in einer Reihe von Rand-Anfangsproblemen der Mechanik lockerer Medien. Es besteht eine sehr umfangreiche Sammlung von Lösungen dieses Systems.

Die hier nachstehend besprochenen zwei Methoden sind Beispiele aus Lösungen dieser Sammlung.

Die erste Methode kommt in dem Fall zur Anwendung, wenn wir annehmen, daß der Verschiebungsprozeß homogen ist. Das bedeutet, daß die Übergangsfunktionen nicht von den Raumkoordinaten, sondern von der Differenz dieser beiden abhängig sind.

Daraus folgt:

$$\varphi^{mn}\,(\mathrm{II}-\mathrm{I}) = \varphi^{mn}\,(\underset{\mathrm{II}}{x^1}-\underset{\mathrm{I}}{x^1},\, \underset{\mathrm{II}}{x^2}-\underset{\mathrm{I}}{x^2},\, \underset{\mathrm{II}}{x^3}-\underset{\mathrm{I}}{x^3})\,. \tag{9}$$

In einem solchen Fall kann man Gl. (8) mittels der Fourier-Transformationen lösen.

Nach der Transformation ist:

$$\Phi^{mn}\left(\xi, \eta, \underset{\mathrm{II}}{x^3} - \underset{\mathrm{I}}{x^3}\right) = \int\limits_{-\infty}^{+\infty}\int\limits_{-\infty}^{+\infty} \varphi^{mn}(\mathrm{II}-\mathrm{I}) \exp\left\{i\left[\xi\left(\underset{\mathrm{II}}{x^1} - \underset{\mathrm{I}}{x^1}\right) + \eta\left(\underset{\mathrm{II}}{x^2} - \underset{\mathrm{I}}{x^2}\right)\right]\right\} \mathrm{d}\underset{\mathrm{I}}{x^1}\,\mathrm{d}\underset{\mathrm{I}}{x^2}\,. \tag{10}$$

Aus Gl. (8) ergibt sich das Funktionsgleichungssystem:

$$\Phi^{im}(\xi, \eta, \tau + \vartheta) = \sum_{k=1}^{3} \Phi^{ik}(\xi, \eta, \vartheta)\, \Phi^{km}(\xi, \eta, \tau)\,, \qquad \text{für } i, m = 1, 2, 3, \tag{11}$$

wo

$$\vartheta = \underset{\mathrm{II}}{x^3} - \underset{\mathrm{I}}{x^3}\,, \qquad \tau = \underset{\mathrm{II}}{x} - \underset{\mathrm{I}}{x^3}\,.$$

Wir suchen die Lösungen Φ^{mn}, die der Anfangsbedingung (7) für die Übergangsfunktion entsprechend die nachstehende Beziehung erfüllen sollen:

$$\Phi^{ik}(\xi, \eta, 0) = \delta^{ik}\,. \tag{12}$$

Um die Lösung des Funktionsgleichungssystems (11) zu erhalten, differenzieren wir das System nach der Variante ϑ (Gołab-Kraj), dann nehmen wir $\vartheta = 0$ an. Daraus ergibt sich:

$$\frac{\mathrm{d}\,\Phi^{im}}{\mathrm{d}\,\tau} = \sum_{k=1}^{3} \Lambda^{ik}\,\Phi^{km} \qquad \text{für } i, m = 1, 2, 3, \tag{13}$$

$$\left(\frac{\mathrm{d}\,\Phi^{ik}}{\mathrm{d}\,\vartheta}\right)_{\vartheta=0} \overset{\mathrm{df}}{=} \Lambda^{ik} \qquad \text{für } i, k = 1, 2, 3\,. \tag{14}$$

Die Werte Λ^{ik} sind meist Funktionen der Argumente ξ, η. Die Lösung von Gl. (13) ergibt:

$$\Phi^{ik} = \sum_{\alpha=1}^{3} A_{\alpha}^{ik} \exp\left(\overset{\alpha}{\sigma}\,\tau\right), \tag{15}$$

wo $\overset{\alpha}{\sigma}$ die Wurzeln der charakteristischen Gleichung

$$\mathrm{Det}\,(\Lambda^{ik} - \sigma\,\delta^{ik}) = 0$$

und A_{α}^{ik} die Funktionskoeffizienten der Argumente ξ, η sind. Infolge der Anfangsbedingung (12) und der Bedingung (14) müssen diese Koeffizienten die Beziehung

$$\sum_{\alpha=1}^{3} A_{\alpha}^{ik} = \delta^{ik}, \qquad \sum_{\alpha=1}^{3} \overset{\alpha}{\sigma}\, A_{\alpha}^{ik} = \Lambda^{ik}$$

erfüllen.

Wir betrachten Gl. (15) und kehren die Transformation (10) um und erhalten für homogene Prozesse eine Lösung der Integralgleichung (8) in der Gestalt

$$\varphi^{mn}(\mathrm{II}-\mathrm{I}) = \frac{1}{4\,\pi^2} \int\limits_{-\infty}^{+\infty}\int\limits_{-\infty}^{+\infty} \sum_{\alpha=1}^{3} A^{mn}(\xi,\eta) \exp\left[\overset{\alpha}{\sigma}(\xi,\eta)\left(\underset{\mathrm{II}}{x^3} - \underset{\mathrm{I}}{x^3}\right) - i\,\xi\left(\underset{\mathrm{II}}{x^1} - \underset{\mathrm{I}}{x^1}\right) - i\,\eta\left(\underset{\mathrm{II}}{x^2} - \underset{\mathrm{I}}{x^2}\right)\right] \mathrm{d}\xi\,\mathrm{d}\eta\,. \tag{16}$$

Diese Lösung erlaubt es, mit Hilfe von Gl. (6) ein Verschiebungsvektorfeld in einer beliebigen Ebene $x^3 > \underset{\mathrm{I}}{x^3}$ aufzustellen, wenn das Vektorfeld $w^i = w^i(\underset{\mathrm{I}}{x^1}, \underset{\mathrm{I}}{x^2}, \underset{\mathrm{I}}{x^3})$ gegeben ist.

Die Lösung erlaubt nun, das Cauchy-Problem im Falle der Verschiebungen eines lockeren Mediums zu lösen.

Die zweite Lösungsmethode des Systems von Integralgleichungen (8) beruht auf der Konstruktion eines solchen Systems parabolischer Differentialgleichungen, dessen Lösungen die Integralgleichungen erfüllen. Die Konstruktion eines solchen Differentialgleichungssystems erfordert eine geeignete Annahme über die Momente der Übergangsfunktionen φ^{ik}. Es läßt sich beweisen, daß die Verschiebungskomponenten w^i das nachstehende System parabolischer Gleichungen erfüllen:

$$\frac{\partial w^k(\underset{}{\mathrm{II}})}{\underset{\mathrm{II}}{\partial x^3}} = \sum_{i=1}^{3} \sum_{\alpha=1}^{2} \sum_{\beta=1}^{2} \frac{\partial^2}{\partial x^\alpha \, \partial x^\beta} [B^{ik}_{\alpha\beta}(\mathrm{II})\, w^i(\mathrm{II})] + \sum_{i=1}^{3} \sum_{\alpha=1}^{2} \frac{\partial}{\partial x^\alpha} [A^{ik}_{\alpha}(\mathrm{II})\, w^i(\mathrm{II})] + \sum_{i=1}^{3} N^{ik}(\mathrm{II})\, w^i(\mathrm{II}) \tag{17}$$

$$\text{für } k = 1, 2, 3 .$$

Im letzten Gleichungssystem beschreiben die Koeffizienten $B^{ik}_{\alpha\beta}$, A^{ik}_{α}, N^{ik} die Eigenheiten des sich verschiebenden Mediums. Insgesamt enthält das Gleichungssystem 67 Koeffizienten.

Je nach den angenommenen geometrischen Eigenschaften (der Symmetrie) des Mediums wird die Anzahl der Koeffizienten reduziert.

Anders als bei der ersten Methode beschreibt das Gleichungssystem (17) im allgemeinen Verschiebungsprozesse, die nicht homogen sind.

Mit Hilfe dieses Systems kann man verschiedene Randprobleme lösen, wodurch dieses System sich von Gl. (6) unterscheidet, die nur eine Lösung des CAUCHY-Problems erlaubt.

Die hier erwähnten Lösungen, die sich auf die Verschiebungen im Graviattionsfeld beziehen, kann man auch auf Verschiebungen im Potentialkraftfeld anwenden.

In diesem Fall entsprechen den horizontalen Ebenen äquipotentiale Flächen, deren vertikale Koordinaten den Potentialwerten 7. Am einfachsten ist dann ein kurvenlineares Koordinatensystem mit je zwei Basisvektoren, die einer Äquipotentialfläche tangent sind, und dem dritten, vertikalen Basisvektor, der die Richtung des Potentialgradienten bestimmt, anzunehmen.

In diesem Fall ergibt sich anstatt des Gleichungssystems (17) die folgende Gleichung:

$$\frac{\partial \underset{\mathrm{II}}{w^2} H}{\partial z} = \underset{\mathrm{II}}{\nabla_\varrho} \underset{\mathrm{II}}{\nabla_\sigma} w^\varkappa B^{\lambda\varrho\sigma}_{\varkappa}(\mathrm{II})\, H(\mathrm{II}) - \underset{\mathrm{II}}{\nabla} \varrho\, w^\varkappa A^{\lambda\varrho}_{\varkappa}(\mathrm{II})\, H(\mathrm{II}) + N^{\lambda}_{\varkappa} w^\varkappa H , \tag{18}$$

wo $w^\lambda = w^\lambda(x^1, x^2, z)$ der Verschiebungsvektor, z die ausgesonderte Koordinate längs der parametrischen Kurve, die normal zu den Äquipotentialflächen ist, und x^1, x^2 die übrigen Koordinaten sind. Die Symbole $\underset{\mathrm{II}}{\nabla \varrho}$ bezeichnen die kovarianten Ableitungen nach $\underset{\mathrm{II}}{x^\varrho}$ und $H = H(x^1, x^2, z) = \sqrt{g_{11}\,(g_{22} - g_{12})^2}$, wo $g\,\lambda\,\mu$ die Komponenten des metrischen Tensors bezeichnen.

$B^{\lambda\varrho\sigma}_{\varkappa}$, $A^{\lambda\varrho}_{\varkappa}$, $N^{\lambda}_{\varkappa}$ sind die Koeffizienten, die durch die Eigenschaften des Mediums bestimmt sind.

Die beim mathematischen Modell des Gebirges gewählten Bedingungen, von denen am Anfang der Arbeit die Rede war, sind sehr allgemein. Dementsprechend ist die Klasse der zulässigen Übergangsfunktionen sehr vielfältig, und die Suche nach allen diesen Funktionen ist nicht nur schwierig, sondern auch vom Gesichtspunkt der Praxis aus gesehen zwecklos.

Wenn man ein Modell anwenden will, muß man ihm die den jeweiligen Bedürfnissen angepaßten Eigenschaften geben, ergänzt um zusätzliche Annahmen wie die Menge der ursprünglichen Voraussetzungen hinsichtlich der Regularität der Funktionen, der Homogenität, der Struktur, des Mediums usw.

Was die Regularität anbelangt, ist es im allgemeinen bequemer, sich regulärer Funktionen als einschließlich quadratisch integrierbarer Funktionen zu bedienen. Meistens wählt man stückweise stetige Funktionen (die Menge der Unstetigkeitspunkte ist nicht unendlich) bzw. Klassen C_0 oder C_2.

Wenn man beachtet, daß die errechneten Werte w^i nur wahrscheinlich, nicht aber sicher sind, wird offensichtlich, daß sich aus der Stetigkeit nicht die reelle Kontinuität des Gebirges ergibt.

Ein weiterer Grund zum Einführen zusätzlicher Annahmen ist die Absicht, das Modell zu vereinfachen, um die Gleichungen leichter lösen zu können, aber auch die Zahl der Materialkonstanten zu reduzieren, da letztere nur empirisch bestimmt werden können. Je mehr dieser Konstanten zu beachten sind, desto größer ist die Erfordernis an Daten, und um so schwieriger sind diese zu erlangen und zu bearbeiten.

Beschränken wir uns deshalb auf die Funktionen der Klasse C_2, die das Gleichungssystem (17) erfüllen.

Ebenso wie bei den Theorien anderer physikalischer, in anisotropen Modellen vorkommenden Erscheinungen muß auch hier in unserem Falle die physikalische Symmetrie in Betracht gezogen werden, was eine wesentliche Verminderung der Zahl der unabhängigen Koeffizienten zur Folge hat. Es bleiben nämlich bei Annahme einfallender Schichten 28 und horizontaler Schichtung 6 Koeffizienten.

Wenn die Erscheinung zweidimensional ist, heißt das, daß die Verschiebungen von den Koordinaten x^2 nicht abhängig sind; bei Vorhandensein einfallender Schichten im Gebirge ergibt sich das nachstehende System:

$$\left.\begin{aligned} \frac{\partial w^1}{\partial x^3} &= N_1^1 w^1 + N_3^1 w^3 - \frac{\partial}{\partial x^1}(A_1^{11} w^1 + A_3^{11} w^3) + \frac{\partial^2}{\partial x^{12}}(B_1^{111} w^1 + B_3^{111} w^3)\,, \\ \frac{\partial w^2}{\partial x^3} &= N_2^2 w^2 - \frac{\partial}{\partial x^1}(A_2^{21} w^2) + \frac{\partial^2}{\partial x^{12}}(B_2^{112} w^2)\,, \\ \frac{\partial w^3}{\partial x^3} &= N_1^3 w^1 + N_3^3 w^3 - \frac{\partial}{\partial x^1}(A_1^{31} w^1 + A_3^{31} w^3) + \frac{\partial^2}{\partial x^{12}}(B_1^{311} w^1 + B_3^{311} w^3)\,, \end{aligned}\right\} \tag{19}$$

bei einem kompakten Gebirge oder bei horizontaler Schichtung:

$$\begin{aligned} &\frac{\partial w^1}{\partial x^3} = N_1^1 w^1 - \frac{\partial}{\partial x^1}(A_3^{11} w^3) + \frac{\partial^2}{\partial x^{12}}(B_1^{111} w^1)\,, \qquad \frac{\partial w^2}{\partial x^3} = N_1^1 w^2 + \frac{\partial^2}{\partial x^{12}}(B_1^{111} w^1)\,, \\ &\frac{\partial w^3}{\partial x^3} = N_3^3 w^3 - \frac{\partial}{\partial x^1}(A_1^{31} w^1) + \frac{\partial^2}{\partial x^{12}}(B_3^{311} w^3)\,. \end{aligned} \tag{20}$$

Wenn die Funktionskoeffizienten der Gleichungen bekannt wären, könnte man diese Systeme mit Hilfe einer der numerischen Methoden lösen, z.B. der Netzmethode.

Das Bestimmen der Koeffizienten erfordert die Kenntnis der Verschiebungsfelder $w^i(x^1, x^2, x^3)$, die von verschieden angenommenen Randbedingungen verursacht werden. Nur bei horizontaler Homogenität kann man die Koeffizienten berechnen, weil ein Verschiebungsfeld auftritt.

Nach dem Einsetzen der abgeleiteten Werte, die festgelegten Verschiebungen wurden aus einer genügend großen Anzahl von Punkten bestimmt, erhält man algebraische lineare Gleichungen, die leicht zu lösen sind.

Unter praktischen bergmännischen Bedingungen ist das Messen des ganzen Verschiebungsfeldes beinahe unmöglich. Meistens muß man sich auf die Oberfläche allein, möglicherweise auf wenige unterirdische Abbauhohlräume und den Schacht beschränken. Deswegen ist es wünschenswert, über analytische Lösungen in geschlossener Gestalt zu verfügen, die leichter zu analysieren sind als numerische, besonders wenn eine große Anzahl Funktionskoeffizienten zu berücksichtigen ist.

Leider verursacht die analytische Lösung des untersuchten Systems viele Schwierigkeiten, so daß sie nur in einzelnen Fällen, und zwar im Bereich der horizontalen Homogenität und Isotropie und einer ganz besonderen Auslese von Koeffizienten, gelingt.

Wenn wir annehmen, daß $B^{111} = B^{111} = B$ ist, wird bei Anwendung der FOURIER-Transformation im System (20) leicht nachzuweisen sein, daß

$$\varphi_1^1 = P(x^3 - \overset{}{\underset{\circ}{x}}{}^3)\, e^{-\frac{(x^1 - \underset{\circ}{x}{}^1)^2}{4B(x^3 - \underset{\circ}{x}{}^3)}} \operatorname{ch} \frac{\gamma}{2B}(x^1 - \underset{\circ}{x}{}^1)\,, \qquad \varphi_3^1 = 2\sqrt{\frac{A_3^{11}}{A_1^{31}}}\, p\,(x^3 - \underset{\circ}{x}{}^3)\, e^{-\frac{(x^1 - \underset{\circ}{x}{}^1)^2}{4B(x^3 - \underset{\circ}{x}{}^3)}} \operatorname{sh} \frac{\gamma}{2B}(x^1 - \underset{\circ}{x}{}^1)\,,$$

$$\varphi_1^3 = 2\sqrt{\frac{A_1^{31}}{A_3^{11}}}\, P(x^3 - \underset{\circ}{x}^3)\, e^{-\frac{(x^1 - \underset{\circ}{x}^1)^2}{4B(x^3 - \underset{\circ}{x}^3)}} \operatorname{sh} \frac{\gamma}{2B}(x^1 - \underset{\circ}{x}^1)\,, \qquad \varphi_3^3 = P(x^3 - \underset{\circ}{x}^3)\, e^{\frac{(x^1 - \underset{\circ}{x}^1)^2}{4B(x^3 - \underset{\circ}{x}^3)}} \operatorname{ch} \frac{\gamma}{2B}(x^1 - \underset{\circ}{x}^1)\,,$$

$$P(x^3 - \underset{\circ}{x}^3) = \frac{1}{2\sqrt{\pi B (x^3 - \underset{\circ}{x})^3}}\, e^{-\frac{\gamma^2 (x^3 - \underset{\circ}{x}^3)}{4B}}\,, \qquad \gamma = \sqrt{A_3^{11} A_1^{31}}\,.$$

Im Besitz der Übergangsfunktionen, die man auch Matrix der Grundlösungen nennt, läßt sich w^i, das aus der Annahme verschiedener Randbedingungen entsteht, leicht berechnen.

Nachfolgend werden einige versuchsweise durchgeführte Beispiele mit trockenem, durchgesiebtem und gereinigtem Sand als Medium angegeben. Die Tafeln enthalten eine schematische Darstellung der Randbedingungen, die Funktionen $w^i = w^i(x^1)$, die Diagramme dieser Funktionen und die aus den Messungen erhaltenen Punkte.

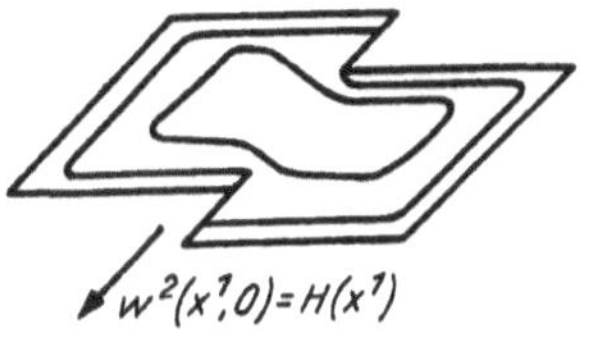

$$w^1 = \frac{1}{4} e^{\left(N_1^1 + \frac{\gamma^2}{4B}\right) x} \left[2 + \operatorname{erf} \frac{x^1 - \gamma x^3}{2\sqrt{B x^3}} + \operatorname{erf} \frac{x^1 + \gamma x^3}{2\sqrt{B x^3}}\right],$$

$$w^2 = 0\,,$$

$$w^3 = \frac{1}{2}\sqrt{\frac{A_1^{31}}{A_3^{11}}}\, e^{\left(N_1^1 + \frac{\gamma^2}{4B}\right) x^3} \left[\operatorname{erf} \frac{x^1 - \gamma x^3}{2\sqrt{B x^3}} - \operatorname{erf} \frac{x^1 + \gamma x^3}{2\sqrt{B x^3}}\right]$$

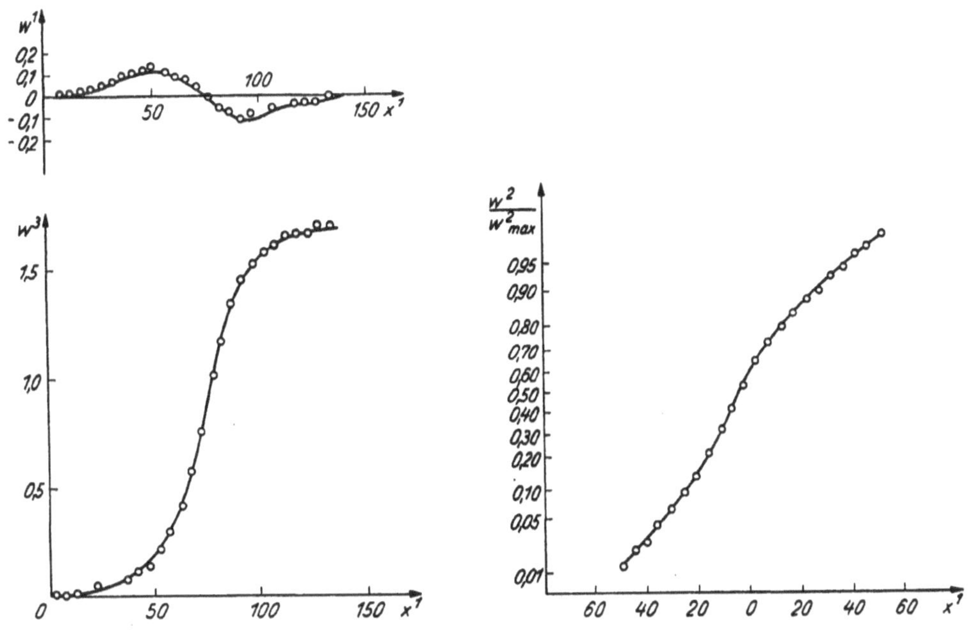

Beispiel 1

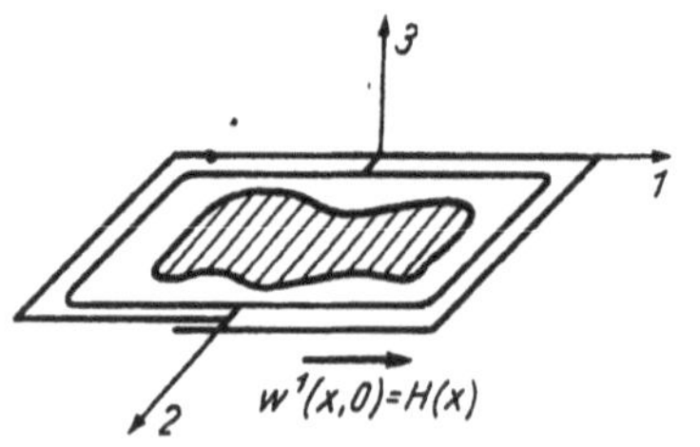

$$w^1 = 0$$

$$w^2 = \frac{1}{2}\left[1 + \operatorname{erf}\frac{x^1}{2\sqrt{B\,x^3}}\right]$$

$$w^3 = 0$$

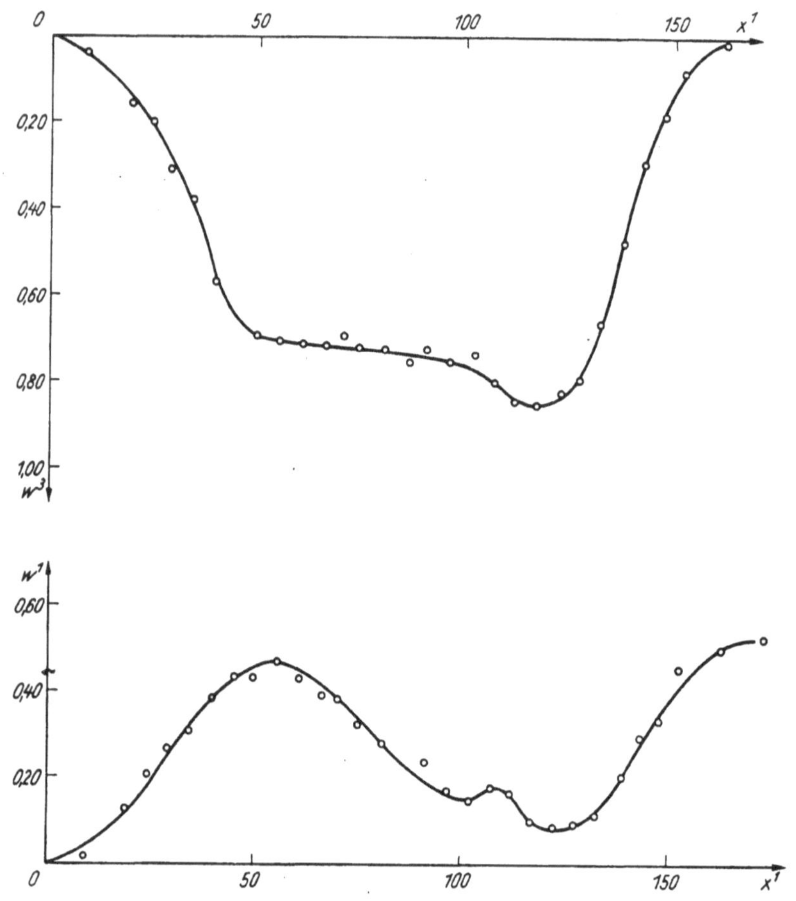

Beispiel 2

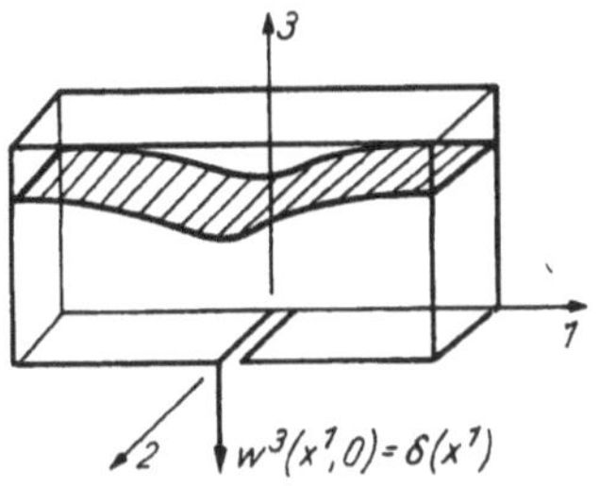

$$w^1 = 2\sqrt{\frac{A_3^{11}}{A_1^{31}}}\, e^{N_1^1 x^3}\, P(x^3)\, e^{-\frac{(x^1)^2}{4B\,x^3}}\, \mathrm{sh}\, \frac{\gamma}{2\,B}\, x^1$$

$$w^2 = 0$$

$$w^3 = e^{N_3^3}\, P(x^3)\, e^{-\frac{(x^1)^2}{4B\,x^3}}\, \mathrm{ch}\, \frac{\gamma}{2\,B}\, x^1$$

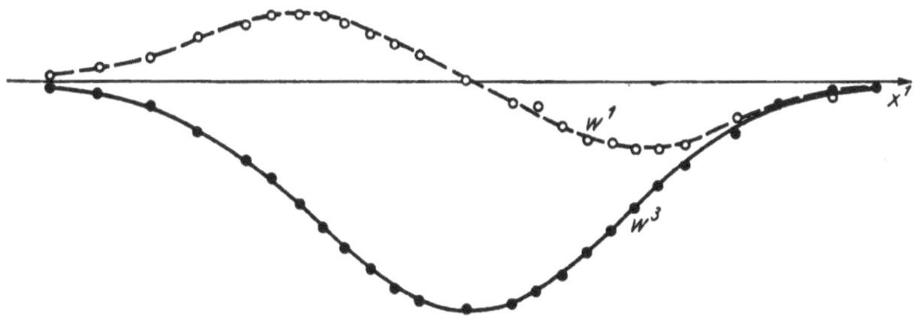

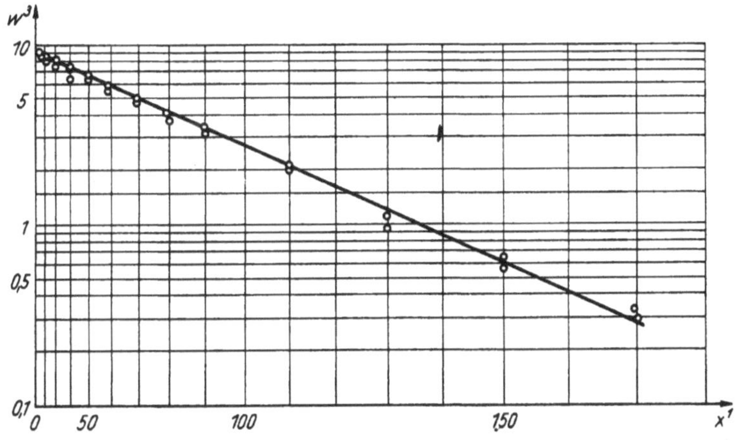

Beispiel 3

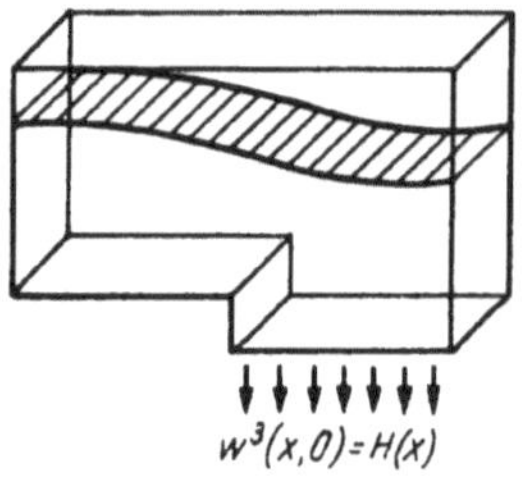

$$w^1 = \frac{1}{2}\sqrt{\frac{A_3^{11}}{A_1^{31}}}\, e^{\left(N_1^1 + \frac{\gamma^2}{4B}\right)x^3}\left[\operatorname{erf}\frac{x^1 - \gamma x^3}{2\sqrt{B x^3}} - \operatorname{erf}\frac{x^1 + \gamma x^3}{2\sqrt{B x^3}}\right]$$

$$w^2 = 0$$

$$w^3 = \frac{1}{4}\, e^{\left(N_3^3 + \frac{\gamma^2}{4B}\right)x^3}\left[2 + \operatorname{erf}\frac{x^1 - \gamma x^3}{2\sqrt{B x^3}} + \operatorname{erf}\frac{x^1 + \gamma x^3}{2\sqrt{B x^3}}\right]$$

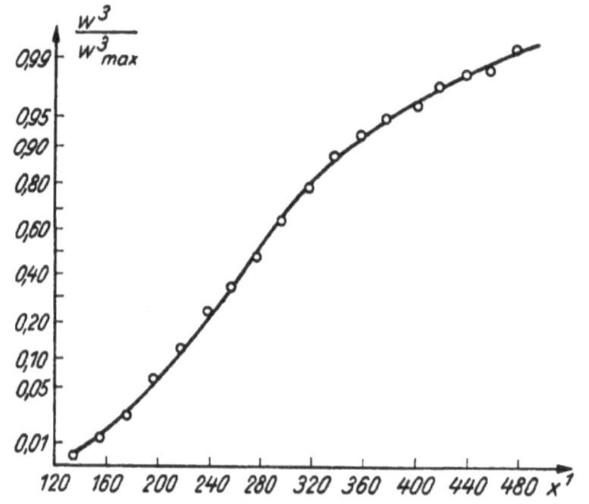

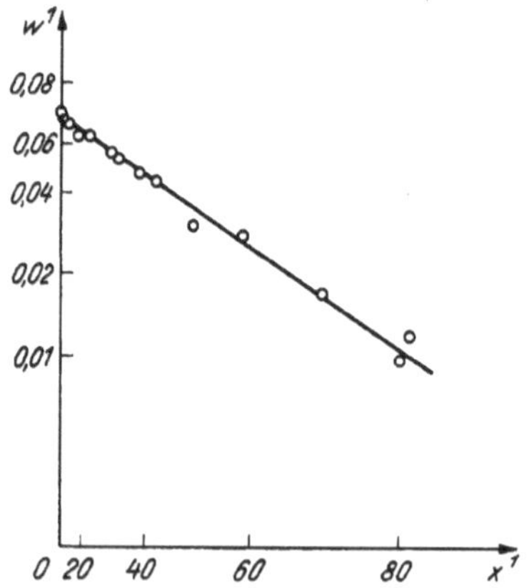

Beispiel 4

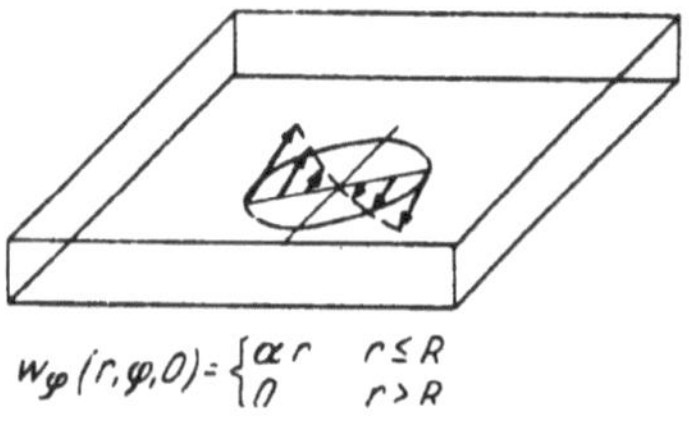

$$w_r = 0$$

$$w_\varphi = \sum_{n=1}^{\infty} \exp\left[\int_0^z N_1^1(t)\,\mathrm{d}t - \lambda_n^2 s\right] I_1(\lambda_n r)$$

$$A_n = \frac{2\alpha\left(\frac{R}{a}\right)^2}{I_0^2(\lambda_n a)}\left[\frac{2}{\lambda_n R}\, I_1(\lambda_n R) - I_0(\lambda_n R)\right]$$

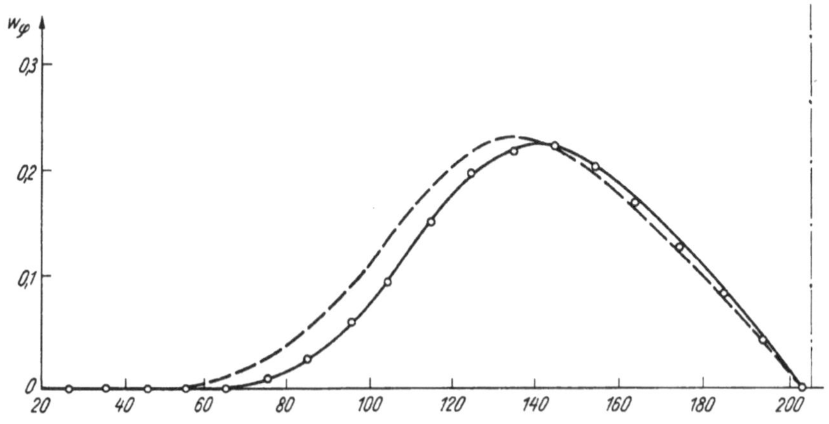

Beispiel 5

Einige prinzipielle Bemerkungen zur Vereinigung von Kontinuumsmechanik und stochastischer Betrachtungsweise in Richtung auf eine physikalische Theorie des Gebirges

von W. BUCHHEIM, Freiberg

Kurzfassung

Die Lage der theoretischen Gebirgsmechanik zwischen Mechanik des Kontinuums und Stochastik von Teilchensystemen wird einer Analyse unterworfen. Im Anschluß an bereits früher vom Autor aufgestellte Postulate wird im folgenden eine Verschmelzung von beiden präsentiert, bei der neben der Temperatur noch der Massendichtedefekt infolge Auflockerung in einer kontinuumsmäßig idealisierten Form als Feldgröße eingeführt und einer Diffusions-Differentialgleichung unterworfen wird. Damit wird die Thermodynamik irreversibler Prozesse auch auf fortschreitende Auflockerungsprozesse im Gebirge ausgedehnt. Das aus dem 1. Hauptsatz für bewegtes Material, der Impulsbilanz und der Bilanz des Massendefektes, der durch bergbauliche Massenentnahme oder Auswaschung entsteht, gebildete Differentialgleichungssystem stellt zwar eine deterministische Theorie der Gebirgsbewegungen dar, bezieht sich aber strenggenommen nur auf geeignet definierte Erwartungswerte der darin auftretenden Feldgrößen. Körnige Lockermassen und festes Gebirge werden als Extremfälle charakterisiert, die beide in dem Gleichungssystem enthalten sind. Übergangsfälle werden durch verschiedenartige Koppelungen zwischen gewissen Materialgrößen und gewissen Feldgrößen gekennzeichnet. Einige Schwierigkeiten werden aufgezeigt, die sich der Anwendung der eigentlich statistischen Mechanik auf die Gebirgsbewegung entgegenstellen.

Summary

It is offered an analysis of the position of theoretical rock mechanics between continuum mechanics and the stochastics of particle systems. Subsequent to postulates advanced by the author already sooner, a combination of these two is formulated introducing, additional to temperature, the mass density defect due to loosening (in a manner idealized for the continuum) as a field quantity for which a diffusion differential equation is specified. In this way, the thermodynamics of irreversible processes is extended to progressive loosening processes in the rock. The mathematical scheme formed from the first law of thermodynamics for movable material, from the impulse balance, the mass balance, the balance of the mass defect resulting from mining mass removal or leaching refers, although being deterministic, strictly speaking only to suitably defined expectation values of the field quantities. Granular loose material and solid rock are characterized as extreme cases being both involved in the equation systems, as well as transition cases resulting from diverse connexions of material sizes. There are shown the difficulties met in the attempt of applying statistical mechanics in the narrow sense to rock mechanics.

Résumé

La position de la mécanique des roches théorique et de la stochastique de systèmes de particules est soumise à une analyse. Partant de postulats avancés déjà plustôt une combinaison entre les deux est formulée introduisant en surplus de la température le défaut de la densité de masses dû à la désagrégation (sous une forme idéalisée pour ce qui concerne le continuum) comme quantité de champ pour lequel une équation différentielle de diffusion est spécifiée. Ainsi la thermodynamique de processus irréversibles est étendue à des processus de désagrégation progressifs dans les roches. Le schéma mathématique formé par la première loi de thermodynamique pour le matériel mobile, la balance d'impulsion, la balance de masse et la balance du défaut de masse résultant de l'enlèvement de masse minier et de l'étreinte d'origine sédimentaire se réfère, bien qu'étant déterministic, strictement parler seulement aux valeurs d'expectation proprement définies des quantités de champ. L'auteur caractérise le matériel meuble granulaire et la roche solide comme cas extrêmes, tous les deux étant contenus dans les systèmes d'équations, ainsi que les cas de transition dus à des diverses connexions entre les grandeurs de matériel. Les difficultés s'opposant à l'application de la mécanique statistique dans le propre sens du mot à la mécanique des roches.

Резюме

Подвергается анализу положение теоретической механики горных пород между механикой сплошной среды и стохастикой системов частиц. На основе уже раньше установленных автором рекомендаций разработалась комбинация обеих, при которой наряду с температурой вводится в виде полевой величины дефект плотности масс вследствие разрыхления в идеализированной форме, отвечающей континууму. Эта величина подвергается диффузионно-дифференциальному уравнению. Этим термодинамика необратимых процессов расширяется и на распространяющиеся в горном массиве процессы разрыхления. Правда, математическая схема, составленная на основе I-го главного уравнения термодинамики для перемещающегося материала, баланса импульсов, баланса дефекта массы вследствие горнотехнической выемки масс или размыва, является детерминической, она однако относится, в строгом смысле, только к определяемым надлежащим образом ожидаемым значениям полевых величин.

Характеризуются зернистые рыхлые массы и прочный горный массив как экстремальные случаи, которые оба содержатся в системах уравнений, далее переходные случаи, обозначенные различным соединением материальных величин. Указывается на трудности, препятствующие применению собственной статистической механики в механике горных пород.

Vorbemerkung

In der vorliegenden Arbeit wird der Einfachheit halber die koordinatenunabhängige *symbolische* Schreibweise der Vektor- und Tensorrechnung benutzt. Es bedeutet

ein Zeichen ohne darübergesetzten Pfeil einen Skalar

$\vec{v}$	einen Vektor
$\overleftrightarrow{S}$	einen Tensor 2. Stufe
$\overset{\leftrightarrow}{\overleftrightarrow{S}}$	einen Tensor 4. Stufe usw.
$\cdot$	die skalare Multiplikation
$\times$	die vektorielle Multiplikation
$\vec{\nabla}$	vor einem Skalar die Gradientenbildung
$\vec{\nabla} \cdot \vec{v}$	die Bildung der Vektordivergenz $\frac{\partial v_k}{\partial x_k}$ von $\vec{v}$
$\vec{\nabla} \cdot \overleftrightarrow{S}$	die Bildung der Tensordivergenz $\frac{\partial S_{ik}}{\partial x_k}$ von $\overleftrightarrow{S}$
$\vec{\nabla} \times \vec{A}$	die Bildung des Rotors von $\vec{A}$
$\vec{v}\,\vec{w}$	(ohne Punkt oder Kreuz) die Bildung des Tensors des „unbestimmten Produktes" von $\vec{v}$ und $\vec{w}$.

Bei skalarer Schreibweise, z.B. $\frac{\partial v_k}{\partial x_k}$ bzw. $\frac{\partial S_{ik}}{\partial x_k}$, wird über doppelt vorkommende Indizes jeweils von 1 bis 3 summiert (Summationskonvention). x_i bedeuten stets *kartesische Orthogonalkoordinaten*, alle Indizes beziehen sich auf deren Basisvektoren. Alle Gleichungen sind entweder invariante Beziehungen zwischen Skalaren oder kovariante zwischen Vektoren bzw. Tensoren. Sie können also für beliebige Koordinaten leicht mittels des Ricci-Kalküls in die bekannte Komponenten-(Index)-Schreibweise überführt werden. Hierbei ist $\vec{\nabla}$ als „kovariante Ableitung" einzusetzen. Alle Gleichungen sind als Größengleichungen im Sinne der Physik aufzufassen.

Die Schwierigkeiten, die sich der Begründung einer einheitlichen, rationellen und physikalisch begründeten Mechanik der Böden und festen Gebirgsmassen entgegenstellen, dürften in diesem Kreise hinreichend bekannt sein. Sie wurzeln sämtlich in dem Umstande, daß diese naturgegebenen und physikalisch in keiner Weise präparierbaren Materialien innerhalb der in Bergbau und Bauwesen interessierenden räumlichen Abmessungen weder eine rein kontinuumsmechanische noch eine rein statistisch-mechanische bzw. stochastische Behandlung zulassen. Jedes reale Gebirge ist zu stark von Diskontinuitäten (Spalten, Klüfte, natürliche Hohlräume, Schwächezonen usw.) durchsetzt, innerhalb derer die gesteinsmechanischen Parameter entweder überhaupt nicht definiert oder sehr großen Abweichungen gegenüber der festen ungestörten Umgebung unterworfen sind, als daß es für den Bergmann oder Felsbauingenieur noch als *Massenkontinuum* im Sinne der theoretischen Mechanik angesehen werden dürfte, wenn dieses auch vielleicht für den in anderen Maßstäben denkenden tektonischen Geologen noch erlaubt sein mag. Andererseits aber ist das mathematische Modell des stochastisch behandelbaren *Teilchensystems* mit nur *schwacher* (Berührungs-)*Wechselwirkung*, das zweifellos manche Züge des Verhaltens von körnigen Lockermassen richtig wiedergibt, für festes, wenn auch tektonisch gestörtes Gebirge wegen der unterschiedlichen, aber hier überwiegend sehr *starken* Wechselwirkung der kristallinen Elementarbestandteile miteinander leider nur sehr wenig passend. Nur extreme Grenzfälle, wie z.B. plastisch stark beanspruchtes Salzgebirge einerseits und sehr lose und trockene Sandschüttungen andererseits, kommen den beiden genannten mathematischen Modellen einigermaßen nahe. Was aber die große Menge der „normalen" Böden und Gesteinsformationen anlangt, so befindet man sich noch immer in einer prekären Mittellage zwischen zwei weit auseinanderklaffenden Idealfällen.

Angesichts dieser Situation bleibt wohl kaum ein anderer Ausweg als der eines *Kompromisses*, wie ihn Verf. bereits früher schon postuliert hat [1, 2]. Er besteht in der Einarbeitung stochastischer Züge, wie sie vor allem J. LITWINISZYN [3, 4, 5] zum Ausgangspunkt von Senkungsberechnungen für Lockermassen gemacht hat, in die Mechanik. Diese an sich ist im Gegensatz zur reinen Stochastik, in der der „Zufall" die dominierende Rolle spielt, bekanntlich auf physikalische Sätze sehr allgemeiner Gültigkeit über das streng *determinierte Wirken von Kräften* gegründet, die jedem Praktiker evident sind und auf deren Einbeziehung in seine Betrachtungen zu verzichten er nicht gewillt sein wird. Von G. GUDEHUS [13] wurden kürzlich in verdienstvoller Weise die wichtigsten bisherigen Versuche, *statistische* Betrachtungen in die *Bodenmechanik* einzuführen, einer kritischen Betrachtung unterzogen. Diese Versuche bewegen sich größtenteils in Bahnen, bei denen das *einzelne Korn* Element einer statistischen Betrachtung ist. Für Böden erscheint ein solches Vorgehen naheliegend und aussichtsreich, für überwiegend zusammenhängendes und nur teilweise aufgelockertes Gebirge dagegen wenig zweckmäßig.

Um zu einer adäquaten theoretischen Behandlung gebirgsmechanischer Vorgänge zu gelangen, ist es zunächst notwendig, sich darüber klar zu werden, daß solche Prozesse auf Ursachen beruhen und von Einflüssen beherrscht werden, *die nur zum Teil überhaupt physikalisch durchschaubar bzw. meßbar* sind. (Konkret gesprochen sind es alle die Einflüsse, die langsame, irreversible, ausgleichende Veränderungen z.B. um bergbaulich geschaffene Hohlräume herum zur Folge haben, also Mikroseismik, Auskühlung, Lösung von Gesteinsbestandteilen, Gefügeänderungen u. a.) Diese Situation ist in der Physik keineswegs neu oder einmalig. Schon in der klassischen Physik hat man sich im Bereiche der Thermodynamik daran gewöhnen müssen, daß im Grunde *jede* physikalische Größe allein auf Grund der thermischen Molekularbewegung prinzipiell — selbst theoretisch — nicht streng voraussagbar ist, sondern bei der Messung unvorhersagbare *Schwankungen* um einen *Erwartungswert* herum auftreten. Mit der Lage, in der sich die Thermodynamik insbesondere der *irreversiblen* Prozesse auf Grund der Molekularbewegung befindet, hat nun die Gebirgsmechanik manches gemeinsam, und zwar besonders auf Grund der allgemeinen mikroseismischen Bodenunruhe. Auch hier muß man sich darauf beschränken, Aussagen letztlich nur über *Erwartungswerte* zu machen, von denen Abweichungen möglich, wenn auch mehr oder weniger unwahrscheinlich sind. Wir wollen im folgenden zeigen, daß die Mechanik deformierbarer Körper nicht nur die Einarbeitung thermodynamischer Züge im Sinne von — letztlich statistischen — Aussagen über thermische Zustandsgrößen (z.B. Temperatur), sondern auch im Sinne von — letztlich ebenfalls statistischen — Aussagen über die Gebirgsbewegung zuläßt. Die *Thermodynamik der irreversiblen Prozesse* — jede Hangendabsenkung z. B. ist ein solcher irreversibler Prozeß — gibt wertvolle Hinweise, wie eine um den Begriff des *Massendefektes* bzw. der *Auflockerung* erweiterte Kontinuumsmechanik aufzustellen ist, in welcher alle auftretenden Größen zwar determiniert, aber letztlich nur als *Erwartungswerte* physikalischer Meßgrößen aufzufassen sind. Eine solche mit statistischen Zügen ausgestattete Gebirgsmechanik stellt dann im Sinne der mathematischen Physik ein in sich geschlossenes *deterministisches* Schema dar, dessen Determinismus um den Preis des Verzichtes auf die absolute Sicherheit des Einzelwertes der darin vorkommenden Größen, z. B. der Versetzung von Gebirgsteilen, von Spannungswerten u. a., erkauft ist.

Die nächste, wesentlich schwerer zu erklimmende Stufe wäre dann, über die Erwartungswerte hinaus auch *Wahrscheinlichkeitsverteilungen* für alle vorkommenden Meßgrößen angeben zu können. Dieses wäre gleichbedeutend mit einer statistischen Gebirgsmechanik, in die auch *Schwankungsphänomene* (auf Grund zahlreicher nicht erfaßbarer Nebeneinflüsse) eingearbeitet wären und die z. B. auch für vom Erwartungswert beliebig abweichende Werte die Wahrscheinlichkeit für ihr Eintreten angeben können. Doch scheint uns, abgesehen vom ungleich höheren Schwierigkeits- und Verständlichkeitsgrad, der Versuch einer solchen — wahrhaft statistischen — Gebirgsmechanik in praktischer Hinsicht den hohen Aufwand mindestens für die nächste Zukunft noch nicht zu lohnen. Auch wäre ein solches Vorgehen noch durch andere, ziemlich tief in der statistischen Methode wurzelnde Schwierigkeiten gehemmt, auf die wir zum Schluß noch einmal zurückkommen.

In die Mechanik stetig zusammenhängender, deformierbarer Massen können Vorgänge, die wesentlich auf der atomistischen Struktur der Materie beruhen, z. B. Wärmeleitung, Diffusion, chemische Reaktionen u. a., dennoch in einer sehr bezeichnenden und wirkungsvollen Weise *phänomenologisch* eingefügt werden. Es geschieht dieses durch einen Ansatz, der besonders elegant irreversible Vorgänge berücksichtigt. Dieser Ansatz besteht darin, daß für irgendeine thermodynamische „Transportgröße", z. B. die Wärme, den molekularen Translationsimpuls, die Konzentration einer Molekülart u. a., eine makroskopische, d. h. nur im Zeitmittel statistisch gültige Beziehung für ihren „Fluß" durch die Flächeneinheit aufgestellt wird. So ist z. B. die Wärmestromdichte $\vec{j}$ mit dem Gradienten $\vec{\nabla} T$ der Temperatur T durch die Beziehung

$$\vec{j} = -K\,\vec{\nabla} T \tag{1}$$

verknüpft, worin K die stets positive Wärmeleitzahl bedeutet. Diese Gleichung ist ausdrücklich nur für die makroskopischen *Erwartungswerte* der Vektoren $\vec{j}$ und $\vec{\nabla} T$ gültig. (1) kann in die Energiebilanzgleichung, wie sie der 1. Hauptsatz der Thermodynamik für bewegtes Material darstellt,

$$\frac{\mathrm{d}}{\mathrm{d}t}(\mu\, u\, \mathrm{d}\tau) = \mathrm{d}\tau\left(-\,\vec{\nabla}\cdot\vec{j} + \overleftrightarrow{S}\,...\,\vec{\nabla}\vec{v}\right) \tag{2a}$$

eingesetzt werden. Es bedeutet: μ die Massendichte, u die innere Energie pro Masseneinheit, $\overleftrightarrow{S}$ den mechanischen Spannungstensor, $\vec{v}$ den Vektor der (makroskopischen) Materialgeschwindigkeit, $\overleftrightarrow{K}$ den Wärmeleitungstensor, $\frac{\mathrm{d}}{\mathrm{d}t}$ die *substantielle* zeitliche Ableitung. Das Volumendifferential $\mathrm{d}\tau$ darf nur im Sinne einer mathematisch idealisierten Theorie ernst genommen werden; physikalisch gesehen muß man sich darunter immer einen *endlichen räumlichen Bereich* vorstellen, für den *alle* eingeführten Feldgrößen gerade noch hinreichend gut definierte *räumliche* Mittelwerte liefern. Mit Eintragung von (1) resultiert eine örtliche, im Grunde nur Erwartungswerte miteinander verknüpfende Gleichung

$$\frac{\mathrm{d}}{\mathrm{d}t}(\mu\, u\, \mathrm{d}\tau) = \mathrm{d}\tau\left\{\left(\vec{\nabla}\cdot\overleftrightarrow{K}\cdot\vec{\nabla}\right)T + \left(\overleftrightarrow{S}\cdot\cdot\,\vec{\nabla}\vec{v}\right)\right\}. \tag{2b}$$

$\overleftrightarrow{S}\cdot\cdot\,\vec{\nabla}\vec{v} = S_{ik}\,\frac{\partial v_i}{\partial x_k}$ stellt bekanntermaßen die totale makroskopische mechanische Deformationsleistung des Spannungsfeldes S pro Volumeneinheit dar. Obgleich also von Molekularbewegung selbst keine Rede ist, wird die Wanderung ungeordneter Molekularbewegungsenergie durch die Flußgröße $\vec{j} = -\vec{\vec{K}}\,\vec{\nabla} T$ wenigstens *im Zeitmittel*, d. h. durch *Erwartungswerte* richtig beschrieben. Fügt man die Energiebilanzgleichung (2b) den bekannten streng gültigen übrigen Bilanzgleichungen für den Impuls

$$\frac{d}{dt}(\mu\,\vec{v}\,d\tau) = d\tau\left\{\mu\,\vec{g}_0 + \vec{\nabla}\cdot\vec{\vec{S}}\right\} \tag{3}$$

($\vec{g}_0$ die Erdbeschleunigung)

und für die Masse

$$\frac{d}{dt}(\mu\,d\tau) = 0 \tag{4}$$

hinzu, so erhält man zunächst eine Theorie des Massenmediums, die *Bewegungs- und Wärmeleitungsvorgänge*, also *determinierte* und *nicht streng determinierte* (statistische) Prozesse gleichmäßig umfaßt.

Unser Vorschlag geht nun dahin, für Zwecke der Gebirgsmechanik eine *weitere*, nur *statistisch definierte Feldgröße* in die Gebirgsmechanik einzuführen, nämlich den stets positiven *Massedichtedefekt* $\delta\mu$ auf Grund der *Auflockerung*.

Für die Gebirgsmechanik in jeder Form und Zielrichtung scheint uns typisch zu sein, daß durch einen künstlichen Eingriff in den ungestörten, ruhenden oder auch langsam bewegten Gesteinsverband *Masse entfernt* wird, also ein Massendefekt entsteht. Dieser Massendefekt ist letztlich dann die Ursache *aller* derjenigen typisch gebirgsmechanischen Erscheinungen, z.B. der Spannungsveränderungen, der Versetzungen (insbesondere der Absenkungen), des Gebirgsdrucks auf den Ausbau usw., von denen der Ingenieur Erwartungswerte als Funktionen der Zeit zu errechnen wünscht. Natürlich kann der Massendefekt auch durch Lösungsvorgänge (Auslaugung, Auswaschung) oder Entgasung zusätzlich und mehr oder weniger fortlaufend entstehen.

Die Problematik dieser neuen Größe $\delta\mu$ bedarf einiger Erläuterungen. Zunächst zum Symbol: Das vorgestellte δ soll andeuten, daß *im allgemeinen* der Dichtedefekt *klein gegen die Massendichte selbst* sein wird. Im besonderen ist aber nicht auszuschließen, daß an gewissen Stellen (den Stellen des bergmännischen Eingriffs, der Auffahrung) $\delta\mu$ die ursprüngliche Massendichte μ_0 selbst erreichen (aber natürlich nicht überschreiten) kann. Naheliegend ist hier die Frage, warum nicht das Poren- oder Kluftvolumen pro Raumeinheit als Maß für die Auflockerung gewählt wird. Der Grund ist ein rein physikalischer, aber für die vorgenommene Erweiterung sehr entscheidender: Für den Massendichtedefekt gilt eine Bilanzgleichung, da nicht nur *vorhandene*, sondern auch *fehlende* Masse nicht von selbst entstehen oder verschwinden kann, falls keine Massenzu- bzw. abfuhr von bzw. nach außen stattfindet. Für das Porenvolumen z.B. gibt es eine solche Bilanz aber nicht; es kann z.B. durch äußere Druckeinwirkung verringert oder vergrößert werden, ohne daß Masse zu- bzw. abgeführt wird.

Die langsame Ausbreitung des Massendichtedefektes von einem künstlich geschaffenen Hohlraum aus, die natürlich stets mit einer Rückströmung von Material in diesen hinein verbunden sein muß, stellt nun ein ähnliches *irreversibles Phänomen wie Wärmeleitung oder Diffusion* dar, ein Phänomen, das sich entsprechend (1) durch eine „Flußgleichung" beschreiben lassen muß. Die Auflockerung der Umgebung schreitet nämlich, *zumindest in horizontaler Richtung statistisch gesehen stets von höheren zu tieferen Dichtedefektwerten* fort, wie der Wärme- bzw. Diffusionsstrom stets in Richtung von höherer zu niederer Temperatur bzw. Konzentration fließt. Hierin kommt in fundamentaler Weise der Charakter der gebirgsmechanischen Auflockerung als eines *Ausgleichsprozesses* zum Ausdruck. Dieser Ausgleichsprozeß ist u. E. das entscheidende Phänomen der Gebirgsmechanik. Ohne ihn würde es keinen Gebirgsdruck, keine langsam fortschreitende Liegendhebung oder Hangendabsenkung und keinen Bergschaden geben. Die Frage, ob er sich letztlich bis zur Tagesoberfläche durchsetzt, berührt unmittelbar das Rahmenthema dieses Treffens.

Hinsichtlich der quantitativen Definition des Massendichtedefektes befinden wir uns in der gleichen Situation wie die Thermodynamik mit der Definition der Temperatur. Nur für einen *hinreichend großen Bereich*, der sehr viele Atome, die lange genug in Wechselwirkung miteinander treten konnten, enthält, ist bekanntlich „Temperatur" wirklich definierbar. Für alle Probleme der Wärmeleitung z. B. in Festkörpern ist die Größenordnung dieses Bereiches noch immer klein gegen die Abmessungen der Körper, in denen die Wärmeleitung z. B. von technischem Interesse ist. Je kleiner aber die Definitionsbereiche gewählt werden, um so stärker treten die *statistischen Schwankungen* der Bewegungsenergie der Moleküle und damit eben der Temperatur in zeitlicher wie auch in räumlicher Hinsicht in Erscheinung. Genau Entsprechendes gilt für den Massendichtedefekt der Auflockerung: Je kleiner der Bereich gewählt wird, um so mehr machen sich zeitliche und örtliche *Abweichungen* von einem Mittelwert, also ebenfalls Schwankungen, bemerkbar, ein Umstand, in dem die bekannte Problematik der Gesteinsprobenuntersuchung wurzelt. Von hier aus versteht man auch leicht, daß ein kleinstes oder optimales Definitionsvolumen für $\delta\mu$ generell nicht angebbar ist. Dieses hängt von Form und Verteilung der Auflockerung ab und kann mithin die Abmessungen von aufgefahrenen Strecken usw. in ungünstigen Fällen durchaus *übertreffen*! Hier dürfte besonders deutlich werden, daß die hier aufgestellte Theorie eine kontinuumsmäßige *Schematisierung* des Gebirges voraussetzt, in der alle diskreten scharf lokalisierten Details ein wenig verwischt werden müssen. Auch ist es für manche Betrachtungen zweifellos nützlich, vielleicht unerläßlich, sich den Massendichtedefekt $\delta\mu$ aufgegliedert nach Größe, Form und Orientierung der Auflockerungshohlräume, Poren, Spalten usw. vorzustellen. Denkt man sich diese geometrischen Eigenschaften durch *stetige Parameter* $\omega_1, \omega_2, \ldots \omega_n$ gekennzeichnet, so gilt

$$\delta\mu = \int d\omega_1 \int d\omega_2 \ldots \int d\omega_n \, \delta\mu_\omega (\omega_1, \omega_2, \ldots \omega_n) \tag{5a}$$

oder abgekürzt

$$\delta\mu = \int d\omega \, \delta\mu_\omega , \tag{5b}$$

wobei die Integrationen jeweils über den ganzen geometrisch zulässigen Bereich des Parameters zu erstrecken sind.

Für die im Gebirge oder Boden sich ausbreitende Auflockerung sind, phänomenologisch gesehen, *zwei* verschiedene Einflüsse maßgebend [6]. Das eine Mal entsteht, wahrscheinlich vor allem durch Mikroseismik, ein Massendefektstrom, der stets von der stärkeren zur schwächeren Auflockerung hin gerichtet ist. Wir nennen diesen Effekt die *Auflockerungsdiffusion*. Ihr überlagert sich ein zweiter Effekt, der durch die Schwere als äußeres Kraftfeld bedingt ist. Da mobiles Material die Tendenz hat, sich der Schwere folgend zu setzen, hat die Auflockerung (der Massendefekt) die *entgegengesetzte* Tendenz, nämlich zu steigen. In einem losen Haufwerk z. B. sind die Körner bestrebt, in möglichst tiefliegende Lücken hinabzufallen, dafür aber höherliegende zurückzulassen. Man kann diesen Vorgang auch als eine *Auftriebsbewegung der Gesteinslücken* und damit als Auftrieb des Massendefektes auffassen. Die Kombination des Lückenauftriebs mit einer nur horizontal gerichteten Lückendiffusion stellt, wie vom Verf. nachgewiesen worden ist [7], dann Lockermassensetzung unter rein „stochastischen" Bedingungen dar. Zweifellos kann aber unter dem Einfluß der Mikroseismik auch eine vertikal gerichtete Auflockerungsdiffusion hinzutreten. Beide Effekt sind, zusammengenommen und thermodynamisch gesehen, ein irreversibler Ausgleichsvorgang: Dieser ist typisch mit einem *statistischen Anwachsen von Ungeordnetheit* des Materials bzw. seiner Leerstellen (Auflockerungslücken) verbunden.

Es könnte nun die Frage erhoben werden, weshalb dem Massendefekt und seiner Verschiebung hier der *Vorzug gegenüber der Masse selbst* gegeben wird. Der Grund für diese Entscheidung ist wieder ein rein physikalischer: Der Massendichtedefekt $\delta\mu$ der Auflockerung ist im allgemeinen, wie schon erläutert, eine *kleine Störgröße*, ähnlich der Konzentration eines gelösten Bestandteils in einer *verdünnten* Lösung. Je schwächer die Konzentration aber ist, um so einfacher läßt sich bekanntlich die Diffusion bzw. Setzung gelöster Teilchen im Mittel mit den bewegenden Gefällen (der Konzentration bzw. des Schwerepotentials) verknüpfen, und dieses ist dann für die *mathematische* Seite der Theorie ein entscheidender Vorteil.

Wir setzen also nach dem Gesagten für den Dichtedefektstrom $\vec{w}$ im statistischen Mittel (Erwartungswert) an:

$$\vec{w} = - \overleftrightarrow{D} \cdot \vec{\nabla}\, \delta\mu - \overleftrightarrow{E} \cdot \vec{g}_0\, \delta\mu \tag{6a}$$

oder, in numerierten kartesischen Orthogonalkoordinaten x_i $(i = 1, 2, 3)$ ausgeschrieben,

$$w_i = - D_{ik} \frac{\partial \delta\mu}{\partial x_k} - E_{ik}\, g_{0k}\, \delta\mu\,. \tag{6b}$$

Im Gegensatz zur Konzentration von Teilchen ist aber bei Lücken eine untere Grenze für die Gültigkeit eines solchen Proportionalitätsansatzes mit konstanten D-Werten gegeben. Wir kommen auf diesen wichtigen Umstand noch zu sprechen. Bei dem Ansatz (6) wird eine eventuelle natürliche Anisotropie des Gesteins von vornherein in Betracht gezogen. $\overleftrightarrow{D}$ oder das Größensystem D_{ik} bzw. $\overleftrightarrow{E}$ oder das System E_{ik} stellen die symmetrischen Tensoren der Lückendiffusion bzw. der Lückenbeweglichkeit gegenüber Auftrieb (Auftriebsbeweglichkeit) und $\vec{g}_0$ oder die drei g_{0k} den Vektor der Erdbeschleunigung dar; $-\vec{g}_0\,\delta\mu$ wäre der Gesamtauftrieb der Gesteinslücken pro Volumeneinheit, wenn diese in einer Flüssigkeit schweben würden. Bei hinreichender Auflockerung kann dann das Gestein, wiederum nur im statistischen Mittel, als eine *viskose*, u. U. *anisotrope Flüssigkeit* angesehen werden, in der eine bestimmte Lückenbeweglichkeit E herrscht, ähnlich der bekannten „Ionenbeweglichkeit" in einem Elektrolyten.

Wie schon oben ausgeführt, gilt wie für die Masse für den Massendefekt eine *Bilanzgleichung.* Sie besagt, daß der Massendefekt $\delta\mu\, \mathrm{d}\tau$, der in einem evtl. bewegten Elementarbereich vom Volumen $\mathrm{d}\tau$ lokalisiert ist, das aus immer dem gleichen Material besteht, eine zeitliche Änderung erfährt, die genau durch die Einströmung von Dichtedefekt sowie durch die irgendwie, künstlich oder natürlich, pro Zeiteinheit entfernte Masse δl gedeckt wird. Diese Bilanz lautet also:

$$\frac{\mathrm{d}}{\mathrm{d}t}(\delta\mu\, \mathrm{d}\tau) = \mathrm{d}\tau\,(-\vec{\nabla} \cdot \vec{w} + \delta l)\,. \tag{7a}$$

In δl sind der bergbauliche Massenabschub und der Massenabgang durch Lösung, Entgasung usw. gleichermaßen enthalten. Gleichung (7a), die unter Einsetzung von (6a) auch geschrieben werden kann:

$$\frac{\mathrm{d}}{\mathrm{d}t}(\delta\mu\, \mathrm{d}\tau) = \mathrm{d}\tau \left\{ \left(\vec{\nabla} \cdot \overleftrightarrow{D} \cdot \vec{\nabla}\right) \delta\mu + \left(\vec{\nabla} \cdot \overleftrightarrow{E} \cdot \vec{g}_0\right) \delta\mu + \delta l \right\}, \tag{7b}$$

fügen wir als 6. und letzte Bilanzgleichung zur Energiebilanz (2) (1. Hauptsatz der Thermodynamik für strömendes Material), den drei Impulsbilanzen (3) und zur Massenbilanz (4) hinzu. Wir erhalten damit das folgende, in *raumfesten*, orthogonalen kartesischen Koordinaten x_1, x_2, x_3 bzw. Komponenten 1, 2, 3 ausgeschriebene System von sechs partiellen Differentialgleichungen 1. Ordnung nach t für die sechs Feldfunktionen v_1, v_2, v_3, T, μ und $\delta\mu$:

$$\frac{\partial}{\partial t}(\mu\, u) + \frac{\partial}{\partial x_k}(\mu\, u\, v_k) = \frac{\partial}{\partial x_i}\left(K_{ik} \frac{\partial T}{\partial x_k}\right) + S_{ik} \frac{\partial v_k}{\partial x_i} - u\, \delta l\,, \tag{8a}$$

$$\frac{\partial}{\partial t}(\mu\, v) + \frac{\partial}{\partial x_k}(\mu\, v_i\, v_k) = \mu\, g_{0i} + \frac{\partial S_{ik}}{\partial x_k} - v_i\, \delta l \tag{8b}$$

$$\frac{\partial \mu}{\partial t} + \frac{\partial}{\partial x_k}(\mu\, v_k) = -\delta l\,, \tag{8c}$$

$$\frac{\partial \delta\mu}{\partial t} + \frac{\partial}{\partial x_k}(\delta\mu\, v_k) = \frac{\partial}{\partial x_i}\left(\left(D_{ik} \frac{\partial \delta\mu}{\partial x_k}\right) + E_{ik}\, g_{0k}\, \delta\mu\right) + \delta l \tag{8d}$$

$$(i, k = 1, 2, 3)$$

mit dem Stoffgesetz (der Stress-Strain-Relation) des Gebirgsmaterials)

$$S_{ik} = S_{ik}(\mu, T, \vec{\nabla}\vec{v} + \vec{v}\vec{\nabla}, \vec{\nabla}\vec{s} + \vec{s}\,\vec{\nabla}) \tag{8e}$$

(Über doppelt vorkommende Indizes wird jeweils summiert.)

$\vec{s}$ bedeutet den Erwartungswert der Materialverschiebung $\frac{\mathrm{d}s}{\mathrm{d}t} = \vec{v}$, d. h. $\frac{\partial s_i}{\partial t} + v_k \frac{\partial s_i}{\partial v_k} = v_i$, ($i = 1, 2, 3$). Bei Gleichung (8a) ist zu beachten, daß u bei Ausschluß von chemischen Reaktionen und Umkristallisationen des Materials eine Funktion von μ und T allein ist, also durch die Relation

$$\frac{\mathrm{d}u}{\mathrm{d}t} = \left(\frac{\partial u}{\partial T}\right)_{\mu} \frac{\mathrm{d}T}{\mathrm{d}t} + \left(\frac{\partial u}{\partial \mu}\right)_{T} \frac{\partial \mu}{\mathrm{d}t} \tag{9}$$

auch die 1. Ableitung von T nach t in das System eingeführt wird. (Chemische Reaktionen und Umkristallisationen sind bei gebirgsmechanischen Vorgängen bekanntlich nicht völlig auszuschließen. Will man auch sie mitberücksichtigen, so müssen weitere Variable in das System eingeführt werden, für die dann Differentialgleichungen nach t aus der Kinetik des Umwandlungsprozesses folgen. Prinzipiell ändert sich damit an unserem Konzept nichts; nur die Zahl der Gleichungen des Systems (8) vergrößert sich um so viele, als Konzentrationsvariable eintreten.)

Im folgenden mögen nun, analog zum Dichtedefekt $\delta\mu$, alle Größen, die auf einen bergbaulichen oder ingenieurmäßigen Eingriff in das Gebirge ursächlich zurückzuführen sind, durch ein vorgestelltes δ gekennzeichnet werden, die dem ungestörten, aber u. U. bewegten Verband entsprechenden dagegen durch eine angehängte Null. Wir erhalten so

$$\mu = \mu_0 - \delta\mu \quad (10\text{a}) \qquad \vec{s} = \vec{s}_0 + \vec{\delta s} \quad (10\text{b}) \qquad \vec{v} = \vec{v}_0 + \vec{\delta v} \quad (10\text{c})$$

$$\overleftrightarrow{S} = \overleftrightarrow{S}_0 + \delta\overleftrightarrow{S} \quad (10\text{d}) \qquad \overleftrightarrow{K} = \overleftrightarrow{K}_0 + \delta\overleftrightarrow{K} \quad (10\text{e}) \qquad T = T_0 + \delta T \quad (10\text{f})$$

Die Eintragung von (10a–f) in das System (2, 3, 4, 7) der Bilanzen, zunächst in symbolischer Schreibweise, ergibt dann

$$\frac{\mathrm{d}}{\mathrm{d}t}((\mu_0 - \delta\mu)(u_0 + \delta u)\,\mathrm{d}\tau) =$$

$$= \mathrm{d}\tau \left\{\left(\vec{\nabla} \cdot \left(\overleftrightarrow{K}_0 + \delta\overleftrightarrow{K}\right) \cdot \vec{\nabla}\right)(T_0 + \delta T) + \left(\left(\overleftrightarrow{S}_0 + \delta\overleftrightarrow{S}\right) \cdot\cdot\, \vec{\nabla}\left(\vec{v}_0 + \vec{\delta v}\right)\right) - (u_0 + \delta u)\,\delta l\right\}, \tag{11a}$$

$$\frac{\mathrm{d}}{\mathrm{d}t}\left((\mu_0 - \delta\mu)\left(\vec{v}_0 + \vec{\delta v}\right)\mathrm{d}\tau\right) = \mathrm{d}\tau\left\{(\mu_0 - \delta\mu)\,\vec{g}_0 + \vec{\nabla} \cdot \left(\overleftrightarrow{S}_0 + \delta\overleftrightarrow{S}\right)\right\}, \tag{11b}$$

$$\frac{\mathrm{d}}{\mathrm{d}t}((\mu_0 - \delta\mu)\,\mathrm{d}\tau) = -\,\mathrm{d}\tau\,\delta l, \tag{11c}$$

$$\frac{\mathrm{d}}{\mathrm{d}t}(\delta\mu\,\mathrm{d}\tau) = \mathrm{d}\tau\left\{\left(\vec{\nabla} \cdot \overleftrightarrow{D} \cdot \vec{\nabla}\right)\delta\mu + \left(\vec{\nabla} \cdot \overleftrightarrow{E} \cdot \vec{g}_0\right)\delta\mu + \delta l\right\}. \tag{11d}$$

Bleiben die Auswirkungen des Eingriffs nur relativ klein, so kann man alle Glieder, die δ-Größen von 2. und höherer Ordnung enthalten, streichen. Ferner wollen wir uns auf den Normalfall beschränken, daß der *ungestörte* Gesteinsverband *ruht*, also $\vec{v}_0 \equiv 0$, $\frac{\mathrm{d}\mu}{\mathrm{d}t} \equiv 0$ und $\frac{\mathrm{d}u_0}{\mathrm{d}t} \equiv 0$ ist.

Damit resultiert folgende (scheinbare) „Linearisierung" des Systems (11):

$$\mu_0 \frac{\partial\delta\,u}{\partial t} - u_0 \frac{\partial\delta\,\mu}{\partial t} + \mu_0\,u_0\left(\vec{\nabla} \cdot \vec{\delta v}\right) = \left(\vec{\nabla} \cdot \overleftrightarrow{K}_0 \cdot \vec{\nabla}\right)\delta T + \left(\vec{\nabla} \cdot \delta\overleftrightarrow{K} \cdot \vec{\nabla}\right)T_0 + \left(\overleftrightarrow{S}_0 \cdot\cdot\, \vec{\nabla}\,\vec{\delta v}\right), \tag{12a}$$

$$\mu_0 \frac{\partial\overrightarrow{\delta^2 u}}{\partial t} = -\,\delta\mu\,\vec{g}_0 + \left(\vec{\nabla} \cdot \delta\overleftrightarrow{S}\right) = 0\,. \tag{12b}$$

(Das Beschleunigungsglied auf der linken Seite von (12b) ist praktisch im allgemeinen zu vernachlässigen.)

$$-\frac{\partial\delta\mu}{\partial t}+\mu_0\left(\vec{\nabla}\cdot\vec{\delta v}\right)=-\,\delta l\,, \tag{12c}$$

$$\frac{\partial\delta\mu}{\partial t}=\left(\vec{\nabla}\cdot\overleftrightarrow{D}\cdot\vec{\nabla}\right)\delta\mu+\left(\vec{\nabla}\cdot\overleftrightarrow{E}\cdot\vec{g}_0\right)\delta\mu+\delta l\,. \tag{12d}$$

Mit diesen Gleichungen ist bereits berücksichtigt, daß das ungestörte ruhende und vom irdischen Wärmestrom stationär durchströmte Material sowohl der statischen Gleichgewichtsbedingung

$$\mu_0\,\vec{g}_0+\left(\vec{\nabla}\cdot\overleftrightarrow{S}_0\right)=0 \tag{13a}$$

als auch der homogenen Wärmeleitungsgleichung

$$\left(\vec{\nabla}\cdot\overleftrightarrow{K}_0\cdot\vec{\nabla}\right)T_0=0 \tag{13b}$$

genügen muß.

Die Addition von (12c) und (12d) führt zu einer wichtigen Folgerung, nämlich zu

$$\mu_0\left(\vec{\nabla}\cdot\vec{\delta v}\right)=\vec{\nabla}\cdot\left\{\left(\overleftrightarrow{D}\cdot\vec{\nabla}\right)\delta\mu+\left(\overleftrightarrow{F}\cdot\vec{g}_0\right)\delta\mu\right\}. \tag{14}$$

(14) läßt mithin bei jedem Auflockerungsvorgang für das statistische Geschwindigkeitsfeld $\vec{\delta v}$ der materiellen Ausgleichsbewegung die folgende Lösung zu:

$$\vec{\delta v}=\vec{\nabla}\,\delta P+\left(\vec{\nabla}\times\delta\vec{A}\right). \tag{15a}$$

Für das Skalarpotential δP des Geschwindigkeitsfeldes kann man gemäß (14) setzen:

$$\delta P(\mathfrak{r})=-\frac{1}{4\pi}\int d\tau(\mathfrak{r}')\,\frac{1}{\mu_0(\mathfrak{r}')\,|\mathfrak{r}-\mathfrak{r}'|}\,\vec{\nabla}'\cdot\left\{\left(\overleftrightarrow{D}(\mathfrak{r}')\cdot\vec{\nabla}'\right)\delta\mu(\mathfrak{r}')+\left(\overleftrightarrow{E}(\mathfrak{r}')\cdot\vec{g}_0\right)\delta\mu(\mathfrak{r}')\right\}. \tag{15b}$$

Das Vektorpotential $\delta\vec{A}$ dagegen ist zunächst völlig unbestimmt. Dieses zeigt in sehr instruktiver Weise, daß die Auflockerungsdiffusion das Geschwindigkeitsfeld $\vec{\delta v}$ *nicht eindeutig bestimmt*, sondern daß stets noch Raum für Auswirkungen des *mechanischen Spannungsfeldes* und für Randbedingungen bleibt.

Die Bewegungsgleichung (12b) und die Dichtedefektbilanz (12d) sind in Wahrheit nicht voneinander unabhängig, sondern durch die Beeinflussung von $\overleftrightarrow{D}$ und $\overleftrightarrow{E}$ durch $\overleftrightarrow{S}$, $\delta\mu$ und T einerseits und durch die Abhängigkeit der Spannungsfeldstörung δS von $\delta\mu$, $\vec{\delta v}$ und δT andererseits miteinander *gekoppelt*. Unter Streichung von Gliedern von höherer Ordnung gilt in dieser Näherung

$$\delta\overleftrightarrow{S}=\overleftrightarrow{S}_\mu\,\delta\mu+\overleftrightarrow{S}_T\,\delta T+\overset{\leftrightarrows}{S}_s\cdot\cdot\left(\vec{\nabla}\,\vec{\delta s}+\vec{\delta s}\,\vec{\nabla}\right)+\delta\overleftrightarrow{S}_v\left\{\vec{\nabla}\,\vec{\delta v}+\vec{\delta v}\,\vec{\nabla}\right\}. \tag{16a}$$

Die Symbole $\overleftrightarrow{S}_\mu$, $\overleftrightarrow{S}_T$ und $\overleftrightarrow{S}_v$ bedeuten wieder charakteristische Materialtensoren 2. Stufe, $\overset{\leftrightarrows}{S}_S$ einen solchen 4. Stufe. Für $\overleftrightarrow{D}$ und $\overleftrightarrow{E}$ hingegen gilt

$$\overleftrightarrow{D}=\overleftrightarrow{D}_\mu\left(\overleftrightarrow{S}_0,T_0,\delta\mu\right)+\overleftrightarrow{D}_T\,\delta T+\overset{\leftrightarrows}{D}_S\cdot\cdot\,\delta\overleftrightarrow{S} \tag{16b}$$

und entsprechend

$$\overleftrightarrow{E}=\overleftrightarrow{E}_\mu\left(\overleftrightarrow{S}_0,T_0,\delta\mu\right)+\overleftrightarrow{E}_T\,\delta T+\overset{\leftrightarrows}{E}_S\cdot\cdot\,\delta\overleftrightarrow{S}\,, \tag{16c}$$

wobei die Glieder mit δT und $\delta\overleftrightarrow{S}$ wegen der Beschränkung auf Größen 1. Ordnung bei der Eintragung in (12d) zu streichen sind, während die Glieder $\overleftrightarrow{D}_\mu$ und $\overleftrightarrow{E}_\mu$ eine komplizierte, jedenfalls aber *nichtlineare* Abhängigkeit von $\delta\mu$ aufweisen. Man ersieht dieses leicht daraus, daß die Dichtedefektdiffusion für sehr kleinen Dichtedefekt zweifellos nicht linear in $\frac{\partial\delta\mu}{\partial x_i}$ sein kann, weil dann die Gesteinslücken so weit getrennt sind, daß Mikroseismik und Schwere zu keiner Nachfallbewegung mehr führen können. Das gleiche gilt für das Glied $\delta\overleftrightarrow{S}_v\,\{\vec{\nabla}\vec{v}+\vec{v}\vec{\nabla}\}_S$ des Reibungsbestandteils von $\delta\overleftrightarrow{S}$. Weder Boden- noch Gebirgsmaterialien befolgen für kleine Deformationsgeschwindigkeiten die Reibungsgesetze etwa NEWTONscher Flüssigkeiten, sondern zeigen bekanntlich, mehr oder weniger ausgeprägt, die bekannte *Fließfestigkeit.* Hieraus ersieht man, daß trotz der vorgenommenen Linearisierung das fundamentale Differentialgleichungssystem (12) *in Wahrheit nichtlinear* sein muß, wenn es das *reale Verhalten* von Böden und aufgelockertem Gebirge richtig wiedergeben soll. Dieser Umstand führt zwar bei Durchrechnung konkreter Fälle bekanntlich zu großen mathematischen Schwierigkeiten, verbürgt aber allein die richtige Beantwortung solcher Fragen wie die nach der stationären Begrenzung von Versetzungs- und Entspannungsbereichen oder noch nach der Erreichung der Tagesoberfläche durch die Hangendabsetzung.

Wir untersuchen nun, wie die beiden Grenzfälle des festen ungestörten Gebirges und des körnig geschütteten Materials sich in den Gleichungssystemen (11a—d) bzw. (12a—d) darstellen. *Ungestörtes Gebirge* ohne künstlich eingeführten Massendefekt weist keine nennenswerte Dichtedefektdiffusion auf. Hier ist $\frac{\mathrm{d}}{\mathrm{d}t}\,\delta\mu = 0$ und $\delta v \equiv 0$. $\delta\mu$ ist so klein, daß $\overleftrightarrow{D}_\mu \equiv 0$ und $\overleftrightarrow{E}_\mu \equiv 0$, und $\delta\mu$ kann in μ_0 als zeitlich konstantes Poren- oder Kluftvolumen aufgenommen gedacht werden. Damit wird auch $\delta\overleftrightarrow{S} = 0$ und $\delta\vec{s} = 0$; ein solches Gebirge befindet sich im statischen und gleichzeitig im stationären thermischen Gleichgewicht. In der Nähe liegende, angrenzende Fälle sind dadurch gekennzeichnet, daß diese Lösung eine sehr gute „nullte Näherung" und die Dichtedefektausgleichsvorgänge nur minimale Störungen darstellen, die man durch Einsetzen jener Näherung für S_0 und T_0 in die Gleichungen (11c) und (11d) bzw. (12c) und (12d) aus diesen erhalten kann. Das primäre (ungestörte) Spannungsfeld $\overleftrightarrow{S}_0$ und Temperaturfeld T_0 bestimmen das *schwache und nur langsame Auflockerungsgeschehen.* Mit dieser Näherung dürften sich im Prinzip, die Kenntnis von $\overleftrightarrow{D}_\mu$ und $\overleftrightarrow{E}_\mu$ als stark von $\delta\mu$ und $\overleftrightarrow{S}_0$ abhängige Ortsfunktionen vorausgesetzt, sehr viele nur langsam verlaufende Absenkungs- und Spannungsverlagerungsprobleme in festem und wenig gestörtem Material behandeln lassen.

Der entgegengesetzte Grenzfall ist dadurch gekennzeichnet, daß der *Dichtedefekt relativ groß* ist und sein Ausgleich das relativ rasch verlaufende Versetzungsgeschehen im Material vollständig bestimmt. Dann sind $\overleftrightarrow{D}_\mu$ und $\overleftrightarrow{E}_\mu$ vom *Spannungstensor* $\overleftrightarrow{S}_0$ und von $\delta\mu$ *praktisch unabhängig*: $\delta\vec{v}$ wird durch (11c, d) bzw. (12c, d) restlos bestimmt. (Da keine Randbedingungen an der Erdoberfläche zu erfüllen sind — der Dichtedefektstrom „verdunstet" hier in den Außenraum —, ist $\delta\vec{A} \equiv 0$.) Der Spannungstensor ergibt sich sekundär aus Gleichung (11b) oder (12b) in Verbindung mit den bekannten Kompatibilitätsbedingungen, die ihrerseits aus dem Stoffgesetz (8e) des Materials folgen. Dieses mathematische Modell entspricht einer *körnigen Schüttung,* die durch Mikroseismik „eingerüttelt" wird, wobei die Stochastik des Setzungsprozesses und nicht der Spannungszustand für die Makrobewegung (den Erwartungswert von $\delta\vec{v}$) bestimmend ist. Beispiele dieser Art wurden vom Verf. und seinen Mitarbeitern durchgerechnet und veröffentlicht [6, 7, 8, 9]. Sie führen zu qualitativ befriedigenden Strömungsbildern des Materials [6]. Für den Fall, daß D und E nur von der Vertikalkoordinate x_3 abhängen und $D_{31} = D_{32} = D_{33} = 0$ ist, ergibt sich im wesentlichen die lineare Stochastik des Senkungsprozesses nach J. LITWINISZYN und Mitarbeitern (s. d. Referat dieses Autors auf dem gegenwärtigen Symposium). Ein quantitativer Vergleich mit der Erfahrung scheitert jedoch an der offenkundig immer wirksamen *Fließfestigkeit* solcher Schüttungen und deren nur schwer zu formulierenden Bindigkeit und damit an der Schwierigkeit, die Konstanten D_{ik} und E_{ik} empirisch zu bestimmen. „Benachbarte" Grenzfälle dieser Art (im mathematischen Sinne) sind diejenigen, in denen eine schwache Abhängigkeit des Spannungszustandes von $\delta\mu$ laut Stoffgesetz besteht.

Im Prinzip besteht bei hinreichender Kenntnis der Materialtensoren $\overleftrightarrow{D}_\mu(\overleftrightarrow{S}_0, T_0, \delta\mu)$ und $\overleftrightarrow{E}_\mu(\overleftrightarrow{S}_0, T_0, \delta\mu)$ und vor allem des Stoffgesetzes kein Hinderungsgrund, beliebig zwischen den Extremen gelagerte Fälle zu behandeln. Besonders darauf hingewiesen sei, daß bei stark *mobilen* bzw. *verformbaren* Materialien in der totalen Deformationsleistung wachsend Erzeugung von *Reibungswärme* und *Temperaturerhöhung durch adiabatische Kompression* enthalten sein kann und daß dann die Störung des stationären Temperaturfeldes T_0 nicht mehr unbeachtet gelassen werden darf (Berücksichtigung auch der Gleichung (11a) bzw. (12a)).

Besonders körniges oder in großen Bruchstücken vorliegendes Material fordert dann heraus, die Anwendung der eigentlich *statistischen Mechanik* zu versuchen, die von *Teilchengesamtheiten* ausgeht, ohne die Bewegung des einzelnen Elementes noch verfolgen zu können. Versuche dieser Art liegen vor allem von japanischer Seite vor (MURAYAMA [10], FUJIMOTO [1] und MOGAMI [12]). Bei letzterem findet sich auch der unserer Betrachtung sehr nahekommende Gedanke, statt Teilchen die *Poren*, also die Gesteinslücken, einer statistischen Betrachtung zu unterziehen.

Man sollte sich aber darüber im klaren sein, daß in jedem Falle statistisch-mechanische Überlegungen, soweit sie auf die Ermittelung des thermodynamischen *Gleichgewichts*, d. h. des stationären Wertes eines sog. thermodynamischen Potentials (Entropie, freie Energie, GIBBSsches Potential) hinauslaufen, *räumlich abgeschlossene Systeme* voraussetzen. Solche liegen aber in der Boden- und Gebirgsmechanik niemals vor, weil hier, zumindest theoretisch, der ganze Erdhalbraum das „System" darstellt. Weiterhin ist eine statistisch-mechanische Betrachtungsweise praktisch nur für Gesamtheiten *gleichartiger* Teilchen durchführbar, die somit *gleichen inneren und äußeren Kräften* unterworfen sind (Moleküle eines Gases, Kolloide einer Suspension usw.). Für solche Systeme ist der „Phasenraum", den die Gesamtheit der Lage- und hierzu kanonisch konjugierten Impulskoordinaten ausspannt, auf Grund eines fundamentalen Satzes von LIOUVILLE das gegebene Kontinuum, in welchem für gleichgroße Bereiche die gleiche a-priori-Wahrscheinlichkeit dafür besteht, daß ein Teilchen in ihm sich „zufällig" aufhält. *Die Teilchen von Böden und Gebirgsmaterialien sind dagegen weder gleich noch sind sie gleichen äußeren Kräften unterworfen.* Sie stehen vielmehr in starker Wechselwirkung mit ihren Nachbarn, und diese ist sehr unterschiedlich. Günstiger sieht die Lage schon für eine statistische Mechanik von *Lücken* aus, weil diese meist weniger dicht als z.B. die Körner liegen und deshalb keine nennenswerte Wechselwirkung untereinander haben. Daß ihre Zahl, Form und Ausdehnung offenbar nicht a-priori fixierbar sind, hindert nicht daran, sie einer statistischen Betrachtung zu unterziehen. Ist die Lücke nicht mit Porenflüssigkeit erfüllt, so ist es natürlich sinnlos, ihr einen Impuls wie einem Teilchen zuzuordnen. Der Phasenraum degeneriert dann zu einem Unterraum, dem die Impulsdimensionen fehlen. Offenkundig wird es dann schwierig, ein richtiges Maß für die a-priori-Wahrscheinlichkeit dafür festzulegen, daß eine Lücke in einem abgegrenzten Bereich des Materials sich vorfindet. Offenbar muß dann der Spannungstensor die Rolle der Impulsvariablen in irgendeiner Form übernehmen, denn zweifellos steht das a-priori-Auftreten von Gesteinslücken damit in Zusammenhang, daß die Scherfestigkeit des Gesteins überschritten ist. Sicher scheint uns auch, daß Gesteinslücken oder Poren aller Art nicht die auf BOLTZMANN zurückgehende Art der Abzählung unterschiedlicher Verteilungen erfordern, sondern die von BOSE und EINSTEIN eingeführte BOSE-*Statistik*, weil die Vertauschung gleichartiger Lücken oder Poren den physikalischen Zustand (im Gegensatz zur Vertauschung von materiellen Teilchen) nicht ändert.

Dieses wäre aber kein ernsthafter Einwand gegen eine statistisch-mechanische Betrachtung im Sinne der Annäherung an das thermodynamische Gleichgewicht. Weit ernster ist auch hier die *Nichtabgeschlossenheit des Systems.* Für räumlich abgeschlossene Systeme läßt sich nämlich stets eine *Entropie der Dichtedefektverteilung* angeben, deren Maximum einer stationären Verteilung des Dichtedefekts entspricht, der unabhängig vom anfänglichen Hohlraum ist. Da der *Boden* aber *räumlich nicht abgeschlossen* ist, existieren keine physikalisch sinnvollen Verteilungen dieser Art von *endlichem Gesamtdefekt* der Masse, wie ihn jeder Bergbau praktisch hervorruft. Will man nun das Konzept einer statistisch-mechanischen Betrachtungsweise überhaupt retten, so bleibt u. E. im Grunde nur *der* Schritt übrig, den L. BOLTZMANN in der mechanischen Wärmetheorie mit der Aufstellung seiner berühmten „*Stoßgleichung*" vollzog. Für eine statistische Gebirgsmechanik unserer Konzeption würde das bedeuten, daß eine Bilanz für Zu- und Abgang der Gesteinslücken pro Volumen- und Zeiteinheit und pro Raumeinheit der obenerwähnten Form- und Größenparameter ω_i auf Grund der Kräfte (z. B. der Mikroseismik) aufzustellen wäre, die die *Lücken verschieben* bzw. *entstehen oder vergehen* lassen. Eine solche Bilanzgleichung aufzustellen, ist im Prinzip möglich. Nur müßten hierfür zweifellos erst subtile Untersuchungen zur Dynamik und Energetik des Kristallit- und Korngefüges von Gesteinen bzw. Böden durchgeführt werden. Während die Stoßgleichung z. B. der statistischen Gasdynamik vom determinierten Einzelstoß zwischen gleichen Molekülindividuen ausgeht, würde die entsprechende Bilanzgleichung der statistischen Gebirgsmechanik für die Lücken wegen der Ungleichwertigkeit der Partner und Einzelprozesse von vornherein wieder nur eine Verknüpfung von *Erwartungswerten* darstellen und somit eng verwandt mit der schon eingeführten Massendichtedefektbilanz (7b) bzw. (8d) sein. Man könnte sogar daran denken, die Annäherung unter Spezifizierung des Dichtedefekts nach den Parametern ω_i vorzunehmen und die Defektbilanz in die Form zu bringen:

$$\frac{\partial \delta\, \mu_\omega}{\delta t} = \vec{V} \cdot \int d\omega' \left(\overleftrightarrow{D}_{\omega\omega'} \cdot \vec{V}\right) \delta\mu_{\omega'} + \vec{V} \cdot \int d\omega' \left(\overleftrightarrow{E}_{\omega\omega'} \cdot \vec{g}_0\right) \delta\mu_{\omega'} + \int d\omega' \left(U_{\omega\omega'}\, \delta\mu_{\omega'} - \delta l_{\omega'}\right). \tag{17}$$

Hierbei wird eine *Umwandlung* von Gesteinslücken der Signatur ω' in eine solche der Signatur ω durch den Diffusionsprozeß mittels der doppelt indizierten Tensoren $\overleftrightarrow{D}_{\omega\omega'}$ und $\overleftrightarrow{E}_{\omega\omega'}$ und gleichzeitig einer solchen *ohne Defektgefälle* mittels der Lückenumwandlungsfunktion $U_{\omega\omega'}$ beschrieben.

$$d\omega\, d\tau\, \delta\mu_\omega \cdot \int dw'\, U_{\omega\omega'}\, \delta\mu_{\omega'} = \frac{d^*}{dt} (\delta\mu_\omega\, d\tau)\, d\omega \tag{18a}$$

bedeutet die Dichtedefektänderung der Signatur ω_i zwischen ω_i und $\omega_i + d\omega_i$ durch Umwandlung aus allen möglichen anderen Gesteinslücken der (variablen) Signatur ω_i. Es muß dabei die wichtige Beziehung

$$U_{\omega\omega'} + U_{\omega'\omega} = 0 \tag{18b}$$

gelten, damit die gesamte „innere" Massendefektänderung im Elementarvolumen

$$\frac{d^*}{dt} (\delta\mu\, d\tau) = \int d\omega \frac{d^*}{dt} (\delta\mu_\omega\, d\tau) = d\tau \int d\omega \int d\omega'\, \delta\mu_\omega\, \delta\mu_{\omega'}\, U_{\omega\omega'} = 0 \tag{18c}$$

bei einem solchen inneren Umwandlungsprozeß in der Tat verschwindet. Dieser Effekt läuft auf eine *Gefügeänderung* hinaus.

Unsere Darlegungen sollen nur zeigen, daß die Boden- und Gebirgsmechanik sehr wohl eine *mathematische* Formulierung gestattet, die Züge der Thermodynamik irreversibler Prozesse bis zur Kennzeichnung eines Auflockerungszustandes mittels einer „Auflockerungsentropie" zuläßt. Diese kann übrigens zur gewöhnlichen chemisch-thermodynamischen Entropie einfach *addiert* werden, wenn das System abgeschlossen ist. Das Problem, eine solche mathematische Behandlung auch praktisch anwenden zu können, liegt u. E. heute nur wenig noch in rechnerischen Schwierigkeiten begründet, sondern vielmehr in der quantitativen Erfassung der hierfür benötigten *Materialdaten*. Um sie zu erhalten, müßten Gesteins- und Bodenproben auf die geometrische und dynamische Auswirkung auch von darin angelegten *Störungen* (Spalten, Rissen und sonstigen Schwächezonen aller Art) hin *im Großzahlbereich* untersucht werden, und das ist zweifellos ein neuer Aspekt und ein neues Arbeitsfeld für die *Gesteinsprüftechnik*.

Literatur

[1] Buchheim, W. und Litwiniszyn, J.: Diskussion zum Vortrag [4] von J. Litwiniszyn. Internationale Gebirgsdrucktagung 1958. Leipzig, Band „Diskussionen" S. 112. Akademie-Verlag, Berlin 1959.

[2] Buchheim, W.: Zur Berücksichtigung der Zeitabhängigkeit in der Theorie des mechanischen Verhaltens von Gesteinsmassen. Geologie u. Bauwesen **26** (1961) S. 218.

[3] Litwiniszyn, J.: Application of the Equation of Stochastic Processes to Mechanics of Loose Bodies. Archiwum Mechaniki Stosowanej, Warszawa, 8 (1956).

[4] Litwiniszyn, J.: Statistische Methoden in der Gebirgsmechanik. Internationale Gebirgsdrucktagung 1958 Leipzig. Band „Vorträge" S. 93. Akademie-Verlag, Berlin 1958.

[5] Litwiniszyn, J.: An Application of the Random Walk Argument to the Mechanics of Granular Media. Proc. IUTAM-Symposium Grenoble 1964. Springer-Verlag, Berlin-Heidelberg-New York 1966.

[6] Buchheim, W.: Die mathematische Behandlung von Senkungsvorgängen in Lockermassen als Diffusionsvorgang von Gesteinslücken. Archiwum Gornictwa **12** (1967) S. 179.

[7] Buchheim, W.: Über das Verhältnis der stochastischen Behandlung von Setzungsbewegungen in Lockermassen nach J. Litwiniszyn zur Lücken-Diffusionstheorie. Acta Techn. Acad. Sci. Hung. **52** (1965) S. 261.

[8] Simon, D.: Theoretische Untersuchungen zur Setzungsbewegung von Lockermassen auf stochastischer Grundlage. Unveröffentlichter Forschungsbericht des Instituts für theoretische Physik und Geophysik der Bergakademie Freiberg 1967.

[9] Buchheim, W. und Simon, D.: Vorausberechnung der Setzung von Lockermassen über bergmännischen Hohlräumen. Archiwum Gornicztwa **15** (1970) S. 73.

[10] Murayama, S.: A Theoretical Consideration on a Behaviour of Sand. Proc. IUTAM Symposium Grenoble 1964. Springer-Verlag, Berlin-Heidelberg-New York 1966.

[11] Fujimoto, H.: The Theoretical Research on Stress Relaxation of Clay by Thermodynamics and Statistical Mechanics. Proc. IUTAM Symposium Grenoble 1964. Springer-Verlag, Berlin-Heidelberg New-York 1966.

[12] Mogami, T.: A Statistical Theory of Mechanics of Granular Materials. J. Fac. Civ. Eng. Univ. of Tokyo (8), **28** (1965) N. 2.

[13] Gudehus, G.: Gedanken zur statistischen Bodenmechanik. Der Bauingenieur **43** (1968) S. 321.

Über die mechanische Betrachtung der Gebirgsbewegungen

von R. Richter, Miskolc

Kurzfassung

Der Verfasser erläutert in groben Umrissen die Richtung der in Ungarn laufenden gebirgsmechanischen Forschung. Die Bewegungsvorgänge werden auf der Grundlage der Kontinuumstheorie als elastische Verformungen in einem transversalisotropen Mediun bzw. mit Hilfe von Gleichungen der Plastizitätstheorie betrachtet.

An einem Beispiel werden die Beziehungen zwischen den zu verschieden großen, abgebauten Gebieten gehörenden Muldenprofilen untersucht, wobei die Senkungsprofile verschiedener Senkungsmaxima auf einheitliche reduziert werden. Der Vergleich, der mit Hilfe des Modells berechneten und der tatsächlich gemessenen Senkungswerte erbrachte eine gute Übereinstimmung.

Das beschriebene Modell kann auch zur Analyse des zeitlichen Verlaufes der Senkungen Verwendung finden, was an einem weiteren Beispiel erläutert wird.

Schließlich werden Hinweise für weitere Anwendungsmöglichkeiten dieses einfachen mechanischen Modells gegeben.

Summary

The author gives a rough survey on the present research lines in rock mechanics followed in Hungaria. The movement processes are considered on the basis of the continuum theory as elastic deformations in a transversally isotropic medium and by means of equations of the theory of plasticity, respectively.

By an example the relations between trough profiles belonging to differently great areas mined out are studied with the subsidence profiles of various subsidence maxima being reduced to uniform ones. The regularity obtained for the formations process of the trough profile can be checked by the use of the modified Winkler's model. The comparison between the subsidence values calculated by means of the model and those actually measured showed a good agreement.

The described model can also be made use for analysing the temporal course of the subsidences what is explained by a further example.

Finally indications for further possibilities of application of the simple mechanical model are given.

Résumé

L'auteur trace en gros contours les lignes de recherche poursuivies à présent dans le domaine de la mécanique des roches en Hongrie. Les processus de mouvement sont considérés sur la base de la théorie de continuum comme déformations élastiques dans un médium transversalement isotrope ou, respectivement, à l'aide d'équations de la théorie de plasticité.

Par un example les relations entre les profils de synclines appartenant à des régions exploitées de différente étendue sont étudiées tout en réduisant les profils d'affaissement de différents maxima d'affaissement à des profils uniforms. La régularité constantée pour le processus de formation des profils dy synclines peut être contrôlée à l'aide du modèle de Winkler modifié. La comparaison des valeurs d'affaissement calculées par le moyens du modèle avec celles mesurées effectivement a montré une bonne concordance.

Le modèle décrit peut aussi être utilisé pour analyser le cours temporel des affaissements ce qui est expliqué par une autre example.

Pour conclure des indications sur d'autres possibilités d'applications de ca simple modèle mécanique sont données.

Резюме

Автор в общих чертах объясняет направление проведенных в Венгрии исследовательских работ в области механики горных пород. Процессы сдвижения рассматриваются на основе теории сплошной среды как упругие деформации в трансверсально-изотропной среде или при помощи уравнений теории пластичности.

На одном примере опердляются соотношения между профилями мульд, относящихся к разработанным районам различных размеров. Профили оседания разных максимумов оседания при этом приведены к единым. Сравнение полученных на модели и фактически измеренных значений оседания дало хорошее их совпадение.

Описанная модель применяется и для анализа протекаиня процессов оседания, что тоже иллюстрируется на примере.

Наконец указаны дальенйшие возможности применения этой простой механической модели.

Als Folge der Errichtung von Hohlräumen in der Erdkruste spielt sich ein Bewegungsvorgang ab: Die materiellen Punkte der Hohlraumumgebung verschieben sich im allgemeinen nach einer Richtung in der Form, daß die den früheren Gleichgewichtszustand bildende stetige Materialverteilung sich neu ausbildet. Die inneren Stoffkräfte, die sich in dem nun ausbildenden neuen sog. sekundären Spannungszustand in der durch den Holhraum geschwächten Umgebung aufbauen, wirken dieser Bewegung entgegen. Die Vielfalt der den Punkten des materiellen Raumes zugeordneten Verschiebungsvektoren nennen wir Verschiebungsfeld ($\vec{T}$). Das Verschiebungsfeld beschreibt somit einen sich in Raum und Zeit abspielenden Vorgang, der jedem mit dem Ortsvektor $\vec{s}$ gekennzeichneten Stoffpunkt des Raumes und jedem Zeitpunkt (Z) der Erscheinung einen Verschiebungsvektor zuordnet:

$$\vec{T} = \vec{T}(\vec{s}, Z)\,. \tag{1}$$

Auch im entstandenen Endzustand der Hohlräume in der zeitunabhängigen materiellen Umgebung (z. B. HOOKEsches Modell) sind jene Schwierigkeiten allgemein bekannt, die bei der Lösung von gebirgsmechanischen Aufgaben auftreten (Primärzustand, Gestalt der Hohlräume, Ausbauwirkung, Zusammenwirken von Gebirge und Ausbau, Auswirkungen des Versatzes als Oberflächenabstützung usw.). Die Schwierigkeiten steigern sich, wenn die Deformationen und die Ausbildung von örtlichen Berstzonen zeitabhängige Vorgänge sind (rheologische Modelle, $\varphi_D(Z)$), und zwar um so mehr, je mehr zeitlich verzögert die Errichtung der Hohlräume stattfindet [$\varphi_H(Z)$], da in konkreten Fällen infolge des Ineinandergreifens ihrer Wirkzonen φ_D und φ_H untereinander nicht unabhängig sind.

Wenn das durch (1) gekennzeichnete Verschiebungsfeld bekannt wäre, könnte die Bewegung der Tagesoberfläche oder die Verschiebung einer beliebigen Stoffpunktreihe als Funktion des Ortes und der Zeit dargestellt werden und man könnte auf diese Weise im Falle der Verschiebung einer jeden sog. freien Punktfolge zu einem Ergebnis gelangen. In Fällen aber, bei denen die in ihrer Bewegung betrachtete materielle Punktfolge sich in „äußerer" Zwangsbewegung befindet (Bauwerk über Tage bzw. bestehender oder in Herstellung begriffener Hohlraum, Grubenbau), kann man nur unter gleichzeitiger Betrachtung des Zusammenarbeitens der Bewegung und Zwangsbewegung zu einem Ergebnis gelangen.

Die Lösung der skizzierten Aufgabe erfordert eine mechanische oder vielmehr gebirgsmechanische Analyse und weiterhin eine ausführliche Vorgangsanalyse der Bewegungserscheinungen (vom Beginn der Hohlraumöffnung bis zur Beendigung der Bewegung).

Man muß sich darüber im klaren sein, daß die komplexe Analyse selbst unter idealisierten Bedingungen, wie vereinfachten Materialannahmen, nicht so durchgeführt werden kann, daß sich die erhaltenen Resultate unmittelbar quantitativ auf die Naturerscheinung übertragen lassen. Das ist die Ursache dafür, daß im Interesse der Lösung wirklicher technischer Probleme sowohl die mechanische Analyse als auch die Untersuchung des Bewegungsverlaufs zunächst in den Hintergrund gerückt wurden und die Approximation der mit ad hoc gewählten Funktionen und mit Meßgeräten gewonnenen Beobachtungsergebnisse in den Vordergrund trat.

In diesem anfänglichen Stadium der Forschung wurde die Intensität der Übertagebewegung mit zwei sich klar unterscheidenden Betrachtungsweisen untersucht.

Nach der ersten Betrachtungsweise sind in einem gewählten Punkt alle die vom Abbau verschiedener differentialer Grundflächen herrührenden Teilwirkungen zu integrieren, die die Bewegung des gewählten Punktes beeinflussen können. So ist die Intensität der Senkung die Aufeinanderhäufung der elementaren Senkungen von der Form

$$dw_{\max} = f(x)\, dx \quad \text{bzw.} \quad dw_{\max} = f(\alpha)\, d\alpha \, .$$

Die Wirkungsfunktionen der Form $f(x)$ bzw. $f(\alpha)$ bestimmen als Funktionen des Ortes die Wirkung des mit der Senkung ausgedrückten elementaren Unterbaues.

Die andere Gruppe der Betrachtungsweise zielte dahin, zu den durch Meßdaten repräsentierten Werten der Senkungen der Tagesoberfläche, bei Trachten nach maximaler Anpassung, verschiedene, jedoch die Gesetze der Materialdeformation außer acht lassende Senkungsfunktionen zu finden.

Aus der bereits bestimmten Senkungsfunktion war man nun bestrebt, mit einfachen, jedoch nicht nachweisbaren und auch mit der Naturerscheinung nicht beweisbaren Annahmen die anders gerichteten Bewegungskomponenten (z. B. waagerechte Verschiebung) zu bestimmen.

In der Forschung über die Bewegung des Gebirges kommt man nur dann vorwärts, wenn man sich vor Augen hält, daß *die Bewegung des Gebirges mit bestimmten Eigenschaften in ihrem Verlauf beobachtet werden muß* und unsere Analyse sich also auch auf eine solche Erscheinung zu beziehen hat; man muß unter Verwendung verschiedener mechanischer Modelle den in der Zeit sich abspielenden Vorgang einer Untersuchung unterziehen und die erhaltenen qualitativen Ergebnisse den entsprechenden Meßdaten gegenüberstellen.

Diesen Weg beschritten als erste die polnischen Forscher. Die Bedingung der Volumenbeständigkeit, ergänzt durch die Hypothese von AVERŠIN, führte auf eine der Differentialgleichung der Wärmeleitung analoge Differentialgleichung der Gebirgsbewegung (Theorie von LITWINISZYN). SALUSTOWICZ hielt als mechanisches Modell den elastisch unterstützten Balken zur Kennzeichnung der Bewegungseigenschaften des Hangenden für geeignet.

Ebenfalls sehr beachtenswert sind Feststellungen polnischer Forscher in bezug auf die Zeitfunktion. Die Grundauffassung KNOTHES bezüglich der momentartigen Hohlraumbildung stimmt mit der aus den rheologischen Zustandsgleichungen bestimmbaren Zeitfunktion überein. Neben seinen für den Fall der Hohlraumöffnung mit realer Geschwindigkeit angegebenen Ergebnissen können aber auch die Eigenschaften mechanischer Modelle in Betracht ziehende Zeitfunktionen entwickelt werden.

Nachstehend soll in groben Umrissen die in Ungarn in der skizzierten Richtung laufende gebirgsmechanische Forschung erläutert werden.

Um die Beziehung zwischen den zu verschieden großen, abgebauten Gebieten gehörenden Muldenprofile zu untersuchen, ist es zweckmäßig, die Senkungsprofile verschiedener Senkungsmaxima auf einheitliche zu reduzieren:

$$\frac{w(x, Z)}{w_{\max}(Z)} = w_{\text{red}}(x) \, . \tag{2}$$

Nimmt man an, daß die Einwirkung der Zeit mit guter Näherung als

$$w(x, Z) = w_{\max}(x)\, \varphi(Z) \quad .$$

ausgedrückt werden kann, so wird

$$w(x, Z) = [w_{\max}\, \varphi(Z)]\, f(x) = w_{\max}\,(Z)\, f(x) \, ,$$

wovon

$$w_{\text{red}}(x) = f(x)$$

in der Zeit konstant ist.

Bild 1 und 2 stellen zur Abbaurichtung senkrecht gemessene bzw. die reduzierten Senkungen dar; die letzteren decken sich fast völlig. Die Meßergebnisse der in die Abbaurichtung fallenden

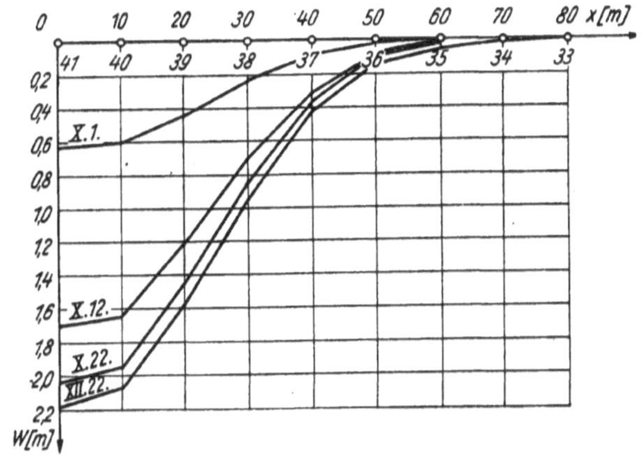

Bild 1

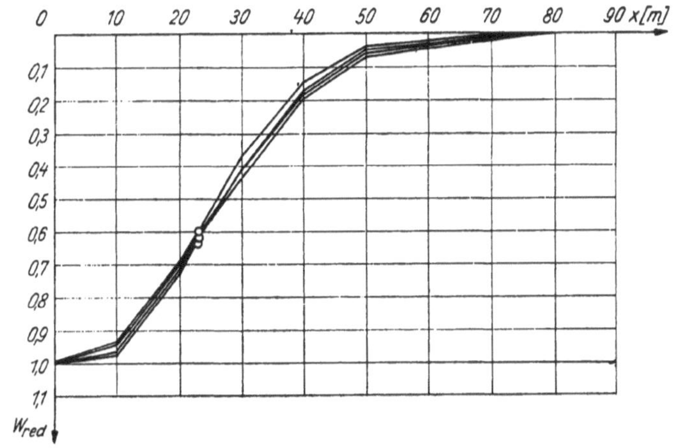

Bild 2

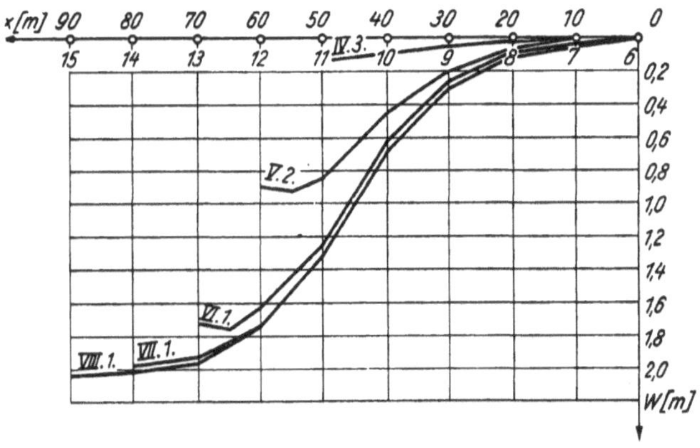

Bild 3

Senkungen veranschaulicht Bild 3, die reduzierten Senkungen an der Seite des angebauten Gebietes Bild 4. Die Abbildung zeigt gleichzeitig die reduzierten Senkungen in einem an die Stelle der reduzierten maximalen Senkungen gebundenen Koordinatensystem. Es kann festgestellt werden, daß die Änderung der Muldenprofilform in Abhängigkeit i/r', also als Funktion des abgebauten Gebietes gut kennzeichnet. (Die halbe Breite des Muldenprofils ist $L = i + r'$). Diesen Zusammenhang kennzeichnet Bild 6, in dem die reduzierten Werte von acht ungarischen, drei sowjetischen, einer deutschen und einer österreichischen Meßreihe dargestellt sind. Der

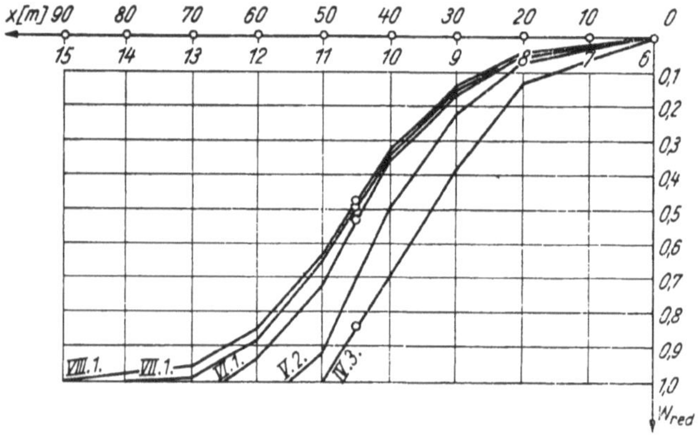

Bild 4

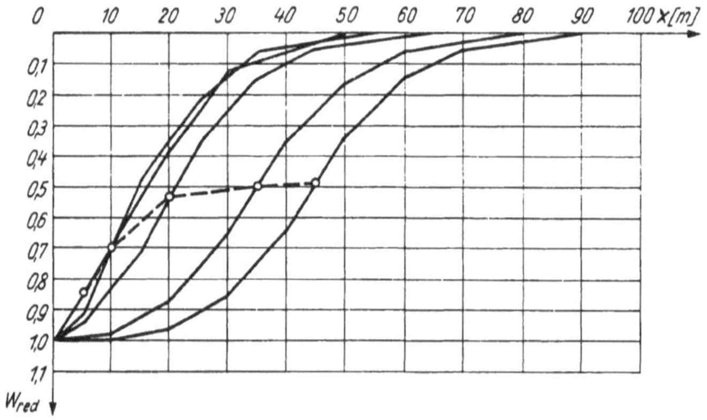

Bild 5

durch die Punktmenge repräsentierte Zusammenhang zwischen $\frac{w(i)}{w_{\max}}$ und $\frac{i}{r'}$ konnte mit einer durch den Korrelationsindex 0,96 gekennzeichneten Strenge als Parabel zweiten Grades

$$w_{\text{red}}(i) = 2\left[\frac{1}{1+\frac{r'}{i}} - 0{,}5\right]^2 + 0{,}5 \tag{3}$$

beschrieben werden. Das erhaltene Ergebnis betrachten wir als eine Eigenschaft des Bildungsverlaufs des Muldenprofils, das dessen Änderung als Funktion des abgebauten Gebietes kennzeichnet.

Die für den Bildungsvorgang des Muldenprofils erhaltene Gesetzmäßigkeit kann auch an gedanklichen Modellen kontrolliert werden. Bild 7 zeigt das zur Untersuchung verwendete abgeänderte WINKLERsche Modell. Die Tagesoberfläche verkörpert ein auf elastischer Unterlage gebetteter unendlich gelenkiger Stab (Seil), und das durch die Federn charakterisierte Deck-

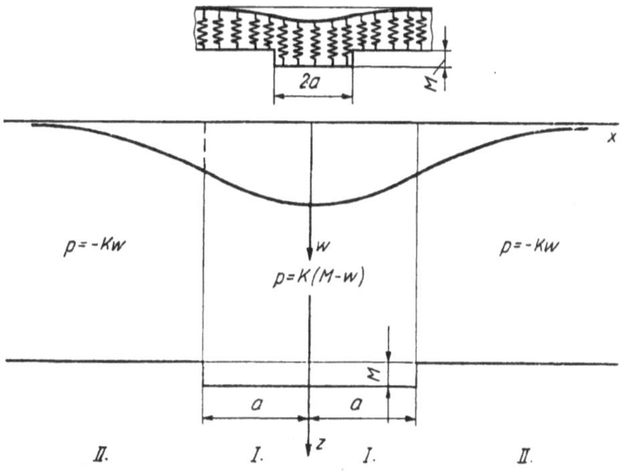

Bild 7

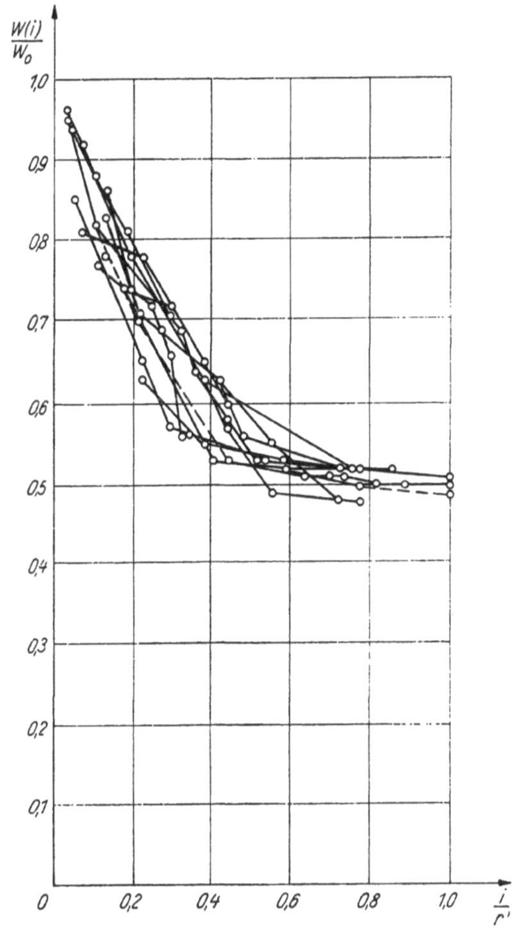

Bild 6

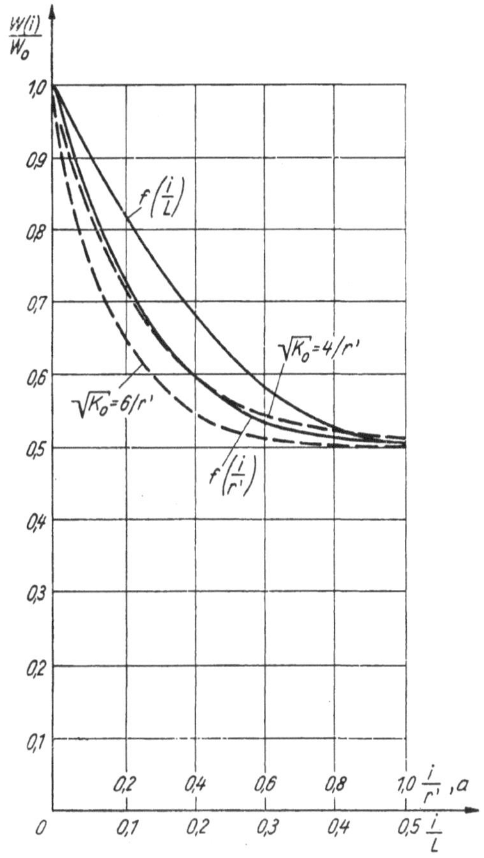

Bild 8

gebirge wird in der Teufe des „Abbaus" und in der Breite 2a zur Senkung vom Ausmaß M veranlaßt. Die aus dem Modell erhaltenen Senkungen lassen sich in den Abschnitten I und II ausdrücken:

$$w_{\mathrm{I}} = M\left[1 - e^{-a\sqrt{K_0}}\,\mathrm{ch}\left(x\sqrt{K_0}\right)\right] \qquad 0 \leqq x \leqq a \qquad (4)$$

$$w_{\mathrm{II}} = M\,\mathrm{sh}\left(a\sqrt{K_0}\right)e^{-x\sqrt{K_0}} \qquad a \leqq x < \infty\,.$$

Die reduzierte Senkung des an der Stelle $x = a$ des Modells auftretenden Inflexionspunktes beträgt

$$w_{\text{red}}(a) = 0{,}5\left(1 + e^{-a\sqrt{K_0}}\right),$$

dessen Verlauf entsprechend Bild 8 innerhalb des maßgebenden Bereiches von ähnlichem Charakter wie von $w_{\text{red}}(i)$ ist und im Falle $\sqrt{K_0} = 5/r'$ mit diesem praktisch übereinstimmt. Die Eigenschaft des aus den Meßergebnissen erkannten Bewegungsvorganges können also auch einfache Modelle wiedergeben. Es erscheint somit berechtigt zu sein, den Schluß zu ziehen, daß der Kreis der in der Analyse zu verwendenden Modelle so eingeschränkt werden kann, daß sie der mit (3) gekennzeichneten Eigenschaft des Bewegungsvorganges entsprechen.

An Hand des beschriebenen Modells lassen sich die reduzierten Senkungen berechnen:

$$w_{\text{I}}\,\text{red} = \frac{1}{1 - \exp\left(-4\frac{i}{r'}\right)}\left[1 - \exp\left(-4\frac{i}{r'}\right)\text{ch}\left(4\frac{x}{r'}\right)\right],$$

$$w_{\text{II}}\,\text{red} = \frac{\text{sh}\left(4\frac{i}{r'}\right)}{1 - \exp\left(-4\frac{i}{r'}\right)}\exp\left(-4\frac{x}{r'}\right). \qquad (5)$$

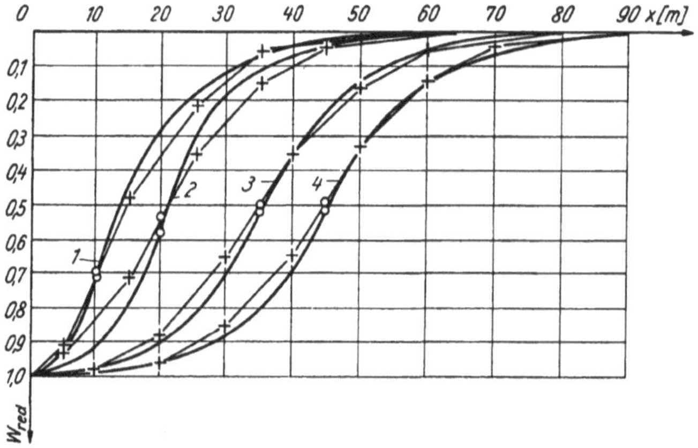

Bild 9

Der Vergleich der mit Hilfe des Modells berechenbaren und der tatsächlich gemessenen Senkungswerte für einen Strebbau ist auf Bild 9 dargestellt. Die gute Übereinstimmung bestätigt die praktische Verwendbarkeit der mechanischen Modelle selbst in solchen Fällen, wo im Interesse der Einfachheit der Untersuchung ein verhältnismäßig primitives Modell im Vordergrund der Analyse steht.

Weil andererseits das betrachtete einfache mechanische Modell die Erscheinung der Senkung der Tagesoberfläche zumindest so gut beschreibt wie jede Näherungsfunktion der Senkung und sogar imstande ist, diese auch in ihrer Entstehung mit den Meßergebnissen übereinstimmend zu verfolgen, weil weiterhin die Knothesche Annahme in bezug auf die Zeitfunktion nur positiv gewertet werden kann, besteht sicher die Berechtigung, zur Analyse des zeitlichen Verlaufs hauptsächlich der Senkungen das beschriebene Modell zu verwenden.

Es empfiehlt sich, die Untersuchung in dem an den Inflexionspunkt gebundenen Koordinatensystem durchzuführen, wo $\xi = x - i$ ist, und außer der auf den zeitlichen Verlauf der Senkungen sich beziehenden Annahme KNOTHES

$$\frac{dw}{dZ} = A\,[w_{max} - w(Z)] \tag{6}$$

in Betracht zu ziehen, daß $2\,i = v\,Z$ ist, worin v den Abbaufortschritt bedeutet.

Das mechanische Modell liefert mit der Bestimmung der Zeitfunktion die Bedingung, unter der der zeitliche Vorgang sich ausbildet, und bestimmt den Wert von $w_{max}(Z)$. Während bei einer momentanen Hohlraumöffnung $w_{max} =$ konst. und bei jedem sich verschiebenden Punkt

$$w(Z) = (w_{max})_{max}\,(1 - e^{-AZ}) \tag{7}$$

ist, besteht im Falle einer wirklichen Hohlraumöffnung, wenn nämlich $w_{max} \neq$ konst. ist, wegen der verschiedenen Bedingungen in den Zeitfunktionen der einzelnen Punktgruppen ein Unterschied. Es ist selbstverständlich, daß die Senkung jener Punkte, von denen sich die Abbaufront ständig entfernt, anders verläuft als die Senkung jener Punkte, denen sich die Abbaufront nähert; bei diesen letzteren Punkten ist die Bewegung mehr dynamisch.

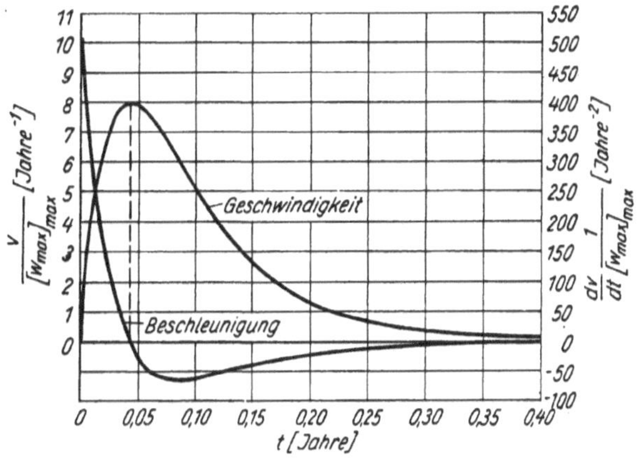

Bild 10

An der Stelle der jeweiligen maximalen Senkung ist

$$w_{max}(Z)|_{\xi=-i} = [w_{0\,max}]_{max}\left(1 - e^{-2\frac{v}{r'}Z}\right). \tag{8}$$

Dementsprechend wird

$$\frac{dw\,(Z)}{dZ} = A\left\{[w_{0\,max}]_{max}\left(1 - e^{-2\frac{v}{r'}Z}\right) - w\,(Z)\right\}. \tag{9}$$

Unter diesen Voraussetzungen lautet die zum Ort der maximalen Senkung gehörende Senkungszeitfunktion:

$$w(Z)|_{\xi=-i} = [w_{0max}]_{max}\left\{1 - \frac{A\,r'}{2\,v - A\,r'}\left[\frac{2\,v}{A\,r'}\exp\,(-\,A\,Z) - \exp\left(-\,\frac{4\,i}{r'}\right)\right]\right\}, \tag{10}$$

worin $[w_{0\,max}]_{max}$ den sowohl zum zeitlichen als auch zum unterbauten Maximum gehörenden Endzustand bedeutet.

Über den Maximumpunkt der Mulde hinaus kann in beliebigen Punkten die Zeitfunktion der Senkung bestimmt werden; auch der Ermittlung der Geschwindigkeits- und Beschleunigungsverhältnisse der Bewegung steht nichts im Wege. Unter Verwendung des Modells stellt Bild 10 die Geschwindigkeits- bzw. Beschleunigungsverhältnisse eines gegebenen praktischen Falles dar. Die Modellparameter wurden mit Hilfe der Werte der in Bewegung gemessenen Punkte berechnet.

Orientierende Werte des A-Parameters des Modells sind:

$$A = \frac{1200\, s}{H} [\text{Jahr}^{-1}] , \tag{11}$$

worin H die Teufe der Lagerstätte $[m]$ und s den Senkungsfaktor (0,7 bis 0,9) bedeuten. Der A-Parameter bestimmt also maßgeblich die Lagerstättenteufe, seine Werte stehen in Einklang mit den polnischen c-Parametern.

Für die Zeitdauer der Tagesoberflächenbewegung liefert die mit Hilfe des Modells angestellte Untersuchung folgendes Ergebnis:

$$T = \frac{H\, M\, (1 - \eta_t)}{171{,}5\, [w_{0\,\max}]_{\max}} [\text{Jahr}] , \tag{12}$$

worin M die Lagerstättenmächtigkeit $[m]$, η_t den Versatzwirkungsgrad und $[w_{0\,\max}]_{\max}$ die maximale Senkung bedeuten. Die aus diesem Zusammenhang berechneten Zeitdauer-Werte liegen im allgemeinen nahe den Ergebnissen der Messungen in der Natur.

Das Modell eignete sich auch zur Analysierung zusammengesetzter, durch einen Abbau mit veränderlichen Abbaugeschwindigkeiten und stufenweisem Charakter hervorgerufene Bewegungsvorgänge.

Das hier erläuterte einfache mechanische Modell kann natürlicherweise auch dazu benutzt werden, Schlüsse in bezug auf grundsätzliche Fragen der Schutzpfeiler, die Wirkung der Lagerstättenteufe und Mächtigkeit, die in Bewegungen, vornehmlich Senkungen, ausgedrückte Wirkung des Versatzfaktors und schließlich die Gestaltung der ungefährlichen Teufe zu ziehen. Obgleich die Ergebnisse der Untersuchungen mit zahlreichen praktischen Beobachtungen im Einklang stehen, muß von deren Behandlung deshalb abgesehen werden, weil das Modell infolge seiner Einfachheit zu verläßlichen Verallgemeinerungen in solchen Fragen noch nicht berechtigt.

Auf jeden Fall ist es bemerkenswert, daß die mit dem mechanischen Modell gewonnenen Ergebnisse jenen Widerspruch ausschalten, der bei dem auf geometrischen Grundsätzen fußenden Verfahren zur Bestimmung von Schutzpfeilern zwischen Größe des Pfeilers und der ungefährlichen Teufe in Erscheinung tritt. Die mit dem Modell angestellten Untersuchungen zeigten, daß die zwischen den Ergebnissen der auf geometrischen Grundsätzen beruhenden Dimensionierung von Schutzpfeilern und der mit Hilfe des Modells auf Grund von mechanischen Prinzipien erfolgten Dimensionierung bestehenden Unterschiede wesentlich sind und das Mehrfache der Breite der im Interesse der Sicherheit notwendigen Breite erreichen.

Die unter Verwendung der einfachen Modelle erhaltenen und mit den Meßergebnissen gut übereinstimmenden Ergebnisse untermauern die Bedeutung jener intensiven Forschungsarbeit, die an der Techn. Universität Miskolc unter Verwendung komplexer mechanischer Modelle auf zahlreichen Gebieten, u. a. auch für den Abbau steiler Lagerstätten, der Analyse der Gebirgsbewegung geleistet wird.

Literatur

[1] SOMOSVÁRI, Z.: Eine Eigenschaft des Senkungsprofils (in Ungarisch). Bányászati Lapok, H. 1 (1967).

[2] SOMOSVÁRI, Z.: Ein primitives mechanisches Modell der Tagesoberflächensenkung (in Ungarisch). Bányászati Kohászati Lapok, Bányászat, H. 3 (1968).

[3] SOMOSVÁRI, Z.: Die Anwendung des einfachen mechanischen Modells der Tagesoberflächensenkungen bei der Untersuchung einiger Fragen (in Ungarisch). Bányászati Kohászati Lapok, Bányászat (1968) 6.

[4] SOMOSVÁRI, Z: Über den zeitlichen Verlauf der Tagesoberflächensenkung (Teil I, II, III) (in Ungarisch). Bányászati Kohászati Lapolk, Bányászat, H. 7, 8, 9 (1969).

[5] SOMOSVÁRI, Z.: Prosttranstvennoe issledovanie ossedanija podrabotannoj zemnoj powerhnosti. Mitteilungen der Technischen Universität für Schwerindustrie, Miskolc, Bd. XXVIII.

[6] SOMOSVÁRI, Z.: General Problems of Research on the Field of Motion. Proceeding 3-rd Budapest Conference on Soil Mechanics and Foundation Engineering, Oct. 15—18, 1968.

[7] RICHTER, R.: Über theoretische Fragen der Bodensenkungen. Mitteilungen der Technischen Universität für Schwerindustrie, Miskolc, Bd. XXIII.

Anwendung der GAUSSschen Einflußfunktion zur Bestimmung von Gebirgsbewegungen mit besonderer Berücksichtigung des Abbaues von Schachtsicherheitspfeilern

von St. Knothe, Krakow

Kurzfassung

Für die Vorausberechnung zur Bestimmung von Gebirgsbewegungen gibt der Verfasser eine Methode bekannt, die auf einer Normalverteilung der Abbaueinflüsse im Gebirge basiert.

Den Senkungsvorgang kann man bei vorgegebenen Bedingungen als ein zweidimensionales Problem betrachten. Die durch den Abbau hervorgerufene Senkung eines Punktes wird mittels einer Einflußkurve bestimmt, die mit großer Genauigkeit mit einer Gaussschen Glockenkurve approximiert werden kann.

Zur Bestimmung der Abbaueinflüsse auf einen Punkt in einen beliebigen Horizont über dem Flöz wird für die Einflußfunktion eine Formel angegeben.

Da nach Averšin die horizontale Verschiebung der Neigung der Senkungsmulde proportional ist, können die horizontale Verschiebung und die horizontale Deformation vorausberechnet werden.

Am Beispiel des kreisförmig symmetrischen Abbaues und mit einer langen geradlinigen Abbaufront wird die Vorausberechnungsmethode demonstriert. Die angegebene Methode erbrachte gute Übereinstimmung zwischen der vorausberechneten maximalen und der gemessenen Deformation. Sie eignet sich sehr gut für die Vorausberechnung der Abbaueinflüsse, hauptsächlich der vertikalen Deformationen, beim Abbau in Schachtsicherheitspfeilern.

Summary

The author describes a method of precalculation for the definition of rock movements that is based on the normal distribution of the extraction effects.

For given conditions the subsidence process can be considered as a two-dimensional problem. The subsidence of a point produced by extraction is determined by means of a curve of influence that can be approximated to a Gaussian bell curve with a high degree of accuracy.

For the purpose of defining the extraction effects at a point in any horizon above the seam a formula is given for the influential function.

According to Averšin the horizontal displacement of the dip of the subsidence trough is proportional and therefore there is a possibility for precalculating the horizontal deformation. The method of precalculation is demonstrated using the example of the circular symmetrical working and of a long straight-lined face. The method mentioned showed a good agreement between the maximum deformation defined by precalculations and that determined by measurement. This method is especially adequate to the precalculation of the extraction effects, mainly of the vertical deformations, during the mining in shaft safety pillars.

Résumé

L'auteur présente une méthode de prévention qui se base sur la répartition normale des influences d'exploitation et sert à la détermination de mouvements du terrain.

Dans des conditions données le processus d'affaissement peut être considéré comme un problème deux-dimensionel. L'affaissement d'un point produit par l'exploitation est déterminé à l'aide d'une courbe d'influence qui peut être approximée à une courbe en cloche avec un haut degré de précision.

Pour la détermination des influences d'exploitation en un point dans un horizon quelconque au-dessus d'une veine l'auteur donne une formule pour la fonction d'influence.

Comme, d'après Averšin, le déplacement horizontal de l'inclinaison du vallon d'affaissement est proportionnel il est possible de faire une prévention du déplacement horizontal et de la déformation horizontale. La méthode de prévention est démontrée à l'aide de l'exploitation circulaire symétrique. La méthode présentée montre un bon accord entre la déformation maximum définie par prévention et celle qui fut déterminée par mesure. Cette métode se prête bien à la prévention des influences d'exploitation, particulièrement des déformations verticales, lors du déhouillement dans des piliers de protection.

Резюме

Автор предлагает метод предварительного расчета сдвижений горных пород, основывающийся на нормальном распределении влияния очистных работ в массиве горных пород.

При данных условиях процесс оседания можно рассмотреть как деухмерную проблему. Вызванное выемкой оседание точки определяется с помощью кривой влияния, которую с высокой точностью можно приближать к колоколообразной кривой Гаусса.

Для определения влияния очистных работ на точку, находящуюся на любом горизонте над пластом, дается расчетная формула этой функции влияния.

Ввиду того, что горизонтальное смещение, по мнению Авершина, пропорционально наклону мульды оседания можно предварительно определить значение горизонтального смещения и горизонтальной деформации.

Предлагаемый метод предварительного расчета демонстрируется на примере круглой симметрической очистной выработки и на примере длинной прямолинейной лавы. При сравнении получилось хорошое совпадение предварительно расчитанных и измеренных значений деформаций. Описанный метод очень пригоден для предрасчета влияния очистных работ, в частности вертикальных деформаций при очистных работах в околоствольных охранных целиках.

Nachdem in den letzten zwei Jahrzehnten der Abbau in Sicherheitspfeilern der Tagesobjekte einer enormen Entwicklung unterlag, was hauptsächlich durch die Entwicklung der Methoden zur Vorausberechnung der Größe der Abbaueinflüsse auf die Oberfläche möglich war, werden seit einigen Jahren immer öfter auch die Schachtsicherheitspfeiler angegriffen. Dies zwingt zur Ausarbeitung neuer Methoden, die die Vorausberechnung der Verschiebungen und Deformationen im Inneren des Gebirges in der Nähe der Schachtröhre mit möglichst großer Genauigkeit erlauben. Der immer öfter geführte Abbau von Flözen in Schachtsicherheitspfeilern ermöglicht die Kontrolle der vorausberechneten Größen von Verschiebungen und Deformationen sowie Korrekturen der bei den Vorausberechnungen angenommenen Größen der Parameter.

An dieser Stelle wird eine Methode der Vorausberechnung vorgestellt, die auf einer Normalverteilung der Abbaueinflüsse im Gebirge basiert.

Wie bekannt [3], kann der Einfluß eines Abbaues auf einen bestimmten Punkt der Oberfläche A (s, t), dessen Lage durch seine Koordinaten s, t bestimmt ist, mittels einer Einflußfunktion (der sog. Einflußoberfläche) $g(x, y, s, t)$ bestimmt werden. Diese Einflußfunktion hat die Eigenschaft, daß ihr Doppelintegral $\iint_P g(x, y, s, t)\, dx\, dy$ auf einen Bereich P bezogen die Größe der Senkung des Punktes bestimmt, die durch den Abbau des Flözes im Bereich P hervorgerufen wird. Durch Beobachtungen in der Praxis wurde festgestellt, daß die Einflußfunktion durch die Gleichung

$$g(x, y, s, t) = \frac{\overline{w}(x, y)}{r^2}\, e^{-\frac{\pi}{r^2}[(x-s)^2+(y-t)^2]} \tag{1}$$

beschrieben werden kann. In dieser Gleichung sind:

$\overline{w}(x, y)$ — die maximale mögliche Senkung im Flözhangendem; es ist $\overline{w}(x, y) = m(x, y) \cdot \eta(x, y)$, wenn $m(x, y)$ die Flözmächtigkeit und $\eta(x, y)$ der Senkungsfaktor sind. Wenn die Größen m und η im Abbaubereich konstant sind, ist auch $\overline{w}$ konstant und allgemein angenommen der maximalen möglichen Senkung an der Oberfläche $w_{\max}$ gleich.

r — der Streufaktor der Einflüsse. Dieser Faktor $r = \frac{H}{\tan \beta}$ wird auch Radius der Haupteinflüsse genannt, wobei H die Abbauteufe und β der Winkel der sog. Haupteinflüsse ist.

Die durch den Abbau im Bereich P hervorgerufene Senkung beträgt dann

$$w(s, t) = \iint_P \frac{\overline{w}(x, y)}{r^2}\, e^{-\frac{\pi}{r^2}[(x-s)^2+(y-t)^2]}\, dx\, dy\,. \tag{2}$$

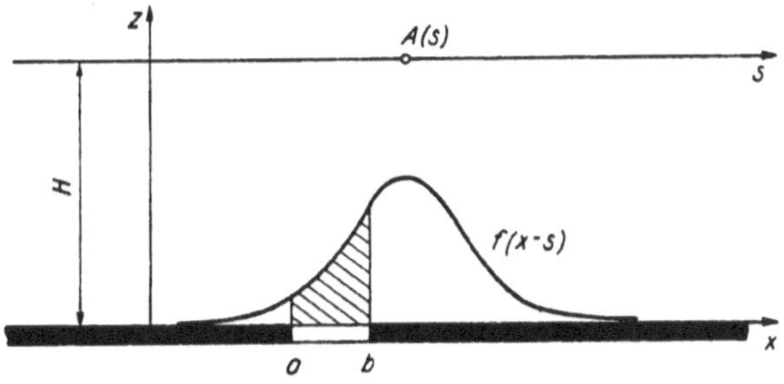

Bild 1. Die Einflußkurve

Wenn der Abbau mit einer langen geradlinigen Abbaufront geführt wird, kann man den Senkungsvorgang in einem zur Abbaufront senkrechten Querschnitt als ein zweidimensionales Problem betrachten. Die Senkung $w(s)$ eines bestimmten Punktes $A(s)$ in der Entfernung s vom Anfang des Koordinatensystems wird dann mittels einer Einflußkurve $f(x, s)$ bestimmt von der Eigenschaft, daß ihr Integral in den Grenzen (a, b) die Größe der Senkung bestimmt, die durch einen in den Grenzen (a, b) durchgeführten Abbau (Bild 1) hervorgerufen wird:

$$w(s) = \int_a^b f(x, s)\, dx\,. \tag{3}$$

Diese Einflußkurve, wie aus praktischen Beobachtungen der Senkungsmulden hervorgeht, kann mit großer Genauigkeit mit einer GAUSSschen Glockenkurve

$$f(x, s) = \frac{\overline{w}(x)}{r}\, e^{-\frac{\pi(x-s)^2}{r^2}} \tag{4}$$

approximiert werden; $\overline{w}(x)$ ist hier die mögliche Senkung des Flözhangenden.

Die Senkung des Punktes $A(s)$ infolge eines in den Grenzen (a, b) durchgeführten Abbaues beträgt demnach

$$w(s) = \int_a^b \overline{w}(x)\, \frac{1}{r}\, e^{-\frac{\pi(x-s)^2}{r^2}}\, dx\,. \tag{5}$$

Um die Einflüsse des Abbaues im Gebirge in einem beliebigen Horizont z über dem Flöz zu berechnen, wird angenommen, daß die Einflußfunktionen der Punkte, die im Horizont z liegen, eine ähnliche Gestalt haben wie die Einflußfunktionen für die Punkte der Oberfläche und durch die Gleichungen (1) bzw. (4), in denen statt r ein Parameter r_z eingesetzt wird, beschrieben werden können. Der Streuwert r_z der Abbaueinflüsse für einen beliebigen Horizont z mußte als Funktion der Größen H, z (Abbauteufe und Horizontkoordinate) bestimmt werden.

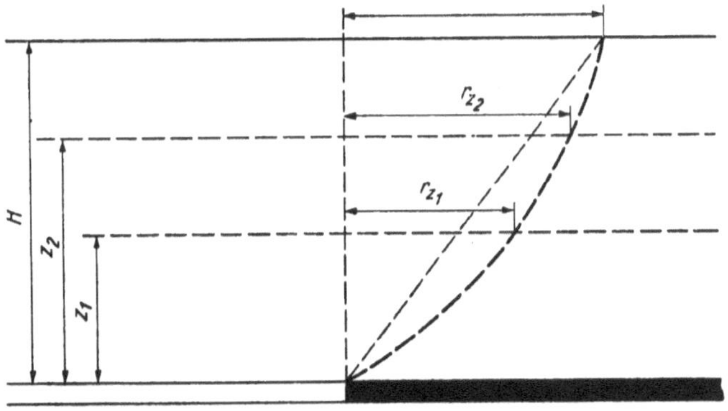

Bild 2. Radius der Haupteinflüsse r_z im Gebirge

Die Untersuchung des Parameters r_z wurde an Modellen durchgeführt [6]. Es wurde festgestellt, daß die Fläche, die die Reichweite der Haupteinflüsse r_z auf verschiedenen Horizonten begrenzt (Bild 2), konkav ist und mit genügender Genauigkeit durch die Gleichung

$$r_z = r\left(\frac{z}{H}\right)^n \tag{6}$$

beschrieben werden kann, wobei $n < 1$ ist. Hier wäre zu bemerken, daß W. Budryk anfangs $n \gg 1$ angenommen hat [2]; diese Annahme hat zu übertriebenen Werten der theoretisch berechneten senkrechten Deformationen im Gebirge geführt. Der Wert des Exponenten n ist nicht viel kleiner als 1, so daß man, ohne einen größeren Fehler zu begehen, $n = 1$ annehmen kann:

$$r_z = r \cdot \frac{z}{H}. \tag{7}$$

Die bei dieser Annahme vorausberechneten senkrechten Deformationen ε_z entsprechen recht gut den in der Praxis gemessenen Werten.

Die Feststellung der Art der Verteilung der Abbaueinflüsse und der Abhängigkeit des Parameters der Streueinflüsse r_z im Gebirge von der Abbauteufe H und der Höhe des Horiziontes z erlaubt die theoretische Berechnung der Senkungen und der senkrechten Deformationen im Gebirge.

Die Annahme von Averšin [1], daß die horizontale Verschiebung u der Neigung der Senkungsmulde $\frac{dw}{ds}$ proportional ist,

$$u = B \cdot \frac{dw}{ds}, \tag{8}$$

erlaubt die Vorausberechnung der horizontalen Verschiebungen u und der horizontalen Deformationen $\varepsilon = \frac{du}{ds}$. Der Wert des Faktors B wurde für die geologischen Verhältnisse in Schlesien von Budryk [2] bestimmt:

$$B = \frac{r}{\sqrt{\pi}}. \tag{9}$$

Die angeführten Formeln erlauben die Vorausberechnung der Abbaueinflüsse im Schachtsicherheitspfeiler bei beliebiger Form des Abbaufeldes und der Abbaufront. Nachfolgend werden aber nur zwei Fälle betrachtet, eines kreisförmigen Abbaues und eines Abbaues, der mit geradliniger Front den Schachtsicherheitspfeiler durchläuft.

1. Der kreisförmig symmetrische Abbau

Der Anfang des Koordinatensystems in der Schachtachse ($s = 0$, $t = 0$) soll der Punkt sein, wo das Flöz die Schachtachse schneidet. Die Senkung in der Schachtachse in einem beliebigen Horizont z beträgt dann laut Gl. (2):

$$w(z) = \iint_p \frac{\overline{w}(x, y)}{r_z^2} e^{-\frac{\pi}{r_z^2}(x^2+y^2)} \, dx \, dy\,. \tag{10}$$

Wenn wir nun auf ein Polarkoordinatensystem übergehen, verursacht der Abbau des Flözes, in einem Ring von den Halbmessern R_1 und R_2 unter der Annahme bestimmt, daß $\overline{w}(x, y)$ konstant und gleich $w_{\max}$ ist, eine Senkung

$$w(z) = w_{\max}\left(e^{-\frac{\pi}{r_z^2}R_z^2} - e^{-\frac{\pi}{r_z^2}R^2}\right). \tag{11}$$

Ist der Abbau vom Schacht ($R_1 = 0$) bis auf eine Entfernung R gewandert, ist die Senkung

$$w(z) = w_{\max}\left(1 - e^{-\frac{\pi}{r_z^2}R^2}\right). \tag{12}$$

Die vertikale Deformation ε_z beträgt dann:

$$\varepsilon_z = \frac{\mathrm{d}w}{\mathrm{d}z} = w_{\max}\frac{\mathrm{d}}{\mathrm{d}z}\left(\frac{1}{r_z^2}\right)R^2\, e^{-\frac{\pi}{r_z^2}R^2}. \tag{13}$$

Wenn r_z nach Gl. (7) eingesetzt, betragen die vertikalen Deformationen (Dehnungen)

$$\varepsilon_z = 2\,\pi\, w_{\max}\frac{R^2}{r^2}\cdot\frac{H^2}{z^3}\, e^{-\pi\frac{R^2}{r^2}\frac{H^2}{z^2}}. \tag{14}$$

Falls der Abbau außerhalb des Schachtsicherheitspfeilers angefangen worden wäre und aus einer größeren Entfernung (so daß $R_1 = \infty$ angenommen werden kann) in den Sicherheitspfeiler bis auf den Abstand $R_2 = R$ geführt wird, entstehen in der Schachtachse Stauchungen von der Größe entsprechend Gl. (13).

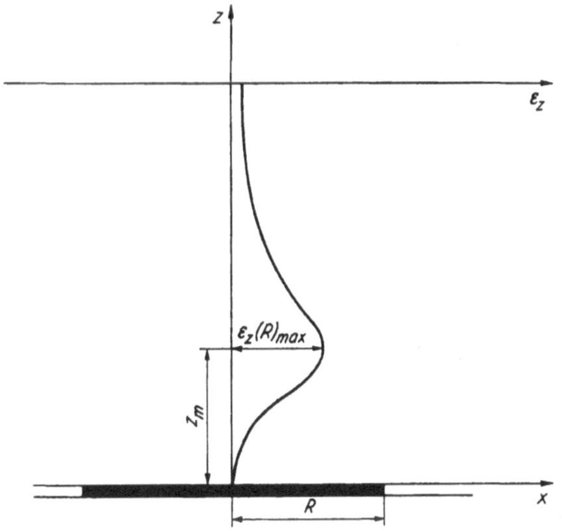

Bild 3. Der Verlauf der vertikalen Deformationen in der Schachtachse bei einem mit dem Radius R bestimmten Abbauzustand

Der Verlauf der vertikalen Deformationen in der Schachtachse ist in Bild 3 gezeigt. Bei einem gewissen Abbauzustand (R) kann aus der Bedingung $\frac{\mathrm{d}\varepsilon_z}{\mathrm{d}z} = 0$ der Horizont

$$z_m = \sqrt{\frac{2\,\pi}{3}}\cdot\frac{R\cdot H}{r} = 1{,}447\,\frac{R}{r}\cdot H \tag{15}$$

bestimmt werden, in dem die maximale vertikale Deformation

$$\varepsilon_z\,(R)_{\max} = w_{\max}\frac{3}{z_m}\,e^{-\frac{3}{2}} = 0{,}462\; w_{\max}\frac{r\cdot H}{R} \tag{16}$$

auftritt.

Die maximale Deformation, die in einem Horizont z während des Abbaues auftreten kann, wird aus Gl. (13) für die Bedingung $\frac{\mathrm{d}\varepsilon_z}{\mathrm{d}R} = 0$ bestimmt. Sie beträgt

$$\varepsilon_{z\max} = w_{\max}\frac{2}{e\cdot z} \tag{17}$$

und tritt auf, wenn das Flöz bis zum Radius

$$R = \frac{r}{\sqrt{\pi}} \cdot \frac{z}{H} \tag{18}$$

abgebaut ist.

Die Beziehungen (17) und (18) sind auf Bild 4 mit durchgehenden Kurven gezeigt worden in der Form

$$\frac{z}{H} = 1{,}772 \frac{R}{r}, \tag{19}$$

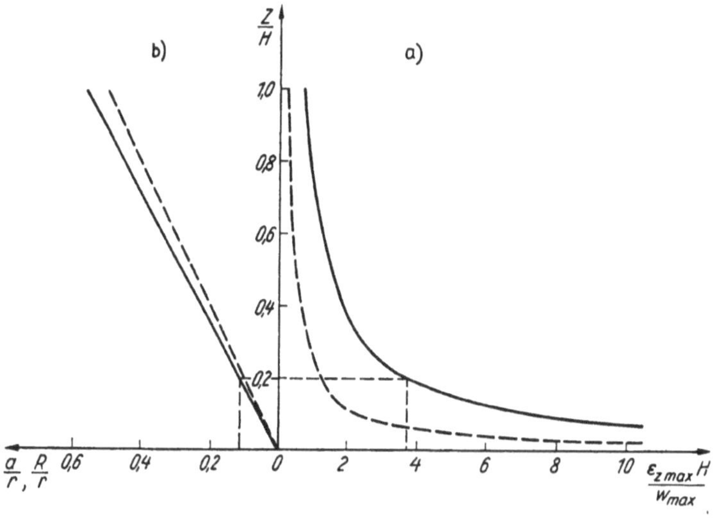

Bild 4. Die maximalen vertikaleu Deformationen in der Schachtachse, die beim kreisförmig symmetrischen Abbau und beim Abbau mit einer langen geradlinigen Front auftreten

die gestattet, die Größe des Abbauradius R, bei der die größte Deformation $\varepsilon_{z_{\max}}$ in einem Horizont z auftritt, zu bestimmen, und aus der diese größte Deformation ermittelt werden kann:

$$\frac{\varepsilon_{z_{\max}} \cdot H}{w_{\max}} = \frac{2}{e} \frac{r}{\sqrt{\pi}\, R} = 0{,}415 \frac{r}{R}. \tag{20}$$

Für einen bestimmten Wert $\frac{z}{H}$, zum Beispiel $\frac{z}{H} = 0{,}2$, wird aus Bild 4 $\frac{R}{r} = 0{,}115$ und $\frac{\varepsilon_{z_{\max}} \cdot H}{w_{\max}} = 3{,}65$ abgelesen.

Da die Abbauteufe H, der Radius der Haupteinflüsse r für die Oberfläche und die maximale mögliche Senkung $w_{\max}$ bekannte Größen sind, können für einen bestimmten Horizont z die maximale Deformation $\varepsilon_{z_{\max}}$ und der Abbauradius R ohne weiteres berechnet werden.

2. Der Abbau mit einer langen geradelinigen Front

Falls der Abbau eines Flözes im Schachtsicherheitspfeiler mit einer langen geradelinigen Abbaufront geführt wird, die in einer Richtung den ganzen Pfeiler durchquert, können die vertikalen wie auch die horizontalen Deformationen in der Schachtachse nach Salustowicz [7] berechnet werden. Salustowicz hat eine Vereinfachung nach Knothe [4] angenommen, indem er die Gausssche Einflußkurve durch ein Dreieck ersetzte. Die in der Arbeit von Salustowicz entwickelten Formeln für die Größe von Verschiebung und Deformation in der Schachtachse haben, wenn der Anfang des Koordinatensystems in der Schachtachse liegt, die Bezeichnungen

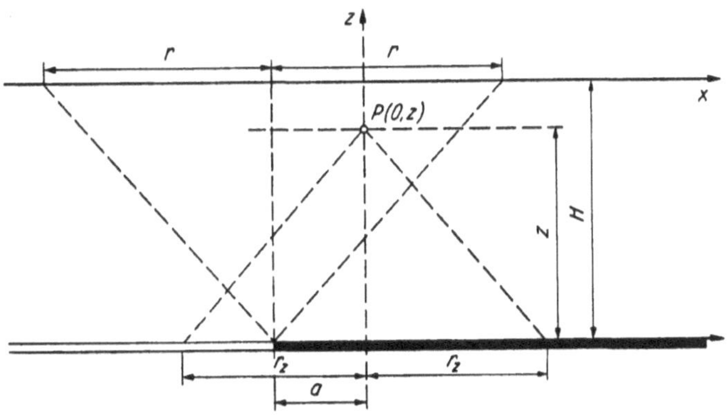

Bild 5. Der Abbau im Schachtsicherheitspfeiler mit einer geradlinigen Abbaufront

wie in Bild 5 angenommen werden und der Wert des Exponenten in Gl. (6) $n = 1$ gesetzt wird, folgende Formen:

1. Für $a \leqq - r_z$, wobei a die Entfernung der Abbaufront von der Schachtachse ist, treten bis zu der Höhe z über dem Flöz keine Bewegungen auf, was der Wirklichkeit nur angenähert entspricht.
2. Für $- r_z \leqq a \leqq 0$ und
3. für $0 \leqq a \leqq r_z$ sind die Senkung w, die vertikale Deformation ε_z und die maximale vertikale Deformation $\varepsilon_{z_{\max}}$ mit folgenden Formeln zu ermitteln, in denen die oberen Zeichen dem Fall 2. und die unteren dem Fall 3. entsprechen, folgende:

   Senkung

$$w(z) = - w_{\max} \left[\frac{1}{2} + \frac{a}{r} \frac{H}{z} \pm \frac{1}{2} \frac{a^2}{r^2} \cdot \frac{H^2}{z^2} \right], \tag{21}$$

   vertikale Deformation

$$\varepsilon_z = \frac{dw}{dz} = \mp w_{\max} \frac{H}{z^2} \left(\mp \frac{a}{r} - \frac{a^2}{r^2} \frac{H}{z} \right), \tag{22}$$

   maximale vertikale Deformation

$$\varepsilon_{z_{\max}} = \mp \frac{w_{\max}}{H \cdot z}. \tag{23}$$

   Diese maximale Deformation $\varepsilon_{z_{\max}}$ tritt auf bei einer Entfernung der Abbaufront von der Schachtachse

$$a = \mp \frac{r}{2} \frac{z}{H}. \tag{24}$$

4. Für $r_z \leqq a$ befindet sich die Abbaufront außerhalb des Radius der Haupteinflüsse und sowohl die Verschiebungen als auch die Deformationen ändern sich nicht mehr, was der Wirklichkeit wieder nur angenähert entspricht.

Es muß bemerkt werden, daß diese Formeln, ähnlich wie die Formeln für den kreissymmetrischen Abbau, ohne Berücksichtigung des Zeitfaktors und des Einflusses der Abbaugeschwindigkeit abgeleitet worden sind. Sie geben also für bestimmte Stellungen a der Abbaufront die Senkungs- und Deformationsgrößen an, die im Falle der Stillegung der Abbaufront nach genügend langer Zeit auftreten würden.

Die Beziehungen (23) und (24) wurden in Bild 4 mit gestrichelten Linien in dimensionslosen Koordinaten in den Formen

$$\frac{z}{H} = 2 \cdot \frac{a}{r} \tag{25}$$

und

$$\frac{\varepsilon_{z_{\max}} \cdot H}{w_{\max}} = 0{,}125 \frac{r}{a} \tag{26}$$

dargestellt. Dieses Diagramm erlaubt die Ermittlung der maximalen vertikalen Deformationen in beliebigen Horizonten z und Stellungen der Abbaufront a, bei der sie auftreten.

Wie aus Bild 4 zu ersehen ist, betragen die senkrechten Deformationen in der Schachtachse beim Abbau mit einer geradlinigen Front nur etwa ein Drittel der im Falle eines kreissymmetrischen Abbaues.

Das Diagramm in Bild 4 erlaubt auch, die Deformationen bei einem Abbau, der mit zwei geradlinigen, zueinander parallelen Abbaufronten geführt wird, zu bestimmen.

In einem solchen Fall werden die Deformationen durch Superposition der durch die einzelnen Abbaufronten hervorgerufenen Deformationen berechnet.

3. Gegenüberstellung der theoretischen Berechnungen mit den Ergebnissen der Praxis

Die angegebenen Formeln erlauben eine Vorausberechnung der Deformationen, die bei einem im Schachtsicherheitspfeiler geführten Abbau zu erwarten sind.

Wenn der Abbau kreissymmetrisch vom Schacht aus nach außen geführt wird, können die vertikalen Deformationen laut Gl. (14) und die maximalen Deformationen, die während der ganzen Abbauzeit auftreten, nach den Gln. (17) und (18), also aus Bild 4, bestimmt werden. Freilich sind diese Formeln nur gültig, wenn der Abbauradius R einen gewissen Wert R_0 überschritten hat, bei dem die Senkung des Hangenden im Zentrum des Abbaus erfolgt ist.

Wird der Abbau von außen her durch den Schachtsicherheitspfeiler mit einer langen geradlinigen Front geführt, so werden die vertikalen Deformationen aus Gl. (22) und ihre maximalen Werte aus den Gln. (23) und (24) oder aus dem Diagramm in Bild 4 berechnet.

In Polen wird neuerdings in Schachtsicherheitspfeilern ein kombinierter Abbau in zwei Stadien geführt. Im ersten Stadium wird um den Schacht ein ,,Würfel" von den Ausmaßen 30 · 30 bis 40 · 40 m abgebaut und versetzt, im zweiten Stadium erfolgt der Abbau des Pfeilers von außen her mit einer langen geradlinigen Front. Beide Abbaue können auch gleichzeitig betrieben werden. Im Falle solch eines Abbaues müssen die Deformationen gesondert für den Abbau des ,,Würfels" und den Abbau mit geradliniger Front berechnet und addiert werden. Dabei wird die abgebaute Fläche P des ,,Würfels" einer Fläche vom Radius

$$R = \sqrt{\frac{P}{\pi}} \tag{27}$$

gleichgesetzt.

Die theoretischen Berechnungen können für gewisse Abbaustadien vorgenommen oder es können maximale Deformationen bestimmt werden, die in der Schachtachse während des Abbaues auftreten können.

Eine Gegenüberstellung der theoretisch berechneten Größen der Deformation mit den in der Praxis gemessenen Werten wurde durch Lesniak [5], u. a. für den Ausbau im Sicherheitspfeiler des Schachtes ,,Szymon" der Grube ,,Halemba" durchgeführt. Hier wurde die erste 3,5 m mächtige Scheibe eines 6,8 m mächtigen Flözes in einer Teufe von etwa 350 m mit Spülversatz abgebaut. Das Einfallen des Flözes war klein und betrug nicht mehr als 8°.

Zuerst wurde (Bild 6) um den Schacht ein Würfel von 47 · 28 m in der ganzen Flözmächtigkeit (6,8 m) mit Spülversatz abgebaut und danach der Abbau mit einer geradlinigen Front durch den Sicherheitspfeiler in der ersten 3,5 m mächtigen Scheibe begonnen. Für bestimmte Lagen der Abbaufront wurden die Deformationen berechnet und mit den für den abgebauten ,,Würfel" berechneten addiert. Bei der Berechnung der Deformationen wurden folgende Werte der Parameter benutzt: Tangens des Winkels der Haupteinflüsse $\tan \beta = 2$, Radius der Haupteinflüsse $r = 175$ m bei einer Abbauteufe $H = 350$ m, Senkungsfaktor für den Abbau des 6,8 m mächtigen Flözes im Würfel $\eta = 0{,}03$, Senkungsfaktor für den Abbau der ersten Scheibe von der Mächtigkeit 3,5 m mit Spülversatz $\eta = 0{,}15$.

Für den abgebauten Würfel wurde der Abbauradius aus Gl. (27) bestimmt:

$$R = \sqrt{\frac{47 \cdot 28}{\pi}} = 20 \text{ m} .$$

Da aber die Senkung des Hangenden über dem abgebauten „Würfel" nicht im vollen erfolgt, wurde ein kleinerer Wert ($R = 14$ m) angenommen.

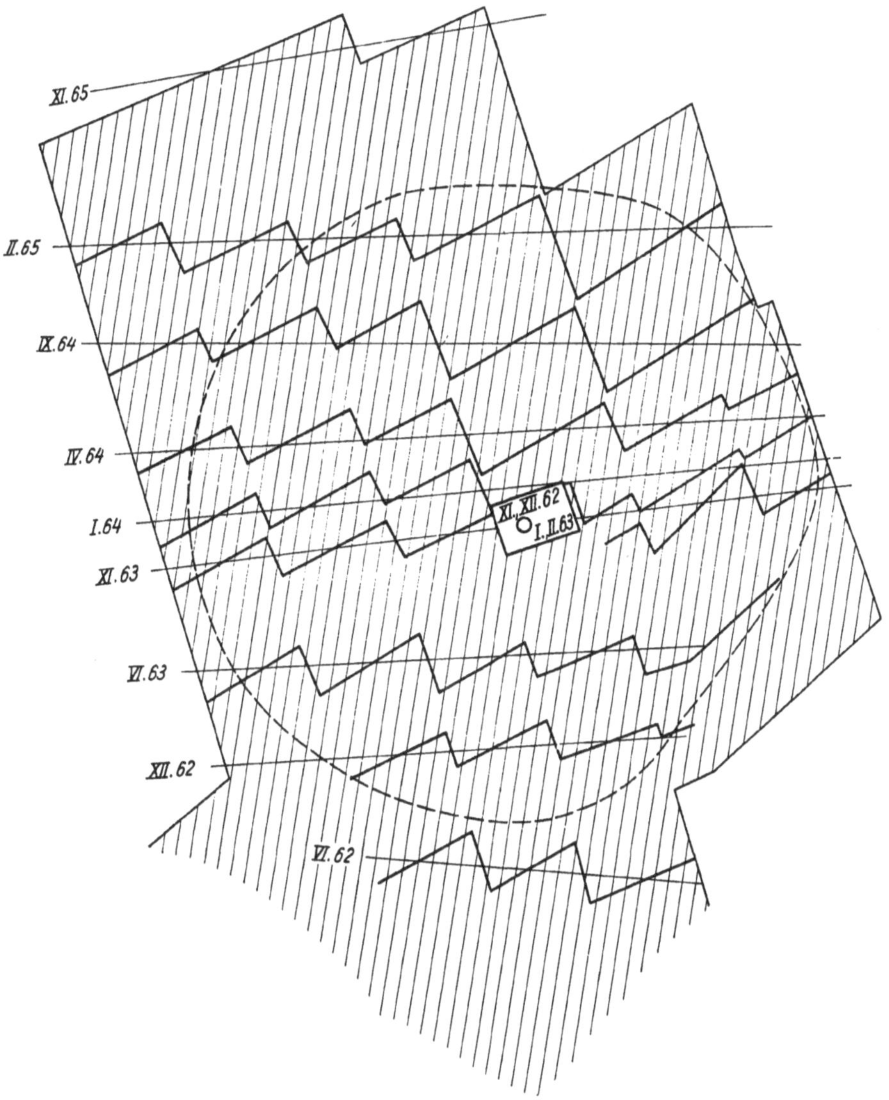

Bild 6. Die Situation der Abbaufront im Sicherheitspfeiler des Schachtes „Szymon"

Solange die Abbaufront die Schachtachse nicht überschritten hat, wurden die senkrechten Deformationen durch den Abbau des „Würfels" in der ganzen Mächtigkeit des Flözes und durch den sich nähernden Abbau in der ersten Scheibe des Flözes hervorgerufen. Nachdem die Abbaufront in der ersten Scheibe den Schacht und den abgebauten „Würfel" überschritten hatte, bestanden die Deformationen aus denen, die durch den Abbau der ersten Scheibe, und denen, die durch Abbau der zweiten Scheibe in den Grenzen des Würfels hervorgerufen wurden.

Die bei diesem Überlagerungsschema der Einflüsse berechneten Deformationswerte sind für verschiedene Lagen der Abbaufront auf Bild 7 mit gestrichelten Linien dargestellt. In diesem Bild sind weiterhin die durch Messungen festgestellten Deformationen mit vollen Linien dargestellt. Wie zu entnehmen ist, besteht eine gewisse „Verspätung" der gemessenen Deformationen gegenüber den theoretisch berechneten. Der Grund liegt darin, daß die theoretisch berechneten Größen ohne Berücksichtigung des Zeitfaktors und des Fortschritts der Abbaufront bestimmt worden sind.

Diese Zeitverschiebung beträgt im beschriebenen Falle etwa 3 Monate. Erst nachdem die Abbaufront den Sicherheitspfeiler passiert hat, beginnen die gemessenen Deformationen sich den theoretisch berechneten zu nähern.

In Bild 8 wurden die maximalen vertikalen Deformationen $\varepsilon_{z_{max}}$, die in der Zeit des Abbaues auf verschiedenen Horizonten z aufgetreten sind, mit den theoretisch berechneten Werten verglichen. Die theoretisch berechneten Werte sind gestrichelt, die gemessenen Größen mit voller Linie dargestellt. Die in Bild 8 dargestellten Deformationskurven sind also Hüllkurven der auf Bild 7 gezeigten Deformationskurven. Die Übereinstimmung der maximalen, theoretisch berechneten Werte $\varepsilon_{z_{max}}$ mit den während des Abbaues gemessenen Größen ist, wie aus Bild 8 zu ersehen ist, recht gut und für praktische Anwendungen ausreichend. Die Untersuchung anderer Fälle des Abbaus in Schachtsicherheitspfeilern ergaben ähnliche Resultate.

Die Längenmessungen, die während des Abbaues im Schachte durchgeführt wurden, wurden an Meßbolzen vorgenommen, die teilweise im Schachtausbau befestigt, teilweise auch im Gebirge verankert waren. Die Messungen erlaubten also, die vertikalen Deformationen am Schachtausbau und im Gebirge festzustellen. Bild 9 zeigt den Vergleich der durch Messungen festgestellten maximalen Deformationen $\varepsilon_{z_{max}}$ am Schachtausbau (gestrichelte Linie) und im Gebirge (volle Linie). Die auf Bild 9 dargestellten Deformationskurven sind Hüllkurven der Deformations-

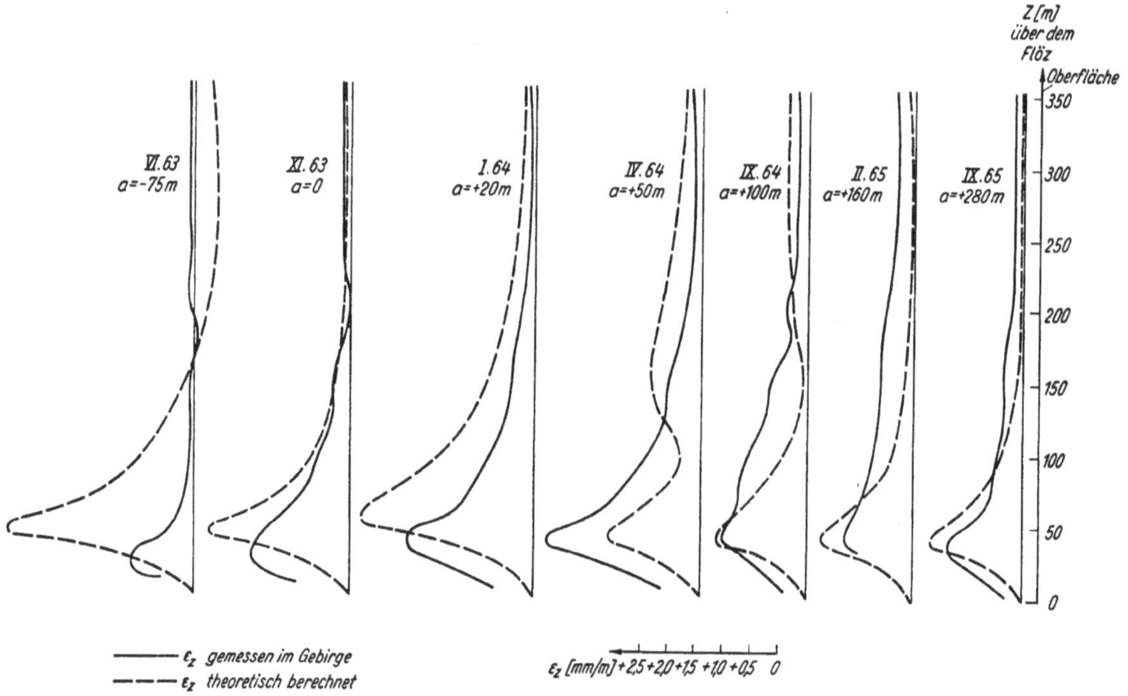

Bild 7. Vergleich der berechneten und der gemessenen vertikalen Deformationen in der Schachtachse bei verschiedenen Lagen der Abbaufront

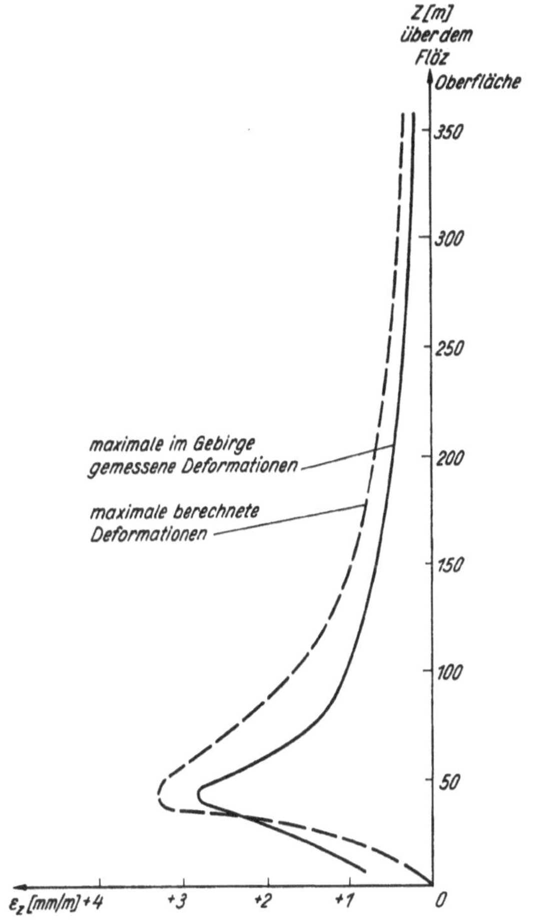

Bild 8

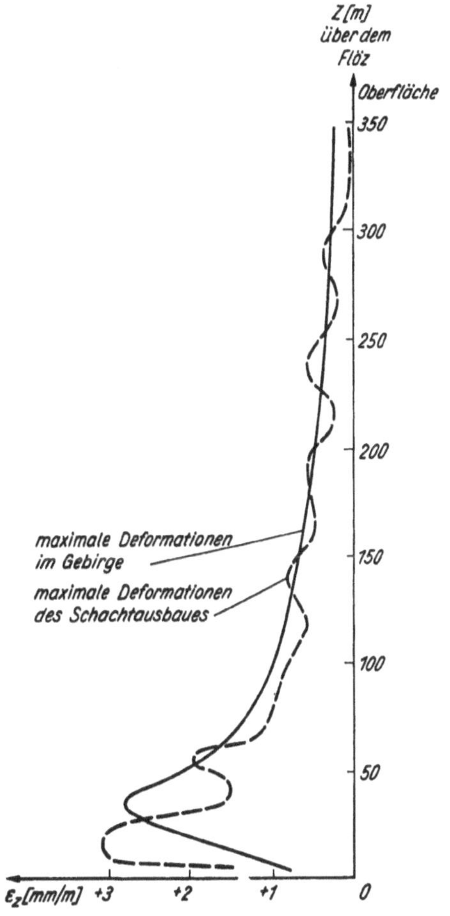

Bild 9

Bild 8. Vergleich der berechneten und gemessenen Werte der maximalen vertikalen Deformationen $\varepsilon_{z_{\max}}$, die an dem Schachtrohr in der Zeit des Abbaues aufgetreten sind

Bild 9. Vergleich der durch Messungen festgestellten maximalen Werte der vertikalen Deformationen $\varepsilon_{z_{\max}}$ am Schachtausbau und im Gebirge

kurven, die für verschiedene Stellungen der Abbaufront (Bild 6) festgestellt wurden. Die Übereinstimmung dieser maximalen Deformationen ist sehr gut, obwohl zu unterschiedlichen Zeitpunkten während des Abbaus die Unterschiede zwischen den Größen der Deformationen des Gebirges und des Schachtausbaus groß waren.

4. Schlußfolgerungen

Die angegebene Methode der Vorausberechnung der Abbaueinflüsse, hauptsächlich der vertikalen Deformationen, beim Abbau von Flözen in Schachtsicherheitspfeilern ist einfach und in der Praxis leicht anwendbar. Obwohl der Zeitfaktor und die Abbaugeschwindigkeit nicht berücksichtigt werden, was eine Verspätung der auftretenden Deformationen gegenüber den vorausberechneten ergibt, ist die Übereinstimmung der vorausberechneten maximalen und der gemessenen Deformationen sehr gut.

Bemerkenswert ist, daß die maximalen Deformationen in bestimmten Horizonten z von der Abbauteufe H wie auch von den Eigenschaften des Gebirges β nicht abhängig sind, was die

Vorausberechnungen sehr weitgehend erleichtert. Demgegenüber hängen der Zeitpunkt und die Lage der Abbaufront, in denen diese maximalen Deformationen auftreten, von den Parametern H und β ab, was jedoch für die Praxis ohne größere Bedeutung ist.

Die angegebene Vorausberechnungsmethode erlaubt die Wahl eines richtigen Abbausystems im Schachtsicherheitspfeiler, z. B. sind die Einflüsse beim Abbau mit einer langen geradlinigen Front beträchtlich kleiner als im Falle eines kreissymmetrischen Abbaues.

Die beschriebene Methode scheint weiterhin für Vorausberechnungen der Abbaueinflüsse in Schachtsicherheitspfeilern bei flacher Flözlagerung ($\alpha < 15$ bis 20°), für welche sie ausgearbeitet wurde, geeignet zu sein.

Literatur

[1] Averšin, S. G.: Sdvisenie gornych porod pri podzemnych razrabotakach. Ugletechisdat, Moskva 1947.

[2] Budryk, W.: Wyznaczanie poziomych odkształceń terenu. Archiwum Górnictwa i Hutnictwa **1** (1953) 1.

[3] Knothe, S.: Rwnanie profilu ostatecznie wyksztalconej niecki osiadania. Archiwum Górnictwa i Hutnictwa **1** (1953) 1.

[4] Knothe, S.: Wpływ czasu na kształtowanie sie niecki osiadania. Archiwum Górnictwa i Hutnictwa **1** (1953) 1.

[5] Knothe, S. und Leśniak, J.: Wyznaczanie wielkości spodziewanych wpływón eksploatacji w szybowych filarach ochronnych. Archiwum Górnictwa **11** (1966) 4.

[6] Krzysztoń, D.: Parametr zasiegu niecek osiadania w ośrodku sypkim. Archiwum Górnictwa **8** (1963) 1.

[7] Saŀustowicz, A.: Przemieszozenia i odkształcenia górotworu w sasiedztwie eksploatacji górniczej. Archiwum Górnictwa i Hutnictwa **3** (1955) 2.

[8] Saŀustowicz, A.: Przemieszczenia i odkształcenia górotworu pryz ograniczonej szerokości wyrobisja. Archiwum Górnictwa **1** (1956) 2.

Der Einfluß der Deformierbarkeit des Liegenden des Flözes auf den Spannungs- und Verformungszustand des Grubenbaues

von J. Bradáč, Ostrava

Kurzfassung

Die Ausnutzung der mathematischen Methoden zum Studium der Auswirkungen des Abbaues machten in den letzten Jahren eine starke Entwicklung durch. Nach der „Gewölbetheorie" wurde die sog. „Plattentheorie" aufgebaut; neuerdings schenkt man den Methoden der Kontinuumsmechanik erhebliche Aufmerksamkeit. Die Zweckmäßigkeit der Auswahl der verschiedenen physiko-mechanischen Modelle für ein so heterogenes Medium, wie es das Gebirge ist, bildet bis zum heutigen Tage einen Streitgegenstand. Trotzdem zeigen Ergebnisse derartiger Verfahren in zahlreichen Fällen einen guten qualitativen und quantitativen Einklang mit den Messungen „in situ".

Die vorliegende Arbeit befaßt sich mit der Erweiterung der Plattentheorie, um den Einfluß der Deformierbarkeit des Liegenden berücksichtigen zu können. Die Ergebnisse der Applikation der Theorie der Platten bzw. Träger auf das Verhalten der festen Hangendschichten wurden in älteren aber auch in neuesten Messungen an Modellen und unter Abbauverhältnissen bestätigt. Der Erfolg bei der Ausnutzung dieser Meothode hängt selbstverständlich von einer guten Kenntnis des geologischen Baues des Hangenden eines Flözes, von der richtigen Beschreibung der mechanischen Eigenschaften der tragenden Schichten, des Flözes bzw. des Versatzes u. ä. ab. Diesen verhältnismäßig weitgehend diskutierten Fragen widmet dieser Beitrag einige kurzgefaßte Anmerkungen und Vorschläge zu ihrer Präzisierung. Die größte Aufmerksamkeit wurde dem Einfluß der Deformierbarkeit des Liegenden des abgebauten Flözes geschenkt; in den bisherigen Arbeiten über die Plattentheorie wurde das Liegende für undeformierbar gehalten, obwohl alle Messungen in Abbaufeldern auch eine typische Kurve der Formänderung der Sohle bestätigen. Um die Verformungseigenschaften des Liegenden eines Flözes definieren zu können, muß zuerst eine bestimmte Hypothese über das elastisch-plastische Verhalten des Gebirges — als ein Ganzes — gewählt werden.

Summary

During the past years the utilisation of the mathematical methods for studying the effects of the excavations have passed a tremendous development. Subsequent to the "theory of arching" the so-called "theory of fixed beams" was established; recently considerable attention has been attached to the methods of the continuum mechanics. The suitability of the selection of the different physical-mechanical models for a heterogeneous medium such as it is the ground has till now been a matter in dispute. Nevertheless the results of such procedures show for numerous cases a good qualitative and quantitative agreement with the measurements in situ.

The present work deals with the extension of the "theory of fixed beams" to make it possible for the influence of the deformability of the floor to be taken into account. The results of the application of the theory of fixed beams to the behavior of the solid roof strata have been confirmed by the former and also by the recent measurements effected on models and under mining conditions. It is self-understood that the success of the utilisation of these methods depends on a good knowledge of the geological structure of the seam roof, the right description of the mechanical properties of the carrying lyers, the seam and the stowing, and similar factors. For precising these problems mentioned that have undergone a relatively detailed discussion some brief indications and propositions are given for them by this contribution. The greatest attention was atteched to the influence of the deformability of the floor of the seam that had been mined out. In the hitherto articles about the theory of fixed beams the floor was considered to be undeformable although all the measurements in the panels also confirm a typical curve of the deformation of the floor. For being able to define the deformation properties of the floor of a seam it is necessary first to choose a certain hypothesis on the elastic-plastic behavior of the rock mass as a whole.

Résumé

La mise à profit des méthodes mathématiques pour l'étude des effets de l'exploitation a parcouru un fort développement ces dernières années. L'élaboration de la "théorie de la formation de voûtes" fut suivie par celle de la soi-disante "théorie des dalles" encastrées récemment une attention considérabele est attachée aux méthodes de la mécanique de continuum. La convenance du choix des différents modèles physico-mécaniques pour un médium aussi hétérogène qu'il est le terrain constitue même aujourd'hui un objet de discussion. Malgré ce fait quelques résultats de tes essais montrent pour nombre de cas un bon accord qualitatif et quantitatif avec les mesures d'in situ.

Le présent travail est consacré à l'extension de la théorie des dalles encastrées pour pouvoir tenir compte de l'influence de la déformabilité du mur. Les résultats de l'application de la théorie des dalles ou plaques encastrées au comportement des strates du toit furent confirmés par des mesures tant plus anciennes que plus récentes qui ont été effectuées aux modèles et dans les conditions de l'exploitation. Le succès pour la mise à profit de cette méthode dépend — ce qui s'entend de soi-même — d'une bonne connaissance de la structure géologique du toit de la veine, de la description convenable des propriétés mécaniques des couches portantes, de la veine ou du remblai ou des facteurs similaires. Cette contribution consacre à ces questions qui ont été discutées d'une manière relativement détaillée quelques briéves indications et propositions pour les préciser. La plus grande attention fut attachée à l'influence de la déformabilité du mur de la veine exploitée. Dans les travaux portant sur la théorie des dalles encasgrées le mur fut considéré comme indéformable tandis que toutes les mesures dans les panneaux aussi confirment une curve typique de la déformation du mur. Pour pouvoir définer des propriétés de déformation du mur d'une veine il faut d'abord choisir une certaine hypothèse sur le comportement élasto-plastique de terrain au total.

Резюме

Применение математических методов в целях изучения влияния очистных работ сильно развивалось в последние годы. После „теории свода" предлагали т. н. теорию консольных плит и в настоящее время большое внимание обращается методам механики сплошной среды. Целесообразность выбора различных физико-механических моделей для исследования неоднородной в такой степени среды как массива горных пород является спорным вопросом до сегодняшнего дня. Но все таки полученные тем или иным способом результаты хорошо согласуются с результатами измерений в натурных условиях, как в количественном, так и в качественном отношениях.

Настоящая работа занимается расширением теории консольных плит, чтобы получитв возможность учета влияния дефомируемости лежачего бока. Результаты, полученные с помощъю теории консольных плит или балок применительно к поведению прочных слоев кровли раньше и сегодня подтверждаются результатами измерений на моделях и в шахтных условиях. Успешное применение этого метода, конечно, зависит от хорошего знания геологической структуры кровли иласта, правильного описания механических свойств несущих слоев или закладки и др. Этим сравнительно много обсуждаемым проблемам в настоящей работе посвящены размышления и предложения для их уточнения. Главное внимание уделялось вопросу влияния деформируемости лежачего бока отработанного пласта. Во всех опубликованных до сих пор работах о применении теории консольных плит лежачий бок рассматривается недеформируемым, хотя результаты всех измерений в выемочных полях показывают и типичную кривую деформации почвы. Для определения деформационных свойств лежачего бока пласта сперва следует выбрать оперделенный гипотез об упруго-пластическом поведении массива горных пород лак целого.

1. Spannungs- und Verzerrungszustand im unverritzten Gebirge

Beim Beurteilen des Spannungs- und Verzerrungszustandes im unverritzten Gebirge nimmt man zwei verschiedene Hypothesen an. Die erste, die von der Heimschen Theorie der latenten Plastizität ausgeht, hält den Spannungszustand innerhalb des Gebirges für hydrostatisch, was die Gültigkeit der Beziehung

$$\sigma_x = \sigma_y = \sigma_z = \gamma h \tag{1}$$

bedeutet. Eine Begründung dieser Hypothese, die durch die Größe des Poissonschen Koeffizienten $\nu = {}^1/_2$ (bzw. der Poissonschen Zahl $m = 1/\nu = 2$) bedingt ist, gab G. Evering [1] u. a.

Die zweite Hypothese, die z. B. P. KÜHN [2], [3] formulierte und begründete, setzt das elastische Verhalten des Gebirges voraus und berechnet dementsprechend die Horizontalspannungen in der Tiefe von h mit der Gleichung

$$\sigma_x = \sigma_y = \frac{\sigma_z}{m-1} = \frac{\gamma h}{m-1}. \tag{2}$$

Beide Hypothesen haben eine Reihe von Vertretern, offensichtlich deshalb, weil die Erfahrungen mit dem Abbau in größeren Tiefen typische Erscheinungen sowohl des plastischen Verhaltens des Gebirges (bleibende Formänderungen, erhebliche Zunahme der Horizontalspannungen) als auch des elastischen Verhaltens (z. B. die Speicherung und die plötzliche Freisetzung der mechanischen Energie) bestätigen.

Weil die unmittelbaren Messungen des Spannungszustandes innerhalb des unverritzten Gebirges bis zum heutigen Tage sehr unvollkommen sind, wird die endgültige Lösung dieses Streites den Fachleuten für Festkörperphysik zufallen. Die Abbaupraxis erfordert aber täglich konkrete Ergebnisse, und deshalb wird an dieser Stelle ein Versuch unternommen, bestimmte Kompromisse in der Auffassung zu finden, die in ihren Grundzügen mit den Ausgangsgesichtspunkten im Einklang stehen.

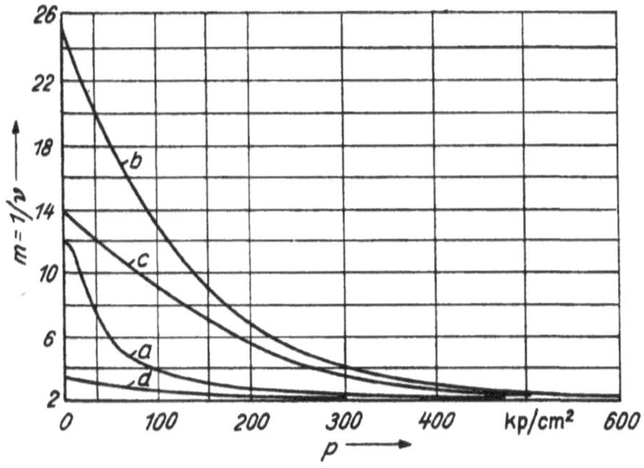

Bild 1. Abhängigkeit der POISSONschen Zahl von der Vertikalspannung (von der Tiefe) nach H. SCHMID für festen Sandstein a, und nach A.I.S.L. für b – Sandstein, c – Schiefer, d – Steinkohle

Zweifellos liefert die Anwendung der Elastizitätstheorie die konkretesten Ergebnisse bei der Behandlung der Abbauwirkungen. Aus dem mathematischen Apparat der Elastizität kann man ersehen, daß beliebige Voraussetzungen über eine Änderung des Elastizitätsmoduls nicht imstande sind, eine Verminderung des Verhältnisses der Horizontal- und Vertikalspannungen mit anwachsender Tiefe auszudrücken. Anders verhält sich die zweite physikalische Größe, die Querdehnungszahl $m = 1/\nu$. Wenn man eine Voraussetzung über das Anwachsen des POISSONschen Koeffizienten ν in Abhängigkeit von der Tiefe annimmt, genügt man zum Teil der ersten Hypothese, ohne grundsätzlich die Lösung mit Hilfe der Elastizitätstheorie verlassen zu müssen. Die sich mit der Abhängigkeit der Querdehnungszahl vom Druck bzw. von der Tiefe befassenden Versuche sind verhältnismäßig selten. So führt z. B. H. SCHMID [4], auf Grund von Prüfungen BAUSCHINGER, mit festem Sandstein, die hypothetische Abhängigkeit der POISSONschen Zahl $m = 1/\nu$ von der Tiefe (bzw. von der Spannung σ_z beim Volumen-Gewicht $\gamma = 2{,}5$ Mp/m³) an (s. Kurve a im Bild 1).

Einen ähnlichen Verlauf zeigen die Verbindungslinien der nach den Forschungen der „Association des Ingenieurs sortes de Liège" gefundenen Werte (s. Kurven b, c und d im Bild 1). Es ist offensichtlich, daß die angeführten Abhängigkeiten erheblich vereinfacht wurden. Die

Querdehnungszahl soll eher die Funktion irgendeiner Invariante des Spannngszustandes darstellen; für unsere weiteren Überlegungen genügt aber eine einfachere Abhängigkeit in der Form

$$m = 1/\nu = f(\sigma_z)\,; \qquad (3)$$

führt man aber die Vertikalspannung als eine Funktion der Tiefe z an, so erhält man $\sigma_z = \sum_i \gamma_i h_i$, wobei γ_i und h_i das Volumengewicht und die Mächtigkeit der einzelnen Schichten des Gebirges bezeichnen, so kann man die Formel (3) wie folgt schreiben:

$$m = 1/\nu = f(z)\,. \qquad (4)$$

Die Kurven nach Bild 1 sichern in Abhängigkeit von der Tiefe einen stetigen Übergang zum Grenzwert $m = 2$, der den hydrostatischen Spannungszustand nach (1) bedingt. Es ist zu bemerken, daß für das unverritzte Gebirge bruchlose Formänderungen vorausgesetzt werden, was im Einklang zu den Ergebnissen der dreiachsigen Prüfungen der Karbongesteine steht. Die in Bild 1 zeichnerisch dargestellten Abhängigkeiten kann man mit Hilfe einer Reihe von Funktionen approximieren, von denen sich folgende Approximationen als günstig erweisen:

$$m = 2 + \frac{m_0 - 2}{a\left(\frac{\sigma_z}{100}\right)^2 + 1}\,, \qquad (5)$$

$$m = 2 + (m_0 - 2)\, e^{-a\frac{\sigma_z}{100}}\,, \qquad (6)$$

wo $m_0 = 1/\nu_0$ die Größe der POISSONschen Zahl bei kleinen Spannungen ist,
und $\sigma_z = \gamma\, z$ die Größe der Vertikalspannung in einer Tiefe z in kp/cm² darstellt (Druckspannungen hält man für positiv).

Die Konstante a ergibt bei den Kurven b, c und d nach Bild 1 (Messungen A. I. S. L.) ungefähr

	in Gleichung (5) bei m_0		in Gleichung (6) bei m_0	
für Sandstein	1	22	0,815	25,08
Schiefer	2/3	12,7	0,703	14,39
Steinkohle	0,42	3	0,557	3,19

H. SCHMID [1] zeigt an den Ergebnissen der Prüfungen mit anderen Materialien eine bestimmte Verwandtschaft des Verlaufes der Abhängigkeiten nach Bild 1 und empfiehlt bei den Gesteinen nur den Wert m_0 zu ändern.

Dementsprechend würde sich nach Kurve a in Bild 1 die Konstante a ungefähr

	in Gleichung (5) bei m_0		in Gleichung (6) bei m_0	
für Sandstein		12		12
Schiefer	5	6	1,6	6
Steinkohle		3		3

ergeben.

Die angeführten Werte besitzen selbstverständlich nur einen informativen Charakter, und eine Auswahl von Abhängigkeiten der Typen (5) oder (6) sollte den Meßergebnissen für die gegebenen Verhältnisse entsprechen. Eine Methodik derartiger Versuche führt H. SCHMID [1] an. Kurven nach a in Bild 1 konvergieren viel schneller, was in allen weiter abgeleiteten Größen wirksam wird. Auf Grund derartig definierter Abhängigkeit der Querdehnungszahl vom vertikalen Druck kann man jetzt die Größe der Horizontalspannungen nach der Gleichung (2) (bei $\gamma = 2{,}5$ Mp/m³) bestimmen (s. Bild 2). Die Gerade $\mathring{\sigma}_x = \mathring{\sigma}_y$ entspricht der elastischen Auffassung bei $m = m_0 =$ Konstante. In Gleichung (3) wurden die Approximationen (5) und (6)

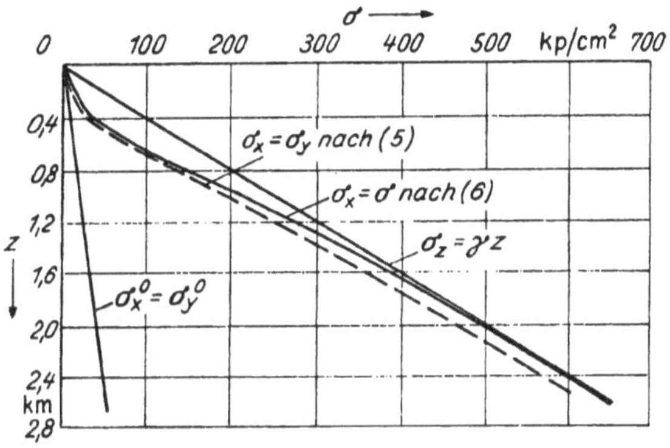

Bild 2. Die Größen der Horizontalspannungen in Abhängigkeit von der Tiefe für Sandstein bei $m = f(z)$ nach den Gleichungen (5) und (6)

für Sandstein nach der Kurve a (s. Bild 1) ausgenutzt. Am Bild 2 ist der stetige Übergang von der ersten bis zu der zweiten Hypothese gut zu ersehen, wie anfangs dieses Kapitels angeführt wurde.

Durch die Auswahl der Funktion $m = f(z)$ ist gleichfalls die elastische Komponente der senkrechten relativen Formänderungen ε_z unter dem Urzustande des Gebirges gegeben. Hält man in der Gleichung

$$\varepsilon_z = \frac{1}{E}\left[\sigma_z - \frac{1}{m}(\sigma_x + \sigma_y)\right] = \frac{\gamma h}{E}\left[1 + \frac{2}{m} - \frac{2}{m-1}\right] \tag{7}$$

die POISSONsche Zahl für die Funktion der Tiefe nach (3) (z. B. für Sandstein nach H. SCHMID bei $E = 2{,}5 \cdot 10^5$ kp/cm² und $\gamma = 2{,}5$ Mp/m³), bekommt man im Bild 3 die Abhängigkeiten der elastischen relativen senkrechten Formänderungen ε_z von der Tiefe für Kurven $m = f(z)$ nach den Gleichungen (5) bzw. (6). Beide Linien weisen erheblichere Unterschiede in größeren Tiefen auf. Die Gerade ε_z° gilt für $m_0 = $ Konst. $= 12$.

Aus Bild 3 ist gleichfalls die Hauptschwierigkeit, welche die Einführung der Verformung des Liegenden in die Lösung der bergmännischen Aufgaben begleitet, zu ersehen. Hält man nämlich m für eine Konstante m_0, dann ergibt eine beliebig kleine gleichförmige Belastung auf der ganzen Oberfläche eines Halbraumes unbegrenzt große senkrechte Formänderungen Δw. Beim hydrostatischen Spannungszustand, d. h. für $m = 2$, würde ein Halbraum im Gegenteil unter der beliebig großen gleichmäßigen Belastung gar keine Stauchung aufweisen. Beide Grenzfälle entsprechen offensichtlich nicht der Wirklichkeit. Es zeigt sich aber, daß bei der Auswahl der Veränderung der POISSONschen Zahl nach Beziehung (3) und bei den geeigneten Approximationen, Funktionen (5) oder (6), man Endwerte der elastischen senkrechten Deformation gewinnen kann.

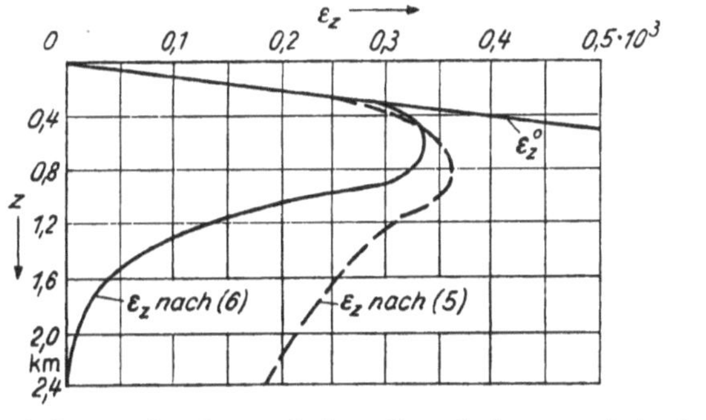

Bild 3. Die Größen der elastischen senkrechten relativen Formänderung ε_z bei primärem Zustand für Sandstein bei $m = f(z)$ nach der Gleichung (5) oder (6)

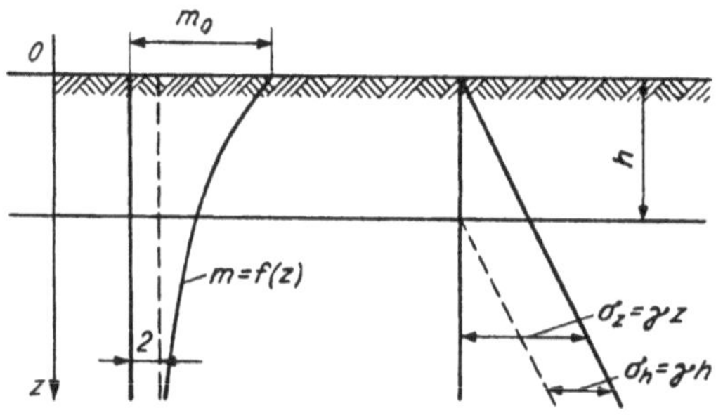

Bild 4. Zur Bestimmung des elastischen Aufgehens des Gebirges

Nehmen wir an, daß nach Bild 4 aus der ganzen Oberfläche des Halbraumes in einer Tiefe von $z = h$ das Hangende vom Gewicht γh herausgenommen wird, dann kommt es auf Grund des elastischen Bestandteiles senkrechter Deformation ε_z^e zum elastischen Aufgehen des Gebirges um den folgenden Wert

$$\Delta w = -\int_h^{H\infty} \varepsilon_z^e \,\mathrm{d}z = \frac{-\gamma h}{E} \int_h^{H\infty} \frac{m^2 - m - 2}{m(m-1)} \,\mathrm{d}z \,. \tag{8}$$

Für $m = f(z)$ nach Gleichung (5) erhält man durch die Integration von der Tiefe h

$$\Delta w_h = -\frac{h(m_0 - 2)}{a E}\left[\pi\left(\sqrt{\frac{a}{m_0 - 1}} - \frac{1}{4}\sqrt{\frac{2a}{m_0}}\right) + \frac{1}{2}\sqrt{\frac{2a}{m_0}} \operatorname{arctg} \gamma h \sqrt{\frac{2a}{m_0}} - {}\right.$$
$$\left. - 2\sqrt{\frac{a}{m_0 - 1}} \operatorname{arctg} \gamma h \sqrt{\frac{a}{m_0 - 1}}\right] \tag{9}$$

und für $m = f(z)$ nach (6)

$$\Delta w_h = -\frac{h}{a E}\left[\ln 2 + 2 \ln \left| 1 + (m_0 - 2)\, e^{-a\gamma h} \right| - \ln \left| 2 + (m_0 - 2)\, e^{-a\gamma h} \right|\right]. \tag{10}$$

Die Ausdrücke (9) oder (10) würden für einen gleichartigen Halbraum gelten. Für einen horizontal geschichteten Halbraum kann man eine stufenweise Integration

$$\Delta w_h = -\left[\int_h^{h_1} \varepsilon_z^e \,\mathrm{d}z + \int_{h_1}^{h_2} \varepsilon_z^e \,\mathrm{d}z + \cdots + \int_{h_n}^{H\infty} \varepsilon_z^e \,\mathrm{d}z\right] \tag{11}$$

durchführen, wobei aus Bild 3 zu sehen ist, daß auf das resultierende Aufgehen den größten Einfluß nur die ersten Schichten ausüben, und daher kann man für die weiteren Schichten den Durchschnitt der physikalischen Eigenschaften ohne bedeutenden Einfluß auf das Ergebnis einführen.

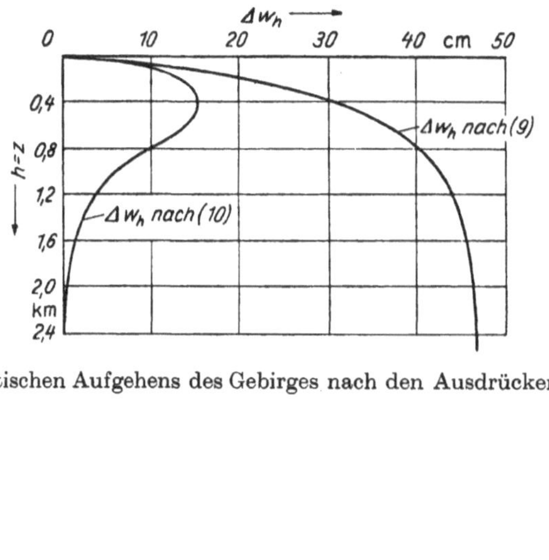

Bild 5. Die Größen des elastischen Aufgehens des Gebirges nach den Ausdrücken (9) und (10) für Sandstein

In Bild 5 sind die nach Beziehungen (9) bzw. (10) für Sandstein ($E = 2{,}5 \cdot 10^5$ kp/cm², $\gamma = 2{,}5 \cdot 10^{-3}$ kp/cm³, $m_0 = 12$) berechneten Werte Δw_h aufgezeichnet, wobei die Linien $m = f(z)$ wieder die Approximation der Kurve *a* in Bild 1 nach SCHMID darstellen. Hier äußert sich schon der Unterschied zwischen den beiden Approximationen (5) und (6) besonders in den größeren Tiefen sehr ausdrücklich. Den Unterschied könnte man erheblich bei Integration der Gleichung (8) bis zu kleineren Tiefen vermindern. Weitere bedeutende Unterschiede zeigt die Ausnutzung der Approximation der POISSONschen Zahl nach der Forschung der A. I. S. L. Für Steinkohlensandstein nach der Kurve *b* in Bild 1 z. B. ergibt sich die Größe des elastischen Aufgehens des gleichartigen Halbraumes Δw_h in der Tiefe 0,4 km für dasselbe γ und E beim Ausdruck (10) zu 59,4 cm und beim Ausdruck (9) zu 127,7 cm. Dieser verhältnismäßig breite Streubereich der Werte zeigt den Bedarf weiterer Messungen und einer geeigneten Auswahl der approximativen Funktionen für gegebene Abbauverhältnisse. Dessen ungeachtet stehen die in dem weiteren Verfahren benutzten Mittelwerte Δw_h in gutem Einklang mit den Meßergebnissen der Formänderungen der Sohle der abgebauten Flöze.

An dieser Stelle ist noch zu erwähnen, in welchem Zusammenhang mit der Plastizitätstheorie die vorherigen Überlegungen stehen, die uns im weiteren zur Definition der Formänderungseigenschaften des reellen Halbraumes dienen werden. ST. KORMAN [5] leitete auf

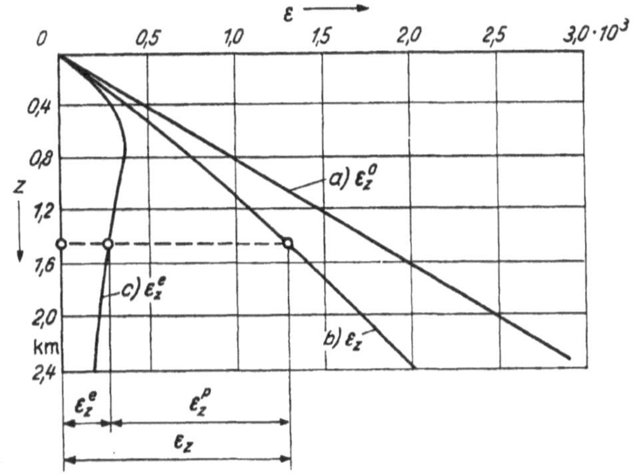

Bild 6. Anteil der elastischen und plastischen relativen Deformationen in Abhängigkeit von der Tiefe für Sandstein nach Bild 1*a* und (*5*)

Grund von Druckversuchen von O. MÜLLER [6] mit den Gesteinsproben unter Verhinderung der Querdehnung ein Arbeitsdiagramm ab

$$\varepsilon_z = \varepsilon_{\max} \left(1 - e^{-\alpha \sigma_z}\right), \tag{12}$$

wo für Steinkohlensandstein der Grenzwert der Verformung $\varepsilon_{\max} = 7{,}2 \cdot 10^{-3}$, für Schiefer $6{,}25 \cdot 10^{-3}$ und für Steinkohle $196 \cdot 10^{-3}$ angegeben sind.

Eine ideal elastische Deformation für $m = m_0$ ist nach (7)

$$\overset{\circ}{\varepsilon}_z = \frac{m_0^2 - m_0 \, 2}{m_0^2 - m_0} \cdot \frac{\sigma_z}{E}, \tag{13}$$

und unter Voraussetzung (3) ergibt sich der elastische Bestandteil der senkrechten Deformation nach (7)

$$\varepsilon_z^e = \frac{m^2(z) - m(z) - 2}{m^2(z) - m(z)} \frac{\sigma_z}{E}. \tag{14}$$

Unter Verwendung der Gleichung (13) ergibt sich der Parameter α in der Gleichung (12)

$$\alpha = \frac{m_0^2 - m_0 - 2}{m_0^2 - m_0} \frac{1}{E \cdot \varepsilon_{\max}}.$$

Im Bild 6 wird der Anteil der elastischen und plastischen Deformationen an der gesamten relativen Deformation nach Bild 1a in Abhängigkeit von der Tiefe z bei $E = 2{,}5 \cdot 10^5$ kp/cm² und $\gamma = 2{,}5$ Mp/m³ dargestellt. Die ideal elastische Deformation des Halbraumes durch das Eigengewicht nach (13) zeigt Kurve a, die wirkliche gesamte Deformation nach (12) stellt Kurve b dar und der elastische mobile Bestandteil der Deformation nach Linie b in Bild 1 unter der Ausnutzung der Approximation (5) wird durch Kurve c veranschaulicht.

Die fundamentale Gleichung der Plastizitätstheorie lautet $\varepsilon = \varepsilon^e + \varepsilon^p$; hier ist ε^p der plastische, immobile Bestandteil der relativen Verformung, dessen Anteil nach Bild 6 mit der Tiefe stark zunimmt. Diese Feststellung beantwortet alle bisherigen Erkenntnisse über das mechanische Verhalten des Gebirges: in der Nähe der Oberfläche überwiegen die elastischen und in den größeren Tiefen die plastischen Eigenschaften des Gebirges.

Das entspricht in den Grundzügen den beiden Hypothesen am Anfang dieses Kapitels, und zugleich deutet das Bild 6 eine Möglichkeit an, die Abhängigkeit (3) indirekt zu messen. Dabei muß man sich aber darüber im klaren sein, daß dieses Problem größtenteils mit der Rheologie in Zusammenhang steht und daher derartige Versuche langfristig sein sollten. Die festgestellten Werte des elastischen Aufgehens des Gebirges bei Wegnahme des Hangenden nach den Ausdrücken (8) bis (11) werden im nächsten Kapitel den Deformationsgleichungen der das Liegende des Flözes bildenden Halbebene zugrunde liegen.

2. Vertikale Formänderungen der das Liegende des Flözes bildenden Halbebene

Gliedern wir sinngemäß der Lösung, die im 3. Kapitel benützt werden wird, den Oberrand einer Halbebene in eine bestimmte Anzahl von durch gleichförmige Teilbelastungen p belasteten Teilchen (7b). Die vertikale Absenkung des Oberrandes der Halbebene im Punkte j infolge der gleichförmigen Belastung p_k entlang der Länge Δx des k-ten Teilchens lautet nach der Elastizitätstheorie

$$\bar{w}_{jk} = \frac{2}{\pi E} \int\limits_{(k-1/2)\,\Delta x}^{(k+1/2)\,\Delta x} p_k \ln \frac{d}{x}\, dx - \frac{1+\nu}{\pi E} \int\limits_{(k-1/2)\,\Delta x}^{(k+1/2)\,\Delta x} p_k\, dx\,,$$

was nach der Integration

$$\bar{w}_{jk} = \frac{p_k}{\pi E}\left[2\left(k+\frac{1}{2}\right)\Delta x \ln \frac{d}{\left(k-\frac{1}{2}\right)\Delta x} - 2\left(k-\frac{1}{2}\right)\Delta x \ln \frac{d}{\left(k-\frac{1}{2}\right)\Delta x}(1+\nu)\,\Delta x\right] \tag{15}$$

ergibt.[1])

Drücken wir nun Gleichung (15) mit einer einfacheren Beziehung für die gesamte Absenkung der Mitte der Einflußbreite aus

$$\bar{w}_j = \Delta x \cdot \alpha_{jk} \cdot p_k\,, \tag{16}$$

wo die rechte Seite die Summe der Einflüsse der gleichförmigen Teilbelastungen $p\ i$ entlang der gesamten Einflußbreite $(2\,h + 1)\,\Delta x$ (s. Bild 7b) bezeichnet. Die Koeffizienten α_{jk} stellen hier die Einflußordinate der Absenkung des Oberrandes einer Halbebene im Punkte j infolge der gleichförmigen dimensionslosen Belastung in Punkt k, oder nach dem MAXWELLschen Satz auch umgekehrt, dar.

Nun kann man die in dem letzten Kapitel für einen reellen elastisch-plastischen Halbraum abgeleiteten Ergebnisse ausnützen. Setzt man in Gleichung (16) die Größe des elastischen Auf-

[1]) Die Bezeichnung $\bar{w}$ dient nur, zum Unterschied von (8) bis (11), für vertikale Formänderungen des Liegenden; Bezeichnung w wird für die Biegungslinie des Hangenden belassen.

gehens des Gebirges bei der Wegnahme des gesamten Hangenden von der Mächtigkeit h nach den Ausdrücken (8) bis (11) ein, dann erhält man

$$-\Delta \bar{w}_h = \Delta x \sum_k \alpha_{jk}(-\gamma h) = \Delta x \cdot \varphi_h(-\gamma h) \sum_k \beta_{jk}, \tag{17}$$

daraus resultiert

$$\varphi_h = \frac{\Delta \bar{w}_h}{\Delta x \cdot \gamma h \cdot \sum_k \beta_{jk}}. \tag{18}$$

Der Funktionskoeffizient φ_h umfaßt nach (8) bis (11) sowohl den Einfluß der Tiefe h als auch den Einfluß beider Elastizitätsgrößen E und ν, welche die Verformungseigenschaften des Liegenden als Halbraum kennzeichnen. Daher werden die dimensionslosen Einflußordinaten β_{jk} nur mit Hilfe der ersten zwei Koeffizienten der Gleichung (15) festgestellt, d. h.

$$\beta_{jk} = \left(k + \frac{1}{2}\right) \ln \frac{d}{\left(k + \frac{1}{2}\right) \Delta x} - \left(k - \frac{1}{2}\right) \ln \frac{d}{\left(k - \frac{1}{2}\right) \Delta x}, \tag{19}$$

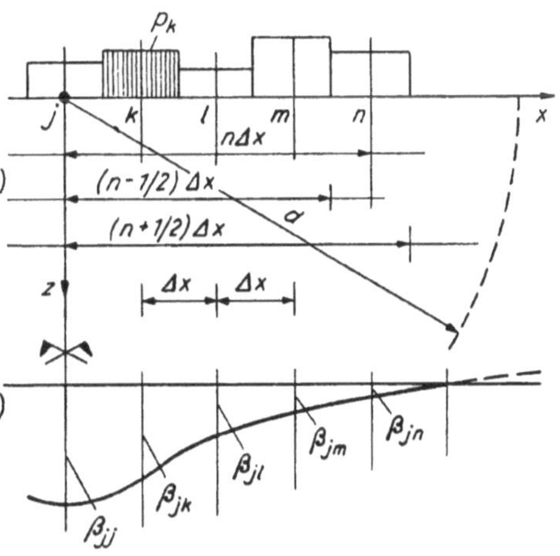

Bild 7. Formänderung der Halbebene

und gelten für eine beliebige Art der Halbebene. Den Parameter d, der in der Elastizitätstheorie unbestimmt und wählbar ist, kann man z. B. mit Hilfe der Bedingung feststellen, daß bei der gewählten Einflußbreite $(2\,n + 1)\,\Delta x$ in dem $(n + 1)$-ten Teilchen (s. Abb. 7b) von dem Mittelpunkte j schon der Einfluß der Belastung auf die Absenkung des Punktes j verschwindet.

Bezeichnet man $d = c \cdot \Delta x$, wird c nach (19) durch

$$c = \frac{(n + 3/2)^{n+3/2}}{(n + 1/2)^{n+1/2}}$$

gegeben.

Die Einflußordinaten β_{jk} werden um den untersuchten Punkt j symmetrisch verteilt (Bild 7b). In Tafel 1 werden die Einflußordinaten β_{jk} für einige Einflußbreiten $(2\,n + 1)\,\Delta x$ und die für die Berechnung des Funktionskoeffizienten φ_h nach (18) brauchbaren Ausdrücke $\sum_k \beta_{jk}$ angegeben.

Tafel 1. Einflußordinaten β_{jk} für Einflußbreiten $(2\,n + 1)\,\Delta x$

n	β_{00}	β_{01}	β_{02}	β_{03}	β_{04}	β_{05}	β_{06}	β_{07}	$\sum_k \beta_{jk}$
3	3,077	1,429	0,701	0,290	0	0			7,917
4	3,301	1,653	0,925	0,514	0,224	0			9,933
5	3,483	1,836	1,108	0,697	0,407	0,183	0		11,945
6	3,638	1,987	1,266	0,851	0,561	0,337	0,155	0	13,952
7	3,772	2,124	1,396	0,985	0,695	0,471	0,288	0,134	15,958

Die dimensionslosen Ordinaten β_{fk} in Tafel 1 geben nach (17) zusammen mit den Funktionskoeffizienten φ_h die Einflußordinaten der senkrechten Formänderung des reellen Halbraumes, der in dem 1. Kap. definiert wurde, an; d. h.

$$\alpha_{fk} = \varphi_h \, \beta_{fk} \, . \tag{20}$$

Der Entwurf der Einflußbreite $(2\,n + 1)\,\Delta x$, die mit der Auswahl der Länge des Teilchens Δx und mit dem Umfang einer Aufgabe in Zusammenhang steht, wird in den nachfolgenden Kapiteln behandelt.

3. Das mechanische Modell: Hangendes-Flöz bzw. Versatz-Liegendes

Wie schon eingangs gesagt, hat dieser Beitrag eine Ausbreitung und Ergänzung der sog. Plattentheorie zum Ziel. Die allgemeinen Eingangsvoraussetzungen ändern sich daher nicht: eine zweidimensionale Lösung im Sinne der ebenen Deformation ($\varepsilon_y = 0$, Zylinderflächen $w(x)$ in der Richtung der y-Achse), längs den Kontaktlinien aller Glieder des Modells (Bild 8a). Vorausgesetzt wird das Übertragen nur der lotrechten Spannungen σ_z, die in Übereinstimmung mit den bisherigen Lösungen als Abbaudrücke $p(x)$ genannt und für positiv gehalten werden (Bild 8b). Zugleich setzen wir im Rahmen der gewählten Aufgabe bruchlose Formänderungen aller Bestandteile des Modells, in der Grundauffassung eine horizontale Schichtung des Gebirges und das untersuchte Gebiet ohne tektonische Restspannungen voraus. *Das Hangende* betrachtet

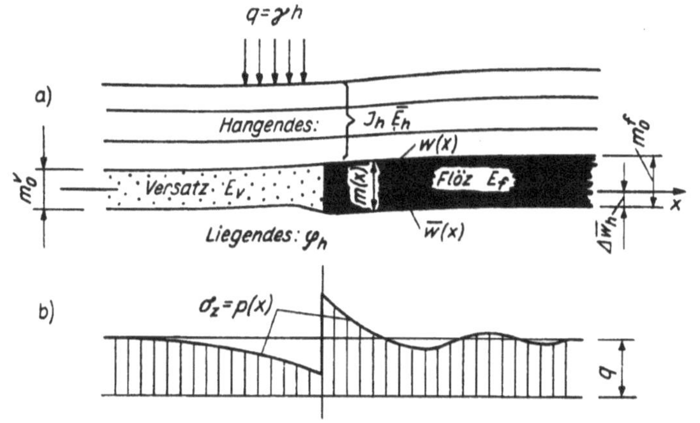

Bild 8. Zur Ableitung der Grundgleichungen des mechan. Modells

man in der ersten Annäherung (ausführlicher s. weiter unten) als einen Träger (genauer als einen ebenen Ausschnitt einer Platte), dessen Biegungslinie $w(x)$ durch die Differentialgleichung

$$\bar{E}_h \, J_h \frac{d^4 \, w(x)}{d \, x^4} = q - p(x) \tag{21}$$

gegeben ist, wo

$\bar{E}_h = \dfrac{E_h}{1 - \nu_h^2}$,

$I_h = 1/12 \, h^3$ für massiges Hangendes oder

$I_h = \sum\limits_i \dfrac{h_i^3}{12}$ für geschichtetes Hangendes mit den reibungslosen Schichtfugen.

$q = \gamma \, h$ bezeichnet die primäre Spannunge $\overset{\circ}{\sigma}_z$ in der Teufe h und wird längs des Oberrandes der Tragschicht für konstant gehalten. $P(x) = \sigma_z$ stellen die sog. Sekundär-(Abbau)drücke oder die senkrechten Reaktionen längs der Kontaktlinien Hangendes-Flöz bzw. Hangendes-Versatz dar.

Beim *Flöz* wird die Biegungssteifheit vernachlässigt und es werden nur die senkrechten elastischen Formänderungen vorausgesetzt. Dann kann man die Mächtigkeit des Flözes nach Bild 8a nur in Abhängigkeit von der Größe der senkrechten Spannungen

$$m^f(x) = m_0^f\left(1 + \frac{q - p(x)}{\bar{E}_f}\right) \tag{22}$$

ausdrücken, wo $m^f(x)$ die Mächtigkeit des Flözes im beliebigen Punkte x bezeichnet, m_0^f die primäre Mächtigkeit des Flözes unter der primären Spannung $\sigma_z = p(x) = q = \gamma\, h$ ist, q, $p(x)$ wie beim Hangenden. Der $\bar{E}_f$-Modul erhält folgende Größen:

a) wenn es sich um ein kontinuierliches Flöz handelt, d. h. $\varepsilon_x = \varepsilon_y = 0$,

$$\bar{E}_f = \frac{E_f(1 - \nu_f)}{1 - \nu_f - 2\nu_2^f}; \tag{23a}$$

b) wenn es sich um einen Streckenbau (Örterbau) handelt, d. h. bei $\sigma_x = 0$, $\varepsilon_y = 0$,

$$\bar{E}_f = \frac{E_f}{1 - \nu_2^f}, \tag{23b}$$

c) wenn es sich um das Belassen einzelner Pfeiler handelt, d. h. bei $\sigma_x = \sigma_y = 0$,

$$\bar{E}_f = E_f\,. \tag{23c}$$

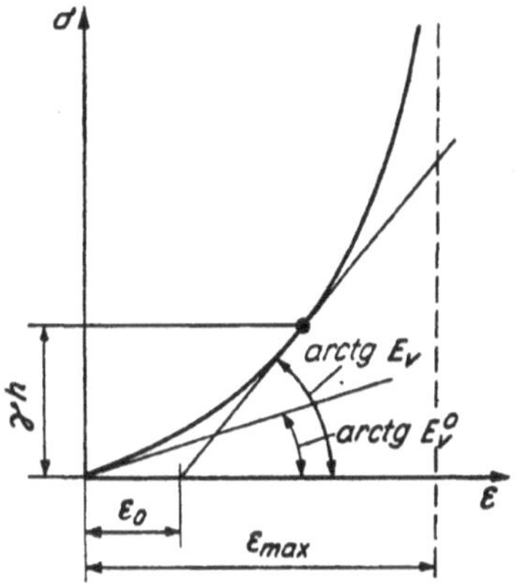

Bild 9. Zur Bestimmung des E-Moduls des Versatzes

Der *Versatz* wird, was die Formänderung betrifft, übereinstimmend mit dem Flöz angenommen, d. h. seine Mächtigkeit wird im beliebigen Punkt durch die Gleichung

$$m^v(x) = m_0^v\left(1 + \frac{q - p(x)}{\bar{E}\, v}\right) \tag{24}$$

gegeben, wo die einzelnen Bezeichnungen von analoger Bedeutung im Vergleich zum Flöz sind. Bei der Feststellung des $\bar{E}_v$-Moduls kann man zum Teil auf die nicht lineare Charakteristik nach Bild 9 des Versatzes Rücksicht nehmen (St. Korman [5], T. Döring [8]). Dadurch vernachlässigt man die Widerstandsfähigkeit im Intervall ε_0, die aber bedeutend kleiner ist. Die vertikale Formänderung des *Liegenden* wurde im 2. Kap. durch den Summenausdruck (16) $\bar{w}_j = \Delta x\, \alpha_{jk}\, p_k$ definiert, wo $\bar{w}_j$ die resultierende Absenkung eines beliebigen Punktes des Oberrandes der Halbebene bezeichnet und $\alpha_{jk} = \varphi_h\, \beta_{jk}$ (20) die Einflußordinaten der Durchbiegung des Oberrandes sind, welche die Verformungseigenschaften des gesamten Liegenden mit Hilfe des Funktionskoeffizienten φ_h nach (18) kennzeichnen. Die Werte β_{jk} sind in Abhängigkeit von der gewählten Einflußbreite (Taf. 1) Δx, p_k nach Obengenanntem. Das Nullniveau der vertikalen Formänderungen nach (16) wird um $\Delta\bar{w}_h$ (s. (8) bis (11)) höher gelegt als die primäre

Lage der Trennungsfläche Liegendes-Flöz (Bild 8a). Das kann man durch die Wahl $\bar{w}_j = \alpha_{jk}(p_k - q)$ beseitigen, was aber nicht notwendig ist.

In den Ausdrücken (21), (22) bzw. (24) und (16) gelang es, die lotrechten Formänderungen aller drei Bestandteile des mechanischen Modells mit Hilfe einer einzigen unbekannten Größe, und zwar des Abbaudruckes $\sigma_z = p(x)$, zu bestimmen. Dies wurde in der Lösung folgenderweise ausgenutzt: Nach Bild 8 kann man die Grundformänderungsgleichung des gesamten Systems

$$w(x) = \bar{w}(x) - m(x) \tag{25}$$

schreiben, die in jedem Punkte längs der x-Achse erfüllt werden muß.

Teilt man den untersuchten Bereich entlang der x-Achse in die gleichen Abschnitte Δx ein, in denen die Abbaudrücke für konstant gehalten werden, kann man die Differentialgleichung der Biegungslinie des Hangenden (21) in der Differenzform schreiben.

In Punkt j nach Bild 10 wird z.B. die Differenzaufstellung

$$w_h - 4\,w_i + 6\,w_j - 4\,w_k + w_l = \frac{\Delta^4}{E_h\,I_h}(q - p_j) \tag{26}$$

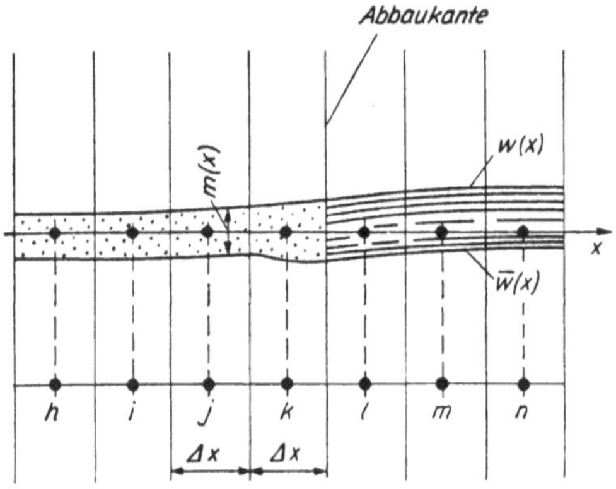

Bild 10. Differenznetz an der x-Achse

lauten.

Die Bezeichnung Δx wird weiter kurz mit Δ geschrieben. In die Gleichung (26) kann man die Grundformänderungsgleichung (25) einsetzen, womit man wieder z.B. im Punkte j nach Bild 10

$$(\bar{w}_h - m_h) - 4\,(\bar{w}_i - m_i) + 6\,(\bar{w}_j - m_j) - 4\,(\bar{w}_k - m_k) + (\bar{w}_l - m_l) = \frac{\Delta^4}{E_h\,I_h}(q - p_j) \tag{27}$$

bekommt.

Für das Glied m_i im Versatz erhält man nach (24)

$$m_i = -\frac{m_0^v}{E\,v}p_i + m_0^v\left(1 + \frac{q}{E_v}\right),$$

und für$_j$ m, das nach Bild 10 schon das Flöz betrifft, nach (22)

$$m_l = -\frac{m_0^f}{E_f}p_l + m_0^f\left(1 + \frac{q}{E_f}\right).$$

Die konstanten Teile beider Glieder kommen, wie aus (27) zu ersehen ist, für das Beispiel in Bild 10 nur in je zwei Gleichungen vor und hinter der Abbaukante zum Ausdruck, wobei anderswo deren Summe gleich Null ist.

Die Aufstellung der Glieder $\bar{w}_j$ erfolgt nach (16). Wählt man z.B. die Einflußbreite nach Tafel I für $n = 3$ $(2\,n + 1)\,\Delta = 7\,\Delta$, setzt man eigentlich damit voraus, daß der Einfluß der

Abbaudrücke auf die lotrechte Bewegung des Punktes j links im Punkte f und rechts im Punkte n verschwindet, d. h. bei z.B. $\Delta = 10$ m bzw. 40 m rechts und links vom Punkte j.

Derart kann man für n gewählte Abschnitte Δn-Lineargleichungen (27) mit n unbekannten sekundären (Abbau-)drücken p_i schreiben. Ein derartiges Gleichungssystem erfüllt automatisch die vertikale Gleichgewichtsbedingung

$$\Delta n\, q = \Delta \sum_{j=1}^{n} p_j\,.$$

Die Matrix der Koeffizienten der linken Seiten des Gleichungssystems ist nicht symmetrisch. Der Grund dafür ist darin zu finden, daß die Formänderungsgleichungen (25) eine unterschiedliche Form zwischen Flöz und Versatz besitzen. Daher gilt zwischen den Punkten im Flöz und im Versatz nicht der Maxwellsche Satz über die Wechselseitigkeit der Verschiebungen, und man kann die einzelnen Zustände nicht überlagern.

Die Randbedingungen sind leicht einzuführen. Erfahrungsgemäß setzen wir nämlich in der festen Entfernung vom Abbaustoß sowohl im Abbaufeld als auch im Versatzfeld wieder den konstanten Druck $p(x) = q = \gamma h$ voraus. Das würde für einen ebenen Schnitt in der Mitte der genügend breiten Abbaufront in der Abbaurichtung nach Bild 10 gelten, wo zugleich das Versatzfeld genügend lang wäre, um die primären Drücke wiederherzustellen. Untersucht man z.B. einen Querschnitt der Abbaufront, so daß z.B. der Punkt h in Bild 10 an der Symmetrieachse liegen würde, so müßte

$$w_g = w_i\,, \qquad w_f = w_j\,, \qquad m_g = m_i\,, \qquad \overline{w}_g = \overline{w}_i\,, \qquad p_g = p_i\,,$$

usw. gelten.

Die Auswertung der Ergebnisse ist einfach und läßt sich im gemeinsamen Programm mit der Lösung des Gleichungssystems (27) automatisieren. Das Auswertungsverfahren ist an den Beispielen in den Anlagen 1. und 2. ersichtlich. Aus der Lösung des Gleichungssystems (27) bekommen wir die durchschnittlichen Abbaudrücke in den einzelnen Abschnitten Δ. Mittels der Gleichung (16) finden wir vor allem die Formänderungen des Liegenden $\overline{w}_i$, später die Verformungen $m\,i$ des Flözes nach (22) oder des Versatzes nach (24). Dadurch haben wir alles Notwendige für die Berechnung der Punkte der Biegungslinie des Hangenden w_i mittels (25). Hier können wir, außer der angeführten Gleichgewichtsbedingung, die weitere Kontrolle vollziehen, die aus der Gleichung (21) folgt, d. h.

$$p_j = q - \frac{w_h - 4\,w_i + 6\,w_j - 4\,w_k + w_l}{\Delta^4}\,\overline{E}_h\,I_h\,.$$

In den Punkten, für welche die Gl. (27) geschrieben wurde, muß die Kontrolle genau sein; außerhalb des untersuchten Abschnittes ergeben sich kleinere Unterschiede, die aus der verschiedenen Auffassung von $w(x)$ und $\overline{w}(x)$ erfolgen.

Weiter können wir z.B. das Hangende näher untersuchen. Die Schubkräfte sind aus dem Ausdruck

$$T_j = -\,\overline{E}_h\,I_h\,\frac{w_h - 2\,w_i + 2\,w_k - w_l}{2\,\Delta^3} \tag{28}$$

und die Biegungsmomente aus

$$M_j = -\,\overline{E}_h\,I_h\,\frac{w_i - 2\,w_j + w_k}{\Delta^2} \tag{29}$$

zu berechnen. Daraus folgen z.B. die Spannungen des Unterrandes der Tragplatte

$$\sigma_{xj} = \frac{6\,M_j}{h^2}$$

oder, wie es in der Gebirgsmechanik üblicher ist, mit dem Minuszeichen.

4. Ergänzende Bemerkungen zur ebenen Aufgabe und Beispiele

Der Einfluß der Schubkräfte auf den Verlauf der Biegungslinie bei hohen Tragplatten wird der Kürze halber ohne Ableitung in Differenzform für den Punkt j nach Bild 10 analog zu (27) angeführt

$$w_h - 4\,w_i + 6\,w_j - 4\,w_k + w_l - \frac{3\,\Delta^2}{2\,G_h\,U_h}(p_i - 2\,p_j + p_k) + \frac{p_j\,\Delta^4}{\bar{E}_h\,I_h} = \frac{q\,\Delta^4}{\bar{E}_h\,I_h}, \qquad (27\text{a})$$

wo G_h der Schubmodul der Tragplatte und U_h ihre Querschnittfläche sind.

In die Berechnung kann man gleichfalls ohne Schwierigkeiten verschiedene Voraussetzungen über die Veränderung der Biegungssteifheit des Hangenden in der x-Richtung einführen. So empfiehlt z.B. G. Sonntag [7], die Biegungssteifheit des geschichteten Hangenden in der Nähe der Abbaukante als die Summe der Biegungssteifheiten der einzelnen Schichten aufzufassen und von dort ein nach beiden Seiten allmähliches Übergehen zur Steifheit des massigen Hangenden durchzuführen.

Diese Voraussetzung unterstützt z.B. T. Döring [8]. Drückt man einen derartigen Verlauf der Veränderung der Biegungssteifheit des Hangenden durch

$$K = \bar{E}\,I(x) = K(x) \qquad (30)$$

aus, dann ist

$$[K(x)\,w''(x)]'' = q - p(x)\,. \qquad (31)$$

Analog zur Gl. (26) in der Differenzform z.B. für den Punkt j nach Bild 10 wird es

$$(K_i + 2\,K_j - K_k)\,(w_g + w_l) - (12\,K_j - 4\,K_k)\,w_i - (12\,K_j - 4\,K_i)\,w_k + $$
$$+ (20\,K_j - 4\,K_i - 4\,K_k)\,w_j = 2\,\Delta^4\,(q - p_j) \qquad (26\text{a})$$

sein.

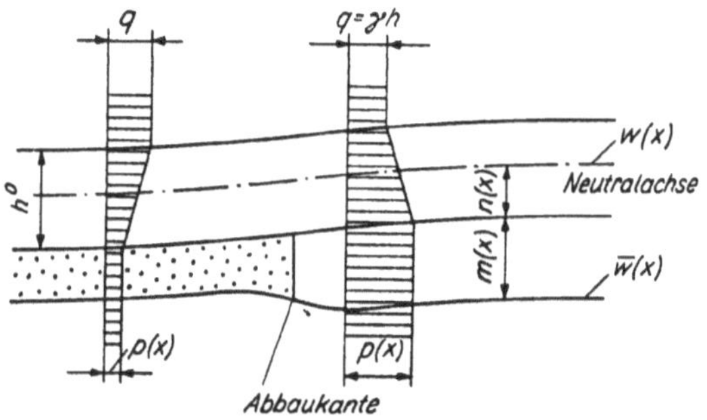

Bild 11. Zu Gleichungen (32) bis (36)

Eine weitere Möglichkeit der Präzisierung der Berechnung bietet z.B. die Einführung der vertikalen Zusammendrückbarkeit des mächtigen massigen oder mehrschichtigen Hangenden. In der Gleichung (21) hält man eigentlich die Neutralachse des Hangenden für die Biegungslinie der Firste. Eine genauere Form der Biegungsgleichung des Hangenden wäre nach Bild 11:

$$[\bar{w}(x) - m(x) - n(x)]^{\mathrm{IV}} = \frac{q - p(x)}{\bar{E}_h\,I_h}, \qquad (32)$$

wo unter einfacherer Voraussetzung der linearen Änderung der vertikalen Spannung längs der Höhe der Schicht

$$n(x) = \frac{h_0}{2}\left[1 - \frac{3}{4}\,\frac{p(x) - q}{\bar{E}_h}\right] \text{ist.} \qquad (33)$$

Dadurch wird die Querformänderung der Tragschicht wieder als Funktion des sekundären Druckes $p(x)$ ausgedrückt, und das weitere Verfahren wird mit dem Kap. 3 übereinstimmen. Für ein mehrschichtiges Hangendes mit n-Schichten von unten: $h_1(\bar{E}_1, I_1)$, $h_2(\bar{E}_2, I_2), \ldots, h_n(E_n, I_n)$ gilt analog

$$\begin{aligned} w_1(x) &= \bar{w}(x) - m(x) - n_1(x) \\ w_2(x) &= \bar{w}(x) - m(x) - n_1(x) - n_2(x) \\ &\vdots \\ w_n(x) &= \bar{w}(x) - m(x) - n_1(x) - \cdots - n_n(x) \end{aligned} \tag{34}$$

und weiter müssen die Differentialgleichungen der einzelnen Schichten

$$\begin{aligned} \bar{E}_1 I_1 w_1^{\mathrm{IV}}(x) &= p_2(x) - p(x) \\ \bar{E}_2 I_2 w_2^{\mathrm{IV}}(x) &= p_3(x) - p_2(x) \\ &\vdots \\ \bar{E}_h I_h w_h^{\mathrm{IV}}(x) &= q - p_n(x) \end{aligned} \tag{35}$$

erfüllt werden. Bei $n_i(x)$ analog zu (33) bekommt man mit (34) und (35)

$$(\bar{E}_1 I_1 + \bar{E}_2 I_2 + \cdots + \bar{E}_n I_n) [\bar{w}(x) - m(x) - n_1(x)]^{\mathrm{IV}} - (\bar{E}_2 I_2 + \cdots + \bar{E}_n I_n) n_n^{\mathrm{IV}}(x) - \\ - \bar{E}_n I_n n_2^{\mathrm{IV}}(x) = q - p(x) . \tag{36}$$

Dadurch haben wir wenigstens ungefähr die Eigenschaften des Hangenden als eine elastische Halbebene beschrieben, ohne seine Auffassung als biegungssteife Platte aufgeben zu müssen.

Die eingeführten Verfahren zeigen bestimmte Möglichkeiten, wie die Plattentheorie des Gebirgsdruckes je nach den örtlichen Verhältnissen zu präzisieren ist.

In *Beilage 1* werden numerisch und zeichnerisch die Ergebnisse der Lösung der Spannungen und Formänderungen in einem ebenen Schnitt in der Längsachse des genügend breiten Strebbaues dargestellt, der so lang ist, daß sich in dem Versatzfeld die ursprünglichen Vertikalspannungen wiederherstellen. Das Hangende bilden drei tragende, reibungsfreie Sandsteinschichten von 10-m-Mächtigkeit. Die Eingangsangaben sind in Beilage 1 zu finden. Die Wählbarkeit der Breite der Einflußlinie ($n = 4$) steht im Einklang mit der gewählten Differenzmethode. Bei einer feineren Teilung soll man natürlich ein höheres n nach Tab. 1 wählen. Die Präzisierung der Lösung entweder durch die Auswahl der größeren Breite der Aufgabe oder mit Hilfe der feineren Teilung wird praktisch nur durch die Kapazität des Rechners bei der Berechnung des Systems der linearen Gleichungen (27) begrenzt.

Aus dem folgenden Vergleich ist zu ersehen, daß die Auswahl der Breite der Aufgabe von kleiner Bedeutung für die extremen Abbaudrücke in der Umgebung der Abbaukante ist. Auf der 2. Zeile sind die Abbaudrücke aus der Beilage 1 für 12 Gleichungen, auf der 1. Zeile für dieselbe Aufgabe bei 10 und auf der 3. Zeile bei 14 Gleichungen angeführt. Die Werte werden auf ganze Mp/m² abgerundet.

	0	1	2	3	4	5	6	7	8	9	10	11	12	13
1.	1000	1000	1026	989	956	837	470	1656	1086	994	990	942	1000	1000
2.	1000	997	1023	987	956	837	471	1660	1091	1003	1002	958	1017	1000
3.	998	995	1021	985	955	836	471	1660	1091	1003	1003	959	1019	1002

Weiter werden zum Vergleich die Abbaudrücke aus der Beilage 1 (s. 1. Zeile) angeführt, wenn man immer nur einen Eingangsparameter ändert. Auf der 2. Zeile wird der Einfluß der doppelten Zusammendrückung des Versatzes ($m_0^v = 0{,}6$ m) dargestellt, der erheblich ist. Außerdem wird die Lösung durch den negativen Abbaudruck vor der Abbaukante entwertet (Richtigstellung — s. Beispiel 2). Der Einfluß der halben Steifheit des Hangenden ist klein — s. 3. Zeile.

1	1	2	3	4	5	6	7	8	9	10	11	12
1.	997	1023	987	956	837	471	1660	1091	1003	1002	958	1017
2.	991	1059	978	927	681	−158	2378	1190	1006	1007	911	1037
3.	1001	1032	1003	981	865	489	1632	1057	979	989	954	1015
4.	1005	1034	988	924	726	236	2069	1108	965	973	926	1021
5.	1023	997	987	958	842	478	1649	1087	1002	1002	960	1017

Ausdrucksvoller äußert sich die doppelte Steifheit des Liegenden ($1/2\ \Delta \bar{w}_h$) — s. Zeile 4. Der Einfluß der Schubkräfte ist bei solchen niedrigen Tragschichten noch bedeutungslos — s. Zeile 5. Eine stufenlose Verbindung der Mittelwerte des Abbaudruckes zeigt die WEBERsche Welle. Die primäre Horizontalspannung wurde als Druck von 25 kp/cm² angeführt (das negative Vorzeichen nach der allgemeinen Mechanik).

In *Beilage 2* findet man das Beispiel der Lösung für einen Querschnitt des Streckenbaues (Örterbaues) bei der gleichen Breite des Abbau- und Pfeilerstreifens $10\ m = \Delta$. Das Hangende besteht aus sechs 10 m mächtigen Sandsteinschichten, das Liegende bildet den Sandschiefer nach SCHMID mit der Approximation (6). In den Punkten 1, 3, 5, 7, 8 und weiteren können wir die Grundbedingung (25) schreiben, die uns aber in den Punkten 2, 4 und 6 fehlt. Dagegen steht uns hier die Bedingung $p(x) = 0$ zur Verfügung, und dafür werden wir die unbekannten Formänderungen w_2, w_4 und w_6 suchen. So z.B. für den Punkt 1 nach Beilage 2 erhält die Gl. (27) infolge der Symmetrie die Form

$$6\ (\bar{w}_1 - m_1) - 8\, w_2 + 2\, (\bar{w}_3 - m_3) = \frac{q - p(x)}{\bar{E}_h\, I_h}\, \Delta^4\, .$$

Derartige Gleichungen haben eine etwas ungewöhnliche Form, weil in den Punkten 2, 4 und 6 die unbekannten Formänderungen w und in den übrigen Punkten die Abbaudrücke p gesucht werden. Die Ergebnisse sind jedoch genau. Derart können wir z.B. die Lösung auf der 2. Zeile der zweiten Tafel des vorigen Beispiels richtigstellen, wo in dem Punkte 6 (die Zone des „unvollkommen zusammengedrückten Versatzes“) sich der negative Abbaudruck ergab. Dank des übersichtlichen Aufbaues der Gleichungen des mechanischen Modells kann man ohne Schwierigkeiten empfindliche Stellen der Kontaktaufgaben überwinden.

Die ausdrucksvollere Biegungslinie des Liegenden gegenüber dem Hangenden in der Beilage 2 wird nebst anderem dadurch verursacht, daß das Hangende für unzusammendrückbar — s. die Gl. (32) bis (36) — gehalten wurde.

5. Räumliche Aufgabe

Die bisherigen Überlegungen kann man analog auf die räumlichen Aufgaben, mit dem Flöz in der Horizontalebene (x, y), erweitern. In Kraft bleiben die Grundbedingung (25)

$$w(x, y) = \bar{w}(x, y) - m(x, y)$$

und die Gleichungen der Formänderung des Flözes (22) mit (23) und des Versatzes (24). Die Differentialgleichung der Biegung der Platte des Hangenden

$$\frac{\partial^4 w(x, y)}{\partial x^4} + 2\, \frac{\partial^4 w(x, y)}{\partial x^2\, \partial y^2} + \frac{\partial^4 w(x, y)}{\partial y^4} = \frac{q - p(x)}{\bar{E}_h\, I_h} \tag{37}$$

lautet in der schematischen Differenzform für den Mittelpunkt j und für ein quadratisches Netz $\Delta x = \Delta y = \Delta$

$$\begin{matrix} & & 1 & & \\ & 2 & -8 & 2 & \\ 1 & -8 & 20 & -8 & 1 \\ & 2 & -8 & 2 & \\ & & 1 & & \end{matrix} \qquad w = \frac{q - p_j}{\bar{E}_h\, I_h}\, . \tag{38}$$

Die Formänderung des Liegenden wird im Sinne des 2. Kap. definiert. Auf Grund der dimensionslosen Koeffizienten β_{jh}, die eine schüsselförmige Einflußfläche ausfüllen, wurde die bekannte BOUSSINESQ-Gleichung

$$\bar{w} = \frac{p\, (1 - \nu_L^2)}{\pi\, E_l\, r} \tag{39}$$

gelegt. Dabei gelten wieder die Beziehungen (16), (18) und (20). Für das Verfahren der Berechnung gilt alles, was in den letzten zwei Kapiteln angeführt wurde.

Zum Beispiel zeigt die 3. *Beilage* die Lösung der räumlichen Aufgabe für die 70 m breite Abbaufront, die zur Wiederherstellung des ebenen Zustandes im Versatzfeld genügend lang ist. Daraus folgen auch die Randbedingungen: in der Achse der Abbaurichtung die Symmetriebedingung, im Versatzfeld die erwähnte Bedingung der Wiederherstellung des ebenen Zustandes und in den zwei Flözseiten die Wiederherstellung $p(x, y) = q$. Die Differenzgleichungen wurden für 90 Punkte geschrieben.

Für die Möglichkeit der Ergebnisvergleiche mit der ebenen Aufgabe wurden dieselben Eingangsangaben wie in Beilage 1 gewählt.

Literatur

[1] Everling, G.: Spannungszustand im unverritzten Gebirge. Glückauf **96** (1960) S. 1199.

[2] Kühn, P.: Spannungs- und Strukturzustand im ungestörten Gebirge. Glückauf **69** (1933) S. 560.

[3] Kühn, P.: Spannungszustand und Bruchgefahr im ungestörten Gebirge. Glückauf **67** (1931) S. 1033.

[4] Schmid, H.: Statische Probleme des Tunnel- und Druckstollenbaues. Springer-Verlag, Berlin 1926.

[5] Korman, S.: Wartości wspolczynników sprezystości w górotworze. Archiwum Górnictwa i Hutnictwa **3** (1955) 4.

[6] Müller, O.: Untersuchungen an Karbongesteinen zur Klärung von Gebirgsdruckfragen. Glückauf **66** (1930) H. 47.

[7] Sonntag, G.: Die Beanspruchung des Hangenden in Abbaubetrieben mit Vollversatz auf Steinkohlengruben. Glückauf **96** (1960) 7, S. 440.

[8] Döring, T.: Zur Frage der mathematischen und meßtechnischen Erfassung der Senkungskurve der Dachschichten und des Druckes im Versatzfeld beim Strebbau in flacher Lagerung auf der Grundlage der Biegetheorie unter Berücksichtigung einer nichtlinearen Versatzkennlinie. Ber. 4. Ländertreffen IBG. Akademie Verlag, Berlin 1963, S. 82.

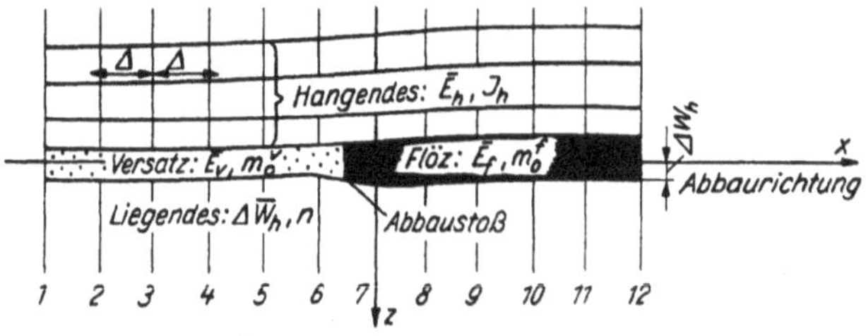

Eingangsangaben:

$h = 400\,m$; $q = 1000\,Mp/m^2$;

$\bar{E}_h = 2 \cdot 10^6\,Mp/m^2$; $J_h = 2{,}5 \cdot 10^2\,m^4$

$\bar{E}_f = 2 \cdot 10^5\,Mp/m^2$; $\bar{E}_v = 10^4\,Mp/m^2$

$m_0^f = 1{,}0\,m$; $m_0^v = 0{,}8\,m$; $\Delta = 10\,m$;

$\Delta\bar{W}_h = -0{,}535\,m$; $n = 4$; $\sigma_x^0 = -25\,kp/cm^2$

Punkt	1	2	3	4	5	6	7	8	9	10	11	12
$p(x)$ [Mp/m^2]	997,26	1023,43	986,69	956,26	836,88	470,99	1660,12	1090,73	1002,52	1002,02	958,12	1017,39
$\bar{W}(x)$ [m]	0,53282	0,52490	0,51751	0,50354	0,48928	0,48691	0,60461	0,57917	0,55989	0,54712	0,53986	0,53566
$\Delta\bar{W}(x)$ [cm]	-0,218	-1,010	-1,749	-3,146	-4,572	-4,809	6,961	4,417	2,489	1,212	0,486	0,066
$m(x)$ [m]	0,80022	0,79813	0,80107	0,8035	0,81305	0,84232	0,9967	0,99955	0,99999	0,99999	1,00021	0,99991
$\Delta m(x)$ [cm]	0,022	-0,187	0,107	0,350	1,305	4,232	-0,330	-0,045	-0,001	-0,001	0,021	-0,009
$W(x)$ [m]	-0,2674	-0,27323	-0,28356	-0,29996	-0,32377	-0,35541	-0,39209	-0,42038	-0,44010	-0,45287	-0,46035	-0,46425
$\Delta W(x)$ [cm]	19,76	19,177	18,144	16,504	14,123	10,959	7,291	4,462	2,490	1,213	0,465	0,075
T_x [Mp]	-570	-673	-728	-440	539	4055	3402	-360	-820	-843	-648	-520
$M_x \cdot 10^{-3}$ [Mpm]	16,9	22,5	30,35	37,05	39,15	25,2	-41,95	-42,85	-34,75	-26,45	-17,9	-13,5
σ_x [kp/cm^2]	8,8	20,0	35,7	49,1	53,3	25,4	-108,9	-110,7	-94,5	-77,9	-60,8	-52,0
Kontr. $p(x)$	998	1022,5	988,5	954,0	839,5	468,0	1662,5	1090	1002	1002,5	958,5	1016

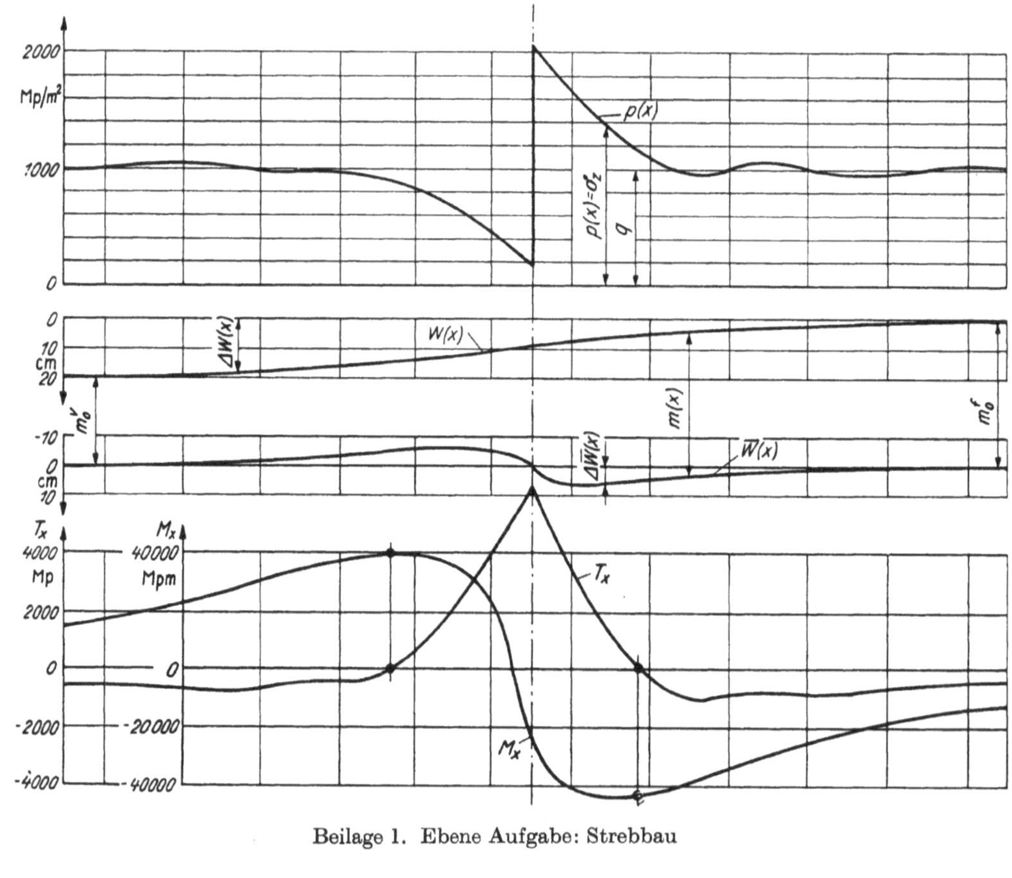

Beilage 1. Ebene Aufgabe: Strebbau

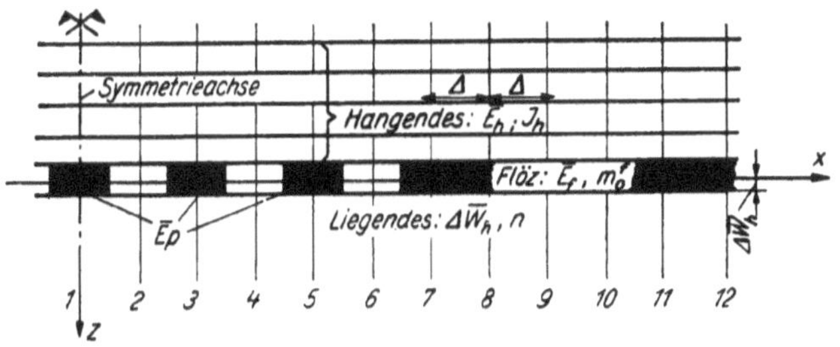

Eingangsangaben:

$h = 400\,m$; $q = 1000\,Mp/m^2$; $\Delta = 100\,m$;

$\bar{E}_h = 2 \cdot 10^6\,Mp/m^2$; $J_h = 5 \cdot 10^2\,m^4$;

$E_f = 2 \cdot 10^5\,Mp/m^2$; $\nu_f = 0{,}45$;

$\bar{E}_f = 7{,}6 \cdot 10^5\,Mp/m^2$; $\bar{E}_p = 2{,}5 \cdot 10^5\,Mp/m^2$;

$m_0^f = 3\,m$; $\Delta\bar{W}_h = 0{,}1207\,m$; $n = 4$

Punkt	1	2	3	4	5	6	7	8	9	10	11	12
$p(x)$ [Mp/m²]	2015,37	0	2031,54	0	1913,74	0	1517,42	1100,49	970,24	1015,89	949,84	1008,38
$\bar{W}(x)$ [m]	0,13685	0,106	0,13522	0,10441	0,13156	0,1029	0,12981	0,12612	0,12342	0,12144	0,1209	0,1203
$\Delta\bar{W}(x)$ [cm]	1,615	-1,47	1,452	-1,629	1,086	-1,78	0,911	0,542	0,272	0,074	0,02	-0,04
$m(x)$ [m]	2,98782	2,95606	2,98762	2,95748	2,98904	2,96389	2,99796	2,9996	3,00012	2,99994	3,0002	2,99997
$\Delta m(x)$ [cm]	-1,218	-4,394	-1,238	-4,252	-1,096	-3,611	-0.204	-0,04	0,012	-0,006	0,02	-0,003
$W(x)$ [m]	-2,85097	-2,85005	-2,8524	-2,85307	-2,85747	-2,86099	-2,86815	-2,87348	-2,8767	-2,8785	-2,8793	-2,87967
$\Delta W(x)$ [cm]	2,833	2,925	2,690	2,623	2,183	1,831	1,115	0,582	0,260	0,080	0	-0,037
T_x [Mp]	0	-78	-234	-392	39	471	2884	-207	-560	-492	-319	-111
$M_x \cdot 10^{-3}$ [Mpm]	-18,2	32,6	-16,7	37,2	-8,9	36,5	-18,3	-21,2	-14,1	-10	-4,3	-3,6
σ_x [kp/cm²]	-46,9	14,1	-45,0	19,7	-35,6	18,8	-46,9	-50,4	-42,2	-37,0	-30,2	-29,4
Kontr. $p(x)$	2016	-0,5	2031,8	-0,2	1914,1	-0,5	1517,9	1100,1	970,5	1015,9	949,5	1008,9

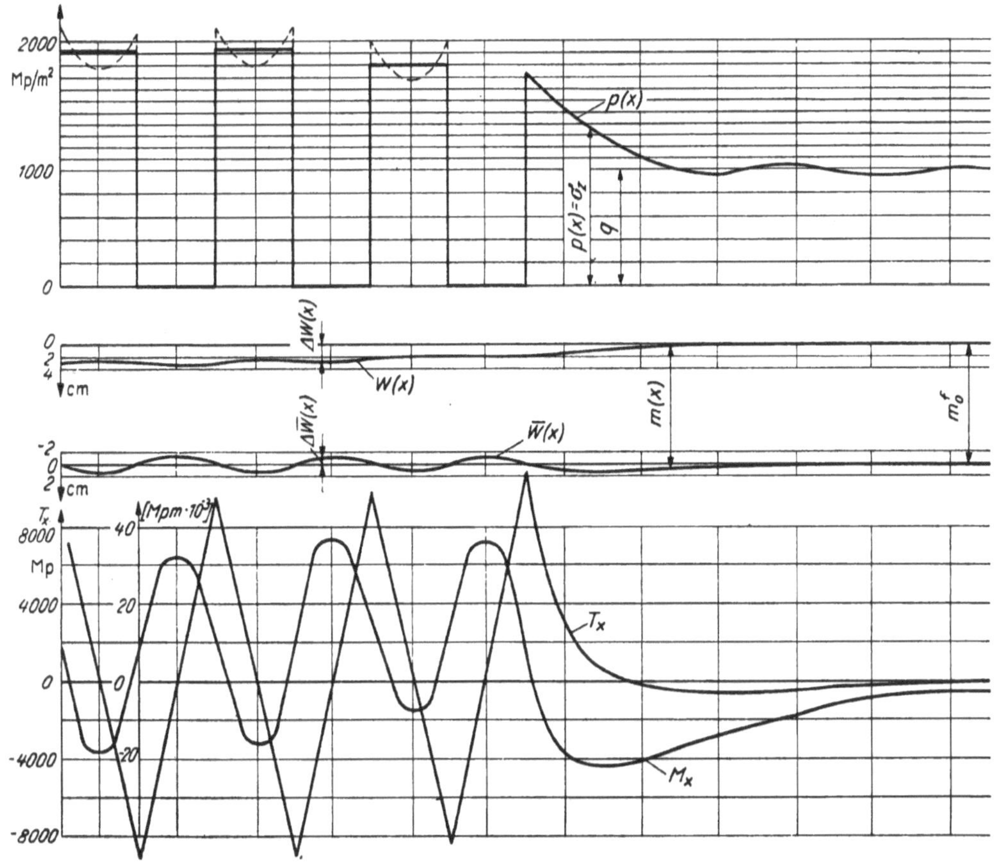

Beilage 2. Ebene Aufgabe: Örterbau

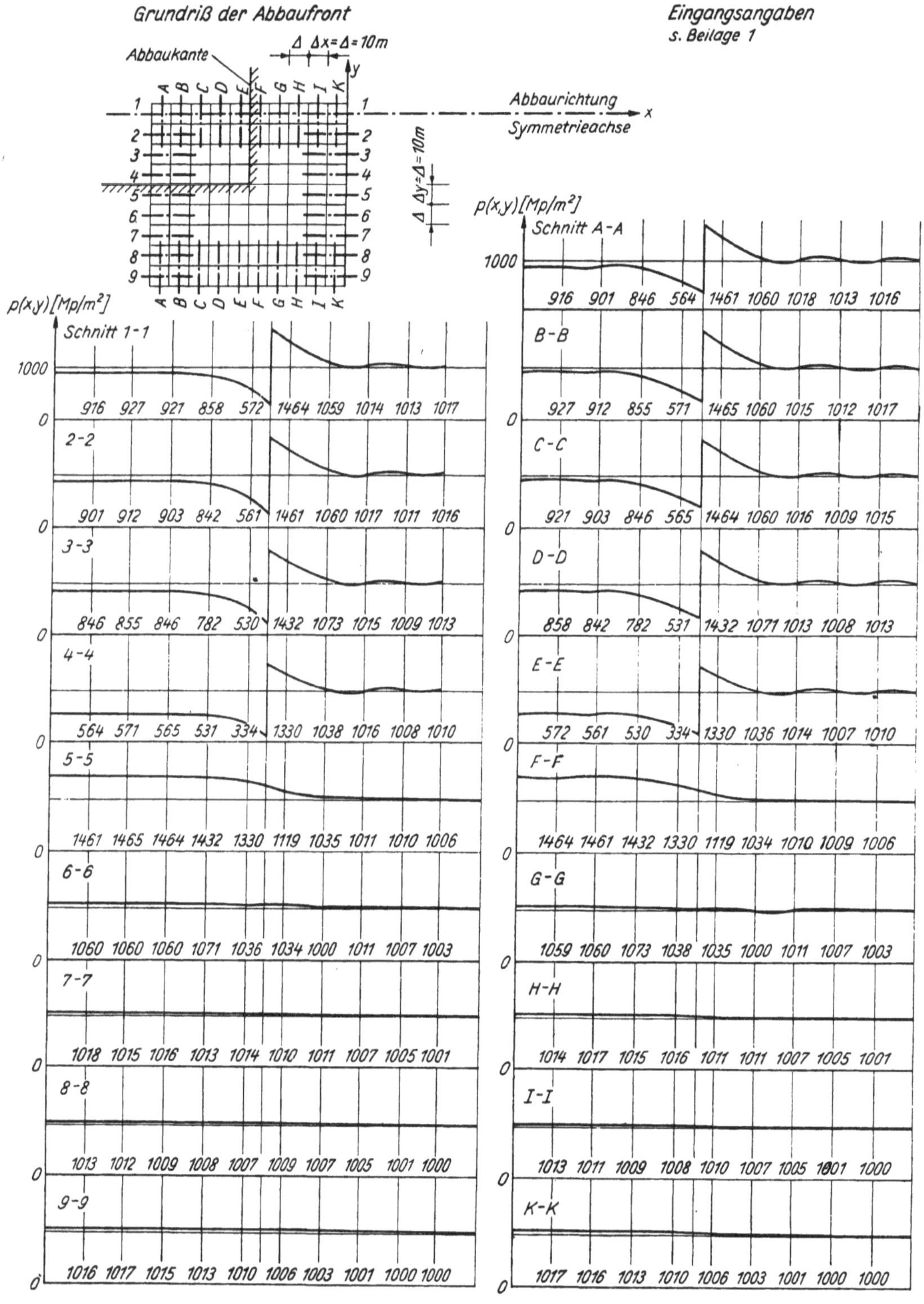

Beilage 3. Räumliche Aufgabe: Abbaudrucke $p(x, y)$

Das Trennflächennetz des Gebirges um Grubenbaue von ihrer Entstehung an bis zur Bewegung des Gebirges

von J. Znański, Krakow-Katowice

Kurzfassung

Den Inhalt der Arbeit bildet ein synthetischer Vergleich der Laborversuchsergebnisse mit den Erfahrungen in der Grube zur Bestimmung des Einflusses des Trennflächennetzes auf die Verrückung in der Nähe des Abbauortes.

Nach Beschreibung der verschiedenartigen Trennungsfälle und Rißbilder bei einachsiger Belastung kleiner Proben verschiedener Gesteine wird die primäre Trennung des unverritzten Gebirges dargestellt und gedeutet.

Das Flöz im Ortsstoß kann zwischen den steiferen Schichten des Hangenden und des Liegenden ähnlichen Belastungsbedingungen unterworfen sein wie eine kleine Probe in der Presse. Bei veränderlichen Druckbedingungen zerbricht das Flöz in einzelne Blöcke, die sich in das Abbauort verschieben. Die Zerklüftung des Gebirges verläuft nicht nur in den natürlichen Trennflächen (Schlechten und Bänke), sondern gleichfalls in Richtungen lokaler Überbeanspruchungen. Die Verrückung wird im Sinne des Brechens und der Verschiebung einzelner loser Gesteinspartikel betrachtet. Sie ist weder räumlich noch zeitlich kontinuierlicher Art. Bei Verklemmung der Gesteinsbrocken kann ein Gleichgewichtszustand entstehen, der das Rücken der tiefer gelegenen Partien verhindert. Es kann eine Verfestigungszone entstehen, die zum Ort einer Druckkonzentration wird. Die Breite der Verrückungszone ist unterschiedlich. Die Entdeckung der Gesetze über ihre Entstehung und die Methoden des Vorausberechnens sind Probleme der mathematischen Zuverlässigkeitstheorie, die noch gelöst werden müssen.

Summary

The content of the work is a synthetic comparison between laboratory test results and the practical experience gathered in the mine for determining the influence of the cleavage plane system on the displacement in the vicinity of the working place.

After describing the various cleavage cases and crack patterns produced by uniaxial loading of small samples from different rock masses the primary joint in the unworked rock is represented and interpreted.

A seam in the face can be submitted to loading conditions between the more rigid strata of the roof and the floor that are similar to those acting on a small sample in the power press. Under variable pressure conditions the seam breaks into small blocks that displace towards the stope. The fissuration of the rock occurs not only in the natural cleavage planes (cleats and beses) but equally in the direction of local overstressing. The displacement is considered in the sens of rupture and displacements of different loose rock particles. It is neither spatially nor temporally continuous.

In case of locking of the rock blocks a balanced condition can originate that prevents the deeperly situated parts from displacing. A consolidation zone can arise that becomes a place of pressure concentration. The width of the displacement zone is diversified. The detection of the laws of their formation and the methods of precalculation are problems of the mathematical reliability theory that are still to be solved.

Résumé

Le contenu du travail consiste en une comparaison synthétique entre les résultats d'essai au laboratoire et les expériences faites dans la mine afin de déterminer l'influence du système de surfaces de joint sur le déplacement aux environs du chantier d'abatage.

De différents cas de fissurations et d'images de fissures sous la charge unilatérale de petits échantillons prélevés dans différentes roches sont décrits avant de représenter et interpréter la séparation primaire des roches vierges.

La couche au front de galerie peut être soumise entre les strates plus rigides du toit et du sol à des conditions de charge semblables à celles agissant sur un petit échantillon dans une presse. Dans le cas de conditions de pression variables la couche se casse en différents blocs qui se déplacent vers le chantier d'abatage. La fissuration du massif apparait non seulement dans les surfaces de joint naturelles (clivages et sillons) mais également dans les directions de surcharges locales. Le déplacement est traité dans le sens de la rupture et du déplacement de différents particules de roches meubles. Elle n'est ni de nature locale ni de nature temporelle. Au cas du coincement des blocs de roches il se peut former un régime d'équilibre qui empêche les parts situées plus profondément de se déplacer. Une zone de consolidation peut se créer qui devient un lieu d'une concentration de pression. La largeur de la zone de déplacement diffère. La découverte de lois de leur formation et les méthodes de calcul préalable constituent des problèmes de la théorie de sécurité mathématique qu'il faudra toujours résoudre.

Резюме

Содержанием этой работы является синтетическое сравнение полученных при лабораторных испытаниях результатов и накопленного в шахтных условиях опыта, проведенное с целью определения влиния сети поверхностей раздела на сдвижение пород вблизи очистного пространства.

Описав различные случаи отделения и растрескивания при одноосном нагружении маленьких образцов различных горных пород излагается и объясняется первичное отделение нетронутого массива.

Залегающий между более жесткими слоями пород кровли и почвы пласт в забое может быть нагружен как образец маленьких размеров под прессом. При переменных условиях нагружения пласт распадает на отдельные блоки, которые перемещаются в сторону очистного забоя. Трещиноватость массива горных пород не только направленз вдоль естественных плоскостей раздела (трещины кливажа и трещины, развивающиеся вдоль пачек) но и вдоль зон местных перенапряжений. Сдвижение можно рассматривать как разрушение и перемещение отдельных свободных частиц породы. Оно ни во времени, ни в пространстве является одинаковым. Благодаря защемлению отдельных обломков породы может возникать состояние равновесия, препятствующее дальнейшему перемещению глубже залегающей части горных пород. Тем самым может образоваться зона упрочнения, которая становится местом концентрации давления. Ширина зоны сдвижения неодинакова. Изыскание законов об образовании этих зон сдвижения и разработка методов прогноза являются еще нерешенными проблемами математической теории надежности.

Das litho-orogenetische Stadium, welches das karbonische Gebirge überstehen konnte, hat ihm den gegenwärtigen Charakter eines Blockaggregates von verminderter Kohäsion zwischen den Blöcken gegeben. Diese ist durch ein Trennflächennetz von unterschiedlicher Dichte und Ausbildung, das die Kohäsion beeinflußt, bestimmt. Damit ist der Gleichgewichtszustand dieser Blöcke während der Auffahrung und des Bestehens der bergmännischen Baue sowie im Verlaufe der Zeit — die Auflockerung, das Bersten und die Verrückung — verbunden.

Die Verrückung ist ein spezifischer quasirheologischer Zustand, der durch die Lockerungsgeschwindigkeit, das Bersten in einzelne Blöcke sowie deren Entspannung bedingt wird. Die anfänglich auf die nächste Umgebung der Abbauorte beschränkte Verrückung des Gebirges kann sich vertikal bis zur Erdoberfläche fortsetzen. Im Abbauort tritt diese entweder durch eine verhältnismäßig kontinuierliche und langsame Verschiebung der Abbaustöße (Zusammendrücken) oder auch durch heftiges Abreißen und Ausbrechen von Blöcken aus den Stößen, die sogenannten Entspannungsschläge, in Erscheinung. Ein synthetischer Vergleich der Laborversuchsergebnisse mit den Erfahrungen in der Grube zur Bestimmung des Einflusses des Trennflächennetzes auf die Verrückung in der Nähe des Abbauortes bildet den Gegenstand nachstehender Bearbeitung.

1.

Einachsiges Belasten kleiner Proben verschiedener Gesteine weist darauf hin, daß sie durch Trennung oder Verschiebung mit Trennung brechen können. Der Trennungsfall durch Dehnung tritt sowohl beim Anwachsen als auch bei Verminderung des Druckes auf die Proben auf [2].

Streifenkohlenproben brechen oft durch Verschiebungen mit Trennung. Dagegen bersten Proben von verhältnismäßig homogener Durit- und Kennelkohle beinahe trennungsartig an der Mantelfläche parallel zur Druckasche. Die Spalten, welche zunächst oberflächennahe sind, vertiefen sich mit der Vergrößerung des Druckes und spalten die Probe in Teile, die entweder in zufälligerweise zerbrechen oder heftig bersten. Der Zerfall kann die einzelnen Teile in Zeitabständen (Bild 1) oder lawinenartig umfassen.

Bei Plattenproben wurde ein komplizierterer Druckzustand als bei Würfelproben festgestellt. Die plattigen Proben der Streifenkohle zerbrachen bei einfacher Belastung vollkommen bei einem die Festigkeit doppelt überschreitendem Druck.

Die veränderliche Verteilung des Druckes auf der Endfläche der Duritkohlen- und Kennelkohlenplatten ist im Bild 2 hypothetisch dargestellt. Infolgedessen bricht die plattige Probe

Bild 1. Kohleprüfkörper mit Ausbruch eines abgesprungenen Bruchstückes

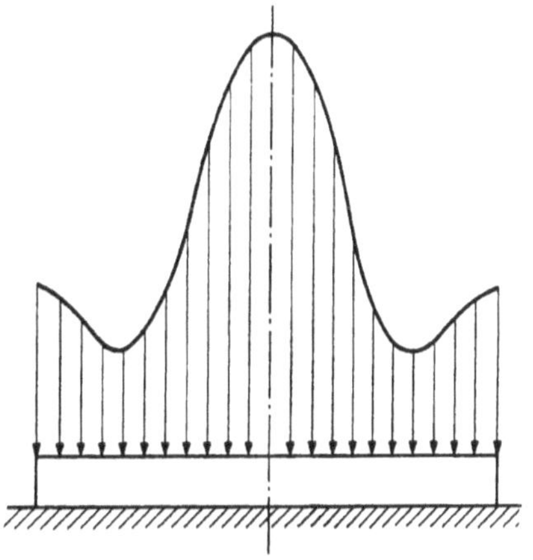

Bild 2. Hypothetische Druckverteilung bei einer druckbeanspruchten plattenförmigen Kohlenprobe

Bild 3. Plattenförmige Probe mit Zerpröckelungserscheinungen am Rande beim Druckanwachsen und mit Bildung eines Trennflächennetzes bei Druckabfall

trennungsartig entlang der Seitenlinie und weist eine bedeutende Festigkeit im Plattenkern auf. Nach Anwachsen des Druckes über 150–200% der Festigkeit der Duritkohle – und noch größerem für Kennelkohle – beginnt ein allmähliches Abspringen von Plattenteilen von der Mantelfläche. Wenn nach Erreichen eines hohen Druckes dessen Wert verringert wurde, erfolgte etwas unterhalb des Festigkeitswertes für einfaches Belasten eine sprunghafte Verminderung der Längsdehnung bei gleichzeitiger Vergrößerung der Querverformung, begleitet von Geräuschen des inneren Berstens der Platte.

Nach dem Herausnehmen des plattenförmigen Prüfkörpers aus der Presse wurden parallel zur Druckachse von Endfläche zu Endfläche verlaufende Risse festgestellt. Diese Risse traten einzeln auf, oft aber schnitten sie sich mehrfach und trennten die Platte in Teile, die den vieleckigen Mittelteil umgaben (Bild 3).

Den Bruch der Platte beim Vermindern des Druckes kann man der Volumenänderungsenergieakkumulation in deren Kern zuschreiben. Die akkumulierte Volumenänderungsenergie ruft beim Vermindern des Pressendrucks an den Außenflächen der Platte eine Kontraktion und von ihrer Mitte ausgehend eine Expansion hervor, die ein trennartiges Zerbrechen der Brocken in Teile bewirken. Eine zwischen Bleiunterlagen befestigte Kennelkohlenplatte barst auf der Endfläche parallel zur Druckachse. Bei einem Druck von 100–500 kp/cm² wuchs vorher die Querverformung intensiv. Dies zeugt davon, daß bei diesem Druck das Blei in einen plastischen Zustand übergeht und die Dehnung und das Bersten der Platte erzwingt.

Die aus der Presse entfernten Bleiunterlagen wiesen Eindrücke des plattenförmigen Prüfkörpers von verschiedener Tiefe als Folge einer ungleichmäßigen Druckübertragung auf.

2.

Die primäre Trennung des unverritzten Gebirges erfolgt an Flächen verminderter Festigkeit. Das Gebirge teilt sich entlang dieser Flächen in Blöcke. Diese Schwächezonen können durch Bänke sowie Schlechten gebildet werden, die im geschichteten Gestein, z.B. im Karbon auftreten.

Die Trennbarkeit, die entlang den Schichten verläuft, braucht nicht erklärt zu werden. Es werden dagegen zwei Arten von Schlechten, d. h. rein trennende, durch Dehnung entstandene sowie trennende, durch Verschiebung entstandene, unterschieden.

Die rein trennenden Spalten verlaufen fast lotrecht zur Schichtung und treten häufig in verhältnismäßig spröden Kohlenarten auf. In einem unverritzten Gebirge sind sie geschlossen und nicht vollkommen ausgebildet oder auch mit Kalzit oder Pyrit verklebt. Diese Schlechten entstanden entweder als Folge von Kontraktion oder im Verlauf von Entspannungen sowie Bersten verformter Schichtenpakete mit verschiedenen Elastizitätsmoduln. In klastischen, sedimentären Felsen von verschiedener Körnung und Mineralzusammensetzung haben die Bindungskräfte verschiedene Richtungen und Werte. Im Falle von Verschiebungsspannungen bestehen also keine Bedingungen für plastische Verformung, die bei Stoffen von allseitig gleichartiger Molekülbindung auftreten. Die Verschiebung in einem gegebenen Felsen-Querschnitt verursacht also ein Abreißen (Teilung) der schwächeren Bindemittel von den stärkeren Körnern, die sich gegenseitig auf der unebenen Abrißfläche verschieben.

Die Schlechten verlaufen in einem Winkel von 30° bis 70° zur Schichtung in Abständen von einem bis zu einigen Dezimetern, abhängig von der Festigkeit des Gesteins. Einige dieser Spalten können beim Übergang vom Flöz zu dem festeren Gestein das umgebende Hangende und Liegende abreißen.

3.

Die phänomenologische Auslegung der Laborversuchsergebnisse zeigt, daß alle Änderungen in der Verteilung und dem Wert des auf die Probe übertragenen Druckes einen Bruch der Proben verursachen werden. Die Probe hat ganz unregelmäßig verteilte Fehler und Inklusionen, die Strukturfehler darstellen.

Das Flöz im Ortsstoß kann zwischen den steiferen Schichten des Hangenden und des Liegenden ähnlichen Belastungsbedingungen unterworfen sein wie eine kleine Probe.

Im Flöz sind die Strukturmängel ganz deutlich an der Schichtung und Schlechtenbildung, die gemeinsam das Trennungsnetz von einer bestimmten Dichte und Ausbildung bilden, erkennbar.

Ein Flöz von einer bestimmten Mächtigkeit, das veränderlichen Druckbedingungen unterworfen ist, bricht in einzelne Blöcke, die sich in das Abbauort verschieben. Dies ist abhängig vom Grad der Verbindung des Flözes mit den dichteren und sich weniger „entspannenden steifen" Schichten des Hangenden und Liegenden sowie von den Bedingungen der freien Entspannungen und Verschiebungen im Abbauort.

Die Kinetik der Verrückung kann durch ein einfaches Beispiel der Verrückung im Gebirge um eine Strecke oder Kammer mit gleichem Trennungsnetz beschrieben werden. Die Veränderungen des primären Spannungs- und Verformungszustandes verursachen eine Akkumulation der Elastizitätsenergie in den Streckenstößen mit verschiedener Verteilung und Dichte.

Solange diese Energie örtlich keinen kritischen Zustand für die Standfestigkeit der Stöße erreicht, bestehen Bedingungen für ein festes Verhalten der Streckenstöße. Bei lokalen „Überspannungen" im Flöz kann im Verlauf der Zeit jedoch eine Lockerung oder sogar eine Zerstörung der stark beanspruchten Bindungen auf den bestehenden natürlichen Trennflächen oder an anderen Schwächezonen eintreten. Die elastischen Verformungen gehen in nichtelastische über. Die Elastizitätsenergie verwandelt sich dann in Flächenenergie der in den Stößen entstandenen kleinen Risse verschiedener Richtung, die später in Brüche übergehen. Die entstehenden Risse sind mit Geräuschen verbunden, die durch empfindliche Geophone registriert und hörbar gemacht werden können. Daraus folgt, daß die Zerklüftung des Gebirges nicht nur in den natürlichen Trennflächen, sondern ebenfalls in Richtung lokaler Überbeanspruchung verläuft. Die entstehenden Bruchstücke erlangen die Freiheit, sich zum Ortsstoß hin zu entspannen, wobei ein Teil der Entspannungsenergie in kinetische Energie übergeht.

Die Verrückung kann man also im Sinne des Brechens und der Verschiebung einzelner loser Gesteinspartikel betrachten. Sie ist weder räumlich noch zeitlich kontinuierlicher Art. Die Verschiebung erfolgt vielmehr sprunghaft, wobei sich die Orientierung und Verschiebungsrichtung der Bruchstücke verschiedener Größe und Ausmaße ändert.

Die wechselnde Lockerung und Pressung der Gesteinstrümmer ermöglicht ihre gegenseitige Bewegung, ihr Abfallen von den Stößen beziehungsweise Abschleudern ins Ort. In·dem Maße wie das Rücken des Gebirges kürzer und seltener wird, geht die Erscheinung in eine langsame Verrückung von quasirheologischem Charakter über.

Die Verbreitung der Verrückung um die Strecke ist weder zeitlich noch räumlich gleich. Bei fehlendem Ausbau kann die Verrückung mit regellosem Herabfallen von Gesteinstrümmern in die Strecke zu einer Ausfüllung (Zusammendrücken) des Streckenquerschnittes führen. Öfters jedoch entsteht durch Verklemmung der Gesteinsbrocken ein Gleichgewichtszustand, der das weitere Rücken der tiefer gelegenen Partien verhindert. Im Verlauf der Zeit und des Vordringens der Verschiebung tiefer ins unverritzte Gebirge werden die Formveränderungskomponenten kleiner und die Volumenänderungskomponenten größer. Dies tritt durch die Vergrößerung des zeitlichen und räumlichen Abstandes der Gebirgsbrüche in Erscheinung, was einer Beruhigung oder Verfestigung der Verrückungszone entspricht.

In Abhängigkeit von der Art der Verfestigung ändert sich die Verteilung und Dichte der Elastizitätsenergie. Die Verfestigungszone wird zum Ort der Konzentration des Druckes. Außerhalb, im unverritzten Gebirge, erreicht dessen Verformungsenergie ihren ursprünglichen Wert.

Die Form der Verfestigung der Verrückungszone um eine Strecke oder Kammer gleicht dem Gleichgewichtszustand in einem Gewölbe. Die Verrückung des Flözes vor dem vorrückenden Streb verspreizt sich zwischen dem anliegenden Hangenden und Liegenden. Mit dem Vorrücken des Strebs wiederholt sich diese Verspreizung, während über dem Alten Mann des Strebs eine Verrückung des Hangenden erfolgt, die im Laufe der Zeit die Erdoberfläche erreicht.

Stütz- und Ankerausbau veranlaßt und beschleunigt den Verfestigungsprozeß.

4.

In den dargestellten Bedingungen ist die Verrückungszone und die Verfestigung nach den Elastizitäts- und Rheologiegesetzen schwer zu bestimmen. Diese erklären einen homogenen und trennbaren Körper, wo einfache mathematische Beziehungen zwischen den Verformungen und Verlagerungen herrschen, wenn nur die letzteren genügend klein sind.

Die Verschiebungen in der Nachbarschaft des Stoßes sind an den Berührungsstellen der einzelnen Blöcke ausgesprochen diskontinuierlich. Beobachtungen und Messungen der Erstreckung der Verrückungszonen in der Nachbarschaft der Abbauorte liefern oftmals unterschiedliche Ergebnisse.

Messungen, die in der südafrikanischen Republik vor einer fortschreitenden Strebfront in einem Quarzitflöz durchgeführt wurden, ergaben eine Verrückungszone (Brüche) von 4,5 bis 7 m Erstreckung. In europäischen Zechen reichte die Verrückungszone bei gering- und mittelmächtigen Flözen spröder Kohle, die zwischen Schieferbänken lagerten, auf eine Entfernung von 9 bis 15 m.

5.

Die Breite der Verrückungszone, ihre Änderungen sowie Gesetzmäßigkeiten für die Entstehung der Verrückungszone sind Gegenstand ständigen Interesses der Bergleute und der Forschung. Das Entstehen der Verrückungszone kann man als „Beschädigung" der Umgebung des Abbauorts ansehen. Die Entdeckung der Gesetze über die Entstehung der „Beschädigungen", die Einfluß auf die Beständigkeit des untersuchten Gegenstandes üben, und die Methoden des Vorausberechnens sind Probleme der mathematischen Zuverlässigkeitstheorie. Eine der meistverbreiteten Methoden, die zum Lösen dieser Probleme dient, ist die Funktion der Verteilung der Wahrscheinlichkeitsvariablen.

Das Sammeln der Informationen aus direkten Messungen der Parameter über Entstehung und Erweiterung einer Verrückungszone in Abhängigkeit von Zeit und Raum wird noch etwas dauern. Von der Qualität und Quantität der Messungen hängt die Untersuchung ihrer Streuung als zufällige Veränderliche und die richtige Auswahl ihrer Verteilungsfunktion ab.

In der Wahrscheinlichkeitsrechnung gibt es viele Verteilungsfunktionen der stetigen und unstetigen zufälligen Veränderlichen. Zu dieser Funktion wird man vielleicht über eine Wahrscheinlichkeitsgleichung des Eintretens der Absonderung von mindestens einem Bruchstück im Flöz gelangen. Dieses abgesonderte Bruchstück, also ein Block oder ein geschlossenes und stabiles Blocksystem, kann vom Rest des Flözes einen Teil des Gebirgsdruckes übernehmen.

Es mag sein, daß die Prüfung der Zeitabstände zwischen den aufeinanderfolgenden Brüchen, die eine Verrückungszone erweitern, zur Auswahl der Verteilungsfunktionen helfen kann. Aber es kann auch sein, daß die Untersuchung der Ausmaße der Blöcke (Bruchstücke), welche sich an bestimmten Stellen vom unverritzten Gebirge abgesondert haben, zur richtigen Verteilungsfunktion führen wird.

Der Mechanismus der Flöztrennung und die Druckverteilung auf einzelne Bruchstücke in der Verrückungszone könnten einen Ausgangspunkt für die Gegenüberstellung mit den kleinen im Labor belasteten Proben finden. Die Proben sollen verschiedene Dichte und Gestaltung ihres

Trennflächennetzes aufweisen, und die Belastung soll unter verschiedenen Bedingungen erfolgen. In diesem Zusammenhang könnten zwei Beispiele von verschiedenem, aber auch wiederholbarem Bersten und Zerdrücken der im Labor belasteten Proben Nr. 121 und 281 [1] in-

Bild 4. Kohleprüfkörper 121 nach gänzlicher Spaltung und Zerdrückung eines Bruchstückes

Bild 5. Kohleprüfkörper 281 nach seinem Bersten und Zerstörung der Bruchstücke an der Standfläche

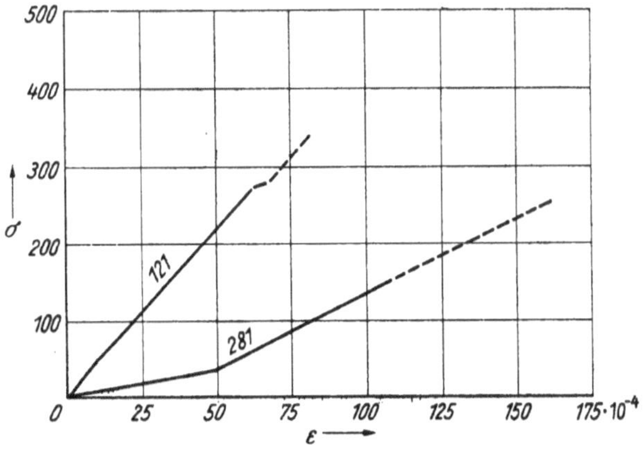

Bild 6. Verformungsdiagramme der Prüfkörper 121 und 281

teressant sein. Sie sind auf den Aufnahmen (Bild 4 und 5) und entsprechenden Diagrammen (Bild 6) zusammengestellt.

Ohne auf Einzelheiten einzugehen, darf man nicht übersehen, daß nach dem gänzlichen Bersten der Probe Nr. 121 eines der Bruchstücke sofort zerdrückt wurde, das andere aber dem Druck standhielt. Beim Bersten der Probe Nr. 281 dagegen wurden sämtliche Bruchstücke mit einem Mal zerdrückt. Der Grund dafür war die Einwirkung des Trennflächennetzes, das in der Probe 281 ausgeprägter war als in der Probe 121, was auch auf dem Verformungsdiagramm (Bild 6) hervortritt.

Literatur

[1] Znański, J.: Tapania w świetle badań laboratoryjnych, Glówny Instytut Górnictwa, Katowice, Komunikat Nr. 143 (1953).

[2] Znański, J.: Kryteria powolnego i gwaltownego zruszenia środowiska do wyrobisk, Ccęśzc I. Glówny Instytut Górnictwa, Katowice, Komunikat Nr. 250 (1960).

Axiale Sprödbruchbildung zweiter und höherer Ordnung infolge scherender Bewegung

von J. Gramberg, Delft

Kurzfassung

Gesteinsblöcke, getrennt durch eine Diskontinuität — nämlich eine Bruchfläche, eine Schichtebene oder eine Fastebene infolge unterschiedlicher Materialbeschaffenheit — können bei differenzierter Druckbeanspruchung entlang den Diskontinuitätsebenen scherende Bewegungen ausführen.

Die dabei auftretende Reibung verursacht in gewissen Teilen des Gesteinsblockes eine neue Spannungsverteilung. Dies führt zu erneuter Bruchbildung, winklig zu den Diskontinuitätsebenen. Letztere Bruchbildung kann zweiter, dritter oder eventuell noch höherer Ordnung sein. Aus der verschiedenen Lage der Brüche können Folgerungen mit Bezug auf den ursprünglichen Spannungszustand im Gesteinsblock gezogen werden.

Beispiele aus dem Bergbau und aus dem Gelände werden im vorliegenden Aufsatz behandelt. Die Schlußfolgerungen werden als Erklärung domartiger Strukturen im Rahmen saxonischer oder germanotyper Tektonik entlang von Lineamenten im Grundgebirge und weiter als Beitrag zur Vertiefung unserer Kenntnisse in Schieferungserscheinungen wie Bruch- und Transvalschieferung in Anwendung gebracht.

Bei der Untersuchung wurde die Methode der vergleichenden Untersuchung der Bruchbildung und Bruchstruktur verwendet.

Summary

Rock masses divided into separate blocks by discontinuities — such as fracture planes, bedding planes or near bedding planes — are often subjected to shearing movements as a result of applied differential pressure. The ensuing friction along the discontinuity planes causes a new stress distribution in certain parts of the rock mass and the development of additional fracture systems may be a result.

The additional fracture systems may represent systems of a second, a third and eventually of a higher order. These fracture systems show an angle with the original discontinuity planes. On the basis of their angle it appears possible to conclude which principal stress in the overall system of the original stress distribution was largest. Examples are given from outcrops investigated both underground and at the surface.

The process of secondary fracturing as a result of shearing movements appears also to be suitable enough to explain certain phenomena related to saxonian tectonics — for example the development of domal uplifts or monoclinal structures along lineaments in old basement rock. The results obtained from these investigations on fracturing of rock material lead to a better understanding of the development of both fracture and slaty cleavage.

In these studies the method of comparative investigation of fracturing and fracture systems has been applied.

Résumé

Un massif de roches qui est divisé en des blocs isolés par des discontinuités telles qu'une surface de rupture, un plan de stratification ou un peneplain selon la nature différence du matériel peut subir des mouvements de cisaillements sous l'effet de la sollicitation à la pression différenciée le long des plans de discontinuités.

La friction qui s'en suit cause en certaines parties du bloc une nouvelle répartition des tensions. Cela résulte en une nouvelle formation de ruptures qui se trouvent en position angulaire par rapport aux plans de discontinuités originaux. Ce deuxième système de ruptures peut être de deuxième, troisième ordre ou même d'un ordre plus élevé. La position différente des ruptures permet de tirer des conclusions sur l'état de tensions primitif dans le bloc. Des examples pris dans l'exploitation minière et dans la nature sont traités dans de travail présent. Les conclusions tirés sont mises à profit pour l'explication de structures de la forme d'un dôme dans de cadre de la tectonique saxonne ou de type germanique le long de "linéaments" dans le fond rocheux et constituent en même temps une contribution à l'approfondissement de nos connaissances sur les phénomènes de clivage tels que le clivage de rupture ou transversale. Pour l'étude on a employé la méthode de la recherche comparative de la formation et de la structure de ruptures.

Резюме

В блоках породы, разделенные разрывом непрерывности — или поверхностью разрыва, плоскостью напластования или пенепленом (возникшем вследствие различных свойств метериала) — при различном нагружении вдоль этих плоскостей могут возникать явления скалывания.

Под действием возникающего при этом трения в некоторых честях блока осуществляется перераспределение напряжения. Это снова ведет к образовании трещин, однако под углом к плоскостям разрыва непрерывности. Последние трещины могут быть второго, третьего или еще высшего порядков. На основе различного положения отдельных трещин можно заключить о первичном напряженном состоянии в данном блоке горных пород.

В настоящей работе приведены примеры из области горных работ и наблюдения в различных местностях. Сделанные заключения применяются для объяснения куполовидных структур в пределах саксонской или германотипной тектоники вдоль линеаментов в коренном массиве и рассматриваются как вклад в дело углубления наших знаний о явлениях сланцеватости, как поперечной сланцеватости и др.

При наблюдениях применялся метод сравнительного исследования образования структуры трещин.

Vorwort

Neben gemeinschaftlicher Untersuchung mit den technischen Wissenschaftlern der ,,Centraal Proefstation van de Staatsmijnen in Limburg" ist dieser Aufsatz durch enge Zusammenarbeit des Autors mit Professor Dr. J. Dufour des Laboratoriums für Historische Geologie in der Abteilung Bergbau der Technischen Universität in Delft entstanden. Diese Zusammenarbeit hat besonders die Themen der Schieferung betroffen. Sie war darauf gerichtet, das Element der Bruchbildung in Verbindung mit dem Schieferungsvorgang und mit bestimmten Gebirgsstrukturen zu bringen.

Die Problemstellungen und die Initiative zu letztgenannter Untersuchung wurden von Professor Dufour angeregt. Auch für die zahlreichen Führungen im Rheinischen Schiefergebirge ist der Verfasser dieses Aufsatzes Prof. Dufour zu großem Dank verpflichtet. Obwohl eine sehr ausgedehnte Literatur über die Schieferung besteht, wird hier nicht im Detail darüber referiert. Hauptursache ist der spezielle Charakter dieses Studiums.

Die Untersuchung wurde nach dem Prinzip des Vergleichens der verschiedenartigen Bruchtypen und Bruchstrukturen im Gestein durchgeführt. Dabei wurden die Elemente Bruch, Bruchform, Bruchursache und Bruchfolge, Bewegung und Bewegungswechsel, differenzierte Druckbeanspruchung und nachträgliche Entspannung in Gesteinsmaterial von wechselnder Beschaffenheit berücksichtigt. Der nächste Schritt ist ein Vergleich mit Auffassungen anderer Autoren.

1. Einleitung

Wenn von Bewegungen innerhalb des Gesteins gesprochen wird, stellt man sich dabei Verformungen vor, welche viele Ordnungen größer sind als die elastischen Deformationen. Solche Verformungen können die Folge reinen plastischen Fließens sein; sie können aber auch durch intensive Bruchbildung oder Kataklase veranlaßt werden. In jenen Teilen der Erdrinde, wo das Gebirge tektonisch fest gefügt ist und mechanisch einen spröden Charakter hat, weswegen es nicht reinplastisch fließen kann, sind solche Bewegungen nur infolge Bruchbildung und scherender Bewegungen entlang den Bruchebenen möglich.

Während die Beanspruchung und Verformung des Gesteins im allgemeinen durch Druck verursacht wird, spielt die axiale Sprödbruchbildung [1] dabei eine wichtige Rolle (Bild 1b, c, d).

Obwohl dieser Bruch infolge Druck entsteht, zeigt er alle Merkmale eines Zugbruches — manchmal wird von Dehnungsbruch gesprochen — und ist er die Folge indirekter oder induzierter Zugspannung. Dieser Bruchprozeß läßt sich mit Hilfe der „Ellipse-mit-Kerbe"-Theorie erklären. Diese Theorie schließt an bei der Bruchmechanik und kann als eine Variante der bekannten Theorie von GRIFFITH [2, 3] betrachtet werden. Außerhalb des axialen Sprödbruches,

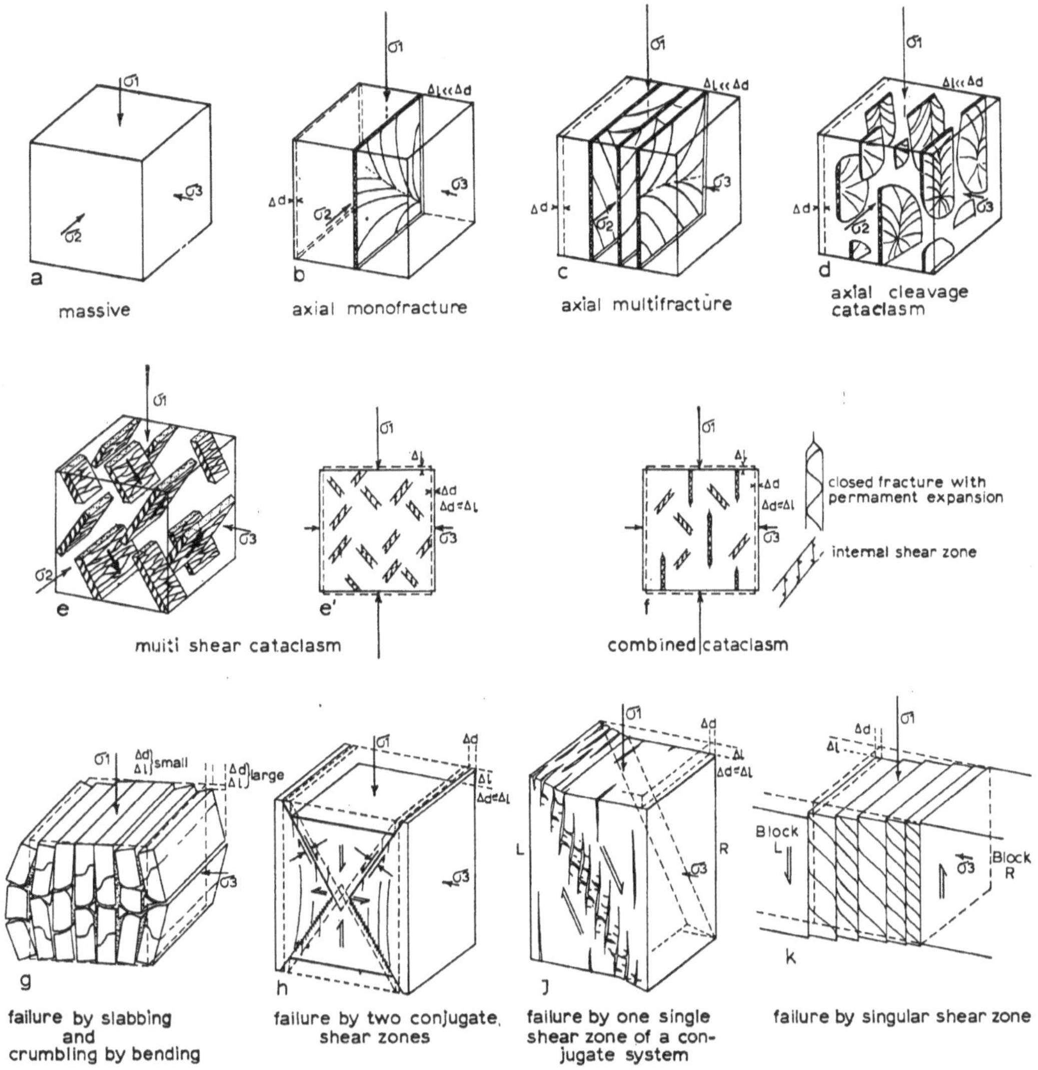

Bild 1. Strukturänderung und Zerstörung

Strukturänderung:

1. Infolge axialer Sprödbruchbildung

   a) Massive Struktur; b) Monobruch oder Monofraktur; c) Multibruch oder Multifraktur; d) Axiale Spaltkataklase

2. Infolge Multi-Scherzonenbildung

   e, f Multi-Scherkataklase

Zerstörung infolge:

g) Abspaltung; h) Bildung konjugierter Scherzonen, winklig zum größten Druck; j) Vereinzelter Scherzonen, ein Gefüge von Fiederklüften; k) Singuläre Verschiebungszonen, parallel zum größten Druck; Δd) Laterale Expansion, d. h. relativ große Querdehnung infolge paralleler Bruchbildung

der bei axialem Maximaldruck und bei nur relativ geringem Seitendruck entsteht, können im Gebirge auch Scherzonen des konjugierten Typs nach dem Mohr-Coulombschen Prinzip vorkommen (Bild 1e, f, h, j). Die letztgenannten Bruchformen werden hier aber nicht berücksichtigt. In der Literatur wird oft von „Trennbruch" und „extension fracture" gesprochen. Obwohl es wahrscheinlich ist, daß damit dieselbe Erscheinung gemeint ist wie beim „axialen Sprödbruch", ist die Entstehungsweise des „Trennbruches" jedoch weniger scharf definiert als die des axialen Sprödbruches. Deshalb besteht in manchen Fällen Zweifel über die Synonymität der beiden Ausdrücke. Zur Vermeidung allen Zweifels wird hier deshalb der Ausdruck axialer Sprödbruch oder axialer Spaltbruch gebraucht.

2. Einige Anmerkungen mit Bezug auf den axialen Sprödbruch

Der axiale Sprödbruch kann ganz vereinzelt als Monobruch oder Monofraktur auftreten; meistens aber kommt er in parallelen Systemen als Multibruch oder Multifraktur und auch als axiale Kataklase vor (Bild 1b, e, d).

Nicht nur in der Natur, sondern auch von Menschenhand im Bergbau verursacht, werden viele Konfigurationen derartiger Systeme paralleler Strukturen angetroffen. Zur Klärung der Bildungsweise dieser Systeme müssen die Eigenschaften des axialen Spröd- oder Spaltbruches näher betrachtet werden. Der axiale Sprödbruch bildet sich in der Richtung der größten Druckspannung und senkrecht zur geringsten Druckspannung, wenn die Größe dieser Spannungen und ihr Verhältnis günstig sind. Auch nach der Bruchbildung trägt das Material die Beanspruchung, und der Spannungszustand hat sich nicht grundsätzlich geändert. Deshalb kann sich der Bruch parallel zu sich selbst in der Gesteinsmasse wiederholen, wodurch dann die axiale Multifraktur und die Kataklase entstehen. Parallele Bruchstruktur liefert dann auch eine starke Andeutung dafür, daß es sich um diesen Bruchtypus handelt.

Dieser Bruchbildung zufolge expandiert des Material relativ stark senkrecht zur Bruchrichtung, d. h. also seitlich. Dies ist die Lateralexpansion Δd, wie in Bild 1b, c, d gezeigt wird. Ein Teil dieser Lateralexpansion ist elastisch, aber der größte Teil ist kataklastisch-plastisch, also von bleibender und nicht von zurückbildender Art. In der Natur zeigt sich die seitliche Verlängerung bei der Zerklüftung. Dabei wurden Werte von $2^1/_2$ bis 6% Lateralexpansion gemessen.

Im Gegensatz zur Mohr-Coulombschen Scherzone, die immer eine gewisses Volumen zerriebenen Materials enthält, ist der axiale Spaltbruch sauber: Die Bruchebene ist rein und flach und enthält kein zerriebenes Material. Deshalb kann das Material als Folge dieser Bruchbildung auch in sehr kleine und feine Elemente aufgeteilt werden, ohne daß diese Elemente weiter beschädigt oder infolge Torsion verdreht werden. Wegen der Flachheit der Bruchebene können nachträglich sehr leicht kleine oder auch größere scherende Bewegungen an diesen Ebenen stattfinden. Schon eine äußerst geringe scherende Bewegung verursacht dann erneute und zusätzliche Bruchbildung. Dadurch werden Spaltbrüche zweiter und höherer Ordnung gebildet. Es ist das die Bruchbildung, welche im vorliegenden Aufsatz behandelt wird.

3. Parallele Bruchsysteme erster, zweiter und dritter Ordnung

Entlang von vorhandenen Diskontinuitätsflächen können kleine scherende Bewegungen stattfinden. Diese Diskontinuitätsflächen können sowohl Bruchebenen oder Bruchzonen sein — Monofrakturen und Multifrakturen (Bild 5) — als auch Schichtebenen (Bilder 2, 3, 4). Als Schichtebenen kommen besonders auch die scharfen Übergänge im Gestein in Betracht, wo kompetente und nichtkompetente Bänke aneinander grenzen (Bild 11a).

4a

4 b

Bild 4. Brucherscheinungen im Gelände
Puig Randa-Insel Mallorca

a) Sprödbruchbildung zweiter Ordnung (2) infolge äußerst geringer scherender Bewegung entlang der Schichtflächen (1) bei dünnbankigem festem Kalkstein
$\beta > 45°$, d. h. $\sigma_v > \sigma_h$

b) Sprödbruchbildung zweiter (2) und dritter (3) Ordnung in dickbankigem Kalkstein infolge gleichsinniger durchgehender Bewegung
$\beta \leq 45°$, d. h., σ_h war ein wenig größer als σ_v

Diese Diskontinuitäten sind Ursache einer Absonderung von Platten und Bänken, welche sich dann zwischen größeren sich bewegenden Gesteinsblöcken befinden und gewissermaßen als Widerlager funktionieren. Bei unseren Betrachtungen kommt es nicht auf die absolute Größe dieser Blöcke an, sondern sie müssen nur groß genug sein im Vergleich zu den abgesonderten Bänken und Platten (Bilder 2–5, 10, 15 und 5b). Wenn die ganze Gesteinsmasse unter allseitiger – jedoch ungleicher – Druckbeanspruchung steht und wenn durch eine zusätzliche

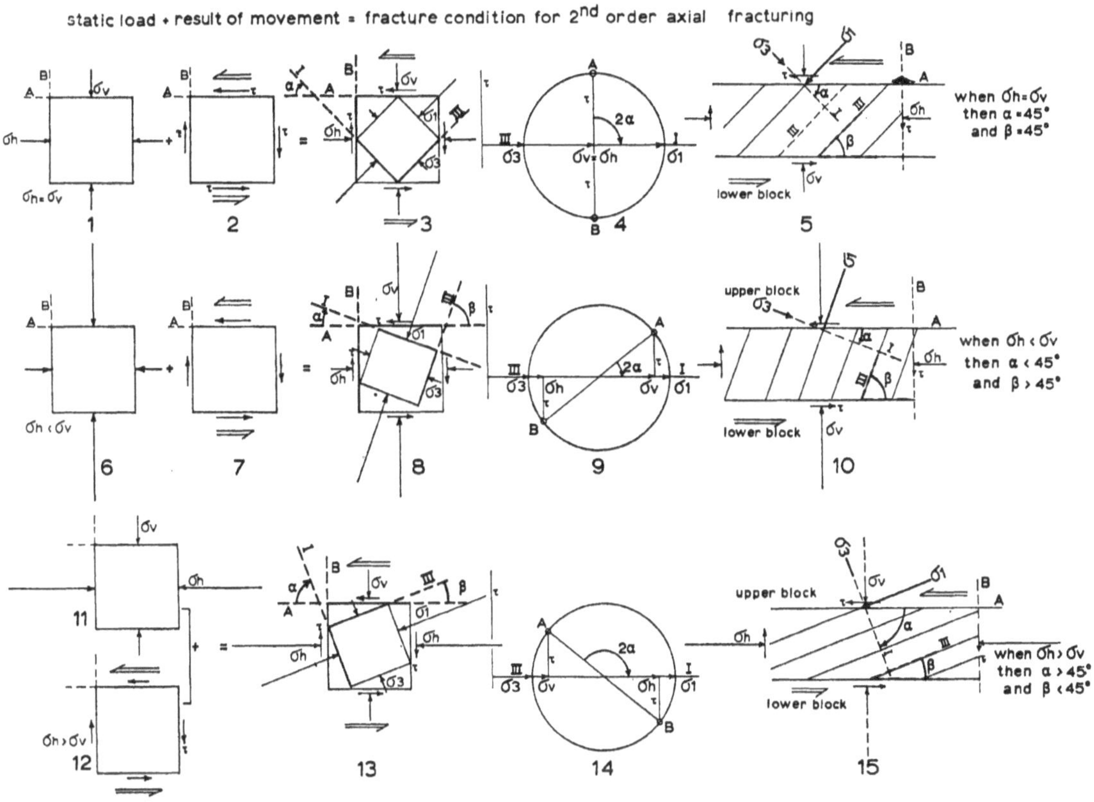

Bild 2. Bruchbildung zweiter Ordnung

Zusammensetzung einer ursprünglichen statischen Beanspruchung und einer zusätzlichen Scherspannung infolge scherender Bewegung entlang von Diskontinuitätsebenen – hier Schichtebenen. Erneute Bruchbildung – zweiter Ordnung – der Richtung von σ_1 folgend. Der Winkel β ist im Verhältnis zur Größe der Spannungen σ_v und σ_h; $\beta = 45°$ deutet auf $\sigma_v = \sigma_h$, $\beta > 45°$ deutet auf $\sigma_v > \sigma_h$, $\beta < 45°$ deutet auf $\sigma_v > \sigma_h$

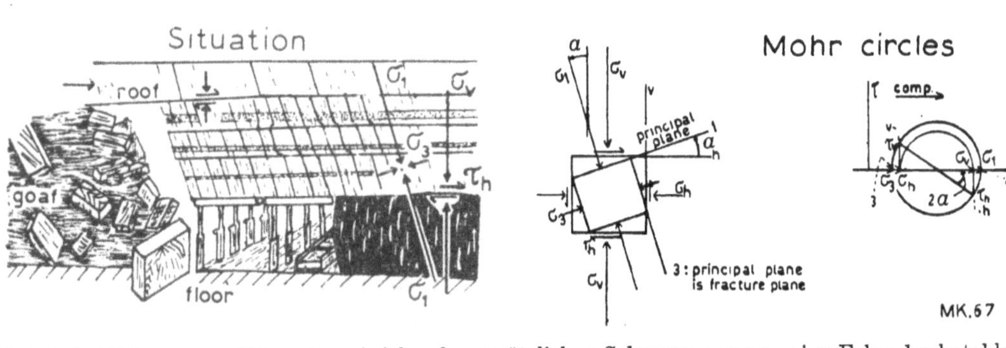

Bild 3. Die Bildung von Abbaurissen infolge der zusätzlichen Scherspannung τ_h, eine Folge des kataklastischen Fließens der Kohle

$\beta > 45°$, d. h. $\sigma_v > \sigma_h$.

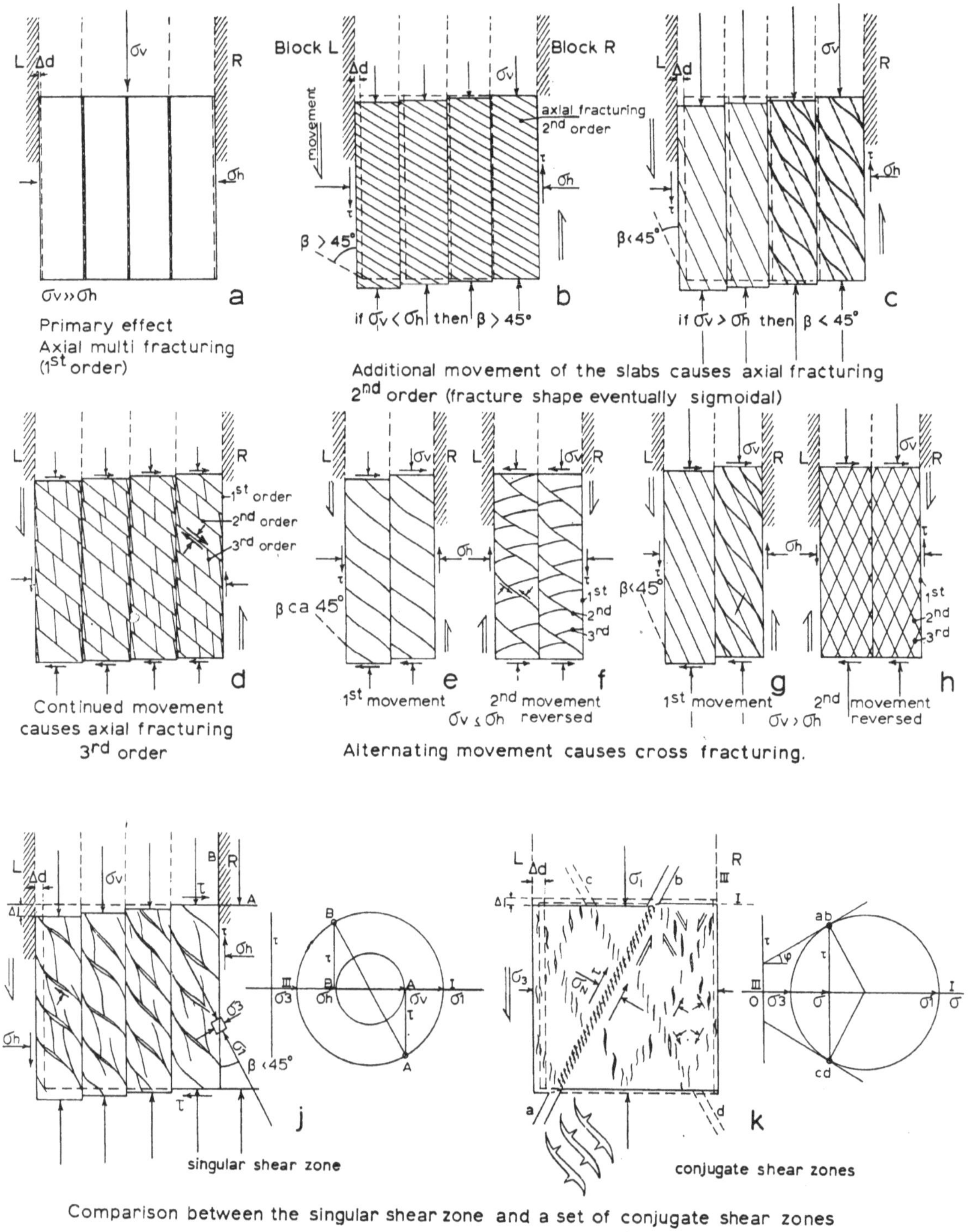

Bild 5. Die Bildung singulärer Scherzonen

a) Multifraktur, σ_v ist erheblich größer als σ_h; b) Der Vertikaldruck σ_v hat sich verringert und ist kleiner als der Horizontaldruck. Scherende Blockbewegung verursacht Sprödbruchbildung zweiter Ordnung. Der Winkel β ist größer als 45°; c) Der Vertikaldruck ist jetzt der größere während der scherenden Blockbewegung. Der Winkel β ist jetzt kleiner als 45°; d) Sprödbruchbildung zweiter und dritter Ordnung infolge durchgehender Bewegung in einer Richtung. Die Bruchebenen sind gleichsinnig gerichtet; g), h) Sprödbruchbildung zweiter und dritter Ordnung infolge Hin- und Herbewegung, wenn der Vertikaldruck der größere ist. Die Bruchebenen sind entgegengesetzt zueinander gerichtet; j) Singuläre Scherzone bei durchgehender Bewegung in eine Richtung; k) Ein Paar konjugierter Scherzonen

Kraft zwischen den Blöcken eine kleine scherende Bewegung stattfindet, dann entsteht an den Diskontinuitätsflächen entlang eine starke Reibung und es bildet sich eine zusätzliche Scherspannung. Diese Scherspannung muß zu dem ursprünglichen, allgemeinen Spannungszustand hinzugefügt werden. Es entsteht dadurch eine neue Spannungsverteilung. Die Hauptmasse der Blöcke wird dadurch aber nur in sehr beschränktem Maße beeinflußt.

In den abgesonderten Platten und Bänken hingegen kann dieser Einfluß sehr durchgreifend sein und zu weiterer axialer Sprödbruchbildung führen, wie die Konstruktionen in Bild 2 zeigen. Die scherende Bewegung kann auch entlang mehrerer paralleler Ebenen stattfinden, entweder an Bruchflächen oder an Schichtebenen. Dann entsteht in jeder Platte und in jeder Bank ein eigenes oder individuelles paralleles axiales Bruchsystem zweiter Ordnung, winklig in bezug zur Bewegungsebene. Die Bewegungsebenen sind die Diskontinuitätsflächen erster Ordnung; die neugebildeten parallelen Systeme sind Bruchflächen zweiter Ordnung (Bild 5d, f).

Den Bruchebenen zweiter Ordnung entlang können auch wieder kleine scherende Bewegungen entstehen, die zur Sprödbruchbildung dritter Ordnung führen (Bild 5d, f).

Wenn die Bruchebenen dritter Ordnung im gleichen Sinn einfallen wie die der ersten oder zweiten Ordnung, dann hat sich die Bewegung in die ursprüngliche Richtung gleichsinnig fortgesetzt (Bild 5d, j), und man könnte dann von einer durchgehenden Bewegung sprechen. Ist aber das Einfallen der Bruchflächen dritter Ordnung — dem Einfallen der Ebenen zweiter Ordnung entgegengesetzt —, dann hat eine Umkehrung der Bewegung stattgefunden. Es kommt oft vor, daß die Bewegungsumkehrung sich viele Male wiederholt und sogar den Charakter einer andauernden Hin- und Herbewegung annimmt. Es entsteht dann eine sehr feine Rhombenstruktur (Bild 5e, f, g, h).

Die Bruchebenen zweiter und dritter Ordnung sind nicht immer flach. Sie können auch sigmoidartig gebogen sein, abhängig von der Materialbeschaffenheit in den Diskontinuitätszonen. Immer aber formen sie parallele Systeme.

In Bild 5 werden die unterschiedlichen Systeme gezeigt, wie man sie untertage in den Bergwerken und auch im Gelände vorfindet.

4. Ein Beispiel aus dem Gelände

Im tertiären Kalkstein von Puig Randa auf der Insel Mallorca befinden sich Bruchsysteme zweiter und dritter Ordnung. Bild 4a zeigt einen dünnbankigen sehr festen Kalkstein mit einem sigmoidartigen, parallelen Bruchsystem zweiter Ordnung. Die Schichtung bildet hier eine Diskontinuität erster Ordnung, an der entlang eine geringe Scherung stattgefunden hat. Der Winkel zwischen Bruchebenen und Schichtung beträgt 60° bis 65°. Folglich war der Druck senkrecht zur Schichtebene größer als der seitliche Druck in der Schichtrichtung (vgl. Bild 2 bis 10).

Bild 4b zeigt eine dickere Kalksteinbank von Puig Randa. Dabei ist der Winkel zwischen der Ebene zweiter Ordnung und der Schichtung ein wenig kleiner als 45°. Der seitliche Druck in der Richtung der Schichtung war hier also ein wenig größer als der senkrecht gerichtete Druck (vgl. Bild 2—15).

Beim dickbankigen Kalkstein kommen auch Bruchebenen dritter Ordnung vor. Sie sind durch kleine Verschiebungen entlang den Ebenen zweiter Ordnung entstanden; der Winkel mit den Ebenen zweiter Ordnung beträgt etwa 50° (vgl. Bild 2—10).

Beide Bruchsysteme sind gleichgerichtet. Die ursächlichen Bewegungen — welche übrigens von sehr geringem Ausmaß waren — haben sich also gleichsinnig durchgesetzt (vgl. Bild 5d, j).

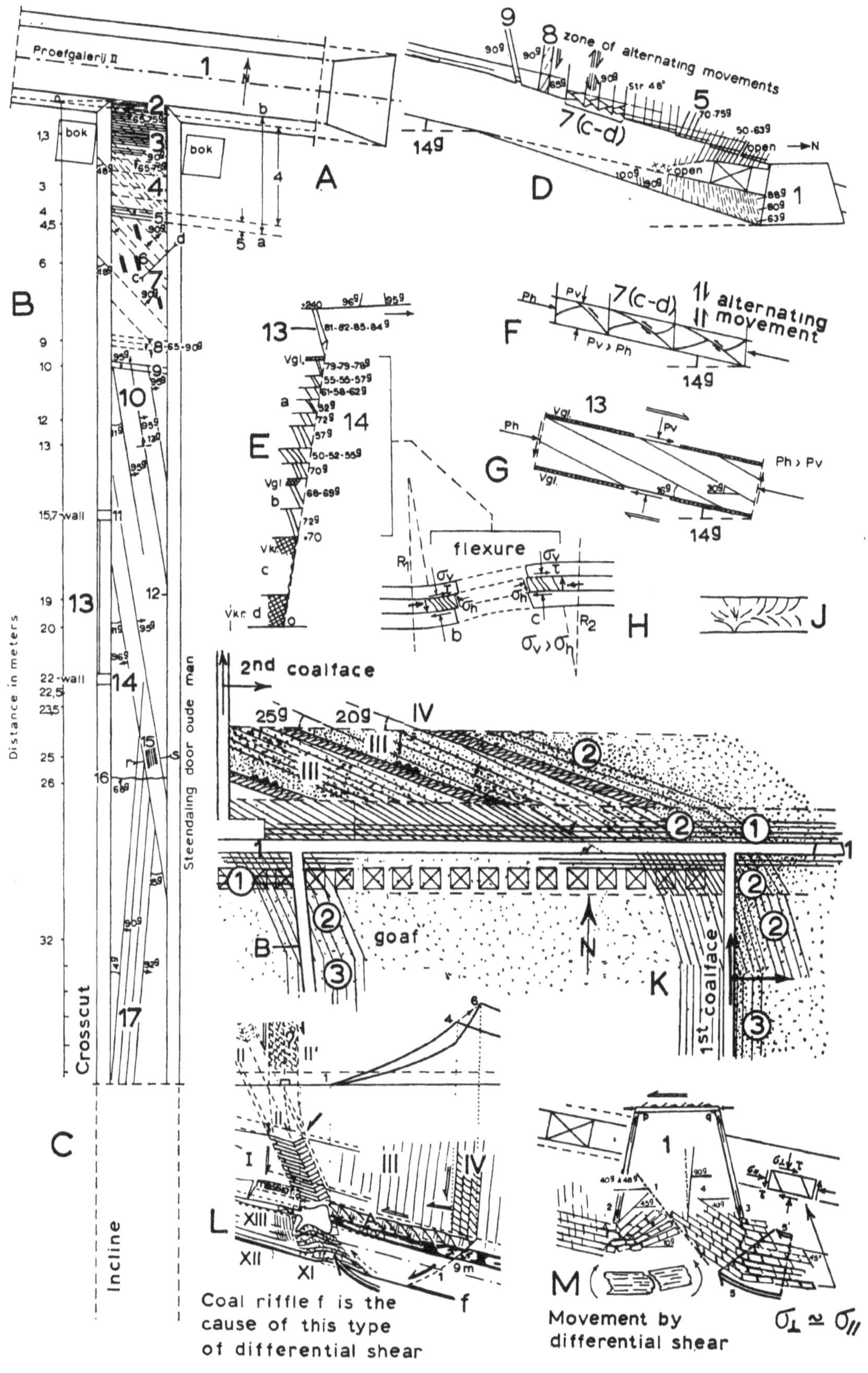
Proefgalerij II
bok
bok
Distance in meters
Steendaling door oude man
Crosscut
Incline
zone of alternating movements
open
alternating movement
flexure
2nd coalface
1st coalface
goaf
Coal riffle f is the cause of this type of differential shear
Movement by differential shear

Bild 6

Bild 6. Brucherscheinungen rings um eine Abbaustrecke in ca. 700 m Teufe

A) Probestrecke II, eine Abbaustrecke, 30 m vor dem ersten Abbau aufgefahren; B) Niederhauen durch den Alten Mann des ersten Abbaues zeigt die Bruchbildung in den Hangendschichten bis etwa 3 m über dem Liegenden des Flözes — Flözöffnung etwa 100 cm; C) Niederhauen; D) Die unterschiedlichen Bruchsysteme, wie sie sich im Querschnitt durch Niederhauen und Probestrecke zeigen; E) Detailaufnahme am Punkt 14 des Niederhauens. a: Sprödbruchbildung zweiter Ordnung im dünnbankigen Strebhangenden infolge Biegung während der Periode, als der Vertikaldruck der größere war (vgl. H); F) Sprödbruchbildung zweiter und dritter Ordnung bei Hin- und Herbewegung, als der Horizontaldruck der größere war; G) Sprödbruchbildung zweiter und dritter Ordnung, als ebenfalls der Horizontaldruck der größere war; H) Wandernde Flexur verursacht Bruchbildung in einem Paket dünnbankiger Hangendschichten (vgl. E, a); K) Aufsicht. Die Reihenfolge der Bruchsysteme ist mit Nummern (im Kreis) angegeben. Es versteht sich, daß der zweite Abbau nach dem ersten Abbau aufgefahren wurde. IV: singuläre Verschiebungszonen winklig zur Probestrecke; L) Querschnitt durch die Abbaustrecke; J — Massiver Block senkt sich vertikal, II — Bruchzone oberhalb der Strecke verursacht Einwölbung des Streckenhangenden, III — Sich senkender und seitlich expandierender Block, IV — Singuläre Scherzone, *f* — Kohlenriffel im Liegenden, 1 — Abschiebung, 9 m von der Strecke entfernt; wahrscheinlich mittels einer „listrischen", Prandtlschen Scherzone, verbunden mit der Überschiebung im Liegenden der Strecke; M) Gesteinsbewegung im Liegenden der Probestrecke. Differenzierte Scherung 5 — 5′ verursacht die Überschiebung im Liegenden. Der Druck senkrecht zur Schichtebene ist dabei im Vergleich zum Druck parallel zur Schichtebene gleich groß gewesen

5. Beispiel aus dem Bergbau

a) Die Abbaurisse — „Fissuration préalable"

Neben das einfache Beispiel von Puig Randa kann das der Bildung von Abbaurissen oder „fissuration préalable" gestellt werden (Bild 3). Bild 3 spricht für sich: Die Kohle wird aus dem Stoß herausgedrückt und verursacht dabei eine Reibung gegen die Hangendschichten. In diesen Schichten hat sich ein paralleles System axialer Sprödbrüche zweiter Ordnung gebildet: die Abbaurisse. Ihr Winkel zur Schichtung ist fast immer größer als 45°, meistens 60° bis 80° und mehr. Folglich war der vertikale Druck während der Bruchbildung immer größer als der horizontale. Dies stimmt mit der Annahme überein, daß die Abbaurisse vor dem Stoß innerhalb der „Druckwelle" entstanden sind (vgl. Bild 7d).

b) Untersuchung von Bruchflächen in der Staatsgrube „Emma"

In der Staatsgrube Emma in Südlimburg (Niederlande) wurde das Kohlenflöz G, Mächtigkeit etwa 100 cm, in einer Teufe von mehr als 700 m abgebaut.

In einigen Abbaustrecken wurden Konvergenzmessungen durchgeführt. In einer dieser Strecken, Probestrecke II, wurden nachträglich auch die Bruchsysteme untersucht (Bild 6A, 1 und M, 1).

1962 war die Probestrecke II die Abförderstrecke des ersten Strebs (Bild 6K). Beim Abbau des zweiten Strebs wurde dieselbe Strecke 1964—65 als Wetterstrecke benutzt (Bild 6K).

Innerhalb dieser Periode wurden die Bruchsysteme untersucht. Zwecks guter Bewetterung wurde ein Niederhauen getrieben (Bild 6C), das auf 37 m Entfernung von der Strecke den Alten Mann des ersten Strebs erreichte. Das letzte Stück wurde durch die gebrochenen Hangendschichten des alten Abbaus, den Liegendschichten folgend (Bild 6B), aufgefahren.

Hier bot sich eine gute Gelegenheit, um die Bruchbildung im Strebhangenden näher zu untersuchen. Im Strebhangenden des zweiten Strebs wurden die Bruchsysteme in den Hangendschichten auf der anderen Seite der Strecke untersucht (Bild 6K). An einigen Stellen konnte auch die Bruchbildung im Hangenden und Liegenden der Probestrecke untersucht werden (Bild 6M). Die beobachteten Brucherscheinungen können in 4 Gruppen unterteilt werden:

1. Zerklüftung parallel zur Strecke; die Klüfte bilden zusammen eine steile Multifraktur. Sie sind zuerst entstanden, und zwar schon beim Auffahren der Strecke (Bild 6A, Zone 2, 3, 4 und 6K, Zone 1 (im Kreis)).
2. Zerklüftung, verursacht durch eine besonders hohe Druckkonzentration an der Ecke des Abbaufeldes beim Heranrücken des ersten Strebs. Diese Klüfte bilden ebenfalls eine steilstehende Multifraktur (Bild 6B 10, D 7, F 7). In Bild 6K sind sie mit 2 (im Kreis) angegeben, weil sie als zweites System entstanden sind. Dieses zweite System kann durchaus in Übereinstimmung mit der Druckverteilung sein, wie sie von Jacobi angegeben wurde [7].
3. Bruchbildung unmittelbar vor der Strebfront infolge der normalen Druckwelle. Diese Zerklüftung ist als drittes paralleles System entstanden und bildet die allgemein bekannten Abbaurisse, die „fissuration préalable“ (Bild 6B, 17, 6K, 3 (im Kreis)).
4. Schließlich wurden Brucherscheinungen wahrgenommen, welche hinter dem ersten Abbau entstanden sind. Beim Heranrücken des zweiten Strebs werden die Brucherscheinungen intensiviert. Zu dieser Kategorie gehören die „singulären Verschiebungszonen“ IV in Bild 6K und L — vergleiche auch SSZ 1 und 2 in Bild 7d (singuläre Verschiebungszone 1, Bild 1k; 5J). Die Senkung des Hangenden in dieser Zone steht via zerdrückter Kohle in Verbindung mit einer Abschiebung im Liegenden. Angenommen wird, daß diese Abschiebung sich mittels einer gebogenen — listrischen — Verschiebungsfläche nach dem Prinzip von Prandtl (Bild 6L, 1) in der Strecke als die Überschiebung in Bild 6M manifestiert. Diese Annahme wird durch die Anwesenheit einer „Kohlenriffel“ f (Bild 6L) unterstützt. Die „Kohlenriffel“ hat anscheinend eine „differenzierte Scherung“ oder ein „differenziertes Fließen“ der Liegendschichten verursacht, wobei die tiefer liegenden Schichten eine zunehmend größere Bewegung ausgeführt haben in bezug auf die höheren (Bild 6M, 5—5′). Die rhomboedrischen Gesteinsstücke aus dem Streckenliegenden zeigen Winkel von 45° und 135°. Der senkrechte Druck muß also ungefähr gleich groß gewesen sein wie der Druck parallel zur Schichtung.

c) Bestimmung der zeitlichen Reihenfolge der künstlich hervorgerufenen tektonischen Erscheinungen mittels Bruchbildung höherer Ordnung

Bei Punkt 14 in Bild 6B wurden die Abbaurisse im Detail untersucht (s. Bild 6E, G, H, J). Die Hangendschichten sind dünnbankig. Das Gesteinspaket hat eine wandernde Flexur erlitten, wie in Bild 6H gezeigt wird. Auch die zerriebenen Schichtflächen zeigen die Folgen scherender Bewegung; die dabei entstandenen Bruchebenen zweiter Ordnung zeigen die Merkmale des axialen Sprödbruches — Bild 6J.

In jedem Bänkchen hat sich ein eigenes Bruchsystem entwickelt; die Bänkchen sind aufgeteilt in Scheiben von 4 bis 6 cm Mächtigkeit. Aus dem Winkel zwischen den Bruchebenen, der im allgemeinen etwa 60^g bis 70^g beträgt, wird geschlossen, daß der vertikale Druck größer war als der horizontale Druck. Diese Bruchbildung hat in jenem Flügel der Flexur stattgefunden, der sich innerhalb der Druckzone befand, wie dies auch zu erwarten war.

Bei Punkt 13 (Bilder 6B, 6E) wurde eine Gesteinsbank im Hangenden des Strebs gefunden mit Bruchebenen zweiter Ordnung unter $30^g - 14^g = 16^g$ mit Bezug auf die Schichtebenen. Die Schichtebenen zeigen Zerrieb, was bedeutet, daß eine scherende Bewegung stattgefunden hat. Der Druck in der Schichtrichtung war dabei größer als der Druck senkrecht dazu (vgl. Bild 2—15). Die Bewegung hat anscheinend nur in einer Richtung stattgefunden. Es ist klar, daß die scherende Bewegung in den Hangendschichten hinter dem Streb entstanden ist, d. h., als der vertikale Druck sich schon gesenkt hatte. In der Zone 7(c—d) — Bild 6B, 7, D, 7 und f — wurden Bruchformen zweiter und dritter Ordnung beobachtet. Sie stehen stumpfwinklig zu den steilen Bruchebenen erster Ordnung, welche zum System 2 (Kreis) gehören. Das Einfallen ist gegeneinander gerichtet. Dies deutet auf Hin- und Herbewegungen, wobei der horizontale Druck viel größer war als der vertikale Druck. Diese Bewegungen stammen also aus der Periode, als der Abbau im ersten Streb schon beendet war.

Bei den singulären Verschiebungszonen IX in Bild 6L stehen die Ebenen zweiter Ordnung scharfwinklig zu den steilen Bruchebenen erster Ordnung (Kreis). Sie wurden bei größerem vertikalen Druck gebildet. Auf diese Weise ist es möglich, die zeitliche Reihenfolge der künstlich hervorgerufenen tektonischen Erscheinungen festzustellen.

d) Mächtigkeitsänderungen im Kohlenflöz während des Abbaues

Spruth hat nochmals kurz die alten Auffassungen über „Flözverschmälerungen und Anschwellungen in Wellenform“ beschrieben [8, 9]. Zuerst wurde Weber angeführt und nach-

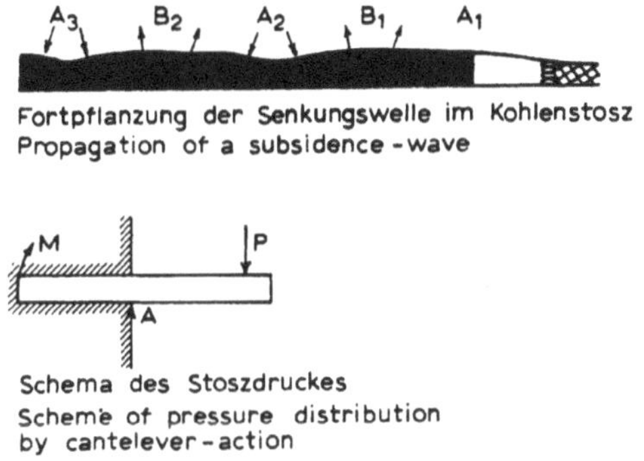

Bild 7a, b

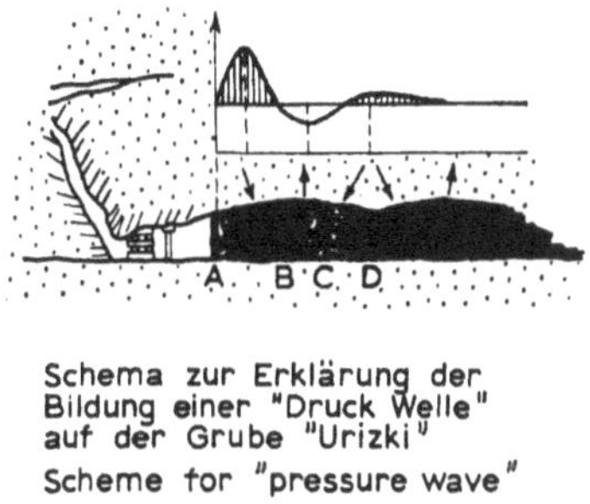

Bild 7c

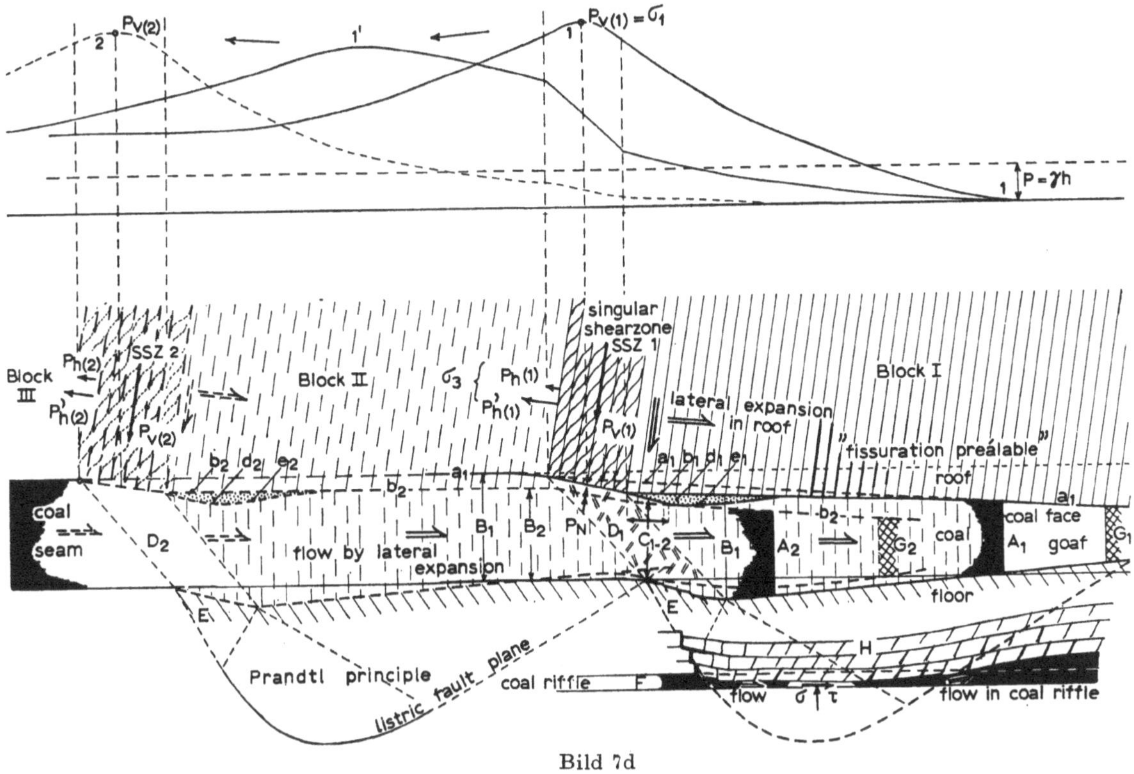

Bild 7d

Bild 7. Druckwellen beim Abbau

a) u. b) Darstellung nach Spackeler — 1928: das Hangende als elastischer Balken dargestellt; c) Darstellung nach Aveširin — 1958: anscheinend ähnliche Auffassung wie Spackeler; d) Darstellung von aufeinander folgenden Druckwellen infolge periodischer Senkung zerrissener Gesteinsmassen (Block I, II und III) im Strebhangenden entlang der singulären Scherzonen SSZ; A1 — 2 Die Strebfront; G der Alte Mann; a1 — 2 Linien des Hangenden; b1 — 2 idem; e1 — 2 idem; d1 — 2 Hohlräume; E Manchmal anwesende Abschiebung, schematisch verbunden mit einer Prandtlschen listrischen Verschiebungsfläche, oder wie bei H, erzeugt durch "flow" in einer Kohlenriffel im Liegenden

träglich auch SPACKELER (1928). Vom geschichtlichen Gesichtspunkt aus ist es zweckdienlich, SPACKELERS Erklärung nochmals anzuführen. Er schrieb die Mächtigkeitsänderungen in der Kohle einer Hebelwirkung zu und faßte die „unterste Schicht des Hangenden" als eine eingespannte elastische Platte oder als einen elastischen Balken auf (Bild 7a, b). 1958 veröffentlichte AVERŠIN ein Bild, das eine gewisse Ähnlichkeit mit SPACKELERS Bild vom Jahre 1928 (Bild 7c, 10) zeigt.

Jetzt ist aber bekannt, daß sich im Strebhangenden in den meisten Fällen in sehr systematischer Weise parallele Abbaurisse bilden. Die untersten Hangendschichten bilden also gar keinen elastischen Balken oder elastische Platte in dem Sinne wie SPACKELER sich vorgestellt hat. Im Strebhangenden entwickeln sich aber Druckzonen mit einer gewissen Periodizität.

In Bild 7c wird gezeigt, wie sich eine Druckzone 1 mit $P_{v(1)}$ gebildet hat. Wenn die Kohle dann bei Strebstand A1 zum Kohlenstoß hin ausweicht, gibt die Unterstützung der Hangendschichten nach, und Block I senkt sich. Dabei wird die singuläre Verschiebungszone SSZ1 gebildet, während Hangendblock I ein wenig entspannt wird. Unterhalb dieser Druckzone SSZ1 hat sich in der Kohle eine Druckzone D1 gebildet, welche die Kohle infolge „multi-Scher-Kataklase" (Bild 1e) stark verformt.[1]) Der Druck wird von dieser Zone auf das Liegende übertragen. Sobald die Beschaffenheit der Liegendschichten dazu Veranlassung gibt, werden sie weggedrückt. Man könnte sich den Prozeß schematisch als eine PRANDTLsche Verschiebung entlang einer gebogenen listrischen Fläche vorstellen. In Wirklichkeit kann der Mechanismus etwas anders verlaufen, z.B. wie in Bild 7d bei H angegeben ist.

Die Hangendlinie, welche vorher in Richtung a_1 verlief, folgt nun der Linie b_1, während die Kohle e_1 nachfolgt. Zwischen dem Hangenden und der Kohle bildet sich ein Hohlraum d_1. Derartige Hohlräume wurden übrigens oft beobachtet. Die Strebfront verlegt sich allmählich nach A2, wobei die Streböffnung sich ändert. Diese Öffnung ist am niedrigsten, wenn die Front C_{1-2} erreicht hat; danach nimmt die Öffnung wieder zu. Während des fortschreitenden Abbaus bildet sich ein neues Druckmaximum in 2 mit $P_{v(2)}$, während die Kohle zwischen D2 und D1 eingeschlossen ist. Wenn die Kohle aber bei weiterer Verlegung der Abbaufront durch kataklastisches Fließen zum Stoß hin ausweichen kann, wiederholt sich der ganze Prozeß, und die Hangendlinie wird dann der Linie b2 folgen, während die Kohle die Position B_2 einnimmt und sich ein neuer Hohlraum d2 bildet. Auf diese Weise kann mittels Analyse von Bruchbildung unterschiedlicher Art der Zusammenhang erklärt werden zwischen den Änderungen der Flözmächtigkeit im Streb, den Zerdrückungszonen in der Kohle, der Aufwölbung des Liegenden und dem Entstehen von Hohlräumen zwischen Kohle und Hangendem.

6. Die Aufwölbung infolge saxonischer oder germanotyper Tektonik

Die saxonischen oder germanotypen tektonischen Erscheinungen werden als ein Prozeß, der eine Kombination ist von Bruchbildung und Faltung — meistens von beschränkter Intensität — beschrieben. Mit Hilfe eines bekannten Beispiels wird in Bild 8 gezeigt, in welcher Weise ein derartiger Prozeß stattfinden kann. Es ist bekannt, daß die Erdrinde unter der Oberfläche der Kontinente eine relativ große Mächtigkeit von 30 bis 40 km hat. An vielen Stellen besteht der obere Teil der kontinentalen Schollen aus jüngeren Sedimentgesteinen, die nur schwach oder wenig gefaltet sind.

Auch ist bekannt, daß die Erdrinde dauernd dem Einfluß der Gezeiten ausgesetzt ist. Für die Amplitude wird von den Geophysikern ein Zahlenwert von etwa 40 cm angegeben (Bild 8f). Die starren Teile der Erdrinde können dieser Bewegung nur folgen, wenn sie in relativ kleine

[1]) Druckzonen dieser Art um 6' bis 7' vor dem Streß verursachen oft Schwierigkeiten bei Entgasungsbohrungen in der Kohle, wie z. B. in England, u. a. beim Flöz "Big Vein", der Grube "Big Mountain" ("Cynheidre").

Blöcke aufgeteilt und diese untereinander mehr oder weniger beweglich sind. Bild 8a zeigt ein Profil des Maracaibo-Blocks in Venezuela nach KEHRER und RENZ, mit seinen bekannten reichen Öllagerstätten. Der Maracaibo-Block hat eine Länge von etwa 230 km, während seine Mächtigkeit von 30 bis 40 km angenommen wird. Geologen haben diesen Block in kleinere Blöcke mit einer Länge von 30 bis 40 km aufgeteilt, diese kleineren Blöcke haben im Querschnitt also vermutlich eine etwa quadratische Form. Es ist bemerkenswert, daß die jüngeren Sedimentgesteine — Kalkstein aus der Kreide — an jenen Stellen aufgewölbt sind, wo sich in der Tiefe wahrscheinlich eine bewegliche Bruchzone befindet. An diesen Stellen ist offenbar die Möglichkeit zur Anhäufung von Erdöl gegeben.

In der anfänglichen Periode der Förderung wurde das Erdöl in Venezuela nur aus der Sedimenthülle über dem kristallinen Grundgebirge gewonnen. Kurz nach 1950 aber wurden in den La Paz- und Mara-Strukturen auch beträchtliche Erdölmengen im Grundgebirge („basement") angetroffen. Das Gestein ist an diesen Stellen stark zerbrochen und besitzt dadurch eine sekundäre Porosität. Darauf wurde u. a. durch DUFOUR hingewiesen [11]. Bild 8b zeigt die Situation, wie DUFOUR sie sich vorstellte („important oil accumulation in basement"). Die Lagerstätten haben eine langgestreckte Form. Sie befinden sich in Zonen, wo sich das Grundgebirge über eine Breite von einigen Kilometern — bei La Paz etwa $2^1/_2$ km, bei Mara etwa 8 km — und über eine viel größere Länge allmählich domartig gehoben hat, wie in Bild 8c nach MENSCHER [12] und SMITH [13] gezeigt wird. Die jüngeren Sedimentschichten wurden dadurch aufgewölbt. Diese domartigen Aufwölbungen haben die Migration von Erdöl aus dem kretazischen Muttergestein in das Reservoirgestein (sowohl Kreide-Schichten als auch Grundgebirge) dieser Strukturen verursacht. Die Erscheinung dieses Typs von „uplift" und „monocline" wurde in den letzten Jahren von verschiedenen Autoren näher untersucht. Im Bulletin of the American Association of Petroleum Geologists, Number 7, July 1965 [14], ist diesem Thema eine Reihe Veröffentlichungen folgender Autoren gewidmet: FLAWN, STICKWELL, RUDMAN et al., KERR et al., HAM et al., HODGSON, HAMLIN, BERGER et al., PRUCHA et al., HOPPIN et al.

Sie beschrieben unterschiedliche domartige Strukturen. Jedoch wurde bisher nicht versucht, eine Erklärung für die Erscheinung derartiger Aufwölbungen zu finden.

Wiederholt wird von „granite wash" — Granit-Detritus — gesprochen, wohl wird aber darauf hingewiesen, daß das Grundgebirge — örtlich — intensiv gebrochen ist und dann Gas und Erdöl enthalten kann. Auch wird die Möglichkeit erwähnt, daß die strukturellen „lineaments" — nach bestimmten Linien im Grundgebirge angeordnet — die „hingelines" (Scharniere) zwischen beweglichen Blöcken bilden. Jedoch wurde bisher niemals versucht, eine Erklärung für den Mechanismus zu finden, der die Aufwölbung verursacht hat.

ILLING hat sich aber schon 1951 gefragt, auf welche Weise die Aufwölbung von La Paz und Mara wohl entstanden sein könnte: ".... or is it perhaps more probable that in the depth a complex type of blockfaulting was prevalent, the pre-cretaceous basement being considerably rigid ?" [13].

Mit dieser Bemerkung bezweifelt er anscheinend den seitlichen orogenetischen Druck als Ursache. Damit hat er unseres Erachtens des Pudels Kern getroffen.

Eine Lösung des Problems kann dargeboten werden mit Hilfe der oben entwickelten Einsichten über die axiale Bruchbildung, kombiniert mit andauernd wechselnden Bewegungen in bestimmten Zonen. Es ist bekannt, daß an vielen Stellen in der Erdrinde Bruchzonen in der Form von fast vertikalen Multifrakturen vorkommen. Die Trennungszonen zwischen den sich bewegenden Blöcken in der Erdrinde könnten wohl derartige Multifrakturen sein. Sie bilden anscheinend das Scharnier zwischen den starren Blöcken in solcher Weise, daß die Erdrinde dann in der Lage ist, den Gezeitenbewegungen zu entsprechen. Die Gesteinsplatten, aus welchen diese Multifrakturzonen aufgebaut sind, unterliegen kleinen scherenden Bewegungen, verknüpft mit wechselnden Kräften in horizontaler Richtung infolge der mit ihnen übereinstimmenden Abwechslung der Biegemomente. Diese Situation ist in Bild 8d wiedergegeben. Im linken Teil

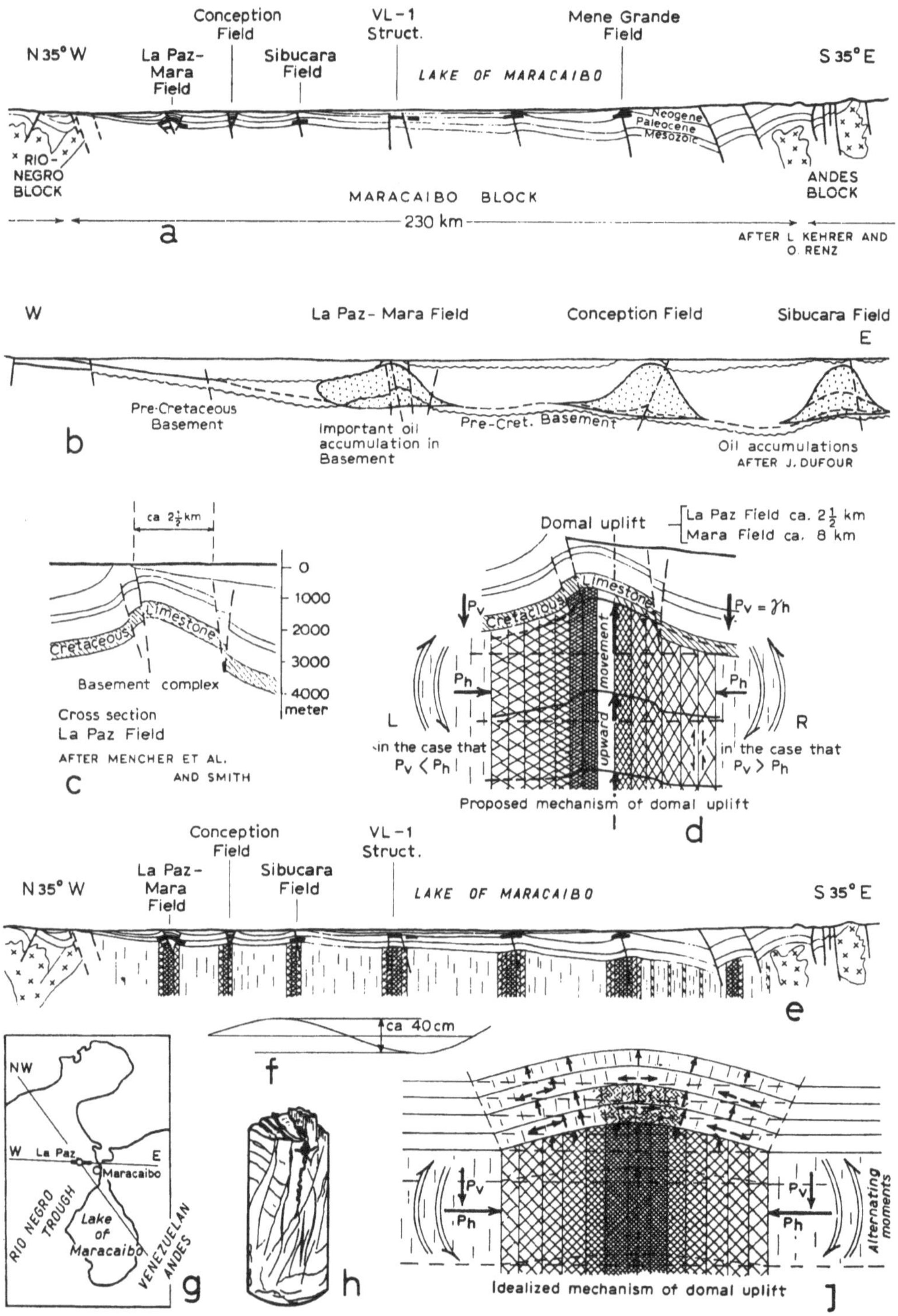
Conception Field
VL-1 Struct.
Mene Grande Field
N 35° W
La Paz-Mara Field
Sibucara Field
LAKE OF MARACAIBO
S 35° E
Neogene
Paleocene
Mesozoic
RIO-NEGRO BLOCK
MARACAIBO BLOCK
ANDES BLOCK
230 km
a
AFTER L. KEHRER AND O. RENZ
W
La Paz- Mara Field
Conception Field
Sibucara Field
E
Pre-Cretaceous Basement
Important oil accumulation in Basement
Pre-Cret. Basement
Oil accumulations
AFTER J. DUFOUR
b
ca 2½ km
0
1000
2000
3000
4000
meter
Cretaceous
Limestone
Basement complex
Cross section La Paz Field
AFTER MENCHER ET AL. AND SMITH
c
Domal uplift
La Paz Field ca. 2½ km
Mara Field ca. 8 km
Pv
Pv = γh
Ph
upward movement
L
R
in the case that Pv < Ph
in the case that Pv > Ph
Proposed mechanism of domal uplift
d
e
ca 40 cm
f
NW
W
La Paz
E
Maracaibo
RIO NEGRO TROUGH
Lake of Maracaibo
VENEZUELAN ANDES
g
h
Alternating moments
Idealized mechanism of domal uplift
J

Bild 8

Bild 8. a) NW—SE Profil des Maracaibo-Blocks in Venezuela nach KEHRER und RENZ [12]. Die Position der Öllagerstätten ist verbunden mit Aufwölbung in Bruchzonen; b) E—W Profil durch den nordwestlichen Teil desselben Blocks nach Dufour, Erhebliche Erdölanhäufungen im Grundgebirge (basement) sind nachgewiesen. c) Profil der La Paz-Struktur — nach MENCHER und SMITH — zeigt eine domartige Aufwölbung von etwa 1800 m Erhöhung bei 2,5 km Breite und 17,5 km Länge (Mara-Struktur: 8 km Breite bei etwa 25 km Länge); d) Darstellung der mutmaßlichen Entstehung der Aufwölbung mittels Brekzienbildung des Gesteins im spröden Grundgebirge in einer Bewegungszone nach dem Prinzip wie in Bild 5 — f (L) und 5 — h (R) gezeigt; e) Schematische Darstellung des Maracaibo-Blocks mit Bewegungszonen zwischen den kleineren Blöcken, die jeweils 30 bis 40 km lang sind; f) Bewegungsamplitude der Erdkruste infolge Gezeitenwirkung; g) Geographische Situation; h) Bohrkern aus den tiefsten Lagen der Kreide-Kalke mit subhorizontalen und -vertikalen Rissen; j) Idealisierte Entstehungsweise der domartigen Aufwölbung des germanotypen oder saxonischen Typs.

der Abbildung (L) istangenommen, daß der vertikale Druck geringer ist als der Druck in horizontaler Richtung. Das Material wird in Übereinstimmung mit dem Modell gebrochen, dargestellt in Bild 5e, f. Auf der rechten Hälfte des Bildes 8d ist die Bruchbildung in dem Falle dargestellt, wo der vertikale Druck größer ist als der horizontale; dann entspricht die Bruchbildung dem System oder Modell Bild 5g, h. Auf diese Weise ist eine tektonische Brekzie mit sekundärer Porosität entstanden, in der sich das Erdöl in der La Paz-Mara-Struktur anhäufen konnte.

Es erscheint wahrscheinlich, daß mit dieser Brekzienbildung eine erhebliche Zunahme des Volumens in der Scharnierzone verbunden ist, und das ergibt, daß das Gestein nach oben hin zunehmend ausweicht. In der Struktur von La Paz wurde auf diese Weise eine örtliche Hebung der oberen Grenze des Grundgebirges von etwa 1800 m (Bild 8c) verursacht, wodurch eine domartige Aufwölbung entstanden ist.

Daß auch die jüngeren Schichten — Kalkstein der Kreide — an diesem Prozeß teilhatten, zeigt sich an den Bohrkernen (Bild 8h), welche aus den tiefsten Lagen der Kreide-Kalke stammen. Es muß angenommen werden, daß dieser tektonische Vorgang sich auch heute noch fortsetzt.

Der Bohrkern in Bild 8h zeigt Klüfte, die nicht zum Typ der üblichen vertikalen Klüfte gerechnet werden können, d. h., sie gehören nicht zu der Kategorie von Klüften, welche bei statischer vertikaler Druckbeanspruchung entstehen. In diesem Bohrkern treten sowohl vertikale als auch horizontale Klüfte auf. Dieses gleichzeitige Vorkommen von derartig verschieden gerichteten Klüften zusammen mit ihrer gebogenen Form und ihrem unregelmäßigen Verlauf deutet darauf hin, daß die Beanspruchung Biegungs- und Torsionselemente enthielt, wobei abwechselnd entweder die vertikale oder die horizontale Spannung die größere war.

Es wird für wahrscheinlich gehalten, daß bei dieser Art Brekzienbildung die gelockerten Gesteinsteile nicht nur durch Volumenzunahme, sondern auch zusätzlich durch Hebelwirkung mehr oder weniger gleichmäßig hochgekommen sind. Die strukturellen Elemente, wie z. B. die Schichtung, wurden bei diesem Prozeß im allgemein nicht zerstört.

Bild 8e gibt eine schematische Vorstellung des Maracaibo-Blocks mit Scharnierzonen zwischen den kleineren Blöcken, während Bild 8j in idealisierter Weise den Hergang dieses Typs des saxonischen oder germanotypen Aufwölbens zeigt.

7. Bewegung als Element beim Vorgang des Schieferung

a) Sigmoidartige Strukturen der Bruchschieferung bei Umbiegungsstrukturen

Wenn ein Paket von lockergelagerten Brettern gebogen wird, entsteht Reibung zwischen den einzelnen Brettern. Man kann sich vorstellen, daß bei Biegung eines Pakets kompetenter Gesteinsschichten die Schichtebenen oder die Ebenen zwischen homogenen Schichtpaketen in erster Linie die Tendenz zeigen, als Gleitflächen zu fungieren (Bild 9a, b). In den Gesteinsbänken entstehen dann Bruchebenen zweiter Ordnung, dem Prinzip in Bild 2 entsprechend.

Es entsteht eine Bruchstruktur wie Bild 9a und b zeigen. Sie wurde in dünnbankigen Hangendschichten des abgebauten Kohlenflözes wahrgenommen (Bild 6E, H). Wenn diese Bruchstruktur verglichen wird mit denen, welche bei der Bruchschieferung in einer Umbiegungsstruktur in Balduinstein am Lahnufer im Rheinischen Schiefergebirge beobachtet wurden (Bild 10b), dann fällt auf, daß die Richtung der Schiefrigkeit entgegengesetzt zu der oben beschriebenen Richtung ist (Bild 10a, b). Diese Erscheinung läßt sich wie folgt erklären: Die Umbiegung oder Faltung als Ergebnis des orogenetischen Seitendrucks ist m. E. entstanden, als das Gestein noch seine weiche, plastische Beschaffenheit hatte. Während des Biegens oder des Faltens wurde das Material in der Nähe der Schichtebene etwas ausgewalzt und die Mineralien wurden in die Schichtrichtung eingeregelt. Die Verformung blieb bei der plastischen Materialbeschaffenheit gleichmäßig über alle Schichten verteilt, und die Schichtebenen besaßen

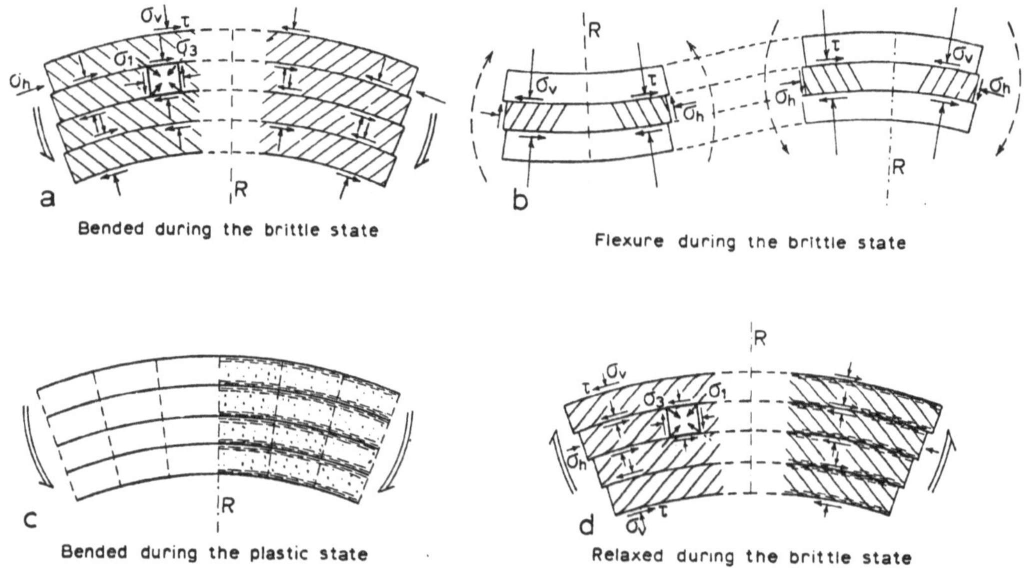

Bild. 9. Biegungserscheinungen

a) Sprödbruchbildung zweiter Ordnung bei Biegung eines Pakets kompetenter Gesteinsschichten, die aneinander entlang gleiten; b) Sprödbruchbildung zweiter Ordnung bei einer Flexur in einem Schichtpaket spröden Gesteins; c) Biegung eines Pakets plastischer Gesteinsschichten. Das Material in der Nähe der Schichtebenen wird etwas ausgewalzt, und die Mineralien werden in die Schichtung eingeregelt; d) Sprödbruchbildung zweiter Ordnung infolge Zurückbiegung desselben Pakets. Die Gesteinsschichten sind inzwischen spröde geworden. An den Schichtflächen entlang können dünne Mylonitzonen entstehen. Die Zurückbiegung ist vermutlich die Folge eines tektonischen Entspannungsvorganges

anscheinend noch nicht den Charakter einer mechanischen Diskontinuität. Wir stellen uns vor, daß gegen Ende der Faltung das Material zunehmend spröder wurde. Wir dürfen weiter als wahrscheinlich annehmen, daß der seitliche (orogenetische) Druck als Ursache der Faltung schließlich abgenommen und aufgehört hat. Die Faltungsphase wechselte dann über in eine Entspannungsperiode („relaxation“). Während dieser Entspannungsperiode war das Material wahrscheinlich bereits spröde, und die Schichtflächen bildeten dann ausgeprägte Diskontinuitäten. Bei der Entspannung werden sich die Falten etwas zurückgebogen haben. Sie entspannten sich dann zusammen mit der ganzen Gebirgsmasse.

Wir möchten sagen, daß während dieser Entspannung in der beobachteten Gesteinsumbiegung bei Balduinstein scherende Bewegungen entlang der Schichtebene stattgefunden haben.

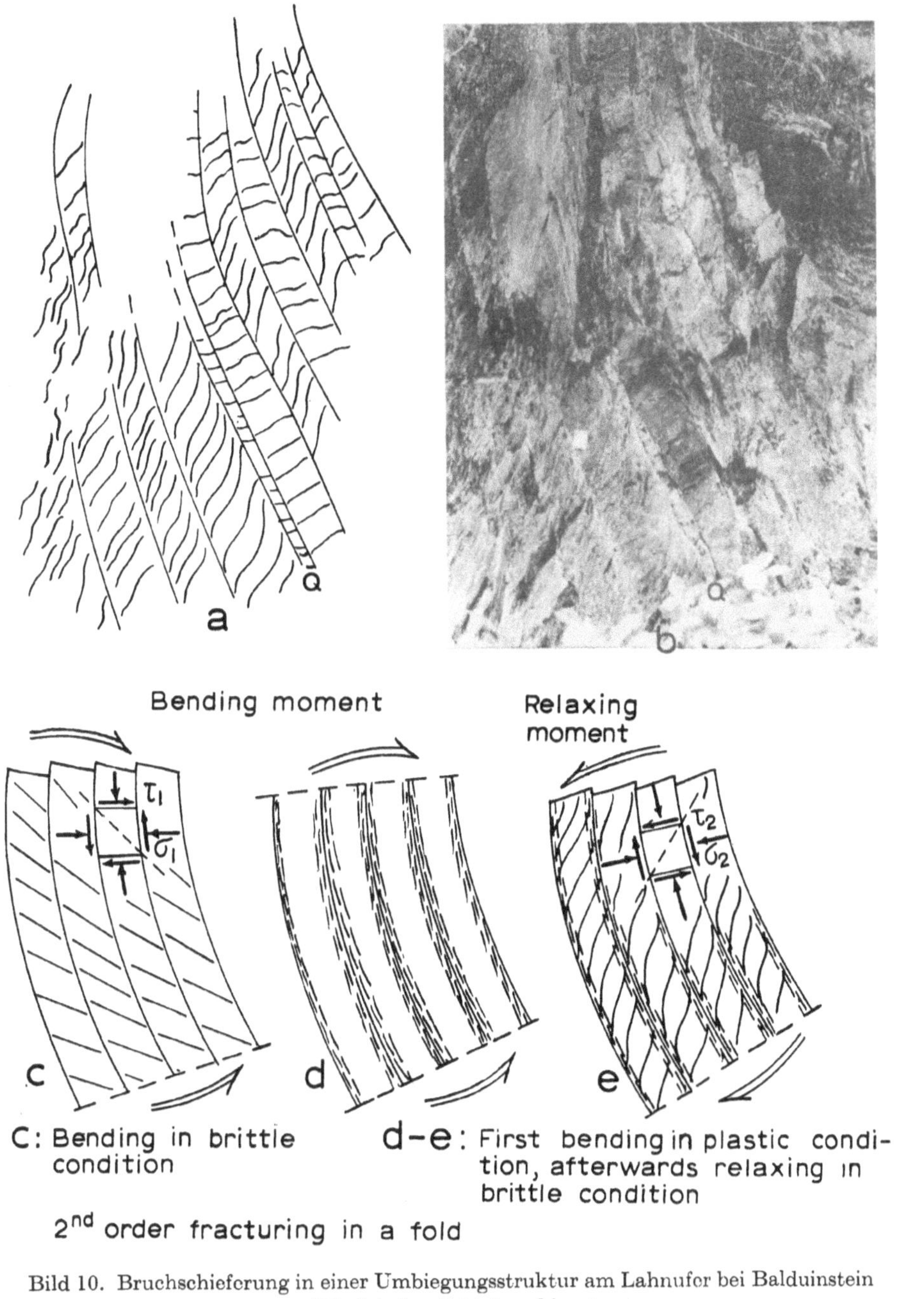

Bild 10. Bruchschieferung in einer Umbiegungsstruktur am Lahnufer bei Balduinstein (Rheinisches Schiefergebirge)

a) u. b) Die Umbiegungsstruktur; Q) Quarz-Ausfüllung eines Hohlraumes zwischen den Schichten (deutet auf fortgesetzte Entspannung); c) Biegung im spröden Zustand; die Bruchrichtung fällt nicht mit der beobachteten Richtung der Schiefrigkeit zusammen; d–e) Darstellung des wahrscheinlichen Vorganges: Umbiegung im plastischen Zustand (die Faltungsphase); darauf Zurückbiegung infolge Entspannung im spröden Zustand. Bei fortgesetzter Entspannung können sich die Schichtflächen voneinander lösen; die entstandenen Hohlräume wurden dann mit Quarz ausgefüllt (Q)

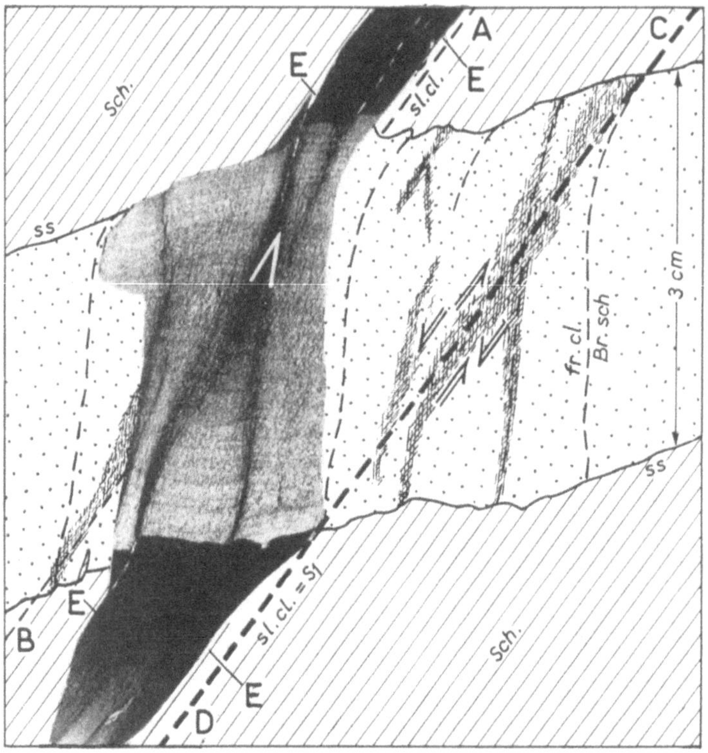

Bild 11a. Wechsel der Bruchschieferungsrichtung (Br. sch.) in die allgemeine Richtung der Transversalschieferung (Sch.) infolge kontinuierlichen Hin- und Herbewegens in der Richtung AB oder CD; Sch., sl., S_1: Allgemeine Richtung der Transversalschieferung; Br.sch., fr. cl.: Sigmoidartige Bruchschieferung; ss.: Schichtungsrichtung; E: Bewegungsebene, eine Fläche der allgemeinen Schieferung, gekennzeichnet durch einen Belag glimmerartiger Mineralien; AB und CD: Bewegungsrichtung

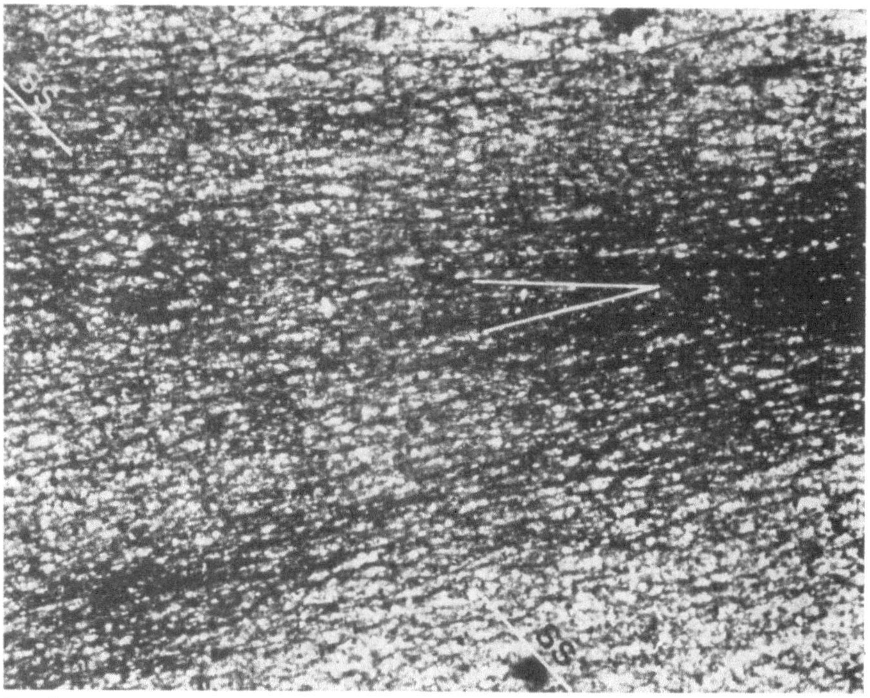

Bild 11b. Das kompetente Material in den Bewegungsbahnen wurde infolge Sprödbruchbildung in kleine rhomboedrische Elemente aufgeteilt. Die Elemente sind nicht zerrieben, sondern das Material ist aufgelockert. Die Elemente sind auch nicht verdreht. Die Schichtung ss wurde deshalb, obwohl teilweise verwischt, nicht ganz zerstört

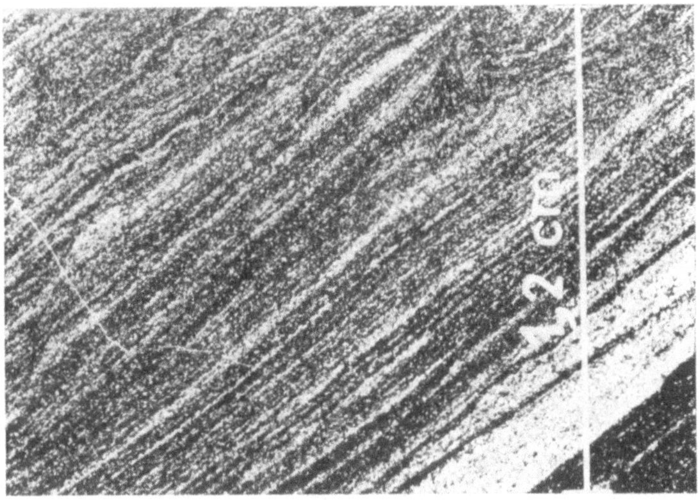

Bild 12a. Sandiges Gestein aus dem Produktiven Oberkarbon von Süd Limburg (Niederlande) — ungeschiefert

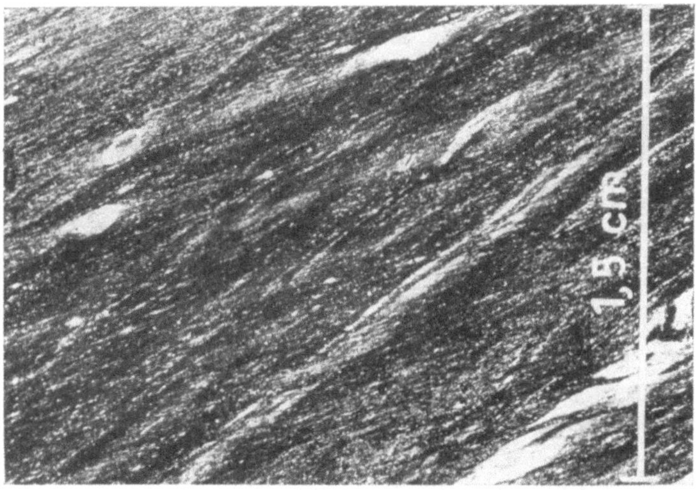

Bild 12b. Sandiger Dachschiefer aus dem unteren Mitteldevon bei Fredeburg, Sauerland. Die strickartige Struktur der sandigen Streifen wird der oft wiederholten Hin- und Herbewegung zugeschrieben. Dabei sind rhomboedrische Elemente entstanden

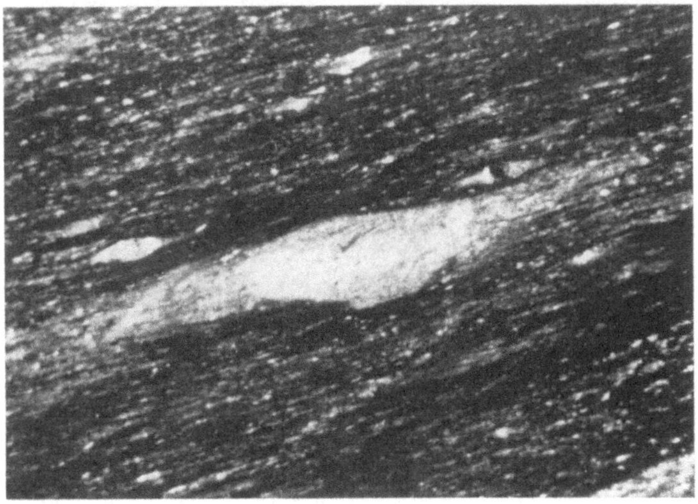

Bild 12c. Vergrößerter Ausschnitt aus dem oberen Teil von b gibt ein deutliches Bild der rhomboedrischen Elemente

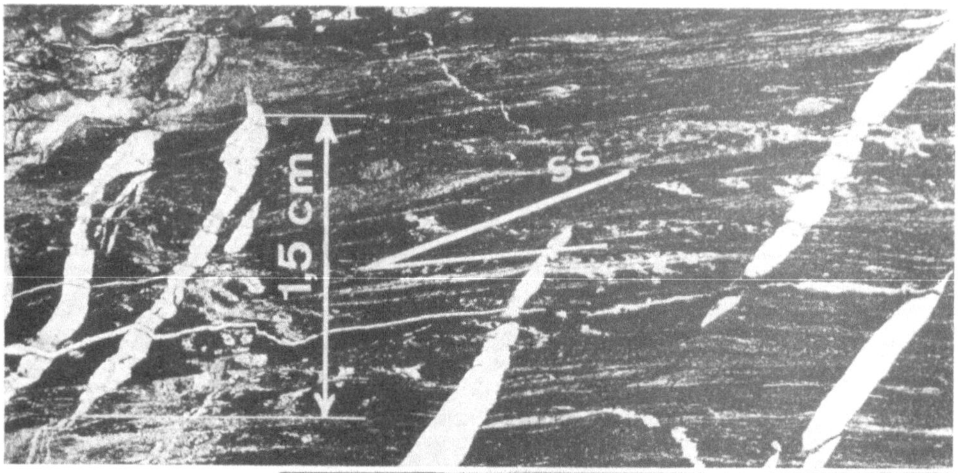

a)

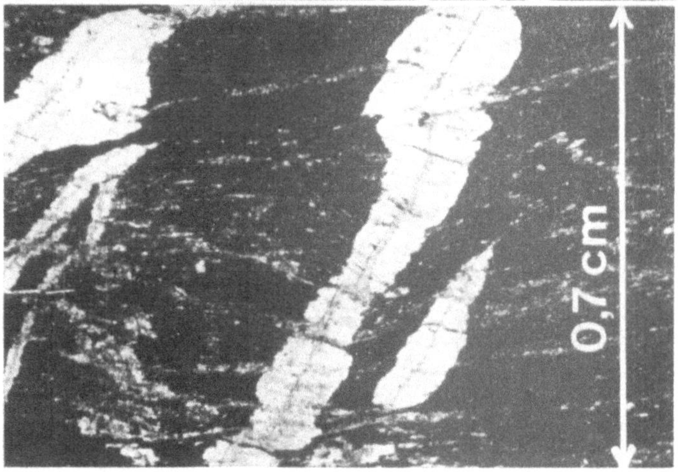

b)

Bild 13a, b. Geschiefertes stark toniges Gestein aus dem unteren Mitteldevon von Balduinstein a. d. Lahn. Die Schiefrigkeit zeigt Elemente des Fließens. Die kompetenten Teile — mit Kalzit ausgefüllten Fiederklüfte — zeigen trotz ihrer strickartigen Kontur eine erheblich größere Verformung als die sandigen Streifen des Dachschiefers in Bild 12, ohne jedoch den Aspekt als Folge des Hin- und Herbewegens zu verlieren. Wirkliche Größe von a: 2,2 × 5,0 cm, von b: 0,7 × 1,0 cm

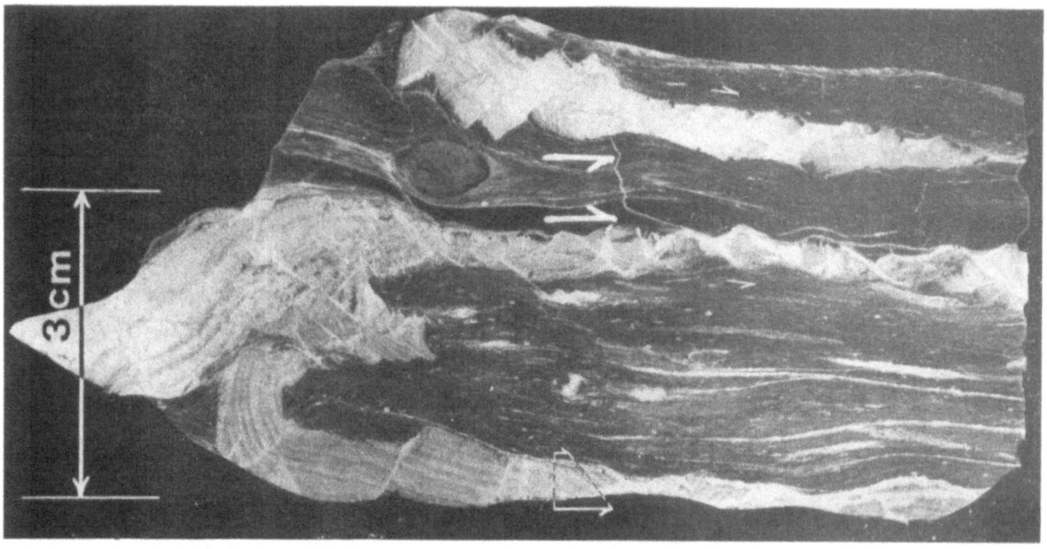

Bild 14. Sprödbruchbildung in Brachiopodenschalen als Einschlüsse im devonischen Kalkstein aus Warstein (Sauerland). Die Sprödbruchbildung — zweiter Ordnung — in den kompetenten Schalen ist eine Folge des Fließens der Grundmasse ohne Richtungswechsel. Ein „differenziertes Fließen" hat stattgefunden; der Inhalt der Muschel ist nur über eine geringe Distanz geflossen, während dagegen die Grundmasse außerhalb der Muschelschalen über erheblich größere Distanzen geflossen ist. Die Schichtung wurde infolge des Fließens der Grundmasse praktisch gänzlich zerstört. Die Bruchrichtung in den Schalen ist der Hauptfließrichtung entgegengesetzt. Wirkliche Größe: 5 × 10 cm

Dabei wurden anscheinend entlang den Schichtflächen dünne Mylonitzonen gebildet. Auf diese Weise meinen wir hier die Entstehung einer Bruchschieferungsstruktur als Sprödbruchbildung zweiter Ordnung erklären zu können. Wir stellen uns vor, daß die Richtung der Schiefrigkeit dieser Bruchschieferung entgegengesetzt wäre, wenn sie sich während der Faltungsperiode gebildet hätte (vgl. Bild 9a mit 9d und Bild 10c mit 10a und 10e).

Die Bruchschieferung hat in diesem Falle sigmoidartige Lamellen erzeugt. An den Schichtebenen entlang geht die Bruchrichtung dieser Schieferung über in die Richtung der Mylonitzonen. Dieser Übergang kann gleichmäßig sein oder auch abrupt, abhängig von der unterschiedlichen Materialbeschaffenheit. Diese Beobachtung gibt eine Andeutung auf die Periode und die Bedingungen, die dann zur Bildung der Schieferung führten. Das ist wahrscheinlich die Periode der Entspannung und der relativ geringen Bewegung am Ende der (oder einer) Faltungsphase, als das Gestein seine ursprüngliche Plastizität nahezu verloren hatte und spröde geworden war. Dabei wäre zu überlegen, ob die postorogenetische Entspannung allein als Hauptursache der Schieferung angesehen werden darf. Diese Frage ist wahrscheinlich zu verneinen (vgl. Bild 14).

Die Entspannung hat nach Ansicht des Verfassers die Bewegungen, welche zur Schieferung geführt haben, nur ermöglicht, ebenso wie dies auch bei der Erhärtung bis zur Sprödigkeit des Gesteinsmaterials der Fall ist. Dann erst waren die Bedingungen für eine solche interne Beweglichkeit des Gesteins gegeben, daß es geschiefert werden konnte. Als direkte Bewegungsursache wird dabei in erster Linie an die Wirkung der Gezeiten gedacht.

Im Gestein am Lahnufer in Balduinstein und Umgebung werden alle Übergänge zwischen dem besonderen Typ der Schieferigkeit, wie bei der Umbiegung einerseits (Bruchschieferung) und der gleichmäßig in großen Gesteinsmassen anwesenden Schieferigkeit (Transversalschieferung) andererseits, angetroffen.

Deshalb kann angenommen werden, daß auch diese im Rheinischen Schiefergebirge allgemein vorhandene Schieferung, auch „flow-cleavage" oder „slaty cleavage" genannt, im Anschluß an dieselben orogenetischen Perioden oder Phasen entstanden ist — unter denselben Bedingungen von nachträglicher Entspannung, begleitet von geringen Entspannungsbewegungen und Bewegungen anderer Ursache (z. B. die der Gezeitenwirkung) —, als die Gesteinsmasse mit plastischen Merkmalen in einen Zustand mit spröden Merkmalen überwechselte.

b) Bewegung als Element bei der Entstehung sekundärer Schiefrigkeit in dünnen kompetenten Gesteinsbänken

Im Schiefergestein sind oft kompetente, mehr sandige, relativ dünne Bänkchen eingeschaltet. Diese Bänkchen zeichnen sich durch eine typische Bruchbildung oft mehr oder weniger sigmoidartiger Form (Bruchschieferung) aus (Bild 11a). Die Richtung dieser Bruchbildung kann in Zusammenhang mit der Bruchbildung zweiter Ordnung gebracht werden, wie sie in Bild 2 bis 10 dargestellt wird. Bild 11a zeigt, wie die besondere Richtung der Bruchschieferung (Br. sch.) allmählich überwechselt in die allgemeine Richtung der Schieferung AB und CD. Dies ist die Folge von kleinen scherenden Bewegungen in letztgenannter Richtung. Hinweis für eine derartige Bewegung ist das Fehlen eines Belages mit glimmerartigen Mineralien auf den Bewegungsflächen E.

Infolge wiederholt auftretender Bewegung — die Gezeiten werden hier als wesentliche Ursache betrachtet — wird das kompetente, spröde Material in eine große Zahl rhomboedrischer Elemente aufgeteilt (Bild 11b). Diese Elemente sind nicht zerrieben, sie haben sich zueinander ein wenig bewegt, aber sie erfuhren dabei keine Torsion. Die Schichtung SS wurde deshalb nicht verwischt. Die wichtigste Bewegung der Elemente ist durch seitliche Dehnung oder durch laterales Ausweichen markiert, woraus eine laterale Expansion resultiert. Die Permeabilität des umgebildeten Materials hat dadurch zugenommen, und es ist zugänglich für den Austritt und die Mobilisation von fossilem Porenwasser geworden. Der beschriebene mechanische Vorgang ist dem Mechanismus in Bild 5g, h ähnlich. Man fragt sich, ob oft wiederholte Beanspruchungsänderungen in untertägigen künstlich erzeugten Hohlräumen schließlich vielleicht auch zu Auflockerungszonen dieser Art führen könnten, welche sich vielleicht später eventuell zu Scherzonen umbilden würden.

c) Schiefrigkeit im Dachschiefer

Bild 12 zeigt den Vergleich zwischen ungeschiefertem sandigem Gestein aus dem produktiven Oberkarbon und geschiefertem, etwas sandigem Dachschiefer aus dem untern Mitteldevon bei Fredeburg, Sauerland. – Bild 12b zeigt, wie das Material kleinen scherenden Bewegungen ausgesetzt war. Die Schichtebenen wurden dadurch im allgemeinen aber nur wenig zerstört. Wenn die scherenden Bewegungen, wie winzig klein sie auch gewesen sein mögen, alle gleichsinnig gewesen wären, dann hätten die Schichtebenen erheblich verwischt sein müssen. Ohne Zweifel wären dann dabei auch größere Unregelmäßigkeiten in Abständen zwischen den einzelnen Schichten entstanden. Dies ist aber nicht der Fall. Zweifellos haben scherende Bewegungen beim Zustandekommen der Transversalschieferung stattgefunden, aber diese sind nicht nur in einer Richtung erfolgt. Sie sind von wechselnder Richtung gewesen, ein Hin- und Herbewegen oder eine Art Wellenerscheinung mit sehr kleinen Bewegungsamplituden, wodurch die ganze Gesteinsmasse durchzogen oder durchschauert wurde. Dabei wurde das Gestein in kleine spitze rhomboederartige Teilchen aufgeteilt, die praktisch alle auf ihrem Platz geblieben sind. Vielleicht ist hier ein Vergleich mit dem vorigen Beispiel passend: die Bildung sekundärer Schiefrigkeit durch oft wiederholte scherende Bewegungen in entgegengesetzten Richtungen (Bild 11a, b). Jedenfalls wurden rhomboedrische Elemente gebildet (Bild 12c), und es wurde die ganze Gesteinsmasse aufgelockert. Allgemein wird auch angenommen, daß der Mechanismus der Schieferung von Materialzufuhr und -abfuhr begleitet ist. Dies ist in Übereinstimmung mit den Gedanken an Entspannung, Auflockerung und oft wiederholter entgegengesetzter Bewegung. Dadurch werden die rhomboedrischen Teilchen des Gesteins wohl ein wenig mobilisiert; die allerkleinsten Teilchen – zum Beispiel die Tonmineralien – werden sich freier bewegen können als die größeren rhombenartigen sandigen Elemente. Die sandigen Streifen im Dachschiefer aus Bild 12b zeigen eine strickartige Struktur. Diese ist anscheinend die Folge der größeren Mobilität der tonigen Teilchen im Vergleich zu der geringen Bewegungsfähigkeit der sandigen Elemente. In stark tonigen Gesteinen spielt beim Vorgang der Schieferung das Element des Fließens eine größere Rolle.

Bild 13a und b zeigen einen tonigen Schiefer – welcher früher als Dachschiefer abgebaut wurde – aus dem unteren Mitteldevon in Balduinstein/Lahn. Das untersuchte Stück dieses Schiefers enthält Fiederklüfte. Als diese entstanden waren, wurden sie mit Kalzit ausgefüllt und das Gestein wurde nachträglich geschiefert. Die offenen Fiederklüfte müssen in der Periode vor der Schieferung entstanden sein, als das Material noch plastisch war; auch die Kalzitausfüllung war noch pro-Schieferung.

Die Verformungen, die innerhalb dieser Periode stattgefunden haben, zeigen geringes Fließen über sehr kurze Distanzen, begleitet von Lösungserscheinungen und Wiederabsetzung des Kalzits. Die Sigmoidstruktur der ausgefüllten Fiederklüfte kann als Bruchschieferung sigmoidaler Form aufgefaßt werden, während der umgebende Ton transversal geschiefert ist. Die Phase der Schieferung ist hier schwer von den Erscheinungen der vorangegangenen Perioden zu unterscheiden. Vielleicht hat es bei dieser homogenen Materialbeschaffenheit des Schiefertones auch keinen scharfen Übergang gegeben, wie es bei sandigem Gestein anscheinend oft der Fall ist. Bei tonigem Gestein aber kommen auch die spitzen rhombenartigen Elemente vor, während hier ebenfalls der Eindruck geweckt wird, daß die Materialelemente beim Bewegen im allgemeinen etwa um eine mittlere Position schwankten.

Es ist aber auch klar, daß das plastische Fließen, der „flow", einen deutlichen Einfluß auf die Schieferung ausgeübt hat. Der Vorgang des Fließens – senkrecht zur Richtung des größten Druckes – steht dem Prozeß der Schieferung in der Periode der nachträglichen Entspannung nicht entgegen. Dabei wird die frühere größte Druckrichtung zur geringsten, während sich die Schiefrigkeit dazu senkrecht stellt. Die Richtung der Schiefrigkeit und die der „flow“ fallen also zusammen.

Das Fließen allein genügt aber nicht, um den Charakter der Schiefrigkeit zu verursachen oder zu erklären, wie das folgende Beispiel zeigt. Bild 14 zeigt eine Brachiopodenschale, die durch „flow“ in nur eine Richtung verformt wurde. Dieses Material kommt aus einem großen Kalksteinbruch an der Hauptstraße in Warstein (Sauerland). Der Kalkstein ist von devonischem Alter und wurde nicht intensiv gefaltet. Auf den Flanken einer Falte wurde das Material durch Fließen hauptsächlich in nur eine Richtung stark gedehnt; die Brachiopodenschalen haben dabei in dieser Richtung oft mehr als das Zehnfache ihrer ursprünglichen Länge erworben. Das Gestein hat infolge des Fließens nicht die ausgesprochen schiefrige Struktur des Dachschiefers bekommen, obwohl sich in der Fließrichtung zahllose kleine Risse gebildet haben. Diese nachträglichen Rißbildungen sind offenbar auch eine Entspannungserscheinung, in diesem Falle aber nicht von scherenden Bewegungen begleitet. Daß dieser Kalkstein jetzt sehr fest ist, wird dadurch gezeigt, daß er für den Wegebau und als Zuschlag für Beton verwendet wird. Bild 14 zeigt die dicken Schalen einer Brachiopode — *Stringocephalus burtini* —, welche ursprünglich fast rund war. Infolge Strömung der umgebenden Grundmasse wurden sie sehr weit gestreckt. Die Bruchrichtungen in den Schalen sind der Strömungsrichtung entgegengesetzt. Die Risse in den spröden Schalen sind axiale Spaltbrüche zweiter Ordnung, gemäß dem Prinzip aus Bild 2 bis 5. Bemerkenswert ist der Unterschied zwischen der Strömung des Materials innerhalb der Schalen, die übrigens nur relativ gering gewesen sein kann, einerseits und der Strömung der Grundmasse außerhalb der Schalen andererseits. Hier ist die Strömung erheblich stärker gewesen. Dadurch waren die Schalen differenzierter Scherung ausgesetzt (vgl. Bild 6M, 5—5′).

8. Schlußfolgerung

Es ist klar, daß Bruchbildung und Bewegung miteinander zusammenhängen und sich gegenseitig beeinflussen. Das bezieht sich sowohl auf die größeren (externen) tektonischen Vorgänge als auch auf die internen tektonischen Erscheinungen im strukturellen Gesteinsverband.

Bei spröder Beschaffenheit des Gesteinsmaterials tritt der axiale Sprödbruch fast überall auf. Umgekehrt bildet diese Bruchart ein gutes Merkmal zur Beurteilung der Materialbeschaffenheit und des Materialzustandes. Bruchbildung, Bewegung und Fließen in Gesteinsmaterial finden heute in der Natur noch immer statt — Panta rei!

Literatur

[1] Gramberg, J.: Bruch und Bruchsysteme in sprödem Gestein. Ber. 9. Ländertreffen, IBG, Leipzig 1967. Akademie-Verlag, Berlin 1968.

[2] Gramberg, J.: Nachprüfung der Theorie von Griffith mit Bezug auf die Axialsprödbruchbildung. Ber. 10. Ländertreffen IBG. Leipzig 1968. Akademie-Verlag, Berlin 1970.

[3] Gramberg, J.: The Ellips-with-Notch Theory to explain Axial Cleavage Fracturing of Rocks. Wird veröffentlicht im: Inter. J. of Rock Mechanics 1970.

[4] Fallot, P.: Étude Geologique de Sierra de Majorque. Libraire Polytechnique Ch. Béranger. Paris-Liège, 1922.

[5] Seldenrath, T. R. und Gramberg J.: Breukvorming, Bewegingen en Spanningen in het Gesteente rondom een "Galerij langs de Kool". Rapport: Onderzoek voor EGLS, 6—66. Lab. voor Mijnkunde, Technische Hogeschool Delft, 1966.

[6] Gramberg, J.: Breukvorming, Bewegingen en Spanningen in de Omgeving van een Galerij bij Eenzijdige Afbouw. Voorlichtingsbijeenkomst „Gebergtedruk en Ondersteuning“, 13 en 14 nov. 1969, Europese Gemeenschappen Commissie.

[7] Jacobi, O.: Die gebirgsmechanisch günstige Führung von Abbaustrecken. Ber. 9. Ländertreffen IBG, Leipzig 1967, Akademie-Verlag, Berlin 1968.

[8] Spruth, F.: Streckenausbau in Stahl. Verlag Glückauf, Essen 1959.
[9] Spackeler, G.: Die sogenannte Druckwelle. Glückauf **64** (1928) S. 873.
[10] Averšin, S. G.: Erfahrungen aus der Gebirgsdruckforschung. Ber. Internationale Gebirgsdrucktagung 1958 – Vorträge. Akademie-Verlag, Berlin 1958, S. 43.
[11] Dufour, J.: Some Oil-Geological Characteristics of Venezuela. Proc. Fourth World Petr. Congress 1955 – Section 1, p. 19.
[12] Mencher, E. et al: Geology of Venezuela and its Oil Fields. Bull. A. A. P. G., Vol. 37, 1953, p. 690.
[13] Smith, J. E.: The Cretaceous Limestone Producing Areas of the Maracaibo District – Venezuela. Proc. Third World Petr. Congress 1951 – Section 1, p. 56.
[14] 10 Reports on investigations of Basement. Bull. A. A. P. G. 1965, Vol. 49. p. 883.
(Authors: Flawn, P. T.; Stockwell, C. H.; Rudman, A. J., et al.; Kerr, J. W., et al.; Ham, R. E., et al.; Hodgson, R. A.; Hamblin, W. K.; Berger, J., et al.; Prucha, J. J., et al.; Hoppin, R. A., et al.)
[15] Kehrer, L. und Renz, O.: Profil durch den Maracaiboblock – nicht publiziert – siehe Dufour [11].

Gesteinsexpansion und Stratigraphie der in der Kohle aufgefahrenen und mit Ankerausbau versehenen Strecken

von J. F. Raffoux, Nancy

Kurzfassung

Gegenstand der Arbeit ist der Nachweis des Einflusses der Schichtung auf die Expansion (Aufblätterung) der unmittelbaren Hangendschichten beim Streckenvortrieb in der Kohle. Es wird über Ergebnisse zur Ermittlung der Eignungskriterien der Strecken zur Verankerung und der Kontrolle des Verhaltens der Firste in Strecken mit Ankerausbau berichtet.

Bei Kenntnis der Stratigraphie des betreffenden Hangenden ist es möglich, die mittlere Expansion vorauszuberechnen und somit Kriterien für die Eignung zur Verankerung zu ermitteln.

In einer Vortriebsstrecke sind weder die Dichte der Gleitflächen noch die mittlere Schichtenmächtigkeit von ausschlaggebender Bedeutung für den Verformungsmechanismus des Hangenden. Die Hauptursache der Expansion ist vielmehr die eigentliche Verformung der Kohle. Unter Berücksichtigung der mechanischen Eigenschaften der Kohle kann eine derartige Volumenvergrößerung nur durch eine Auflockerung der Kohle erklärt werden.

Summary

The subject of the work is to show the influence of the stratification on the expansion (bed separation) of the immediate roof during drifting in the coal. The results obtained in defining the criteria of approximateness for bolting and checking the behavior of the roof in roof-bolted roadways are reported about.

Provided that the stratigraphy of a roof is known it is possible to precalculate the medium expansion and thus to define the criteria of appropriateness for bolting. In a heading roadway there ist neither the density of the slip planes nor the medium strata thickness of decisive importance for the deformation mechanism of the roof. The main reason for expansion is the deformation proper of the coal. Considering the mechanical properties of the coal such an expansion cannot be explained but by a breaking-up of the coal.

Résumé

L'objet du texte est de mettre en évidence l'influence de la stratification sur l'expansion des premiers bancs du toit lors du creusement des voies au charbon. Il est rapporté sur les résultats obtenues pour la définition des critères de "boulonnabilité" des voies et le contrôle du comportement des toits des voies boulonnées.

Connaissant la stratigraphie d'un toit il est possible de faire une prévision moyenne d'expansion qui permet de définir des critères de "boulonnabilité".

Dans une voie au creusement ce n'est pas la densité des plans de glissement ni l'épaisseur moyenne des bancs qui est le facteur préondérant dans le mécanisme des déformations du toit. Les expansions ont pour origine essentielle la déformation propre au charbon. Compte-tenu des propriétés mécaniques du charbon une telle déformation ne peut s'expliquer que par un véritable foisonnement en place de cettte roche.

Ресюме

Предметом настоящей работы является доказательство влияния слоистости на расширение (расслоение) непосредственных слоев кровли при проходке выработок по угольному пласту.

Сообщается о результатах при определении критерий пригодности горных выработок к креплению штанговой крепью и при контроле поведения кровли в закрепленных анкерами выработках.

Зная стратиграфию данной кровли можно предварительно рассчитать среднее расширение и тем самым определить критерии пригодности к креплению штанговой крепью.

В проводимом штреке ин плотность поверхностей скольжения, ни средняя мощность слоев не являются решающими для механизма деформирования факторами. Основная причина — это деформация самого угля. Учитывая, однако, механические свойства угля такое увеличение объема только объясняется разрыхлением угля.

Gewinnungsarbeiten führen zu Verformungen des überlagernden Gebirges, die bis zur Tagesoberfläche wahrnehmbar sind. Beim Auffahren einer Strecke erfassen die auftretenden Verformungen nur einige Meter des umgebenden Gebirges. Die Verformungen der betreffenden Gebirgsteile und insbesondere des Hangenden können durch ,,Expansion" (Aufblätterung) charakterisiert werden, d. h. durch Volumenvergrößerung der Gesteinsschichten senkrecht zur Schichtung.

Gegenstand der vorliegenden Arbeit ist der Nachweis des entscheidenden Einflusses der Schichtung auf die Expansion der unmittelbaren Hangendschichten beim Streckenvortrieb in der Kohle. Es handelt sich hierbei um Strecken, bei deren Ausbau man sich einer erst kürzlich im Steinkohlengberbau eingeführten Technik bedient, der Verankerung mit auf ganze Länge verklebten Ankern.

I. Verankerung und Expansionsmessungen

a) Der Ankerausbau in Strecken

Im Grubenbetrieb finden wir zwei Arten des Streckenausbaues:

- den klassischen Stützausbau
- und den ,,hängenden" Ankerausbau.

Die Anker verfestigen die Firste. Ihre Aufgabe besteht vor allem darin, das Ablösen und Gleiten von Schichten zu vermindern.

Zuerst wurden die Anker nur punktweise befestigt; seit einigen Jahren erfolgt die Verankerung durch Einzementieren des stählernen Ankerbolzens ins Gebirge auf ganze Länge. [1])

Die Verankerung mit Hilfe von Kunstharzen hat zahlreiche Vorzüge aufzuweisen, sowohl beim Streckenvortrieb als auch beim Abbaubetrieb. Man versucht in den französischen Kohlengruben diesen Ausbau auch in Flözstrecken einzubringen.

Eine Verallgemeinerung des Ankerausbaus führt jedoch zu bedeutenden sicherheitstechnischen Problemen. Zur Lösung dieser Probleme werden in den Kohlengruben Untersuchungen mit folgender Zielstellung durchgeführt:

- Ermittlung der Eignungskriterien der Strecken zur Verankerung
- Kontrolle des Verhaltens der Firste in Strecken mit Ankerausbau.

Diese Kontrolle beruht vor allem auf der Messung der Expansion, die gegenwärtig das beste Kriterium für das Verhalten verankerter Firsten ist.

b) Die Expansion ist ein Kontrollmittel

Die Bewegungsdifferenz zwischen zwei Schichten, senkrecht zur Schichtung gemessen, bezeichnen wir als Expansion dieser Schichten.

Diese Messungen werden mit Hilfe einfacher Vorrichtungen vorgenommen, die einfach zu handhaben sind und auf Millimeter genaue Werte geben.

Der auf den Schichtenabstand bezogene Expansionswert ermöglicht die Berechnung eines Expansionskoeffizienten.

---

[1]) Technische Daten und Einbringung dieses Ausbaus waren bereits Gegenstand mehrerer Veröffentlichungen [1, 2].

Diese Expansionskoeffizienten sind Kennwerte des Verhaltens verankerter Firsten. Tatsächlich haben zahlreiche, in mit Ankern ausgebauten Strecken durchgeführte systematische Messungen gezeigt, daß

- eine Strecke nicht ohne größere Schwierigkeiten mit Ankerausbau versehen werden kann, wenn dieser Koeffizient über 0,025 liegt,
- und daß dort, wo die Expansion örtlich 0,025 übersteigt, unverzüglich ein unterstützender Ausbau eingebracht werden muß.

Systematische Expansionsmessungen zur Überwachung des Verhaltens mit Ankerausbau versehener Strecken haben zu einer Anhäufung reichen wissenschaftlichen Informationsmaterials geführt, das für eine statistische Untersuchung geeignet ist.

c) Expansionskennwerte

Die Expansion in Vortriebsstrecken ist bereits mehrfach Gegenstand früherer Arbeiten gewesen. Es wurde insbesondere nachgewiesen [3], daß die Expansionen zwischen zwei benachbarten Schichten umso unbedeutendere Werte annehmen, je weiter diese Schichten von der

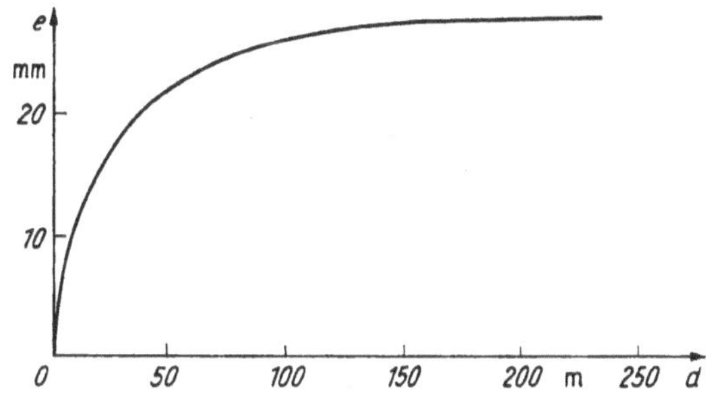

Bild 1. Expansion als Funktion des Abstandes zwischen Meßpunkt und Ortsbrust

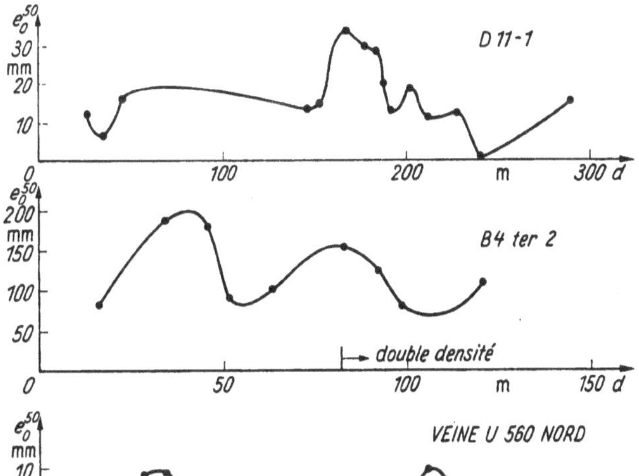

Bild 2. Entwicklung des Parameters e_0^{50} verschiedener Punkte in der Erstreckung eines Grubenbaues

Streckenfirste entfernt sind. Bereits in einer Tiefe von 5 m im Streckenhangenden sind die nicht mehr nachweisbar. Die Expansion tritt fast ausschließlich zwischen der oberflächennahen Firstenschicht und der in einer Tiefe von 2 m im Hangenden liegenden Schicht auf. Da die Ankerlänge 2 m beträgt, werden die Expansionen bis 2 m ins Hangendgebirge hinein gemessen.

Die Kurven, welche die Expansion als Funktion des Abstandes zwischen Untersuchungspunkt und Ortsbrust darstellen, haben beim Streckenvortrieb einen ähnlichen Verlauf (Bild 1) wie die Konvergenzkurven, da die Expansionen den Hauptteil der Konvergenz darstellen.

Eine Betrachtung dieser Kurven führt zu dem Ergebnis, daß mit Ausnahme einiger örtlich sehr begrenzter Fälle bereits nach 50 Metern mindestens 80% der Gesamtexpansion erreicht werden. Wir charakterisieren aus diesem Grund die Expansion in einem Punkt durch den Wert, der vom Beginn der Einbringung der Meßvorrichtung in der Ortsbrust bis zur Erreichung eines Abstandes von 50 m von der Vortriebsfront gemessen wurde.

Die Entwicklung dieses Parameters e_0^{50} in der Erstreckung eines Grubenbaues zeigt große Streuungen zwischen den einzelnen Punkten (Bild 2). Wir haben festgelegt, eine Strecke durch den Mittelwert der auf der Gesamtstreckenlänge gemessenen Expansionswerte zu charakterisieren.

II. Expansion und Stratigraphie

Nach Meinung verschiedener Wissenschaftler stehen die Verformungen der Streckenfirste mit folgenden Faktoren in Zusammenhang:

- Vorhandensein von Gleitflächen zwischen zwei verschiedenartigen Schichten, was die Entstehung relativer Schichtenverschiebungen begünstigt. Die Wirkung dieser Gleitflächen kann durch ihre Dichte charakterisiert werden.
- Steifigkeit des Hangenden, die seinem Schichtungscharakter entspricht und die durch die Verteilung der Schichtenmächtigkeit, insbesondere durch die mittlere Mächtigkeit, charakterisiert werden kann.
- Charakter der Hangendschichten, die unterschiedlich und wechselseitig auf übertragene Spannungen reagieren, was von ihren jeweiligen mechanischen Eigenschaften abhängig ist. Dieser Schichtencharakter kann durch die Gesteinsart und die mechanischen Gesteinseigenschaften zum Ausdruck gebracht werden.

Wir haben versucht, die mittleren Expansionswerte einer Firste mit verschiedenen Faktoren, wie Gleitflächendichte, mittlere Schichtenmächtigkeit und Beschaffenheit des Hangendgebirges, in Zusammenhang zu bringen. Nachfolgend die Ergebnisse einer von uns durchgeführten statistischen Analyse.

a) Charakterisierung der Stratigraphie

Zu Beginn möchten wir jedoch die Ergebnisse eines ersten Versuchs anführen, der es ermöglicht hat, die erhaltenen Parameter besser zu präzisieren.

Über zwei Parallelstrecken befand sich ein Kohlenflöz, das sich in zunehmenden Maße den Streckenfirsten näherte, die aus Schiefer bestanden. In beiden Strecken konnte ein Einfluß dieses Kohlenflözes auf die Expansion vermerkt werden, und zwar von dem Augenblick an, in welchem sich das Flöz der unmittelbaren Firste auf 5 m genähert hatte (Bild 3).

Dieser Versuch zeigt den entscheidenden Einfluß der Kohle und bestätigt die zuvor erhaltenen Ergebnisse bezüglich der Beeinflussung des Gebirges durch eine Strecke bis in eine Tiefe von 5 m. Der beschriebene Versuch hat uns auch veranlaßt, die Stratigraphie des Hangenden nur bis zu einer Tiefe von 5 m zu charakterisieren.

b) Einfluß der Stratigraphie

Eine erste statistische Untersuchung, die 27 Strecken aus Steinkohlengruben des Bassin de Lorraine erfaßte, ermöglichte den Nachweis, daß die *Beschaffenheit der Hangendschichten* der entscheidende Faktor ist, hinter dem die Gleitflächendichte und mittlere Schichtenmächtigkeit zurückstehen.

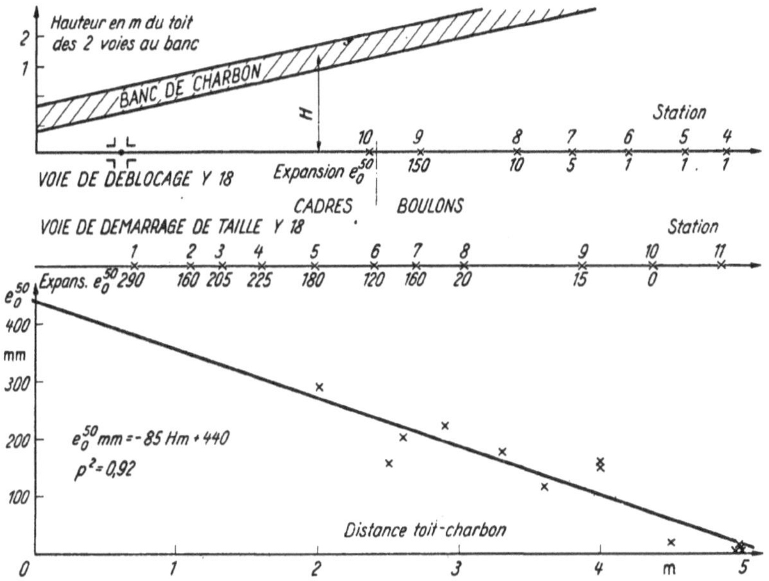

Bild 3. Einfluß des Kohlenflözes auf die Expansion

Wir sind zu dem Entschluß gekommen, ein Hangendes zu charakterisieren, indem wir sechs verschiedene Gesteinsarten unterscheiden — Kohle, Kohlenschiefer, Schiefer, Sandschiefer, Sandstein, Konglomerat — und die Mächtigkeit der einzelnen verschiedenen Schichten in den ersten 5 m aufsummieren.

Ein Hangendes wird somit durch sechs Parameter charakterisiert, die wir „teneur" (prozentualen Gehalt) nennen.

c) Einfluß des Kohlegehaltes auf die Expansion

Mit Hilfe einer Methode der mehrfachen Regression (Step wise multilinear regression) hat man untersucht, ob zwischen der mittleren Expansion einer Strecke und den sechs Bestandteilen des Hangenden eine Beziehung besteht.

Diese statistische Analyse bezog sich auf 27 verankerte Strecken, die eine Gesamtlänge von fast 10 km erreichten.

Nachfolgend die signifikanten Ergebnisse der Untersuchung:

Veränderliche	Neigung der Geraden der partiellen Regression	T-Wert (Signifikationstest)	Koeffizient der partiellen Regression
Kohlegehalt t_c	0,12	8,66	0,79
Kohlenschiefergehalt t_{sch}	0,66	2,50	0,23

Somit haben also lediglich Kohlegehalt und Kohlenschiefergehalt einen signifikanten Einfluß auf die Expansion des Hangenden. Mit einem Koeffizienten der mehrfachen Regression von C = 0,91 erklären sie allein schon mehr als 80% der Expansionsänderungen von einer Strecke zur anderen.

Die Beziehung kann in folgender Form geschrieben werden:

$$\text{Expansionskoeffizient } e_0^{50} = 0{,}12 \times t_c + 0{,}06 \times t_{sch}$$

$$(0{,}12 \times \text{Kohlegehalt} + 0{,}06 \times \text{Kohlenschiefergehalt})$$

Sie zeigt uns, daß das Vorhandensein von Kohle der entscheidende Faktor ist, da Kohlenschiefer fast zur Hälfte aus Kohle besteht und der Einfluß effektiv nur halb so groß wie derjenige der Kohle ist.

III. Schlußfolgerungen

Die Hauptbedeutung dieser Ergebnisse ist praktischer Natur. Unter Ausnutzung unserer Kenntnisse über die Beziehung zwischen Expansion und Hangendverhalten ist es uns bei Kenntnis der Stratigraphie des betreffenden Hangenden tatsächlich möglich, die mittlere Expansion vorauszuberechnen. Wir haben somit die Möglichkeit erhalten, *die Kriterien für die Eignung zur Verankerung* zu ermitteln. Auf Grund dieser Darlegungen können wir bestätigen, daß eine Firste nicht verankert werden kann, wenn der Kohlegehalt 0,25 erreicht oder darüber liegt.

Darüber hinaus hat dieses Ergebnis Wert für die Interpretation des Mechanismus des Verhaltens der Firste in einer Vortriebsstrecke. Tatsächlich sind weder Schichtengleiten (Dichte der Gleitflächen) noch Steifigkeit (mittlere Schichtenmächtigkeit) von ausschlaggebender Bedeutung für den Verformungsmechanismus des Hangenden. Die Hauptursache der Expansionen ist vielmehr die eigentliche Verformung der Kohle, eine sehr bedeutende Verformung, die 0,12 erreicht. Unter Berücksichtigung der mechanischen Eigenschaften der Kohle kann eine derartige Volumenvergrößerung nur durch eine Auflockerung der Kohle erklärt werden.

Literatur

[1] TINCELIN, SINOU, LÉONET: Hängender Ausbau mit Stahlankern, die mit Hilfe von Polyesterharz RIM befestigt wurden. 1965.

[2] ELLIE, G.: Streckenvortrieb. Anlage zum „Document technique Nr. 4“ der Charbonnages de France, 1966.

[3] SCHWARTZ, B.: Gebirgsverformung um bergmännische Hohlräume. Thèse de Doctorates — Sciences, Faculté des Sciences de Nancy, 1958.

Einige untertägige Deformationsbeobachtungen in verschiedenen kanadischen Gruben

von D. F. COATES und W. G. MUIR, Ottawa/Goderich

Kurzfassung

In Kanada werden seit Jahren Forschungsarbeiten über untertägige Deformationen, die infolge von Bergbauarbeiten eintreten, durchgeführt. Der größte Teil dieser Arbeiten erfolgte in Kohlegruben, ein gewisser Teil in Salz- und Kaligruben und in zunehmendem Maß in Erzgruben. Die Messungen wurden in erster Linie in Verbindung mit Kammerpfeilerbau durchgeführt. Nur ein bescheidener Anteil erfolgte in Verbindung mit Strebbau. Der größte Teil der Forschung diente der Gewinnung von Kenntnissen zur Entwicklung wirksamer Ausbaumethoden.

Es wurde festgestellt, daß das Verständnis von untertägigen Deformationen, die infolge von bergbaulichen Hohlräumen entstehen, durch die Verwendung des Begriffes der „Hohlraumspannung" erleichtert wird. Der physikalische Vorgang des Entfernens von Gebirge ist in der Mechanik dem Vorgang des Aufbringens eines Spannungszuwachsbetrages auf die resultierende Grenze, der die Entstehung von „Hohlraumdeformationen" bewirkt, äquivalent. Da man das gesamte Abbaufeld als Grubenbau in einem infiniten Verband mit einer bestimmten Festigkeit gegenüber Querschnittsverminderung betrachtet, die ihr die Pfeiler verleihen, glaubte man, daß sich die Durchbiegung gemäß der theoretischen Beziehung $(1 - (x/L)^2)^{1/2}$ ändern müßte, wobei x von der Mittellinie der Abbauspannweite L aus gemessen wird. Im Verlauf einer Modellversuchsreihe wurde empirisch festgestellt, daß die einfachere Beziehung $(1-0{,}2\,x/L)$ einen besseren Zusammenhang mit den Messungen erbrachte. Messungen der Querschnittsverminderung und der Schichtenablösung in Kohlegruben zeigten den Einfluß des Aufbringens der abwärtsgerichteten Hohlraumspannung an der Firstlinie. Die Änderung der Durchbiegungen und des Ablösens der Schichten über die Spannweite einer Kammer hinweg lassen deutlich erkennen, daß die effektive Spannweite größer ist als die Breite des Grubenbaues. Versuche ergaben, daß für eine Kammer von 5,5 m Breite die tatsächliche freie Spannweite größer als 8,5 m war. Die Messungen zeigten ebenfalls, daß innerhalb der ersten 24 Stunden nach dem Auffahren eine kritische Durchbiegung festgestellt werden konnte, die bei Überschreiten zu viel größeren Durchbiegungen und zu Instabilität führen würde.

Messungen in Salz- und Kaligruben ergaben, daß als Reaktion auf Hohlraumspannungen zeitabhängige Deformationen hervorgerufen werden. Es gibt Anzeichen dafür, daß sich Hangenddurchbiegungen ziemlich schnell vollziehen, während sich die Konvergenz über einen langen Zeitraum hinweg erstreckt, was in erster Linie auf Kriechen in den Pfeilern infolge der relativ hohen Druckspannungen zurückzuführen ist.

Die horizontalen einwärts gerichteten Hohlraumspannungen, die auf die Pfeiler einwirken, rufen nicht nur eine horizontale Ausdehnung der Pfeiler hervor, sondern eine derartige Zusammendrückung des Hangenden, daß es entweder zum Knicken oder Scheren kommt. Konvergenzmessungen, die in allen Abbauzonen im Salz durchgeführt wurden, ergaben, daß sich die Geschwindigkeiten der Konvergenz im Abbaufeld ähnlich wie die absolute Konvergenz im elastischen Gebirge gemäß der Beziehung $(1 - 0{,}2\,x/L)^c$ ändern, wobei c wahrscheinlich etwa 3,7 beträgt.

Summary

Over the years research work has been conducted in Canada on deformations underground resulting from mining. The majority of the work has been done in coal mines, some in salt and potash mines and increasingly in metal mines. The measurements are associated primarily with room- or stope- and -pillar mining, only a modest amount of work having been done in connection with longwalls. Most of the work has been done to obtain information for developing more effective support methods.

It has been found that the understanding of deformations underground resulting from mining excavations is assisted by using the concept of "excavation stress". The physical act of removing the rock is equivalent to the act in mechanics of applying an increment of stress on the resultant boundary, which produces "excavation deformations".

Considering the entire mining zone as an opening in an infinite mass with some resistance to closure being provided by the pillars, it was thought that the deflections should vary according to the theoretical relationship $(1 - (x/L)^2)^{1/2}$ where x is measured from the centerline of the mining span, L. In an extensive series of model tests it was found empirically that the simpler relationship of $(1 - 0{,}2\,x/L)$ provided a better correlation with the measurements.

Closure and bed separation measurements in coal mines have shown the effect of applying the downward excavation stress at the roof line. The variation of the deflections and bed separations across the span of a room indicate clearly that the effective span is greater than the breadth of the opening. Tests showed that for a room 5 5 m in breadth, the actual unsupported span was greater than 8.5 m. The measurements also showed that a critical deflection occurring within the first 24 hours after exposure could be established which, if exceeded, would lead to much greater deflections and instability.

Measurements in salt and potash mines have shown that the reaction to excavation stresses is to produce time dependent deformations. There is some indication that roof deflections occur fairly quickly but closure continues over a long period of time due, primarily, to creep in the pillars as the result of the relatively high compressive stresses.

The horizontal inward excavation stresses acting on the sides of the pillars cause not only the pillars to expand horizontally but the roof strata to be compressed to the point of either buckling or shearing.

Closure measurements throughout the mining zones in salt have shown that closure rates, comparable to absolute closure in elastic ground, vary across the mining panel according to the relationship $(1 - 0{,}2\,x/L)^c$, where c seems to be about 3 7

Résumé

Depuis des années des études de déformations souterraines produites par l'exploitation ont été faites au Canada. La majorité du travail a été effectuée dans les mines de charbon, quelques-uns dans les mines de sel gemme et de potasse et dans une mesure croissante dans les mines métalliques. Les mesures sont liées avant tout à l'exploitation par chambres et piliers, seulement une modeste parti e été faite en connection avec l'exploitation par grandes tailles. La plus grande partie du travail de recherche était destinée à obtenir des connaissances pour le dévelopment de méthodes de soutènement effectives.

Il fut constaté que la compréhension de déformations souterraines provoquées par de vides miniers est facilitée par l'emploi de la notion de «contrainte du vide». L'acte physicale de l'enlèvement du terrain est équivalente à l'acte dans la mécanique d'appliquer un montant de contrainte supplémentaire à la limite résultante qui provoque la formation de «déformations de vides».

Considérant toute la zone minière comme excavation dans une masse infinie ayant une certaine résistance à la convergence fournie par les piliers on avait cru que les déflections auraient dûvarier selon les relations théoriques $(1 - (x/L)^2)^{1/2}$, x étant mesuré depuis la ligne contrôle de la portée du chantier de dépilage L. Dans une large série d'essais au modèle on a constaté d'une manière empirique que la relation plus simple de $(1 - 0{,}2\,x/L)$ fournit une meilleure correlation avec les mesures.

Les mesures de convergence et du décollement des bancs dans les mines de charbon ont montré l'effet de l'application de la contrainte de vide vers le bas sur la ligne de toit. La variation des déflections et des décollements des bancs à travers la portée d'une chambre indique clairement que la portée effective est plus grande que la largeur d'une excavation. Des essais ont révelés que pour une chambre d'une largeur de 5,5 m la portée réelle non-soutenue était plus grande que 8,5 m. Les mesures montraient également qu'une déflection critique se produissant entre les premières 24 heures après l'exploitation pouvait être établie qui, si dépassée, aurait pour conséquence une augmentation des déflections et de l'instabilité.

Des mesures dans les mines de sel gemme et de potasse ont montré que la réaction aux contraintes de vides est la production de déformations qui changent avec le temps. Il y a lieu à croire que les déflections du toit se produisent assez vite tandis que la convergence continue à cheminer dans les piliers pendant une longue période de temps par suite des contraintes de compression relativement élevées.

Les contraintes de vides horizontales à l'intérieur qui agissent sur les murs des piliers provoquent non seulement une expansion horizontale des piliers mais aussi une compression du toit de telle façon que du flambage ou du cisaillement se produisent. Les mesures de convergence à travers les zones de dépilage dans le sel gemme ont montré que le taux de convergence comparable à la convergence absolue dans le terrain élastique varie à travers le panneau selon la relation $(1 - 0{,}2\,x/L)^c$ où c semble être près de 3,7.

Резюме

Несколько лет уже в Канаде проводятся исследования подземных деформаций, возникающих под действием горных работ. Большинство этих исследовательских работ проводилось на угольных шахтах, другая часть на соляных и калийных шахтах и во все растущей мере и на металлических рудниках. Наблюдейня осуществились, в первую очередь, при камерно-столбовой системе выемки. Исследоватъльские работы проводились прежде всего с целью достижения знаний в области разработки эффективных методов крепления.

Установили, что понятие подземных деформаций, возникающих вследствие наличия горных выработок, облегчается применением термниа „экскэвейшн стрэсс" (напряжение в пустоте). Физический процесс выемки породы в механике соответствует процессу приложения к результирующей границе приращенного напряжения, приводящего к образованию „экскэвейшн дэформейшнс" (дефотрмаций пусоты). Рассматривая весь выемочный участок как горную выработку в бесконечном массиве горных пород определенного сопротивления уменьшению поперечного сечения, свойственного ему за счет работы целиков, предполагалось, что изгиб должен измениться по теоретическому соотношению $(I - (x/L)^2)^{1/2}$, причем x определяется от средней линии ширины пролета выемочного учатска L. В течение серии испытаний на моделях эмпирическим путем установили, что более простое соотношение $(I - 0{,}2\, x/L)$ лучше согласуется с результатами измерений.

Измерения уменьшения поперечного сечения и отслоения, проведенные на угольных шахтах показали влияние действия направленного вниз напряжения „экскэвейшн стрэсс" на линию кровли. Изменение изгиба и отслоения во всю ширину камеры показывает, что эффективный пролет больше, чем ширина выработки. По результатам испытаний получилось, что камеры шириной 5,5 м имеют действительную свободную ширину пролета больше 8,5 м. Кроме того, результаты измерения показывают, что в первые 24 часа после проходки образовался критический изгиб, который при превышении этого срока мог бы привести к еще бодьшим изгибам и к неустойчивости. В ответ на действие напряжений „экскэвейшн стрэссес" возникают временные деформации. К этому выводу пришли по результатам измерений на соляных и калийных шахтах. Судя по имеющимся признакам предполагается, что изгибы кровли развиваются достаточно быстро, в то время, как опускание кровли занимает долгое время. Это, прежде всего, объясняется явлениями ползучести пород в целиках под действием сравнительно высоких сжимающих напряжений.

Горизонтальные, направленные со стороны выработки напряжения „экс. стр." и действующие на целики не только вызывают горизонтальную деформацию целиков, но и также сжатие кровли, так что возникают изгибы или сдвиги пород.

Измерения сближения кровли и почвы, проведенные во всех выемочных унастках в соли показали, что скорость опускания кровли в выемочном поле изменяется подобно абсолютной скорости опускания кровли в упругом массиве, а именно по соотношению $(I - 0{,}2\, x/L)^c$ составляет около 3,7.

Einleitung

In Kanada werden seit Jahren Forschungsarbeiten über untertägige Deformationen, die infolge von Bergbauarbeiten eintreten, durchgeführt [1–36] [1]). Der größte Teil dieser Arbeiten erfolgte in Kohlegruben, ein gewisser Teil in Salz- und Kaligruben und in zunehmendem Maße in Erzgruben. Die Messungen wurden in erster Linie in Verbindung mit Kammerpfeilerbau durchgeführt, und nur ein bescheidener Anteil erfolgte in Verbindung mit Strebbau. Ein großer Teil der Forschungsarbeit war darauf gerichtet, Kenntnisse zur Entwicklung wirksamerer Ausbaumethoden zu erlangen. Es wird noch ein weiterer Beitrag erarbeitet, in dem die Erkenntnisse im Hinblick auf Firstverankerung [36] kurz zusammengefaßt sind.

Es wurde festgestellt, daß das Verständnis von untertägigen Deformationen, die infolge von bergbaulichen Hohlräumen entstehen, durch die Verwendung des Begriffes der „Hohlraumspannung" erleichtert wird. Der physikalische Vorgang des Entfernens von Gebirge ist in der Mechanik dem Vorgang des Aufbringens eines Spannungszuwachsbetrages auf die resultierende Grenze äquivalent. Der Spannungszuwachs erzeugt in Verbindung mit der ursprünglichen Spannung die notwendige Nullspannung der resultierenden Grenze. Der Spannungszuwachs und die damit verbundenen Spannungsänderungen innerhalb des Gebirgsverbandes werden als „Hohlraumspannungen" und die damit verbundenen Deformationen als „Hohlraumdeformationen" bezeichnet.

---

[1]) Diese Angabe bezieht sich auf Informationsquellen, die in der Bibliographie am Ende dieses Artikels aufgeführt sind.

Bild 1 zeigt verschiedene Elemente der Hohlraumspannungen, die durch den Abbau einer Reihe von Kammern hervorgerufen wurden. Auf Bild 1a wird die in der Firste der Kammern wirkende Hohlraumspannung gezeigt. Es besteht Grund anzunehmen, daß sich die Durchbiegung der Pfeiler von der Mitte der Abbauspannweite L gemäß der Beziehung $(1 - (x/L)^2)^{1/2}$ ändert, wobei x von der Mittellinie der Spannweite aus gemessen wird [24]. Neben der Deformationsreaktion auf die Hohlraumspannung konnte die Schlußfolgerung gezogen werden, daß übermäßige Bewegung entweder zu Zugbrüchen in der unmittelbaren Firste oder zu Scherbrüchen in Richtung auf die Kämpferdruckzonen führt. Die Hohlraumspannung entlang der Firstlinie der Kammern könnte auch das Hereinbrechen des Hangenden bewirken, so daß die Tagesoberfläche einen Senkungskrater aufweisen würde.

Auf Bild 1b sind die Hohlraumspannungen dargestellt, die auf die Firste, Sohle und Stöße der Pfeiler einer einzelnen Kammer einwirken. Man könnte erwarten, daß sich die resultierende

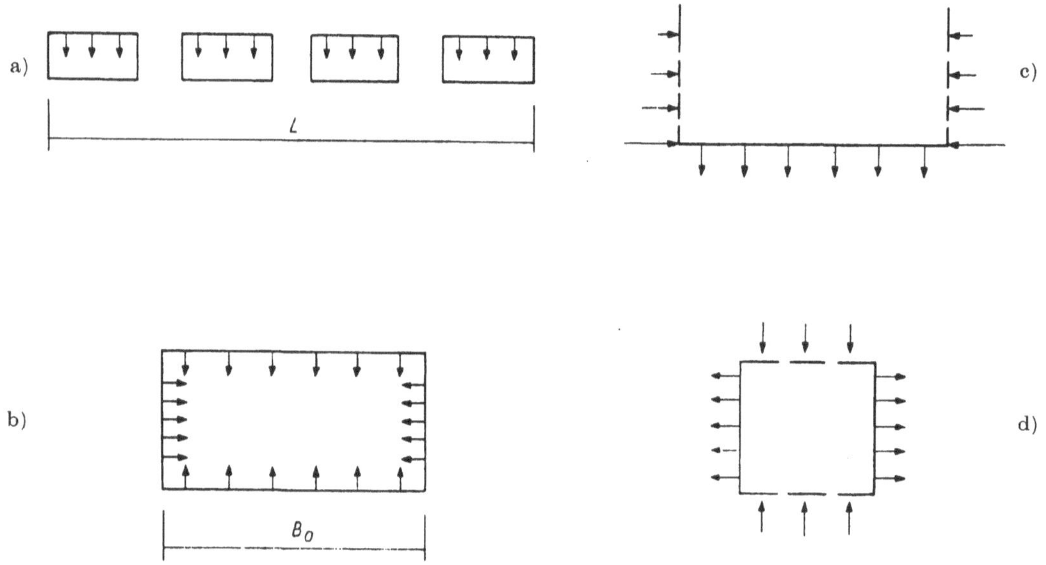

Bild 1. Hohlraumspannung bei Kammerpfeilerbau
a) Einwirkung auf die Firste von Kammern,
b) Einwirkung auf die Firste, Sohle und Stöße von Pfeilern in einer einzelnen Kammer,
c) Einwirkung auf die Hangendschicht einer einzelnen Kammer,
d) Einwirkung auf einen Pfeiler

Durchbiegung der Firstlinie gemäß der Beziehung $(1 - (x/b_0)^2)^{1/2}$ ändert, wobei B_0 die Breite der Kammer ist und der Ausgangspunkt an der Mittellinie der Kammer liegt. Übermäßige Bewegung würde wiederum zu Zugbruch in der unmittelbaren Firste nahe der Mittellinie und zu diagonalem Zugbruch gemeinsam mit Scherbruch nahe der Kämpfer führen. Außerdem werden die Pfeiler möglicherweise gemäß der Beziehung $(1 - (y/H)^2)^{1/2}$ gekrümmt, wobei H die Höhe des Pfeilers ist und der Ausgangspunkt in halber Höhe liegt. Mit diesem Vorgang wäre die Verkürzung des Pfeilers infolge des Poissonschen Effektes verbunden. Das häufig auftretende Abschalen der Pfeilerstöße wird zweifelsohne durch die Einwirkung der Hohlraumspannung (eigentlich der Entspannung) an dieser Stelle verursacht.

Auf Bild 1c wird der Querschnitt des Hangenden über einer Kammer gezeigt mit der nach unten gerichteten Hohlraumspannung an der Firstlinie und den auf die Stirnflächen der Gesteinsschichten einwirkenden induzierten Druckspannungen. Man könnte erwarten, daß diese Spannungen eine Verkürzung der Gebirgsschichten hervorrufen, die möglicherweise zum Knicken der unmittelbaren Firstschichten führt.

Auf Bild 1d tragen die Hohlraumspannungen, die nach außen auf die Stöße der Pfeiler und nach unten auf den Pfeiler gerichtet sind, zur Gesamtverkürzung des Pfeilers bei. Bei Spitzenspannungen kann der Pfeiler zu Bruch gehen, entweder durch Abscheren entlang einer schiefen Ebene oder durch Längsspalten.

Modelluntersuchungen

In einer umfangreichen Reihe von Modellversuchen wurden Pfeilerspannungen auf Durchbiegung bezogen, die analytisch in der auf Bild 2 gezeigten Form über eine Abbauzone hinweg vorausgesagt werden konnten. Entgegen der Annahme, daß sich die Durchbiegungen entspre-

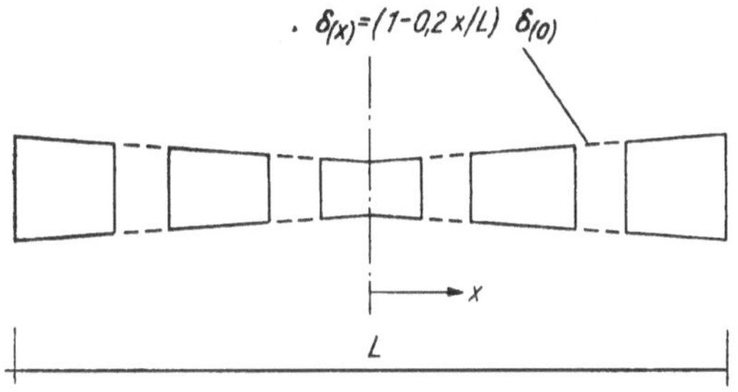

Bild 2. Änderung der Durchbiegungen in einem Abbaufeld

chend der Beziehung $(1 - (x/L)^2)^{1/2}$ verändern würden — wobei x von der Mittellinie der Abbauspannweite L aus gemessen wird —, wurde empirisch festgestellt, daß die einfachere Beziehung $(1 - 0{,}2\, x/L)$ einen besseren Zusammenhang mit den Messungen lieferte [24, 25].

Messungen in Kohlegruben

Von den verschiedenen Meßergebnissen, die in einer Reihe von verschiedenen Gruben erhalten wurden, liefern die im Gebiet von Michel erhaltenen Werte ein repräsentatives Bild. Die Gruben in diesem Gebiet liegen in Kreide-Formationen, die stark durch strukturelle Besonderheiten geprägt sind. Mächtige Sandsteinschichten wechseln mit Schieferton und Fettkohle ab. Dominierend in der Orogenese war eine regionale Ost-West-Überschiebung, die zu Faltungen, Verwerfungen und starker Klüftung führte. Schichtengleiten ist weit verbreitet. Dieses Gebiet hat zwar immer noch eine mäßig aktive Bebentätigkeit aufzuweisen, aber Untersuchungen ergaben, daß Gebirgsschläge in anderen Gruben des Gebietes nicht mit seismischen Störungen zusammenhingen [2].

Infolge der mit der Überschiebung verbundenen Scherwirkung wurde die ursprüngliche Struktur der Kohle zerstört. Örtliche Verwerfungen, die durch Pressung entstanden und normalerweise über die gesamte Gebirgsschicht hinweg verfolgt werden können, sind sehr häufig. Verwerfungen, die infolge von Zerrung entstanden und vermutlich mit einer Periode der Schubverminderung verbunden waren, sind zahlreicher, obwohl sie selten über die gesamte Gebirgsschicht hinweg verfolgt werden können. Die Mächtigkeit der Flöze schwankt zwischen 15 cm und 36 m, was auf tektonischen Einfluß zurückzuführen ist [15].

Die Lage gegenüber den Faltenachsen wurde für den Bergbau als wichtig festgestellt. Das Einfallen der Flöze schwankt zwischen 0 und 25°. In einer Grube wurde die größere Häufigkeit von Verwerfungen infolge von Pressung in Verbindung mit relativer Firststabilität als Ergebnis größerer tektonischer Druckspannungen betrachtet, die auf die Lage auf dem Flügel einer Antiklinale zurückgeführt wurden. In einer zweiten, nahe der Achse einer Synklinale gelegenen

Grube wurde eine viel größere Häufigkeit von Zerrungsverwerfungen und unstabilen Hangendverhältnissen beobachtet [15, 16].

Klüfte verlaufen gewöhnlich senkrecht zur Gebirgsschicht, und zwar manchmal als einzelne Schar und manchmal als zwei senkrecht zueinander verlaufende Scharen. Der Kluftabstand in einer Schar liegt gewöhnlich zwischen einigen Zentimetern bis zu etwa einem Meter.

Die Mächtigkeit des Deckgebirges schwankt sowohl auf Grund der Topographie der Erdoberfläche als auch auf Grund der Unregelmäßigkeit der Gebirgsschichten zwischen 100 und 500 m. Ausbauschwierigkeiten scheinen jedoch keinen Bezug zur Teufe zu haben. Das Hangende in diesen Gruben besteht vorwiegend aus Schieferton und wird als stark, nachgiebig, geschichtet, unzerbrochen bis gebrochen klassifiziert. Die einaxiale Druckfestigkeit Q_u seiner Gesteinssubstanz beträgt 1 500 kp/cm², sein Deformationsmodul $3{,}5 \times 10^5$ kp/cm² und seine Kriechgeschwindigkeit 11 μ/h [27] bei einem Spannungsniveau von 0,5 Q_u nach 200 min.

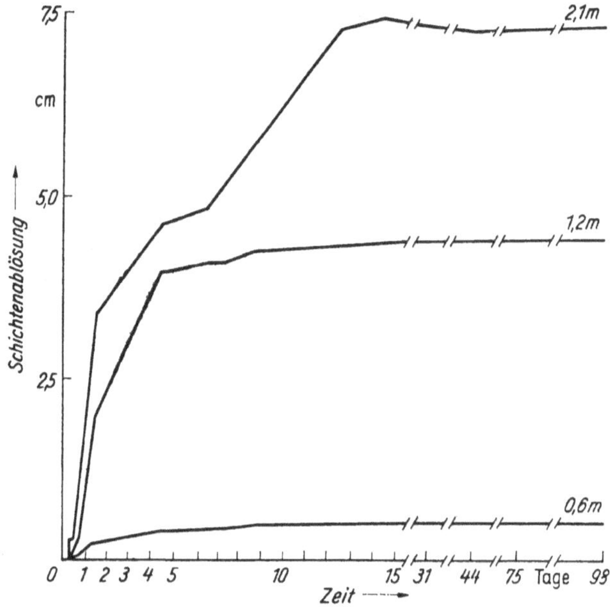

Bild 3. Ein typischer Fall von schädigendem Schichtenablösen und zeitabhängiger Veränderung zwischen der unmittelbaren Firstlinie und 0,6, 1,2 und 2,1 m im Hangenden

Der Abbau erfolgt durch Kammerpfeilerbau, wobei die Kammern normalerweise 5 bis 6 m breit und die Pfeiler 6 bis 13 m breit und 20 bis 65 m lang sind [28].

Zwei Versuchsstrecken wurden ausgewählt, um die Wirksamkeit des Ankerausbaus gegenüber dem Holzausbau zu bestimmen. Neben anderen Beobachtungen wurden Messungen der Konvergenz, der Schichtenablösung im Hangenden und des Umfanges der Gebirgsentlastung in den Kohlestößen durchgeführt. Die Strecken wurden im Streichen aufgefahren. Es wurde festgestellt, daß die Hangendschichten 2 bis 15 m mächtig und oft durch Zwischenschichtgleiten losgelöst waren. Sowohl Verwerfungen infolge von Zerrung als auch Verwerfungen infolge von Pressung waren vorhanden mit stratigraphischen Ablösungen bis zu 17 cm.

In einem Firstverankerungsloch, das zur anstehenden Kohle gerichtet war, wurden relative Bewegungen zwischen Gebirgsschichten von 1,6 cm in einer Entfernung von 37 cm im Hangenden und in einem anderen Verankerungsloch von 0,6 cm in einer Entfernung von 130 cm beobachtet. Diese Bewegungen scheinen das Vorhandensein von Hohlraumspannungen, die auf die Stirnflächen der Hangendschicht einwirken, zu bestätigen, wie es auf Bild 1c gezeigt ist.

Bild 3 zeigt Schichtenablösungen an einer Stelle, wo die Bewegung so groß war, daß Instabilität eintrat. Die Untersuchung der Gesamtheit der Schichtablösungskurven zeigte, daß sich der größte Teil der Bewegung im allgemeinen zwischen 0 und 1,2 m vollzog. In einigen Fällen war eine Ablösung zwischen 0 und 0,6 m proportional größer, aber für eine gleiche Anzahl von Fällen traf das Gegenteil zu. In den letzteren Fällen zerstörten die übermäßigen Bewegungen vermutlich des elastische Gefällebild zwischen diesen Messungen, das durch die Hohlraumspannungen von Bild 1b geschaffen worden wäre. Im Gegensatz zu Bild 3 lag die Ausdehnung zwischen 0 und 2,1 m, an vielen Stellen bei 6 mm.

Es wurde festgestellt, daß dort, wo die maximalen Ablösungen relativ klein waren, 50% der Bewegung innerhalb von etwa 24 Stunden erfolgten. An Orten, wo die maximale Ablösung relativ hoch war (mehr als 2,5 cm), erstreckte sich der größte Teil der Bewegungen dagegen über 5 Tage. In diesen letzteren Fällen wurde jedoch auch beobachtet, daß ein kritischer Wert von 0,6 cm zwischen 0 und 2,1 m innerhalb der ersten 24 Stunden überschritten wird und man somit ein Warnsignal für eine drohende Verschlechterung erhält. Ein 2,1 m tief eingebrachter Anker, der sich in einer als Halterung dienenden Al-Hülse, die mit einer 0,6 cm breiten Reflexfolie umwickelt war, frei bewegen konnte, stellte eine einfache Methode zur Kontrolle des Zeitpunktes dar, an dem dieser kritische Wert überschritten wurde.

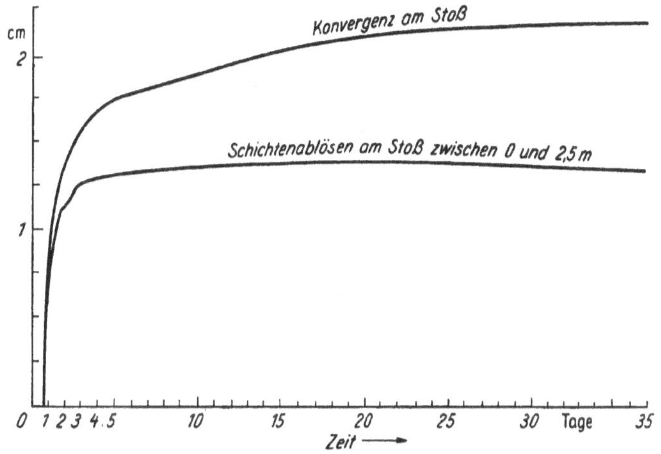

Bild 4. Vergleich zwischen Konvergenz und Schichtenablösen an der anstehenden Kohle; der Unterschied gibt die Zusammendrückung des Pfeilers wieder

Im Hinblick auf die zeitliche Abfolge des Einbringens der Verankerung scheint an vielen Stellen eine Dauer von etwa 6 Stunden zulässig zu sein, bevor es zu Schichtablösungen kommt; an einigen Stellen jedoch, wo sich die Hangendverhältnisse verschlechterten, zeigten die Diagramme, daß die Einbringung von Ankern selbst eine Stunde nach dem Vorrücken der Abbaufront zu spät gewesen wäre, um schwerwiegende Bewegungen zu verhindern. Durch sorgfältiges Aufzeichnen der von den Bergleuten gemachten Beobachtungen hinsichtlich der Verhältnisse des Hangenden während der Schicht, in der es freigelegt wurde, sowie durch geologische Beobachtungen über die strukturellen Einzelheiten wurde weiterhin festgestellt, daß die Übereinstimmung mit nachfolgenden Firstverhältnissen nicht gut war. Das heißt mit anderen Worten, daß viele dumpf klingende Firsten ziemlich stabil bleiben, während ein anfänglich gutes Hangendes später oft Firstfall aufwies; folglich wurde bei diesem Problem quantitativen Messungen der Vorrang zuerkannt.

Auf Bild 4 zeigen die Kurven die typische Konvergenz bei relativ standfestem Gebirge sowie bei Schichtenablösungen im Hangenden zwischen 0 und 2,5 m. Der Unterschied zwischen diesen beiden Kurven stellt im wesentlichen die Zusammendrückung des Pfeilers dar, die gelegentlich die Ursache dafür ist, daß die obige Durchbiegungsfunktion $1 - 0{,}2\, x/L$ nicht gleich Null bei $x = L/2$ ist. Da die an der Stoßlinie gemessenen Schichtenablösungen gewöhnlich von bedeutsamer Größe und nur etwas kleiner als jene waren, die an der Mittellinie gemessen wurden, schlußfolgerte man, daß die effektive Spannweite der Firste größer war als die Nennbreite des Grubenbaues, die auf Bild 1b angegeben ist. Sondierungsbohrungen in der anstehenden Kohle mit Anzeigegeräten erhärteten diese Schlußfolgerungen insofern, als die zeigten, daß die Grenze der hohen Spannungszone mehr als 1,5 m vom Stoß des Pfeilers entfernt war.

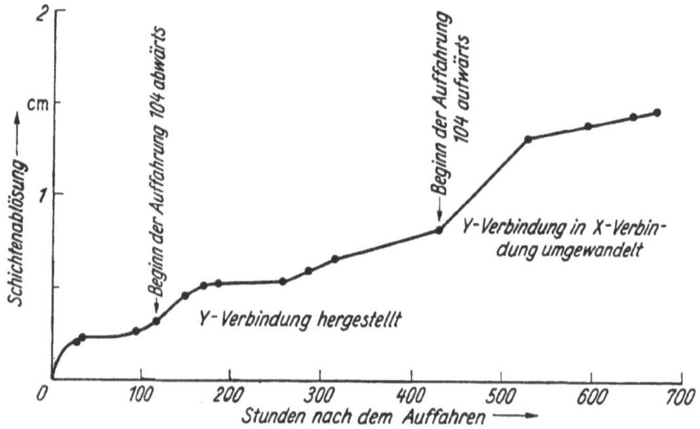

Bild 5. Einflüsse auf das Schichtenablösen beim Auffahren einer Einfallenden in einen Streckenstoß und deren Fortsetzung am anderen Stoß der Strecke

Die allgemeine Erfahrung, daß Durchhiebe kritische Zonen sind, wurde durch die starke Zunahme der Schichtenablösung dokumentiert, die durch Messungen beim Auffahren von Durchhieben in den Versuchsstrecken festgestellt wurde. Bild 5 zeigt die Auswirkung des Auffahrens einer Einfallenden in einen Streckenstoß zum Herstellen einer Y-Verbindung sowie die Auswirkung einer X-Verbindung durch die Fortsetzung der Einfallenden im anderen Stoß der Strecke. Der Einfluß solcher Verbindungen auf das Schichtenablösen wurde bei Entfernungen bis zu 40 m festgestellt.

Messungen in Salzbergwerken

In verschiedenen Salzbergwerken wurden Messungen durchgeführt, um Kenntnisse für die Gestaltung von Kammern und Pfeilern und darüber hinaus von Ausbausystemen wie der Firstverankerung zu gewinnen. Eine Auswahl einiger dieser Werte zeigt typische Auswirkungen auf den Bergbau, d. h. Reaktionen auf die Wirkung von Hohlraumspannungen.

Ausgedehnte Messungen wurden in Goderich vorgenommen, wo sich die Grube im Salin des Silur befindet. Die Salzlager liegen 240 bis 820 m unter der Tagesoberfläche und sind ohne strukturelle Unterbrechungen bemerkenswert kontinuierlich. Der Abbau erfolgt in einer Teufe von 540 m in einer 24 m mächtigen Schicht, die aus 98,5% bis 99,3% NaCl besteht. Nur die Sohle von 13 m Mächtigkeit der Schicht wird abgebaut [26].

Das Hangende wird als schwach, nachgiebig und geschichtet klassifiziert. Die Gesteinssubstanz hat eine durchschnittliche einaxiale Druckfestigkeit Q_u von 156 kp/cm^2. Sein Deformationsmodul, der aus der letzten Entlastungskurve ermittelt wurde, beträgt $1{,}8 \times 10^5$, und seine Kriechgeschwindigkeit beträgt 93 μ/h 200 min. nach dem Aufbringen einer Belastung von 0,5 Q_u [27].

Der Abbau erfolgt im Kammerpfeilerbau, wobei die Kammern die typische Breite von 18 m und die Pfeiler die Abmessung von 64 m^2 haben, was ein Gewinnungsverhältnis von annähernd 40% ergibt.

Konvergenzmessungen wurden an einer Meßstelle durchgeführt, die an der Grenze der Grube 1041 Tage nach Auffahren des Grubenbaus eingerichtet wurde [26]. Die Abbaustrecke ist 19 m breit und 5,5 m hoch. Drei ausziehbare Meßlatten mit Anzeigegeräten wurden verwendet, um Messungen an der Mittellinie und an den beiden Stößen durchzuführen. Im Verlauf eines sich anschließenden Zeitraumes von 1127 Tagen wurde festgestellt, daß die Konvergenz an allen drei Stellen mit je 4,8 cm gleich war. Es ist wahrscheinlich, daß der gleichförmige Konvergenzzuwachs auf die durch Kriechen hervorgerufene erhöhte Deformation in den angrenzenden Pfeilern zurückzuführen ist.

Eine andere Meßstelle wurde in einer Kammer mit normalen Abbaudimensionen 153 Tage nach dem Auffahren eingerichtet. Neben drei über die Kammer verteilten Meßlatten wurde eine horizontale Meßlatte in einer Höhe von 5,5 m über der Sohle aufgehängt, um die Konvergenz zwischen den Stößen der Pfeiler zu messen. Wie auf Bild 6 gezeigt wird, war der Konvergenzzuwachs an der Mittellinie der Kammer größer als an den Stößen, wie man normalerweise aus den in Bild 1b gezeigten Hohlraumspannungen erwarten könnte. Die horizontale Konvergenz

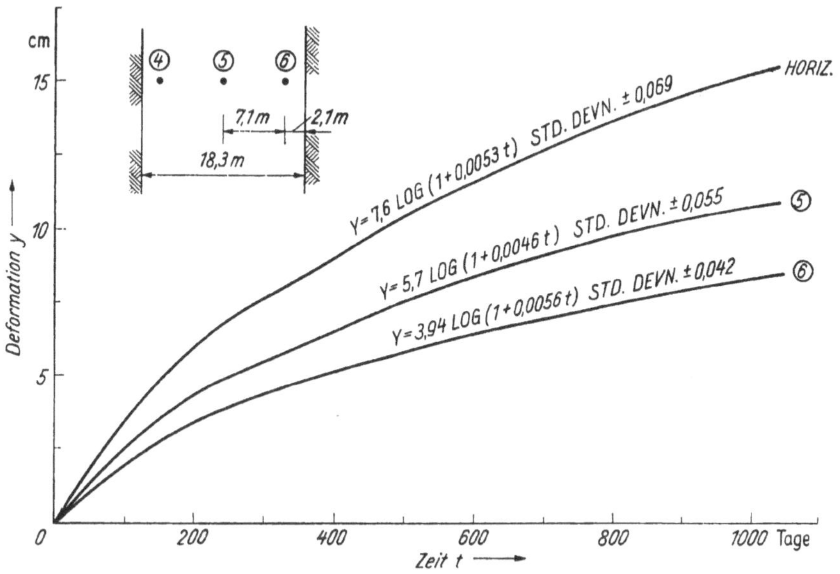

Bild 6. Vertikale und horizontale Kriechdeformationen in einer 18 m breiten und 13 m hohen Kammer in einem Salzbergwerk mit typischen Pfeilern von 64 m²

ist ebenfalls mit diesen Hohlraumspannungen vereinbar, die zu den in der Firste von Bild 1c gezeigten Knickspannungen führen können. Die fortschreitende Zunahme der Konvergenz bei abnehmender Geschwindigkeit ist wahrscheinlich auf das Kriechen der Pfeiler unter deren erhöhter Belastung zurückzuführen. Diese Zahlen stellen ein Verhältnis von vertikaler zu horizontaler Formänderung in dem Pfeiler von annähernd 3/1 dar.

Es kam hier zu Abschalungen und Hereinbrechen des Hangenden. Beobachtungen lassen darauf schließen, daß die horizontalen Spannungen in der Hangendschicht von Bild 1c den Scherbruch bewirken, der gewöhnlich nahe der Stöße ohne Zugrißbildung an den Mittelpunkten auftritt. In anderen Fällen kam es in der Mitte zu Rißbildung, die wahrscheinlich durch Knickwirkung entstand. Bild 7 ist eine Aufnahme eines solchen Hangendbruches.

Die meisten Brüche ereigneten sich in dieser Grube kurze Zeit nach dem Auffahren, und zwar gewöhnlich dann, wenn der vierte Stoß eines Pfeilers entsteht oder mehr als eine Strecke von einem Querschlag aus vorgetrieben wird. Die Firstfälle ereignen sich nicht an der Abbaufront, sondern in angrenzenden Strecken. Seit der Einführung von Verankerung wurde die Zahl der Firstfälle verringert oder verzögert.

Eine andere Konvergenzmeßreihe wurde über 400 m in einer Strecke durchgeführt, die etwa halb so breit wie ein Abbau war. Die Zeit zwischen Abbau und Einrichtung dieser Meßstellen lag zwischen 46 Monaten für Nr. 1 und 22 Monaten für Nr. 5. Die Meßstellen 1, 3 und 5 zeigten konstante Konvergenzgeschwindigkeiten mit den relativen Größen, die im wesentlichen erwartet wurden. Meßstelle 2 zeigte eine beschleunigte Konvergenzgeschwindigkeit während etwa der ersten 70 Tage und dann eine im wesentlichen konstante Geschwindigkeit, die größer als jene an Meßstelle 1 war, was auf Schichtenablösung zurückzuführen ist. Meßstelle 4 wies eine sich fortschreitend beschleunigende Konvergenzgeschwindigkeit auf, die nach 220 Tagen zum Hereinbrechen der angrenzenden Firste führte.

Es wurde empirisch gezeigt, daß sich in einem Gebirge, wo die erhöhte Formänderung der erhöhten Spannung proportional ist, die durch Abbau in dem entstehenden Pfeiler erzeugte Spannungszunahme über die Spannweite des Abbaues hinweg im Gegensatz zu der theoretischen Beziehung $(1 - (x/L^2)^{1/2}$ gemäß der Beziehung $(1 - 0{,}2\, x/L)$ ändert [25]. Für eine Grubenbaugeometrie, bei der die Höhe H und die Breite B der Pfeiler im Vergleich zu der Spannweite des Abbaus klein ist, d. h. H/L und B/L sind klein, kann die zur Voraussage von Pfeilerspannungen verwendete Gleichung eingesetzt werden, um die folgende Beziehung zu erhalten:

$$\frac{\Delta\sigma_p(x)}{\Delta\sigma_p(0)} = 1 - 0{,}2\, x/L\,;$$

dabei ist $\Delta\sigma_p(x)$ die Zunahme der Pfeilerspannung bei der von x dargestellten Entfernung von der Mitte der Abbauspannweite, und $\Delta\sigma_p(0)$ ist die Zunahme der Pfeilerspannung an der Mittellinie.

Wenn aus praktischen Gründen angenommen wird, daß die Spannungs-Formänderungs-Zeit-Verhältnisse im Salz durch die folgende Gleichung wiedergegeben werden können:

$$\dot{\varepsilon} = K\sigma^c\, t^a\,,$$

$\dot{\varepsilon}$ = Formänderungsgeschwindigkeit,

K, c und a sind Komstante,

σ = Spannung oder Spannungsänderung, die $\dot{\varepsilon}$ erzeugt,

t = Dauer von σ,

dann können die Geschwindigkeiten von Pfeilerdurchbiegungen oder Konvergenzen an verschiedenen Stellen innerhalb der Abbauzone für die gleichen Zeiträume verglichen werden, wobei die folgende Beziehung verwendet wird:

$$\frac{\dot{\delta}_p(x)}{\dot{\delta}_p(0)} = \left[\frac{\Delta\sigma_p(x)}{\Delta\sigma_p(0)}\right]^c = (1 - 0{,}2\, x/L)^c\,;$$

dabei ist $\dot{\delta}_p$ die zeitliche Veränderung der Pfeilerdurchbiegung oder -verkürzung.

Bild 8a zeigt die Konvergenzgeschwindigkeiten, die 200 Tage nach der Einrichtung der Meßstellen 1 bis 5 bestanden.

Die Kurve $y = (1 - 0{,}2\, x/l)^{3,7}$ paßt zu den Punkten für die Stellen 1, 3 und 5 sehr gut, was darauf schließen läßt, daß $c = 3{,}7$. Diese Konvergenzgeschwindigkeitskurve ist somit mit der Durchbiegungskurve vergleichbar, die in härterem Gestein erhalten wurde und mit den Hohlraumspannungen, die in der auf Bild 1a gezeigten Weise auf das Hangende einwirken, vereinbar ist.

Messungen wurden ebenfalls in einigen Kaligruben von Saskatchewan durchgeführt. Das Kali tritt in einer mächtigen, durch Verdampfung entstandenen Gesteinsschicht des mittleren Devon auf und ist gewöhnlich etwa 100 m mächtig. Das Deckgebirge besteht aus Schiefertonen, Dolomitgesteinen, Kalksteinen und Sandsteinen mit einer Mächtigkeit von etwa 1 000 m. Das wichtigste Kalisalz ist Sylvin (KCl) mit schwankenden Mengen von Carnallit in im wesentlichen reinen Steinsalz.

Bild 7. Aufbruch in der Firste eines Salzbergwerkes vor einem zweiten Firstfall aus dieser Fläche

Kleinere Mengen von Tonverunreinigungen treten sowohl verstreut als auch in dünnen Schichten oder als Zwischenmittel auf. Der Abbauhorizont hat gewöhnlich ein Salzhangendes von 10 m bis 30 m Mächtigkeit, das als schwach, nachgiebig und massiv klassifiziert wird. Die Gesteinssubstanz hat eine einaxiale Druckfestigkeit Q_u von 127 kp/cm^2, einen Deformationsmodul, der aus der letzten Entlastungskurve ermittelt wurde, von $0{,}7 \times 10^5$ kp/cm^2 und eine Kriechgeschwindigkeit von 44 μ/h 200 min. nach dem Aufbringen einer Belastung von 0,5 Q_u [27].

Das Erz steht über einer 100 m mächtigen Schicht von Salz und Anhydrit an.

Im Rahmen von verschiedenen durchgeführten Messungen wurden Konvergenzmeßstellen in einer Grube über mehrere Abbaufelder hinweg eingerichtet. Der Abbau von zwei dieser Felder hat sich zeitlich überschnitten, so daß bei der Analyse der Ergebnisse davon ausgegangen wurde, daß sie ein Abbaufeld mit den Abmessungen 570 m $\times$ 850 m gebildet hätten. Die Höhe der Pfeiler betrug 2,3 und die Breite der Kammern 6,4 m. Die Konvergenzmeßstellen lagen 210 bis 300 m von den Ortsstößen dieses Abbaufeldes entfernt, so daß der Einfluß des Ausbaus am Ortsstoß nicht als bedeutend betrachtet wurde.

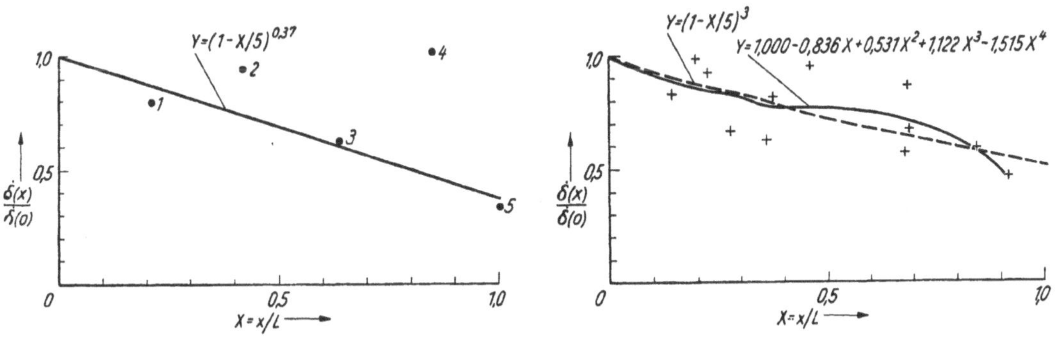

a) b)

Bild 8. Veränderung der Konvergenzgeschwindigkeiten in Abbaufeldern
a) in einer Steinsalzgrube mit einer Feldesbreite von 744 m und
b) in einer Kaligrube mit einer Feldesbreite von 572 m

Bild 8b zeigt die Ergebnisse der Analyse der Konvergenzgeschwindigkeiten für die Zeit von 100 Tagen nach dem Auffahren an jeder Meßstelle. Diese Meßwerte streuen beträchtlich, da einige der Messungen, die in der Mitte der Kammern durchgeführt wurden, Konvergenzelemente einschließen, die auf Durchbiegungen und Schichtablösungen der unmittelbaren Kammer bezogen werden. Es wird eine polynominale Ausgleichskurve für die Meßwerte gezeigt, eine bessere Beziehung zu der Veränderung der Konvergenzgeschwindigkeiten erhält man wahrscheinlich mit dem Faktor $(1 - 0{,}2\, x/L)^c$ (tatsächlich würde die Verwendung von $c = 3{,}7$ eine Kurve ergeben, die selbst eine noch größere Gültigkeit besitzen würde, da sie den höheren Werten der Konvergenzgeschwindigkeiten, die örtliche Durchbiegungen und Schichtablösungen mit beinhalten könnten, weniger Gewicht beimäße).

Die Beziehung dieser Konvergenzgeschwindigkeiten zu der Lage in dem Abbaufeld läßt darauf schließen, daß die einfache Gleichung der Formänderungsgeschwindigkeit, die der in einige konstante Potenzen erhobenen Spannung und Zeit proportional ist, wie oben gezeigt wurde, für die Grubengestaltung angemessen sein kann.

Um mehr Auskunft über die Art der in diesen Salzschichten zu erwartenden Deformation zu geben, können Ergebnisse von Laborversuchen angeführt werden. Bild 9 zeigt die Ergebnisse, die bei einem Klassifikationstest erhalten wurden [27]. Es handelt sich dabei um einen einaxialen Druckversuch mit Belastungs- und Entlastungszyklen bis zu 25%, 50% und 75% der einaxialen Druckfestigkeit Q_u, wobei die Belastung stets 30 Minuten vor jeder Entlastung konstant gehalten wird. Die Proben hatten einen Durchmesser von etwa 4,8 cm bei einem Verhältnis von Länge zu Durchmesser von etwa 2,5. Die durchschnittliche Kristallgröße betrug 8 mm bei einer maximalen Größe von 15 mm. Diese Versuchsreihen ließen erkennen, daß die Wechselbelastung die Druckfestigkeit nicht beeinträchtigt. Die Ergebnisse zeigen, daß die Formänderung größtenteils plastisch oder irreversibel ist. Das Verhältnis von elastischer zu gesamter Formänderung schwankte bei diesen Versuchen zwischen 7% und 36%, wobei 10% ein repräsentativer Wert war.

Die auf Bild 9 gezeigte Veränderung der Kriechgeschwindigkeit mit der Spannung läßt auf das Vorhandensein eines Fließpunktes (in dem Sinn einer Spannung, bei deren Überschreiten unnormale Kriechgeschwindigkeiten auftreten) bei etwa 140 kp/cm² schließen. Die einaxiale

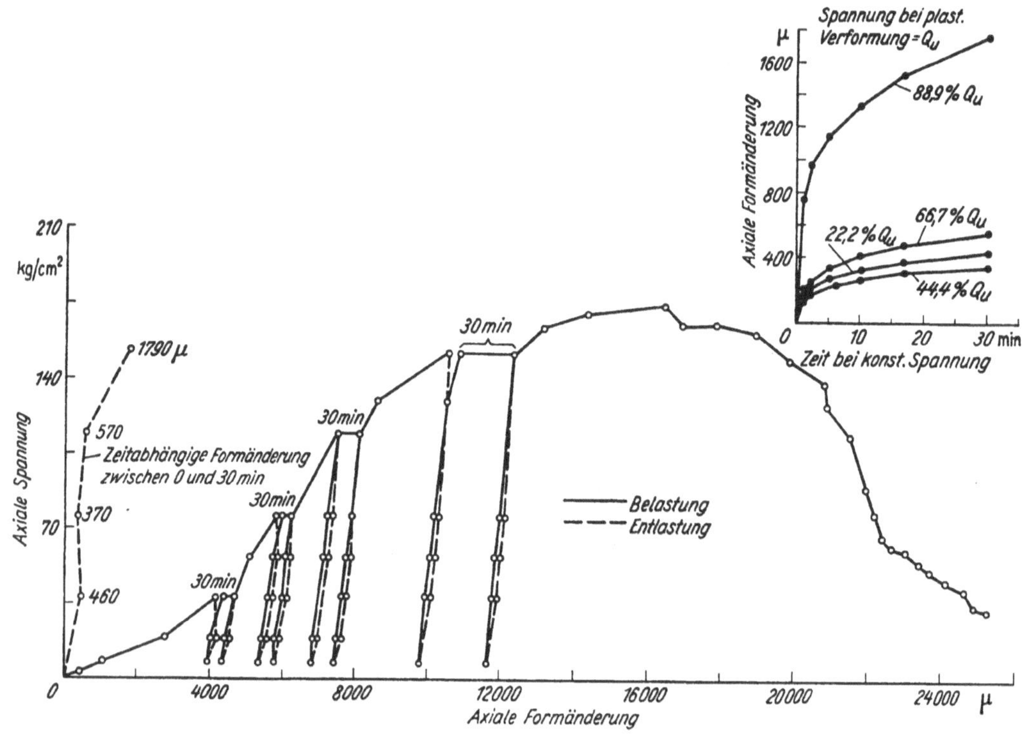

Bild 9. Einaxialer Klassifikationsdruckversuch an Kali

a) Darstellung der Formänderungs-Spannungs-Verhältnisse vor und nach dem Erreichen der maximalen Spannung gemeinsam mit plastischen und viskosen Formänderungen und

b) Darstellung von Kriechkurven für verschiedene Spannungsstufen, die dabei erhalten wurden

Druckfestigkeit betrug etwa 175 kp/cm² bei einer Formänderung von annähernd 1,5%. Über diese Formänderung hinaus sank die Reaktion des Probekörpers beträchtlich ab, aber das Material blieb unversehrt. Lag die Formänderung etwas über 3%, dann platzten gewöhnlich 20% der Außenfläche des Probekörpers ab.

Die auf Bild 9 gezeigten Ergebnisse schließen einen zusätzlichen Wechselbelastungszyklus vor jeder konstanten Belastung von 30 min. ein. Der Zweck der Änderung bestand darin, zu bestimmen, ob viskose oder zeitabhängige Formänderung die entstehende plastische oder irreversible Formänderung beeinträchtigte. Aus den Ergebnissen ist ersichtlich, daß die Anstiege der Entlastungskurven die gleichen sind und demzufolge die plastische Formänderung von jeder viskosen Formänderung unabhängig war. Die Deformationsmoduln, die aus den Entlastungskurven erhalten wurden, schwankten zwischen 1,4 und 2,0 × 10^5 kp/cm².

Bild 9 zeigt typische Kriechkurven, die aus den kontinuierlichen Belastungen bei verschiedenen Belastungshöhen ermittelt wurden. Es ist möglich, daß unter einer kritischen oder Fließspannung die Kriechgeschwindigkeit mit der Veränderung in den Kurven bei Spannungen von 22,2%, 44,4% und 66,7% der einaxialen Druckfestigkeit konstant ist, wobei lediglich eine Streuung um den Mittelwert zu verzeichnen ist. Aus Versuchen an Probekörpern, die horizontal und vertikal in bezug auf die Gebirgsschicht orientiert waren, wurde festgestellt, daß Kriechgeschwindigkeiten in der vertikalen Richtung kleiner als in der horizontalen Richtung waren.

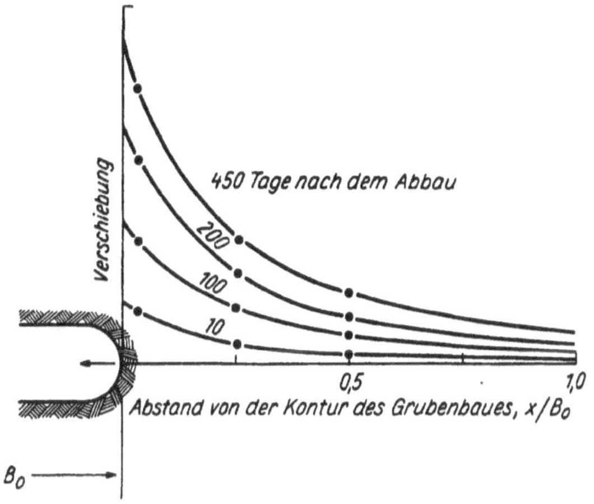

Bild 10. Horizontale Verschiebungen im Stoß eines Pfeilers im Kali mit einer Grubenbaubreite B_0 von 6,4 m

Andere Versuche, die die Einflüsse von Carnallit untersuchten, zeigten, daß bei einem Gehalt zwischen 12% und 40% keine wahrnehmbaren Veränderungen in der Festigkeit und in den Kriechgeschwindigkeiten aufzutreten schienen.

Schließlich zeigt Bild 10 typische Ergebnisse von Verschiebungsmessungen, die mit Bohrlochdehnungsmessern in den Stößen der Pfeiler durchgeführt wurden [22]. Ähnliche Diagramme wurden, allerdings ohne Kriechen, in hartem Gestein erhalten [34]. Dieses Diagramm ist im wesentlichen so, wie man es aus der Aufbringung der im Bild 1b dargestellten Hohlraumspannung auf die Stöße der Pfeiler erwarten würde.

Danksagungen

Zu dieser Arbeit haben nicht nur jene Autoren beigetragen, die in dem Literaturquellennachweis aufgeführt sind, sondern auch Mitarbeiter von Institutionen und Gesellschaften, die mit der Arbeit betraut waren.

Literatur

[1] Brown, A. u. a.: Rock Pressure Studies in the Mines at Springhill, N. S., Trans. CIMM, 59 (1956).
[2] Milne, W. G. und White, W. R. H.: A Seismic Investigation oft Mine 'Bumps' in the Crowsnest Pass Coal Field. Bull. CIMM, 57 (1958) Nr. 539.
[3] Patching, T. H.: Strata Closure Studies at Canmore Mines, Canmore, Alberta. Unveröffentlichter Bericht, 1958.
[4] Cochrane, T. S. und Grant, F.: Total Convergence Studies in Salt Mine Nr. 8, Lethbridge, Alberta. Unveröffentlichter Bericht, 1959.
[5] Cochrane, T. S.: Total Convergence Studies in McGillivray Mine, Coleman, Alberta. Unveröffentlichter Bericht, 1959.

[6] COCHRANE, T. S. und GRANT, F.: Rock Bolting Investigations, Drumheller, Alberta. Teil I – Preliminary Studies. Unveröffentlichter Bericht, 1959.

[7] COCHRANE, T. S. und GRANT, F.: Rock Bolting Investigations, Drumheller Alberta. Teil II – Anchorage Tests. Unveröffentlichter Bericht, 1959.

[8] COCHRANE, T. S. und GRANT, F.: Rock Bolting Investigations, Drumheller, Alberta. Teil III – Anchorage Tests. Unveröffentlichter Bericht, 1959.

[9] COCHRANE, T. S. und GRANT, F.: Rock Bolting Investigations, Drumheller, Alberta. Teil IV – Anchorage Tests. Unveröffentlichter Bericht, 1959.

[10] HUNT, C. A. und LAROCQUE, G. E.: Tests on Rock and Salt from Goderich Mine, Sifto Salt Company, Goderich, Ontario. Unveröffentlichter Bericht, 1960.

[11] GRANT, F.: A Special Convergence Study Nr. 3 Mine, Canmore, Alberta. Unveröffentlichter Bericht, 1960.

[12] HUNT, C. A.: Roadway Convergence as Influenced by Mining Activity in T wo Canadian Coal Mines. Unveröffentlichter Bericht, 1961.

[13] BARRON, D.: A Preliminary Study of Ground Movement at the Domini on Rock Salt Company Limited Mine, Goderich, Ontario. Unveröffentlichter Bericht, 196 1.

[14] LAROCQUE, G. E.: Uniaxial Compression Tests on Samples from the Crows Nest Pass Coal Mines. Unveröffentlichter Bericht, 1962.

[15] NORRIS, D. K.: Structural Analysis of Part of A-North Coal Mine, Michel, B. C. Geological Survey Paper 64–24 (1965).

[16] NORRIS, D. K.: Structural Analysis of Three Extension Faults in No. 4 Mine, Canmore, Alberta. Geological Survey Paper 65–16 (1965).

[17] FROST, L. und ZORYCHTA, H.: Rapid Development of Longwall Retreating in the Submarine Area of the Sydney Coalfield of Nova Scotia, vorgetragen auf dem INICHAR-Kongreß, Lüttich, 1963.

[18] LAROCQUE, G. E.: Brazilian Tensile Tests on Salt from Goderich Mine, Sifto Salt Company, Goderich, Ont. Unveröffentlichter Bericht, 1963.

[19] COATES, D. F. und DWARKIN, L.: Rock Bolt Trials at Michel, the Crows Nest Pass Coal Co. Ltd. Unveröffentlichter Bericht, 1964.

[20] LADANYI, B.: Uniaxial Testing of Rocks for Classification Purposes. Unveröffentlichter Bericht, 1964.

[21] ST. LOUIS, A. V.: Observations on Roof Conditions at Canmore Mines Ltd., Alberta. Unveröffentlichter Bericht, 1964.

[22] ZAHARY, G.: Rock Mechanics at IMC (Canada) Ltd. Proc. 3rd Rock Mechanics Symposium, Queen's Printer, Ottawa, 1965.

[23] PARSONS, R., DWARKIN, L., GYENGE, M. und COATES, D. F.: Test Entry Nr. 2 at Michel Crows Nest Pass Coal Co. Unveröffentlichter Bericht, 1965.

[24] COATES, D. F.: Pillar Loading. Teil I: Literature Survey and New Hypothesis. Mines branch Research Report R 168, 1965.

[25] COATES, D. F.: Pillar Loading. Part II: Model Studies. Mines Branch Research Report R 170, 1965.

[26] MUIR, W. G. und COCHRANE, T. S.: Rock Mechanics Investigations in a Canadian Salt Mine. Proc. 1st International Congress, International Society of Rock Mechanics, Lisbon, 1966.

[27] COATES, D. F. und PARSONS, R. C.: Experimental Criteria for Classification of Rock Substances. Int. J. Rock Mech. & Min. Sci., 13 (1966) S. 181–189.

[28] COATES, D. F. und DWARKING, L. M.: Roof Bolting Effectiveness at Michel. Trans. CIMM, Vol. LXX (1967) S. 32–37.

[29] HEDLEY, D.: An Appraisal of Convergence Measurements in Salt Mines. Proc. 4th Rock Mechanics Symposium, Queen's Printer, Ottawa, 1968.

[30] VANDERZEE, T. J.: Geological Background of Roofbolting Performance at Balmer North Mine, Michel, B. C. Unveröffentlichter Bericht, 1966.

[31] VANDERZEE, T. J.: Some Geological Aspects of Roofbolting at Wilson Mine, Canmore, Alberta. Unveröffentlichter Bericht, 1967.

[32] ASLAM, M.: A Study of Roof Problems in Balmer North Mine, Michel, B. C. Unveröffentlichter Bericht, 1967.

[33] COATES, D. F., PARSONS, R. C. und LADANYI, B.: Potash Creep and Pillar Loading. Unveröffentlichter Bericht, 1968.

[34] HEDLEY, D., ZAHARY, G., SONDERLUND, H. W. und COATES, D. F.: Underground Measurements in a Steeply Dipping Orebody, vorgetragen auf dem 5. Kanadischen Symposium über Gebirgsmechanik, 1968.

[35] HEDLEY, D. G. F.: Stability of Salt Pillars at the Goderich Mine. Unveröffentlichter Bericht, 1969.

[36] COATES, D. F. und COCHRANE, T. S.: Development of Design Specifiactions for Bolting from Research in Canadian Mines, bestimmt zum Vortrag auf dem Weltbergbaukongroß, Madrid, 1970.

Markscheiderische Verformungsmessungen in der Grube des Kaliwerkes Hattorf zur Überwachung der Standfestigkeit der Grubenbaue

von F. W. UHLENBECKER, Röhrigshof

Kurzfassung

Die Standfähigkeit der Pfeiler als das tragende Stützelement des überlagernden Gebirges wird in erster Linie durch Verformungsmessungen im und am Pfeiler kontrolliert. Es wird über die Anordnung der Meßsysteme zum Bestimmen der Senkung, Konvergenz und der Pfeilerquerdehnung berichtet. Die Meßergebnisse werden bekanntgegeben und diskutiert.

Einige der wesentlichen Erkenntnisse sind:

Bei großflächigem Abbaufeld haben die Pfeiler die volle Überlagerungslast zu tragen.

Baufeldmittig gelegene Pfeiler werden durch den Einfluß der Feldesgröße am stärksten belastet. Eine sogenannte Gewölbebildung ist bei großflächigem Abbau nicht möglich.

Das Gebirge reagiert unmittelbar auf die Abbaueinwirkung. Bei hinreichend plattigen Pfeilern entsteht im Pfeilerkern ein angenäherter triaxialer Zustand. Die Verformungen nehmen zur Pfeilermitte hin ab. Auf Grund der durch Grubenmessungen gewonnenen Erkenntnisse können mit Hilfe von gezielt angesetzten Laboruntersuchungen Regeln für die Abmessungen von Grubenbauen aufgestellt werden.

Summary

The capacity of a pillar to stand as the primary supporting element of the overlying strata is mainly controled by deformation measurements within and on the pillar. The arrangement of the measuring systems for defining the subsidence, convergence and transverse extension of pillars is reported about. The measuring results are communicated and discussed.

Some of the essential conclusions are the following: In the case of a large-area working panel the pillars must accept the full pressure of the overlying strata.

Pillars that are situated in the centre of panels are loaded most by the influence of the panel area.

Formation of a so-called arch is not possible in the case of large-area working.

The rock mass reacts directly on the effects of working. In the case of sufficiently plate-shaped pillars an approximate triaxial state is effected. Deformations decrease towards the centre of the pillars.

Laboratory tests may aid to establish principles for the dimensions of mine openings basing upon the knowledge obtained by means of measurements in the mine.

Résumé

La résistance des piliers comme élément de support primaire du terrain sus-jacent est en premier chef contrôlée par des mesures de déformation dans le pilier et à sa surface. Il est rapporté sur l'arrangement des systèmes de mesure destinés à la définition de l'affaissement, de la convergence et de l'extension transversale des piliers. Les résultats de mesures sont communiqués et discutés.

Quelques-uns des essentiels résultats sont les suivants: Dans un panneau à grande étendue toute la charge des terrains sus-jacents repose sur les piliers.

Les piliers qui sont situés au centre du panneau sont les plus chargés par l'influence de la largeur du panneau. Une soidisante formation de voûte n'est pas possible dans le cas de l'exploitation sur une grande surface.

Le terrain réagit directement aux effets de l'exploitation. Pour les piliers qui sont suffisamment en dalles un état triaxial approximé se crée dans la carotte des piliers. Les déformations diminuent vers le centre des piliers. Les connaissances obtenues par des mesures dans la mine permettent d'établir des principes pour les dimensions des excavations souterraines à l'aide d'études au laboratoire bien déterminées.

Резюме

Устойчивость целиков как элемента, несущего налегающую толщу пород, контролируется, в первую очередь, путем измерения деформаций в целиках и на их поверхности.

В работе сообщается о расположении принадлежащих к измерительной системе устройств для оперделения оседания, конвергенции и поперечной деформации целиков. Кроме того приводятся и обсуждаются результаты измерения.

Некоторыми из важнейших познаний являются:

— При большой протяженности выемочного поля целики должны принимать полную нагрузку налегающими породами.
— На расположенные в центре выемочного поля целики больше всего влияют размеры поля. При крупнопанеельной выемке образование так называемого свода невозможно.
— Массив горных пород непосредственно реагирует на воздействие при ведении очистных работ.
— В достаточно плитчатых целиках в центральной их части образуется приближенно трехосное состояние.

На основе полученных путем измерений в шахтных условиях результатов и целеустремленных лабораторных испытанио можно установитв правила для выбора правильных размеров горных выработок.

1. Einleitung

Das Kaliwerk Hattorf liegt im westlichen Bereich der Werra-Kalilagerstätte und baut das Hartsalzflöz Hessen in etwa 850 m Teufe und das carnallitische Flöz Thüringen in etwa 900 m Teufe ab.

Die Tagesförderung beträgt bis zu 14000 t. Die letzte Umstellung vom Schrapperbetrieb im Langkammerpfeilerabbau auf das vollmechanisierte „room and pillar“-System erfolgte im Mai 1967.

Der Abbauverlust schwankt je nach Lagermächtigkeit und Mineralbeschaffenheit zwischen 33 und 56%.

2. Begründung zur Durchführung der Messungen

Die stehenbleibenden Pfeiler sind das tragende Stützelement des überlagernden Gebirges. Die Standfähigkeit dieser Pfeiler wird in erster Linie durch Verformungsmessungen im und am Pfeiler kontrolliert.

In Verbindung mit ergänzenden Untersuchungen an Salzgesteinen im Labor ist es durch diese Messungen möglich geworden, den Abbauverlust trotz erheblicher Teufenzunahme mit der Einführung des neuen Abbausystems von etwa 43 auf ca. 33% zu senken. Mit dem neuen Abbausystem (room and pillar-System) konnte die aus wirtschaftlichen Gründen notwendige Mechanisierung der Grube zielstrebig in Angriff genommen und durchgeführt werden.

Die Standfestigkeit des gesamten Grubenfeldes wurde durch großräumig angelegte Senkungs- und Verformungsmessungen erkundet und klar bewiesen. Tatsächlich bestätigen die in Kurvenbildern festgelegten Meßergebnisse der Senkungsgeschwindigkeiten des Hangenden unter Tage sowie diejenigen der im und am Pfeiler gemessenen Konvergenzgeschwindigkeiten und schließlich auch die Pfeilerquerdehnungsgeschwindigkeiten die richtige Dimensionierung der Pfeiler und damit die Sicherheit des gesamten Grubengebäudes.

Während des Abbaus steigen die Verformungsgeschwindigkeiten zunächst auf relativ hohe Werte an; sie erreichen im mechanisierten Revier bei etwa 120 bis 150 m Abstand der Abbaufront vom Meßpunkt den höchsten Wert der Konvergenzgeschwindigkeit, der bis zu 15 mm 30 Tage erreichen kann.

Nach etwa einem Jahr Abbauzeit sinkt die Verformungsgeschwindigkeit und erreicht nach etwa 1 bis 2 Jahren einen Wert, der nur noch 1/10 der maximalen Verformungsgeschwindigkeit, wie sie in den ersten Abbauphasen auftritt, ausmachen kann.

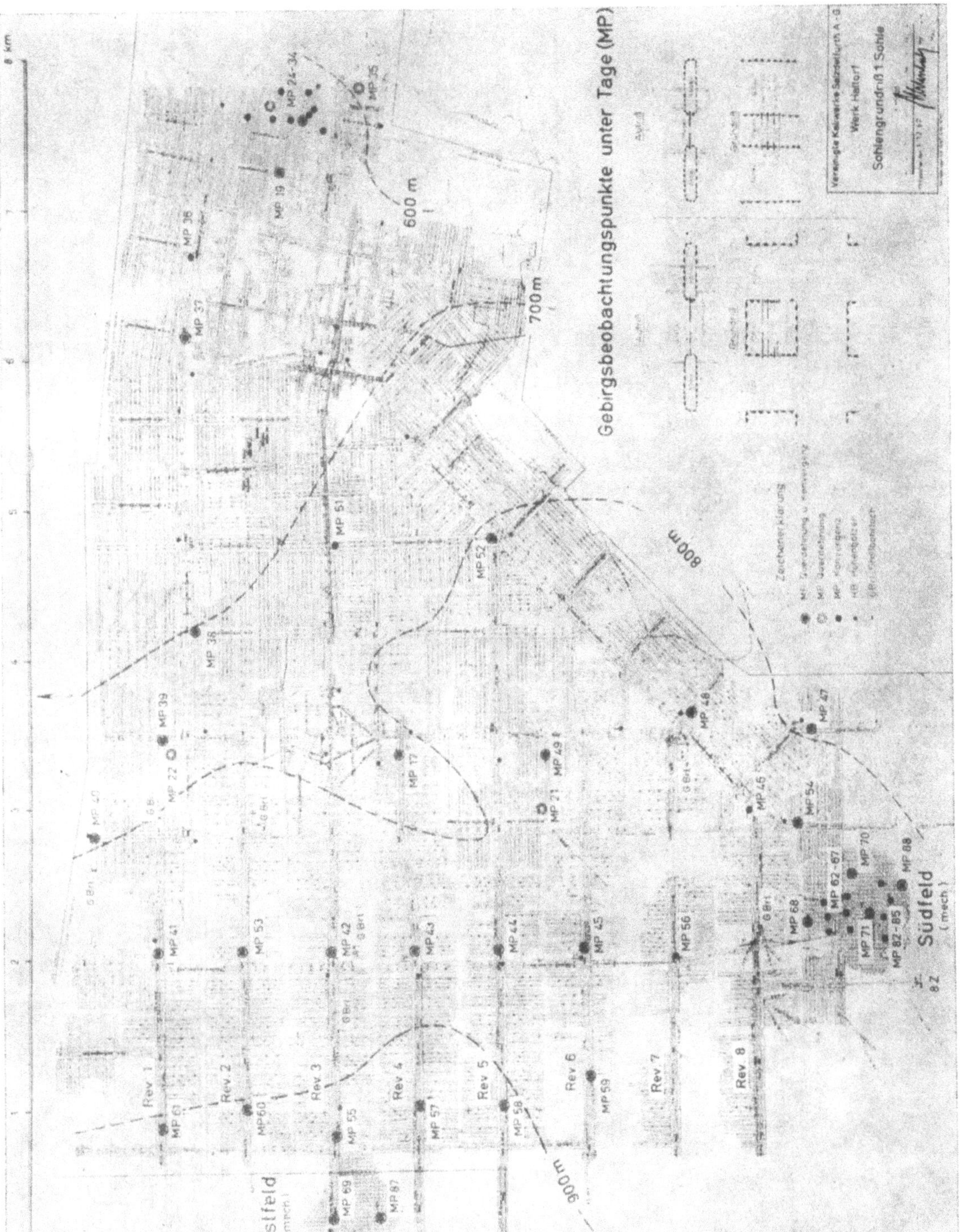

Bild 1. Gebirgsbeobachtungspunkte unter Tage (*M P*)

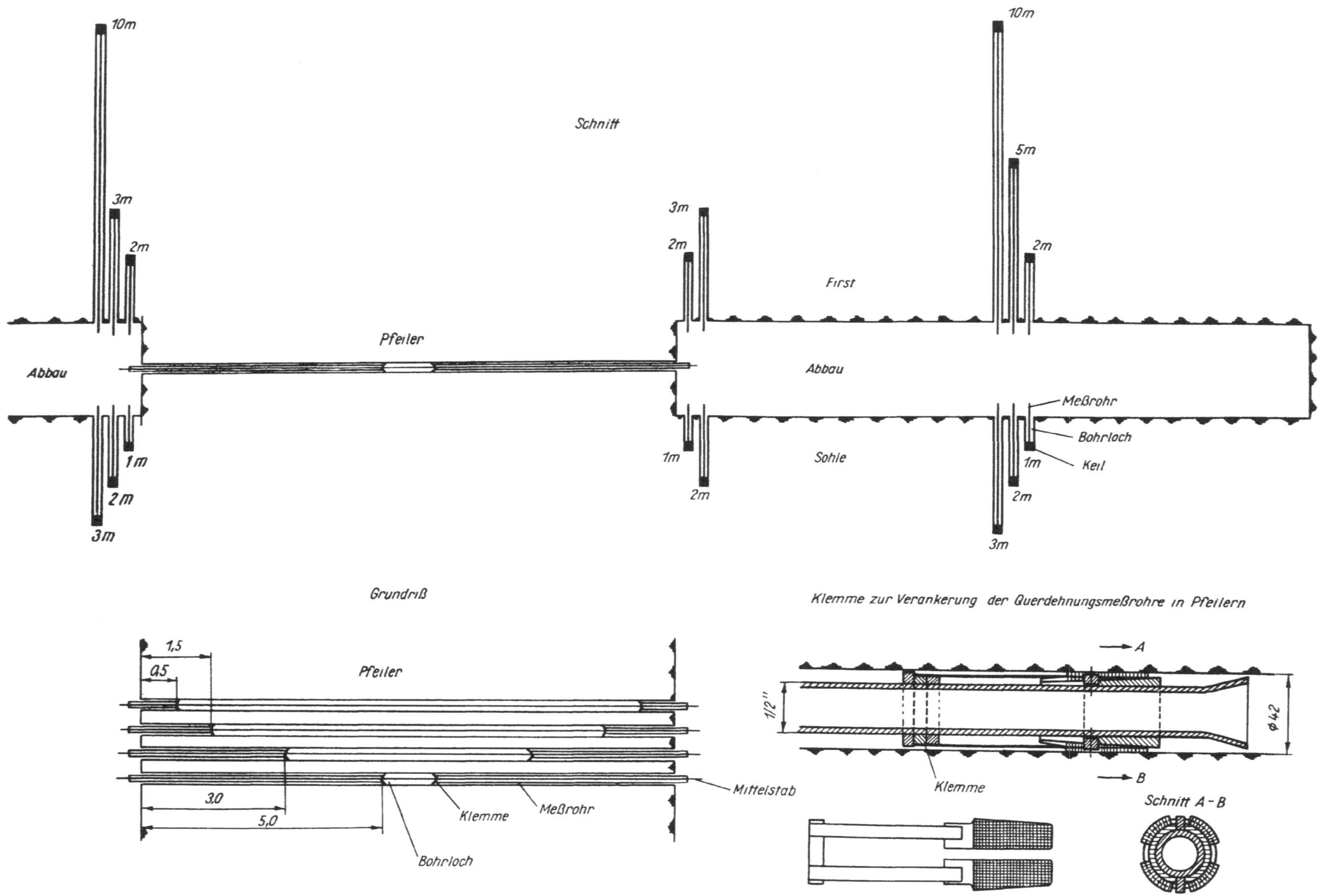

Bild 2. Meßsystem mit Rohrklemmen

Der Rückgang der Verformungsgeschwindigkeit ist quantitativ kennzeichnend für die zunehmende Verfestigung der Salzgesteine im Innern der Stützelemente; vor allem sichert diese Verfestigung bei langsamer Verformung eine ausreichende Standfestigkeit der Grubenbaue.

3. Beschreibung und Anordnung der Meßsysteme

Die ersten Meßpunkte zum Messen der Konvergenz zwischen Hangendem und Liegendem wurden schon 1932 eingebaut und werden zum Teil heute noch vermessen.

Ab Oktober 1953 wurden über das gesamte Grubenfeld verteilt und in den Vorrichtungsstrecken etwa 300 m vor der Abbaufront sog. Meßstationen installiert, die das Beobachten von Senkungen, Konvergenzen und Pfeilerquerdehnungen vor, während und nach der Abbauphase gestatteten (Bild 1).

Im ganzen sind rd. 1.400 Einzelmeßpunkte in der Grube eingebaut worden, die durch fast 100 km lange Untertagenivellements verbunden sind. Über dem Grubenfeld sind außerdem

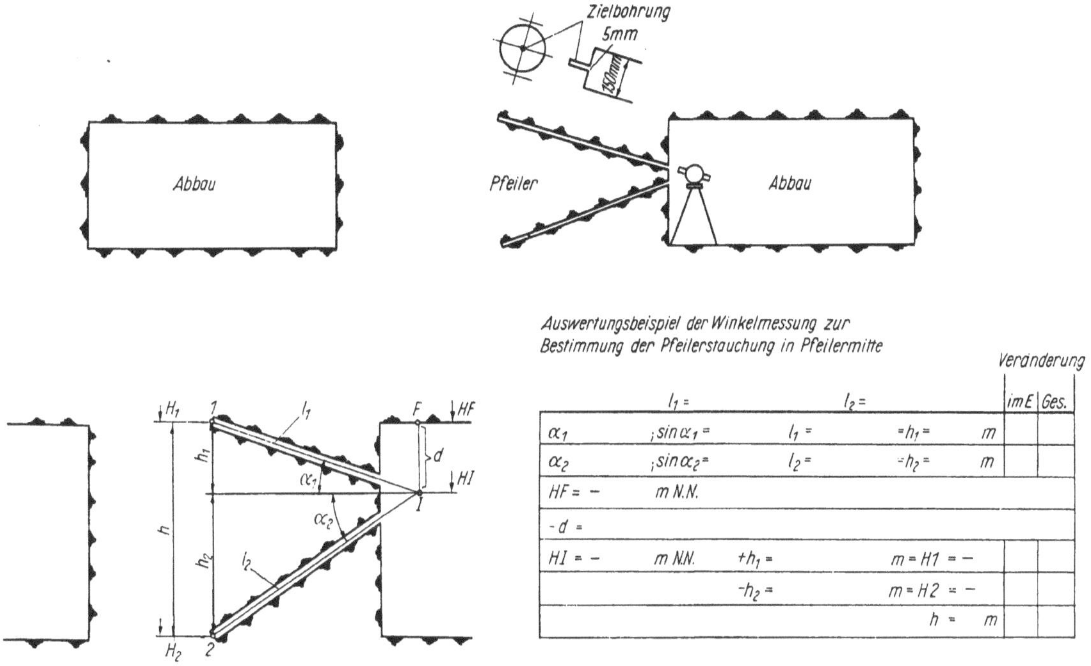

Bild 3. Meßsystem *E* zum Messen der Stauchung im Pfeiler

300 Höhenfestpunkte gesetzt worden, die mit großer Genauigkeit seit 1954 alle 2 Jahre nivelliert werden. Die Nivellementslänge beträgt rd. 300 km.

Das Meßsystem zum Bestimmen der Senkung, Konvergenz und der Pfeilerquerdehnung in verschiedenen Stoßtiefen geht aus Bild 2 hervor. Auf Bild 3 ist eine Meßanordnung zum Messen der Pfeilerstauchung im Pfeilerkern dargestellt.

Ausgezeichnete Verformungsergebnisse in Pfeilern erbrachten die Messungen an etlichen Großbohrlöchern mit 80 cm Durchmesser, die seit dem Jahre 1958 ständig beobachtet worden sind.

4. Ergebnisse der Messungen

4.1. Ergebnisse der Senkungsmessungen über und unter Tage

Generell konnte aus den Senkungsbeobachtungen gefolgert werden, daß bei dem Abbau der Werra-Kalilagerstätten die Senkungsvorgänge — mit zwar wesentlich geringeren Beträgen —

dennoch prinzipiell denen der anderen Bergbaugebiete, die es mit spröderen Silikat- oder Karbonatgesteinen zu tun haben, ähnlich sind, daß die LEHMANNsche Trogtheorie auch für den Werra-Kalibergbau Gültigkeit hat.

Im einzelnen ergab die Auswertung der Senkungsmessungen, daß sich das Hangende auf Grund der Abbauauswirkung sehr schnell absenkt, was sich auch schnell bis nach über Tage hin auswirkt. Bis zu etwa 70% der Hangendabsenkung unter Tage erreichen die Tagesoberfläche, und zwar ca. 50% davon wiederum innerhalb der ersten zwei Jahre. Eine völlige Absenkungsruhe konnte bislang noch nicht festgestellt werden und ist praktisch auch erst in einigen Jahrzehnten zu erwarten.

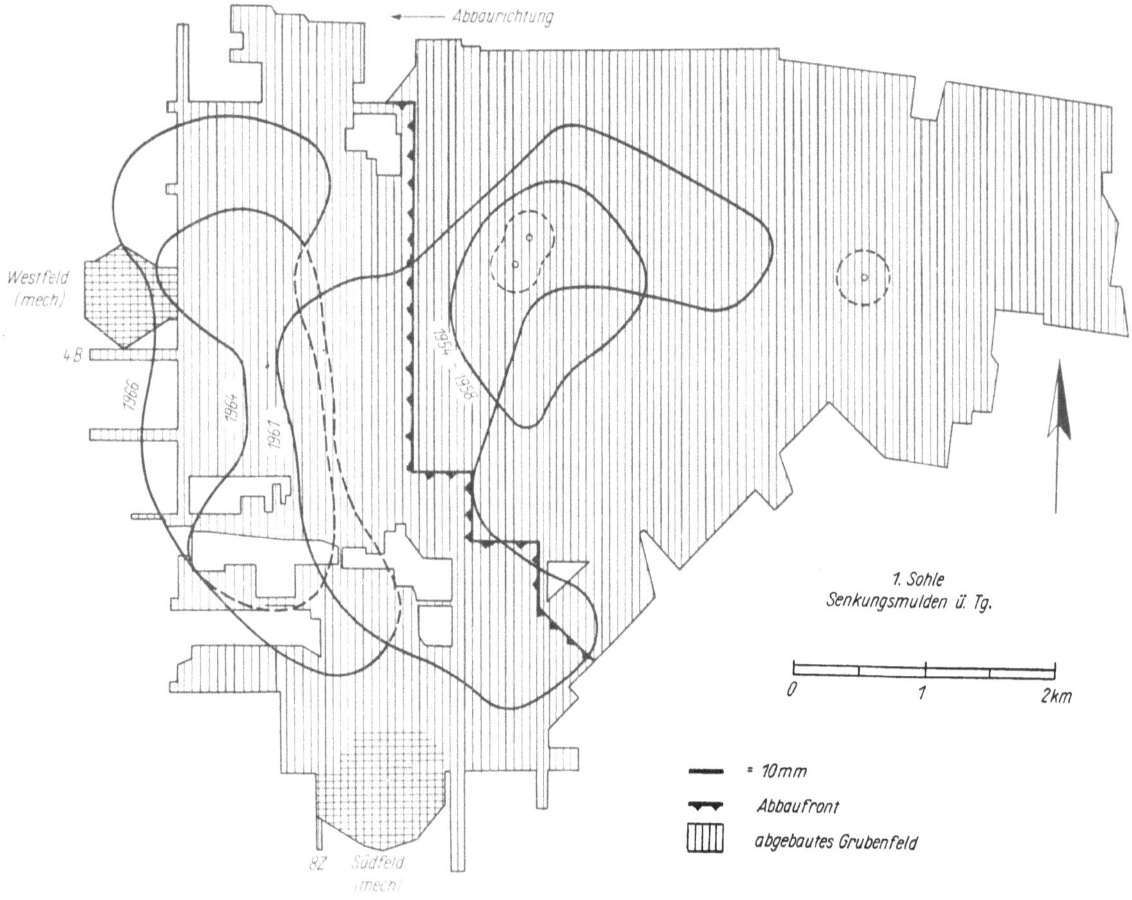

Bild 4. Senkungsmulden ü. T. wandern in Richtung des Abbaufortschrittes

Die Senkungsmulden wandern systematisch in Richtung des Abbaufortschrittes; sie werden mit der Teufe größer (s. Bild 4). Der Grenzwinkel liegt zwischen 50 und 60°. An den Flanken der Senkungsmulden konnten geringfügige Hebungen registriert werden.

Die Absenkungsbeträge des Hangenden unter Tage sowie auch der Tagesoberfläche nehmen bei gleichem Abbauverlust mit der Teufe zu und sind in der Baufeldmitte (Bild 5) am größten. Die maximale Absenkung innerhalb von 4 Jahren, gemessen über der größten Abbauteufe und in Feldesmitte, beträgt 45 mm.

Zu den hier genannten Absenkungsbeträgen unter Tage ist zu bemerken, daß diese Werte an den 10-m-Hangendgestängen gemessen werden, die unmittelbar an der Pfeilerkante installiert worden sind (Bild 6).

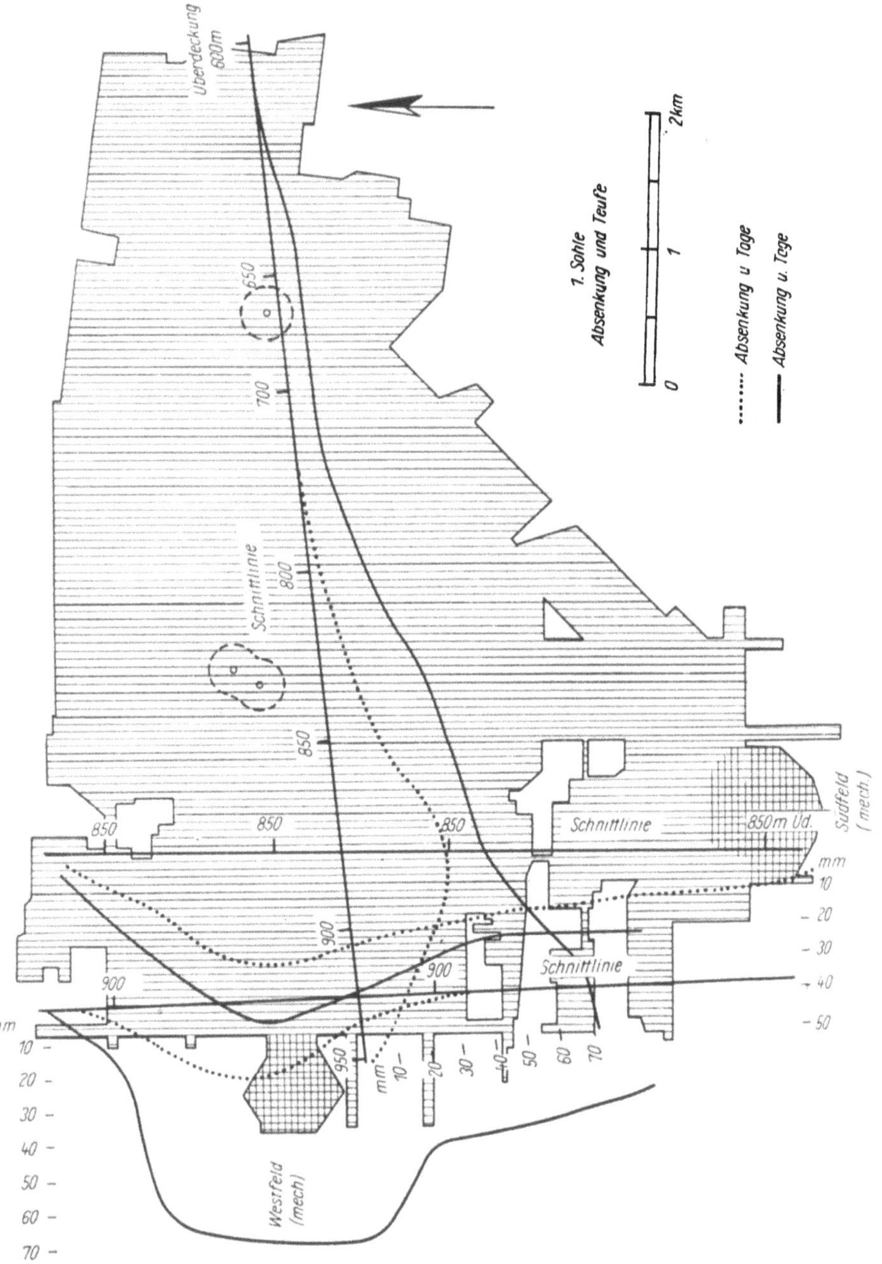

Bild 5. Abhängigkeit der Absenkung von der Teufe und der Baufeldmitte

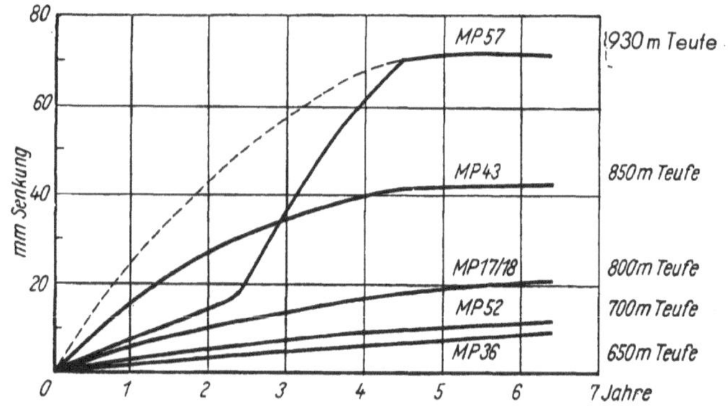

Bild 6. Abhängigkeit der Senkung von der Teufe

Die Senkungsgeschwindigkeit ist ebenfalls teufenabhängig. Zu Anfang sind die Geschwindigkeiten entsprechend der Teufe in der Regel sehr hoch und fallen nach etwa 1 bis 2 Jahren auf einen geringen Wert ab. Die Zeit dieses Geschwindigkeitsabfalles ist vom Abbaufortschritt abhängig.

Der Kurvenverlauf von MP 71 und MP 57 auf Bild 7 läßt das besonders demonstrativ erkennen. Der MP 71 steht im „room and pillar"-System-Revier und wurde nach dreiseitiger Umfahrung der Pfeiler eingebaut.

Zu dem Kurvenverlauf des MP 57 ist folgendes zu bemerken: Der FP 57 ist im Westfeld in etwa 930 m Teufe installiert worden (s. Bild 1). $2^1/_2$ Jahre nach Einbau der Meßstation FP 57 wurde der Abbaubereich um den FP 57 im Revier 4 mit etwa 600 × 600 m Fläche als letzter Schrapperabbau an der westlichen Abbaufront abgebaut. Die Abbauzeit betrug $1^1/_2$ Jahre.

Da dieser Abbaubereich außerdem noch in Feldesmitte der 5 km langen Abbaufront im Westen unseres Grubenfeldes liegt, ist der enorme Anstieg der Senkungsgeschwindigkeit auf örtlich 10 mm in einem Monat, entsprechend 30 mm/100 Tage, zu erklären. Diese ungünstige Maßnahme betreffs Abbauführung — man könnte von der Gewinnung eines Restpfeilers in Feldesmitte sprechen — war bedingt durch die Umstellung des Westflügels auf den mechanisierten Betrieb. Andererseits war man auf Grund der Pfeilerabmessungen doch sicher, daß kein Grund zu ernsthafter Sorge bestand.

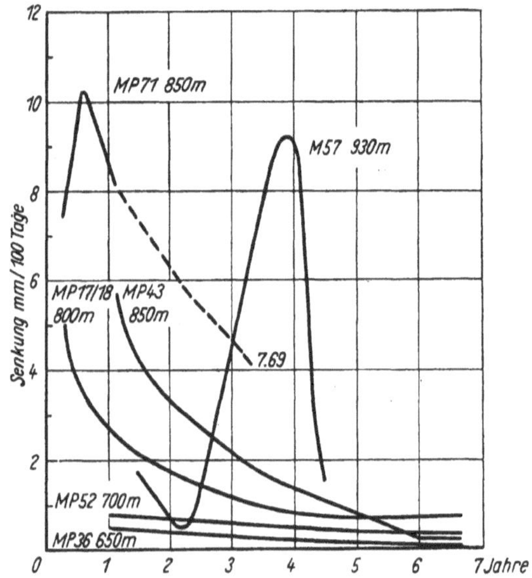

Bild 7. Senkungsgeschwindigkeit des Hangenden in Abhängigkeit von der Teufe

Der Kurvenverlauf war tatsächlich nach knapp einem Jahr wieder normal, d. h., die Senkungsgeschwindigkeit hat sich mit 2 mm/100 Tage schon wieder den anderen Kurven angepaßt.

Der Abbau dieses fast in Feldesmitte und in 930 m Teufe gelegenen Reviers 4 hat auch noch zu einer Fernwirkung auf bereits abgebaute, benachbarte Feldesteile geführt. So konnten zeitweilig an 300—400 m entfernten Meßstationen deutlich höhere Verformungsgeschwindigkeiten gemessen werden.

Dagegen konnte in ehemaligen Vorrichtungsstrecken, die vor Abbaubeginn quer vor der Abbaurichtung der mechanisierten Reviere im Westen und im Süden aufgefahren waren, die Annäherung des mechanisierten Reviers erst ab etwa 100 m registriert werden.

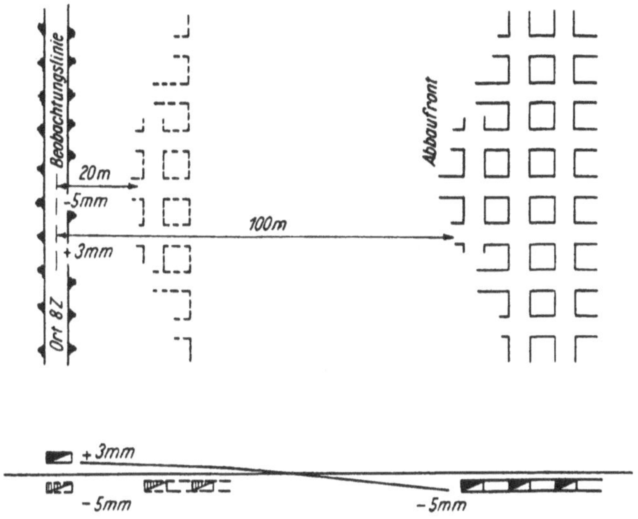

Bild 8. Einwirkung einer herankommenden Abbaufront auf eine Strecke

Die Bewegungen des Hangenden in den Vorrichtungsstrecken begannen zunächst mit leichten Hebungen von 3—4 mm, die bei 50 m Abbauannäherung auf etwa 2 mm absanken. Bei 20 m Abstand der Abbaufront von der Strecke konnten dagegen bereits 5 mm Senkungen gemessen werden (vgl. Bild 8).

Verglichen mit der Fernwirkung des Restabbaues in Feldesmitte vor Revier 4 ist diese Auswirkung gering, und es läßt sich mit ziemlicher Sicherheit daraus folgern, daß die Reichweite der Fernwirkung in einfacher Weise vom Abbau- oder Beanspruchungsgrad des jeweiligen Abbaufeldes abhängt.

Wie bekannt, reagiert der Carnallit sehr empfindlich auf schnellere Änderungen des Belastungscharakters. Man sollte daher vermeiden, mit neuen Abbaufeldern und raschem Verhieb in die unmittelbare Nähe von alten, früher abgebauten Carnallitfeldesteilen zu fahren, deren Pfeilerdimensionen — trotz großer Mächtigkeit — nach alten Hartsalzabmessungen festgelegt worden sind.

4.2. Ergebnisse der Konvergenzmessungen

Mit den Senkungen des Hangenden werden die vertikalen Bewegungen der Sohle in Abbaumitte, an der Pfeilerkante und nach einem neuen Verfahren die Stauchungen im Pfeilerkern gemessen.

Diese Meßanordnungen, in Pfeiler und Strecken in verschiedenen Tiefen eingebaut, klären in Verbindung mit den nachfolgend beschriebenen Querdehnungsgestängen, ebenfalls in verschiedener Pfeilertiefe angeordnet, das Verformungsverhalten des Gebirges in verschiedenen Tiefenzonen um den Abbauhohlraum herum und speziell auch im Pfeilerinneren.

Im Querschnitt dargestellt (s. Bild 9), ergeben die Bewegungen dieser Meßsysteme eine Art von wellenförmigem Verformungsbild des Hangenden und Liegenden mit großer Konvergenz

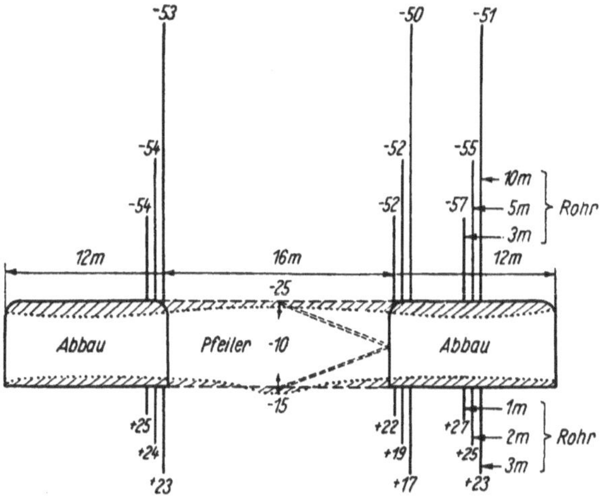

Bild 9. Verteilung der vertikalen Verformungen um Abbau und Pfeiler

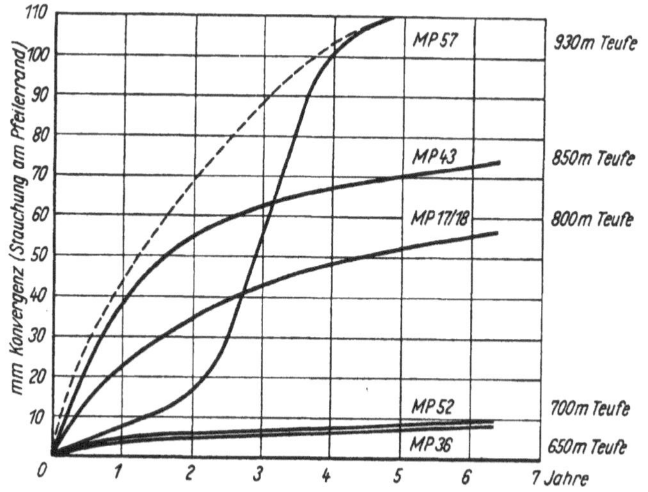

Bild 10. Konvergenzen in Abhängigkeit von der Teufe

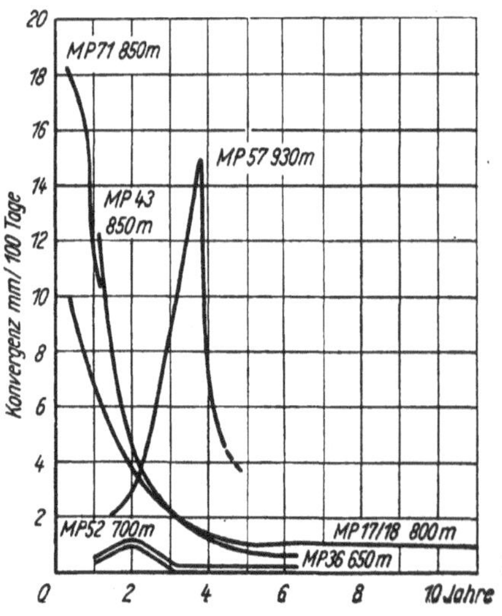

Bild 11. Konvergenzgeschwindigkeiten in Abhängigkeit von der Teufe

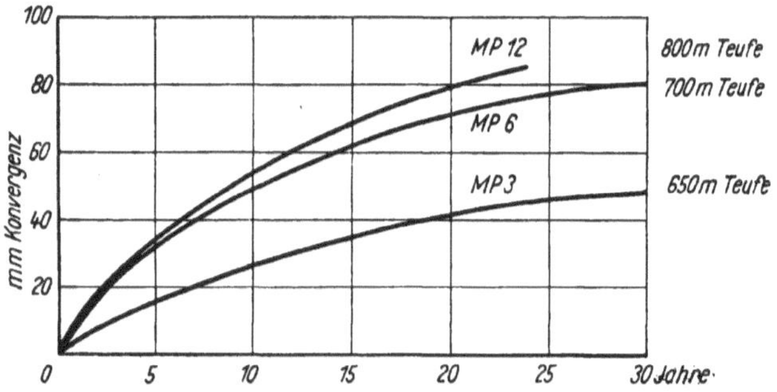

Bild 12. 30jährige Gesamtkonvergenzen in Abhängigkeit von der Teufe

in Abbaumitte und geringer Stauchung im Pfeilerkern. Die Pfeilerbauten weichen in den Hohlraum aus. Der verfestigte Pfeilerkern wird dabei, wie nachfolgend noch erläutert, etwas in die Sohle gestanzt.

Auf Bild 10 sind die Konvergenzbeträge oder auch Stauchungen des Pfeilerrandes in Abhängigkeit von der Teufe dargestellt. Bild 11 zeigt die entsprechenden Konvergenzgeschwindigkeiten. Das Ergebnis dieser Auswertungen zeigt genau die gleiche Tendenz wie die Auswertung der Senkungsbeobachtungen.

Die Ergebnisse der 30 Jahre lang gemessenen Konvergenz der Festpunkte MP 3, 6 und 12 sind in Bild 12 dargestellt. Die Abhängigkeit der Verformung von der Teufe und somit von der Belastungshöhe konnte auch über diesen langen Zeitraum klar herausgestellt werden.

4.3. Querdehnungen

Die Querdehnungen werden ebenfalls an den entsprechenden Meßstationen nach dem im Abschnitt 3 beschriebenen Verfahren bestimmt.

Im einzelnen werden die horizontalen Verformungen in den 10—12 m starken Pfeilern des konventionellen Betriebes in 0,5, 1,5, 3 und 5 m Tiefe beiderseits vom Pfeilerstoß gemessen. Bei den 16 m Pfeilern mit quadratischer Grundfläche der mechanisierten Reviere sind die Meßgestänge in 1, 3, 5 und 7 m Tiefe befestigt. In beiden Fällen ist der Kern in Pfeilermitte, dessen Querdehnung auf Grund der Gestängeanordnung noch gemessen werden kann, ca. 2 m stark.

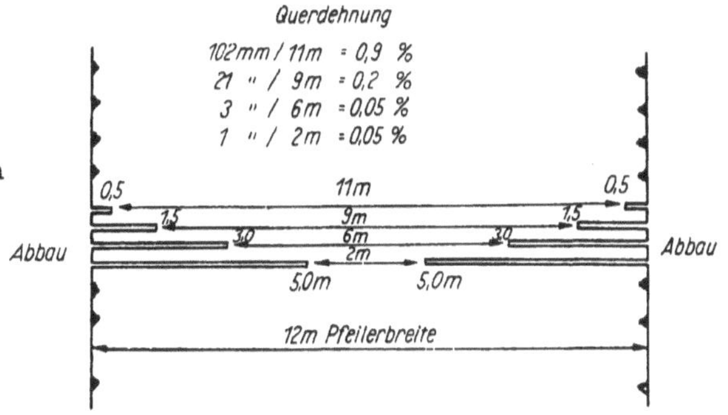

Bild 13. Pfeilerquerdehnung in verschiedenen Pfeilertiefen eines 12 m breiten Langpfeilers

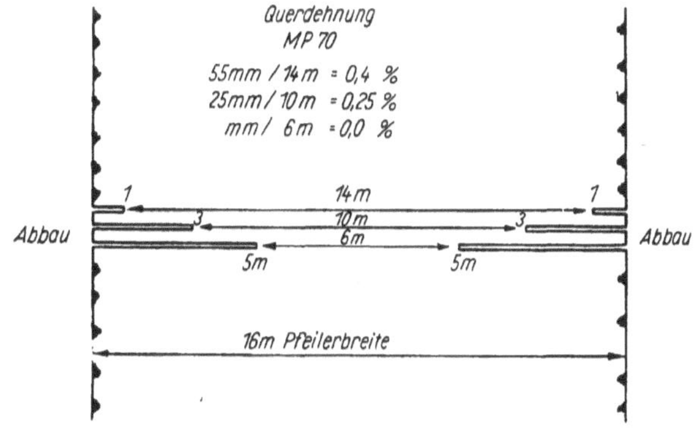

Bild 14. Pfeilerquerdehnungen in verschiedenen Pfeilertiefen eines $16 \times 16\ m^2$ Pfeilers

Da mehrere Meßstationen vor der Abbaufront in Vorrichtungsstrecken installiert worden sind, konnten die Bewegungen vor der herankommenden Abbaufront gemessen werden. So setzten etwa 130 m vor der herankommenden Abbaufront die Verformungen an den äußeren Querdehnungsgestängen ein und griffen auf die tiefer im Pfeiler verankerten Gestänge über (s. Bilder 13 und 14).

Im Langkammerabbau verringerten sich die Querdehnungen nach $1^1/_2$—2 Jahren auf einen kleinen Wert von etwa 1,0 mm/100 Tage. Im schneller voranschreitenden „room and pillar"-Abbausystem sind die Verformungsgeschwindigkeiten größer. Nach etwa 120—150 m Entfernung der Abbaufront vom Meßpunkt erreichen die Verformungen ihre höchsten Werte, hier bis zu 10 m Querdehnung in 30 Tagen. Nach 1 bis $1^1/_2$ Jahren sind diese Bewegungen auf 3—4 mm/100 Tage abgesunken.

Die Bilder 15 und 16 zeigen die Querdehnung und die Querdehnungsgeschwindigkeit in Abhängigkeit von der Teufe und somit von der Pfeilerbelastung.

Im einzelnen konnten auf Grund der verschiedenen Gestängetiefen und Pfeilerformen folgende Feststellungen getroffen werden:

Die Querverformungen der Pfeiler begannen am Pfeilerrand und setzten sich mit zunehmender Belastung in Richtung zur Pfeilermitte hin mit systematisch abnehmenden Beträgen fort.

Die größten Querdehnungen an den 2,5 m hohen Hartsalzlangpfeilern von 12 m Breite und 60 m Länge konnten *stets* in Feldesmitte gemessen werden und betrugen in randlichen Pfeilerbereichen (0,5 m Gestänge) nach etwa 2 Jahren Abbauzeit 100 mm. Das entspricht einer Querverformung von 1%, bezogen auf die gemessene Pfeilerbreite. In Pfeilermitte dagegen wurden nur sehr geringe horizontale Bewegungen festgestellt.

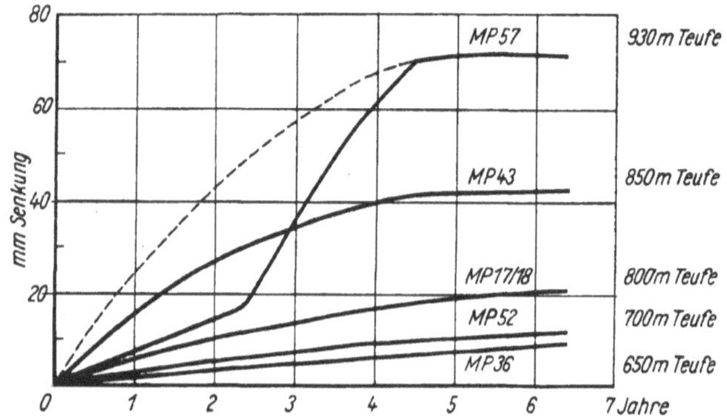

Bild 15. Die Abhängigkeit der Querdehnung von der Teufe

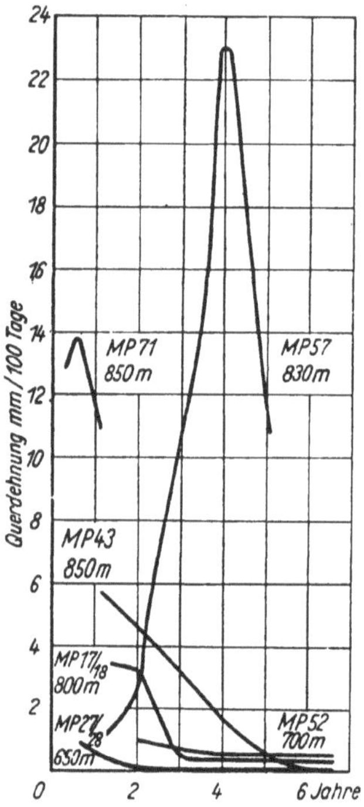

Bild 16. Die Abhängigkeit der Querdehnungsgeschwindigkeit von der Teufe

Zu den Feldesrändern hin nehmen diese horizontalen Bewegungen des „Querfließens" in allen Pfeilertiefen ab. Diese Tendenz konnte an 30 Meßstationen mit je 8 Querdehnungsgestängen im Laufe von rund sechs- bis achtjähriger Meßzeit allgemein festgestellt werden.

Die Meßergebnisse zeigten eindeutig, daß neben den Absenkungsbeträgen und der Konvergenz auch die Querdehnungen an den Pfeilern *in* der Baufeldmitte am größten sind und das großflächige Abbaufeld folglich von keinem sog. Gewölbe überspannt werden kann.

Die Auswertung der horizontalen Querdehnungsmessungen in allen Pfeilertiefen bestätigt die schon aus den Stauchungsmessungen gefolgerte Feststellung, daß bei genügender Plattigkeit eines Pfeilers sich ein quasi dreiaxialer Beanspruchungszustand zur Pfeilermitte hin aufbaut. Es ist anzunehmen, daß bei Pfeilern mit sehr großer Breite sich das Spannungsmaximum aus der Mitte zu den Rändern hin etwas verlagern kann.

Die Wirkung der Pfeilereinspannung an Sohle und Firste konnte durch die gestaffelte Anordnung von Querdehnungsgestängen über die Höhe der Pfeiler festgestellt werden. Es wurden

0,5 bis 5 m Gestänge 20 cm über der Sohle, ferner in Pfeilermitte und schließlich 20 cm unter der Firste eingebaut, und zwar an den 4 Meßstationen Nr. 17/18, 18/19, 20/21 und 22/23. Dort, wo eine 0,5 cm starke Tonlöserschicht den Pfeiler vom Hangenden trennt, ist die Querdehnung unmittelbar unter der Firste typischerweise um etwa 10—20% größer als in Pfeilermitte.

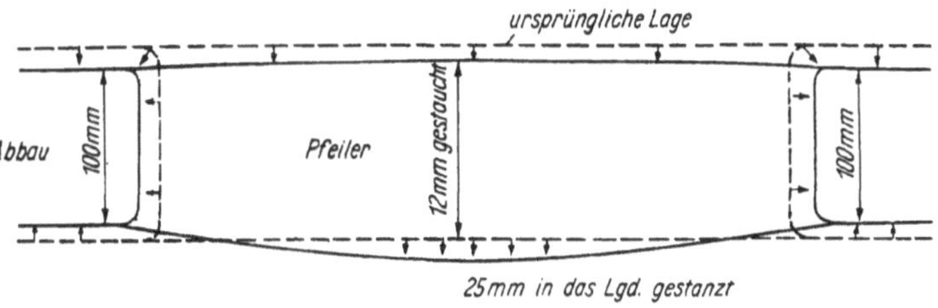

Bild 17. Schema der Bewegung und Verformung in einem 16×16 m² Grubenpfeiler

Umgekehrt verhält es sich, wo Pfeiler und Hangendes im homogeneren Salzgebirge fest verwachsen sind. Hier ist die Querdehnung in Pfeilermitte stets größer als an der Firste und der Sohle. Diese Feststellung demonstriert die Einspannwirkung der Pfeiler an Firste und Sohle. Die Verformungscharakteristik eines plattigen Pfeilers zeigt das Bild 17. Die geringe Stauchung im Pfeilerkern und das Einstanzen in die Sohle konnten klar nachgewiesen werden.

4.4. Verhältnis zwischen Konvergenz und Querdehnung

Das Verhältnis zwischen vertikaler und horizontaler Verformung ist aus den Werten der Pfeilerquerdehnungsmessungen und den vertikalen Bewegungen der unmittelbar am Pfeilerrand — 10 m hoch in der Firste und 3 m tief in der Sohle — verankerten Meßgestänge bestimmt worden. Die Werte wurden auf die Mächtigkeit und Breite des Pfeilers bezogen und in Prozenten ausgedrückt.

Grundsätzlich konnte bei allen 240 Messungen ein Mehrfaches an Stauchung oder Konvergenz gegenüber der Querdehnung festgestellt werden.

Mit zunehmender Belastung der Pfeiler wird das Verhältnis von Konvergenz zu Querdehnung geringer. In 850 m Teufe betrug bei baufeldrandnahe gelegenen Pfeilern das Verhältnis von Konvergenz bzw. Stauchung zu Querdehnung 10:1, in Feldesmitte 5:1, in nur 650 m Teufe und in Feldesmitte dagegen nur 16:1.

Diese Abhängigkeit wurde an einer Vielzahl von Labortesten untersucht und konnte dort klar bestätigt werden.

4.5. 80-cm-Großbohrlöcher

Die Meßergebnisse der seit 1958 beobachteten Verformungen der 80-cm-Großbohrlöcher — ausschließlich in 12 m breiten, 60 m langen und 2,5 m hohen Hartsalzpfeilern gebort — bestätigen die bisher angeführten Meßergebnisse und die daraus abgeleiteten Folgerungen über das Verformungsverhalten in und um einen Abbaupfeiler.

Insgesamt wurden in den bis zu 1 km vorgetriebenen Vorrichtungsstrecken verschiedener Feldesteile 10 verschiedene Langpfeiler mit 80-cm-Großbohrlöchern quer durchgebohrt und von Meter zu Meter in horizontaler und vertikaler Ebene mit Bolzen bestückt. An diesen Bolzen wurden die Verformungen der Bohrlochwandungen auf 0,10 mm Genauigkeit gemessen. Die vertikale Bewegung der Bolzen wurde durch Nivellements kontrolliert.

Die Bohrlochvermessung ergab bei allen 10 Pfeilern ein ähnliches Bild. Von Pfeilermitte zu den Pfeilerrändern hin wurde eine zunehmende Verformung des Bohrloches gemessen. Das Verformungsbild am Pfeilerrand ähnelt einer liegenden Ellipse. Des weiteren konnte in der Mitte des Bohrloches ein Durchbiegen zum Liegenden hin festgestellt werden. Die Durchbiegung betrug bis zu 10 mm in Pfeilermitte.

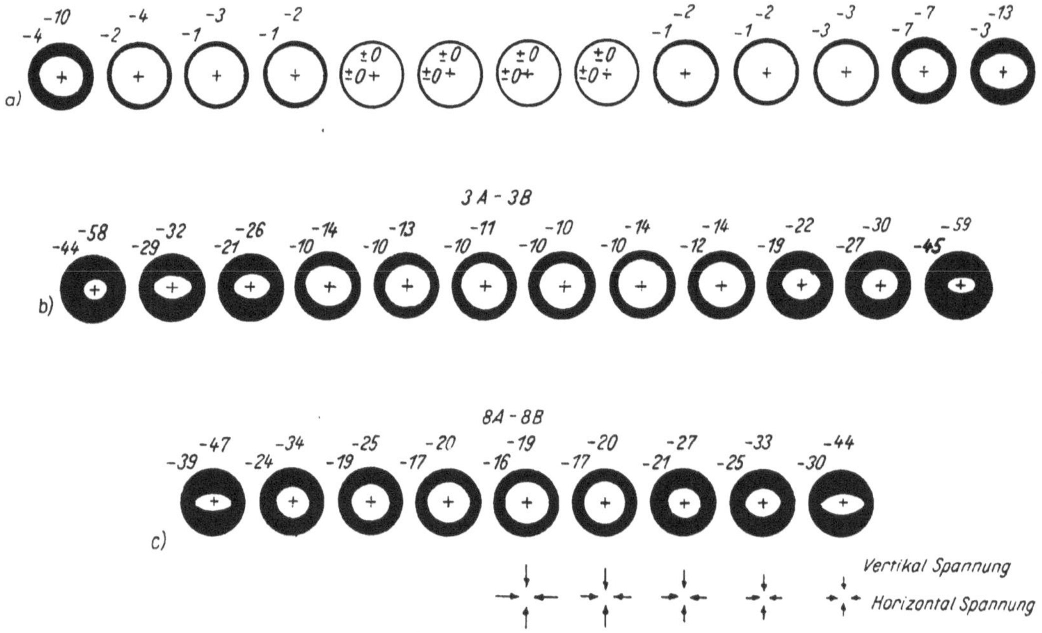

Bild 18. Veränderung des Bohrlochquerschnittes bei Großbohrlöchern, quer durch einen Langpfeiler gebohrt

Bei den Großbohrlöchern, die in Feldesmitte gebohrt worden sind, wo gleichfalls die größten Absenkungen über und unter Tage gemessen werden konnten, verringerte sich der Durchmesser des Großbohrloches in der Mitte des Pfeilers in horizontaler und vertikaler Ebene um fast die gleichen Beträge. Nach den Rändern zu glich auch hier die Bohrlochöffnung einer liegenden Ellipse. Bild 18 veranschaulicht das Verformungsbild und enthält die gemessenen Verformungswerte.

5. Zusammenfassung

Die Auswertung der verschiedenen Meßverfahren führt zu gleichen Ergebnissen und bestätigt die Richtigkeit der im einzelnen abgeleiteten Folgerungen.

Einige der wesentlichen Erkenntnisse sind:

Bei großflächigem Abbaufeld haben die Pfeiler die volle Überlagerungslast zu tragen. Die Beanspruchung der Grubenbaue ist in erster Linie von der Teufe abhängig.

Baufeldmittig gelegene Pfeiler werden durch den Einfluß der Feldesgröße stets am stärksten belastet.

Eine sog. Gewölbebildung ist bei großflächigem Abbau nicht möglich.

Das Gebirge reagiert unmittelbar auf die Abbaueinwirkung.

Die Reichweite der Fernwirkung eines in Abbau befindlichen Grubenfeldes ist vom Grad der schon herrschenden Beanspruchung des betroffenen Nachbarfeldes abhängig.

Bei hinreichend plattigen Pfeilern entsteht im Pfeilerkern ein angenäherter dreiaxialer Zustand. Die Verformungen nehmen zur Pfeilermitte hin ab.

Auf Grund der durch Grubenmessungen gewonnenen Erkenntnisse können mit Hilfe von gezielt angesetzten Laboruntersuchungen Regeln für die Abmessungen von Grubenbauen aufgestellt werden.

Zum 11. Ländertreffen
des Internationalen Büros für Gebirgsmechanik
vorgelegte Arbeiten

Das Anlegen und Führen von Abbauen mit Stahlstempelausbau in steil gelagerten Flözen (Einfallen 50 bis 60°)

von T. Zoltán, Budapest

Kurzfassung

Strebe in über 50° steilen Flözen können zur Zeit nur im „Konvergenzabbau“ mit verlorenem Ausbau betrieben werden, da der Bruchbau aus Sicherheitsgründen nicht angewendet werden kann. Es wird eine Prüfmethode erörtert, mittels welcher der in der Strebumgebung entstehende Gesteinsauflockerungsgrad eindeutig bestimmt werden kann. Ferner kann damit festgestellt werden, ob im Hangenden des offenen Abbauraumes Hohlräume von solcher Größe entstanden sind, daß sie die Sicherheit des Ausbaues nachteilig beeinflussen können. Die erörterte Prüfmethode wurde zuerst auf der Zeche Kossuth der Mecseker Kohlenbergwerke angewendet. Die dabei erzielten Meßergebnisse und die daraus gezogenen Folgerungen werden angeführt.

Einleitung

Im Jahre 1968 wurden im Mecseker Kohlenrevier ausbautechnologische Untersuchungen [1] durchgeführt und dabei festgestellt, daß die steilgelagerten Flöze ein gut lenkbares Hangendes und günstige Verhältnisse für Bruchbau besitzen. Die vor Ort durchgeführten Messungen ergaben, daß in den Streben mit 30°—50° Einfallen die eingebauten Stahlstempel nur eine geringe Last (9—14 Mp) zu tragen haben. Diese geringen Stempellasten, ferner das Fehlen von dynamischen Belastungen sowie der Umstand, daß kurz nach dem Rauben des Ausbaus der Bruch einsetzte und den aufgelassenen Raum rasch ausfüllte, lassen darauf schließen, daß im Hangendgestein keine großen Spannungskonzentrationen auftreten. Das unmittelbare Hangende wird oft schon im offenen Arbeitsraum brüchig. Im allgemeinen wurden also für das Zubruchwerfen günstige Umstände festgestellt. Auf Grund der Meßergebnisse einer früheren Forschungsaufgabe [1] tauchte auch die Möglichkeit auf, daß der in der Allgemeinen Sicherheitsverordnung für den Bergbau (ABBSz) für Anwendung von Bruchbau zugelassene Grenzwert von 50° Einfallen auch auf steilere Flöze erweitert werden könne. Gegenwärtig wird in steileren Flözen als 50° der Strebbau mit verlorenem Ausbau und natürlicher Konvergenz betrieben. Die Nachteile dieses Verfahrens äußern sich in einem enormen Holzverbrauch und in der ständigen Grubenbrandgefahr. Alle diese Schwierigkeiten lassen sich vermeiden, wenn der Bruchbau auch bei Flözen mit über 50° Einfallen zugelassen wird. Auf Grund dieser Feststellungen entschloß sich die Leitung der Kohlenbergwerke Mecsek — gestützt auf den erwähnten Forschungsabschlußbericht [1] —, in einem Versuchsstreb von 55—60° Einfallen Bruchbauversuche durchzuführen. Hierzu wurde im Grubenbetrieb Kossuth, Schacht III, der vom 1. Querschlag östlich gelegene Abbau im Flöz 3 ausersehen.

Die Anwendbarkeit des Bruchbaues ergibt sich aus dem Mechanismus des Zubruchgehens. Es müssen deshalb durch Beobachtungen und Messungen folgende Fragen geklärt werden:

a) Wie groß muß die Fläche sein, um nach Rauben des Ausbaus den Bruch der unmittelbaren Firste herbeizuführen?

b) Wann setzt nach dem Rauben des Ausbaus der Bruch ein?

c) Wie groß sind die Gesteinsmassen, die nach dem Ausrauben je eines Abschnittes hereinbrechen, ferner die Gesteinsmassen, die außerdem noch in Bewegung kommen?

d) Wie weit erstrecken sich räumlich der Bruch bzw. die in Bewegung gekommenen Gesteinsmassen?

e) Welche Winkel schließt der Böschungswinkel des Bruches im Hangenden einerseits in der Einfallsrichtung andererseits auf der dem Bruch zugekehrten Seite mit der Horinzontalen ein?

f) In welchem Ausmaß wird die Stabilität des stehenden Ausbaus durch den Bruch beeinflußt?

Auf Grund der praktischen Erfahrungen kann hierüber folgendes gesagt werden: Wenn auf einer Firstenfläche von 8—10 m² nach Aufhören der Ausbaureaktion, d. h. nach dem Rauben des Ausbaus, der Bruch sofort oder kurze Zeit (30—40 min) danach erfolgt, dabei die hereingebrochenen Dachschichten den aufgelassenen Abbauraum ausfüllen und sich dabei in der Firste Böschungswinkel ergeben, die vom Abbaustoß gegen den Bruch hin einfallen, wenn ferner die Stempellast auf dem verbliebenen Ausbau sich nicht wesentlich vermindert, dann sind die Möglichkeiten zur Anwendung des Bruchbaus grundsätzlich gegeben. Wichtig dabei ist, daß das Gestein über dem Arbeitsraum des Abbaus nicht ins Fließen kommt, ferner daß sich im hohen Hangenden keine großen Hohlräume bilden. Das Ausfließen der Dachschichten kann nämlich solche Dimensionen annehmen, daß sie den Ausbau umlegen und den Streb zum Erliegen bringen.

Der Versuchsstreb wurde folgendermaßen angelegt: 24 m unterhalb der auf der nächsthöheren Sohle befindlichen Wetterstrecke wurde eine Hilfswetterstrecke als Kopfstrecke des Strebs aufgefahren und der 24 m breite Kohlenpfeiler zum Schutz der Wetterstrecke belassen. Von der Kopfstrecke abwärts hatte das Flöz auf 38 m Stoßlänge ein Einfallen von 35—45°, anschließend daran auf 30—32 m Länge ein Einfallen von 55—64°; in den restlichen 85 m des Strebs betrug das Einfallen 30—35°, bei 2 m mittlerer Flözmächtigkeit. Der Strebstoß lag im Einfallen und der Abbaufortschritt war streichend.

Die Gewinnung erfolgte mit Preßluft-Abbauhämmern. Die Kohle wurde in den steilen Strebabschnitten in 500 mm Fallrohren aus 4 mm starkem Stahlblech abwärts befördert, im flacheren Strebabschnitt von einem Kettenförderer übernommen und am unteren Strebausgang in die Förderwagen ausgetragen. Der Streb war je 8 m Länge mit 2 Mann belegt. Jede Hauergruppe war durch eine Kopfbühne von der nächst höheren getrennt. Wegen Schlagwettergefahr wurde der Streb mit 900 m³/min belüftet. Dieser starke Wetterstrom verursachte trotz der abgedeckten Fördereinrichtungen eine starke Staubentwicklung, die mit Wasserzerstäubung bekämpft wurde.

Der Abbau war mit Stahlstempeln, Bauart KL-65, ausgebaut (Bild 1). In dem steilgelagerten Strebabschnitt — also am Untersuchungsort — betrug der Stempelabstand 0,6 m. Die Stempelreihen 1 und 3 wurden mit Ketten gesichert, die aus 4,2 mm starkem Rundstahl hergestellt waren. Die Verbindung erfolgte in der Weise, daß an der entlang der Stempelreihe ausgelegten Kette die einzelnen Ausbauteile mit um die Stempelkronen geschlungenen Einzelketten und Schrauben angeschlagen wurden. Diese Ketten sollten das reihenweise Umkippen der Stempel verhindern. Anfangs wurde auch in der Stempelreihe 2 eine Sicherungskette eingebaut, später jedoch weggelassen, da die Stempel dieser Reihe sofort nach erfolgtem Bruch in den ausgekohlten Raum umgesetzt wurden. Diese Lösung scheint jedoch nicht begründet zu sein.

Die Stempel wurden mit hydraulischen Setz- und Keilspanngeräten eingebaut. Ihr Rauben erfolgte der Reihe nach von unten nach oben, wobei die Stempel mit dem hydraulischen Keilziehgerät gelöst wurden. Die Raubarbeit wurde aus 3—4 m Entfernung von dem zu raubenden Stempel ausgeführt, da das Steuerventil nicht am Stempel selbst angebracht ist, sondern das Keilziehen mit Hilfe eines Hochdruckgummischlauches fernbetätigt werden kann. Setz- und Keilspanngerät sowie die Keillösevorrichtung wurden mit dem zum Kohlenstoßtränken benötigten, dem Abbau zugeführten Hochdruckwasser von 100 atü betätigt. Beim Einbau der Stempel wurden Sohlenspreizen angewendet.

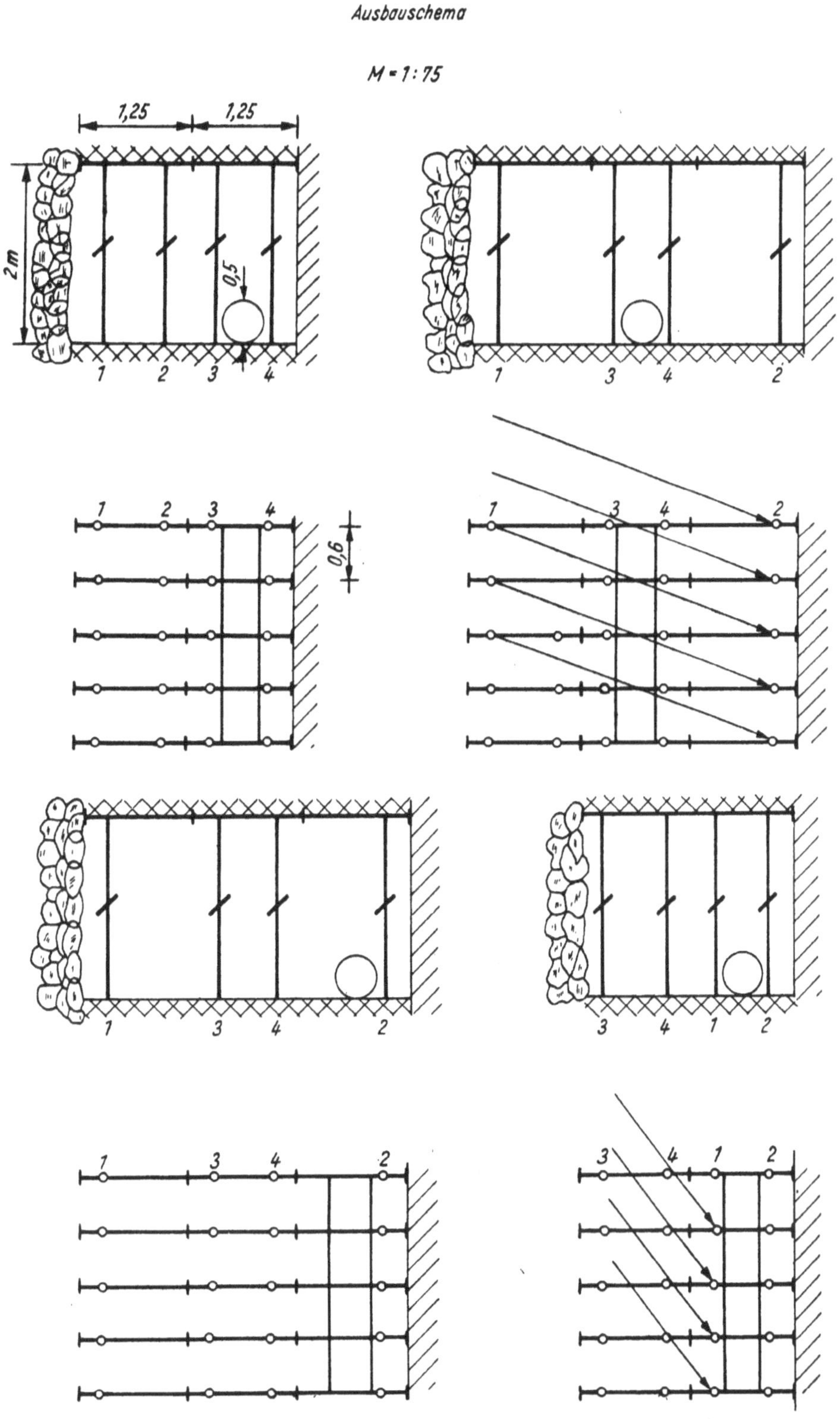

Bild 1. Ausbauschema

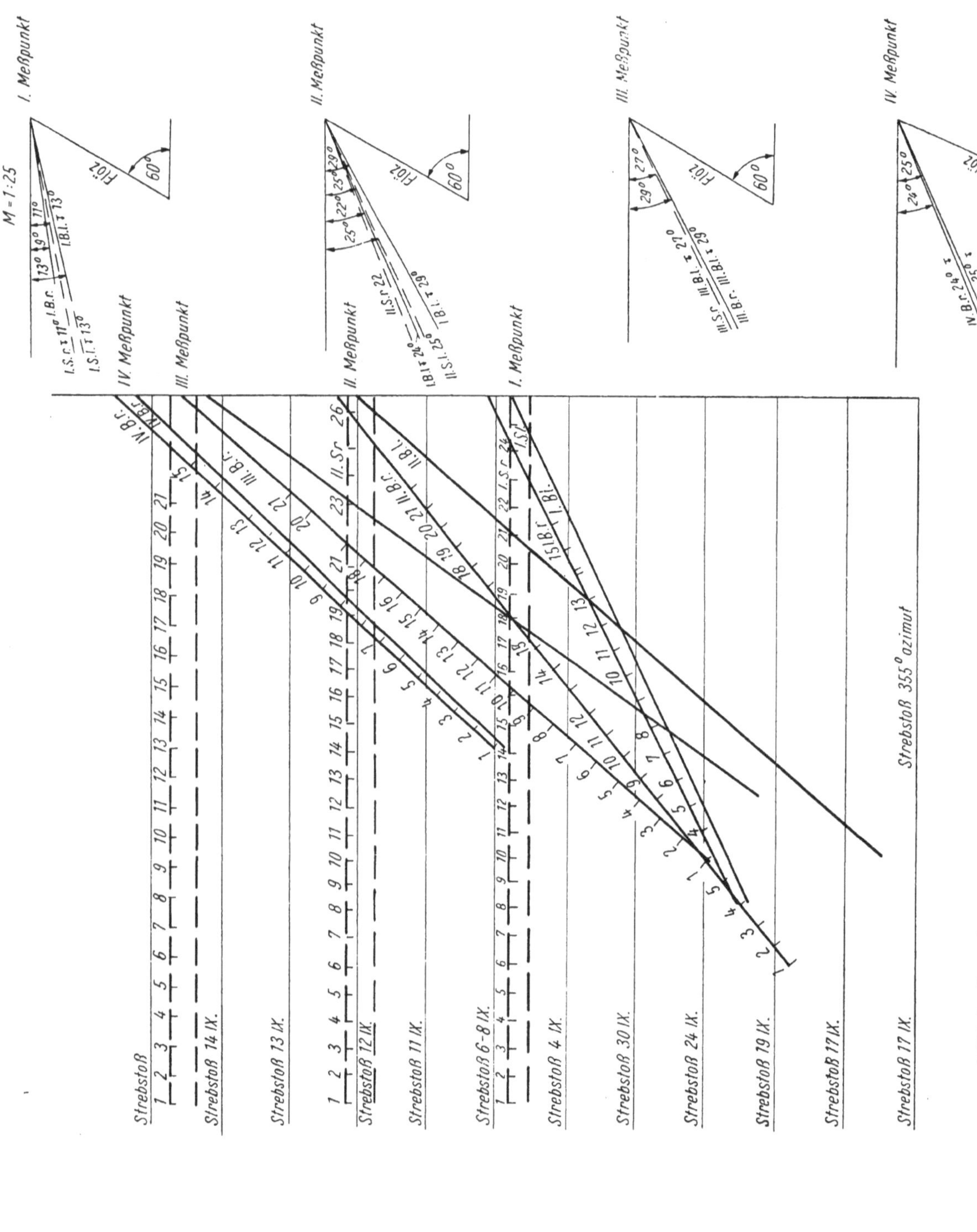

Bild 2. Lageplan und Schnitte der angelegten Bohrlöcher

Am oberen Ende des Untersuchungsabschnittes wurde im Streichen eine 18 m lange Teilstrecke dem Kohlenstoß vorangeführt, und in dieser die zum Messen der Gesteinsauflockerung dienenden Bohrlöcher hergestellt.

Die Abbaugeschwindigkeit des Strebs betrug zu Beginn 0,27 m/Tag und stieg dann auf 1,25 m/Tag.

Im Versuchsstreb wurden Stempelbelastung und Konvergenz sowie die relative Dichteänderung des Hangendgesteins gemessen. Die Methoden der Stempellast-, und Konvergenzmessungen sowie die Ermittlung der Gesteinsdichte mit Hilfe von Radioisotopen sind aus der Fachliteratur bekannt [3, 4]. Die relative Änderung der Gesteinsdichte wurde in den Bohrlochpaaren gemessen, die in der hierzu vorgetriebenen — bereits erwähnten — Teilstrecke hergestellt waren. Die räumliche Anordnung dieser Bohrlochpaare ist aus Bild 2 zu ersehen. In dieser Abbildung wurde auch der zeitliche Verlauf des fortschreitenden Strebstoßes eingezeichnet. Die im Abstand von 30—40 cm fast parallel gebohrten Bohrlöcher wurden — wie aus Bild 2 ersichtlich — so angesetzt, daß sie in der Kohle oder dem unmittelbaren Hangenden beginnend mit zunehmendem Abstand vom Flöz stets höhere Hangendschichten durchörterten. Die Bohrlöcher wurden mit Futterrohren von 50 mm ∅ versehen, und auf diese Weise das störungsfreie Einsetzen des Isotops und des Detektors gesichert. Beim Messen wurde in das näher zum Abbaustoß gelegene Bohrloch die geschlossene ^{60}Co-Strahlungsquelle, Typ NS-205, von 0,222 m Ci-Intensität eingesetzt, während in das andere Bohrloch der schlagwettersichere Detektor eingeschoben wurde. Von den Bohrlochenden wurden die an Aluminiumstäben befestigten beiden Meßgeräte, die Strahlungsquelle und der Detektor in dem betreffenden Bohrloch parallel um je 50 cm vorgezogen und an diesen Meßstellen die Gesteinsdichte zwischen dem Isotop und dem Detektor gemessen. Durch wiederholtes Messen an den gleichen Stellen wurde dann die inzwischen erfolgte Änderung der Gesteinsdichte zwischen je zwei Bohrlöchern ermittelt. Zwischen der Änderung der Gesteinsdichte und der Strahlungsintensität besteht ein enger Zusammenhang. Die geringere Intensität ist für ein dichtes, kompaktes, unversehrtes Gebirge charakteristisch, während eine starke Strahlungsintensität auf lockeres, zerrissenes, brüchiges Gestein schließen läßt. Die ersten sog. Basismessungen wurden unmittelbar nach Herstellung und Verrohrung der Bohrlöcher durchgeführt. Durch Aufzeichnung von Zeit und Ort der Auflockerungen, ferner der dazugehörigen Lage des Strebstoßes konnten wir nachweisen, welches Ausmaß die Auflockerung des Hangenden in der Umgebung des Strebs annimmt, und wie weit sich diese Auflockerung räumlich erstreckt. Diese Daten wurden dann dazu verwendet, die Ausbautechnologie sowie Art und Weise des Abwerfens des alten Abbauraumes festzulegen.

Ferner wurde in der ganzen Länge des Versuchsabschnittes der Abstand zwischen den Kappen ständig gemessen. Die erste Messung erfolgte in der ersten Kappenreihe am Stoß und wurde in der gleichen Reihe unmittelbar vor dem Zubruchwerfen bzw. dem Ausrauben dieser Kappenreihe wiederholt. Mit diesen Messungen sollten Daten über das Wandern der Baue im Einfallen eingeholt werden.

Auswertung der Prüfergebnisse

Die Ergebnisse der im Abschnitt von 55—64° Einfallen vorgenommenen Konvergenzmessungen sind in Bild 3 dargestellt. Aus diesem ist zu ersehen, daß die Konvergenz bei einer Abbaugeschwindigkeit von 0,37 m/Tag 340 mm, bei einem Strebfortschritt von 1,25 m/Tag jedoch nur 80 mm betrug, mithin sich auf 23,5% des Ausgangswertes verringerte. Die übrigen Kennwerte der Messungen wurden in Tab. 1 zusammengefaßt.

Bezüglich des Stempeleinschubes kann festgestellt werden, daß die Stempel praktisch ohne Verkürzung der Belastung standhielten. Auch der auf den Arbeitsraum wirkende Gebirgsdruck war gering, wie dies durch die geringe Stempelreaktion (Mp/m^2) bewiesen wurde. Bei erhöhter

Tabelle 1

Einflußgrößen		Bei Abbaugeschwindigkeiten von 0,37 mm/Tag	1,25 mm/Tag
Stempelbelastung:			
Mittlere Stempellast unter der ersten Kappenreihe	Mp	12,2	9,3
Mittlere Stempellast unter der zweiten Kappenreihe	Mp	14,5	12,4
Mittlere Stempellast unter der dritten Kappenreihe	Mp	14,6	14,2
Belastungsverteilung:			
Erste Kappe erster Stempel	Mp	7,6	5,5
Erste Kappe zweiter Stempel	Mp	4,6	3,8
Zweite Kappe erster Stempel	Mp	8,5	7,0
Zweite Kappe zweiter Stempel	Mp	9,0	5,4
Dritte Kappe erster Stempel	Mp	8,3	8,0
Dritte Kappe zweiter Stempel	Mp	6,3	6,2
Einsinken des Stempels	cm	4,1	1,0
Ausbaureaktion	kp/m²	18,0	15,8
Konvergenz	mm	340	80
Offene Standzeit des Strebraumes	Stunde	253	67,2
Stempeldichte	Stück/m²	1,75	1,75

Abbaugeschwindigkeit nahm dieser Wert beträchtlich ab. Diese Mp/m²-Werte stimmen mit jenen Werten der Stempelreaktionen überein, die auch früher im Mecseker Kohlenrevier gemessen wurden. Im steilgelagerten Versuchsabschnitt zeigten sich also keinerlei ungünstige Gebirgsdruckverhältnisse.

Auch das Abwandern der Kappen und Stempel in der Einfallsrichtung wurde gemessen. Während ihrer ganzen Standzeit wanderten die Kappen durchschnittlich um 6—10 cm im Einfallen nach abwärts, in einigen Fällen stieg dieser Wert sogar auf 21—24 cm. Die Bewegung der Ausbauelemente wurde durch die an den Kappen und Stempeln angebrachten Sicherungsketten verhindert. Die Ketten konnten beim Einbau nicht gespannt werden, doch zeigte sich bereits nach 12—14 Stunden, daß die Ketten zwischen den Stempeln gespannt waren als Zeichen für eine Bewegung in der Einfallsrichtung. Diese Beobachtung war der Beweis, wie notwendig diese zusätzliche Sicherung ist. Das zeigte sich ferner auch, als beim zweiten Zubruchwerfen außer dem geraubten Stempel noch drei weitere umstürzten, doch wurden sie von der Kette

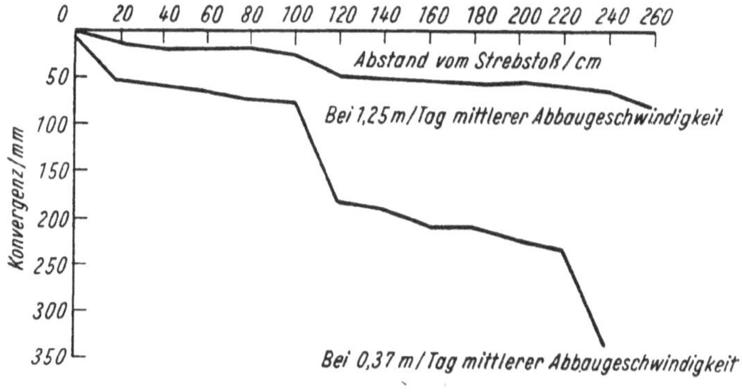

Bild 3. Konvergenzänderungen als Funktion der Zeit im Versuchsstreb für Bruchbau mit Firstenlenkung Flöz 3, Schacht III der Zeche Kossuth in Komló

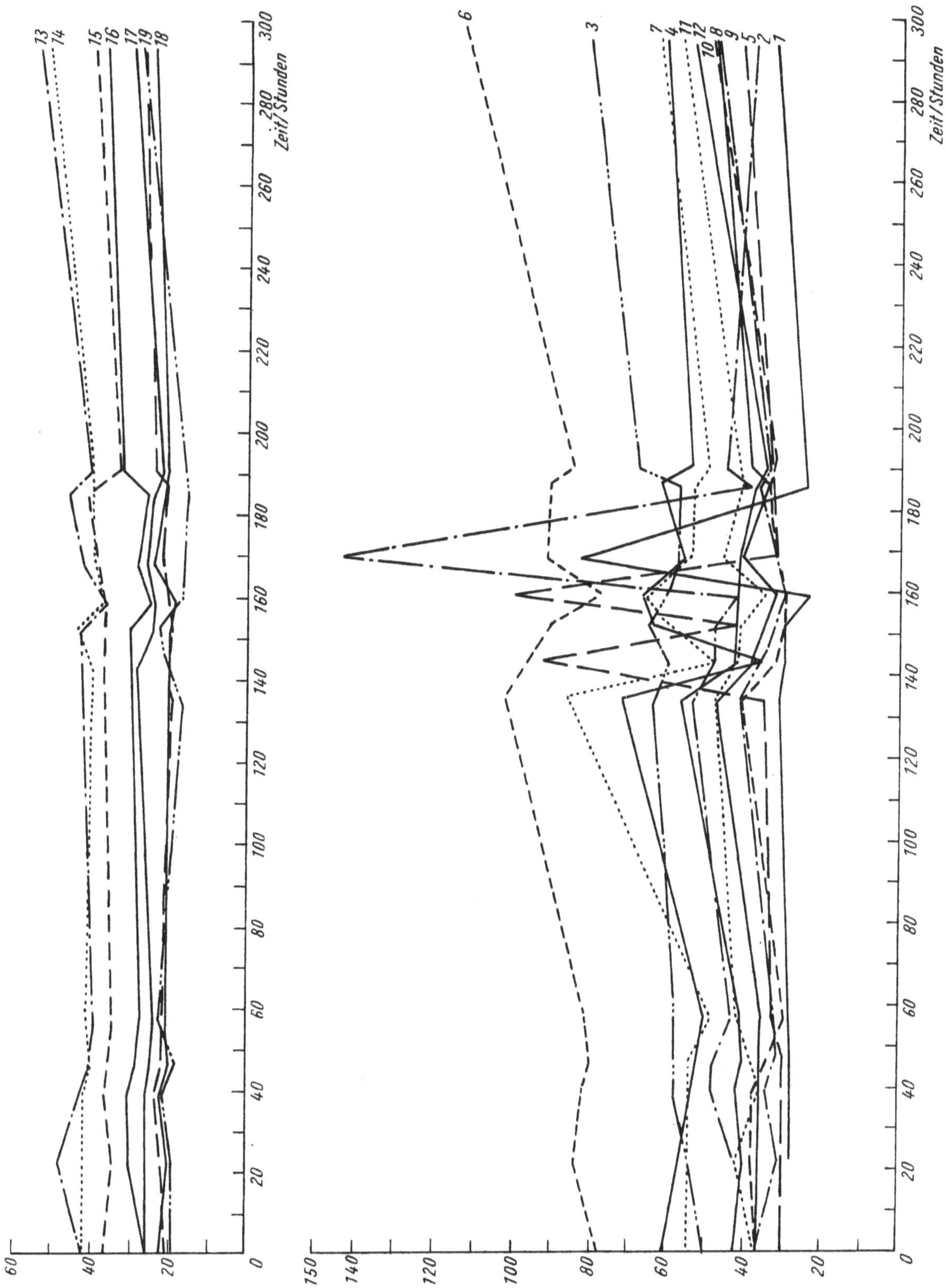

Bild 4. Im Bohrlochpaar l/h gemessene Gesteinsauflockerungswerte in der Umgebung des Versuchsstrebs Flöz 3, Zeche Kossuth in Komló

gehalten und konnten geborgen werden. Weitere Stempel kippten nicht um. Dieser Vorfall kam während der ganzen Versuchszeit nur einmal vor.

Bei Überprüfung der Werte für Stempeldichte, Ausbaureaktion und Stempelbelastung kann festgestellt werden, daß auch mit Verminderung der Stempeldichte jene Ausbaureaktion erzielt werden kann, die das Zustandekommen einer Konvergenz von 80 mm ergibt.

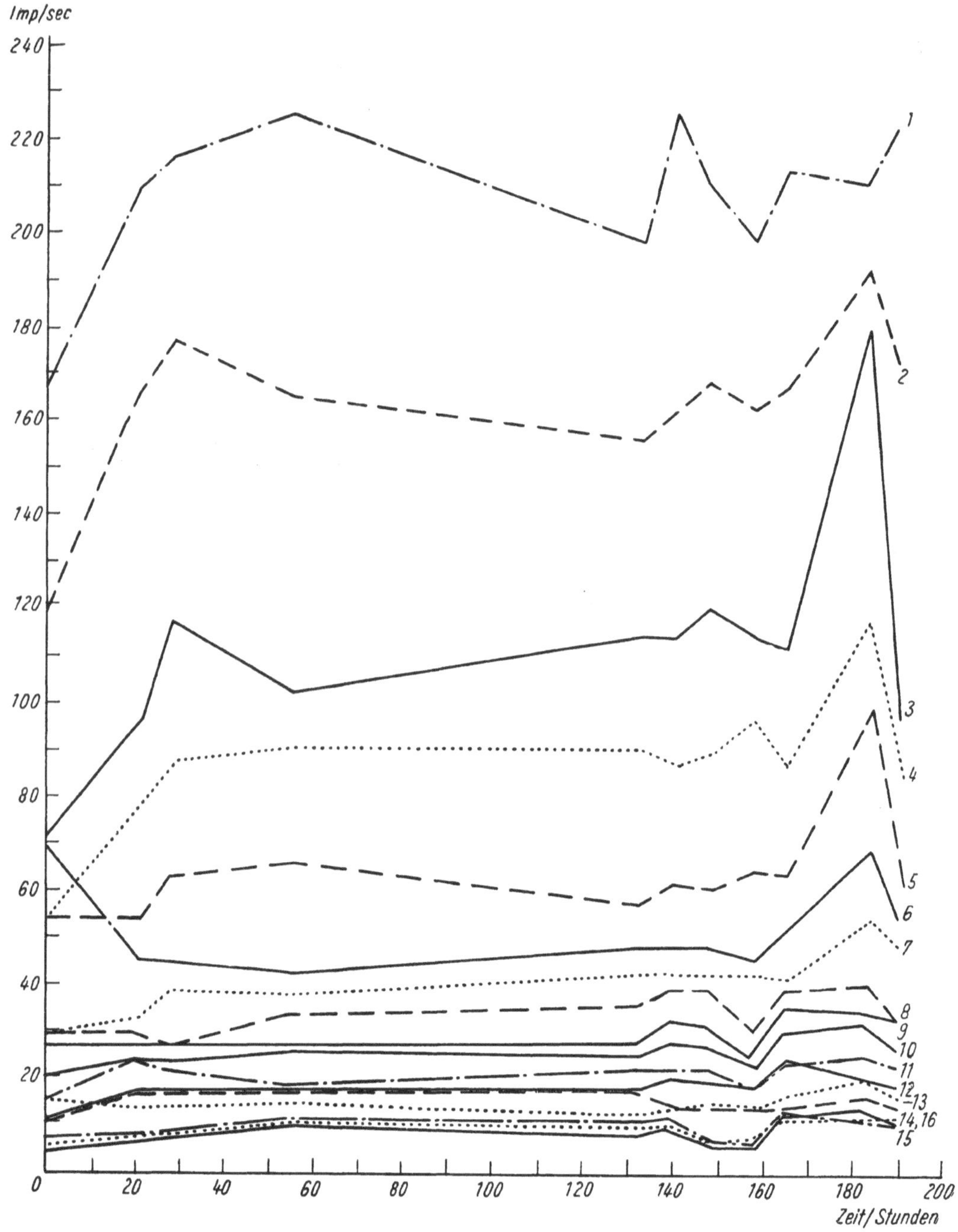

Bild 5. Im Bohrlochpaar I/o gemessene Gesteinsauflockerungswerte in der Umgebung des Versuchsstrebs 3, Zeche Kossuth in Komló

(Die Ziffern an den Kurvenenden bezeichnen die Nummern der Meßstellen)

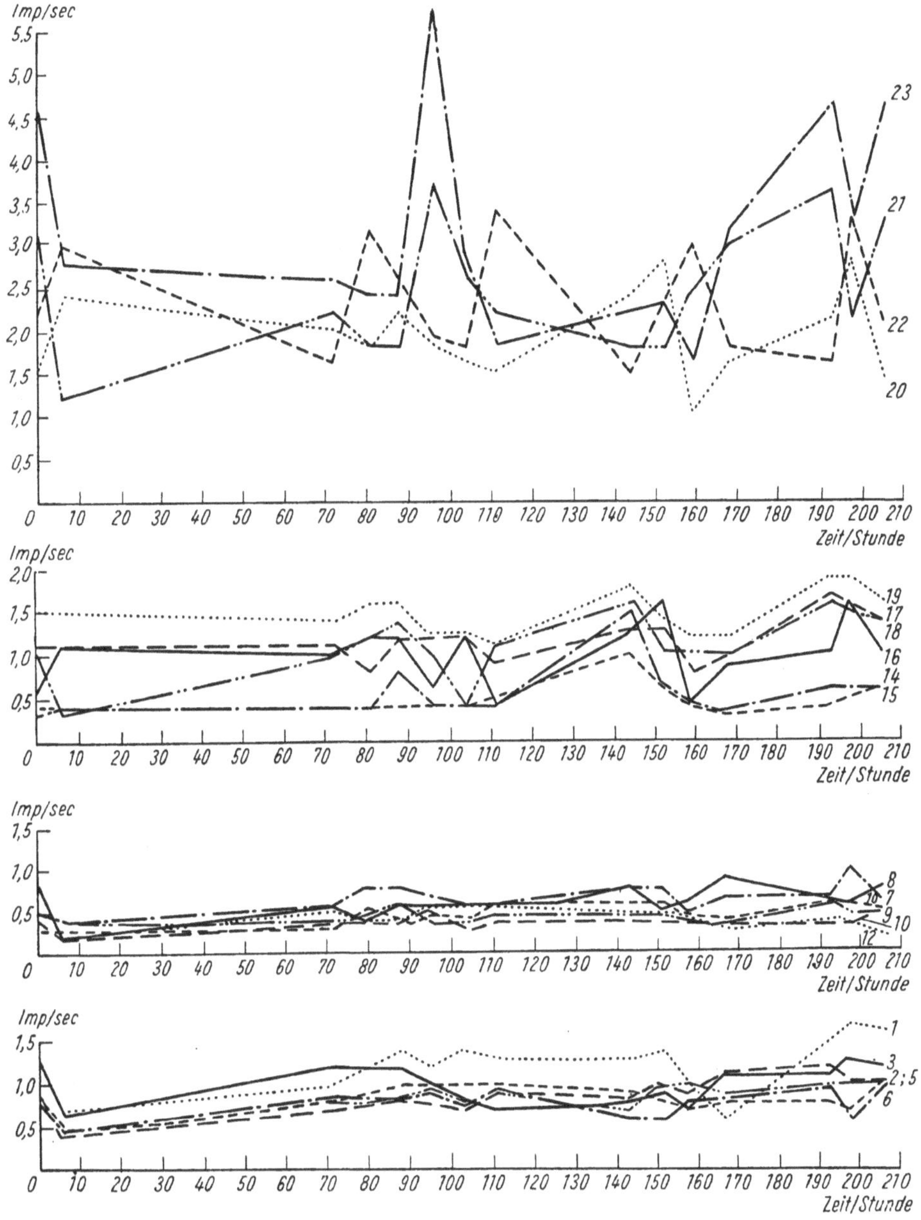

Bild 6. Im Bohrlochpaar III/h gemessene Gesteinsauflockerungswerte in der Umgebung des Versuchsstrebs Flöz 3, Zeche Kossuth in Komló

(Die Ziffern an den Kurvenenden bezeichnen die Nummern der Meßstellen)

Vom ausbautechnischen Gesichtspunkt aus brachte dieser Versuch den Nachweis für die Anwendbarkeit des Bruchbaus mit Firstenlenkung.

Bei den Untersuchungen der Gesteinsauflockerung und Gebirgsbewegung konnte folgendes festgestellt werden:

Auf den Bildern 4, 5, 6 und 7 wurden die in den Bohrlöchern I/h, I/o, III/h und III/o gemessenen Werte der Gesteinsdichteänderung als Funktion der Zeit dargestellt. Die Numerierung der in den Abbildungen dargestellten Kurven entspricht der Numerierung der Meßpunkte in den

Bohrlöchern. Der erste Meßpunkt befand sich jeweils am Bohrlochende, von da an sind die Meßpunkte gegen das Mundloch hin mit steigenden Zahlen nummeriert.

Der erste Abschnitt der in den Abbildungen dargestellten Kurven hat in der Mehrzahl der Fälle steigende Tendenz (zunehmende imp/s-Werte), kennzeichnet also eine Gesteinsauflockerung. Diese Erscheinung ist damit zu erklären, daß nach dem Bohren der Löcher in deren Umgebung 15—30 Stunden hindurch eine Deformation (Gesteinsauflockerung) erfolgte. Spätere Auflockerungen sind bereits dem Näherrücken des Strebstoßes zuzuschreiben[1]).

Nach jedem Auflockerungsprozeß kommt eine Verdichtung zustande. Deshalb folgt auf jeden ansteigenden ein sinkender Kurvenabschnitt (mit abnehmendem imp/s-Wert). Es konnte festgestellt werden, daß während der Versuchszeit je Meßpunkt eine wesentliche Auflockerung in zwei Zeitpunkten erfolgte. Der letzte Kurvenabschnitt ist entweder durch eine beträchtliche Auflockerung oder durch die darauffolgende Verdichtung gekennzeichnet. Dieser Auflockerungswert liegt schon nahe dem Punkt der Gesteinszerstörung, doch behält das von Rissen durchzogene Gestein noch seinen Zusammenhalt. Leider konnten wir nicht eindeutig feststellen,

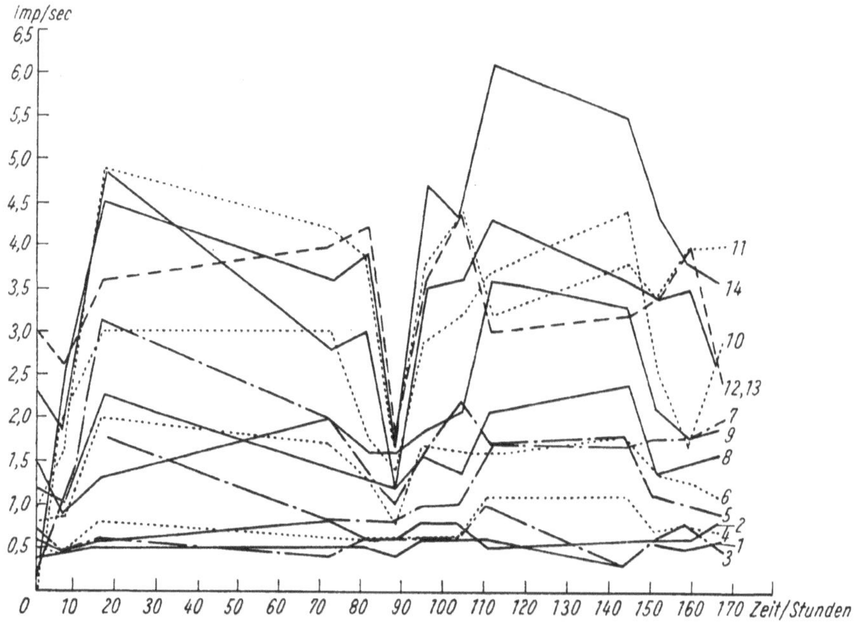

Bild 7. Im Bohrlochpaar III/o gemessene Gesteinsauflockerungswerte in der Umgebung des Versuchsstrebs, Flöz 3, Zeche Kossuth in Komló

(Die Ziffern an den Kurvenenden bezeichnen die Nummern der Meßstellen)

welches Ausmaß der Auflockerung die Änderungen des imp/s-Wertes verursacht, da an jeder Meßstelle der Abstand zwischen Strahlungsquelle und Detektor verschieden war. Die Strahlungsintensität ist umgekehrt proportional dem Quadrat der Entfernung, deswegen können bei verschieden großem Abstand zwischen Strahlungsquelle und Detektor auch bei gleicher Gesteinsdichte verschiedene imp/s-Werte gemessen werden. Die einheitliche Auswertung wurde auch dadurch erschwert, daß das Hangende aus Gesteinsschichten von verschiedener Dichte be-

[1]) Die Daten der in den Bohrlöchern II/h, II/o und IV/h durchgeführten Messungen wurden deshalb nicht mitgeteilt, weil beim Bohren der Bohrlöcher diese konvergierten, so daß sich die Meßstellen auf 10 bis 15 cm einander näherten. Es wurden also sehr große imp/s-Werte gemessen. Obzwar der Kurvenverlauf mit dem der übrigen Kurven übereinstimmte, waren die Schwankungen des imp/s-Wertes doch so groß, daß sie sich zur graphischen Darstellung nur teilweise eigneten. Bei der Bestimmung der Auflockerungszone konnten jedoch auch diese Daten verwendet werden.

stand. Aus diesem Grunde wurde die Auflockerung dann als sicher angenommen, wenn bis zu 10 imp/s der Meßwert den ersten Wert am Bohrlochende um 15—20% oder mehr, zwischen 10 (Anfangswert) und 100 imp/s-Werten um 5—6%, bei imp/s-Werten über 100 (Anfangswert) aber um 2—3% überschritt. Die völlige Zerstörung des Gesteinsgefüges konnte in vier Fällen beobachtet werden; diese werden bei der Erörterung der Gebirgsbewegung behandelt. Die in den Bildern 4 bis 7 dargestellten Auflockerungskurven zeigen, daß bei der ersten Auflockerung eine Dehnung — feine Haarrisse — zustande kam. Die zweite Auflockerungsphase ist durch das Zerbrechen des Gesteins charakterisiert. Es bilden sich Risse von 1—2 mm Breite, die in der Firste des Strebraumes schon mit freiem Auge zu beobachten sind. In der Förderstrecke des Strebs sind diese Risse schon klar zu erkennen; sie verlaufen allgemein parallel zum Kohlenstoß,

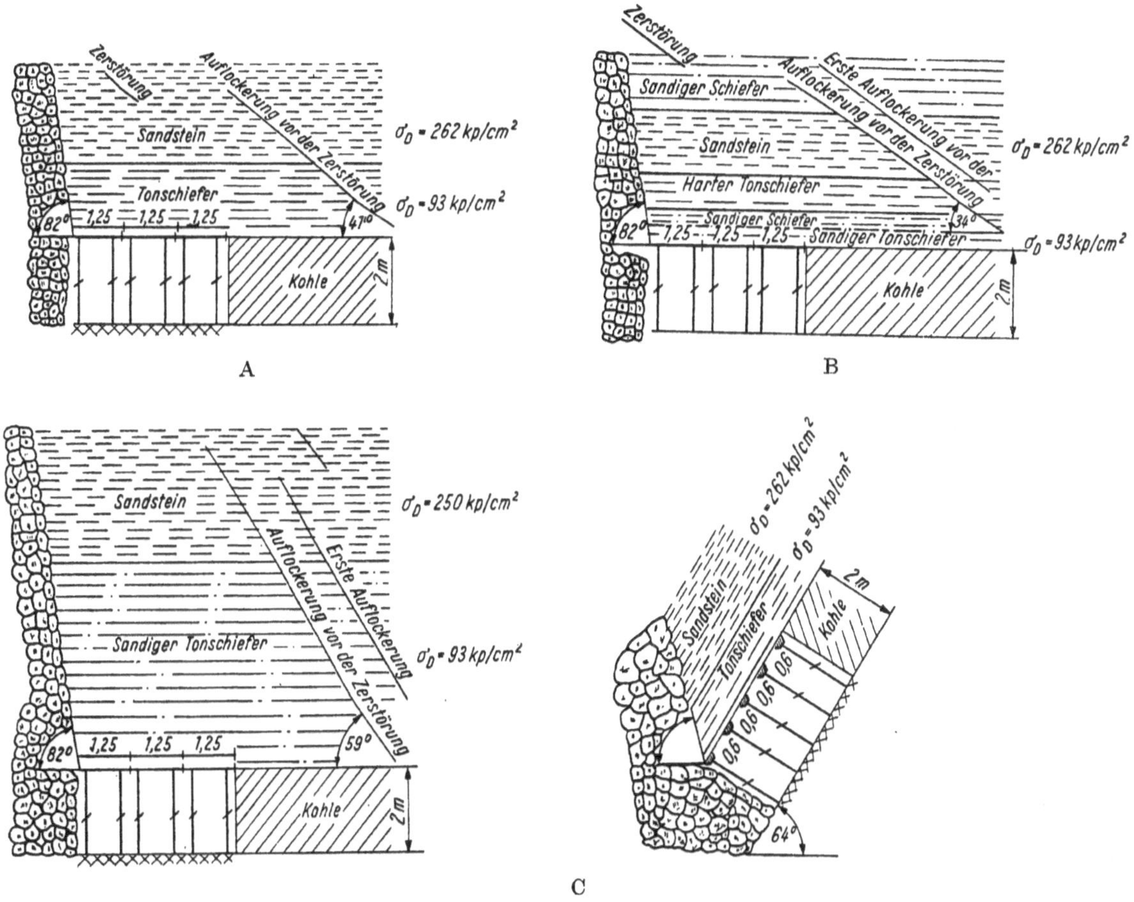

Bild 8. Schematische Darstellung der verschiedenen Auflockerungsfälle

und die Rißflächen — Böschungen — sind zum Bruch hin geneigt. Dieser Auflockerungsprozeß kann zwar ungünstige Stempelbelastungen verursachen, doch trat bei den Versuchen diese Erscheinung wegen der im oberen Hangenden anstehenden Sandsteinbank nicht in Erscheinung, da sich die Auflockerungszone nur bis zu geringer Höhe über dem Flöz erstreckte. Diese aufgelockerten Hangendschichten aber erfüllten bereits die Bedingungen für einen günstig geführten Bruchbau.

In Bild 8 wurde der in zwei Stufen erfolgende Gesteinsauflockerungsprozeß dargestellt. In den Abbildungen A und B des Bildes 8 sind die in der Umgebung des Strebs bei 1,25 m/Tag Abbaugeschwindigkeit beobachteten Gebirgsbewegungen veranschaulicht, während Abb. C die

Gebirgsbewegung bei 0,37 m/Tag Abbaugeschwindigkeit zeigt. Aus den Abbildungen ist deutlich zu erkennen, daß die Auflockerungszone bei größerer Abbaugeschwindigkeit (Abb. A und B) in größerem Abstand (3,5—4,5 m), bei geringerer Abbaugeschwindigkeit (Abb. C) in kleinerem Abstand (4 m) vom Kohlenstoß zustande kommt. Die Auflockerungskurven verlaufen bei langsamem Abbaufortschritt steiler, bei raschem Abbaufortschritt flacher. Die völlige Zerstörung des Gesteins kommt in 3,5—4,5 m Höhe über der Förder- bzw. Fahrstrecke zustande (siehe Abb. A und B). Für einen Abbaufortschritt von 0,37 m/Tag konnten wir wegen Schadhaftwerdens des Meßgerätes die Zerstörung nicht feststellen, trotzdem sie auch in diesem Falle eintrat, und zwar in 8 m oder noch größerer Höhe über der Förderstrecke (Abb. C). Dies besagt, daß der in der Förderstrecke gesetzte Ausbau bei 0,37 m/Tag Abbaugeschwindigkeit das Gewicht einer mehr als 8 m mächtigen Hangendschicht zu tragen hat, während bei 1,25 m/Tag Abbaugeschwindigkeit das zu tragende Gewicht nur einer Mächtigkeit von 4,5 m entspricht. Das Gleiche beweisen auch die Angaben in Tabelle 1.

Es ist schwer zu entscheiden, ob die in Bild 8 dargestellten Gesteinsauflockerungszonen mit den in der Gebirgsmechanik allgemein angewandten elastischen, rissigen oder plastischen Zonen identifiziert werden können. Unserer Meinung nach steht die erörterte Auflockerung dem Begriff des rissigen Gesteinsmantels am nächsten, ist mit ihm jedoch nicht identisch. Die Rissigkeit kann in dem in Bild 8 dargestellten Gesteinskern nur geringfügig sein. Die die Gesteinspartien zusammenhaltende Kraft ist noch so groß, daß ein Teil des Eigengewichtes auf das unversehrte Gebirge übertragen werden kann und diese Partien in gewissem Maße sogar selbsttragend sind. Die Störung des primären Spannungszustandes und die Entstehung des sekundären Spannungszustandes sowie der dadurch ausgelöste Gebirgsbewegungsprozeß können durch den Nachweis der Gesteinsdichteänderung als eindeutig bewiesen angesehen werden. Diese Bewegungszone erfüllt jedoch im Sinne der gebirgsmechanischen Deutung noch nicht den Begriff einer rissigen Gesteinszone. Da in der einschlägigen Fachliteratur für den erörterten Fall keine Benennung zu finden ist, wird weiterhin der nach Bild 8 zwischen die als „erste Auflockerung" und „Zerstörung" bezeichneten Kurven entfallende Abschnitt unter der Bezeichnung „Auflockerungszone des übertragenen Druckes" behandelt.

Bei einem Fortschreiten des Strebstoßes mit 1,25 m/Tag Geschwindigkeit kam die Gesteinszerstörung 4,5 m über dem Strebraum zustande. Dies besagt, daß auf den Ausbau in der Förder- und Fahrstrecke je Quadratmeter eine Belastung von $H \cdot \gamma = 3{,}5 \cdot 2{,}6 = 11{,}7$ t einwirkt. Die Tatsache aber, daß die Ausbaureaktion in diesem Falle 18,5 Mp/m² betrug, beweist, daß auch ein Teil des in der Zone des übertragenen Druckes befindlichen Gesteingewichtes vom Ausbau übernommen wird. Die Verhältniszahl der Gesteinsbelastung beträgt $18{,}5 : 11{,}7 = 11{,}7$ t. Wird auf Grund ähnlicher Überlegungen die Verhältniszahl der Gesteinsbelastung für den Fall berechnet, bei welchem die Abbaugeschwindigkeit nur 0,37 m/Tag betrug und eine Zerstörung des Hangenden bis 8 m über der Firste zustande kam, so erhält man als Gesteinsbelastung $8 \cdot 2{,}6 = 20$ t. Dabei entstand in der Förder- und Fahrstrecke eine Ausbaureaktion von 19,4 Mp/m². Die Verhältniszahl der Gesteinsbelastung beträgt also $19{,}4 : 20 \cong 1$. Diese Werte sind zwar nicht eindeutig, doch bringen sie zum Ausdruck, daß, je steiler der Grenzwinkel der Auflockerungszone des übertragenen Druckes verläuft, um so kleiner die Verhältniszahl der Gesteinsbelastung ist, obwohl der absolute Wert der auf den Ausbau einwirkenden Belastung zunehmende Tendenz zeigt. Fraglos wirkt auf den Ausbau eine größere als die aus dem Eigengewicht erwachsende Last, d. h., der Ausbau hat auch einen Teil des Gesteinsgewichtes aus der Zone des übertragenen Druckes zu tragen, wenn der Grenzwinkel der Zone des übertragenen Druckes weniger als 59° beträgt. Ist dieser Winkel größer als 59°, so wirkt auf den Ausbau nur das Gewicht des zertrümmerten Gesteins. Die Verhältniszahl der Gesteinsbelastung kann also auch kleiner als 1 sein. Der Grenzwinkel der Zone des übertragenen Druckes betrug bei einer Abbaugeschwindigkeit von 0,37 m/Tag 59°, bei einem Abbaufortschritt von 1,25 m/Tag aber 34 bis 41° (siehe Bild 8).

Bei unseren Untersuchungen wurde auch der an der Bruchkante entstehende Böschungswinkel gemessen. Sein Wert betrug 80 bis 82° (Bild 8). Das Zubruchwerfen wird in der Einfalllinie von unten nach oben durchgeführt. Nach dem Ausrauben der Stempel erfolgte der Bruch sofort (innerhalb 4—5 Minuten). An den zurückbleibenden Kappen wurde der Böschungswinkel des Hochbrechens auch parallel zum Kohlenstoß gemessen. Sein Mittelwert betrug 73—75°. Dies besagt, daß aus der Firste des belassenen Abbauraumes beim Zubruchwerfen in keinem einzigen Falle ein Materialausfluß erfolgte.

Die Ergebnisse der nach den erörterten Gesichtspunkten durchgeführten Messungen können folgendermaßen zusammengefaßt werden:

a) Das Zubruchgehen der unmittelbaren Firste kommt zustande, wenn der Ausbau auf einer Fläche von 0,75—1,5 m^2 ausgeraubt wird.
b) Der Bruch erfolgt 4—5 Minuten nach dem Rauben des Ausbaues.
c) Bei jedem Rauben bricht eine Gesteinsmenge von 6—10 m^3 herein.
d) Die räumliche Ausdehnung der hereingebrochenen Gesteinsmenge entspricht in den Dimensionen Breite, Länge, Höhe den Werten 0,6 bis 1,2 m, 1,2 m, und 4,5 bis 8 m.
e) Der Böschungswinkel des Bruchhohlraumes schließt mit der Horizontalen in der Einfallsrichtung einen Winkel von 75°, auf der dem Bruch zugekehrten Seite aber einen Winkel von 82° ein.
f) Durch das Zubruchgehen der Firste wird die Standfestigkeit der stehenden Baue nicht beeinflußt. Über dem offenen Strebraum bilden sich keine Hohlräume. Der Auflockerungsprozeß im Hangenden verläuft günstig, wenn er in 4—5,5 m Abstand vom Strebstoß zustande kommt und sich bis zu einer Höhe von 4,5—8 m über dem Flöz erstreckt.

Unter Gegebenheiten, die den erörterten Verhältnissen ähnlich sind, halten wir die Anwendung und Führung des Bruchbaus als ein Abbauverfahren, das der nötigen und vorgeschriebenen Sicherheit entspricht, für möglich.

Literatur

[1] ZOLTÁN, T.: Konvergenzmessungen in den Streben des Mecseker Kohlenreviers. Forschungsinstitut für Bergbau. Forschungs-Abschlußbericht Nr. 2-67-C-Ol. 03-11. Budapest, 1967.

[2] ZOLTÁN, T.: Richtlinien für das Ausarbeiten der Bruchbautechnologie der Strebe in Flözen von 50—60° Einfallen. Forschungsinstitut für Bergbau. Gutachten Nr. 1111/1967. Budapest, 1967.

[3] ZOLTÁN, T.: Konvergenzmessungen und Prüfung der optimalen Stempeldichte in den Grubenbetrieben des Kohlenbergbau-Trusts Mecsek. Forschungsinstitut für Bergbau. Forschungs-Abschlußbericht Nr. 2-II-64-4/c. Budapest, 1965.

[4] ZOLTÁN, T.: Meßmethodik zur Untersuchung der Anwendbarkeit von Bruchbau mit Firstenlenkung in Flözen von 50—60° Einfallen. Forschungsinstitut für Bergbau. Vorstudie Nr. 11-4/68/264. Budapest, 1968.

Die in der UdSSR angewendeten Vorausberechnungsmethoden für Bewegungen und Verformungen der Erdoberfläche und die Verfahren zum Schutz von Gebäuden und Anlagen

von A. G. Akimov und M. V. Korotkov, Leningrad

Die bergtechnisch-geologischen Verhältnisse der Kohlenlagerstätten in der UdSSR sind sehr unterschiedlich. Das Einfallen liegt zwischen 0° und 90°, die Flözmächtigkeit beträgt 0,5 bis 20,0 m, die Abbauteufen können 20 bis 1000 m und mehr erreichen. Stark veränderlich ist der Grad der Zerstörung infolge tektonischer Sprünge und Faltung. Die Mächtigkeit der lockeren Sedimentgesteine (d. h. des Deckgebirges) bewegt sich zwischen 1–2 m bis 150 m und mehr, die einachsige Druckfestigkeit der Nebengesteine beträgt 20–2500 kp/cm². Unterschiedlich ist die Anzahl von abzubauenden Flözen und die Mächtigkeit der Zwischenmittel usw. Der Abbau von Flözen erfolgt als langfrontiger Strebbau sowie in langen Pfeilern und seltener in Scheiben, Kammern u. a. m.

Eine noch größere Veränderlichkeit weisen bergbaugeologische Verhältnisse der Erzlagerstätten auf, die nach dem Charakter des Bewegungsprozesses und nach den Größen der charakteristischen Parameter der Bewegung in zwei Arten eingeteilt werden können:

1. Geschichtete Nebengesteine (Schiefer, Sandstein, Phyllitschiefer, geschieferte Albitophyre, streifige Porphyrite u. a. m.);
2. massive Nebengesteine (Skarn, Hornfels, Marmorkalkstein, Gabbro, Diorit u. a. m.).

Der Bewegungsprozeß in Erzlagerstätten der 1. Art ist im allgemeinen der gleiche wie in Kohlenlagerstätten. Bei massiven Nebengesteinen hängt der Bewegungsvorgang hauptsächlich von den Besonderheiten der tektonischen Klüftung ab.

Die obengenannten bergbaugeologischen Verhältnisse dienen gleichzeitig als Faktoren, die den Charakter des Bewegungsprozesses und die Größen der charakteristischen Parameter beeinflussen. Veränderlichkeit und Vielfältigkeit von Kombinationen dieser Faktoren bedingen in jedem einzelnen Fall den Verlauf und das Ausmaß der Gebirgsbewegungen. Sie können in der Regel nicht mit Hilfe der Analogie oder auf Grund von bekannten gebirgsmechanischen Gesetzmäßigkeiten und Hypothesen im voraus bestimmt werden. Wenn auch solch eine Prognose möglich ist, bietet sie jedoch keine Gelegenheit, auf praktische Maßnahmen zum Schutz der übertägigen Objekte zu schließen, weil mit deren Hilfe keine zuverlässigen Angaben über die Größen der Parameter der Bewegung erhalten werden können.

Aus all diesem folgt, daß als geeignetste Methoden für Gebirgsbewegungsuntersuchungen bisher noch meßtechnische Beobachtungen über die Oberflächenbewegungen angesehen werden sollen. Sie gestatten es, Fragen über den Schutz von Gebäuden und Objekten zu lösen, Besonderheiten der Bewegungen bei verschiedenen Verhältnissen genauer zu erfassen und Randbedingungen für theoretische Untersuchung der Gebirgsbewegungen festzustellen. Für das Erkennen der allgemeinen Gesetzmäßigkeiten des Bewegungsvorganges sind Modellversuche mit äquivalenten Materialien von allergrößter Bedeutung [1]. In letzter Zeit wird große Aufmerksamkeit den Untersuchungen über die mechanischen Eigenschaften der Gesteine in der Natur und im Labor gewidmet.

Als erforderliche methodische Leistungen bei den Untersuchungen der Gebirgsbewegungen sind eine einheitliche Terminologie und Kriterien für die Ermittlung der charakteristischen

Parameter der Bewegung sowie in „Instruktionen" [2, 3] dargelegte und für alle Lagerstätten gültige Forderungen an die meßtechnischen Beobachtungen zu betrachten. Dadurch wird es möglich, die sich unter verschiedenen Bedingungen ergebenden Resultate der Beobachtungen zu verallgemeinern und auf dieser Grundlage die „Richtlinien" und „Anweisungen" für den Schutz der Anlagen vor dem schädlichen Einfluß der Grubenbaue zu erarbeiten.

Die „Richtlinien" und „Anweisungen" sind für alle wesentlichen Kohlenreviere und Erzlagerstätten aufgestellt. Für jene Lagerstätten, wo keine meßtechnischen Beobachtungen vorhanden waren, wurden „Richtlinien" herausgegeben, die sich auf das von Prof. Kasakovski vorgelegte Analogieverfahren [4] stützen, gemäß dem der Bewegungsvorgang auf Grund der Verallgemeinerung der in anderen Lagerstätten mit ähnlicher Gesteinsfestigkeit erhaltenen Beobachtungsdaten bestimmt werden kann [5].

In den Schutzbestimmungen sind die zum Festlegen von Sicherheitspfeilern erforderlichen Werte der „Verschiebungswinkel" und die Sicherheitskoeffizienten angegeben, die von den konstruktiven Besonderheiten, Abmessungen und von der Bedeutung der Gebäude und Objekte abhängen. Dabei sind die Bedingungen für den zulässigen Abbau unter den übertägigen Objekten festgestellt und die Berechnungsverfahren der Bewegungen und Verformungen an der Oberfläche angeführt, die zur Wahl der Schutzmaßnahmen von übertägigen Objekten, unter denen abgebaut wird, nötig sind [6, 7].

Für alle Kohlenlagerstätten wendet man eine einheitliche — nach dem Aufbau der Formeln — Methodik für die Berechnung der Bewegungen und Verformungen der Tagesoberfläche an, wobei man die Besonderheiten des Bewegungsvorganges unter verschiedenen Bedingungen berücksichtigt [7]. Die Berechnungsformeln sind unter Beachtung der den Bewegungsvorgang beeinflussenden bergbaugeologischen Faktoren und der wichtigsten Gesetzmäßigkeiten der Bewegung abgeleitet. Dabei werden die Bewegungen in den Hauptschnitten der Senkungsmulde errechnet, d. h. in Schnitten, die parallel zum Einfallen und Streichen des Flözes verlaufen und durch den Punkt der größten Absenkung gehen, in Schnitten, die zu den Hauptschnitten parallel verlaufen, sowie in anderen beliebigen Schnitten [8]. Entwickelt sind auch die Berechnungsmethoden für maximal zu erwartende Bewegungen und Verformungen der Tagesoberfläche beim Abbau einer Folge von Flözen mit unbekannter Reihenfolge und Zeit für deren Gewinnung. Diese Berechnungsmethodik findet bei der Planung von Bauwerken in den später abzubauenden kohlenführenden Gebieten ihre Anwendung [7].

Bei den Erzlagerstätten gibt es bisher nur einzelne Empfehlungen für die Berechnung der Bewegungskomponenten in bezug auf flözartige Lagerstätten mit kleiner Mächtigkeit von 5 bis 6 m. Beim Abbau von Erzkörpern mit größerer Mächtigkeit, wobei an der Erdoberfläche Erdfälle und Terrassen auftreten, sind Vorausberechnungen nicht zweckmäßig, da in diesem Fall

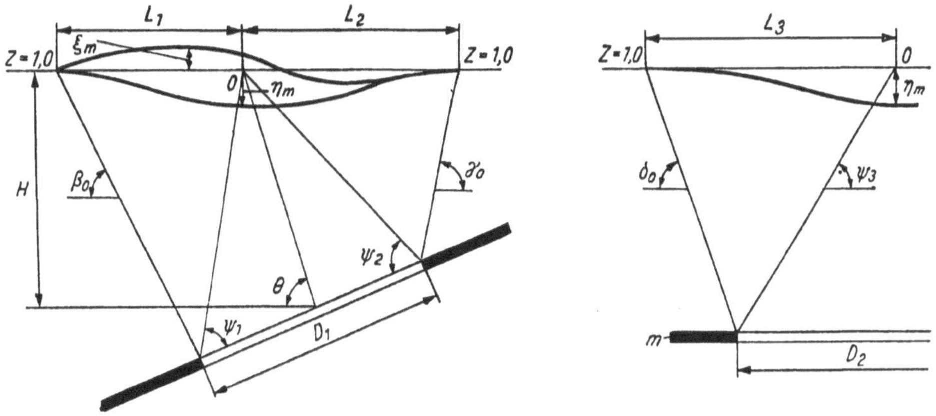

Bild 1. Parameter der Bewegung

a) Schnitt quer zum Streichen b) Schnitt in Streichrichtung

die konstruktiven Maßnahmen zum Schutz der Gebäude und Anlagen vom technischen und ökonomischen Standpunkt aus ganz unbegründet sind. Die Verformungen an den Randzonen der Senkungsmulde werden mit Hilfe von Meßinstrumenten ermittelt.

Durch Berechnungen bestimmt man die Lage von Erdfällen an der Tagesoberfläche, die Standfestigkeit der unterbauten Gebirgsschichten und die Verschiebungswinkel im Falle einer Teilfläche [9]. (Als Verschiebungswinkel bezeichnen wir die Winkel, die ein gefährliches Bewegungsgebiet begrenzen, in dem die Deformationen ihre kritischen Werte haben: Schieflage $4 \cdot 10^{-3}$, Krümmung $0{,}2 \cdot 10^{-3}$. I/m und Dehnung $2 \cdot 10^{-3}$).

Zur Bestimmung der Bewegungen und Verformungen nutzt man als Anfangswerte folgende Hauptparameter des Bewegungsvorganges (Bild 1):

1. Maximale relative Senkung der Tagesoberfläche im Falle einer Voll- bzw. Überfläche und beim söhlig gelagerten Flöz (Absenkungsfaktor)

$$q_0 = \frac{\eta_0}{m}, \tag{1}$$

wo bedeuten: m — Mächtigkeit des Flözes,
η_0 — maximale Senkung
(unter Vollfläche verstehen wir solch eine Abbaufläche, bei der sich in der Senkungsmulde eine flache Sohle bildet und die Senkung nicht zunimmt);

2. Maximale relative horizontale Verschiebung im Falle einer Voll- bzw. Überfläche beim söhlig gelagerten Flöz

$$a = \frac{\xi}{\eta_0}, \tag{2}$$

wo ξ die maximale horizontale Verschiebung ist;

3. Grenzwinkel β_0, γ_0 und δ_0, die den Umfang der Senkungsmulde mit der Senkung von etwa 10 bis 15 mm bzw. mit der horizontalen Längenänderung von $0{,}5 \cdot 10^{-3}$ bestimmen, d. h. mit denjenigen Größen der Bewegungen und Verformungen, welche den aus Messungen erzielten Fehlern annähernd gleich sind [2];

4. Vollverschiebungswinkel ψ_1, ψ_2, ψ_3 und durch geometrische Beziehungen mit ihnen verbundene Vollsenkungswinkel Θ und Koeffizienen n, n_2 (ψ ist der Winkel, der die Neigung einer Linie bestimmt, die die Abbaugrenze mit der Grenze der flachen Muldensohle an der Tagesoberfläche im Falle einer Voll- bzw. Überfläche verbindet. Koeffizient „n" ist das Verhältnis der tatsächlichen Länge des abgebauten Feldes zu dessen minimaler Länge, bei der die Vollfläche erreicht werden kann).

Bild 1 zeigt die graphische Darstellung der Winkel $\psi_1\, \psi_2\, \psi_3$ und Θ.

$$n = K_1 \frac{D_1}{H}, \qquad n_2 = K_1 \frac{D_2}{H}. \tag{3}$$

In den Formeln (3) bedeuten: $K_1 = 0{,}5 \operatorname{tg} \psi_3$; D_1, D_2 — Dimensionen des Abbauraumes im Einfallen bzw. im Streichen des Flözes; H — durchschnittliche Teufe des Abbaues.

Die angeführten Hauptparameter des Bewegungsvorganges werden für verschiedene Becken und Lagerstätten durch Beobachtungen mit Hilfe von Meßinstrumenten bestimmt. Sie sind in den Veröffentlichungen [z. B. 7] angegeben.

Unter den Bedingungen des Abbaues eines Flözes sind folgende mittlere Fehler bei der Messung dieser Hauptparameter erzielt worden:

Parameter	Fehler +
q_0	10%
a	20%
β_0, δ_0	5°
γ_0	bis 15°
$\psi_1\, \psi_2\, \psi_3$	bis 7°

Es sei erwähnt, daß die Werte der Hauptparameter von der mittleren einachsigen Druckfestigkeit der Gesteine abhängen [10]. Bei den einfachen bergbaugeologischen Verhältnissen sind die auf Grund der Angaben über die mittlere Festigkeit der Gesteine bestimmten Hauptparameter mit mittleren Fehlern behaftet, welche die oben angeführten nicht überschreiten.

Die Senkungen der Punkte in den Hauptschnitten der Senkungsmulde werden nach der Beziehung

$$\eta_x = \eta_m \cdot S(z) \tag{4}$$

bestimmt, wobei

$$\eta_m = q_0 \, m \cdot \cos\alpha \sqrt{n_1 \, n_2} \,. \tag{5}$$

$S(z)$ ist eine charakteristische Kurve als Verteilungs-Funktion für den Verlauf der Punktsenkungen einer Senkungsmulde mit der Koordinate z. Die Funktion hat verschiedene Werte in Abhängigkeit von den Größen n_1, n_2. Die Koordinate z ergibt sich aus dem Verhältnis des Abstandes zwischen einem beliebigen Punkt x und dem Punkt 0 mit maximaler Absenkung zur Länge der Muldenhälfte L (Bild 1).

Für wichtige Kohlenbecken ist die charakteristische Kurve $S(z)$ anhand der Gaussschen Funktion mit Anwendung von Beobachtungsdaten (Entfernung zum Inflexionspunkt, ψ_3) angegeben. Der Vereinfachung halber werden $S(z)$ und andere Funktionen den Tabellen entnommen [7].

Die Schieflage und die Krümmung der Punkte in den Hauptschnitten der Senkungsmulde werden nach den Formeln

$$i_x = \frac{\eta_m}{L} \cdot S'(z), \qquad K_x = \frac{\eta_m}{L^2} \cdot S''(z) \tag{6}$$

errechnet. $S'(z)$ und $S''(z)$ sind die erste bzw. zweite Ableitung von $S(z)$.

Die horizontale Verschiebung der Punkte in den Hauptschnitten der Senkungsmulde ergibt sich nach der Formel:

$$\xi = \eta_m \cdot F(z) \,, \tag{7}$$

darin bedeutet:

$$F(z) = P\, S(z) + K\, S'(z) \,. \tag{8}$$

Die Formeln (3), (4), (5), (6), (7), (8) sind vom Kandidaten der technischen Wissenschaften S. P. Kolbenkov vorgeschlagen. Bild 2 zeigt den Mechanismus der Bewegung im Grundgebirge und im Deckgebirge.

Die Verschiebung der Tagesoberfläche wird durch die Durchbiegung des Deckgebirges hervorgerufen, die der Durchbiegung eines Balkens ähnlich ist. Wie Prof. S. G. Averšin [11] festgestellt hat, sind die infolge Durchbiegung des Deckgebirges eingetretenen horizontalen Verschiebungen proportional zu den Schieflagen an der Tagesoberfläche. Das wird im zweiten rechten Glied der Beziehung (8) berücksichtigt, wo der Koeffizient K von der Mächtigkeit des Deckgebirges (der lockeren Ablagerungen) abhängig ist. Die Werte von K bewegen sich im Bereich von 0,15 bis 0,25 in Abhängigkeit von der veränderlichen Mächtigkeit des Deckgebirges zwischen 0—100 m.

Die durch die Schieflage an der Tagesoberfläche bedingten horizontalen Verschiebungen haben Plus- oder Minuszeichen je nach der Ortslage des Punktes zur Muldenmitte (Kurve 2 im Bild 2).

Bei mittlerem Einfallen verschiebt sich das Grundgebirge nahezu in Richtung einer Senkrechten zum Flöz; infolge der Haftung und Reibung in der Kontaktzone zwischen dem Grundgebirge und dem Deckgebirge verschiebt sich dieses auch, beeinflußt durch das Grundgebirge. In jedem an der Grenzlinie des Grundgebirges gelegenen Punkt (Linie $A\,B$) ist die horizontale Verschiebung des Deckgebirges proportional zu dessen Senkung und dem Tangens des Einfallwinkels des Flözes (Kurve 3), was im ersten rechten Glied der Formel (8) berüchsichtigt wird, wo $P = \tan\alpha - h/H$. Das zweite rechte Glied der letztgenannten Beziehung zeigt, daß mit

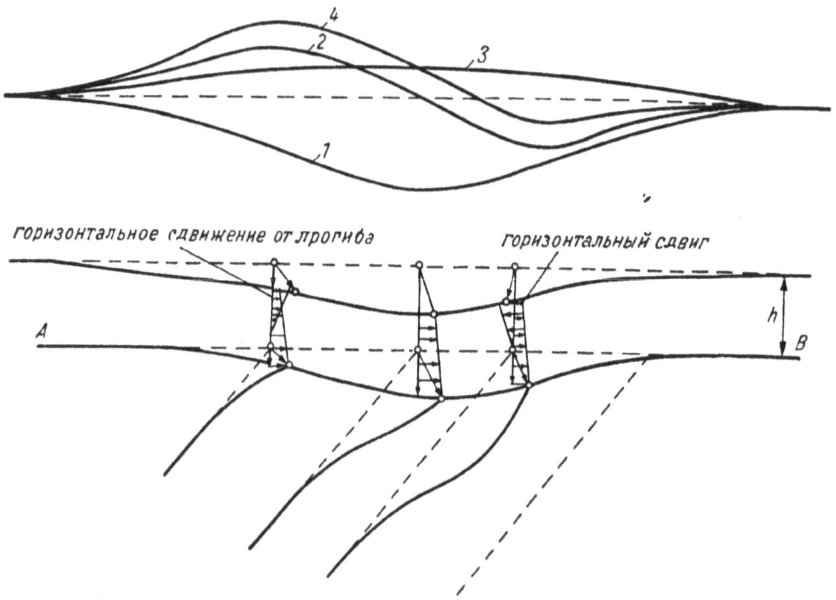

Bild 2. Horizontale Verschiebung der Tagesoberfläche beim Vorhandensein der lockeren Sedimentgesteine
1 – Absenkung der Tagesoberfläche; *2* – horizontale Verschiebung infolge Durchbiegung des Deckgebirges; *3* – Bewegung an der Grenzlinie zwischen dem Grundgebirge und dem Deckgebirge; *4* – Gesamtbewegungen
h – Mächtigkeit des Deckgebirges

zunehmendem Verhältnis der Mächtigkeit „h" des Deckgebirges zur mittleren Abbauteufe H die Bewegung der Tagesoberfläche, hervorgerufen durch die Verschiebung des Deckgebirges unter dem Einfluß des Grundgebirges, abnimmt.

Die Anwendung der Formeln (7) und (8) zur Berechnung von horizontalen Verschiebungen gestattet es, die Berechnungsgenauigkeit zu erhöhen.

Die im Ausland weitverbreitete Theorie, daß der Verschiebungsvektor eines Punktes zum „Schwerpunkt" einer abgebauten Fläche hin gerichtet ist, wendet man in der UdSSR bei Berechnungen von horizontalen Bewegungskomponenten nicht an, da der Mechanismus des Bewegungsvorganges im Deckgebirge durch die oben angeführte Methode besser erklärt werden kann.

Die horizontalen Längenänderungen sind die erste Ableitung der horizontalen Verschiebungen und ergeben sich nach der Formel

$$\varepsilon_x = \frac{\eta_m}{L} \cdot F'(z) = \frac{\eta_m}{L} [p \cdot S'(z) \pm K \cdot S''(z)] . \tag{9}$$

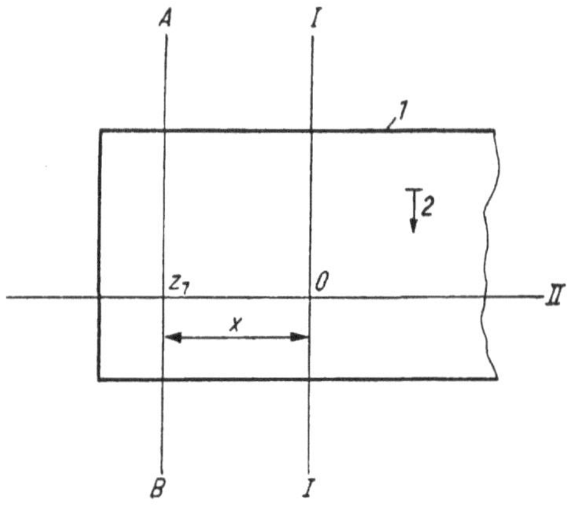

Bild 3. Bestimmung des Parameters $S(z, \boxtimes)$
1 – Umfang des Abraumes; *2* – Einfallrichtung des Flözes
I–I – Hauptschnitt quer zum Streichen;
II–II – Hauptschnitt im Streichen
A–B – ein parallel zum Hauptschnitt verlaufender Schnitt

In den Schnitten, die parallel zu den Hauptschnitten verlaufen und die sich in Entfernung x von der Muldenmitte befinden (z. B. $A\ B$ im Bild 3), lassen sich die Bewegungskomponenten nach den Formeln (4), (6), (7), (9) errechnen, in deren rechten Teilen ein zusätzlicher Faktor $S(z_1)$ eingeführt ist. Der Faktor ist gleich dem Wert, den die Funktion $S(z_1)$ des zum Schnitt $A\ B$ senkrechten zweiten Hauptschnittes II—II im Schnittpunkt z der Linien $A-B$ und II—II hat. Durch die Einführung des Faktors $S(z_1)$ verringern sich die Werte der Bewegungskomponenten aller Punkte im gegebenen Schnitt. Die mit Hilfe dieses Berechnungsverfahrens erzielten Ergebnisse stimmen nahezu mit den bei Messungen in der Natur erhaltenen Daten überein [8]. Die Richtigkeit dieses Berechnungsverfahrens wird durch Versuche an räumlichen Modellen aus äquivalenten Materialien bestätigt [12].

Somit erfolgt die Berechnung von Bewegungen und Verformungen an der Tagesoberfläche in den Hauptschnitten und in den zu ihnen parallelen Schnitten beim Flözeinfallen von 0° bis 60—70° ohne Schwierigkeiten. Im Falle, daß die Bewegung der Tagesoberfläche durch das Vorhandensein von mehreren Abbauräumen in einem oder in einigen Flözen beeinflußt worden ist, erfolgt die Berechnung durch Addition der einzelnen unter dem Einfluß jedes Abbauraumes eingetretenen Bewegungskomponenten. Für den Fall, daß sich in einem Flöz mehrere Abbauräume befinden, führt man in die Berechnungen je nach den Abmessungen der zwischen den Abbauräumen festgelegten Pfeiler Verbesserungen ein, welche die Aktivierung (ein nochmaliges Eintreten) der Bewegung über dem Alten Mann berücksichtigen sollen [7].

Die Berechnung der Bewegungskomponenten in den Schnitten, die zu den Hauptschnitten nicht parallel sind, erfolgt nach einer analytischen Methode [8, 12], die auf den der Kontinuumsmechanik entnommenen Formeln für die Deformationen der kontinuierlichen Medien beruht. Als Grundlage der Berechnung dienen die Werte der Bewegungskomponenten in den Hauptschnitten und den zu ihnen parallelen Schnitten. Zum Beispiel lassen sich horizontale Längenänderungen in einer gegebenen Richtung nach der Formel

$$\Delta\varepsilon = \varepsilon_x \cdot \cos^2 \Delta + \varepsilon_y \cdot \sin^2 \Delta + \frac{1}{2} \gamma_{xy} \cdot \sin 2\, \Delta \tag{10}$$

errechnen, wobei bedeuten:

Δ — Winkel, gemessen gegen Uhrzeigerrichtung von der Streichrichtung aus bis zur gegebenen Richtung;

x u. y — Streichrichtung und Richtung im Schweben;

ε_x u. ε_y — horizontale Längenänderung in einem gegebenen Punkt im Streichen und quer zum Streichen;

γ_{xy} — Scherverformung der Erdoberfläche in Richtung der Hauptschnitte; sie kann man nach folgender Beziehung berechnen [8]:

$$\gamma_{xy} = \frac{\eta_m}{L_{1.2}} \cdot F(z_x) \cdot S'(z_y) + \frac{\eta_m}{L_3} \cdot F(z_y) \cdot S'(z_x)\,, \tag{11}$$

wobei bedeuten:

$F(z_x)$, $F(z_y)$ — charakteristische Verteilungskurven der horizontalen Verschiebungen der Erdoberfläche in den Schnitten, welche parallel bzw. senkrecht zur Streichrichtung sind;

$S(z_x)$, $S'(z_y)$ — charakteristische Verteilungskurven der Schieflagen an der Tagesoberfläche in den Schnitten, welche parallel bzw. senkrecht zur Streichrichtung des Flözes sind;

z_x — Koordinate des gegebenen Punktes, gemessen in der Streichrichtung vom Hauptschnitt der Senkungsmulde quer zum Streichen;

z_y — Koordinate des gegebenen Punktes, gemessen in Richtung quer zum Streichen vom Hauptschnitt der Senkungsmulde im Streichen des Flözes.

Der Begriff „Scherverformung" ist dem Begriff „Verschiebung" in der Verformungstheorie identisch. Dem Aufbau nach unterscheidet sich die Formel (10) nicht von einem bekannten Ausdruck für die Ermittlung der Deformationen in den Richtungen, welche zu den Hauptrichtungen nicht parallel sind.

Bei den bisher üblichen Berechnungsverfahren berücksichtigt man nicht, daß sich die relative Senkung der Tagesoberfläche über dem Abbaufeld (d. h. ein Verhältnis der Senkung über der abgebauten Fläche zu der Maximalsenkung in der Senkungsmulde) in Abhängigkeit von der Abbauteufe und der zu gewinnenden Flözmächtigkeit ändert; außerdem zieht man die kennzeichnenden Besonderheiten der Summierung von Bewegungskomponenten an der Schutzfläche beim Abbau einer Flözfolge nicht in Betracht. Es sind noch keine Methoden für die Berechnung der Bewegungskomponenten an der Tagesoberfläche beim Abbau der steil einfallenden ($\alpha > 60°$) Flöze erarbeitet.

Neben dem obenbeschriebenen Berechnungsverfahren gibt es noch eine von R. A. MULLER [13] vorgeschlagene graphisch-analytische Methode, die sich auf die Annahme stützt, daß ein in Bewegung befindlicher Gebirgskörper als ein Medium mit kleiner Kohäsion betrachtet werden kann, das eine ausreichende Druck- und Scherfestigkeit, jedoch eine geringere Zugfestigkeit aufweist.

Differentialgleichungen für Gebirgsbewegungen haben folgende Form:

a) für räumliche Aufgaben

$$\frac{\partial \eta}{\partial y} = C_k^2 \cdot y \left(\frac{\partial^2 \eta}{\partial x^2} + \frac{\partial^2 \eta}{\partial z^2} \right), \tag{12}$$

b) für ebene Aufgaben

$$\frac{\partial \eta}{\partial y} = C_k^2 \cdot y \frac{\partial^2 \eta}{\partial x^2}. \tag{13}$$

Dabei sind:

η — Punktbewegung in Richtung der Senkrechten zum Flöz;
y — Richtung in der Senkrechten zum Flöz;
x, z — Richtung quer zum Streichen bzw. im Streichen des Flözes;
C_k — der durch Beobachtungen in situ bestimmte Koeffizient, der mechanische Eigenschaften des Grundgebirges charakterisiert.

Aus den Gleichungen für söhliges und mittleres Flözeinfallen sind in allgemeiner Form für verschiedene Becken einheitliche Formeln zur Bestimmung der Bewegungskomponenten an der Tagesoberfläche unter Bedingungen einer Teil- und Vollfläche abgeleitet. Im praktischen Fall sind für jedes Becken jedoch folgende Werte genauer zu erfassen: relative Senkung, Koeffizient C_k für Grundgebirge und analoger Koeffizient C_H für Deckgebirge, angenommene Abbaudimensionen, Koeffizienten n_1, n_2.

Dieses Verfahren fand im Karaganda-Becken seine Anwendung. Die durchgeführten Untersuchungen gaben folgende Größen der Parameter:

$$q_0 = \frac{\eta_0}{m} = 0{,}8; \quad C_k = 0{,}2 \quad \text{u.} \quad \frac{C_H^2}{C_k^2} = 2{,}5 \tag{14}$$

und angenommene Abbaudimensionen. Wegen der Vereinfachung und Verringerung des Zeit- und Arbeitsaufwandes für die Berechnung anhand der bekannt gewordenen Hauptparameter wurden graphische Darstellungen und eine Berechnungsmethodik entwickelt. Ein Vergleich der nach dem graphisch-analytischen Berechnungsverfahren errechneten Bewegungskomponenten mit den aus Messungen in situ erzielten Größen zeigt, daß die berechneten und tatsächlichen Werte nahezu übereinstimmen. Mit Hilfe der graphisch-analytischen Methode lassen sich die Bewgungskomponenten in jedem beliebigen Punkt der Senkungsmulde ermitteln.

Zur weiteren Vervollkommnung der Berechnungsmethoden sind die Untersuchungen auf folgende Probleme konzentriert:

1. Erarbeitung einer Berechnungsmethode zur Bestimmung der Bewegungskomponenten an der Schutzfläche beim Abbau eines Flözes oder einer Flözfolge;
2. Untersuchung der Natur der Bewegung und Erarbeitung einer Berechnungsmethode für die Bewegungskomponenten beim Teilabbau von Flözen auf einer Fläche mit einem Gewinnungsfaktor von 50–75%;
3. Erarbeitung der Berechnungsmethoden zur Bestimmung der Bewegungskomponenten unter Abbauverhältnissen von Flözen mit sehr steilem Einfallen ($\alpha > 60°$) und von Flözen mit Faltung;
4. Erkennen der Bedingungen, unter denen die Bewegung parallel zur Schichtung auftritt, und Entwicklung einer Berechnungsmethode für Bewegungskomponenten an der Tagesoberfläche bei Bewegung im Schichteneinfallen.

Die entwickelten Berechnungsmethoden finden weitgehende Anwendung bei der Wahl von Maßnahmen zum Schutz von Anlagen vor dem nachteiligen Einfluß der Abbauarbeiten. Hier unterscheidet man zwei Forschungsrichtungen:

1. Planung und Bau von Objekten und Gebäuden auf kohlenführenden Flächen gegebenenfalls mit Anwendung von speziellen Einrichtungen zur Erhaltung der Bauobjekte;
2. Maßnahmen zum Schutz der in Betrieb stehenden Anlagen, bei deren Bau man die Abbaueinwirkung nicht berücksichtigt und demzufolge keine konstruktiven Schutzmaßnahmen ergriffen hat.

Die mit der Planung und dem Bau auf kohlenführenden Flächen verbundenen Probleme werden in der UdSSR durch Vorschriften und methodische Anweisungen [14], [15], 16], [22] gelöst, denen die Ergebnisse der umfassenden vom VNIMI in Zusammenarbeit mit anderen Forschungsinstituten durchgeführten Untersuchungen zugrunde gelegt sind. Aus den Untersuchungen beim Abbau unter speziell zu diesem Zweck errichteten Bauobjekten wurde die Wechselbeziehung zwischen den Verformungen an der Tagesoberfläche und an den Tragwerken der Gebäude ersichtlich [17, 18]. Damit wurden Vorschläge für die Berechnung der Tragkonstruktionen unter Berücksichtigung der voraussichtlichen ungleichmäßigen Absenkungen sowie für die Berechnung der infolge des Unterbauens auftretenden Belastungen der Gebäude erarbeitet [19, 20].

In den obengenannten, für die Projektierung genehmigten Vorschriften werden als Haupt- und Grundaufgaben folgende Fragen behandelt: Werte der voraussichtlichen Verformungen an der Tagesoberfläche, zweckmäßigste Lage der Bauobjekte, Probleme für die Projektierung von Wohnhäusern und öffentlicher Gebäude mit starrer Konstruktion oder mit beschränkter Eigensteifigkeit u. a. m.

Mit den Vorschriften wird die Projektierung und der Bau von Objekten auf kohlenführenden Flächen gründlich geregelt.

Der Schutz der ohne konstruktive Sicherheitsmaßnahmen errichteten Gebäude und Anlagen erfolgt nach den „Schutzbestimmungen" und den zusätzlichen Anweisungen [21], in denen ausgehend von den gesammelten Erfahrungen beim Unterbauen konkrete Schutzmaßnahmen und deren Berechnungsmethoden angegeben sind.

Weitere Untersuchungen über Methoden zum Schutz von Objekten sind darauf gerichtet, zulässige und größte Deformationen der Tagesoberfläche beim Abbau unter übertägigen Objekten verschiedener Bauarten und Verwendungszwecke möglichst genau zu bestimmen und Schutzmaßnahmen für Gebäude, unter denen abgebaut wurde, zu entwickeln, insbesondere für mehrstöckige Gebäude in Skelettbauweise, für Bauten auf Pfahlrostfundamenten und für andere wichtige Betriebsanlagen.

Literatur

[1] Кузнецов Г. Н. и др.: Моделирование проявленнй горного давления. Недра, Л., 1968.

[2] Инструкция по наблюдениям за сдвимением земной поеврхности и за подрабатываемыми сооружениями но угольяых и сланцевых месторождениях. Изд. ВНИМИ, Л., 1958.

[3] Инструкция по наблюдениям за сдвижением горных пород и земной поверхности при подземной разработке рудных месторождений. Изд. ВНИМИ, Д,. 1959.

[4] Указания по охране сооружений от вредного влияния подземных горных выработок на угольных и сланцевых месторождениях с неизученным харакактером сдвижения горных пород. Углетехиздат, М. Х., 7951.

[5] Временные правила охраны сооружений и природных объектов от вредного влияния подземных разработок на рудных месторождениях с неизученным процессом сдвижения горных пород. Изд. ВНИМИ, Л., 1966.

[6] Рекомендации по проектированию мероирпятий для защиты эксплуатируемых зданий и сооружений от влияния горных выработок в основных угольных бассейнах. Стройиздат, 1967.

[7] Руководство по расчету зданий и сооружений, проектируемых на подрабатываемых территориях. Стройиздат, 1968.

[8] Земисев В. Н., Мурашев А. Н.: Определение сдвижений и деформаций в заданной точке мульды в условиях Карагандинского угольного бассейна. Труды ВНИМИ, сб. М 71 (1968).

[9] Кузнецов М. А., Акимов А. Г., и др.: Сдвижение горных пород на рудных месторождениях. Изд-во ,,Недра", 1969.

[10] Акимов А. Г., Хакимов Х. Х.: Расчет едвижений и деформаций земной поверхности, вызываемых подземными разработками. ,,Технология добчи угля подземным способом" ,,Недра", М., 1969, № 2(26).

[11] Авершин С. Г.: Сдвижение горных пород при подземных разработках. Углетехиздат, 1947.

[12] Акимов А. Г., Земисев В. Н., и др.: Сдвижение горных пород при подземной разработке угля и сланца. ,,Недра", 1969.

[13] Муллер Р. А.: К расчету деформаций земной поверхности, вызванных горными разработками. ,,Шахтное строительство", 1959, № 7.

[14] Временные технические условия проектирования и строительства зданий и сооружений на угленосных площадях донецкого угольного бассейна (ВТУ—01—58). Минстрой УССР, Киев, 1958.

[15] Временные технические усговия проектирования и строительства зданий и сооружений на углепосных площадях Карагандинского угольного бассейна. ЦИНТИ, Алма-Ата, 1960.

[16] Указания по проектированию зданий и сооружений на подрабатываемых территориях (СН—289—64). Стройиздат, М., 1964.

[17] Коротков М. В.: Связь между деформациями земной поверхности (грунта) и деформациями подрабатываемых сооружений. Труды ВНИМИ, вып. XXX, 1956.

[18] Варлашиин В. М.: Зависимость между деформациями оснований и фундаментов при подработке зданий. Турды ВНИМИ, вып. XXXIУ, 1960.

[19] Муллер Р. А.: К расчету конструкций зданий и сооружений на неравномерные осадки, вызванные сдвижением горных пород. Труды ВНИМИ, вып. XXX, 1956.

[20] Муллер Р. А.: Определение усилий, действующих на здание в вертикальной плоскости ири его подработке. Турды ВНИМИ, вып. XXXII, 1958.

[21] Рекомендации по проектированию мероприятий для защиты эксплу атируемых зданий и сооружений от влияния горных выработок в основных угольных бассейнах. Стройиздат, 1967.

[22] Проектирование п отроительство зданий и сооружений на подрабатываемых территориях. Госгортехиздат, 1963.

Photogrammetrische Messungen der Deformationen eines Gebirgsmodells und einige Ergebnisse

von M. VENKOVSKÝ und V. SÍBEK, Prag

Das Studium und die Bestimmung der Gesetzmäßigkeit der Deformationen eines Gebirgsmassivs unter dem Einfluß der bergbaulichen Tätigkeit durch direkte Messungen in situ ist sehr mühevoll und stellt große Zeitansprüche.

Gebirgsmodelle, die aus Materialien hergestellt wurden, welche den Naturbedingungen äquivalent sind, ermöglichen es, Erscheinungen und Bewegungsprozesse im modellierten Massiv zu verfolgen, die infolge menschlicher Tätigkeit eintreten.

Es wurde eine ganze Reihe von Meßmethoden zur Bestimmung dieser Bewegungen und Deformationen an Modellen entwickelt. Eine davon ist die Einbild-Photogrammetrie, mit der im Bergbauinstitut der Tsch. A. W. in Prag gearbeitet wird. Mit dieser Methode kann man Bewegungen des Modellmaterials an ebenen Modellen bestimmen, in jedem beliebigen Punkt der sogenannten Verformungsebene (d. h. in der Ebene des Schnittes durch das Gebirge, den das ebene Modell darstellt). Die Methode ermöglicht es auch, die Bewegung in mit der Verformungsebene parallelen Ebenen zu bestimmen. Man kann sie auch bei der Verfolgung der Bewegung der Modelloberfläche in einem bestimmten Umfang seiner Stärke ausnützen.

Das Prinzip der Methode beruht in der photogrammetrischen Bestimmung der Koordinaten der Meßpunkte in der Verformungsebene vor Beginn des Verformungsprozesses und in einer Phase dieses Prozesses. In der Verformungsebene wird ein Koordinatensystem definiert, dessen eine Achse senkrecht ist. Resultat jeder Messung sind zwei photogrammetrische Aufnahmen, und zwar vor Beginn des Verformungsprozesses und nach der untersuchten Phase. Wenn beide Aufnahmen mit der Verformungsebene parallel sind, sind die geometrischen Formen in dieser Ebene und die ihnen entsprechenden Bilder auf der Aufnahme homothetisch. Die Veränderungen der Aufnahmekoordinaten (Δx, Δy) eines bestimmten Punktes, von den Grundwerten auf Werte in der untersuchten Phase des Prozesses, sind dann im Maßstab 1:M den gesuchten Bewegungskomponenten (X u. Y) dieses Punktes in der Verformungsebene proportional

$$\Delta X = M\,\Delta x\,, \qquad \Delta Y = M\,\Delta y\,.$$

Allerdings unter Voraussetzung, daß die Achsen des Aufnahme-Koordinatensystems mit den Achsenbildern des Koordinatensystems der Verformungsebene identisch oder parallel sind. Wenn beide Aufnahmen nicht mit der Verformungsebene, aber gegenseitig miteinander parallel sind, wie dies praktisch immer der Fall ist, muß man die Bewegungskomponenten ΔX u. ΔY mittels der kolinearen Transformation ableiten

$$\Delta X = \frac{a_1(x+\Delta x)+b_1(y+\Delta y)}{a_3(x+\Delta x)+b_3(y+\Delta y)+1} - \frac{a_1 x + b_1 y}{a_3 x + b_3 y + 1}\,,$$

$$\Delta Y = \frac{a_2(x+\Delta x)+b_2(y+\Delta y)}{a_3(x+\Delta x)+b_3(y+\Delta y)+1} - \frac{a_2 x + b_2 y}{a_3 x + b_3 y + 1}\,.$$

In diesen Beziehungen sind:

— $a_1, a_2, a_3, b_1, b_2, b_3$ Transformationskonstanten, die aus Transformationsgleichungen bestimmt wurden.

$$X = \frac{a_1 x + b_1 y}{a_3 x + b_3 y + 1}, \qquad Y = \frac{a_2 x + b_2 y}{a_3 x + b_3 y + 1}.$$

— x, y Koordinaten des Bildes des verfolgten Punktes auf der Grundaufnahme,
Δx, Δy Änderungen der Aufnahmekoordinaten des Bildes des verfolgten Punktes im Hinblick auf seine Lage auf der zweiten Aufnahme.

Bei dieser Transformation muß man auch die Koordinaten von wenigstens drei identischen Punkten sowohl in der Ebene der Aufnahme (x, y) als auch in der Verformungsebene (X, Y) kennen. Im allgemeinen muß dann das Aufnahmesystem so eingeführt werden, daß der Anfang und eine Achse in entsprechenden Bildern des Koordinatensystems der Verformungsebene gewählt werden.

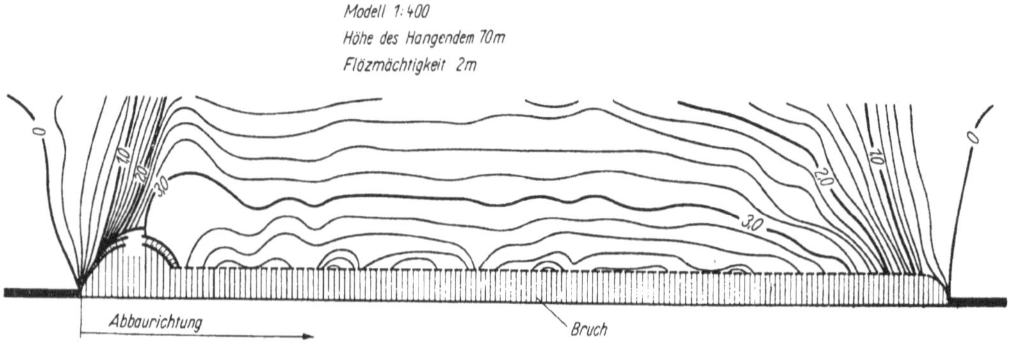

Bild 1a. Linien gleicher Deformation in der Vertikalen (in mm)

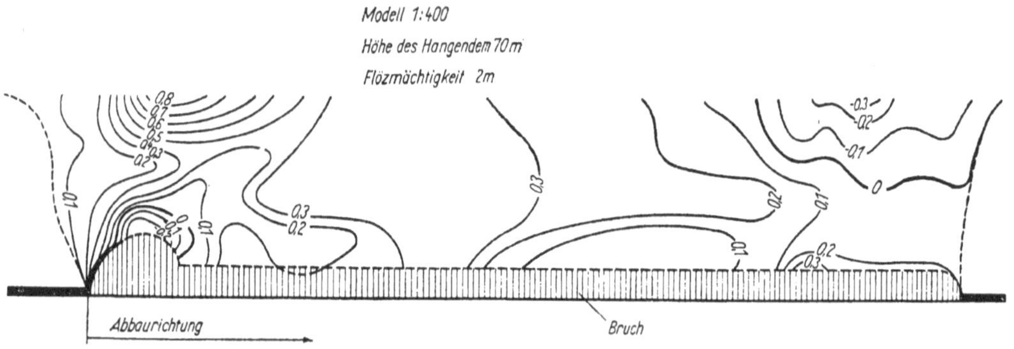

Bild 1b. Linien gleicher Deformation in der Horizontalen (in mm)

Die Veränderungen der Aufnahmekoordinaten Δx˝Δy werden an einem Stereokomparator gemessen, in den beide Aufnahmen eingelegt werden und nach der senkrechten Achse des Aufnahme-Koordinatensystems übereinstimmend orientiert werden, also nach der Achse, in deren Richtung die Bewegung der Modellmasse überwiegt. Da hier eine stereoskopische Identifizierung aller identischen Punkte erfolgt, muß man die einzelnen Meßpunkte nicht in der Verformungsebene signalisieren. Als Meßpunkt kann jedes Teilchen des Modellmaterials dienen, dessen Bild auf der Aufnahme (im Hinblick auf die Unterscheidungsfähigkeit des Objektivs des Phototheodolits und der empfindlichen Schicht) noch unterscheidbar ist. Derartige Meßpunkte gibt es allerdings in der Verformungsebene eine unzählige Menge. Ihre verschiedenen Bewegungen besitzen in einem bestimmten Gebiet des deformierten Modellmaterials einen überwiegend gleichen Charakter und verursachen, daß sich im Blickfeld des Stereoskops ein Raumgebilde der sog. Verformungsfläche bildet. Diese Fläche hat das Aussehen eines Terraingebildes und ist über der ganzen Verformungsebene errichtet. In jedem Punkt dieser Fläche kann man daher sowohl die horizontale als auch die vertikale Parallaxe, also beide Veränderungen der Aufnahmekoordinaten Δx u. Δy messen. Bei einem vorgegebenen System der Meßpunkte kann man dann mit Hilfe der Schichtlinien einen Plan der horizontalen und vertikalen „Äquideformaten" ableiten, und zwar im Bereich der ganzen Verformungsebene oder eines ausgewählten Teiles (Bilder 1a u. 1b).

Aus der Analyse der Ergebnisse von mehrfach wiederholten Messungen ergibt sich folgende approximative Abschätzung der mittleren Fehler $m_{\Delta X}$ $m_{\Delta Y}$ in den Bewegungskomponenten ΔX ΔY bei einem Maßstab der photogrammetrischen Aufnahmen von 1:M

$$m_{\Delta X} = 0{,}01\ \mathrm{M} \qquad m_{\Delta Y} = 0{,}01\ \mathrm{M}.$$

Im Falle unserer Versuche, da der Maßstab der Aufnahme 1:10 war, werden die Bewegungskomponenten ΔX $_{\Delta}Y$ mit einer Genauigkeit von ca. $\pm$ 0,1 mm bestimmt.

Einige Ergebnisse

Mit der Methode der Einbild-Photogrammetrie wurden die Oberflächenbewegungen von Modellen des Abbaus eines ca. 2 m mächtigen Braunkohlenflözes bei einer Höhe des Tertiär-Hangenden von 70, 140 u. 200 m bestimmt. Die Modelle wurden in einem Modellständer, der eine Grundfläche von 33 $\times$ 170 cm besaß und an der Stirnseite verglast war, gebaut. In der Grundfläche war ein Lamellenboden eingebaut, der aus 76 ein Zentimeter starken Lamellen bestand. Diese Lamellen konnte man im Bereich von 0,0 bis 20 mm herablassen und so den Abbau mit einer gewählten Höhe darstellen.

Die Bewegung der Modelloberfläche wurde nicht in der Verformungsebene verfolgt, sondern in der Ebene der Durchschnittsstärke des Modells. Die Verformungsebene wird nämlich in diesem Falle von dem Vorderteil des Modells gebildet, welches von einer Glaswand bedeckt ist. Die Bewegungen des Modellmaterials werden also in dieser Verformungsebene durch Reibung beeinflußt. Man kann sie daher nur als qualitative Informationen über den Verformungsprozeß betrachten.

Außerdem garantiert die bisherige Methode der Modellherstellung gegenseitig keine vollkommene Ähnlichkeit, was zu bestimmten Fehlern in den gemessenen Werten führt. Trotzdem kann man einige allgemeine Erkenntnisse über den Mechanismus der Verformungsprozesse formulieren.

Auf Bild 2 sind für einige Stände der Abbaufront die Kurven der Senkungen (voll gezeichnet) und die Kurven der horizontalen Verschiebungen (punktiert) bei einer Mächtigkeit des Hangenden von 70 m dargestellt.

In ähnlicher Weise wurden die Bewegungscharakteristiken bei einem Hangenden mit 140 sowie 200 m dokumentiert.

Durch eine Analyse aller Ergebnisse wurden folgende Erkenntnisse gewonnen:

— das Verhältnis der maximalen Senkung (beim Abbau der Vollfläche) zu der Mächtigkeit des abgebauten Flözes ist von der Höhe des Hangenden abhängig (Bild 3);

— der Umfang des Deformationsgebietes von der Abbaukante in Richtung zum ungestörten Massiv (R) ist geringer als in Richtung zum unterbauten Massiv (Q), dessen mechanisch-physikalische Eigenschaften sich verändern. Auch die Mächtigkeit des Hangenden (H) beeinflußt die Größe des Grenzeinflußwinkels. Im ungestörten Massiv ändert sich der Einflußwinkel μ_R mit der Höhe des Hangenden praktisch nicht, während sich μ_Q im zerstörten Gebirge vergrößert. Unter den gegebenen Bedingungen ist der Grenzeinflußwinkel in Richtung zum ungestörten Massiv gleich 60°. Dieser Wert entpricht den Meßergebnissen in situ. Sehr unterschiedlich ist die Einflußgröße in Richtung zum zerstörten Massiv (Q) auf beiden Seiten der Senkungsmulde, wie aus Bild 4 ersichtlich ist. Auf diesem Bilde sind

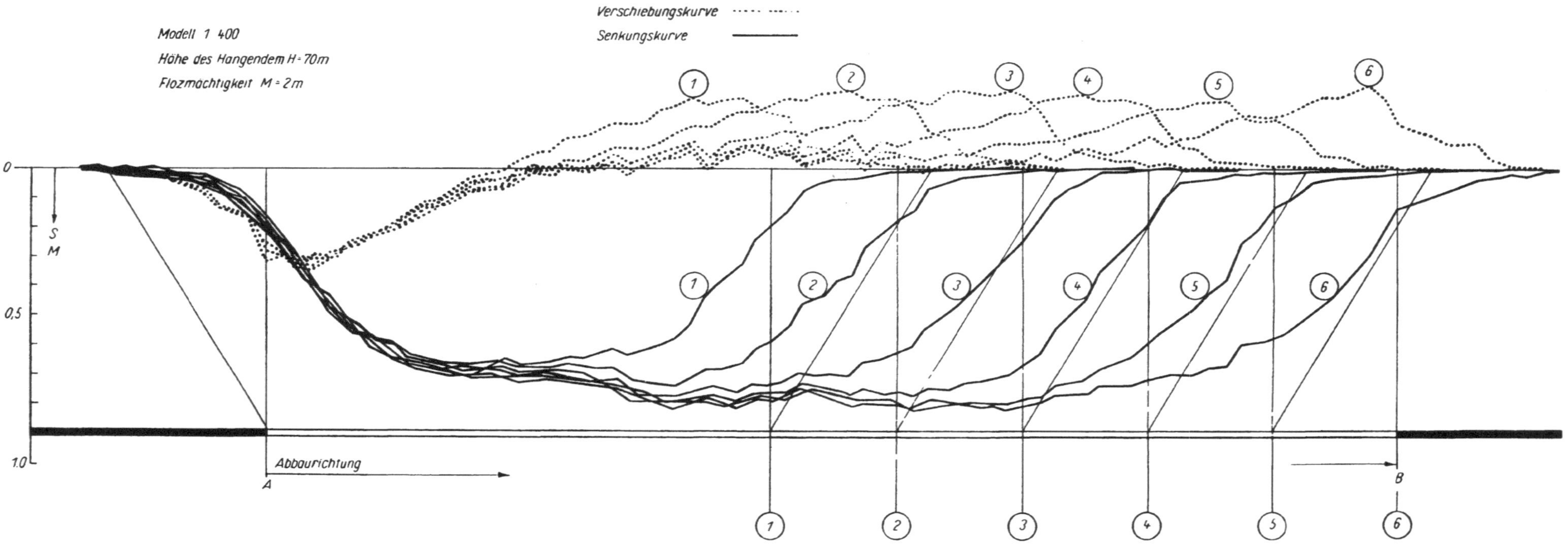

Bild 2. Kurven der Senkungen und horizontalen Verschiebungen bei unterschiedlichen Abbauständen

Bild 3. Abhängigkeit des Verhältnisses der maximalen Senkung zur Mächtigkeit des abgebauten Flözes von der Höhe des Hangenden

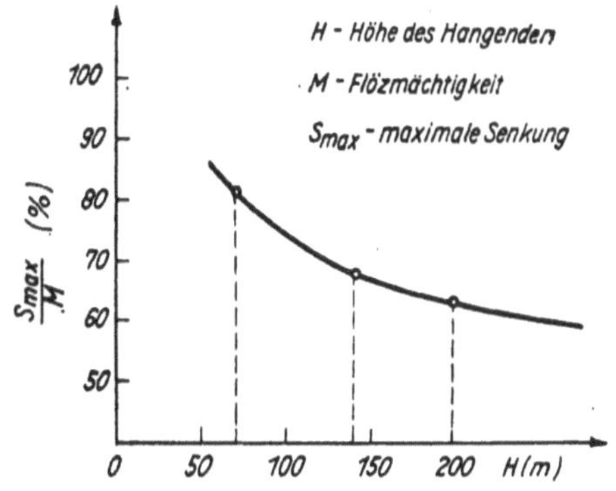

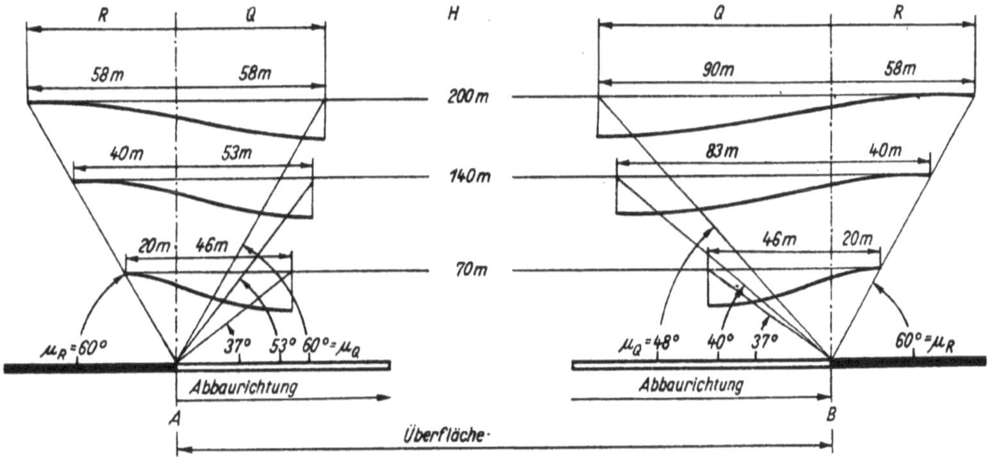

Bild 4. Größe der Grenzeinflußwinkel

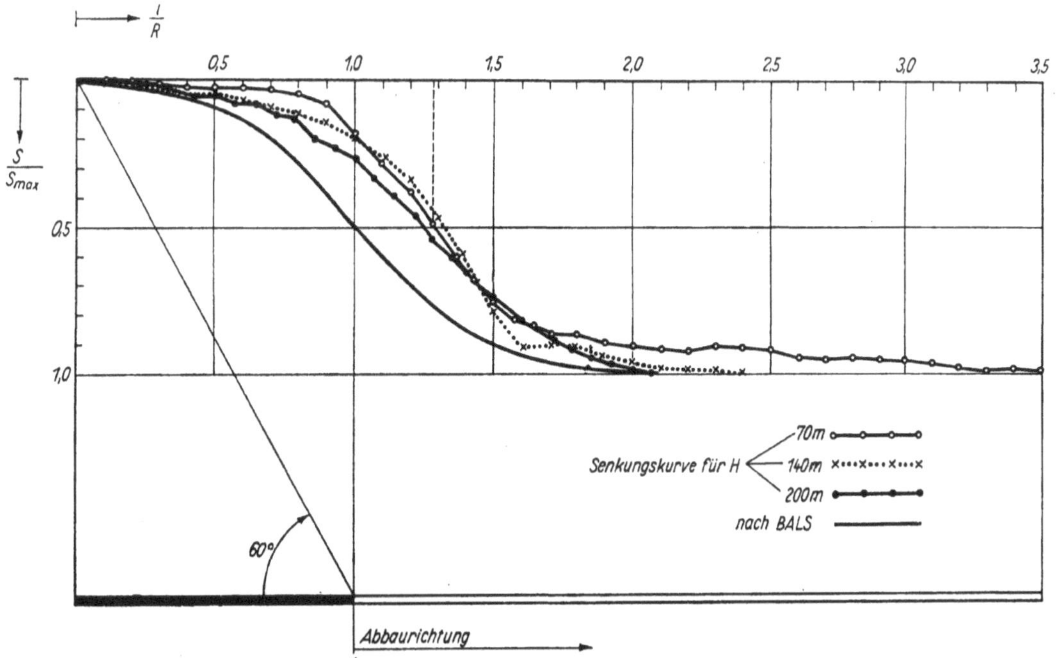

Bild 5. Form der Senkungskurve über der Abbaukante bei einer Überfläche und vorgegebener Abbaurichtung am Beginn der Abbaufläche

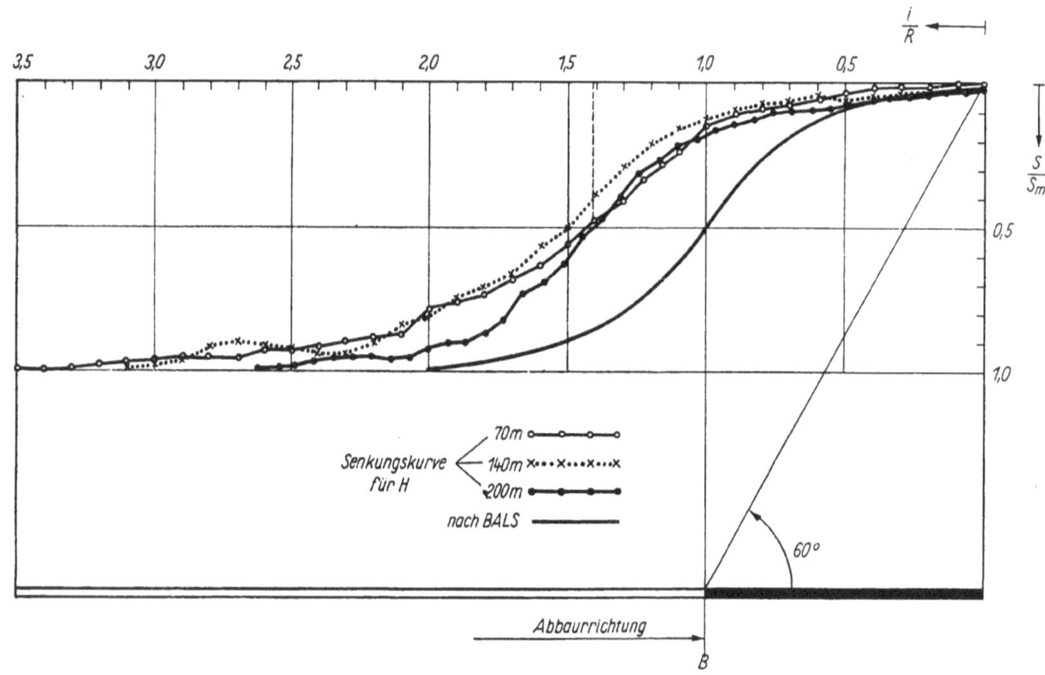

Bild 6. Form der Senkungskurve über der Abbaukante bei einer Überfläche und vorgegebener Abbaurichtung am Ende der Abbaufläche

die konkreten Werte der Zonen R, Q für alle drei Alternativen der Hangendhöhen H (70, 140, 200 m) angeführt;

– bedeutende Unterschiede wurden auch in den Formen der Senkungsmulden festgestellt.

In der Form unterscheiden sich beide Böschungen der Senkungsmulde sowohl untereinander als auch in der Abhängigkeit von der Höhe des Hangenden. Auf den Bildern 5 und 6 werden die Formen aller drei Senkungsmulden über beiden Abbaukanten beim Abbau der Überfläche verglichen. Aus den Bildern ist zu ersehen, daß sich in beiden Fällen der Verlauf der empirischen Senkungskurven von dem Verlauf der entsprechenden theoretischen Senkungskurve unterscheidet, die z. B. nach der BALSschen Theorie konstruiert wurde. Der Punkt, in dem sich die Krümmung der Senkungskurven ändert, d. h. der Punkt, in dem die halbe maximale Senkung vorliegt, befindet sich nicht an der über der Abbaukante errichteten Vertikalen, sondern in einer gewissen Entfernung in Richtung zur abgebauten Fläche. Diese Erkenntnis ist aus den Messungen in situ allgemein bekannt und wird gewöhnlich durch unvollständigen Bruch der abgebauten Fläche im Gebiet der Abbaukante erklärt. Aus den Bildern 5 und 6 ergibt sich, daß die Verschiebung des Inflexionspunktes aller drei Senkungskurven bei Beginn der abgebauten Flächen annähernd 0,3 R und am Ende der abgebauten Fläche 0,4 bis 0,5 R beträgt. Dies würde bedeuten, daß Umfang der Zone des unvollständigen Bruchs am Ende der abgebauten Fläche größer ist als an ihrem Anfang. Dies würde aber auch bedeuten, daß dieser Umfang der Höhe des Hangenden direkt proportional ist, was man allerdings schwer theoretisch begründen kann.

Die Ursachen der charakteristischen Lage der Inflexionspunkte der Senkungskurven muß man daher anderswo suchen, und zwar im unterschiedlichen Bewegungsmechanismus des Gebirges in der Umgebung beider Kanten der abgebauten Fläche. Eine bedeutende Rolle wird hier auch die bekannte Tatsache spielen, daß man hier nicht in vollem Maße die Wirkung des Gesetzes der Superposition voraussetzen kann. Diese Erkenntnis wird dadurch untermauert, daß die Senkungskurven am Anfang der abgebauten Fläche generell kürzer und steiler sind als an ihrem

Ende und daß ihre Form mit der Vertriebsrichtung der Abbaufront zusammenhängt. Die Verschiebung der Inflexionspunkte kann man daher in unserem Falle als eine allgemeine Charakteristik des Senkungsprozesses betrachten.

Schlußfolgerung

Die Modellversuche ermöglichen bei Verwendung der Photogrammetrie bei der Messung von Bewegungen des Modellmaterials ein Studium des Mechanismus des Gebirgsmassivs unter dem Einfluß bergmännischer Tätigkeit in wesentlich größerem Umfang als die Forschung in situ. Man erhält immer einen umfangreichen Komplex von Ergebnissen, die es ermöglichen, neue Gesetzmäßigkeiten über Bewegungsprozesse zu formulieren, allerdings mehr in qualitativer als in quantitativer Hinsicht. Dies ist die Folge einer bisher nicht ganz vollkommenen Methodik, die bei der Herstellung der eigenlichen Modelle aus äquivalenten Materialien verwendet wird. Die weitere erfolgreiche Entwicklung der Modellversuche mit Grubenproblematik ist daher überwiegend von der Lösung dieser Frage abhängig.

Untersuchung des Mechanismus der Gebirgsverschiebungen um Vorrichtungsbaue und Abbaue

von R. D. PARASCHKEVOV, K. L. KOLEV und B. M. STOJANOV, Sofia

I. Theoretische Untersuchungen

Der Streckenvortrieb im Gebirge verursacht eine Gleichgewichtsstörung des Spannungszustandes. In einem bestimmten Bereich um den betreffenden Grubenbau erfolgt eine Spannungsneuverteilung mit der Tendenz zur Schaffung eines neuen Gleichgewichtszustandes. Die Größe dieses Bereichs der Spannungsneuverteilung, die wir im folgenden kurz „Anomalienzone" nennen werden, ist vor allem von der Querschnittsform und -größe des Grubenbaus abhängig. Wird der Grubenbau im unverritzten Gebirge in großer Teufe aufgefahren, so erfaßt die „Anomalienzone" einen begrenzten Teil des umgebenden Gebirges. In diesem Fall kann nachgewiesen werden, daß die Größe der „Anomalienzone" lediglich von der Querschnittsform und -größe des Grubenbaus, nicht aber von der Teufe abhängt.

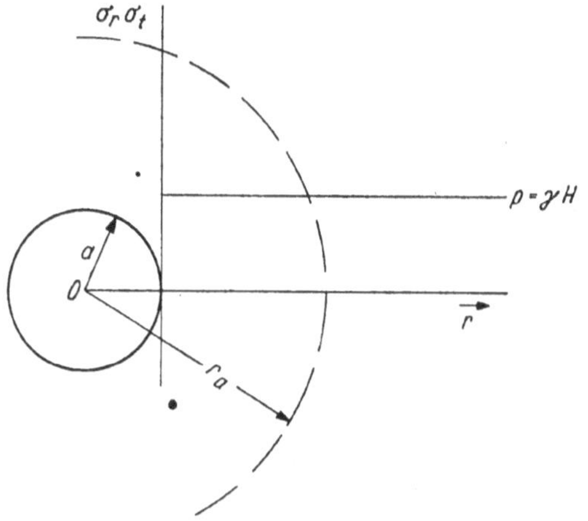

Bild 1.

Untersuchen wir z. B. einen söhligen Grubenbau mit dem Radius a, der in elastischem Gebirge aufgefahren wurde, und nehmen wir an, der Einfluß dieses Grubenbaus ins Gebirge hinein beschränke sich auf einen Abstand bis zum Streckenprofil ($r = x$, Bild 1), bis zu welchem sich die Spannungen (σ_r und σ_t) von den Spannungen im unverritzten Gebirge ($p = \gamma H$) um k % unterscheiden. Ausgehend von der Abhängigkeit

$$r = \sqrt{\frac{a^2 p}{p - \sigma_r}} \tag{1a}$$

oder

$$r = \sqrt{\frac{a^2 p}{\sigma_t - \sigma_r}}, \tag{1b}$$

erhalten wir

$$x = \sqrt{\frac{100\, a^2}{k}}. \tag{2}$$

Nehmen wir beispielsweise $k = 5(\%)$, so erhalten wir $x = a\sqrt{20}$, d. h., die Anomalienzone ist vier- bis fünfmal größer als der Streckenradius und *nicht von der Teufe abhängig*. Aus dieser Darlegung folgt die wichtige praktische Schlußfolgerung, daß sich die Untersuchung von Gesteinsverschiebungen um Grubenbaue, die nicht unter Abbaueinwirkung stehen, auf eine relativ geringe Tiefe von der Streckenkontur aus zu beschränken braucht. Außerdem kann die Feststellung getroffen werden, daß der Mechanismus der Verformung, der Gesteinsverschiebung und -zerstörung sowie der Wechselwirkungsmechanismus zwischen Gebirge und Ausbau im wesentlichen von den Gesteinen bestimmt wird, die wir in der Anomalienzone vorfinden. In diesem Sinne kann der Begriff Gebirge mit gewissen Einschränkungen betrachtet werden, da wir uns in der Hauptsache mit den Gesteinen der Anomalienzone befassen werden.

Geht jedoch ein Teil des Gebirges um den Grubenbau zu Bruch, so vergrößert sich die Anomalienzone, was auch zu einer effektiven Radiusvergrößerung des Grubenbaus führt (s. Bild 2).

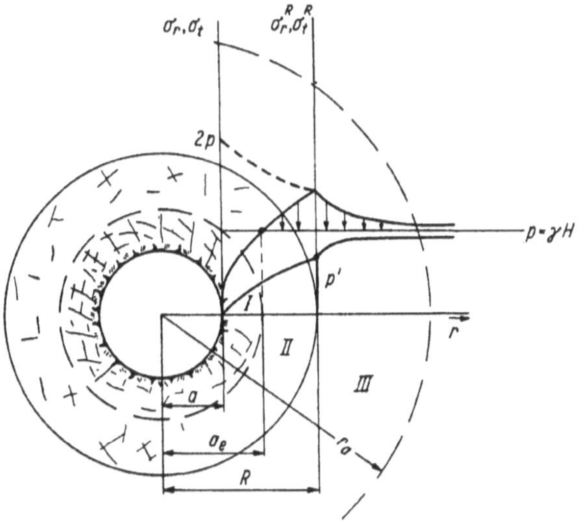

Bild 2. Spannungsänderung um Grubenbaue
I — Zone niedriger Spannungen; *II* — Zone hoher Spannungen; *III* — Zone der Wirkung des betreffenden Grubenbaues
a_e — effektiver Streckenradius; r_a — Anomalienzone

Die Vergrößerung des effektiven Streckenradius (a_e) ist vom Widerstand des zu Bruch gegangenen Gesteins (p') an der Grenze zum unverritzten Gebirge ($r = R$) abhängig. Die Widerstandsgröße (p') wird auch von dem Ausbauwiderstand (p^+) beeinflußt, der einen zusätzlichen Druck auf die Streckenkontur ausübt.

Zum Zwecke einer quantitativen Analyse betrachten wir wiederum den einfachsten Fall, nämlich einen Grubenbau mit rundem Querschnitt. Mit $p = \gamma H$ bezeichneten wir den Druck in der untersuchten Teufe H, mit σ_H — die Gesteinsfestigkeit des Gebirges bei Druckbeanspruchung, mit ϱ — den Reibungswinkel des Gesteins, mit C — die Kohäsion und mit γ — das Raumgewicht des Deckgebirges.

Die ungefähre Teufe, in welcher die Gesteinszerstörung um einen söhligen Grubenbau beginnt, der nicht unter Abbaueinwirkung steht, wird nach der folgenden Formel berechnet [1]:

$$H_k \leqq \frac{(\psi - 1)\,D}{2\,\gamma}, \tag{3}$$

hierbei sind:

$$D = C \cot \varrho\,; \tag{3a}$$

$$\psi = \frac{1 + \sin \varrho}{1 - \sin \varrho}.$$

Der Radius der Gesteinszerstörungszone wird nach Formel (4) ermittelt [1]:

$$R^+ = a\left[\frac{2\,p - \sigma_H}{\psi + 1)\,p^+}\right]^{\frac{1}{\psi-1}}, \tag{4}$$

und die Reaktion des zerstörten Gesteins an der Grenze der Zerstörungszone ($r = R^+$) kann nach der folgenden Formel berechnet werden:

$$p' = \frac{\sigma_H}{\psi - 1}\left[\frac{2\,p - \sigma_H}{(\psi + 1)\,p^+} - 1\right]. \tag{5}$$

Eine Analyse der Beziehungen (4) und (5) zeigt, daß die Abmessungen der Zerstörungszone, die Gesteinsfestigkeit und der Ausbauwiderstand miteinander in Verbindung stehen und einander bedingen. So ist die Gesteinszerstörung sehr stark reduziert, wenn der Ausbauwiderstand (p^+) folgenden Wert hat:

$$p^+_{\max} = \frac{2\,p - \sigma_H}{\psi + 1}. \tag{6}$$

In diesem Falle stimmen Radius der Zerstörungszone und Streckenradius überein ($R^+ \approx a$). Eine Verringerung des Ausbauwiderstandes ($p^+ < p^+_{\max}$) führt zu einer Vergrößerung des Zerstörungszonenradius und somit zur Erhöhung der Reaktion des zerstörten Gesteins selbst. Das bedeutet, daß Ausbauwiderstand und Gesteinswiderstand in der Zerstörungszone bei der Schaffung eines neuen Gleichgewichtszustandes die gleiche Rolle spielen. Aus diesem Grunde kann eine Minderung der Gesteinsverschiebungen und -zerströrungen um Grubenbaue entweder durch Erhöhung des Ausbauwiderstandes oder durch Gesteinsverfestigung erreicht werden.

Eine Analyse der Spannungsänderung im Zerstörungsbereich (s. Bild 2) zeigt, daß die Normalspannungen σ_r und σ_t in einer bestimmten Entfernung von der Streckenkontur im Vergleich zum Druck im unverritzten Gebirge ($\sigma_r < \sigma_t < p = \gamma\,H$) sehr niedrig sind.

Infolge des Widerstandes des zerstörten Gesteins und des Ausbauwiderstandes gleichen sich die Normalspannungen σ_t in einem gewissen Abstand von der Streckenkontur mit den Druckwerten im unverritzten Gebirge aus ($\sigma_t = p$). Dieser Abstand kann als effektiver Streckenradius (a_e) angesehen werden, da hier die Zone niedriger Spannungen (in der $\sigma_t < p$ gilt) endet und die Zone erhöhter Spannungen (in der $\sigma_t > p$) beginnt (s. Bild 2). Da die Tragfestigkeit der Zone niedriger Spannungen äußerst gering ist, kann sie aus der Betrachtung ausgeschlossen werden. Somit kann also der effektive Streckenradius bedeutend größer als der Nominalradius sein.

Der effektive Streckenradius (a_e) kann nach der folgenden Formel ermittelt werden, wenn im umgebenden Gebirge Zerstörungen stattfinden:

$$a_e \approx a\left[\frac{2\,p - \sigma_H}{2\,\psi\,p^+}\right]^{\frac{1}{\psi-1}}; \tag{7}$$

hierbei bedeuten:

a — Vortriebsradius der Strecke,

$p = \gamma\,H$ — Gebirgsdruck im unverritzten Gebirge,

$\psi = \dfrac{1 + \sin\varrho}{1 - \sin\varrho}$,

ϱ — Reibungswinkel des Gesteins,

σ_H — Druckfestigkeit des Gesteins im Gebirge,

p^+ — Ausbauwiderstand.

Untersuchen wir ein konkretes Beispiel. Ein Grubenbau mit einem Radius a wird in einer Teufe $H = 250$ m unter folgenden Bedingungen aufgefahren:

Ausbauwiderstand $p^+ + 40\ \mathrm{Mp/m^2}$;

Druckfestigkeit des Gesteins im Gebirge $\sigma_H = 200$ Mp/m²,
Kohäsionskennwert des Gesteins $D = C \cdot \cot \varrho = 400$ Mp/m²,
Reibungswinkel $\varrho = 30°$, $\psi = 3$.

Erfolgt keine Zerstörung des Gesteins um den Grubenbau, so hat die im Gebirge entstehende Anomalienzone einen Radius von $r_a = a\sqrt{20}$. Die kritische Teufe, ab welcher die Gesteinszerstörung um den untersuchten Grubenbau beginnt, wird nach Formel (3) ermittelt — $H_k = 200$ m. In einer Teufe von $H = 250$ m erfaßt die Gesteinszerstörung ein Gebiet mit einem Radius R^+, der nach Formel (4) berechnet wird — $R^+ \cong a\sqrt{5}$. Der effektive Radius, der nach Formel (7) berechnet wird, beträgt — $a_e \approx a\sqrt{3{,}3}$. In diesem Falle vergrößert sich der Radius der Anomalienzone im Gebirge von $r_a \leqq a\sqrt{20}$ auf $r_a' = a\sqrt{66}$.

Aus einer Analyse der angeführten Abhängigkeiten (1—7) und der Ergebnisse des angeführten Beispiels können einige wichtige praktische Schlüsse gezogen werden:

a) erfolgt um Grubenbaue keine Gesteinszerstörung, so sind die Abmessungen der Spannungsänderungszone und der Verformungsänderungszone (Anomalienzone) im Gebirge nicht von der Teufe abhängig;
b) erfolgt jedoch eine Gesteinszerstörung im Gebirge um Grubenbaue, so ist die Größe der Spannungs- und Verformungsänderungszone von der Teufe abhängig und wird vom sog. effektiven Streckenradius bestimmt; dieser effektive Streckenradius, der bis zur Grenze der Zone niedriger Spannungen in der Gesteinszerstörungszone bestimmt wird, vergrößert sich mit zunehmender Teufe und abnehmender Gesteinsfestigkeit sowie Ausbaureaktion;
c) eine Verkleinerung der Einflußzone des Grubenbaus ins Gebirge hinein ist auf zwei Wegen möglich, entweder durch Vergrößerung des Ausbauwiderstandes oder durch Anwendung von Gesteinsverfestigungsmethoden (im weitesten Sinne des Wortes) im Zerstörungsgebiet; für große Teufen gewinnt der zweite Weg an perspektivischer Bedeutung, da eine Vergrößerung des Ausbauwiderstandes größere Ausbaudicke, höheres Ausbaugewicht und somit auch höhere Ausbaukosten erfordert;
d) die Erforschung des Mechanismus der Gesteinsverschiebungen um Grubenbaue, die nicht unter Abbaueinwirkung stehen, braucht nur bis zu dem Abstand von der Streckenkontur durchgeführt zu werden, bis zu welchem sich die Anomalienzone erstreckt, die anhand des effektiven Streckenradius ermittelt wird.

Für Grubenbaue, die sich in der Einflußzone von Abbauen befinden, müssen diese Probleme durch in situ-Untersuchungen gelöst werden.

II. In situ-Untersuchungen des Gebirgszustandes um söhlige Grubenbaue

Die theoretischen Untersuchungen der Änderung des Gebirgszustandes um Grubenbaue wurden bei einer gewissen Idealisierung durchgeführt. Gewöhnlich wird das Gebirge, in dem ein Grubenbau aufgefahren wird, als homogen und isotrop angenommen. In Wirklichkeit besteht es aus verschiedenen Gesteinen und hat seine strukturellen Besonderheiten: Schichtung, Klüfte, verschiedene geologische Störungen usw. Aus diesem Grunde sind in-situ-Untersuchungen des Gebirgsverhaltens um Grubenbaue von besonderem Interesse. Unter diesen Bedingungen wird auch die Untersuchung der Abbaueinwirkung erleichtert.

Eine der charakteristischsten Besonderheiten des tatsächlichen Gebirges ist seine Schichtung. Gesteinsverformungen und -zerstörungen entwickeln sich bekanntlich in Abhängigkeit vom Einfallen der Lagerstätte und des Nebengesteins. Das bezieht sich insbesondere auf Braunkohlenlagerstätten, da Braunkohle und Nebengestein gewöhnlich von geringer Festigkeit sind und die Kenntnis ihrer Verschiebungen und Verformungen von größter Bedeutung für die Lösung von Ausbauproblemen ist.

In Anwendung auf Gebirgsdruckprobleme in Vorrichtungsbauen (Bobovdolsker Braunkohlenbecken) wurden Untersuchungen zur Ermittlung des Einflusses verschiedener Faktoren auf den Charakter der Gebirgsverschiebung durchgeführt. In der vorliegenden Arbeit werden die Ergebnisse von Untersuchungen zur Ermittlung des Einflusses eines der Hauptfaktoren — des Neigungswinkels der Kohlenflöze in der Zone der Abbaueinwirkung — angeführt. An den Untersuchungen waren beteiligt: R. Paraškevov, K. Kolev, N. Nikolaev, T. Čonkov, V. Slokoski und C. Angelov.

Das Bobovdolsker Braunkohlenbecken ist durch komplizierte montangeologische Verhältnisse gekennzeichnet. Einfallen und Mächtigkeit der Flöze sind großen Schwankungen unterworfen. Das Nebengestein wird von Tonen, Schiefertonen und sandigen Schiefertonen gebildet. Die durchschnittlichen physikalisch-mechanischen Hauptkennwerte des Nebengesteins betragen:

Druckfestigkeit $\sigma_H = 200$ Mp/m² ($20 \cdot 10^5$ N/m²),
Zugfestigkeit $\sigma_0 = 1{,}5$ kp/cm² ($1{,}5 \cdot 10^5$ N/m²),
Kohäsion $C = 4{,}1$ kp/cm² ($4{,}1 \cdot 10^5$ N/m²),
Winkel der inneren Reibung $\varrho = 36°$ [2].

Bei Vorhandensein weicher Nebengesteine treten starke Gebirgsdruckerscheinungen auf.

Um den Einfluß des Flözeinfallens auf Gesteinsverschiebungen und -verformungen um Grubenbaue in der Zone der Abbaueinwirkung ermitteln zu können, wurden die Verformungen der mit dem Gestein in Berührung stehenden Ausbaue in Flözen mit unterschiedlichem Einfallswinkel gemessen. Die Verteilung der Ausbauverformungen in der Streckenkontur vermittelt uns eine Vorstellung von der Gesteinsbewegung um die betreffende Strecke. Diese Verteilung sowie ihre Änderungen in der Zeit können am besten am Beispiel von Stahlausbauen untersucht werden. Aus diesem Grunde wurden für die Untersuchungen 4 Strecken mit nachgiebigem Ringausbau (∅ der Stahlringe 2—2,5 m) in der Grube Minjor ausgesucht. Eine kurze Charakteristik der betreffenden Baue wird in der nachfolgenden Aufstellung gegeben:

lfd. Nr.	Bezeichnung	Flözeinfallen Grad	Flözmächtigkeit m
1	123. Wetterstrecke	25	2,5—2,7
2	121. Förderstrecke	40	2,5—2,7
3	221. Wetterstrecke	65	2,8
4	2a. Förderstrecke	90	2,2

Unter der Wirkung des Gebirgsdruckes beginnt in den nachgiebigen Teilen des Ringausbaus ein Gleiten der Elemente. Bei einer zur Vertikalachse symmetrischen Belastung werden die Gleitwerte in den oberen Teilen, die nach den Ausbauvorrschiften symmetrisch zur Vertikalen sind, gleich sein (unter der Bedingung jedoch, daß die Verbindungselemente gleichermaßen gezogen sind). Zeigen sich Unterschiede in den Gleitwerten in den genannten Teilen, so wirkt die Ausbaubelastung zur Vertikalachse unsymmetrisch. Deshalb gehören zu den Meßgrößen für die Charakterisierung der Ausbauverformung auch die Gleitgrößen in symmetrischen Teilen. Die Messungen wurden periodisch in 150 m langen Streckenabschnitten durchgeführt, wobei der Ringabstand an den Meßstellen 5 m betrug. Da der Einfluß des Flözeinfallens auf die Gebirgsverformung am deutlichsten wird, wenn sich der Grubenbau in der Einflußzone des Abbaus befindet, begannen die genannten Abschnitte an der Abbaufront.

Die Änderung der Gleitwerte in den oberen Teilen des aus 4 Elementen bestehenden Ringausbaus in Abhängigkeit von der Entfernung vom Abbaustoß wird für die untersuchten vier Strecken auf Bild 3 dargestellt. Aus den Diagrammen ist eine Unterschiedlichkeit der Gleitwerte zu erkennen. Die höchsten Werte wurden an der Firstseite gemessen.

Als Charakteristik der Nichtsymmetrie der Ausbauverformung wählten wir das Verhältnis der Gleitwerte in zur Vertikalen symmetrischen Ausbauteilen. Bild 4 zeigt die graphische

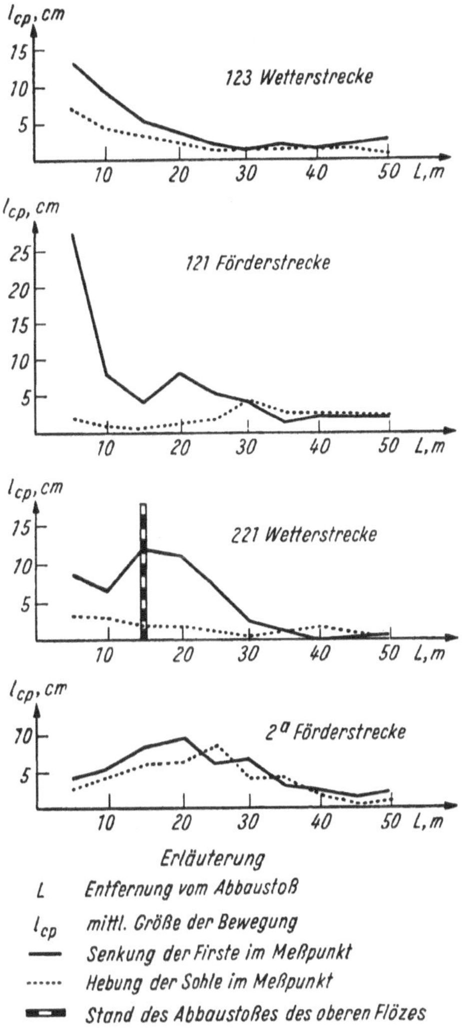

Bild 3.

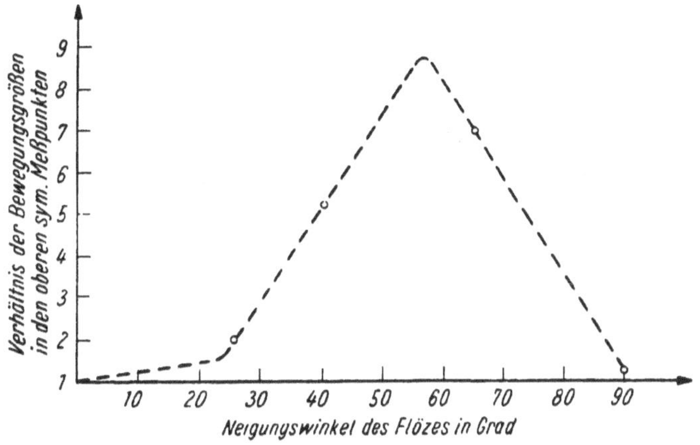

Bild 4.

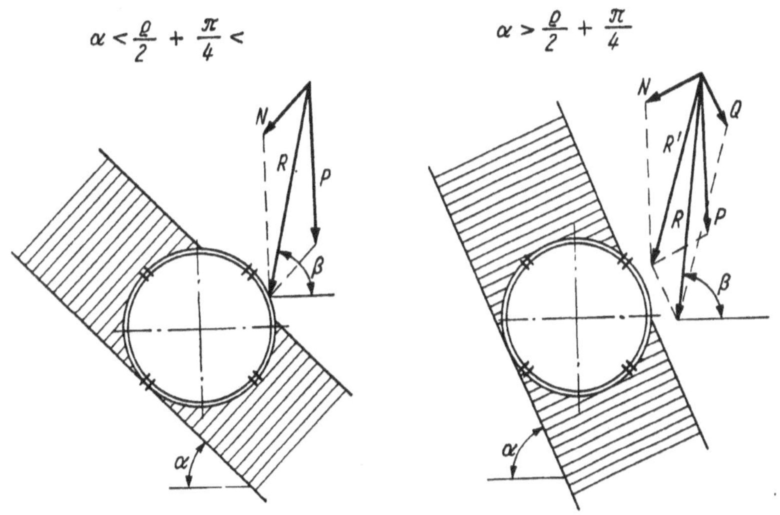

Bild 5.

Darstellung der Mittelwerte dieses Verhältnisses bei unterschiedlichem Flözeinfallen. Bei kleinen Einfallswinkeln (bis 15 oder 20°) ist die Ausbauverformung nahezu symmetrisch. Mit der Vergrößerung des Einfallswinkels nimmt die Nichtsymmetrie der Ausbauverformung zu, erreicht ihr Maximum bei etwa 60°, nimmt erneut ab und ist in sehr steilen Flözen als vertikalsymmetrisch zu bezeichnen. Es ist zulässig, diese Nichtsymmetrie der Verformungen durch eine analoge Nichtsymmetrie der Belastungen zu erklären.

Wenn die Resultierende aller auf den Ausbau wirkenden Kräfte bei einer symmetrisch zur Vertikalachse wirkenden Belastung in Vertikalrichtung verläuft, so weist sie bei unsymmetrischer Belastung einen bestimmten Winkel β zur Horizontalen auf, der unter 90° liegt (Bild 5).

Unsere Untersuchungen zeigten, daß der Winkel β, der die Richtung der größten Gebirgsverschiebungen und somit auch die stärkste Gebirgsdruckwirkung angibt, vom Flözeinfallen abhängig ist. Bei dieser Abhängigkeit müssen drei Phasen unterschieden werden:

1. bei α von 0° bis 15 · · · 20°,
2. bei α von 15 · · · 20° bis 55 · · · 65°,
3. bei α von 55 · · · 65° bis 90°.

Bei einer gründlicheren Analyse zeigte es sich, daß die Grenzwerte des Einfallswinkels mit bestimmten physikalisch-mechanischen Kennwerten des Nebengesteins verbunden sind, genauer gesagt mit dem Winkel der inneren Reibung, und zwar folgendermaßen:

$$15 \cdots 20^\circ \approx \varrho/2 \quad 55 \cdots 65^\circ \cong \varrho/2 + \pi/4.$$

Im Ergebnis einer Verallgemeinerung der meisten Untersuchungsergebnisse erhielten wir folgende Abhängigkeiten zur Grobbestimmung des Winkels β in Abhängigkeit vom Flözeinfallen:

1.
$$\beta = \frac{\pi}{2} - \frac{\alpha}{4} \tag{8}$$
$$\text{bei } 0 < \alpha < \frac{\varrho}{2};$$

2.
$$\beta = \frac{\pi}{2} + \frac{\varrho}{8} - \frac{\alpha}{2} \tag{9}$$
$$\text{bei } \frac{\varrho}{2} < \infty < \frac{\varrho}{2} + \frac{\pi}{4};$$

3.
$$\beta = \frac{3\pi - \varrho}{8} + \frac{\pi + \varrho}{2\pi - 4\varrho}\left(\alpha - \frac{\varrho}{2} - \frac{\pi}{4}\right) \tag{10}$$
$$\text{bei } \alpha < \frac{\varrho}{2} + \frac{\pi}{4}.$$

Für das Bobovdolsker Becken, in welchem der mittlere Winkel der inneren Reibung des Nebengesteins 36° beträgt, ist $\frac{\pi + \varrho}{2\pi - 4\varrho} = 1$, und in diesem Falle nimmt die Abhängigkeit nach (10) eine äußerst einfache Form an. Es ist:

$$\beta \approx \alpha\,. \tag{10a}$$

Die erhaltenen Abhängigkeiten stehen in keinem Widerspruch zu den physikalischen Vorstellungen über die Gesteinsverschiebungs-, -verformungs- und -zerstörungsprozesse um Grubenbaue im Bereich der Abbaueinwirkung. Unter dem Einfluß von Abbauarbeiten bilden sich Schwächungs- und Störungszonen, in denen die Verbindungen zwischen Flözen und Zwischenmitteln gestört und somit labil geworden sind. In diesen Zonen kommt es zu starken Gebirgsverschiebungen in Richtung Grubenbau. Dieser aktive Druck kommt gleichsam zu dem vertikal wirkenden Gewicht des überlagernden Gebirges hinzu, und die Resultierende weicht von der Vertikalen ab (s. Bild 5). Ist der Einfallswinkel gleich dem Winkel der Gleitprismenbildung im Falle rolliger Medien oder größer als dieser — wobei wir zerstörtes Gestein in bestimmter Annäherung als quasi-rolliges Medium mit $\alpha \leqq \frac{\varrho}{2} + \frac{\pi}{4}$ ansehen können —, so findet auch in den Schichtungsflächen eine Gebirgsbewegung statt. Diese Bewegungen konnten mit Hilfe von Tiefenfestpunkten untersucht werden. In diesem Falle wirken neben den vertikalen Gravitationskräften und den senkrecht zum Flöz gerichteten Kräften auch in Flözrichtung verlaufende Kräfte.

Eine solche Deutung der Prozesse gibt uns vom physikalischen Gesichtspunkt aus die begründete Hoffnung auf die Anwendbarkeit der von uns erhaltenen Abhängigkeiten auch auf andere Kohlebecken.

Die durchgeführten Untersuchungen und erhaltenen Ergebnisse geben uns die Möglichkeit der Entwicklung von Ausbaukonstruktionen für unterschiedliches Flözeinfallen, denen — in Abhängigkeit vom Winkel der intensivsten Gebirgsverschiebungen — eine entsprechend orientierte Nachgiebigkeit verliehen wird.

III. Einige Ergebnisse von Untersuchungen der Gebirgs- und Oberflächenverschiebungen unter dem Einfluß bergmännischer Arbeiten im Bobovdolsker Kohlenbecken der VR Bulgarien

Gebirgs- und Oberflächenverschiebungen unter dem Einfluß bergmännischer Arbeiten wurden mit Hilfe von 2 untertägigen und 9 übertägigen Meßstellen mit 14 Profilen im Flözeinfallen und -streichen untersucht. In Tab. 1 sind gegeben: Gesteinszusammensetzung, mittlerer prozentualer Anteil und mittlerer Festigkeitskoeffizient K_{cp} (nach Prof. PROTODJAKONOV) für das genannte

Tabelle 1

Bezeichnung des hangenden Gesteins	Festigkeits-koeffizient nach Protodjakonov	Mächtigkeit in %	$K = m \cdot f$	Bemerkungen
Sandiger Ton	0,8	19,4	15,5	Sämtliche Angaben entstammen Erkundungs-bohrungen
Ton	1,0	24,7	24,7	
Kies und Sand	1,5	1,3	2,0	
Kies und Ton	1,5	0,7	1,0	
Kohle	1,5	3,6	5,4	
Sandstein mit wenig festem Bindemittel	2,0	7,6	15,2	$K_{cp} = \frac{\Sigma m \cdot f}{100}$
Ton mit Kohlebestandteilen	2,0	3,3	6,6	
Fester Mergel	3,0	0,2	0,6	$= \frac{241,5}{100} = 2,4$
Toniger Sandstein	3,0	9,1	27,3	
Tonschiefer	4,0	23,0	92,0	
Sandstein	6,0	4,7	28,2	
Fester Sandstein	10,0	2,3	23,0	
		$\Sigma m \cdot f = 241,5$		

Kohlenbecken. Wie ersichtlich, sind die hangenden Gebirgsschichten ziemlich weich ($K_{cp} = 2,4$). Es überwiegen weiche Gesteine: Tone — 24,7%, Schiefertone — 23%, Sandtone — 19,4%. Tonsandstein — 9,1% u. a. Bei den Untersuchungen wurde den mächtigen steilen Abbauflözen besondere Aufmerksamkeit geschenkt. Außer den bekannten Verschiebungswinkeln β, γ und δ ist für diese noch der Winkel λ charakteristisch, der im Liegenden gemessen wird (Bild 6).

Als Meßpunkte an der Tagesoberfläche verwendete man Eisenbahnschienen, Rohre und Holzpflöcke, die 0,70—1,20 m lang waren. Als untertägige Festpunkte wurden Holzanker mit einer durchschnittlichen Länge von 1,40 m benutzt, die in der Streckenfirste eingebracht wurden (Bild 8).

Der Meßpunktabstand an der Tagesoberfläche ($l_ü$) wurde nach der Formel $l_ü = \sqrt{H}$ bestimmt, wobei H die Teufe in m ist. Bei den unter Tage eingebrachten Festpunkten wurde der Abstand ($l_ü$) in Abhängigkeit von der Ausbauanordnung festgelegt (zwischen 5—7 m).

Im Ergebnis einer analytischen und graphischen Bearbeitung und ingenieurmäßigen Auswertung der Untersuchungsergebnisse wurden Verschiebungs-, Bruch- und Grenzwinkel sowie einige für die Praxis interessante Parameter erhalten, die den Gebirgsverschiebungsprozeß bis zur Tagesoberfläche charakterisieren. Bild 7 zeigt die bergmännischen Arbeiten und die Anordnung der übertägigen Profillinien, Bild 8 die der untertägigen. Die Bedingungen, unter denen die Meßstellen angelegt und die Beobachtungen durchgeführt wurden, sowie einige Ergebnisse (Verschiebungswinkel, Bruchwinkel u. a.) sind in der verallgemeinerten Tabelle 2 angeführt.

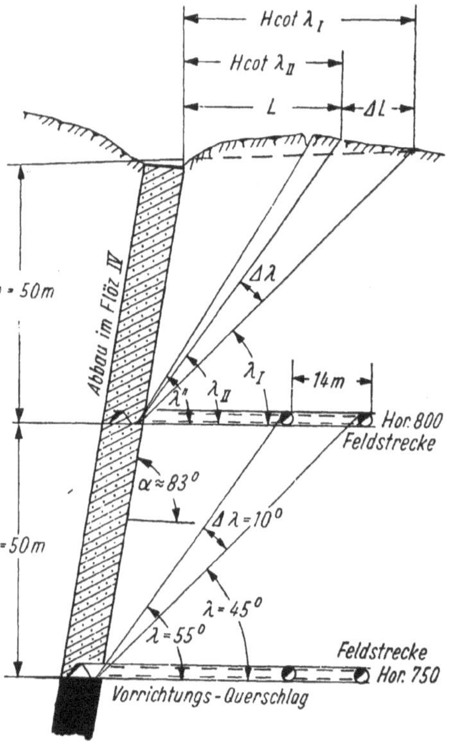

Bild 6. Lage des λ-Winkels und Ermittlung der Querschlagslänge (im Liegenden) in Abhängigkeit vom Winkelwert

Aus dieser Tabelle ist ersichtlich, daß die Verschiebungswinkel in der Hauptsache nach dem Kriterium der Ungleichmäßigkeit des Einfallens (Δi) und der horizontalen Verformungen (ε) ermittelt wurden und einer Oberflächenverschiebung von 10—78 mm bzw. $\eta_{cp} = 25$ mm entsprechen. Zur Ermittlung der Verschiebungswinkel bediente man sich der zulässigen (kritischen) Verformungen für Gebäude der Kategorie I:

Oberflächenneigung	i	$= \pm 4 \times 10^{-3}$
Ungleichmäßigkeit der Neig.	Δi	$= \pm 2 \times 10^{-3}$
Zerrung und Stauchung	ε	$= \pm 2 \times 10^{-3}$

Die Bruchwinkel wurden nach dem äußersten Riß an der Tagesoberfläche bestimmt, die Grenzwinkel bei Oberflächenverschiebungen von 10 mm. Bilder 8a, 9 und 10 zeigen ein graphisches Verfahren zur Ermittlung von Verschiebungs- und Bruchwinkeln. Desgleichen werden vertikale und horizontale Verschiebungen und Verformungen, ihre Verteilung in der Verschiebungs-

Tabelle 2

Teufe H in m	Neigungswinkel α, in Grad	Mächtigkeit in m	Verschiebungswinkel				Meßerg. n. best. Kriterien	Entspr. Absenkung in mm	Bruchwinkel			Grenzwinkel			
			β	γ	δ	λ			β''	δ''	λ''	β_0	γ_0	δ_0	λ_0
							I. Übertägige Meßstellen								
52	84	9,0	—	—	—	50	ε	10	—	—	58	—	—	—	42
52	84	9,0	42	—	—	—	ε	30	52	—	—	37	—	—	—
50	83	10,0	—	—	—	48	Δi	—	—	—	60	—	—	—	36
50	83	10,0	36	—	—	—	Δi	78	47	—	—	30	—	—	—
10—45	74	2—10	—	—	60	—	Δi	6	—	73	—	—	—	45	—
10—45	74	2—10	40	—	68	—	Δi	32	52	—	—	32	—	—	—
15—65	83	9,0	—	—	—	—	Δi	14	—	88	—	—	—	38	—
20—70	66	2,90	43	—	—	48	ε, Δi	30	64	—	57	40	—	—	41
60—124	62	2,30	—	—	—	47	ε	15	—	—	—	—	—	—	42
100	30	3,0	—	51	—	—	Δi	12	—	—	—	—	50	—	—
90	30	3,0	—	53	—	—	Δi	10	—	—	—	—	48	—	—
60	78	10,0	—	—	68	—	Δi	—	—	81	—	—	—	46	—
							II. Untertägige Meßstellen								
210(58)	74	3,90	—	—	73	—	Δi	10	—	—	—	—	—	—	—
225(50)	74	1,30	—	—	73	—	Δi	—	—	—	—	—	—	—	—

mulde sowie ihre Geschwindigkeit in verschiedenen Teufen und bei verschiedenen Abbausystemen (Schildabbau und Scheibenbau) gezeigt.

Unter Meßstelle Nr. 1 (Bild 7) wurde beispielsweise das Flöz im Schildbau hereingewonnen. Die Arbeiten begannen an der Oberfläche und das Schild drang bis zu einer Teufe von 52 m vor. Es war 24 m lang und 7,50 m breit. Die maximale Schildgeschwindigkeit betrug 1 m/d. Unter den übrigen Meßstellen erfolgte ein abwärts geführter Zwischensohlenbruchbau in söhligem und geneigtem Streifen. Der mittlere monatliche Abbaufortschritt betrug 35 m, die Beherrschung des Hangenden erfolgte durch Bruchbau. Die Höchstwerte der vertikalen und horizontalen Verschiebungen und Verformungen für die einzelnen Profile sind in Tab. 3 angeführt. Die maximale Verschiebungsgeschwindigkeit erreichte $V_\eta = 45$ mm/d, und die maximalen

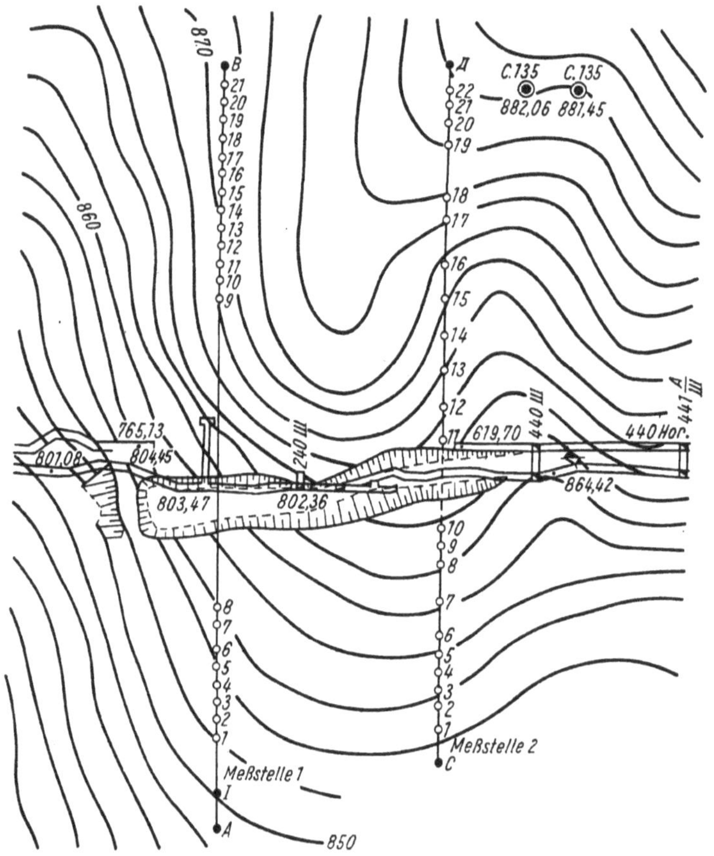

Bild 7. Grubenriß und Plan der übertägigen Meßstellen 1 und 2 beim Schildbausystem (Grube I v. Rusev)

Horizontalverschiebungen betrugen $V_\zeta = 25$ mm/d. Diese Werte wurden an Meßstelle Nr. 5 an der Tagesoberfläche gemessen. Für die unter Tage abgelegten Meßstellen entsprach das $V_\eta = 11{,}95$ mm/d und $V_\zeta = 10{,}00$ mm/d, gemessen an Meßstelle Nr. 1.

Die Beobachtungen zeigten, daß im Falle zu Rutschungen neigender Böden (Meßstellen 1 und 2) bedeutende Oberflächenrisse — nach denen die Bruchwinkel ermittelt werden — bei horizontalen Verformungen von 5 bis 10×10^{-3} entstehen, in den übrigen Fällen von 10 bis 30×10^{-3}.

In Anbetracht der geringen Abbautiefe ($H < 100$ m) und der bedeutenden Flözmächtigkeit (bis zu 10 m) erfolgt die Verschiebung heftig und schnell, mit Entstehung großer Oberflächenrisse.

Für den Schildabbau ist kennzeichnend, daß sich unmittelbar über dem Schild eine bis zu einigen Metern tiefe trichterförmige Grube bildet. Die Gesamtdauer des Verschiebungsprozesses unter diesen Bedingungen beträgt 6—8 Monate für die untertägigen Festpunkte und 4—6 Monate für die übertägigen Meßpunkte, wobei das aktive Stadium (Zerstörungsstadium) 1,5 bis 2,5 Monate dauert.

Außerdem konnten zwischen den einzelnen Verschiebungs- und Bruchwinkeln (in Abhängigkeit vom Flözeinfallen) sowie zwischen den Vertikal- und Horizontalverschiebungen und -ver-

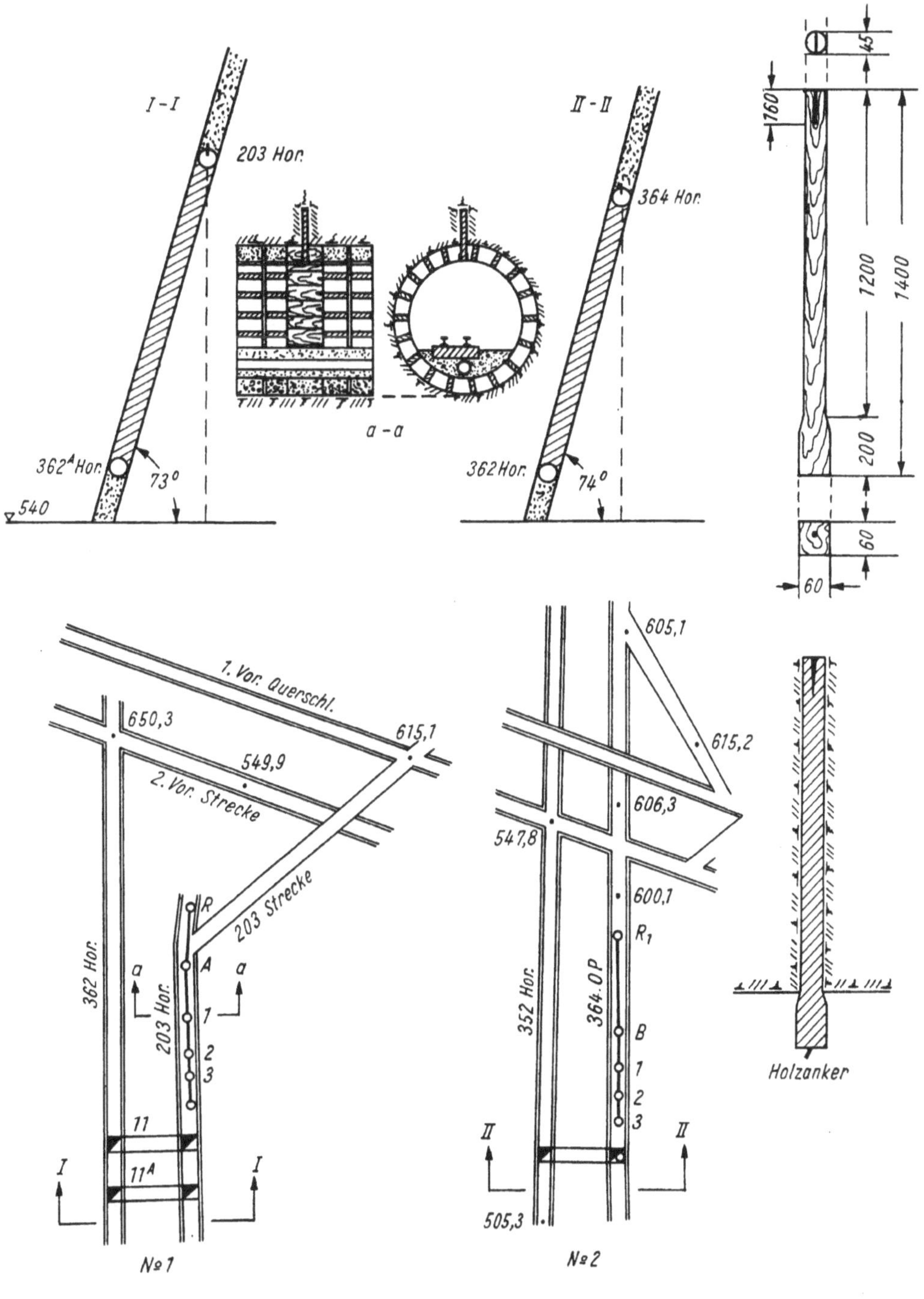

Bild 8. Grubenriß und Lageplan der untertägigen Meßstellen 1 und 2 beim Scheibenbau (Grube Pervoe maja)

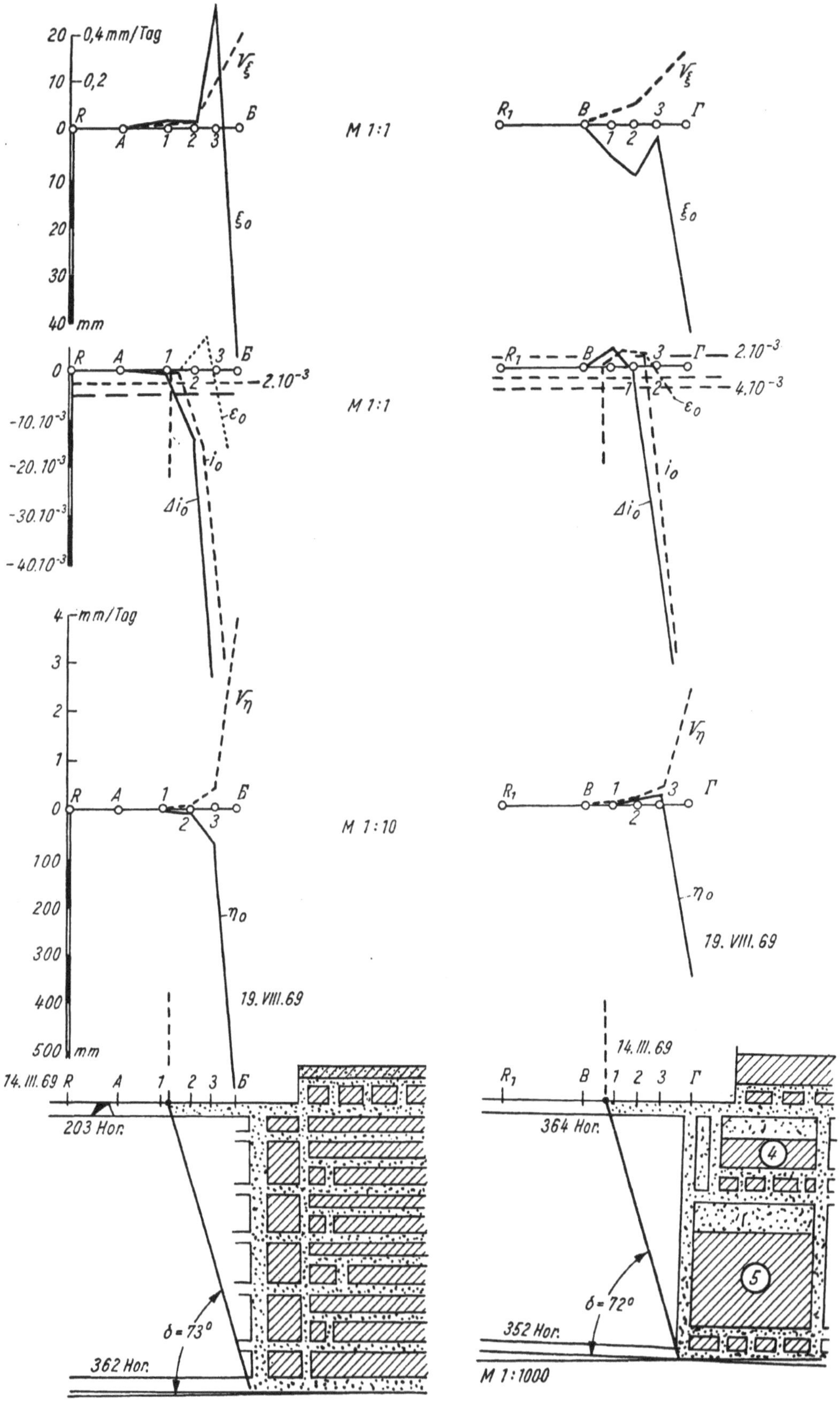

Bild 8a. Diagramme der Gesteinsverschiebungen und -verformungen und der Verschiebungsgeschwindigkeiten in den Profilen R – B und $R_1 - \Gamma$, graphische Ermittlung des Winkels δ_m im Gebirge

Tabelle 3

Anzahl der Beobachtungen	Maximal-Werte					Koeffizient H/m
	Absenkung η_0 mm	Horiz. Versch. ε_0, in mm	Neigung i_0	Neigungsdifferenz Δi_0	Zerrung u. Pressung ε_0	
			mm/m			
I. Übertägige Meßstellen						
8	17	18	− 0,8	+ 0,6	+ 6,6	10
11	749	951	+ 48,0	− 7,9	+43,5	10
8	87	11	− 8,0	− 8,0	+60,1	10
8	2521	132	−105,9	+174,0	+30,0	10
8	1582	769	−107,5	− 55,8	+60,1	–
9	439	699	− 19,0	− 10,6	+30,0	--
13	620	594	− 98,0	− 57,4	+77,8	14
4	982	1303	+ 41,0	+ 57,1	+37,4	24
4	195	115	− 10,2	− 4,2	+11,4	54
4	240	132	− 15,0	+ 13,1	+10,4	33
4	463	131	− 29,1	− 20,7	+ 7,2	33
10	289	117	− 40,6	− 37,2	+18,1	9
II. Untertägige Meßstellen						
10	574	60	− 88,5	− 73,7	−15,9	15
10	366	44	− 59,1	− 61,6	− 6,1	38

formungen bestimmte Beziehungen festgestellt werden, die mit Hilfe der folgenden angenäherten Formeln zum Ausdruck gebracht werden können:

$$\left.\begin{aligned}
&\lambda = \lambda'' - 0{,}15\,\alpha = \lambda_0 + 0{,}10\,\alpha\,; \quad \lambda'' - \lambda \approx 10^\circ\,,\\
&\beta = \beta'' - (0{,}10 - 0{,}25)\,\alpha = \beta_0 + 0{,}10\,\alpha\,,\\
&\delta = \delta'' - 0{,}25\,\alpha = \delta_0 + (0{,}2 - 0{,}4)\,\alpha\,; \quad \delta'' - \delta \approx 15^\circ\,,\\
&\eta_0 \approx 5\,\eta_{0M}\,,\\
&V_M \approx {}^1\!/_3\,V\,,\\
&V_\eta \approx 2\,V_\zeta\,.
\end{aligned}\right\}\ \mathrm{F}$$

Es ist interessant, daß die Punktwanderung unter Tage etwa 15% der Flözmächtigkeit beträgt, während sie über Tage ungefähr 25% derselben erreicht. Die Höchstwerte der vertikalen und horizontalen Punktverschiebungen an der Oberfläche betragen das 3—5fache der unter Tage gemessenen Werte. Das kann durch die unterschiedliche Gesteinsfestigkeit in verschiedenen Teufen, durch den Ausbauwiderstand u. a. erklärt werden.

Von den erhaltenen Verschiebungswinkeln β, γ, δ und λ sind die Winkel δ und λ für das Bobovdolkser Becken von ausschlaggebender Bedeutung. Ihre Kenntnis ist für die Projektierung und den Bau von Bergbaubetrieben unbedingt erforderlich. Beim jetzigen Stand der Untersuchungen unterscheiden sich gleichnamige Verschiebungs- und Bruchwinkel in verschiedenen Profilen bei $65^\circ < \alpha < 85^\circ$ untereinander um höchstens 4 bis 5°. Der Verschiebungswinkel $\delta_ü$ im Flözstreichen wurde einige Male mit einer Abweichung vom Mittelwert von + 2° gemessen. Die auf das Gebirge bezogenen und unter Tage gemessenen Verschiebungswinkel δ_M sind um 6 bis 8° größer als die über Tage gemessenen. Zur Sicherung von Gebäuden der 1. Kategorie sollte bei der Projektierung $\delta_ü = 65^\circ$ angenommen werden, und für untertägige Objekte und Anlagen sollte man $\delta_M = 75^\circ$ wählen. Für Anlagen und Gebäude der 1. Kategorie sollten gewählt werden: $\lambda = 50^\circ$, aber $\lambda'' = 60^\circ$ und $\delta'' = 80^\circ$. Bei der Ermittlung des Winkels λ in Abhängigkeit vom Winkel $\delta_ü$ (des stabilsten Winkels) und des Flözeinfallens α kann man sich folgender angenäherter Formel bedienen:

$$\lambda = \delta_ü - 0{,}2\,\alpha\,.$$

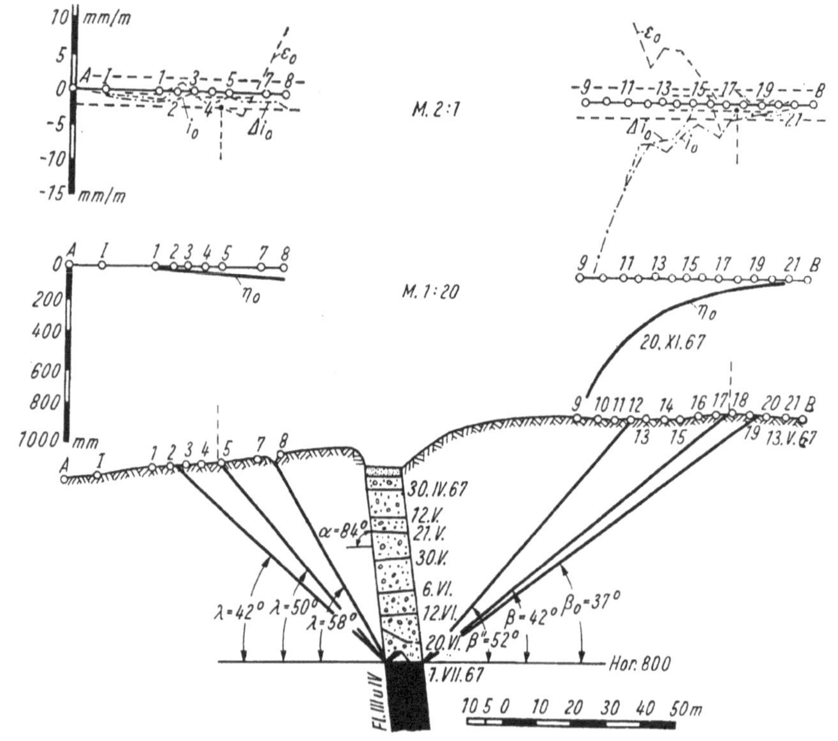

Bild 9. Oberflächenverschiebungs- und -verformungsdiagramme in den Profilen A—8 und 9—B, graphische Ermittlung der Winkel λ und β

Um die bei den bisher durchgeführten Untersuchungen erhaltenen Verschiebungs- und Bruchwinkel richtiger und zuverlässiger verwenden zu können, wurden die Anlagen und Gebäude in 4 Kategorien mit einer Sicherheitsberme von 0—15 m unterteilt. Für das Bobovdolsker Kohlenbecken, in dem mächtige steile Flöze abgebaut werden, sind auch Arbeiten auf tieferen Sohlen vorgesehen. Die Anwendung der Normen für die 1. Kategorie führt jedoch zu bedeutenden Kohleverlusten und zur Verlängerung der Haupt- und Vorrichtungsstrecken. Auf der Grundlage einer eingehenden Analyse aller Diagramme der vertikalen und horizontalen Verschiebungen und Verformungen und nach einer Überprüfung der Technologie konnten Verschiebungswinkel festgelegt werden, die auch für die 3 übrigen Kategorien gültig sind (Tab. 4). Die Winkeldifferenz zwischen der I. und IV. Kategorie beträgt 8—13°, das sind durchschnittlich 10°.

Die Praxis zeigte, daß über Tage auf unterbautem Grund errichtete Gebäude und Anlagen nicht gleichgesetzt werden dürfen. Die Verschiebungswinkel zur Gewährleistung ihres Schutzes

Tabelle 4

Kategorie	Verschiebungswinkel				Meßwert nach der maximal zulässigen kritischen Deformation in 1×10^{-3}			Berme (B)
K_0	β	γ	δ	λ	i	Δi	ε	in Meter
I	42	52	65	48	4	2	2	10—15
II	45	55	68	55	8	3	3	5—10
III	47	60	70	58	12	6	6	0—5
IV	52	65	73	60	20	8	10	—

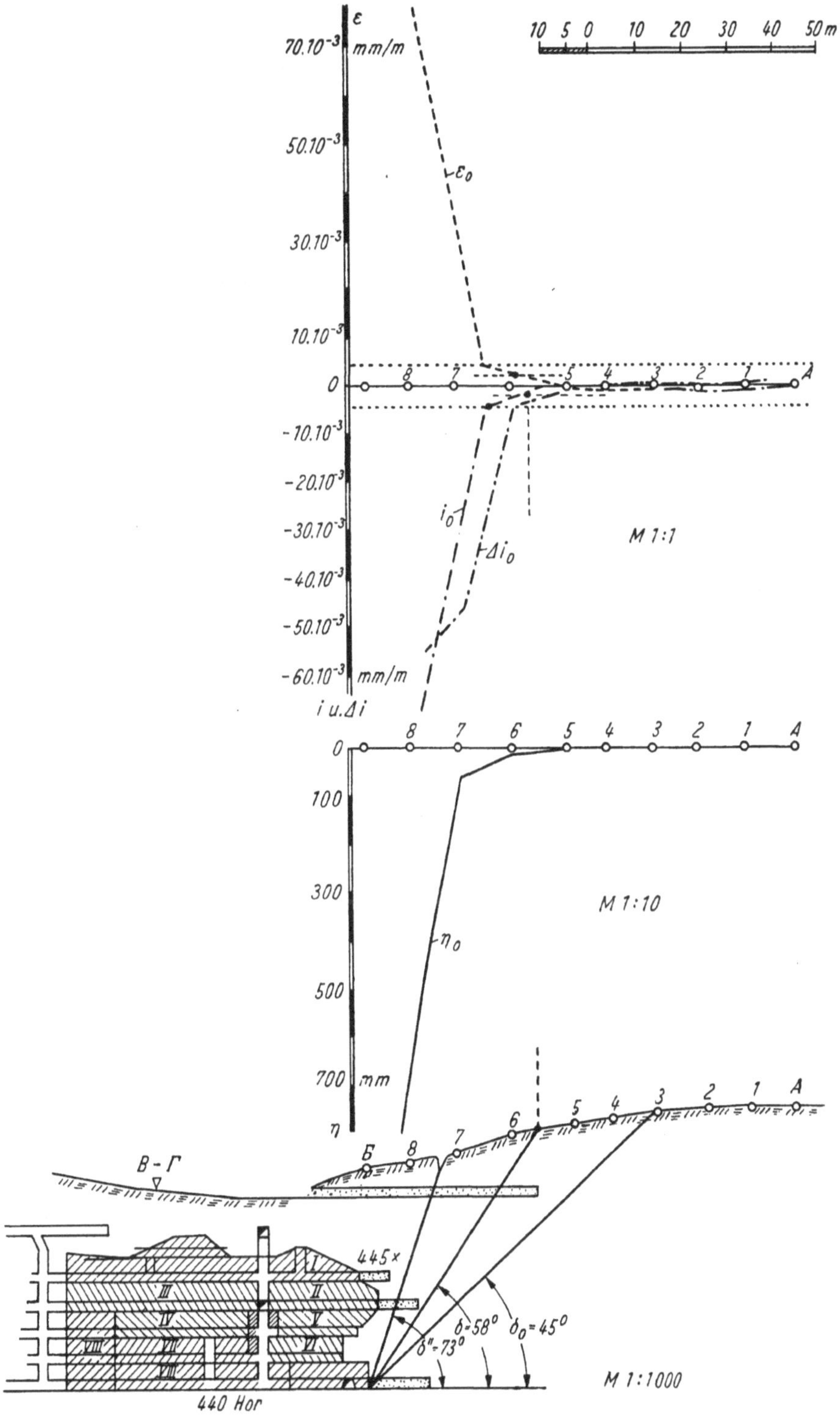

Bild 10. Oberflächenverschiebungs- und -verformungsdiagramme in den Profilen A – B, graphische Ermittlung des Winkels $\delta_{ü}$

sind nicht gleich, das beruht in der Hauptsache auf wesentlichen Unterschieden in der Konstruktion, in ihrem Widerstandsvermögen und den Verschiebungswinkeln für verschiedene Teufen. Bei unserer Abbautiefe und bei einem angenommenen Schichtenabstand von 8 m würde sich der Abstand zwischen den Streifen (l_0) um 50% verringern, d. h. von 8 m auf 4 m, wenn anstelle des vorgeschriebenen Verschiebungswinkels von 45–50° ein Winkel von $\delta = 65°$ gewählt würde.

Die Länge der Querschläge (l_p) im Flözliegenden kann nach folgender Formel berechnet werden:

$$l_k = h_\varepsilon \cdot \cot \lambda'' ,$$

wobei bedeuten:

h_ε — Etagenhöhe, m
λ'' — Bruchwinkel, Grad.

Bei einer Teufe über 200 m, die im Bobovdolsker Becken jedoch noch nicht erreicht ist, werden außer dem Verschiebungswinkel im Gebirge auch der Gebirgsdruck (p), die Gesteinsfestigkeit (σ_p), der Winkel der inneren Reibung (ϱ), das Volumengewicht (d) u. a. einen Einfluß auf den Abstand zwischen den Grubenbauen (Feldstrecken) und dem Flöz ausüben, d. h.

$$l_{\max} = l_k + \Delta l .$$

Zur Ermittlung der Δl-Werte bedienten wir uns folgender Formel:

$$l_{\max} = h \cdot \cot \lambda'' + h_\varepsilon \cdot \cot \lambda'' \frac{\tan(\lambda'' - \varrho)}{\tan \lambda''} \cdot \frac{H \cdot d}{\sigma_p} .$$

Die Richtigkeit dieser Formel für die Bedingungen des Bobovdolsker Beckens, in welchem die Gesteine eine geringe Festigkeit und relativ kleine Bruchwinkel aufweisen, ist aus Tab. 5 ersichtlich. Bei $H_{cp} = 250$ m haben wir $\Delta l = 6{,}5$ m. Das entspricht einer Winkeländerung von $\pm 5°$. Bei der Maximalteufe von $H_{\max} = 500$ m und $\Delta\lambda = 10°$ haben wir $\Delta l = 13$ m. Diese Längenzunahme der Grubenbaue beträgt etwa 30% der Gesamtlänge der Querschläge (Bild 5).

Tabelle 5

$h = 50$ m, $l = 28$ m, $\varrho = 35°$, $\sigma = 400 \cdot 10^4$ N/m², $\lambda'' = 60°$, $\alpha = 1{,}4$ T/m³

Teufe des Grubenbaues H in m	Länge des Ausrichtungs-Querschlages (in Meter)	$\Delta l = l_{\max} - l_k$ (in Meter)	Entspricht einem Bruchwinkel (in Grad)	$\Delta\lambda = \lambda'' - \lambda_i''$ (in Grad)
50	29.3	1,3	59	1
100	30,6	2,6	58	2
150	31,9	3,9	57	3
200	33,2	5,2	56	4
250	34,5	6,5	55	5
300	35,8	7,8	54	6
350	37,1	9,1	53	7
400	38,4	10,4	52	8
450	39,7	11,7	51	9
500	41,0	13,0	50	10

Da die Feldstrecken zur III. bzw. IV. Kategorie gezählt werden können, und in Anbetracht der Tatsache, daß sie mit einem entsprechenden nachgiebigen Ausbau versehen sind, der bis zu einem bestimmten Grade die um Grubenbaue entstehenden Spannungen aufnehmen kann, ist eine solche Vergrößerung der Querschlagslängen nicht wünschenswert, insbesondere nicht für Abbauteufen, die die mittlere Teufe des Beckens übersteigen.

Auf der Grundlage dieser Darlegungen können folgende Schlüsse gezogen und Empfehlungen gegeben werden:

1. In der heutigen Entwicklungsetappe der bergmännischen Arbeiten und beim heutigen Stand der Erforschung von Gebirgs- und Oberflächenverschiebungen können für das Bobovdolsker Becken infolge der komplizierten geologischen und bergbautechnischen Verhältnisse keine Formeln und Abhängigkeiten für die Vorausberechnung der Oberflächen- und Gebirgsverschiebungsparameter aufgestellt werden.
2. Die praktische Nutzung der aufgestellten wissenschaftlich begründeten Verschiebungs- und Bruchwinkel und die vorgeschlagene Klassifizierung von Gebäuden und Objekten ermöglicht eine Senkung der Kohlenverluste in den Sicherheitspfeilern und eine Verringerung der Querschlagslängen (um etwa 30%).
3. Es kann angenommen werden, daß zusätzliche Verformungen der III. und IV. Sicherheitskategorie (s. Tabelle 4) nicht zu Beschädigungen und Zerstörungen von Ausbau- und Grubenbauen führen, da die Nachgiebigkeit der Metall- bzw. Betonausbaue sie weitgehend vor Überbelastungen schützt und den Gebirgsdruck ausgleicht.
4. Die erhaltenen Parameter, die den Prozeß der Gebirgs- und Oberflächenverschiebungen charakterisieren (Verschiebungs- und Bruchwinkel, Höchstwerte der vertikalen und horizontalen Verschiebungen und Verformungen u. a.), werden dazu beitragen, die in Anwendung stehenden Abbausysteme produktiver zu gestalten, neue hochleistungsfähige Abbausysteme zu wählen, die Ausbaukonstruktionen zu verbessern sowie die Tagesoberfläche planmäßig und mit hohem Sicherheitsgrad zu bebauen.

Literatur

[1] Paraškevov, R.: Gebirgsmechanik. DI „Technika", Sofija, 1969.

[2] Paraškevov, R. und Kolev, K.: Ermittlung der physikalisch-mechanischen Gesteinseigenschaften im Gebirge um untertägige Grubenbaue im Bobovdolsker Becken. Sp. V'glišča, Nr. 3 (1969).

[3] Stojanov, B.: Einige Ergebnisse von Oberflächenverschiebungsuntersuchungen im Bobovdolsker Becken. Sp. V'glišča, Nr. 6 und 9 (1969).

Beitrag zur Problematik des Gebirgsbewegungsvorganges vom Abbau bis zur Tagesoberfläche

von L. Šiška und M. Ženč, Ostrava-Radvanice

1. Einleitung

Zu den Hauptaufgaben der angewandten Forschung auf dem Wissensgebiet der Gebirgsmechanik gehört die Zusammenfassung und Auswertung der Meßergebnisse von Gebirgsbewegungen und -verformungen infolge von Gewinnungsarbeiten.

Die Nutzung der gewonnenen Erkenntnisse für die Steigerung der Effektivität der bergmännischen Tätigkeit und für die Verbesserung der Sicherheitsverhältnisse der Grubenarbeit durch die Wahl geeigneter Maßnahmen gegen die schädlichen Einwirkungen der Veränderungen im Spannungs- und Verformungszustand des Gebirgssystems ist insbesondere beim Abbau der Flöze von Bedeutung, in deren Hangendschichten sich sehr feste, nicht leicht zu Bruch gehende Gesteinsarten mit der Fähigkeit zum Kumulieren und zur plötzlichen Freisetzung großer Energiemengen befinden. Im Revier Ostrava-Karviná gehören vor allem die Flöze in der Sattelzone der Schichtengruppe von Karviná zu den Flözen, deren Eigenschaften und Lagerungsverhältnisse die Möglichkeit einer Entstehung von Flözschlägen vermuten lassen.

Eine der grundlegenden Forderungen ist die Notwendigkeit der Verbindung einer Reihe von Forschungsmethoden zu einer komplexen Forschung desselben Problems. Die Beobachtung der Gebirgsbewegung mittels markscheiderischer Methoden ist unerläßlicher Bestandteil der Forschung, zu welcher weiter die Erforschung der physikalisch-mechanischen Eigenschaften des Gesteins, die Messung der Gebirgsdruckerscheinungen „in situ", die Modellverfahren und auch die mathematische Lösung der Gebirgsverformungen mit idealisierten Verformungseigenschaften gehören.

Um möglichst vollkommene Angaben über die Bewegungen des durch den Abbau beeinflußten Gebirges zu erhalten, ist es notwendig, Messungen vom im Abbau befindlichen Flöz bis nach über Tage durchzuführen. Bei der Forschung im Bereich des Abbaues von Sattelflözen wurde deshalb für die Beobachtung das Gebiet des Sicherheitspfeilers des Wetterschachtes Nr. 2 im Betrieb 3 der Zeche 1. Máj in Karviná gewählt. Dort wurde das Sattelflöz Nr. 36a abgebaut, wo es möglich war, in verschiedenen Horizonten des Hangenden zu beobachten.

2. Geologische und Grubenverhältnisse

Die Folge der Karbonschichten des unmittelbaren Hangenden des im Abbau befindlichen Flözes und die Lagerungsverhältnisse der gegebenen Zone sind aus den Bildern 1 und 2 ersichtlich. Für das Hangende des Flözes 36a, wie auch der höher gelagerten Flöze einschließlich des ganzen Komplexes der unteren Schichten von Suchá, sind feste Sandsteinbänke charakteristisch. Den obersten Teil des Karbon-Hangenden bilden die oberen Schichten von Suchá.

Der Sandstein des Haupthangenden des Flözes 36a ist fein- bis grobkörnig und oft von pflanzlichen Residuen durchsetzt. Die Änderungen der Mächtigkeit sowie der Fazies in horizontaler Richtung sind hier oft sehr heftig, was durch den Charakter der Sedimentation gegeben ist. Die fein- bis mittelkörnigen Konglomerate bilden hier Schichten von mehreren Dezimetern, ausnahmsweise auch mehreren Metern innerhalb des Nebengesteins, das überwiegend aus Sand-

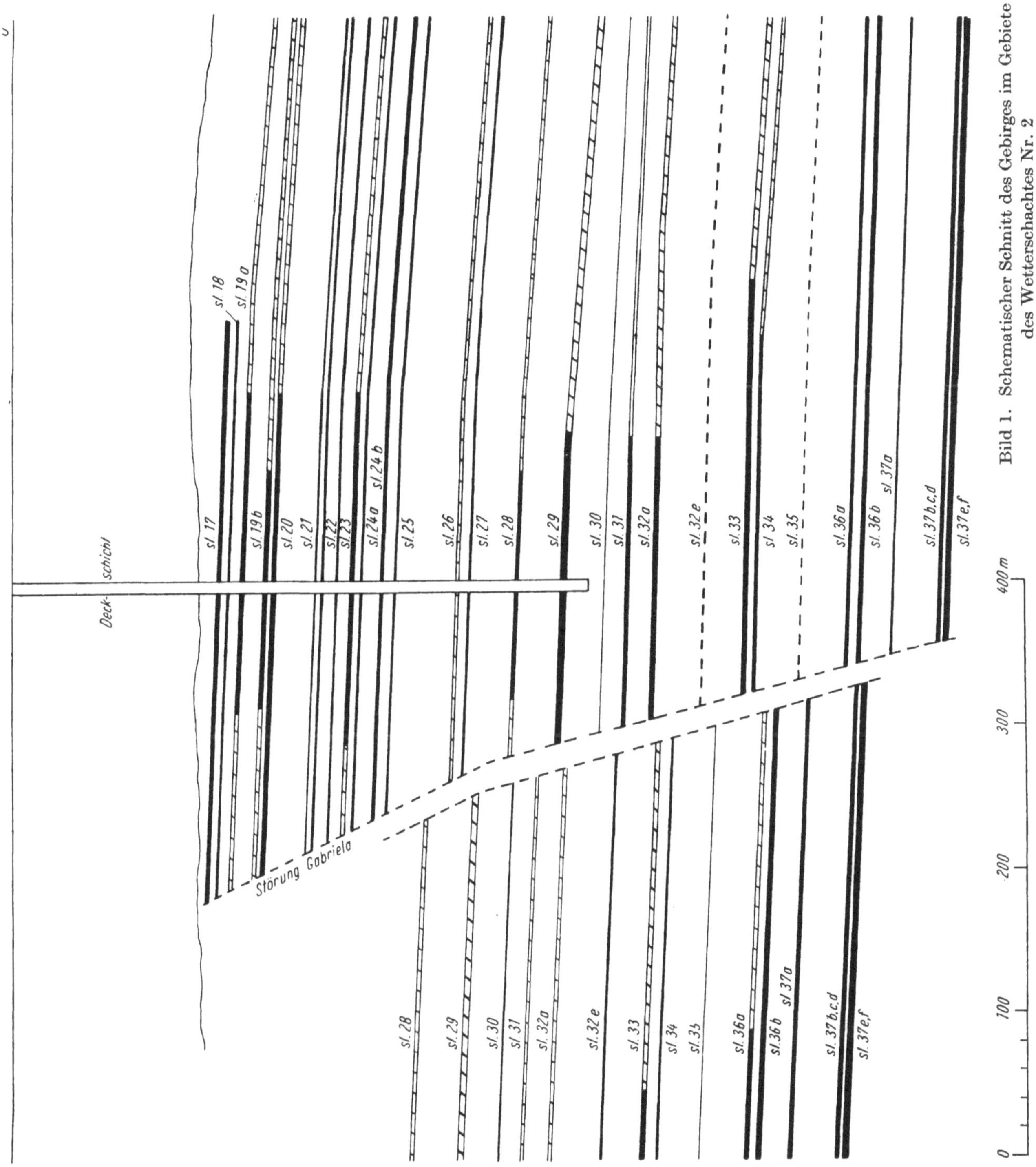

Bild 1. Schematischer Schnitt des Gebirges im Gebiete des Wetterschachtes Nr. 2

stein besteht. Nach der Auswertung der Druckfestigkeit für die Nebengesteine der Sattelflöze, die von Vavro durchgeführt wurde, können wir hier eine durchschnittliche Festigkeit des Schiefertons von 450 kp/cm², des feinkörnigen Sandsteines von 1050 kp/cm², des grobkörnigen Sandsteines von 820 kp/cm² und der Konglomerate von 900 kp/cm² voraussetzen. In den oberen Schichten von Suchá fehlt der Sandstein, der in bezug auf Mächtigkeit, Korngröße und physikalisch-mechanische Eigenschaften mit den Sattelschichten verglichen werden könnte. Der Sandsteinanteil sinkt auch wesentlich, und es vergrößert sich der Anteil an Schieferton und Siltstein.

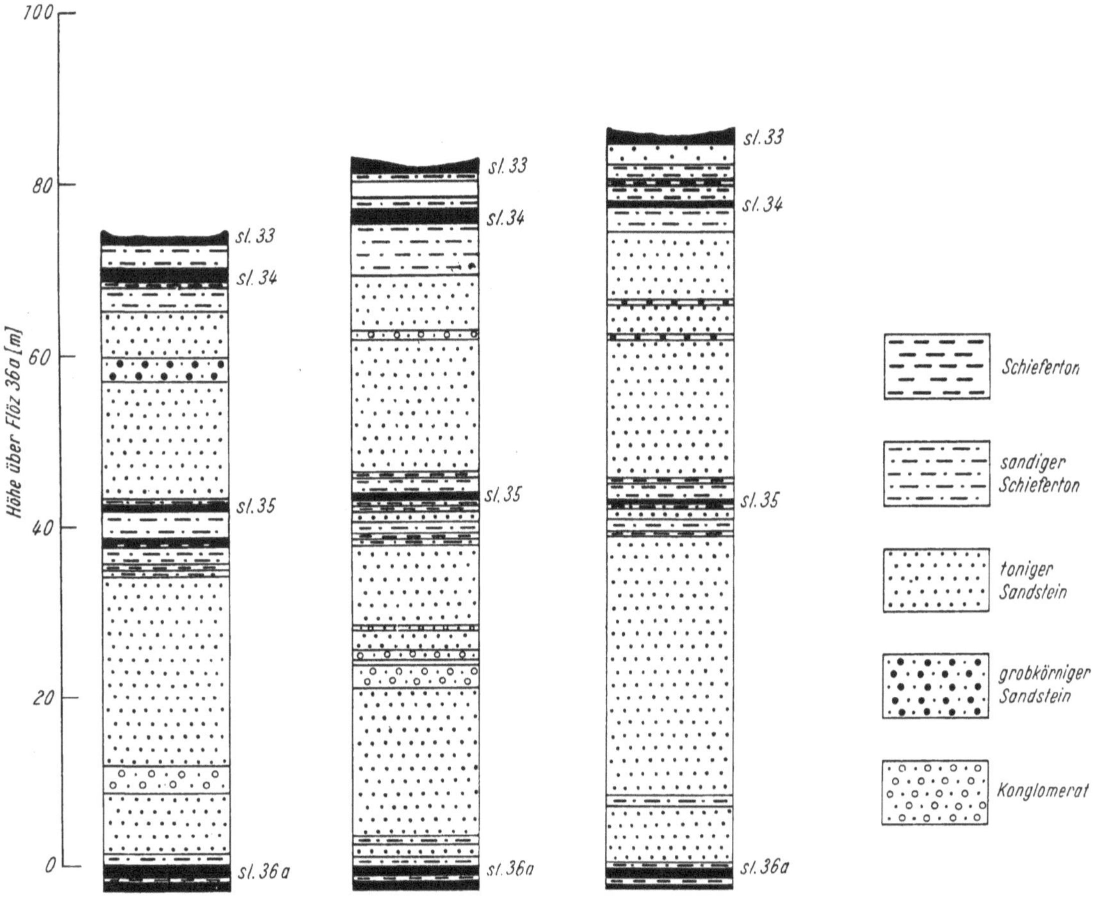

Bild 2. Profil des Hangenden im Flöz 36a im Gebiete der 8. tektonischen Scholle

Für die Tektonik ist die germanotype Struktur charakteristisch. Die Verwerfungen bilden ein beinahe rechtwinkliges System mit nordsüdlichem und ostwestlichem Streichen. Dominierend ist hier die Störung Gabriela, die einen Bruch bildet, der die östliche Scholle um ungefähr 55 m absenkt. Im Niveau des im Abbau befindlichen Flözes 36a befindet sie sich ungefähr 90 m westlich vom Wetterschacht Nr. 2, in Richtung nach über Tage entfernt sie sich vom Schacht, ihr Einfallen vermindert sich von 75° auf 60° unter der Überlagerung (Bild 1).

Das Einfallen der Karbonschichten liegt im Bereich von 7 bis 10° in nördlicher Richtung. Die Teufe der im Abbau befindlichen Flözteile beträgt 500—570 m. Das Abbauverfahren war Strebbruchbau mit Abbaufortschritt in Streichrichtung. Die abgebaute Flözmächtigkeit im Bereich des Sicherheitspfeilers betrug westlich von der Störung Gabriela 180—210 cm, östlich von dieser 120 cm. Außerhalb des Bereiches des Sicherheitspfeilers in westlicher Richtung war es lediglich möglich, die obere Bank des Flözes mit einer Mächtigkeit von 120 cm abzubauen.

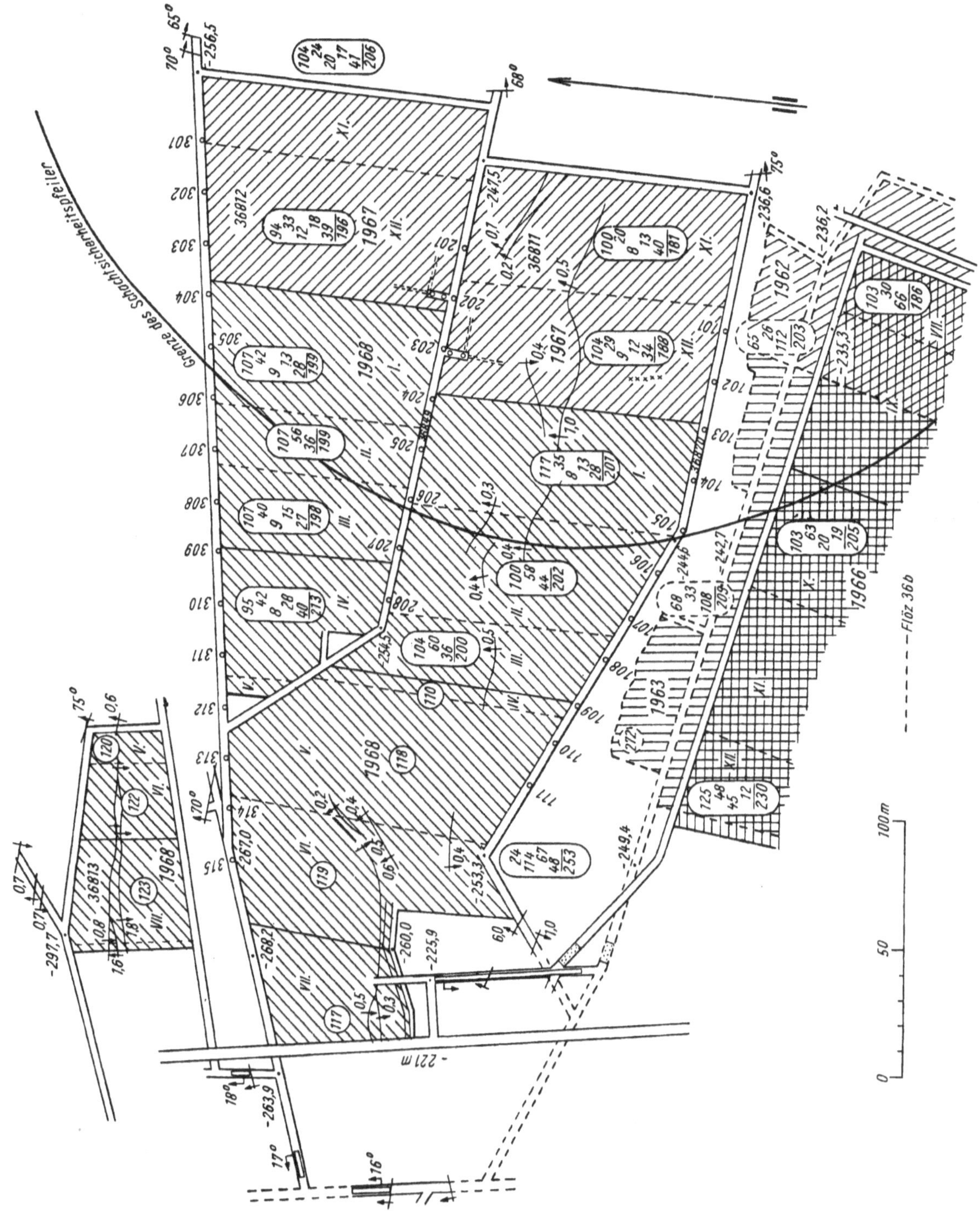

Bild 3. Lage der Strebe Nr. 36811, 36812 und der Meßpunkte in den Strebstrecken

Das nächstliegende im Abbau befindliche Flöz im Hangenden war Flöz 33 (östlich von der Störung Gabriela Flöz 34). Die Mächtigkeit des bisher nicht unterbauten Hangenden beträgt hier 60—70 m.

3. Beobachtung der Bewegungen und Verformungen

In den entsprechenden Zeitintervallen wurden folgende Messungen durchgeführt:

a) Messung der Konvergenz und der senkrechten Komponente der Bewegung von Sohle und Firste des Flözes 36a in den Abbaustrecken der Strebe 36811 und 36812 (Bild 3). Die Meßpunkte wurden durch Ankerpaare mit einer Länge von 1,4 m fixiert, die in der Streckenfirste und -sohle immer in derselben Vertikalen angesetzt wurden. Die Abbaustrecken waren mit Stahlbogenausbau versehen und wurden im Profil 7,2, d. h. lichter Querschnitt 7,7 m², mit Nachreißen der Firste, vorgetrieben.

b) Messung der senkrechten Bewegungskomponente, der relativen waagerechten Verschiebungen und Verformungen in Längs- und Querachse des unterbauten Wetterquerschlages, der ansteigend von Flöz 36a nach Flöz 33 verläuft. Dieser Querschlag hatte ein unregelmäßiges Profil mit einer Breite von 2—2,5 m und einer Höhe von 1,5—2,3 m. Er wurde zum Teil ohne Ausbau aufgefahren; an den Stellen, die von weniger festem Gestein durchzogen waren, war er mit Holzrahmenausbau (Türstockausbau) versehen. Insgesamt waren hier 21 Meßzeichenpaare in Firste und Sohle und 18 Paare in den Stößen des Grubenbaues installiert. Der Verbindungsquerschlag im Niveau des 7. Horizontes teilte den betreffenden Grubenbau in zwei Teile mit ungleichem Einfallen; der untere, kürzere, hatte ein Einfallen von 25°, der obere 20°. Die Messung wurde durch visuelle Beobachtungen und durch photographische Dokumentation ergänzt.

c) Messung von Senkungen und Längenänderungen über Tage im Bereich des Wetterschachtes, in den Wetterquerschlägen der III., IV. und VI. Sohle; Messung der Senkung der Meßpunkte in der Schachtmauerung zwischen der Hängebank und der VI. Sohle des Wetterschachtes Nr. 2.

Infolge des großen Ausmaßes der durchgeführten meßtechnischen Arbeiten ist es hier nicht möglich, alle gewonnenen Angaben auszuwerten, und wir beschränken uns daher auf eine kurze Information über einige wichtige Ergebnisse unserer Beobachtungen.

3.1. Messungen in Abbaustrecken

Die Meßergebnisse der senkrechten Konvergenz wurden vor allem in bezug auf eine Flößklassifizierung hinsichtlich der Neigung für eine Gebirgsschlagentstehung ausgearbeitet.

In Bild 4 dient die graphische Auswertung der Konvergenz und der Konvergenzgeschwindigkeit in Abhängigkeit von der Zeit als Grundlage für die Einreihung des Nebengesteins im Hangenden in die diesbezügliche Kategorie entsprechend der Kumulationsfähigkeit der Deformationsenergie. Die Klassifizierung des Hangendgesteins berücksichtigt nicht die Konvergenzgröße. Sie geht vom Konvergenzverlauf aus, und zwar von der Entfernung des Wendepunktes der Konvergenzkurve oder der mathematisch ausgedrückten Asymptote der Konvergenzkurve vom Strebdurchgang durch den Meßpunkt. Die Konvergenz an diesem angesetzten Punkt Nr. 5, der identisch mit Punkt Nr. 305 (Bild 5) ist, charakterisiert das Verhalten des Hangendgesteins in der Umgebung des beobachteten Grubenfeldes. Aus dem Konvergenzverlauf und der Konvergenzgeschwindigkeit ist ersichtlich, daß sich der Wendepunkt in einer Entfernung von 11 bis 12 m hinter dem Strebdurchgang befindet. Auf Grund dieser Tatsache gehört das Hangende des Flözes 36a an die Grenze eines Gebirges mit teilweiser Anhäufung und allmählicher Entspannung der Energie und eines Gebirges mit langandauernder Anhäufung und plötzlicher Entspannung der Energie, d. h. in die Kategorie der halbschweren Firsten.

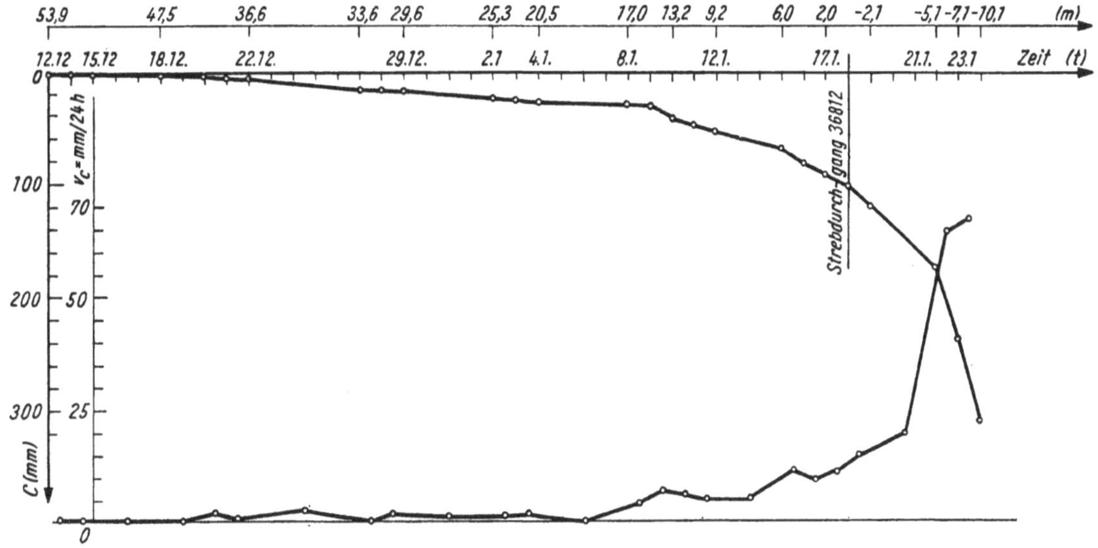

Bild 4. Verlauf der Größe und Geschwindigkeit der senkrechten Konvergenz für Punkt 5 (305) (Strecke 36844) [$c = f(t)$, $v_c = f(t)$]

Die Analyse des Abhängigkeitsverlaufes der senkrechten Bewegungskomponente von Firste und Sohle und auch der Konvergenz in bezug auf die Lage der Abbaufront ermöglichte eine genauere Ermittlung der Erkenntnisse über die Abmessungen der beeinflußten Zone in der Ebene des im Abbau befindlichen Flözes, aber auch die Beurteilung des Einflusses der Aktivierung des verhauenen Raumes und des Vorhandenseins von tektonischen Störungen für die räumliche Aufteilung der Verformungen in unmittelbarer Nähe des Strebs. Der charakteristische Verlauf der absoluten Höhenänderungen ein und desselben Meßpunktes ist aus Bild 4 und Bild 5 ersichtlich.

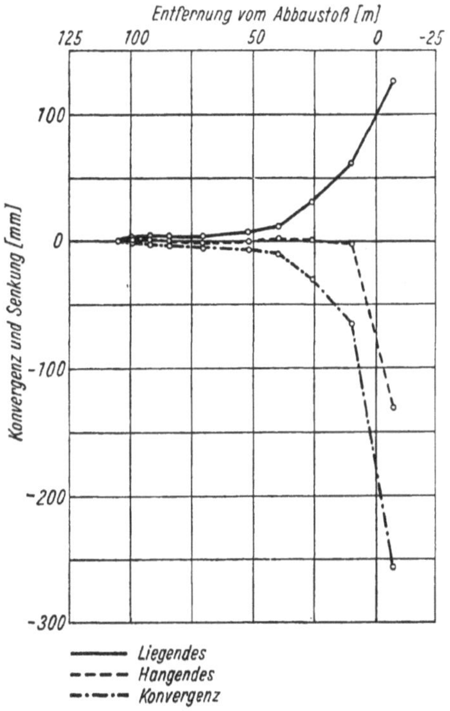

Bild 5. Strecke 36844, Punkt 305, Verlauf der senkrechten Bewegungskomponente des Hangenden und Liegenden und der Konvergenz in Abhängigkeit von der Streblage

Im Strebvorfeld hatte die Hebung der Sohle am Konvergenzwert einen viel größeren Anteil. Erst nach Durchgang der Abbaufront kehrte sich das Verhältnis um.

Durch eine angewandte Meßmethode (genaues Nivellement) war es möglich, den Abbaueinfluß auf eine Entfernung von 70 bis 100 m vor dem Streb nachzuweisen, was dem Festigkeitsprofil des Flözhangenden entspricht. Die ermittelte Entfernung schwankte u. a. in Abhängigkeit von der Periodizität der Störung des Haupthangenden.

Die Grenze zwischen der äußeren und inneren Einflußzone, d. h. zwischen der Zone, in der die Einwirkungen der erhöhten Spannung überwiegen, und der Zone, in der die senkrechte Bewegung des Gebirges in Richtung zum abgebauten Raum hin überwiegt — getrennt im Sinnne der angewandten Terminologie durch die Bruchfläche —, muß aus der Bewegung der Firste definiert werden. In den gegebenen Verhältnissen lag diese Grenze in einer Entfernung von 0 bis 10 m vor der Abbaufront.

Die Flächenlage der vorangehenden Auflockerung des Gesteins änderte sich einerseits in Abhängigkeit von der Anhäufung und Entspannung der Verformungsenergie im Haupthangenden, andererseits in Abhängigkeit von der Lage der Strecke in bezug auf den Alten Mann und die tektonischen Störungen. In der Nähe des Alten Mannes bewegte sich diese Fläche in einer durchschnittlichen Entfernung von 35 m vor dem Streb, in der Nähe einer Störung 20 bis 25 m und in ungestörtem Gebirge 15 m vor dem Streb.

3.2. Messung im Gesteinsberg von Flöz 36 zu Flöz 33

Der beobachtete Abschnitt des Gesteinsberges war durch direktes Unterbauen mit Flöz 36a beeinflußt (Bild 6) (Streb 36811, Flözmächtigkeit = 120 cm, Gewinnungsverfahren Bruchbau). Die Abbaufront mit einer Länge von 60 m verlief unter dem Querschlag in einer Teufe von 35 bis 65 m. Der Abbau endete in einer Entfernung von 22 m (im Grundriß) hinter dem Querschlag. Der obere Teil dieses Grubenbaues wurde indirekt von Streb 36813 beeinflußt (Flözmächtigkeit = 120 cm, Bruchbau), der in einer Entfernung von 18 m und in einer Teufe von 82 m unter dem Querschlag endete. Die Lage des Grubenbaues sowie auch der Meßpunkte in bezug auf den abgebauten Raum ist aus den Bildern 6 und 7 ersichtlich.

Die aufgetretenen Bewegungen und Verformungen des Gesteinsberges sind im Bild 8 veranschaulicht. Die angeführten Werte entsprechen der Zeitspanne vom Januar 1968, wo der Gesteinsberg noch außerhalb der Einflußzone lag, bis Januar 1969, wo die Gewinnungsarbeiten ein halbes Jahr beendet und die Gebirgsbewegungen in das Stadium des Abklingens übergegangen waren.

Die Form der Senkungskurven im Abschnitt der Meßpunkte 405 bis 421 entspricht im allgemeinen den theoretischen Voraussetzungen. Die größte Senkung wurde über der Strebmitte an den Punkten 412 bis 414 mit 137 bis 146 mm gemessen. Die sich wenig voneinander unterscheidenden Senkungen der Punkte 401 bis 404 deuten auf den Einfluß der Störung hin, die durch den unteren Abschnitt des Querschlages verläuft. Die tektonische Scholle hinter der Störung senkte sich gleichmäßig um ca. 4 cm.

Die Senkungswerte, auch unter der Voraussetzung, daß sie im Vergleich zu den angeführten Werten noch um 1/3 größer wurden, d. h. $S_{413} = 20$ cm, sind angesichts der abgebauten Flözmächtigkeit von 120 cm und des Abstandes des darüberliegenden Gesteinsberges sehr klein. Wenn wir den Einflußgrenzwinkel von 65° für das Karbon, der im Revier Ostrava-Karviná angewendet wird, in Betracht ziehen würden, dann wäre für Punkt 413 die volle Einwirkungsfläche und für die Punkte 412 und 414 eine Fläche mit nur etwas geringerer Wirksamkeit abgebaut worden. An diesen Punkten sollten wir also Senkungen zwischen 85 bis 110 cm je nach dem gewählten Koeffizienten der Gewinnungsmethode erwarten, d. h. vier- bis fünfmal größere Senkungen als tatsächlich aufgetreten sind.

Das bestätigt die Erkenntnisse über die Unrichtigkeit der Anwendung der von Messungen über Tage abgeleiteten Methoden für einen Abbau von genügend großen Flächen für die Voraus-

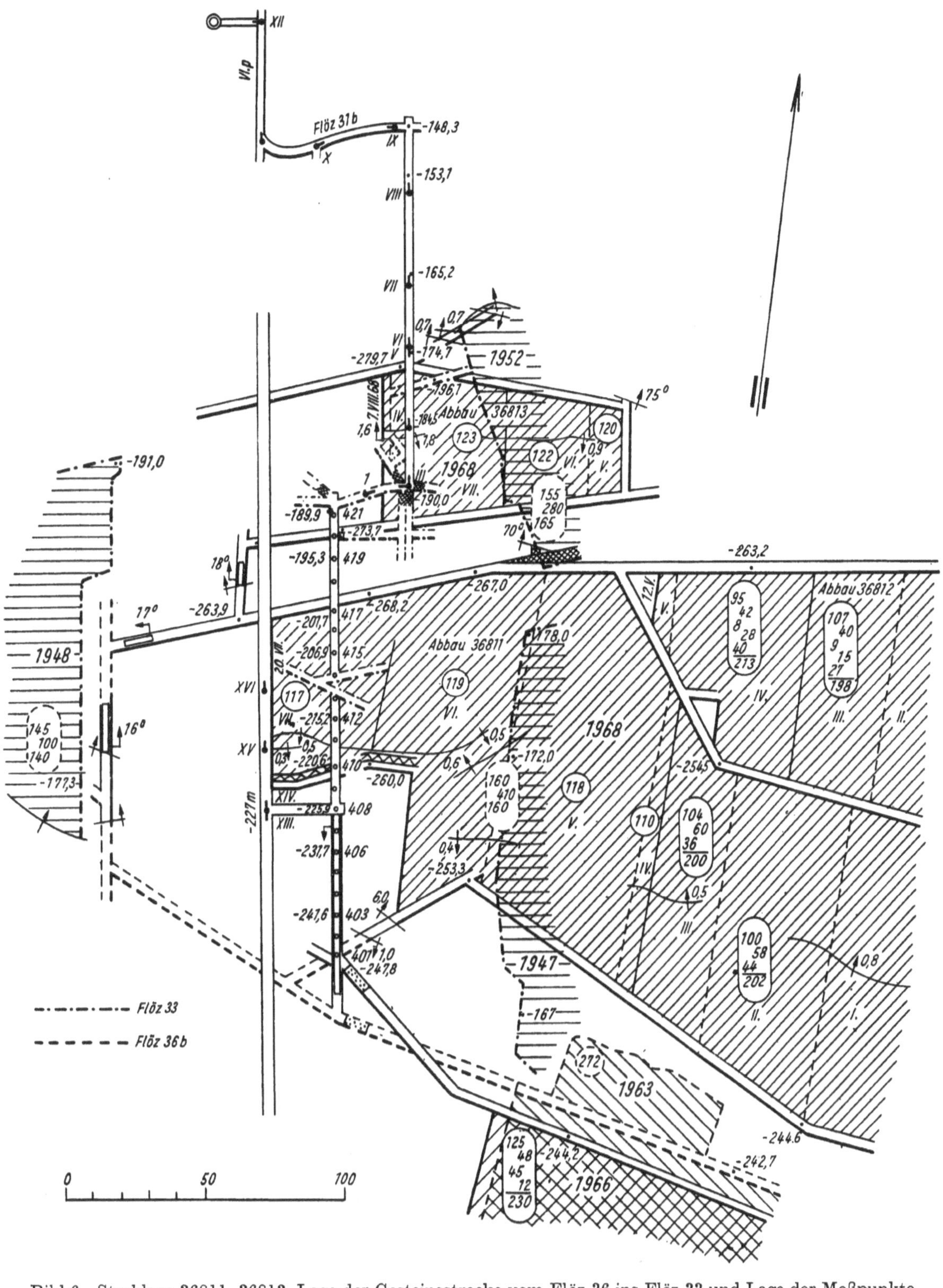

Bild 6. Streblage 36811, 36813, Lage der Gesteinsstrecke vom Flöz 36 ins Flöz 33 und Lage der Meßpunkte

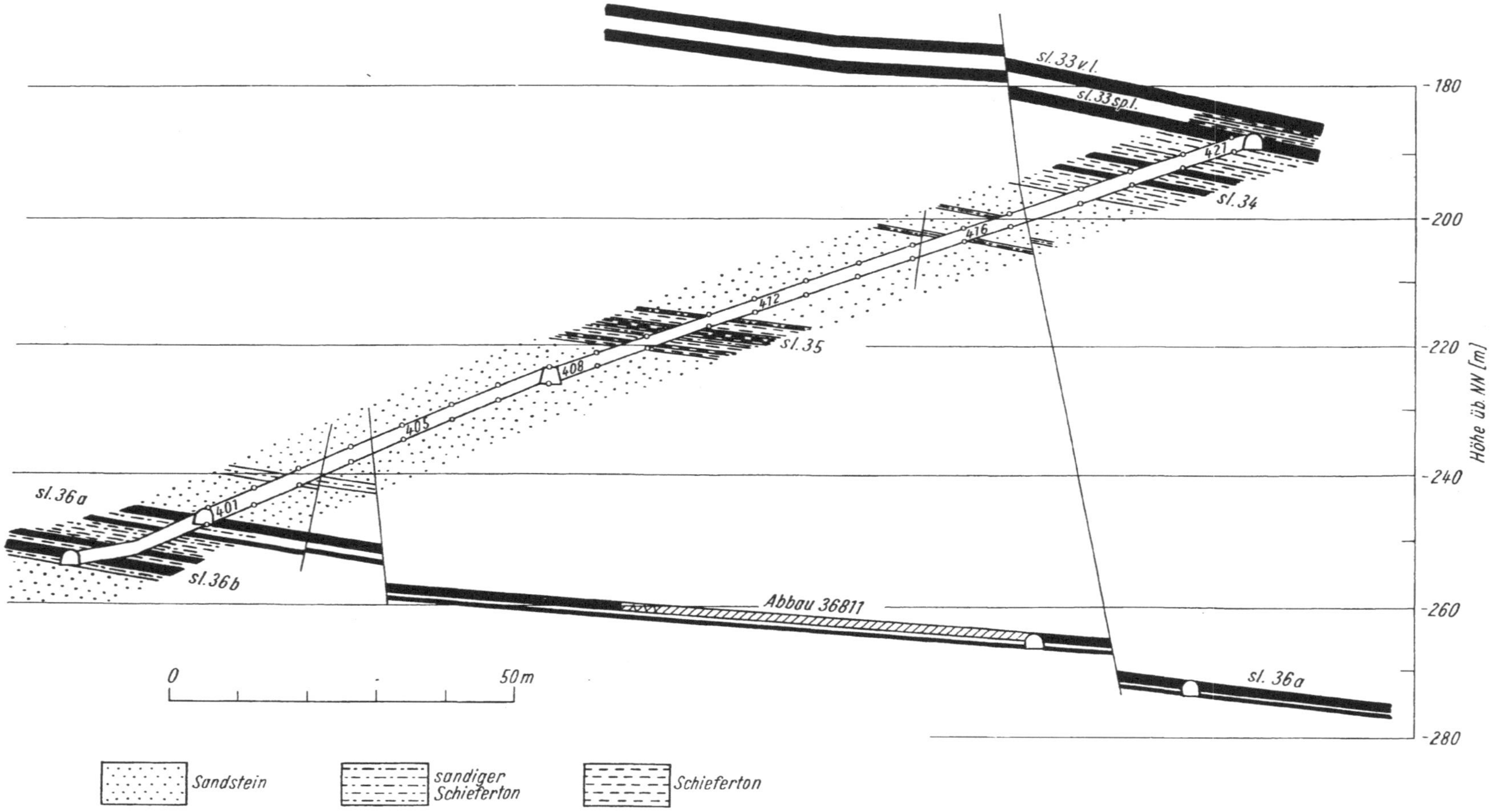

Bild 7. Schnitt durch die Gesteinsstrecke vom Flöz 36 ins Flöz 33 mit Bezeichnung der Lage der Meßpunkte

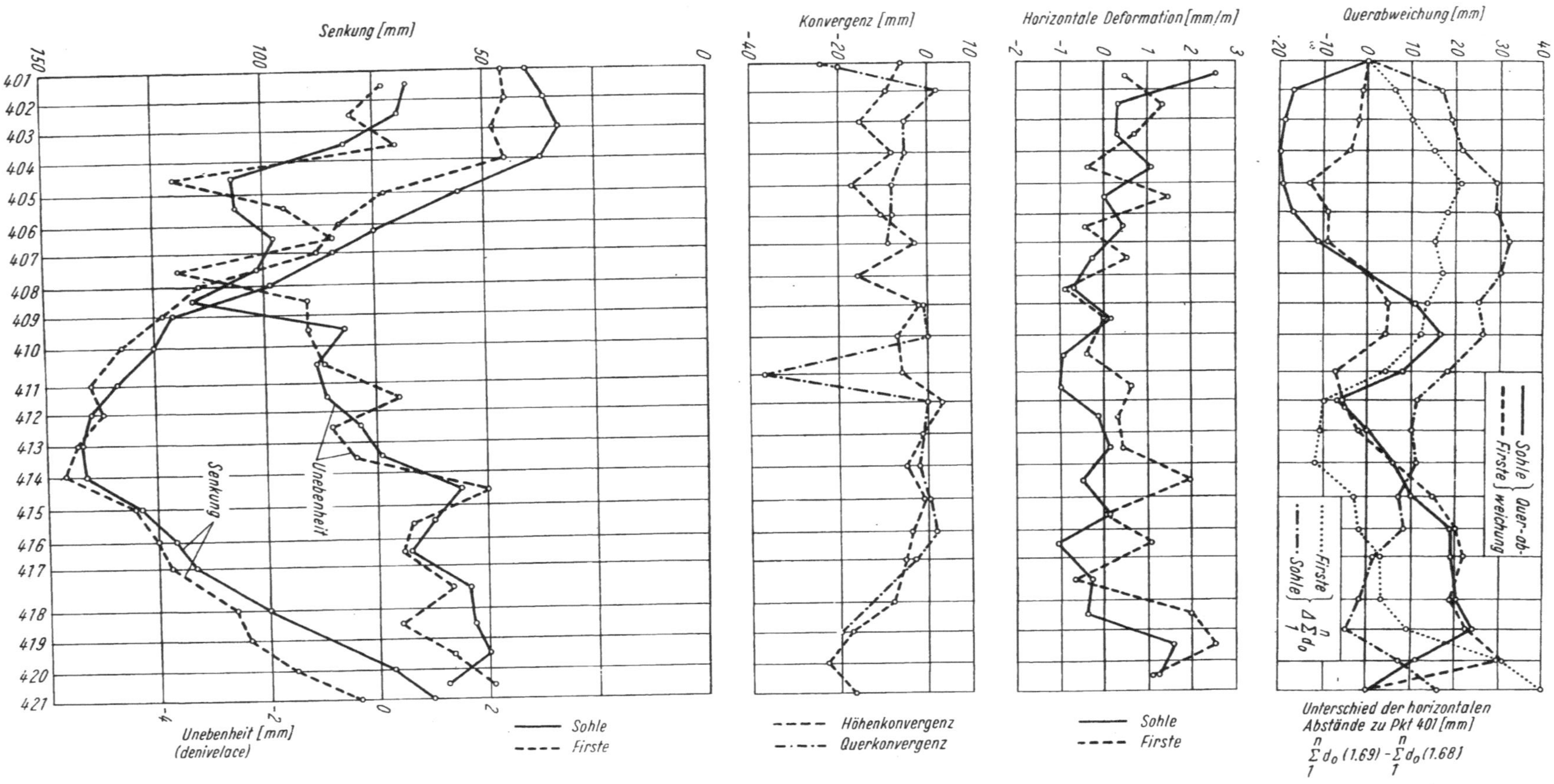

Bild 8. Bewegungen und Deformationen in der Gesteinsstrecke im Zeitabschnitt vom Januar 1968 bis Januar 1969

berechnung der Bewegung des Karbongesteins, wenn wir Flächen von verhältnismäßig geringen Abmessungen in Beziehung zur Gewinnungsteufe abbauen. In gegebenem Falle betrug die Breite des abgebauten Streifens 60:530 = 0,11 h (h = Gewinnungsteufe); der Strebfortschritt wurde in einer Entfernung von 22:530 = 0,04 h eingestellt, so daß hier die Voraussetzungen für die Verminderung einer Senkung der Hangendschichten infolge der Wölbungswirkung erfüllt waren.

Die Werte der senkrechten sowie auch der Querkonvergenz beweisen, daß die Änderungen des Querprofils praktisch vernachlässigbar waren und die Funktion des Grubenbaues nicht gefährden konnten. Trotz einer Schwankung der Konvergenzwerte als Folge örtlicher Einflüsse ist aus dem Diagramm ersichtlich, daß die durchschnittlich geringsten Konvergenzwerte direkt

Bild 9. Gesteinsstrecke vom Flöz 36 ins Flöz 33

im unterbauten Abschnitt des Gesteinsberges auftraten. In Richtung auf die Bergfesten zu beiden Seiten des Strebs stiegen die Konvergenzwerte an, sowohl in den in der Kohle und in weniger festem Gestein vorgetriebenen Abschnitten wie auch in den Abschnitten, die in festem Sandstein aufgefahren waren. Dadurch wurde wiederum der vorherrschende Einfluß der Lage eines Grubenbaues zu den Randflächen des abgebauten Raumes, gemessen im Grundriß in bezug auf die Verminderung seines Profils, bestätigt. Es sind hier jedoch auch noch weitere bestimmende Faktoren ersichtlich — der Einfluß der Festigkeit des Gesteins, in dem der Grubenbau vorgetrieben wurde, sowie auch der Einfluß der Ausdehnung des Bereiches des aufgelockerten Gesteins an Kreuzungen von Grubenbauen.

Wenn die Neigungsverhältnisse erhalten bleiben und wenn es zu keinem Quellen der Sohle kommt, dann sind für die Gleisförderung unter Tage die Längsverformungen in Richtung des Baues und die Richtungsabweichungen von Bedeutung. Der Verlauf der Längsverformungen in der Achse des Gesteinsberges entspricht im allgemeinen den theoretischen Überlegungen —

Zusammendrückung über dem abgebauten Raum, Ausdehnung über den Bergfesten —, die Schwankung der Werte wird durch örtliche Einflüsse verursacht. Die absoluten Verformungswerte waren gering: maximale Zusammendrückung — 1 mm/m, maximale Ausdehnung + 2,5 mm/m. Der Längenunterschied zu Punkt 401 bewegte sich nur im Bereich bis zu 4 cm. Die relativen Querverschiebungen aus der ursprünglichen Richtung beider Teile des Gesteinsberges blieben in den Grenzen von annähernd des halben Ausmaßes. Diese Verformungen konnten den kontinuierlichen Betrieb der Gleisförderung nicht gefährden, der während der ganzen Zeit der Gewinnung des Flözes 36a und noch einige Monate nach ihrer Beendigung störungsfrei verlief.

Bei der Auswertung des Endstadiums des unterbauten Grubenbaues, insbesondere bei Überprüfung der örtlichen Abweichungen vom kontinuierlichen Änderungsverlauf der gemessenen Größen, müssen wir die dynamischen Verformungen, deren maximale Werte größtenteils die bei Messungen im Januar 1969 festgestellten Werte übersteigen, in Betracht ziehen. Auch bei sehr festem Gestein handelt es sich nicht nur um elastische Verformungen; die Verformungsprozesse sind zum Teil irreversibel, und daher bleibt ein Teil der dynamischen Verformungen des Grubenbaues auch bei Änderung der Größe der Beanspruchung erhalten.

Die visuelle Beobachtung hat bestätigt, daß es auch im Einwirkungsbereich der Zusatzspannung über den Bergfesten zu keiner Beschädigung des Ausbaues und auch zu keiner ausgeprägteren Störung des Gesteins entlang der Kontur des Grubenbaues kam. Bild 9 zeigt einen Teil des Gesteinsberges über der entlang der Abwetterstrecke belassenen Bergfeste.

3.3. Messung im Bereich des Wetterschachtes Nr. 2

Der Bereich des Schachtpfeilers stand zur Zeit der Beobachtung unter dem Einfluß dreier Strebe im Flöz 36a. Die Situation der beobachteten Grubenbaue, die Lage und der zeitliche Abbaufortschritt sind aus Bild 10 ersichtlich. Es handelte sich hier um einen indirekten Einfluß des Unterbaues. In diesem kurzen Bericht werden wir lediglich die Senkungswerte, die im Schacht festgestellt wurden, und die aus diesen abgeleiteten senkrechten Verformungen der Schachtmauerung beachten.

Das Profil des Wetterschachtes ist kreisförmig, sein Durchmesser beträgt 4,3 m. Er ist mit einer 45 cm starken Ziegelsteinmauerung ausgebaut. Lediglich der Abschnitt in einer Teufe von 195 bis 250 m bildet eine Ausnahme. Dieser ist mit Stahlringen ausgebaut. Das Karbon beginnt in einer Teufe von 134 m, der Schacht ist bis zum VI. Horizont abgeteuft. Während der Messung war der Schacht aus den Querschlägen der II., III., IV. und VI. Sohle zugängig, aber in früherer Zeit mündeten in diesen auch noch andere Grubenbaue.

Die Kohlegewinnung im Bereich des Schachtpfeilers begann bereits zu Ende des vorigen Jahrhunderts. In den einzelnen abgebauten Flözen wurden um den Schacht herum Bergfesten verschiedener Abmessungen belassen, mit Ausnahme des Flözes 26, das in den Jahren 1936 und 1937 in seiner ganzen Fläche bis zur Schachtröhre abgebaut worden war. Die ungenügenden Abmessungen der belassenen Bergfesten und die Lage des Alten Mannes sowie der Bergfesten waren Ursache eines komplizierten Spannungs- und Verformungszustandes des Gebirges im Bereich des Schachtpfeilers bereits vor Beginn der Gewinnungsarbeiten im Flöz 36a.

Die Ergebnisse der Senkungsmessungen und der daraus berechneten senkrechten Verformungen sind aus Bild 11 ersichtlich. Aus den Senkungswerten geht hervor, daß der ganze Schacht im Bereich des Gewinnungseinflusses stand. Nach dem generalisierten Verlauf der Senkungskurve können wir die Schachtröhre in zwei Teile mit unterschiedlichem Senkungsverlauf in Abhängigkeit von der Teufe gliedern: in den Teil von der Hängebank bis zum Niveau des Punktes 18, wo die durchschnittliche Stauchung in Abhängigkeit von der Teufe lediglich — 0,047 mm/m beträgt, und in den unteren Teil, wo diese — 0,34 mm/m beträgt, also siebenmal größer ist. Wenn wir dazu nun noch den Verlauf der senkrechten Verformungen in der unteren Hälfte der Schachtröhre erwägen, bestätigt diese Tatsache die früheren Erkenntnisse,

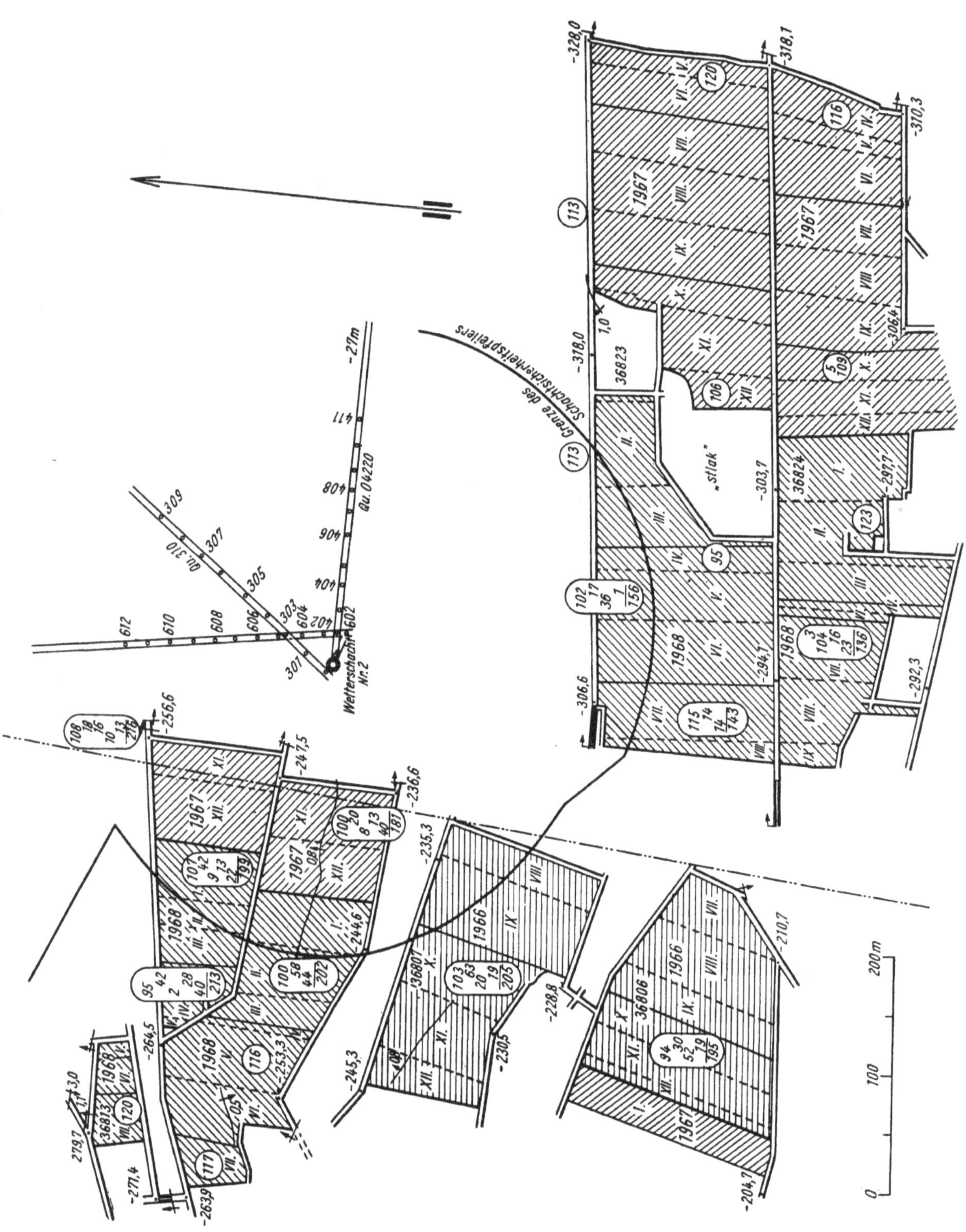

Bild 10. Streblage im Flöz 36a im Gebiete des Sicherheitspfeilers des Wetterschachtes Nr. 2, Lage der verfolgten Grubenbaue und der Meßpunkte

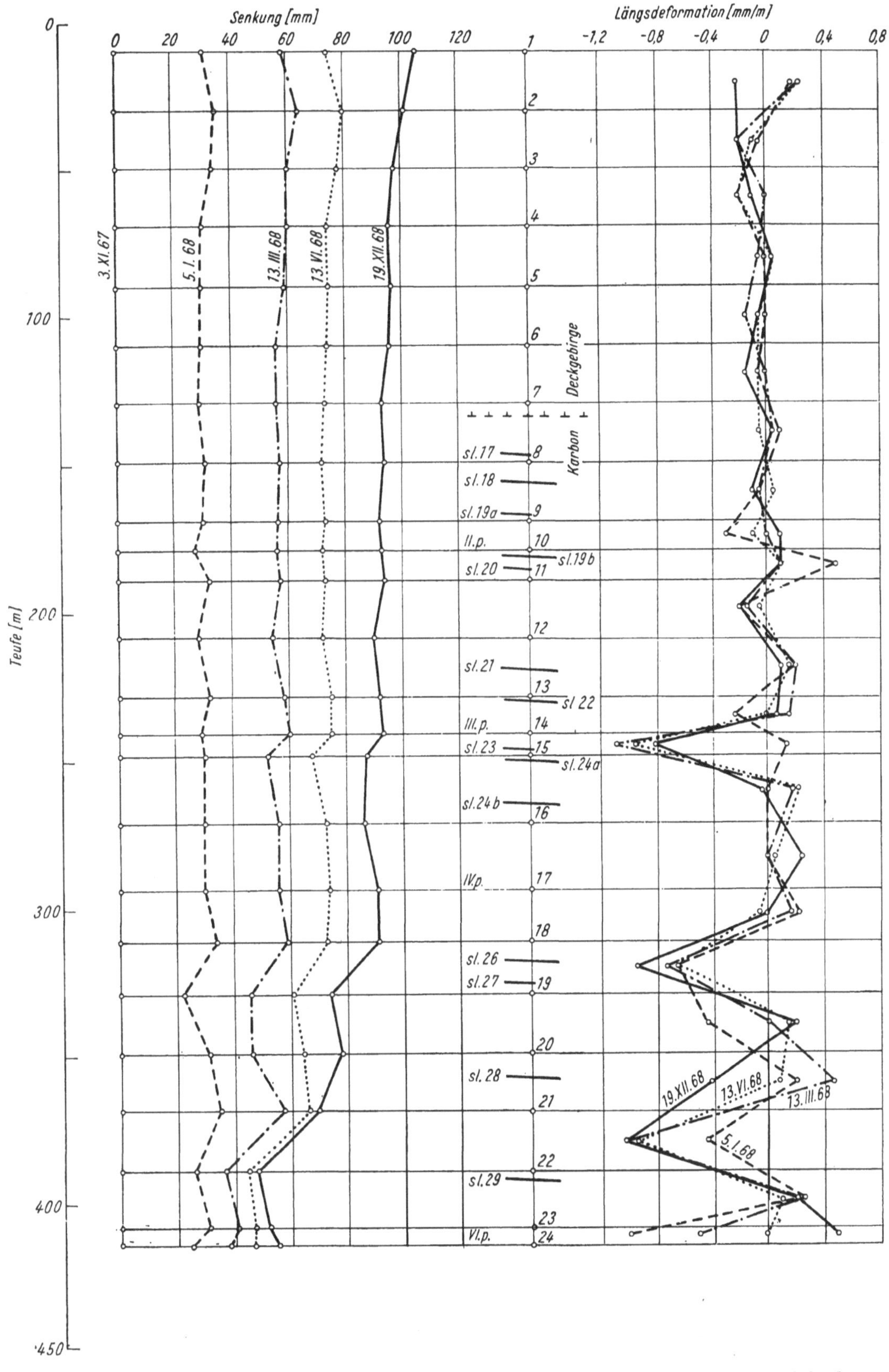

Bild 11. Wetterschacht Nr. 2, Senkungen und senkrechte Deformationen der Mauerung des Schachtes

die bei der Erforschung des Einflusses der Gewinnungsarbeiten auf dem Schacht gewonnen wurden. In einer gewissen Höhe über dem im Abbau befindlichen Flöz kommt es zu einer qualitativen Änderung der Abbaueinflüsse auf die Bewegungen und Verformungen des Gesteins und infolgedessen auch auf die Verformungen des Ausbaues von Grubenbauen. Im gegebenen Falle war dies in einer Höhe von 220 m über den Streben des Flözes 36a, was einer Gewinnungsteufe $h = 530$ m bzw. 0,42 h entspricht. Trennfläche war der Alte Mann des Flözes 26. Diese Schicht wies deutlich erkennbar andere Verformungseigenschaften auf als das umgebende Gebirge.

Die theoretische Einflußgrenze für einen Grenzwinkel von 65° liegt im Schacht in der Nähe des Flözes 28 in einer Teufe von ungefähr 360 m. Aus dem Senkungsverlauf ist jedoch ersichtlich, daß der Abbaueinfluß auch nicht im Niveau der VI. Sohle endete, sondern noch tiefer geht. Die Meßergebnisse im Niveau des im Abbau befindlichen Flözes und in seinem unmittelbaren Hangenden berechtigen zu der Vermutung, daß auch der Schnittpunkt der Schachtachse und des im Abbau befindlichen Flözes im beeinflußten Bereich liegt.

Der Verlauf und die Größe der Senkungen im Schacht widerspiegeln einerseits die Tatsache, daß es bei der Gewinnung des Flözes 36a zu einer Aktivierung des Alten Mannes der bereits früher abgebauten Flöze kam, und andererseits zeugen sie davon, daß der Schacht im äußeren Bereich des Abbaueinflusses lag und von der Bruchfläche nicht betroffen wurde. Der Bruchwinkel war daher größer als 80°. Einen günstigen Einfluß auf die Vergrößerung der Entfernung der Bruchfläche vom Schacht hat das Einfallen der Störung Gabriela, die sich mit Annäherung zur Tagesoberfläche vom Schacht entfernt. Die Aktivierung des Alten Mannes äußerte sich auch durch eine sehr schnelle Verbreitung des Abbaueinflusses bis zur Tagesoberfläche.

Binnen eines Monats nach Aufnahme der Gewinnungsarbeiten waren diese an der Tagesoberfläche bemerkbar.

Die Gebirgsbewegungen im äußeren beeinflußten Bereich sind im Vergleich der im inneren Bereich beobachteten Bewegungen klein, aber die hier entstehenden Zusatzspannungen haben einen schädlichen Einfluß auf die Grubenbaue. Die schwankenden Verformungswerte in der unteren Hälfte der Schachtröhre, die ausgeprägten Maxima der Stauchungen im Bereich des Füllortes der III. Sohle, des Alten Mannes im Flöz 26 und im Abschnitt zwischen den Flözen 28 und 29, wo sich das Füllort der V. Sohle sowie die Flöze 29a und 29b befanden, beweisen, daß die Aufteilung und der Charakter der Verformungen der beeinflußten Grubenbaue unter sonst denselben Bedingungen durch die Festigkeit des Gebirges und durch die Größe des Bereiches des aufgelockerten Gesteins in der Umgebung der Grubenbaue gegeben sind.

Die entstandenen Schäden — eine örtliche Beschädigung der Mauerung — waren nicht solcher Art, daß sie den störungsfreien Schachtbetrieb gefährden konnten. Sie waren durch übliche Instandhaltungsarbeiten zu bewältigen.

Abschließend ist festzustellen, daß die beobachteten Verformungskonzentrationen vom Standpunkt der Vorausberechnung her stets ein sehr schwierig respektierbares Element darstellen werden, auf welcher Hypothese auch immer die Berechnung begründet sein möge.

Es ist daher notwendig, eine größtmögliche Anzahl von Beobachtungen in situ durchzuführen, an Hand deren statistischer Auswertung es möglich ist, verläßliche Unterlagen für die Beurteilung der Wahrscheinlichkeit einer Entstehung schädlicher Verformungen des Schachtausbaues in den gegebenen Verhältnissen zu gewinnen.

4. Schlußfolgerungen

Die Meßergebnisse können wir kurz folgendermaßen zusammenfassen:

Das Hangende des Flözes 36a gehört zur Kategorie der halbschweren Firsten. Die Einflußgrenzfläche wurde durch ein genaues Nivellement bis zu 100 m Entfernung vor dem Streb bewiesen; die Entfernung der Auflockerungszone des Gesteins bewegte sich in einem Bereich von

15 bis 35 m vor dem Streb; das Durchdringen der Bruchfläche durch die Flözebene wurde praktisch von der Abbaufront dargestellt.

Vor dem Strebdurchgang hatte die Hebung der Sohle einen entscheidenden Einfluß auf den Wert der senkrechten Konvergenz. Es wurde die Abhängigkeit der Größe der senkrechten Konvergenz und des Verhältnisses der Sohlenhebung zur Firstensenkung von der Lage der Abbaustrecke in bezug auf den Alten Mann und auf tektonische Störungen bewiesen.

Das feste Nebengestein der Flöze der Sattelzone bildet die Voraussetzungen für ausgeprägte Wölbungseffekte, charakterisiert durch überhängende Gesteinsplatten von nicht heruntergebrochenen Hangendschichten über dem abgebauten Flözteil. Somit sind auch bei relativ geringen Abmessungen des abgebauten Flözabschnittes in bezug auf die Gewinnungsteufe geringere Absenkungen des Hangenden verbunden.

Die Messung bestätigte weiterhin die Richtigkeit der früheren Erkenntnisse, daß das Einfallen der Bruchfläche im Revier Ostrava-Karviná größer als 80° ist.

Unter sonst gleichen Verhältnissen entstanden die geringsten Verformungen in den direkt unterbauten Abschnitten des Querschlages, die lediglich durch die dynamische Zusatzspannung vor dem fortschreitenden Streb beeinflußt waren. Bei einem Verhältnis — Teufe des Unterbauens: Flözmächtigkeit = 29 — kam es zu keinem Hereinbrechen des unterbauten Querschlages, auch nicht in dem Abschnitt, wo er durch das Flöz oder durch Schieferton hindurchging. Eine qualitative Änderung des Abbaueinflusses auf die Verformung der Schachtmauerung wurde in einer Höhe von 220 m, d. h. 0,42 h über dem im Abbau befindlichen Flöz festgestellt. Schädliche Abbaueinflüsse auf Ausrichtungsbaue konzentrieren sich ausgeprägt auf Kontaktzonen von Gesteinen mit unterschiedlichen Verformungseigenschaften und an Stellen mit größeren Auflockerungszonen.

Diese Schlußfolgerungen stellen nur eine teilweise Auswertung der gewonnenen Erkenntnisse dar. Die Lösung der Probleme erfordert die Auswertung einer größeren Anzahl von Beobachtungen und deren Vergleich mit Forschungsergebnissen mittels anderer Methoden. Diese Aufgabe ist Inhalt weiterer Arbeitsetappen der Forschung auf dem Gebiete dieser Problematik.

WISSENSCHAFTLICHE AUSSPRACHE

DISKUSSION ZUM RAHMENTHEMA

DISKUSSIONEN

Herr Höfer

Meine sehr geehrten Herren!

In Fortsetzung der Arbeitstagung beginnen wir mit der wissenschaftlichen Aussprache über die dargebotenen Vorträge und über Gedanken zu dem Rahmenthema insgesamt.

Herr Liwiniszyn hat sich freundlicherweise bereit erklärt, den ersten Teil der Diskussion zu leiten. Ich bitte Sie, die Diskussionsleitung zu übernehmen.

Herr Neubert

Das diesjährige Rahmenthema der mechanischen Betrachtung der Gebirgsbewegungen vom Abbau bis zur Tagesoberfläche kann als typisches Beispiel einer komplexen wissenschaftlichen Kollektivarbeit herausgestellt werden. Die weitaus größte Zahl unserer heutigen Forschungsthemen läßt sich nur durch sinnvolle Zusammenführung mehrerer Spezialfachrichtungen zufriedenstellend lösen, worin auch die Sektionsbildung an unseren Hochschulen zum Ausdruck kommt. So fällt z. B. dem Markscheider nur ein Teilgebiet der praktischen und wissenschaftlichen Durchdringung anstehender Probleme der Gebirgsmechanik zu, an denen er einen bestimmten, nicht unwesentlichen Anteil hat.

Gebirgsbewegungen über Abbauhohlräumen lassen sich beim Verhieb von Flözen im Schachtsicherheitspfeiler bis zur Tagesoberfläche gut beobachten. Im Zwickauer Steinkohlenrevier wurde zur Beherrschung der Auswirkungen die Abbaufolge flözweise über die gesamte Einwirkungsfläche vom Schacht ausgehend in Teilflächen nach außen durchgeführt. War der Abbau einer Scheibe beendet, so wurde der nächste Abbau frühestens nach 2 Jahren Ruhepause wieder eingeleitet. Machten sich zu große Bewegungen bemerkbar, so wurde der Abbau gestundet, eine Tatsache, die im tektonisch gestörten Gebirge häufig vorkam.

Ein praktischer Fall, wie er sich zur weiteren Abbaugestaltung eines teilweise verhauenen Sicherheitspfeilers in der Planung angeboten hat, soll durch folgende Darstellung aufgezeigt werden (Bild 1). Der Ablauf zur möglichst spannungsfreien Absenkung der Gebirgsschichten in Schachtnähe wurde auf Grund des vorhandenen Abbauzuschnittes noch anstehender Flözteile derart in der Abbaufolge verstellt, daß in der Vorausberechnung die angegebenen Streckungen und Stauchungen zu erwarten waren. In Abschnitten von 50 m und teilweise 25 m in der Vertikalen wurden die Senkungen mit Hilfe von Einwirkungsflächen, deren Zonenverteilung den örtlichen Verhältnissen entsprach, ermittelt (Bild 2) und daraus die Spannungen längs der Schachtröhre berechnet. Das Maximum der Streckungen trat genau an der vorausberechneten Stelle ein, deren Verbruch nur durch Sicherungsmaßnahmen im Bolzenschrotausbau zu begegnen war.

In einem anderen Beispiel sollen die Auswirkungen eines Abbaues auf einen darüber befindlichen Querschlag im durch früheren Abbau zerrütteten Gebirge gezeigt werden (Bild 3). Senkungen sowie Zerrungen und Pressungen konnten durch Messungen sowie Berechnungen festgehalten werden. Der Spannungsverlauf stellt ein typisches Beispiel für die Existenz der Weberschen Welle dar.

Zwei weitere Darstellungen zeigen Verlauf und Ausbildung von Senkungströgen im Zwickauer Steinkohlenrevier bei großen (Bild 4) und bei geringen Teufen (Bild 5).

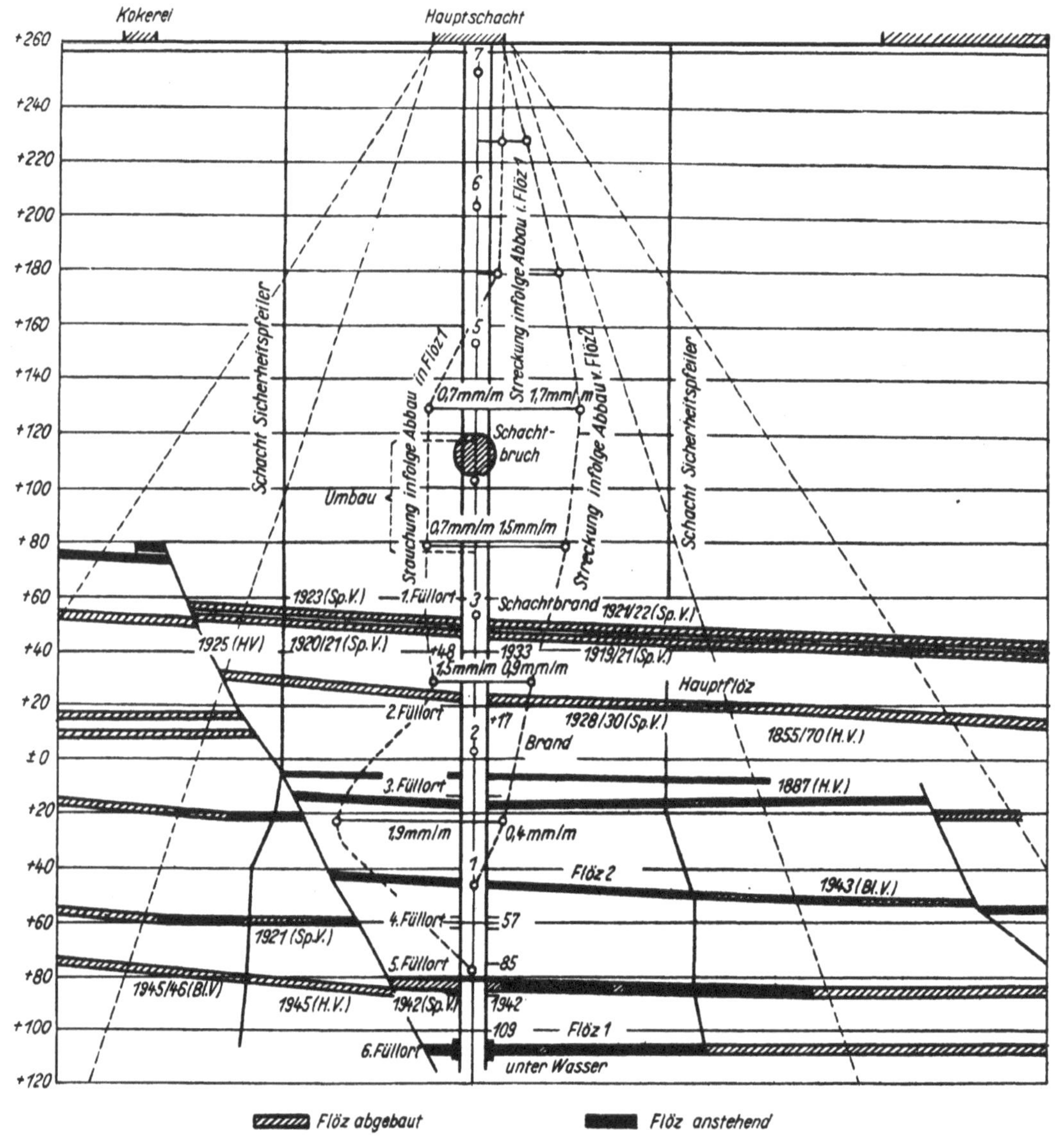

Bild 1. Gebirgsbewegungen über Abbauhohlräumen im Schachtsicherheitspfeiler

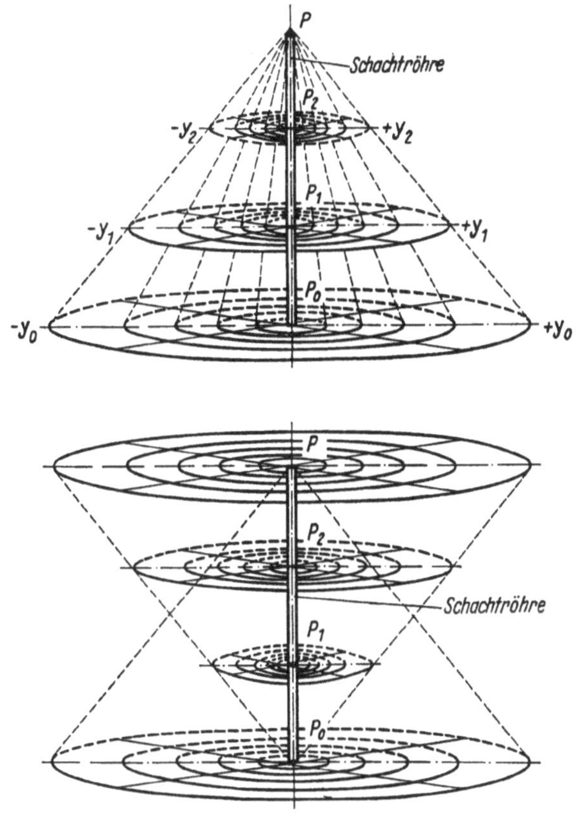

Bild 2. Berechnung der Spannungen längs der Schachtröhre beim Abbau im Schachtsicherheitspfeiler

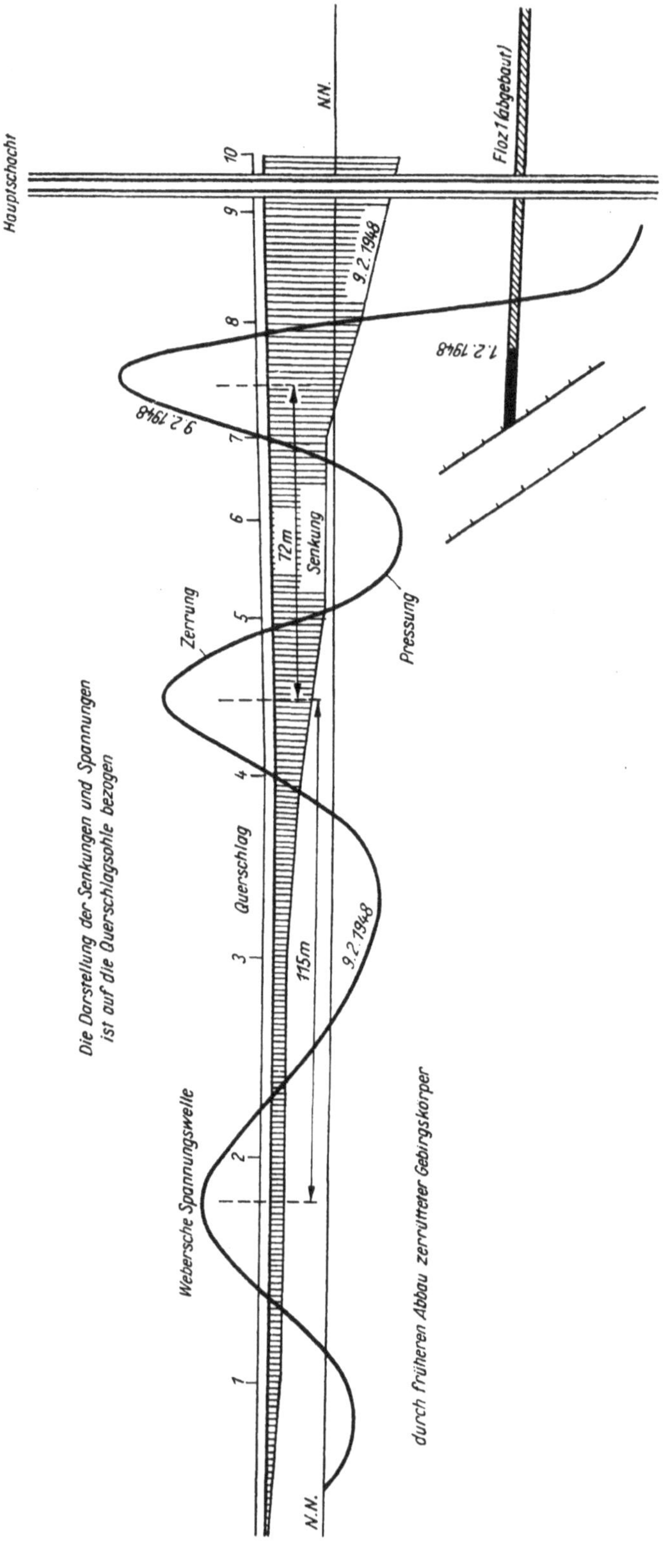

Bild 3. Senkungs- und Spannungsbeobachtungen im Querschlag über dem Abbau

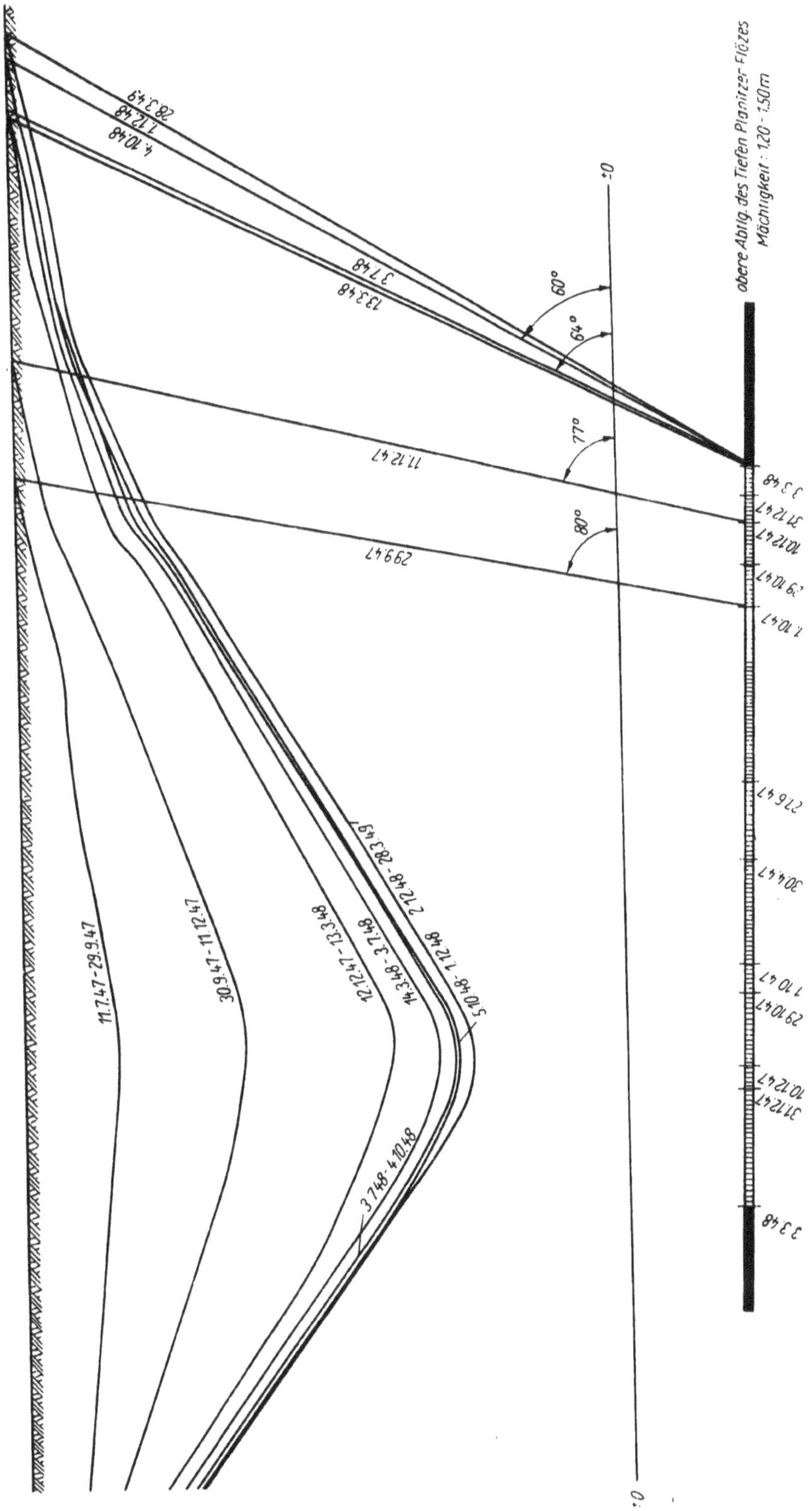

Bild 4. Verlauf und Ausbildung eines Senkungstroges im Zwickauer Steinkohlenrevier bei großer Teufe

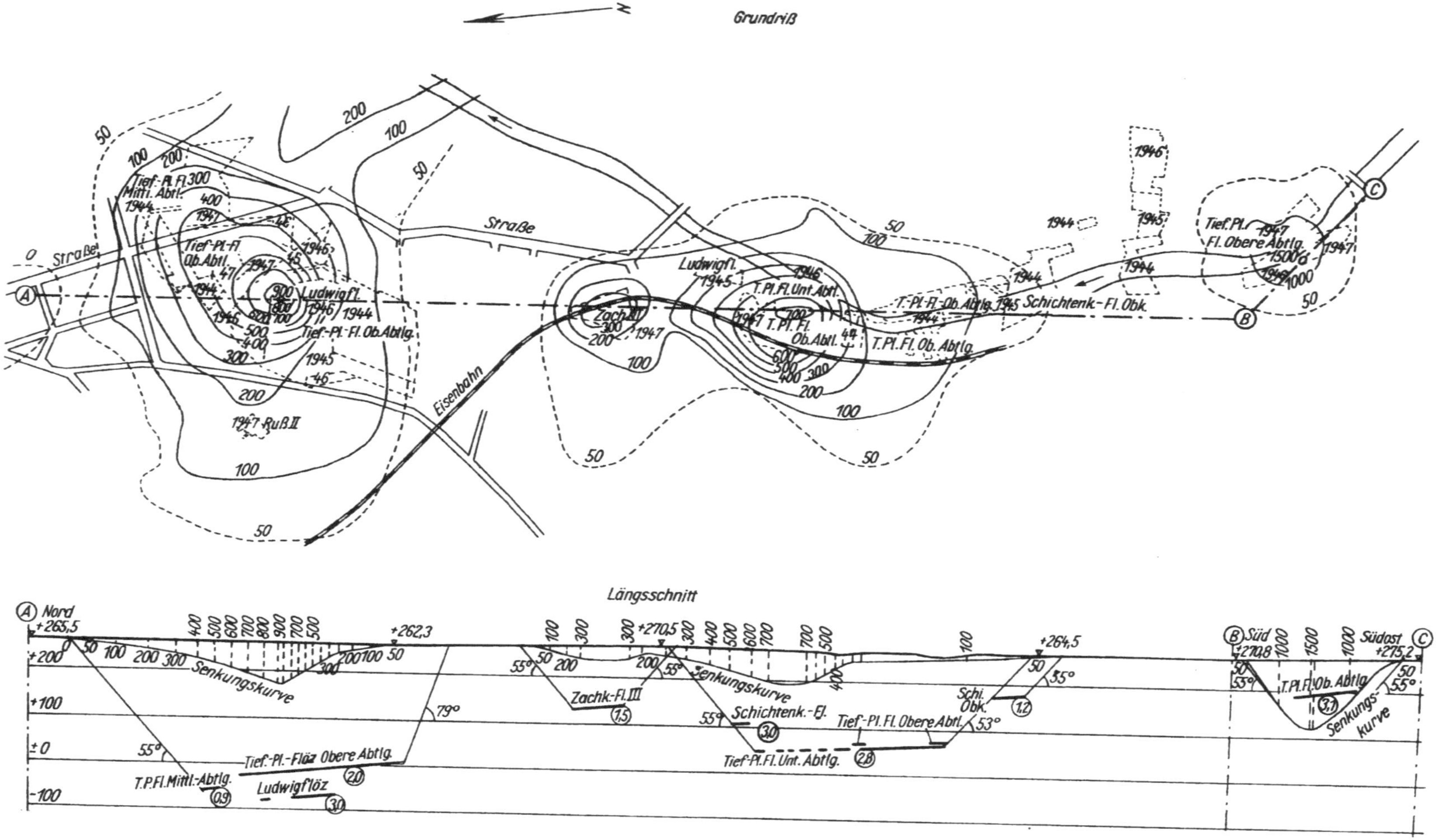

Bild 5. Verlauf und Ausbildung von Senkungströgen im Zwickauer Steinkohlenrevier bei geringen Teufen

Herr DREYER

In den Vorträgen der Herren KNOTHE, LITWINISZYN und RICHTER wurden Senkungsbewegungen nach der stochastischen Methode behandelt und z. T. Vergleiche mit tatsächlich gemessenen Bodenbewegungen gezogen. Die Übereinstimmung zwischen theoretischer Aussage und Messung wurde als zufriedenstellend bezeichnet. Da in den Beiträgen nichts über die Art des Locker- bzw. Festgesteins ausgesagt wird, das den Beobachtungen zugrunde gelegen hat, wird der Anschein erweckt, als ob die stochastische Methode für alle Gesteinsarten in der gleichen Weise angewendet werden kann und ein spezielles Stoffgesetz nicht benötigt wird.

Herr BUCHHEIM hat jedoch in seinem Beitrag über einige prinzipielle Bemerkungen zur Vereinigung von Kontinuumsmechanik und stochastischer Betrachtungsweise in Richtung auf eine physikalische Theorie des Gebirges aufgezeigt, daß in den Gleichungssystemen zur Erfassung der Mechanik der Gebirgsbewegungen das Stoffverhalten unbedingt mitberücksichtigt werden muß. So wurde auf Seite 11 der Vortragsunterlagen ein Stoffgesetz

$$\overleftrightarrow{S} = \overleftrightarrow{S}(\mu, T, \vec{\nabla}\vec{v}, \vec{\nabla}\vec{s}) \qquad \text{(Gl. 8e)}$$

eingeführt, das neben der Reibungsziffer μ die Temperatur T, die Deformationsgeschwindigkeit $\vec{v}$ und den Erwartungswert s der Materialverschiebung enthält. Bei hinreichender Auflockerung wird das Gestein als eine viskose, anisotrope Flüssigkeit behandelt, in der — analog der Ionenbeweglichkeit in der Elektrolyse — eine bestimmte „Lückenbeweglichkeit“ herrscht. Bei kleinen Deformationsgeschwindigkeiten kann der Bewegungsablauf in den Boden- bzw. Gebirgsmaterialien nicht mehr durch Reibungsgesetze von Flüssigkeiten beschrieben werden. Als neuer Stoffparameter wird hier die „Fließfestigkeit“ des Mediums eingeführt.

Da in Gl. (8e) nur eine Aufzählung der Einflußgrößen erfolgt, möchte ich an Herrn BUCHHEIM die Frage richten, wie das Stoffgesetz explizite auszusehen hat, das mit einigermaßen begrenztem mathematischem Aufwand dem tatsächlichen Verhalten des Gebirges hinreichend nahekommt.

Herr BUCHHEIM

Meine Herren!

Darf ich hierauf gleich antworten, um Ihnen an der Tafel etwas anzuzeichnen, das vielleicht das Verständnis erleichtert.

Ich bin der Meinung, daß die Strain-Stress-Beziehungen in der Gebirgsmechanik wie auch in der Bodenmechanik immer eine gewisse Rolle spielen werden. Die reine Stochastik ist eigentlich ein Extremfall. Es ist der Extremfall, daß eine Entkoppelung zwischen den Gleichungen (8a) und (8b) einerseits und den Gleichungen (8c) und (8d) andererseits eintritt, die Ihnen in meinem

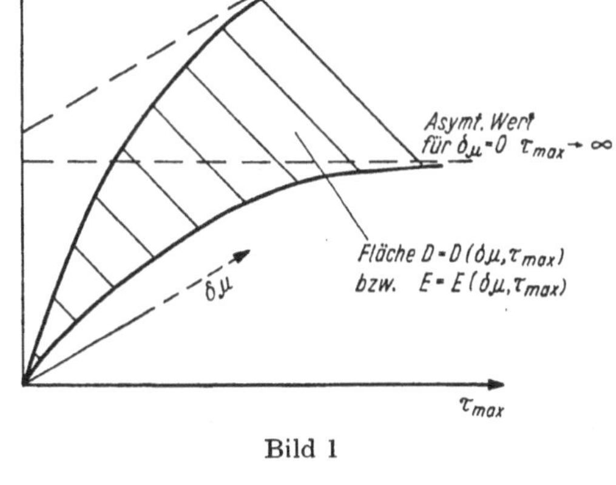

Bild 1

Konzept vorliegen. In Wirklichkeit wird auch bei lockeren Massen diese Entkoppelung nie vollständig vorliegen. Das heißt mit anderen Worten, es werden stets die Spannungen oder — wenn Sie so wollen — die Strain-Stress-Beziehungen eine gewisse Rolle spielen. Auch in einem sehr aufgelockerten Material wird das der Fall sein. Es läßt sich natürlich nicht a priori und gewissermaßen rein aus der Idee heraus die Form dieser Strain-Streß-Relationen für Gebirgsmaterial oder Boden in eine allgemeine Formel bringen. Es ist gerade die Schwierigkeit, daß darin natürlich die Besonderheiten jedes Materials zum Ausdruck kommen müssen.

Trotzdem kann man vielleicht folgendes sagen: Stellen Sie sich ein Diagramm vor wie in Bild 1 gezeigt.

Wir tragen den Masseneffekt der Auflockerung auf, in der waagerechten Richtung die maximale Schubspannung τ_{max}. Dann wird im allgemeinen ein Zusammenhang zwischen den verschiedenen Größen $\delta\mu$ und τ_{max} bestehen, zum Beispiel die Lückendiffusionskonstante D bzw. die Gesteinslückenbeweglichkeit E werden — abgesehen von der Temperatur und anderen Einflüssen, die wir vernachlässigen können — in erster Linie von diesen Eigenschaften abhängen. Die Abhängigkeit wird für lockeres Material und für festes Gebirge sehr verschieden aussehen. Vermutlich wird aber für sehr kleine Werte von τ_{max} und auch von $\delta\mu$ die Diffusionskonstante und die Lückenbeweglichkeit sehr niedrig sein. Wenn dagegen $\delta\mu$ und τ_{max} hinreichend groß sind, werden die Werte von D und E konstant werden. Die einzelnen Materialien werden sich im wesentlichen nur dadurch unterscheiden, daß in einem sehr verschiedenen Bereich von τ_{max} und $\delta\mu$ diese Konstanz praktisch erreicht wird. Bei sehr lockeren Materialien wird das schon bei sehr kleinen Werten der Fall sein, praktisch schon bei verschwindenden Werten des Spannungszustandes ($\overleftrightarrow{S}$ oder τ_{max}). Bei festem Gebirge liegt dieser Bereich des Eintretens der Konstanz bei größeren Werten von $\delta\mu$ und τ_{max}. Auf diese Weise kann man verstehen, weshalb sich lockeres Material und festes Gebirge so sehr verschieden verhalten. Qualitativ und prinzipiell ist diese Verschiedenheit allerdings nicht groß, sie ist sozusagen nur eine Verschiedenheit in den Größenordnungen der unabhängigen Variablen $\delta\mu$ und τ_{max}. Das hängt eng mit den Strain-Streß-Beziehungen zusammen.

Diese Beziehungen müssen zweifellos bei den natürlichen Boden- und Gebirgsmaterialien auch den Hysteresiseffekt mit einschließen, also die Tatsache, daß mechanische Nachwirkung eine Rolle spielt. Wir kennen die Hysteresis mehr oder weniger vom realen, rein mechanischen Verhalten des Gebirges her. Sie hängt eng mit dem Faktor Zeit zusammen. Alle gebirgsmechanischen Vorgänge, die Zeit benötigen, um sich zu entwickeln, sich „durchzusetzen", haben letzten Endes entweder in einer mechanischen Hysteresis, die in den Strain-Stress-Beziehungen ihren Ausdruck findet, oder in einem Auflockerungsprozeß ihren Grund.

Ich weiß nicht, ob ich die an mich gestellte Frage damit einigermaßen ausreichend beantwortet habe. Man könnte natürlich ins Detail gehen und dazu noch vieles sagen. Aber die Zeit reicht dazu nicht aus. Ich bitte die Herren, die sich für Einzelheiten interessieren, in einer privaten Diskussion das Gespräch mit mir noch einmal aufzunehmen.

Herr Litwiniszyn

Wir haben bei unseren Experimenten nur im Labor gearbeitet. Die Versuche wurden mit trockenem, durchgesiebtem und gereinigtem Sand als Material durchgeführt.

Herr Dreyer

Das ist richtig, aber die erweiterte Behandlung, die insbesondere Herr Knothe bei der Anwendung der Gaussschen Einflußfunktion zur Bestimmung von Gebirgsbewegungen mit besonderer Berücksichtigung des Abbaues von Schachtsicherheitspfeilern aufzeigt, besagt doch, daß man die stochastische Methode auch auf Festkörper zu übertragen wünscht. In der Einflußfunktion g (Seite 1 der Vortragsunterlagen)

$$g(x, y, s, t) = \frac{\overline{w}(x, y)}{r^2} e^{-\frac{\pi}{r^2}[(x-s)^2 + y-t)^2]} \qquad \text{(Gl. 1)}$$

wird das Materialverhalten durch den sogenannten Radius r der Haupteinflüsse summarisch als rein geometrische Kenngröße erfaßt. Dem mechanischen Stoffverhalten wird hierdurch jedoch nicht Rechnung getragen.

Zu den Ausführungen von Herrn BUCHHEIM darf ich noch ergänzend hinzufügen, daß ich mit ihm darin übereinstimme, festes Gestein und Lockergestein im Prinzip als physikalisch nicht so sehr unterschiedlich zu betrachten. In diesem Zusammenhang möchte ich auf die Untersuchungen der Herren FAIRHURST, HUDSON und WAWERSIK über die Mechanik vbn Verformung und Bruch von Gesteinsproben im Labormaßstab (The Mechanics of Deformation and Failure of Laboratory Specimens of Rock) verweisen, die beim letzten Ländertreffen vorgetragen wurden.

Bild 1. Mechanisches Verhalten von Festkörpern im Bruchgebiet

In dem hier schematisch wiedergegebenen Diagramm (Bild 1), welches mit einer hinreichend steifen Prüfmaschine aufgenommen wurde, zeigt das völlig zerbrochene Material noch immer elastische Eigenschaften. Die im Bruchstadium eingeschalteten Entlastungs- und Wiederbelastungszyklen erbrachten geringe Hysteresis-Effekte, deren Zeitabhängigkeit unbedeutend war. Es würde offenbar eine große Erleichterung sein, wenn man in dem allgemeinen Ansatz von Herrn BUCHHEIM den materialbedingten Zeiteinfluß eliminieren könnte, um den Rechenaufwand erträglich zu gestalten. So weist auch Herr LITWINISZYN in seinem Vortrag über einige mathematische lineare Modelle in der Mechanik des Gebirges (stochastisches Medium) darauf hin, daß eine ,,Auslese" der Koeffizienten unumgänglich sei, um den mathematischen Apparat bewältigen zu können.

Herr HELFRICH

Erlauben Sie mir, daß ich zu einigen Punkten Stellung nehme, die von verschiedenen Herren hier vorgetragen wurden. Ich möchte das in chronologischer Reihenfolge durchführen.

Herr Prof. LITWINISZYN spricht in seiner Darstellung von einem Diskontinuum und von einem begrenzten Bereich. Das ist etwas, was den Geologen äußerst befriedigt, da ja in der Gefügekunde immer wieder gefordert wird, Verhältnisse in der Natur zu einem bestimmten Bereich in Beziehung zu bringen.

Da ich kein Mathematiker bin, möchte ich die Frage aufwerfen, ob die Tatsache, daß mit einem Diskontinuum gerechnet wird, mit der auf der anderen Seite gewonnenen Linearität des mathematischen Modells unvereinbar ist. Die Vorgänge in der Natur, wie ich später an einigen Beispielen zeigen werde, sind nicht linear. Die Verminderung der Anzahl von Materialkonstanten scheint mathematisch eine unumgänglich notwendige Tatsache zu sein.

Es ist allerdings hier in Frage zu stellen, ob man von Konstanten sprechen soll, nachdem sich ja alle Größen, die wir bisher bei der gebirgsmechanischen Bearbeitung eingeführt haben, als nicht konstant erwiesen haben. Dazu kommt noch, daß die Natur immer viel komplexer ist, als ein Modell es darstellen kann.

Das Problem der Messungen des gesamten Verschiebungsfeldes ist natürlich ein gegebenes. Wir versuchten im schwedischen Erzbergbau das weitgehend dadurch zu lösen, daß in großzügiger Weise Bohrungen eingebracht werden, in denen mit langen Drähten die Deformation gemessen wird. Es ist das keine Patentlösung, aber eine Hilfe, um die Oberflächenbeobachtungen und die Beobachtungen um die Hohlräume ergänzen zu können.

Herr Buchheim spricht vom Massenkontinuum und führt hier einen Satz an, den ich gern etwas näher erläutert haben möchte. Es steht in seinem Beitrag über „Einige prinzipielle Bemerkungen zur Vereinigung von Kontinuumsmechanik und stochastischer Betrachtungsweise in Richtung auf eine physikalische Theorie des Gebirges":

„Jedes reale Gebirge ist zu stark von Diskontinuitäten (Spalten, Klüfte, natürliche Hohlräume, Schwächezonen usw.) durchgesetzt, innerhalb derer die gesteinsmechanischen Parameter entweder überhaupt nicht definiert oder sehr großen Abweichungen gegenüber der festen ungestörten Umgebung unterworfen sind, als daß es für den Bergmann oder Felsbauingenieur noch als Massenkontinuum im Sinne der theoretischen Mechanik angesehen werden dürfte, wenn dieses auch vielleicht für den in anderen Maßstäben denkenden tektonischen Geologen noch erlaubt sein mag."

Ich möchte zumindest für meine Person darstellen, daß gerade das diskontinuierliche Denken vielfach vom Geologen angeregt worden ist. Ich würde sehr gern um eine nähere Erläuterung bitten.

Die Einführung von Erwartungswerten, wenn man das genau nach der Sprache übersetzt, ist eigentlich auch etwas gefährlich. Man erwartet in der Natur ein Geschehen, das dann einen ganz anderen Verlauf nimmt. Hier scheinen also gewisse Begrenzungen vorzuliegen.

Eine weitere Frage an Herrn Buchheim: Ist die Mikroseismik wirklich von so großem Einfluß? Ich möchte glauben, daß sie im Verhältnis zu den wirklichen Gebirgsverhältnissen und dem Geschehen um Hohlräume von untergeordneter Bedeutung zu sein scheint.

Am Schluß der Ausführungen von Herrn Buchheim ist angeführt, daß die Gesteinsprüftechnik sich auch der Untersuchung von Diskontinuitäten unterziehen und darauf Bezug nehmen soll. Ich glaube, es gibt heute schon eine ganze Reihe von Untersuchungen in verschiedenen Größenordnungen, die eindeutig auf solche Diskontinuitäten Rücksicht nehmen. Ich denke besonders an die äquivalenten Modelle, an Spannungsoptik mit geschichtetem Modell und auch an Druckversuche im Laboratorium an Modellen mit verschiedenen Spannungssystemen usw.

Herr Richter verweist auf die Bedingung der Volumenbeständigkeit in den mathematischen Überlegungen von Herrn Litwiniszyn. Ich würde gern hören, ob in der Natur wirklich eine Volumenbeständigkeit vorliegt. Die Vorstellung von Herrn Salustowicz von den elastisch unterstützten Balken wurde bei gebirgsmechanischen Untersuchungen im schwedischen Erzbergbau (Laisvall) mit Erfolg angewandt. Es ergeben sich jeweils andere Größenordnungen der Deformationen, wenn man die Unterlage als elastisch deformierbar annimmt.

Herr Bradáč leitet die Abhängigkeit der Poissonschen Zahl vom Spannungszustand ab. In der Literatur wird auch auf eine Abhängigkeit der Poissonschen Zahl von der Temperatur hingewiesen, was darauf hindeutet, daß dieselbe keine Konstante zu sein scheint. Laboratoriumsversuche in Kiruna haben das auch eindeutig angezeigt. Und wenn man die Großversuche im Salzbergbau nimmt, wo Uhlenbecker die Quer- und Vertikaldeformation bestimmt, dann könnte man hier davon sprechen, eine „Poissonsche Zahl" in situ zu erhalten. Es zeigt sich sehr genau, wie diese von der Pfeilerkante bis zum Pfeilerzentrum verändert erscheint. Solche Veränderungen scheinen auch für tektonische Vorgänge von wesentlicher Bedeutung zu sein. Man stellt besonders im Grundgebirge oft Deformationsvorgänge und daraus resultierende Strukturen fest, die nicht ohne weiteres zu erklären sind und bei denen sicher Veränderungen in den Materialwerten eine wesentliche Rolle gespielt haben.

Herr GRAMBERG versucht auf Grund der Klüftung das Verhältnis zwischen Vertikal- und Horizontalspannung nachzuweisen. Das ist ein lobenswerter Versuch. Es hat sich ja in der Praxis gezeigt, daß Spannungsmessungen nur beschränkt ausgeführt werden können und bisher noch zu keinen praktischen Resultaten, zumindest in Schweden, geführt haben. Ich möchte hier vielleicht einfügen: Es werden ja immer wieder Messungen von Herrn HAST erwähnt, die große horizontale Spannungen aufzeigen. Aber die Richtigkeit dieser Messungen wird stark angezweifelt. Aber zurück zu GRAMBERGS Ausführungen. Es ist eine Frage dabei: Wenn das Gebirge eine wiederholte Verstellung durchgemacht hat, dann ist natürlich eine solche Analyse nicht mehr zugänglich, und es müßten also bei der Präsentation die verschiedenen Deformationsakte, die großräumig auftreten, zur Spannungssituation in Beziehung gesetzt werden.

In RAFFOUXS Ausführungen wird von zementierten Ankern gesprochen. Mit Beton eingebunden, sind sie im schwedischen Erzbergbau seit vielen Jahren im Gebrauch, als Klebeanker erst seit einigen Jahren. Die Deformationsgrößen, die hier als sogenannter Expansionskoeffizient angegeben werden, sind sicher richtig, denn wenn wir die Deformation der Firste im Kammer- und Firstbau in Laisvall ansehen, dann ist sie viel größer und durch eine Verankerung eigentlich nicht mehr zu beherrschen. Dennoch muß der Abbau auf einen Ausbau verzichten. Es ist daher nur möglich, die äußerste Firstenschicht anzukleben, und zwar in der unmittelbaren Firste. Auf diese Weise wird zwar eine Durchbiegung zugelassen, aber mit der Festigkeit des Gebirges rechnend, braucht man bei der gegebenen Spannweite der Firste und den Pfeilerabmessungen keinen Verbruch zu befürchten. Das stünde im Zusammenhang mit einer Beobachtung, die RAFFOUXS Auffassungen bestätigt, nämlich, daß die Beschaffenheit der Hangendschichten entscheidend für die Deformation ist, hinter der die Gleitflächendichte und mittlere Schichtenmächtigkeit zurückstehen. Es hat sich nämlich gezeigt, daß im Sandstein von Laisvall, der quarzitischen Charakter hat, in einem eng geschichteten Material eine geringere Durchbiegung beobachtet wurde als im massiven Sandstein, bei dem offenbar Bewegungen im Korngefüge auftreten können. Es konnte nämlich bei einer Besichtigung des Firstenkomplexes mit einer Bohrlochsonde nirgends auch nur die Spur einer Aufblätterung beobachtet werden. Es scheint daher die Trennung eines Expansionskoeffizienten und eines Aufblätterungskoeffizienten von Bedeutung zu sein, da beide verschiedene Deformationen im Gebirge charakterisieren, einmal mit, einmal ohne Bruchvorgänge.

Die von COATES und MUIR nachgewiesenen Deformationsgeschwindigkeiten, im unmittelbaren Anschluß an den Abbau, zeitlich gesehen, werden bestätigt, auch das Kriechen, das dann durch viele Jahre hindurch andauert.

In Herrn ZNAŃSKIS Vortrag scheint mir zuletzt noch eine Bemerkung von Bedeutung zu sein, und zwar die sprunghafte Veränderung von Deformationsvorgängen und die gleichzeitig oft damit verbundene Ortsveränderung. Sie wurde an Kluftmessungen typisch festgestellt.

Die Sprunghaftigkeit der Deformation ist vielleicht ein so wesentlicher Faktor, daß er im besonderen bei der Erstellung mathematischer Modelle zu berücksichtigen zu sein scheint.

Herr PROTODJAKONOV

Herr PROTODJAKONOV berichtet über eine Arbeit von Frau Prof. KANLYBAJEWA, Institut für Bergbau der Kasachischen Sowjetrepublik, die sie im Kohlenbecken von Karaganda durchgeführt hat.

In Bohrlöchern über dem Abbaufeld wurden in bestimmten Abständen radioaktive Isotope im Gebirge vermarkt. Nach Verrohrung dieser Bohrlöcher wurden weitere radioaktive Festpunkte in die Wandung der Verrohrung geschossen, so daß es möglich wurde, Gesteinsverschiebungen in bezug auf den nächstliegenden radioaktiven Festpunkt zu messen. Diese Messungen wurden mit einem Spezialgerät, das einen Geigerzähler enthielt, durchgeführt.

Für die Interpretation der Meßergebnisse verwendete KANLYBAJEWA ein bewegliches Koordinatensystem, das in Beziehung zum jeweiligen Stand des Abbaues gebracht wurde. Im Diagramm wurden die relativen Bohrlochbewegungen in bezug auf die Abbaufront eingetragen.

Nach entsprechender Auswertung gelang es ihr, bei diesen Messungen die Druck- und Zugverformungen festzustellen.

Im Ergebnis unterteilte sie den Versuchsabschnitt in drei horizontale und drei vertikale Zonen.

Die horizontalen Zonen werden unterschieden in:

- Zone der Hebung des Gesteins vor dem Abbau
- Zone der Aufblätterung
- Zone der sekundären Gesteinsverdichtung.

Unterscheidung der vertikalen Zonen (von unten nach oben):

- Bruchzone
- Aufblätterungszone
- Zone der elastischen Gesteinsverformungen.

Weiterhin gelang es ihr, den Rand der Gesteinsverschiebungszone zu bestimmen, der in den meisten Fällen nicht geradlinig verlief.

HERR THOMA

Ich möchte an die Ausführungen von Herrn PROTODJAKONOV anschließen. Am Institut für Grubensicherheit sind ebenfalls großangelegte Versuche in den verschiedenen Bergbaudistrikten der DDR durchgeführt worden, um die Verformung des gesamten Gebirges zu untersuchen. Dabei haben wir die Punkte im Gebirge ebenfalls in Bohrlöchern vermerkt. Es wurden allerdings keine radioaktiven Punkte benutzt, sondern diese Punkte sind mechanisch mit dem Gebirge verbunden worden. Die Untersuchungen haben im wesentlichen folgendes ergeben. Dabei war das Ergebnis an und für sich unabhängig von der Ausbildung des Hangenden. Wir haben Untersuchungen in sedimentären Lagerstätten durchgeführt, die relativ ungestört waren, aber auch in Lagerstätten, wo das Hangende intensiv geklüftet war.

1. Im Ergebnis dieser Untersuchungen hat sich gezeigt, daß die Deformationen der Tagesoberfläche mit Hilfe der bekannten Vorausberechnungsverfahren – z.B. nach BEYER oder nach AVERŠIN – genügend genau vorausberechnet werden können.
2. Es wurde festgestellt, daß auch in geringen Teufen keine stetige Abwärtsbewegung des Hangenden in den Hohlraum erfolgt, sondern daß Aufblätterungszonen mit Stauchungszonen im Gebirge abwechseln. Das ist sicher der Grund für das nach längerer Zeit noch feststellbare Defizit in der Absenkung.
3. Es konnte festgestellt werden – genau wie von Professor KANLYBAJEVA –, daß die Verbindung der Kante des Abbaues mit dem Grenzbereich der Einwirkung über Tage keine ebene Fläche bildet.
4. Es ist festgestellt worden, daß diese Grenzzone des Einwirkungsbereiches der untertägigen Absenkung während der Bewegung des Ausbaues weiter in die Umgebung reicht. Das heißt, daß der Grenzwinkel bei Bewegung kleiner ist als nach Stillstand des Abbaus.

Herr BUCHHEIM

Ich möchte auf die Frage von Herrn HELFRICH eingehen. Herr HELFRICH fragte zunächst zu dem Satz, der auf der ersten Seite des Vortragstextes steht und die unterschiedliche Einstellung des Bergmanns und des Geologen zu einer Schematisierung der Gebirgsmasse im Sinne der Kontinuumsmechanik betrifft. Ich meine das so: Für den Bergingenieur oder Felsbauingenieur spielt natürlich die Gebirgsmasse in viel kleineren Dimensionen eine Rolle. Ein Bergwerk hat die Dimensionen von Hunderten bis Tausenden von Metern, während für den tektonisch in größeren Einheiten denkenden Geologen Gesteinskomplexe mit einer Ausdehnung u. U. von Kilometern eine Rolle spielen. Für die Bewältigung praktischer Fragen im Abbau spielt eine Störung, ein System von Spalten und Klüften oder von Schwächezonen, oder was Sie auch nehmen mögen, eine ganz andere Rolle als in der tektonischen Geologie, sobald es sich hier um eine mechanisch vereinfachende Betrachtung handelt. Der Geologe kann es sich gewissermaßen leisten, z.B. einen ganzen Salzdom oder einen ähnlichen Gesteinskomplex durch Spannungs-Dehnungs-Beziehungen in einer vereinfachenden Weise zu beschreiben, die sich der Bergingenieur nicht leisten kann, weil sein Objekt von viel kleineren Dimensionen ist und in diesem Objekt die einzelnen Diskontinuitäten eine viel größere Rolle spielen als für den Geologen, der sie gewissermaßen „ausschmieren", im Sinne einer Mittelung vereinfachen darf. Ich weiß nicht, ob ich Herrn Helfrich richtig verstanden habe und die Frage damit als beantwortet gelten darf.

Dann zu den Erwartungswerten: Keine statistisch vorgehende Methode wird auf den Begriff des Erwartungswertes verzichten können. Wenn die Gebirgsmechanik statistische Züge annehmen soll, dann wird sie nicht umhin können, letzten Endes von Erwartungswerten zu reden. Diese Erwartungswerte sind es auch, die den Ingenieur interessieren. Er will ja bei einer Vorausberechnung schließlich wissen, was er z.B. mit 99% Wahrscheinlichkeit zu erwarten hat. Er will im Grunde genommen aber nicht wissen, was unter Umständen mit einer außerordentlich geringen Wahrscheinlichkeit auch eintreten könnte. Eine Statistik im Sinne der statistischen Mechanik müßte oder könnte natürlich auch Wahrscheinlichkeiten angeben für außerordentlich unwahrscheinliche Vorgänge. Das sind die, von denen Herr Helfrich gesagt hat, daß in der Natur unter Umständen auch einmal etwas „gegen alle Erwartungen" passiert. Aber das ist nicht das, woran der Techniker oder Ingenieur in erster Linie interessiert sein wird. Er muß sich ja gewissermaßen auf den höchstwahrscheinlichen Fall, auf das „nach aller Wahrscheinlichkeit" wirklich Eintretende einstellen. Jede Arbeitsprognose usw. ist selbstverständlich auf dem höchstwahrscheinlich zu Erwartenden und nicht auf dem im Grunde genommenen nicht zu Erwartenden oder Unwahrscheinlichen aufgebaut.

Vielleicht ist es wünschenswert — ich vermag das nicht zu beurteilen und habe es am Ende meines Vortrages ausgeführt —, daß eine statistische Boden- oder Gebirgsmechanik auch das Phänomen der Schwankungen mit beinhaltet und beschreibt. Das ist eine Angabe letzten Endes für das Eintreten von seitlich von den Erwartungswerten liegenden Größen, also von unwahrscheinlichen Dingen. Es handelt sich also um die Angabe der Wahrscheinlichkeit auch von unwahrscheinlichen Dingen und die Angabe von Meßwerten mit einer Wahrscheinlichkeitsbezeichnung, die mit einem Wahrscheinlichkeitsgrad sehr gering, sehr klein ist. Aber ich möchte glauben, daß das, zunächst jedenfalls nicht, das Ziel einer rationellen Gebirgsmechanik sein kann. Es ist natürlich auch viel schwieriger, eine solche statistische Mechanik des Gebirges oder von Böden aufzustellen.

Zum dritten Punkt, zur Rolle der Mikroseismik: Ich selbst bin der Meinung, daß die Mikroseismik eine viel größere Rolle spielt, als man das zunächst glauben möchte, denn sie ist eine universelle Erscheinung. Sie ist ständig am Werke, wenngleich sie eine mit gewöhnlichen Mitteln, auch technischen Mitteln nicht nachweisbare Bodenbewegung darstellt. Sie spielt im Verein mit der Lösung und der Umformung des Gesteinsgefüges die Rolle eines unausgesetzten Anregungs- oder Schüttelmechanismus. Dieser Schüttel- oder Rüttelmechanismus ist es ja zweifellos, der langsam fortschreitende Veränderungen im Gebirge, also z.B. das Fortschreiten der Auflockerungen um einen Hohlraum herum, die Verteilung der fehlenden Masse in der Umgebung bis zum Durchsetzen auf die Tagesoberfläche, in einer gewissen gesteuerten Form hervorruft oder zumindest beeinflußt.

Ich glaube also, daß man, physikalisch gesehen, der Mikroseismik, allerdings in Verbindung mit anderen physikalischen Mikrovorgängen, eine große Bedeutung beimessen muß. Vielleicht gibt es Möglichkeiten, das experimentell im Labor zu prüfen, indem man Gesteinsproben den übrigen Einflüssen der Durchformung usw. aussetzt und die Mikroseismik ausschaltet. Das läßt sich experimentell zweifellos machen.

Ich höre sehr gern zum vierten Punkt, daß sich die Gesteinsprüftechnik zunehmend der Ermittlung des Einflusses von Störungen in Gesteinsproben annimmt. Für die Gebirgsmechanik in dem von mir skizzierten Sinne ist es natürlich nicht ausreichend, daß man immer nur von dem alten Prinzip ausgeht: Eine Gesteinsprobe muß ungestört sein, damit sie die Parameter, die man sich wünscht, gut und repräsentativ wiedergibt. Das ist natürlich für die fest verbundenen Grundmaße richtig. Aber auf diese Weise wird man natürlich niemals solche Materialgrößen wie etwa die Lückendiffusionskonstanten oder die Lückenbeweglichkeitskonstanten und ähnliche, in meinem Vortrag angedeutete Materialeigenschaften genügend bestimmen können. Dazu sind also besondere Messungen nötig, die an gestörten Gesteinsproben vorgenommen werden müssen.

Wie gesagt, ich begrüße sehr, daß die Gesteinsprüftechnik sich offenbar dieser Problematik anzunehmen beginnt.

Herr Litwiniszyn

Die Frage von Herrn Helfrich, ob die Verschiebungserscheinungen im Gebirge linear sind bzw. auf linearen oder nicht linearen Gesetzen beruhen, ist ganz fundamental. Meiner Meinung nach haben wir es sehr selten mit rein linearen Erscheinungen zu tun. Ein Beispiel solcher Erscheinungen sind z.B. die elektrodynamischen Erscheinungen. Aber wir wissen ganz gut, daß Erscheinungen der Wärmeleitung, Diffusionserscheinungen, schon nicht mehr ganz genaue lineare Erscheinungen sind. Es wäre eine große Vereinfachung, diese Erscheinungen als linear zu betrachten.

Wir wissen, daß auch hydrodynamische Erscheinungen im Grunde genommen nicht linear sind. Wir wissen auch, daß wir in der Natur in keinem Medium Erscheinungen haben, die ganz genau mit dem Hookesschen Gesetz zu beschreiben sind. Trotzdem sind die Ergebnisse der Elastizitätstheorie ganz nützlich.

In unserem mathematischen Modell wird die Linearität postuliert. Das ist ein fundamentales Postulat. Aber wir wissen, daß der Bereich dieser Linearität sehr eng ist.

Die Konsequenz dieser Linearität ist das Superpositionsprinzip. Wir haben in unserem Laboratorium viele Forschungen über die Wichtigkeit dieses Superpositionsprinzips durchgeführt. Wir erhalten solche Resultate, daß das Superpositionsprinzip nur wichtig ist, wenn die Verschiebungen klein genug sind. Wenn die Verschiebungen größer sind, dann funktioniert das Superpositionsprinzip nicht mehr.

Eine zweite Anmerkung zum Erwartungswert (mathematische Hoffnung) in der Gebirgsmechanik:

Wir wissen, daß die Verschiebungen im Gebirge Zufallsfunktionen sind. Wenn wir z.B. im Laboratorium zehn Experimente mit Verschiebungen auf Sandmassen machen, dann bekommen wir, selbst wenn wir die Experimente unter den gleichen Bedingungen jeweils durchführen, zehn Funktionen, die diese Verschiebungen beschreiben. Das ist so ähnlich wie z.B. die Turbulenz in einem Windkanal. Die Beschreibung dieser Zustände sind Zufallsfunktionen. Darum ist der Erwartungswert in der Theorie der Gebirgsmechanik sehr wichtig.

Herr Dreyer

Zu der Diskussionsbemerkung von Herrn Helfrich möchte ich wie folgt Stellung nehmen: Eine Poissonsche Zahl in situ kann an Pfeilersystemen m. E. nicht ermittelt werden, da unter Tage die zur Messung dieser Größe notwendige Voraussetzung fehlt. Die Bestimmung der

POISSONschen Zahl setzt einen rein einachsigen Spannungszustand voraus, der in situ praktisch nicht vorkommt.

Im Labor durchgeführte einachsige Modelluntersuchungen — und hier möchte ich auf den Diskussionsbeitrag von Herrn BUCHHEIM eingehen — zeigen bei Langzeit-Tests den Effekt der Kontraktanz bzw. Dilatanz. Dieser Effekt wird dadurch hervorgerufen, daß während des Verformungs- und Bewegungsaktes eine Umregelung der Kristallite vor sich geht, die zur Mikrorißbildung an den Korngrenzen führt; bei günstig zur Beanspruchungsrichtung gelegenen Kristalliten aber auch zu Rissen innerhalb der Kristallite führen kann. Bei einfachen Beanspruchungsfällen kann die Endposition der Kristallite im Gefüge aus den Korn- und Verbandseigenschaften unter Hinzuziehung von Extremalprinzipien vorherbestimmt werden.

Auf Grund mikroseismischer Vorgänge im Gestein ändert sich das Volumen mit der Verformung und beeinflußt damit automatisch die POISSONsche Zahl, die — definiert als das Verhältnis von Querdehnung und Vertikalstauchung[1]) — dann auch größer als 0,5 werden kann. Dies ist in der Kontinuumsmechanik, bei der ein ständiger Zusammenhang zwischen den Teilchen gefordert wird, bekanntlich unmöglich. Hieraus wird deutlich, daß man bei der Untersuchung von Lockergestein und dessen Übergängen zu Festkörpern nicht mehr mit der Kontinuumsmechanik allein auskommen kann und daß stochastische Überlegungen mit hinzugezogen werden müssen, die der Auflockerung des Gebirges vor, während und nach der Gebirgsbewegung Rechnung zu tragen haben.

Herr KNOTHE

Ich habe gesehen, daß gewisse Bedenken bestehen, ob man die Forderungen aus einer stochastischen Messung in einem solchen Falle mit der Forderung im Gebirgskörper vergleichen kann. Wir haben uns nur für die Kinematik des Mediums interessiert, also für die Verschiebungen und Deformationen, denen es unterliegt. Für diese Vorgänge ist die Art der Verteilung der Einflüsse eines Abbaus im gegebenen Medium maßgebend. Für beide Medien, also sowohl für das lose Medium als auch für das Gebirge, nehmen wir eine Normalverteilung der Einflüsse an. Hier muß ich ausdrücklich betonen, daß die Normalverteilung zuerst im Gebirge auf Grund von markscheiderischen Messungen festgestellt wurde.

Später wurde die Normalverteilung auf Grund der stochastischen Methoden festgestellt, und erst später wurde sie bei unseren Untersuchungen mit laufenden Medien aufgenommen, wobei bei Sand oft eine Normalverteilung der Einflüsse angenommen werden kann. Im Gebirge haben wir gewisse Abweichungen von der Normalverteilung. Interessant ist, daß im Sand die Abweichungen von der Normalverteilung in demselben Sinne verlaufen wie im Gebirge. Deshalb finden wir, daß die Vorgänge, die wir im losen Medium, in Laboruntersuchungen, feststellen, aufs Gebirge übertragen werden können.

Natürlich muß für das Gebirge der „Sandfaktor", der von den Eigenschaften des Gebirges abhängt, festgestellt werden. Herr SÍBEK hat bemerkt, daß die Volumenbeständigkeit im Medium nicht beibehalten wird. Natürlich, die Volumenbeständigkeit ist nur eine ziemlich grobe Annäherung der Wirklichkeit, da die Volumenbeständigkeit nicht gehalten wird.

Das stellen wir auch bei Laboruntersuchungen am Sand fest. Wir haben unsere Untersuchungen am Sandmodell mit losem und verdichtetem Sand durchgeführt. Bei Absenkung einer Hälfte des Modellbodens auf einmal war in beiden Fällen die Senkung an der Oberfläche gleich. Die Sandmasse verhielt sich dabei so, als ob der starre Körper nur einer Transaktion unterliegt.

Wird aber der Boden nicht auf einmal abgesenkt, sondern nur in Segmenten, dann stellten wir im Falle eines lose eingeschütteten Sandes fest, daß die Senkung an der Oberfläche ca. zweimal größer als die Senkung am Boden ist. Bei verdichtetem Sand dagegen ist die Senkung an der Oberfläche entsprechend kleiner. Sie beträgt etwa die Hälfte der Senkung der Segmente am

[1]) Bei Entspannungsmessungen wird das Verhältnis von Querverkürzung und Längsdehnung bestimmt.

Boden des Modells. Im ersten Falle (lockerer Sand) tritt „eine Kordination“ des Mediums auf, und deshalb vergrößert sich in Richtung der Oberfläche die Muldenfläche. Bei verdichtetem Sand tritt dagegen eine Auflockerung des Mediums auf. Der Flächeninhalt der Senkungsmulde verkleinert sich in Richtung der Oberfläche.

Wir nehmen an, daß ein gewisser Zusammenhang zwischen der Gestalt der Formation und dem Volumen der Formation besteht. Wenn der Modellboden mit Segmenten abgesenkt wird, unterliegt das Medium der Gestalt der Formationen, dem auch das Volumen der Formationen folgt. Wir haben ein solches Experiment durchgeführt, indem wir die ganze Hälfte des Bodens abgesenkt haben und die Korrelation zwischen der Neigung und der Volumenänderung feststellten. Dort, wo die Kurve die größte Neigung hat, treten auch die größten Volumen der Formationen des Mediums auf.

Herr Volarovič

Wie ich verstanden habe, sagte Herr Dreyer, daß die Poissonsche Zahl nicht in situ gemessen werden kann. Das ist sicherlich richtig für statistische Methoden. Jedoch für dynamische Methoden ist der Poissonsche Koeffizient im Gebirge durchaus meßbar. Wir können, indem wir gleichzeitig die Geschwindigkeit der Longitudinalwellen wie auch der Transversalwellen in situ messen, die Poissonsche Zahl berechnen. Diese Methode wird bei seismischen Erkundungsarbeiten angewandt. Unsere Untersuchungen, die an Gesteinsproben im Labor durchgeführt wurden, zeigten, daß der Wert der statistischen und dynamischen Poissonschen Zahl fast gleichzusetzen ist.

Herr Helfrich

Ich möchte kurz zu den von Herrn Buchheim und von Herrn Dreyer beantworteten Fragen Bezug nehmen.

Der Darstellung von Herrn Buchheim, die seiner Meinung nach den Großtektoniker betrifft, will ich voll beipflichten. Es freut mich aber, daß durch diese Diskussion der Unterschied aufgezeigt werden kann, daß es nicht nur Großtektoniker und Kleintektoniker gibt, sondern daß es vor allem auch Tektoniker oder Geologen gibt, die sich mit gebirgsmechanischen Fragen beschäftigen. Diese Gruppe der Geologen ist sich sicher sehr wohl darüber im klaren, daß man unterscheiden muß zwischen dem Gebirge als geographischen Körper und dem Gebirge, das sich um bergbauliche Hohlräume befindet.

In diesem Zusammenhang sei es mir gestattet, ein kleines Zitat aus einer meiner Arbeiten zu geben, die in Kürze veröffentlicht wird: „Über den Schlingenbau im Grundgebirge des Renström-Gebietes in Montangeologischer und Ingenieurgeologischer Sicht“. Hierbei habe ich versucht, zu dem Begriff Gesteins- und Gebirgsfestigkeit Stellung zu nehmen, indem ich der jeweiligen Festigkeit eine Bereichsgröße beigeben möchte. Diese Bereichsgröße wäre sehr einfach, wenn man von Gestein, Fels und Gebirge sprechen könnte, wobei mit Gestein der Probekörper, mit Fels eine Größenordnung kleiner als ein km^3 und mit dem Gebirge eine Größenordnung von größer als einem km^3 bezeichnet werden könnte.

Dieses Dilemma wäre zu lösen, wenn nicht der Felsbauer und der Bergmann auf einer Gleichschaltung der Begriffe Fels und Gebirge beharrten und nur das Niveau differenzieren würden. In dieser Arbeit habe ich auch kurz die Bedeutung der Poissonschen Zahl für Deformationsvorgänge im Gebirge berührt. Und ich bin Herrn Dreyer sehr dankbar, daß er, wie man auf schwedisch sagt, die Brandfackel aufgenommen hat und sich zu einer Stellungnahme genötigt sah. Seine Ausführungen sind natürlich vollkommen richtig. Ich möchte aber dagegen Bedenken erheben, daß eine Größe, die im einachsig definierten Spannungszustand im Laboratorium gemessen wird, dann für die Berechnung von Gebirgsspannungen und Deformationen im Gebirge verwendet wird, die nicht dem einachsigen Spannungszustand unterliegen. Herr Buchheim hält an der Feststellung fest, daß die Mikroseismik eine große Bedeutung hat. Wir haben das in der Pause diskutiert, und ich möchte noch folgendes dazu anführen: Wenn wir in das Gebirge eingreifen, sprengen, Bergfesten aufbauen, so wird das Gegirge erhöhten, oft stark dynamisch wirkenden Belastungen ausgesetzt. Die damit verbundenen Deformationen müssen zweifelsohne größer sein, als solche, die der Mikroseismik zugeordnet werden können.

Ich möchte auf eine Diskussion der vergangenen Jahre hinweisen, wonach man unter Mikroseismik zweierlei verschiedene Dinge versteht, einmal die Bodenunruhen und zum anderen die Zerstörungsvorgänge im Gebirge, die also mit seismischen Apparaturen gemessen werden. Demzufolge zeigen mikroseismische Messungen, die nicht die Bodenunruhe, sondern die Zerstörungen im Gebirge messen, deutlich, daß die Deformationsvorgänge, die sich an Sprengprozesse anschließen, wesentlich größer sind und abklingen, wenn das Gebirge nicht durch Sprengungen beansprucht wird. Hier ist es aber dann möglich, daß die Mikroseismik, also die Bodenunruhe, die Auflockerungen im Gebirge bearbeiten kann und eine weitere Schwächung herbeiführt.

Es wäre abschließend noch eine Kleinigkeit zu Herrn Bradáčs Ausführungen zu erwähnen. Herr Bradáč spricht davon, daß sich im unverritzten Gebirge in den Abbautiefen nur bruchlose Formveränderungen vollziehen. Ich würde das gern näher definiert bekommen, da meinen Erfahrungen nach im Grundgebirge Nordschwedens sehr wohl Bruchdeformationen im unverritzten Gebirge zu beobachten sind.

Herr Richter

In meinem Vortrag möchte ich zum Ausdruck bringen, daß es beim Studium der Bewegung des Deckgebirges bzw. von Oberflächenpunkten neben den ad-hoc-bestimmten Methoden zur Berechnung von Senkungen auch solche gibt, die von mechanischen Gedankenmodellen derartige Beziehungen ableiten und die die wirklichen geometrischen Situationen viel exakter und extrapolierbarer wiedergeben können als die speziell bestimmten Senkungsgleichungen.

Ich möchte betonen, daß wir uns nicht nur mit stochastischen Modellen beschäftigen, sondern allgemein mit mechanischen Denkmodellen, bei denen die Volumenveränderlichkeit nicht unbedingt vorausgesetzt wird. Unter anderem beschäftigten wir uns auch mit Hookeschen Modellen, die es ermöglichen, solche regelmäßigen Erscheinungen aufzufinden, die die Bewegungen der materiellen Punkte regulieren. Wie ich erwähnte, ist es zum Beispiel gelungen, eine Regelmäßigkeit zwischen dem reduzierten Wert der Maximalsenkung und der Größe der abgebauten Fläche zu finden. Diese Regelmäßigkeit können wir nicht nur bei Meßdaten, sondern auch bei Daten für Gedankenmodelle festlegen. Diese und andere Übereinstimmungen geben uns das Recht dazu, diese Modelle besonders in die Untersuchungen einzubeziehen.

Herr Borecki

Während dieses Ländertreffens des IBG konnte ich viele interessante Vorträge und Diskussionsbeiträge hören, die zur Weiterentwicklung der grundsätzlichen Wissenschaft des Bergmannes — der Gebirgsmechanik — beitragen werden.

Im aktuellen Entwicklungsstand dieser Wissenschaft tritt jedoch ein weiteres Problem in den Vordergrund, und zwar die praktische Anwendung der erhaltenen Untersuchungsergebnisse. Die Entwicklung der Meßgeräte und Meßmethoden, sowohl für Laborforschungen wie auch für Untertage-Untersuchungen, ermöglicht schon die genaue Bestimmung der Gesteinseigenschaften des Gebirges, seines Spannungszustandes und der in der Folge auftretenden Gebirgsbewegungen und -deformationen.

Die praktische Ausnutzung der Untersuchungsergebnisse bei der Projektierung bergmännischer Arbeiten bleibt jedoch in vielen Fällen noch weit zurück. Die Festlegung der Voraussetzungen für theoretische Überlegungen wie auch die in mathematischen Berechnungen angenommenen Koeffizienten berücksichtigen oft nicht die verhältnismäßig genauen Ergebnisse direkter Untersuchungen. Deshalb erlaube ich mir die Meinung auszusprechen, daß die Frage der Zusammenarbeit zwischen den Forschern und Praktikern auf einem der nächsten Ländertreffen erörtert werden sollte.

Meine Herren! Im Zusammenhang mit dem bisher Gesagten erlauben Sie mir Ihre Aufmerksamkeit auf ein Problem zu richten, welches schon in den Vorträgen von Herrn UHLENBECKER und Herrn ZNAŃSKI teilweise berührt worden ist. Es handelt sich um das Problem der Pfeilerdimensionierung und der Bestimmung der Festigkeit des den Pfeiler bildenden Materials. Dieses Problem steht auch im Interessenbereich des polnischen Steinkohlenbergbaues.

Man kann annehmen, daß die effektive Kohlenfestigkeit im Pfeiler von drei Größen abhängig ist:

- der Festigkeit der Kohle,
- des sogenannten Skalaeffektes,
- der Proportion der Pfeilerabmessungen.

Die erste Größe wird in allen Überlegungen berücksichtigt, die zweite oft, die dritte dagegen wird meistens nie in Betracht gezogen.

Da im polnischen Steinkohlenbergbau die Flözmächtigkeit gegenüber den Pfeilerabmessungen an und für sich gering ist, wurde das Problem des Schlankheitsgrades der Pfeiler, also des Verhältnisses D/h, wo D die Pfeilerquerabmessung und h die Pfeilergröße ist, einer genaueren Analyse unterworfen.

Auf Grund einer ganzen Reihe Untertage- und Labormessungen wurde festgestellt, daß für die polnische Steinkohle folgende Beziehung zwischen der Festigkeit eines anstehenden Kohlenblockes und seiner Abmessungen bestehen:

$$R = 1{,}6\, R_5\, D^m .$$

Es bedeuten:

m – Koeffizient $m = 7{,}57 \cdot 10^{-4} \cdot R_5 - 0{,}4$
R – die Festigkeit des anstehenden Kohlenblockes in kp/cm^2
D – seine Abmessungen in cm
R_5 – die Festigkeit in kp/cm^2 einer Kohlenprobe, Würfelform mit 5 cm Kantenlänge.

Dank dieser Gleichung wird bei uns der Skalaeffekt berücksichtigt.

Weiterhin wurden Untersuchungen durchgeführt, welche den Einfluß des Schlankheitsgrades der Pfeiler klären sollten. Zu diesem Zweck wurden aus Kohle sowie aus Beton Modellpfeiler mit einer Grundfläche von 20×20 cm ausgeschnitten. Die Höhe der Pfeiler dagegen war verschieden und betrug 20, 10, 7,5, 5, 3, 2 oder 1 cm. Dadurch wurde der Schlankheitsgrad zwischen 1 bis 20 variiert.

Diese Modellpfeiler wurden bis zur völligen Zerstörung zerdrückt, wobei die vertikale Druckkraft sowie die Längs- und Querverformungen registriert wurden. Es wurde dabei festgestellt, daß bei einem Verhältnis D/h bis ca. 5 nach der Überschreitung der Probenfestigkeit eine sichtbare Senkung der zur weiteren Zerstörung nötigen Druckkraft eintrat. Bei einem größeren Schlankheitsgrad dagegen tritt eine weitere Zerstörung der Probe nur bei einer stets wachsenden Druckkraft ein.

Im Zusammenhang mit den Untersuchungsergebnissen konnte der Zerstörungsvorgang in zwei Phasen geteilt werden, wobei als Grenzvorgang folgende Erscheinungen angenommen wurden:

- für die erste Phase die Überschreitung der Materialfestigkeit und das Auftreten sichtbarer Teilbrüche;
- für die zweite Phase die vollkommene Strukturvernichtung des Materials und dadurch Übergang in einen losen Zustand.

Meßtechnisch wurde für die erste Phase als Übergangspunkt eine Querdehnungsgröße angenommen, die der POISSONschen Zahl 0,5 entspricht. Als Übergangskriterium für die zweite Phase dagegen wurde die maximale Druckkraft festgelegt, die bei der völligen Zerstörung des Modellpfeilers erreicht wird.

Anhand der durchgeführten Messungen wurde die mittlere Widerstandskraft der Modellpfeiler in Abhängigkeit von ihrem Schlankheitsgrad festgestellt. Man kann diese Reaktion mit einem Koeffizienten W, dem sogenannten Verfestigungskoeffizienten, bezeichnen. Dieser Koeffizient stellt das Verhältnis der mittleren Vertikalspannung im Pfeiler zur Probenfestigkeit der Kohle dar. Es wird dabei angenommen, daß die Probenfestigkeit mit der Plastizitätsgrenze übereinstimmt, was ja für spröde Gesteine und besonders für Kohle im großen und ganzen richtig ist.

Der minimale Verfestigungskoeffizient beim Erreichen der ersten Phase beträgt:

$$W_{\min} = \sqrt{\frac{D}{h}}\,.$$

Die allgemeine Gleichung der minimalen Pfeilerfestigkeit unter Berücksichtigung der Kohlefestigkeit laut IBG-Methode, des Skalaeffektes und des Pfeilerschlankheitsgrades kann wie folgt dargestellt werden:

$$R_{\min} = 1{,}6 \cdot R_5 \cdot D^m \cdot \sqrt{\frac{D}{h}}\,.$$

Es muß dabei bemerkt werden, daß diese minimale Pfeilerfestigkeit weiterhin vom Auftreten von Gleitschichten abhängt, da diese die Reibung zwischen dem Kohlenflöz und dem Nebengestein verringern und dadurch das Entstehen von Teilbrüchen beschleunigen.

Sobald aber diese Gleitschichten fehlen, ist die Pfeilerfestigkeit größer als die angegebene, was mit der extremen Verteilung der Normalspannungen an der Firste und Sohle zusammenhängt. Auf Grund theoretischer Überlegungen wurde mit der Elastizitätstheorie bewiesen, daß die Normalspannungen, die in der Pfeilermitte gleich Null sind, in Richtung der Pfeilerränder anwachsen und in einer Entfernung von ca. 0,6 des Pfeilerradius — von der Mitte aus gemessen — ihre maximalen Werte erreichen. Weiter zu den Rändern hin fallen dann die Spannungen bis zu einem Fünftel der Maximalgröße. Es entsteht also rund um die Pfeilermitte ein Ring mit größerem Reibungswiderstand, wodurch die Pfeilerfestigkeit ansteigt.

Die maximale Verfestigung, die dem Übergang in die zweite Zerstörungsphase entspricht, kann durch folgenden maximalen Verfestigungskoeffizienten dargestellt werden;

$$W_{\max} = 0{,}8\,\frac{D}{h}\,.$$

Die maximale Pfeilerfestigkeit kann demnach die Größe

$$R_{\max} = 1{,}3\;R_5\,D^m\,\frac{D}{h}$$

erreichen. Dieser Fall tritt hauptsächlich dann ein, wenn die Firste und Sohle aus festem, nicht gleitbarem Gestein besteht.

Herr DREYER

Herr VOLAROVIČ hat die in der Seismik übliche dynamische Bestimmung der POISSONschen Zahl erwähnt und zweifelsohne elastische Verhältnisse angesprochen, wie sie bei dem schnellen Wechsel der Schallschwingungen im adiabatisch getesteten Gebirgsmassiv gegeben sind. Bei den Langzeit-Tests, die hier zur Sprache stehen, sind bei der Gebirgsauflockerung aber irreversible, nicht lineare Einflußgrößen mit statischen Methoden zu erfassen. Wir haben im Labor solche statischen Untersuchungen durchgeführt und unter definierten Verhältnissen die Abhängigkeit der POISSONschen Zahl von dem Beanspruchungszustand ermittelt.

Wie Herr Borecki soeben ausgeführt hat, ist der Spannungszustand in den einzelnen Gebirgsteilen und somit auch im Pfeiler von Punkt zu Punkt in komplizierter und oft nicht bekannter Weise verschieden. Von der zweiachsig beanspruchten Außenhaut variiert die Gebirgsspannung im Pfeiler bis zum dreiachsig — meist hydrostatisch — beanspruchten Pfeilerkern und beeinflußt den Wert der abschnittsweise zu bestimmenden, lastabhängigen Poissonschen Zahl in mehr oder minder starkem Maße. Selbstverständlich kann man die Volumendilatation am Gesamtpfeiler bestimmen und erhält dann einen Mittelwert über die einzelnen Zonen, dem aber physikalisch keine Aussagekraft zukommt. Nur in denjenigen Fällen, wo die Abhängigkeit der Poissonschen Zahl von der Belastungsart und -höhe weitgehend zu vernachlässigen ist, hat der Mittelwert Aussagekraft und repräsentiert einen eindeutigen Meßwert.

Herr Litwiniszyn

Ich bitte jetzt Herrn Buchheim um einige Bemerkungen zum Prinzip der Superposition in der Stochastik im Lichte einer kombinierten Gebirgsmechanik.

Herr Buchheim

Herr Litwiniszyn hat hervorgehoben, daß die stochastische Methode im Grunde auf zwei mathematisch formulierbare Prinzipien gegründet ist, einmal auf das Prinzip der Superposition, d. h. der Linearität, und zum zweiten auf ein Gruppenpostulat, wonach eine Art Kompositionsregel für die Durchsetzung von Verschiebungen von einem unteren nach einem oberen Horizont gilt, wenn man einen dritten, dazwischenliegenden Horizont einschaltet.

Nun erhebt sich die Frage, wie es damit aussieht, wenn man diese Postulate im Sinne einer erweiterten physikalischen Theorie des Gebirges, so wie ich versucht habe, sie Ihnen vorzustellen, betrachtet. Ich bitte Sie, zu diesem Zweck die Gleichungen (12a) bis (12d) im Vortragstext noch einmal vorzunehmen. Diese Gleichungen 12 ergeben sich aus den Funktionen (8a) bis (8d) dadurch, daß wir kleine Abweichungen vom ungestörten Normalzustand einführen, die alle mit einem vorangestellten griechischen „δ“ gekennzeichnet sein sollen.

Es ist die Frage, unter welchen Bedingungen dieses mit den Gleichungen (12a) bis (12d) vorgestellte Differentialgleichungssystem in festen Raumkoordinaten und in den Feldgrößen δv, $\delta \mu$ usw. anzuwenden ist und damit dem Prinzip der Superposition genügt. Das wäre die Klärung der einen Bedingung für die Anwendung der Stochastik.

Die zweite, nicht so leicht zu klärende Frage ist die, unter welchen Bedingungen dieses Differentialgleichungssystem dieser Gruppenkompositionsregel von Herrn Litwiniszyn genügt.

Wenn man die erste Frage genau prüft, macht man eine etwas unangenehme Entdeckung. Natürlich kann man formal dieses Gleichungssystem streng linearisieren, indem alle die Koeffizientengrößen, die da auftreten, als Faktoren von zeitlichen und räumlichen Ableitungen der Feldgrößen δv, $\delta \mu$ usw. betrachtet werden. Wenn die Koeffizienten alle als Konstante angenommen werden dürfen, gilt zweifellos das Superpositionsprinzip.

Man kann auch zweitens annehmen, daß es genügt, wenn die Ableitungen nach der vertikalen Komponente bzw. nach der Zeit von allen vorkommenden Feldgrößen nur die von erster Ordnung sind, um diese Gruppenkompositionsregel zu erfüllen.

Wie sieht es aber nun aus, wenn wir die Physik in Betracht ziehen? Ist eine solche mathematische formale Idealisierung vom physikalischen Standpunkt aus erlaubt?

Da kommt man eigentlich zu einem sehr bedenklichen Ergebnis, aber zu einem Ergebnis, das vielleicht viele Dinge erklärt, die wir tatsäch beobachten. Erinnern Sie sich bitte an das Diagramm, das ich an der Tafel angezeichnet habe, wo zum Ausdruck gebracht werden sollte, daß die „Lückendiffusionskonstante“ und die „Lückenbeweglichkeitskonstante“ in Wirklichkeit ja nicht wirkliche Konstanten sind, sondern eine Abhängigkeit vom Massendefekt $\delta \mu$ und von den Schubspannungen zeigen müssen, in der Nähe von kleinen Werten eines Massendefektes, also einer sehr schwachen Auflockerung, und auch in der Nähe verschwindender Spannungskomponenten sinken nämlich diese Größen auf den Wert Null herab, wie man physikalisch sehr leicht einsehen kann. Wenn nämlich die Gesteinslücken, die durch den Auflösungsprozeß des Gesteins in die Umgebung des Hohlraumes hineindiffundiert sind, gewissermaßen sehr große Abstände voneinander haben, wenn also der Massendefekt sehr klein wird, dann wird der Zusammenhang zwischen dem Massendefektstrom und dem Gefälle des Massendefektes kein linearer mehr sein können. Es fehlt dann jede physikalische Voraussetzung für einen Ausgleich zwischen den mehr oder weniger stark angehäuften Lücken.

Ganz ähnlich verhält es sich auch mit der Lückenbeweglichkeit. Wenn Sie aber einen Zusammenhang dieser Art in die Gleichungen einführen, dann ergibt sich, daß gerade für sehr kleine Spannungswerte und sehr schwache Auflockerung das Gleichungssystem nichtlinear wird und im Grunde damit in solchen Bereichen des Gebirges die Voraussetzungen für die Anwendung des Superpositionsprinzips hinfällig werden. Möglicherweise — und darauf möchte ich hier nur die Aufmerksamkeit lenken — ist das der Ausdruck für allgemein bekannte Tatsachen, daß gerade in Bereichen am Rande einer fortschreitenden Senkungs- und damit Auflockerungsbewegung im Gebirge diese Bewegung zum Stehen, zur Ruhe gelangen kann, und zwar eben deswegen, weil dort die Voraussetzungen für eine Ausgleichsbewegung der Gesteinslücken nicht mehr erfüllt sind.

Bekannt sind auch die eigentümlichen Senkungsbilder, die z.B. bei Lockermassen etwa in Braunkohlentagebauen auftreten, wo man sieht, daß die Absenkung eine keineswegs stetig und trichterförmig auf den ursprünglichen Hohlraum einer Strecke hin verlaufende ist, sondern daß eigenartige Strukturen entstehen, die bekanntlich nicht anders als durch das Wirken von Haftreibung zu erklären sind oder damit, daß eine Bewegung unstetiger Art einsetzt, daß also z.B. deutlich ausgeprägte Flächen in Erscheinung treten, an denen die Absenkung einen Sprung gemacht hat. Diese Erscheinungen hängen zweifellos mit der Nichtlinearität unserer Gleichungen zusammen. Ich möchte Sie daher darauf aufmerksam machen, daß die in der Physik sehr allgemein geübte Methode, die Linearität gerade für kleine in Frage stehende Größen vorauszusetzen, möglicherweise in der Gebirgsmechanik aus den genannten Gründen gerade nicht gilt, daß nämlich die Abweichungen von der Linearität gerade bei sehr kleinen Werten des Massendefektes, der Spannungen usw. fühlbar werden und daß damit vielleicht gerade sehr wichtige — auch technisch wichtige — Erscheinungen in der Gebirgsmechanik zusammenhängen.

Herr Volarovič

Ich möchte noch etwas zum Beitrag von Herrn Dreyer sagen. Wir haben den Poissonschen Koeffizienten an Gesteinsproben mit Hilfe statischer und dynamischer Methoden bei verschiedenen Spannungszuständen untersucht. Bei Erhöhung des allseitigen Druckes veränderte sich der Poissonsche Koeffizient nur ungenügend. Prof. J. V. Rizničenko und Mitarbeiter ermittelten den Poissonschen Koeffizienten von Gesteinsproben bei einachsigem Druck. In diesem Falle sind die Änderungen etwas größer, aber auch nicht gerade als groß zu bezeichnen. Bei nicht umkehrbaren plastischen Verformungen ist der Poissonsche Koeffizient bedingt, da wir, streng gesehen, den Poissonschen Koeffizienten nur auf den elastischen Verformungsbereich beziehen. Wenn wir diesen bedingten Poissonschen Koeffizienten bei plastisch nicht umkehrbaren Verformungen ermitteln, dann denke ich, daß das mit einer dynamischen Methode möglich ist.

Herr Bradáč

Zur Frage von Herrn Helfrich möchte ich bemerken, daß die mathematischen Analysen, die ich vorgelegt habe, wirklich bruchlose Formänderungen im Bereich des Gebirgsmassivs in allen Tiefen voraussetzen. Sie beziehen sich daher meistens auf den Fall, wo ein guter Versatz durchgeführt worden ist, oder auf einen Kammerbau, Örterbau o. ä. Die derart gefundenen Werte der Spannungen und Formänderungen können dann zur Beurteilung verschiedener Grenzzustände der Spannungen und Formänderungen dienen. Dieser Ausgangspunkt steht im Einklang mit der bisherigen Anwendung der sogenannten Plattentheorie. Die bruchlosen Formänderungen werden bei den Hangendschichten vorausgesetzt. Sie verhalten sich wie ein Balken und weisen die typische Kurve der Balkendurchbiegungslinie auf.

Herr PROTODJAKONOV

Herr BORECKI führte interessante mathematische Formeln an, in denen der Einfluß des Maßstabfaktors und der Einfluß der Pfeilerform bei der Bestimmung der Festigkeit berücksichtigt werden.

Ich erachte, daß bei ausführlichen Formeln einige Kompromisse gemacht und Verallgemeinerungen vorgenommen werden sollten. Die genannten Formeln wurden, so wie ich es verstanden habe, von Proben einer bestimmten Kohlesorte abgeleitet. Unsere Erfahrungen zeigen, daß Formeln, die für eine Kohlensorte zutreffen, für eine andere Kohlensorte nicht gültig zu sein brauchen. In zahlreichen Fällen konnten wir beobachten, daß für kleine Proben die Festlegungen in manchen Fällen sehr hoch waren. Bei Vergrößerung der Probenkörperabmessungen zeigte es sich dagegen, daß die Festigkeit abnahm. Deshalb ist es allem Anschein nach schwierig, universelle Formeln zu ermitteln, die den Maßstabsfaktor mit berücksichtigen.

Ich habe noch eine zweite Bemerkung. Häufig werden empirische Daten auf logarithmischer Grundlage verarbeitet. Bei logarithmischen Formeln kann man aber nicht immer eine Extrapolation vornehmen. Deshalb ist bei logarithmischen Formeln zweckmäßig, immer auf den Bereich hinzuweisen, für die sie tatsächlich Gültigkeit haben.

Herr DREYER

Ich danke Herrn VOLAROVIČ für seine interessanten Ausführungen und denke, daß das hier angesprochene meßtechnische Problem der Bestimmung der POISSONschen Zahl in situ wichtig genug ist, noch einmal „coram publico" diskutiert zu werden. Von Bedeutung scheint mir die hervorgehobene Gemeinsamkeit der Anschauung, daß der Begriff der POISSONschen Zahl — wie im übrigen auch der des Elastizitätsmoduls — auf elastisch reagierende Medien beschränkt ist und auch da nur für definierte Beanspruchungsverhältnisse einen Sinn hat.

Das durch Überbohren an einer Pfeilerkante bestimmte Verhältnis von Querverkürzung und Längsdehnung wurde bei einem Hartsalzpfeiler[1]) zu 0,26 bestimmt. Da ein hinreichend einachsiger Spannungszustand vorgelegen hat, kann dieser Wert als POISSONsche Zahl in situ bezeichnet werden. Die im Labor am gleichen Bohrkern bestimmte POISSONsche Zahl (Anfangswert bei niedrigster Belastungsstufe) betrug dagegen 0,22, lag also erwartungsgemäß niedriger als der unter Pfeilerspannung ermittelte in-situ-Wert. Der bei einer Laststufe von 80 kp/cm^2 bestimmte Laborwert von 0,25 kommt dem in-situ-Wert schon sehr nahe.

Entnimmt man aus dem zweiachsig beanspruchten Pfeilerstoß eine Probe, so ändert sich das Entspannungsverhältniss je nach Lage der Probe, deren Beanspruchungszustand zahlenmäßig nicht näher bekannt ist. Eine Auswertung der so bestimmten Verhältniswerte ist daher nicht möglich. Auf Grund dieser Sachlage wird der Vorschlag gemacht, das in situ bestimmte Verhältnis von Querverkürzung und Längsdehnung nur dann als POISSONsche Zahl zu bezeichnen, wenn nachgewiesen ist, daß ein einachsiger Spannungszustand vorgelegen hat bzw. ein Gestein vorliegt, dessen POISSONsche Zahl von der Art der Beanspruchung unabhängig ist. Wenn man

[1]) W. DREYER: Die Bedeutung der Festigkeit des Gebirges im Kali- und Steinsalzbergbau. Bericht über das 5. Ländertreffen des Internationalen Büros für Gebirgsmechanik 5 (1964), Akademie-Verlag Berlin, Seite 86.

dies beherzigt, werden sich die Widersprüche, die hier zeitweilig aufgekommen sind, von selbst lösen.

An Herrn Volarovič möchte ich die Frage richten, bei welchen Laststufen die dynamische Poissonsche Zahl bestimmt wurde und wie hoch die Zunahme der Poissonschen Zahl mit steigendem Druck war. Für welche Gebirgsarten wird eine bruchlose Verformung angenommen?

Herr Borecki

Ich möchte Herrn Protodjakonov für seine wertvollen Bemerkungen zu meinem kurzen Diskussionsbeitrag herzlich danken. Ergänzend möchte ich antworten, daß bei den Versuchen polnische Steinkohlen oder auch äquivalente Materialien auf Betonbasis mit etwa gleicher Festigkeit und kristallinem Aufbau verwendet wurden.

Aus Zeitmangel habe ich hier nur die grundsätzlichen Ergebnisse groß angelegter Untersuchungen dargestellt. Deshalb mußte ich auch die Folgerungen verallgemeinern. Sollte jedoch Herr Protodjakonov daran interessiert sein, werde ich ihm das ausführliche Material zur Verfügung stellen.

Herr Volarovič

Wir haben die Poissonsche Zahl bei Erhöhung des allseitigen Druckes bis zu einigen tausend Atmosphären gemessen. Die Poissonsche Zahl nimmt dabei gewöhnlich zu, und zwar erhöht sie sich um einige Prozent, manchmal um 10% und noch etwas darüber. Bei einigen Gesteinssorten nimmt manchmal die Poissonsche Zahl mit dem Druckanstieg ab. Solche Fälle sind jedoch relativ selten. Wir haben bisher noch nicht feststellen können, welche Gründe hierbei eine Rolle spielen. Wir wissen nicht, weshalb die meisten Poissonschen Zahlen mit dem Druck zunehmen, einige dagegen etwas abnehmen.

Herr Dreyer

Parallel zu Ihren Untersuchungen über die Abhängigkeit der Poissonschen Zahl vom Beanspruchungszustand würde ich Ihnen, Herr Volarovič, empfehlen, zugeordnete petrographische Analysen durchführen zu lassen, denn es scheint hier ein Strucktureffekt vorzuliegen. Da bei diesen hohen Beanspruchungen Gefügeumregelungen während des Versuches nicht auszuschließen sind, ist mit einem Wechsel der Materialeigenschaften zu rechnen. Der Endzustand Ihrer Probe ist ein anderer als zu Beginn des Versuchs.

Die Art des Beanspruchungszustandes ist als wichtiger Parameter zu berücksichtigen. Im hydrostatischen Spannungsfeld zeigt sich überhaupt keine Gefügeänderung, wohl aber bei gerichteter Beanspruchung.

Herr Gimm

Herr Volarovič hat gesagt, daß bei den meisten von ihm untersuchten Gesteinen die Poissonsche Zahl mit zunehmender allseitiger Belastung zunimmt. Er hat aber auch gesagt, daß bei einigen Gesteinen bei den gleichen Bedingungen die Poissonsche Zahl abnimmt, also kleiner wird, und hat dazu erklärt, daß die Gründe für diesen Unterschied nicht bekannt seien.

Ich möchte in diesem Zusammenhang einmal fragen, was das für Gesteine gewesen sind. Vielleicht kann man dann weiteres dazu sagen.

Herr Volarovič

Wir untersuchten als kristallines eruptives Gestein sowohl methamorphes Gestein als auch Sedimentgestein. Bei Gesteinen homogener Struktur wurde die Poissonsche Zahl gewöhnlich mit dem Druck größer. Petrographische Gesteinsprobenuntersuchungen vor und nach den Versuchen bei allseitigem Druck zeigten, daß praktisch keine Gefügeänderungen stattfanden. Bei Gesteinen, bei denen eine Anisotropie beobachtet wird, z. B. Schichtung bei methamorphem Gestein bzw. Sedimentgestein, beobachten wir ebenso eine Anisotropie der elastischen Eigenschaften, und die POISSONsche Zahl kann in verschiedenen Richtungen auch verschiedene Werte aufweisen. In diesen Fällen konnten wir auch manchmal feststellen, daß sich die POISSONsche Zahl verkleinerte, während der allseitige Druck anstieg.

Herr DREYER

Außer der Strukturwandlung durch Umregelung der Kristallite während des Verformungsvorgangs spielt auch der Einfluß der Porosität eine zunehmende wichtige Rolle. Daher möchte ich an Herrn VOLAROVIČ die abschließende Frage stellen, welche Anfangsporosität die Proben hatten und wie groß die Porositätsverminderung bei zunehmender Belastung war.

Herr MENCL

Um die Diskussion über die POISSONsche Zahl entwickeln zu helfen, erlauben Sie mir zu bemerken, daß man ab der Stufe der Beanspruchung des Materials, bei der die Schubspannungen Volumenveränderungen verursachen, meiner Meinung nach nicht mehr mit den Termini der Elastizitätstheorie sprechen darf. Man sollte daher auch den Begriff der POISSONschen Zahl nicht mehr benutzen.

Herr HÖFER

Ich möchte Herrn LITWINISZYN, wohl auch in Ihrem Namen, für die sehr gute Leitung des ersten Teiles der wissenschaftlichen Aussprache danken.
Die Tagungsleitung übernimmt nunmehr Herr HELFRICH aus Stockholm.

Herr HELFRICH

Ich darf die Diskussion kurz einleiten. Ich hoffe, daß die Pause nicht eine Hysteresis geschaffen hat, die die Diskussionsfreudigkeit herabsetzt. Ich möchte auch weiter zum Ausdruck bringen, daß sich die anwesenden Herren vielleicht in einem Spannungszustand befinden, der dreiaxial ist, wobei die eine Achse die Theoretiker, die zweite die Praktiker und die dritte Hauptachse den Bergbau repräsentiert. Dieser Spannungszustand muß notwendigerweise zu Formveränderungen oder Deformationen führen. Letztere können ohne Zweifel als Rekommendationen für den praktischen Bergbaubetrieb aufgefaßt werden. Wir haben uns im Gespräch schon darüber geeinigt, daß sowohl die Achse der Theoretiker als auch die der Praktiker unumgänglich notwendig ist. Wir können somit von der Dreiachsigkeit nicht Abstand nehmen, was ja auch für's Gebirge gilt. Wichtig ist die freiwillige Aussprache, die Anerkennung und die daraus sich ergebenden Resultate.

Herr KUZNECOV

Wir hatten die Möglichkeit, interessante Vorträge zu hören. Ein Großteil dieser Vorträge bezog sich auf theoretische Fragen der Untersuchung von Gesteinsverschiebungen unter dem Einfluß bergmännischer Arbeiten. Dabei waren die Vorträge der Herren LITWINISZYN, BUCHHEIM, RICHTER, KNOTHE und AVERŠIN ein Zeugnis für die erfolgreiche Entwicklung der theoretischen Ansätze zur Berechnung von Verschiebungselementen des Gebirges vom Grubenbau bis zur Tagesoberfläche. Mir erscheinen besonders interessant und perspektivreich die im Vortrag von Herrn BUCHHEIM dargelegten Erwägungen über eine Anwendung komplexer Methoden der

Kontinuumsmechanik und der statistischen Mechanik auf der Grundlage der Hauptgesetze der Thermodynamik nicht umkehrbarer Prozesse. Natürlich müssen diese Richtungen weiterentwickelt werden. Insbesondere muß die Makroklüftigkeit des Gebirges näher untersucht werden, um in der Praxis verwendbare Resultate zu erhalten. Außerdem ist es unumgäglich, die Forschungen zur Ermittlung des physikalischen Sinns der funktionellen Koeffizienten, die in den parabolischen Differentialgleichungen vorkommen, fortzusetzen, wie das von AVERŠIN vorgeschlagen wurde, und die zur Beschreibung des Gebirgsverschiebungsprozesses dienen.

Im Ergebnis von Berechnungen nach diesen Differentialgleichungen hatte sich herausgestellt, daß die theoretisch ermittelten Werte ziemlich gut mit den Ergebnissen von in-situ-Versuchen übereinstimmen. Die Verbindung der oben erwähnten Koeffizienten mit den physikalischen Gesteinscharakteristiken kann die Grundlage für die Entwicklung einer physikalischen Gebirgsverschiebungstheorie sein.

Gegenwärtig haben solche theoretischen Verfahren die größte praktische Anwendung, die numerische Parameter ausnützen, welche durch direkte markscheiderische in-situ-Messungen der Verschiebungselemente ermittelt wurden. In der Sowjetunion werden auf diesem Wege die Hauptprobleme gelöst, die sich auf die Unterbauung von verschiedenen Anlagen, Flüssen, Seen usw. beziehen. Dabei finden Rechenschemata Anwendung, die beispielsweise von KOLBENKOV, AVERŠIN, MULLER und anderen entwickelt wurden.

Sie haben eine kurze Information vor sich, die von wissenschaftlichen Mitarbeitern des VNIMI, den Herren AKIMOV und KROOTKOV, ausgearbeitet wurde. Es handelt sich hierbei um eine Beschreibung der in der Sowjetunion zur Anwendung kommenden Methode zur Ermittlung von Gebirgsverschiebungen und von Oberflächenverschiebungen über dem Abbau. In dieser Information sind die Hauptansätze und Verfahren zur Lösung dieses Problems aufgezeigt.

Da dieser Bericht vorgelegt ist, werde ich jetzt nicht mehr darauf eingehen. Ich möchte nur feststellen, daß infolge des äußerst großen Bereiches der montangeologischen Verhältnisse beim Lagerstättenabbau in der UdSSR es nicht möglich ist, für alle Bereiche gültige Rechenmethoden zur Verfügung zu haben. Das bezieht sich vor allem auf den Abbau steil einfallender Flöze sowie auf komplizierte Lagerungsverhältnisse.

Ich möchte noch unterstreichen, daß es notwendig ist, einen breiten und vollen Komplex von Methoden zur Lösung der vor uns stehenden Probleme einzusetzen. In diesem Komplex werden die Modellierungsmethoden eine große Rolle spielen, worauf auch Herr SÍBEK in seinem Vortrag bereits hingewiesen hat.

In der Sowjetunion findet die Modelltechnik mit Hilfe äquivalenter Materialien bei der Untersuchung von Prozessen, die im Gebirge stattfinden, eine große Verbreitung. Mit Hilfe dieser Methode können wir mit ziemlicher Ausführlichkeit den Mechanismus der untersuchten Prozesse beschreiben, nicht nur im Falle des homogenen, idealisierten Mediums, sondern auch im Falle einer komplizierten Gebirgsstruktur mit verschiedenen Klüftigkeitsformen und mit verschiedenen tektonischen Störungen.

Die Ähnlichkeit der Ziffernwerte, der dimensionslosen Kennwerte, die Entwicklung der untersuchten Prozesse, die an Modellen und in situ ermittelt wurden, können als Kriterium für die Richtigkeit der Versuchsergebnisse an den Modellen betrachtet werden.

Wir erhielten in der Sowjetunion viele nützliche Ergebnisse zur Präzisierung der Rechenschemata.

Ich möchte noch einige Bemerkungen zum Vortrag von Herrn GRAMBERG machen.

In seinem interessanten Vortrag führte Herr GRAMBERG zahlreiche Beispiele für die Entwicklung von Klüften bei unterschiedlichen Spannungszuständen an. Insbesondere auf Bild 5 werden verschiedene Stadien der Kluftbildung gezeigt.

In der Sowjetunion und auch im Institut von Prof. MÜLLER werden spezielle Laborversuche durchgeführt, und zwar handelt es sich hierbei um Modellversuche an verschiedenen Kluftstrukturen. Herr JOHN war so liebenswürdig, mich gestern mit einigen Ergebnissen vertraut zu machen. Diese Untersuchungen wurden in Karlsruhe durchgeführt.

Wir führen Untersuchungen in etwa der gleichen Richtung durch. Diese Untersuchungen zeigen uns, daß der Kluftbildungscharakter im Untersuchungsblock tatsächlich einige Stadien durchmacht. Aber diese einzelnen Stadien, das heißt der Entwicklungscharakter der Kluftbildung in diesen einzelnen Etappen, sind stark von den Bedingungen der Begrenzung der Blöcke abhängig und insbesondere von der Möglichkeit der Verformbarkeit eines Blockes in dieser oder jener Richtung oder umgekehrt von keiner Möglichkeit der Entwicklung von Verformungen in bestimmte Richtungen.

Aus dem Vortrag von Herrn GRAMBERG habe ich nicht entnommen, ob diese Tatsache in seine Berechnungen eingegangen ist. Führen Sie, Herr GRAMBERG, experimentelle Untersuchungen in ihrem Labor durch, die die theoretisch ermittelten Werte bekräftigen, wie es z. B. auf den Bildern 5 und 4 gezeigt ist, oder sind diese Diagramme nur auf der Grundlage allgemeiner Erkenntnisse aufgebaut?

Vielleicht finden Sie, Herr GRAMBERG, im Verlauf der Diskussion die Möglichkeit, auf diese meine Fragen zu antworten.

Herr HELFRICH

Wir danken Herrn KUZNECOV für seine Ausführungen, besonders für die Darstellung, daß die Grundlagenforschung eine Voraussetzung für jede Zweckforschung ist, vor allen Dingen dann, wenn sie definierte praktische Zielsetzungen zeigt. Damit muß ihr ein Erfolg beschieden sein, besonders, wenn man sich vieler Methoden (Methodenkombination) bedient, wie es Herr KUZNECOV andeutete.

Es wäre schön, wenn Herr JOHN Gelegenheit fände, zu der Frage Stellung zu nehmen, die Herr KUZNECOV aufgeworfen hat, und dasselbe gilt auch für Herrn GRAMBERG.

Herr HÖFER

Ich darf kurz etwas ergänzen, was Herr KUZNECOV vielleicht in seiner Bescheidenheit vergessen hat. Vor 14 Tagen hat der Salzburger Felsmechanikkongreß stattgefunden. Dort wurden drei wichtige Vorträge gehalten. Einer von Herrn KUZNECOV, der leider nicht selbst anwesend sein konnte, einer von Herrn JOHN und einer von Herrn MALINA. Die Ergebnisse von KUZNECOV und JOHN stimmten auffallend gut überein. Sie waren in etwa der gleichen Arbeitsrichtung erzielt worden.

Der nächste Punkt ist der, daß ein Bild von Herrn MALINA, das er mit der Methode der Finiten Elemente bekommen hat, wiederum genau übereinstimmte mit dem Ergebnis, daß Herr KUZNECOV auf Grund seiner Modellversuche ermittelt hatte. Ich glaube, zu diesem schönen Ergebnis kann man alle drei Herren beglückwünschen.

Herr GRAMBERG

Herr GRAMBERG berichtet über den Weg der Untersuchungen, der zu der Erkenntnis über die Spannungsverteilung und Zerklüftung führte, wie es auf Bild 2 seines Referates dargestellt wurde. Er studierte die Bruchformen in der Natur.

1959 wurde die Stiuation, wie sie auf Bild 3 dargestellt ist, am Hangenden eines Bruchfeldes beobachtet. Es zeigte sich dabei, daß es sich um spröde Bruchflächen und nicht um Schalflächen handelte, wie es sich z. B. GRIEBEL vorgestellt hat. Weiterhin wurden untertage diese Brucherscheinungen untersucht, wie z. B. Bild 6 zeigt. Auf einem anderen Bild werden am Beispiel der Verlängerung einer Muschelschale Materialströmungen dargestellt.

Diese Erscheinungsformen in der Natur haben Herrn GRAMBERG nach langjährigem Studium die Erkenntnis über die Bruchformen und deren Deutung gebracht. Das System der Bruchbildung auf Bild 2 stellt keine Erkenntnisse aus Laboruntersuchungen dar. Die Laboruntersuchungen haben nur gezeigt, daß der primäre Bruch in sprödem Material in Richtung des größten Druckes erfolgt.

Herr KUZNECOV

Herr KUZNECOV berichtete über langjährige „bittere" Laborerfahrungen, daß die aus Experimenten gewonnenen Beobachtungen des Vorganges sehr oft zu unrichtigen Schlußfolgerungen seines tatsächlichen Wesens führten. Ein ähnlich aussehendes Bild eines Bruches kann durch ganz verschiedene Kombinationen der einwirkenden Kräfte hervorgerufen werden.

Herr GRAMBERG

Meine Untersuchungen sind auf etwas begründet, was ich Bruch- und Bruchflächenanalysen nenne. Die Bruchflächen kann man an sich erkennen, und man kann, wenn das Material dazu geeignet ist, den direkten Zugbruch, den indirekten Zugbruch, den Biegebruch, den Scherbruch, den Torsionsbruch, alle diese Arten von Brüchen, voneinander unterscheiden. Ich bin also nicht ohne Werkzeuge und ohne Möglichkeiten. Ich habe mich daran gewöhnt, jeden Bruch zu determinieren. Das ist ein großes Hilfsmittel, um zu einem Entschluß zu kommen, in welcher Weise ein Bruch oder ein System dieser Brüche entstanden ist.

Sie haben gesagt, daß man alle diese Erkenntnisse in einem Labor überprüfen sollte. Das ist sehr schön, wenn man das Labor dazu hat. Ich arbeite nur ganz allein. Ich habe eine Presse von 100 t und nicht mehr. Aber eigentlich sind die Grube und die Natur mein Labor. Wenn diese Ergebnisse in einem Institut mit entsprechenden Apparaten überprüft werden könnten, dann wären die Ergebnisse zuverlässiger.

Herr JOHN

Ich möchte im Rahmen dieser Diskussion auf Formänderungsverhalten bzw. Querdehnungsverhalten von geklüfteten Felssystemen infolge Kluftgleitens eingehen. Wir haben diesen Komplex u. a. in einem Vortrag anläßlich des XIX. Geomechanischen Kolloquiums in Salzburg im Oktober 1969 behandelt. Dieses Problem ist im Vortrag von Herrn RAFFOUX wieder angeklungen und dann im Verlaufe der Diskussion immer wieder berührt worden.

Ich möchte hier bemerken, daß unsere Gruppe an der Karlsruher Universität in erster Linie aus Bauingenieuren besteht. Unsere Problemstellungen sind also etwas anders als bei den meisten von Ihnen. Einleitend möchte ich darauf hinweisen, daß wir Herrn KUZNECOV und seiner Gruppe zu allergrößtem Dank verpflichtet sind. Unsere Versuchstechnologie beruht auf Veröffentlichungen des Leningrader Institutes, und unsere Kollegen in Leningrad haben uns sehr viel Geld und Zeit gespart.

Wir führten eine Reihe von ebenen Modellversuchen durch, und zwar an regelmäßig geklüfteten Felssystemen, die ebenen Verformungszuständen unterworfen wurden. Unsere Versuchssysteme waren 40×80 cm und bestanden aus Elementen 4 cm $\times$ 4 cm in der Versuchsebene und 12 cm normal dazu (Bild 1). Bei den Versuchen wurde eine Reihe von Parametern geändert: Einmal die Gefügestellung, dann die Schwereeigenschaften der Modellklüfte, ferner die Eigenschaften der Elemente und zuletzt der Seitendruck p_1. Bei der Mehrzahl der Versuche fand Kluftgleiten entsprechend Bild 2 statt.

Auf Grund der Versuchsergebnisse, d. h. Bruchfestigkeiten und Verformungen von Modellsystemen mit gegebenen Parametern, machten wir einen Rechenansatz zur Vorbestimmung der Verformung der Modellsysteme infolge Kluftgleitens. Wir verwendeten hierbei eine Kombina-

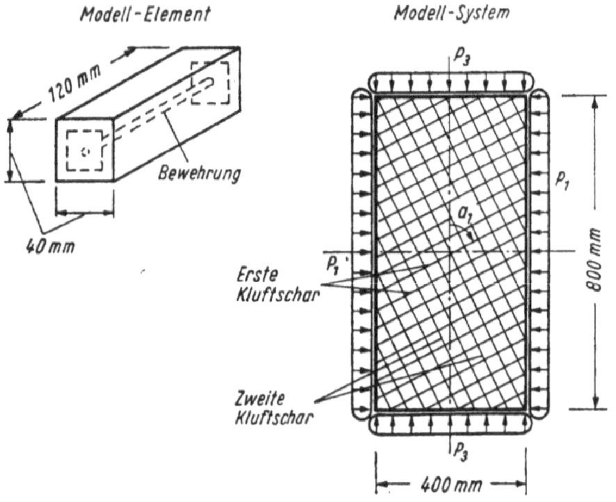

Bild 1. Modellelemente und Modellsysteme

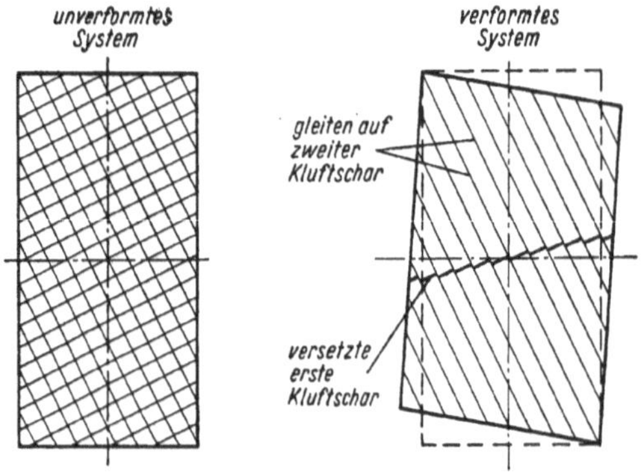

Bild 2. Kluftgleiten auf einer Kluftschar

tion folgender Überlegungen: Im ersten Schritt verwendeten wir die bekannten Konzepte nach MOHR und COULOMB, um die Belastung des Systems p_3 und p_1 mit der Beanspruchung an den Klüften, Normal- und Scherspannung in Zusammenhang zu bringen.

Der zweite Schritt beruht auf der Auswertung von Scherversuchen an den Klüften, um die Beanspruchung an den Klüften mit den sich ergebenden Verformungen auf den Klüften, Scherverschiebungen und Dilatanz in Zusammenhang zu bringen. Wir verwendeten hierbei die Darstellung des Bildes 3.

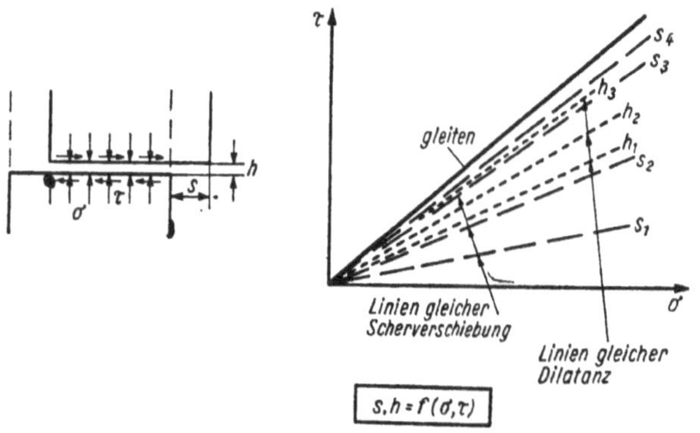

Bild 3. Verformungen beim Scherversuch

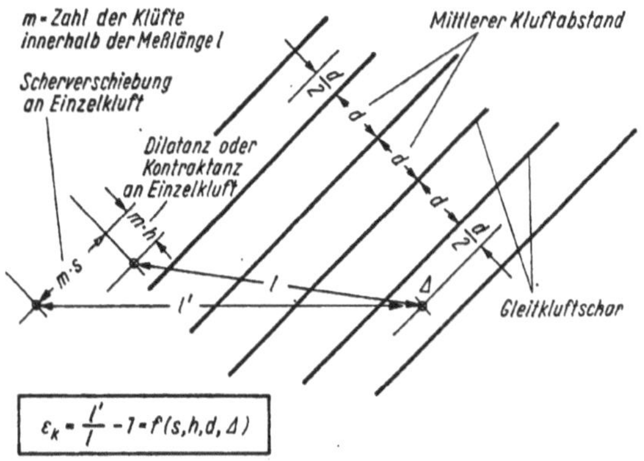

Bild 4. Verformungsmessungen

Die dritten Überlegungen sind geometrische Überlegungen zu einer Meßstrecke, die eine Gleitkluftschar kreuzt, siehe Bild 4. Man kann damit die Verformung des geklüfteten Systems ε_k mit einfachen geometrischen Überlegungen in jeder Richtung aus der Gleitverschiebung s, der Dilatanz h, dem mittleren Kluftabstand d und dem Winkel zwischen der Gleitkluft und der Meßrichtung Δ ermitteln.

Aus der Kombination dieser drei Schritte ist es dann möglich, Verformungsmoduln und Querdehnungsverhältnisse infolge Kluftgleitens rechnerisch zu bestimmen. Ich möchte hier Herrn Professor Mencl um einige Nachsicht bitten, wenn wir hier elastische Parameter benutzen, auch wenn wir genau wissen, daß wir keine rein elastischen sondern elasto-plastische Verformungen haben. Wir können diese Verformungsmoduln und die Querdehnungsverhältnisse infolge Kluftgleitens als eine Funktion der äußeren Belastung des Modellsystems und der

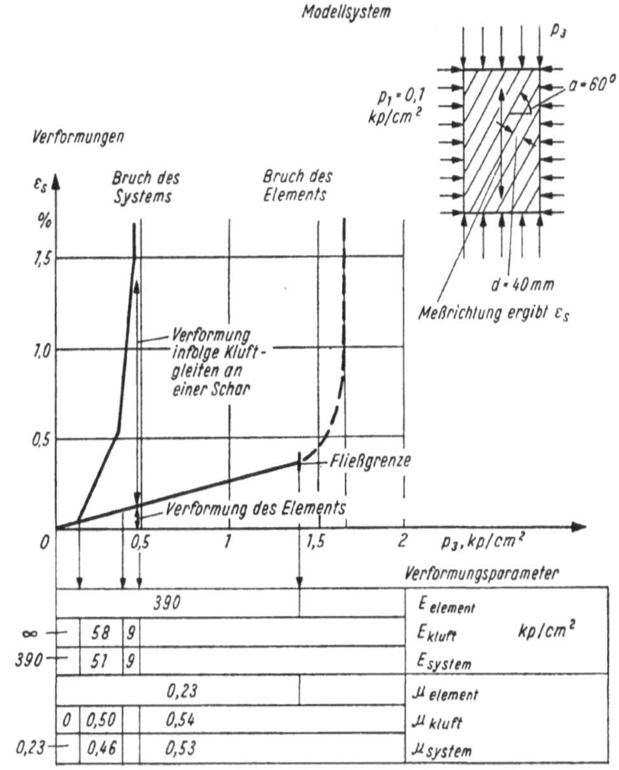

Bild 5. Gesamtverformungen eines Modellsystems beim Kluftgleiten

Kluftparameter darstellen. Sowohl Modellversuche als auch die Rechnung nach dem vorbeschriebenen Konzept ergaben für den ebenen Verformungszustand Querdehnungsverhältnisse infolge Gleitens von über 0,5, was Volumenzunahme entspricht. Eine große Dilatanz beim Gleiten entlang der Gleitkluft erhöht die Querdehnungsverhältnisse darüber hinaus.

Als abschließenden Schritt ergibt sich die Überlagerung der Verformungen, wie sie in Bild 5 für ein Beispiel gegeben ist.

Die Verformungen infolge Kluftgleitens sind praktisch nicht reversibel, die Verformungen der Elemente sind vorwiegend reversibel. In dem kleinen Bereich, in dem Kluftgleiten noch nicht eintritt, ist das Querdehnungsverhältnis — sagen wir — 0,2. In dem anschließenden Bereich nimmt das Querdehnungsverhältnis ganz schnell zu und wird gleich oder größer 0,5. Im allgemeinen wird das Querdehnungsverhältnis mit zunehmendem Seitendruck kleiner.

Ich möchte noch kurz auf eine Bemerkung von Herrn Kuznecov eingehen. Wir haben gefunden, daß wir die interessanten Bruchbilder, die wir in der Natur oft beobachten, bei unseren Modellen nur bekommen, wenn wir sehr komplexe Randbedingungen haben. Wir haben gefunden, daß man bei biaxialen Versuchen mit fast idealen Randbedingungen relativ einfach-klare Bruchbilder bekommt. Diese Versuche waren eigentlich nur die Vorversuche für größere Modellversuche, die jetzt angelaufen sind. Wir haben dabei Modellsysteme von 3 × 2 m, siehe Bild 6.

Wir bauen dabei ebene Modellsysteme auf, die aus Tausenden von Elementen, entsprechend dem Bild 1, bestehen. Die Oberfläche ist dabei erst horizontal, die Belastung ist das Eigengewicht. Dann machen wir einen Einschnitt, siehe Photo, und beachten die sehr interessanten, weil komplexen Bruchbilder und messen die Verformungen photogrammetrisch. Wir hoffen, daß wir in ein oder zwei Jahren über Ergebnisse dieser Arbeiten berichten können.

Herr Mencl

Eine technische Frage: Wie eliminieren Sie die Schubspannungen zum Versuchsmaterial und dem Rahmen?

Herr John

Ich möchte sagen, wir eliminieren die Schubbelastung der Modellsysteme nicht, wir halten sie so klein wie möglich. Unsere Versuchsbelastungen werden durch Gummisäcke aufgebracht, mit einer Kaschierung aus doppeltem Teflon. Wir haben einen Reibungswinkel von ca. 10°, kleiner ging es nicht. Wir denken jetzt daran, die Seitenreibung heraufzusetzen, zum Beispiel mit Hilfe von Sandpapier, um die interessanten Bruchbilder, die wir bisher nicht erhalten haben, endlich zu bekommen. Und dann werden wir versuchen, aus Bruchbildern, Randbedingungen und Belastungen unsere Schlüsse zu ziehen.

Herr Dreyer

Ich möchte zunächst zu dem Vortrag von Herrn Muir Stellung nehmen, den er gemeinsam mit Herrn Coates verfaßt hat. Die Arbeit behandelt einige untertägige Deformationsbeobachtungen in verschiedenen kanadischen Gruben. Die Beobachtungen zeigen in dem in 540 m Teufe und mit einer Extraktionsrate von 40% geführten Room-and-Pillar-Abbau ein abschalungsfreies Aussehen der quadratisch profilierten Grubenpfeiler, deren Kantenlänge im allgemeinen 40 m und deren Höhe durchschnittlich 15 m betrug. Dagegen traten Firstfälle auf, die für den Bertieb sehr hinderlich sind und ein schwerwiegendes Problem darstellen. Offenbar ist die gewählte Spannweite für das oftmals grobkristalline und z. T. auch blättrig ausgebildete Hangendgestein zu groß. Die freie Spannweite sollte daher insbesondere im Bereich sich kreuzender Strecken reduziert werden. Dies hat durch gleichzeitige Reduktion der Pfeilerabmessungen zu geschehen, und zwar bei Konstanthaltung der bisherigen Extraktionsrate von 40%.

Normalerweise empfiehlt man in derartigen Fällen Rückbau, doch ist diese Maßnahme wegen der Investitionskosten für die Auffahrung der notwendigen Richtstrecken und auch aus Zeitgründen hier nicht realisierbar. So ist bei der künftigen Abbauplanung neuer Feldesteile eine Reduktion der Pfeilerquerschnittsabmessungen ins Auge zu fassen, wobei Modellversuche über die Tragfähigkeit von Pfeilern und Abbausystemen in Verbindung mit in-situ-Messungen anzustreben sind, um die Grenzabmessungen der Pfeiler und Firstweiten abschätzen zu können.

Nunmehr möchte ich auf die Arbeit von Herrn Uhlenbecker über markscheiderische Verformungsmessungen in der Grube des Kaliwerkes Hattorf zur Überwachung der Standfestigkeit der Grubenbaue eingehen, die u. a. das Einstanzen eines Modellpfeilers in das Liegende demonstriert und nachweist, daß die Spannungen im Pfeilerkern größer sind als am Pfeilerstoß.

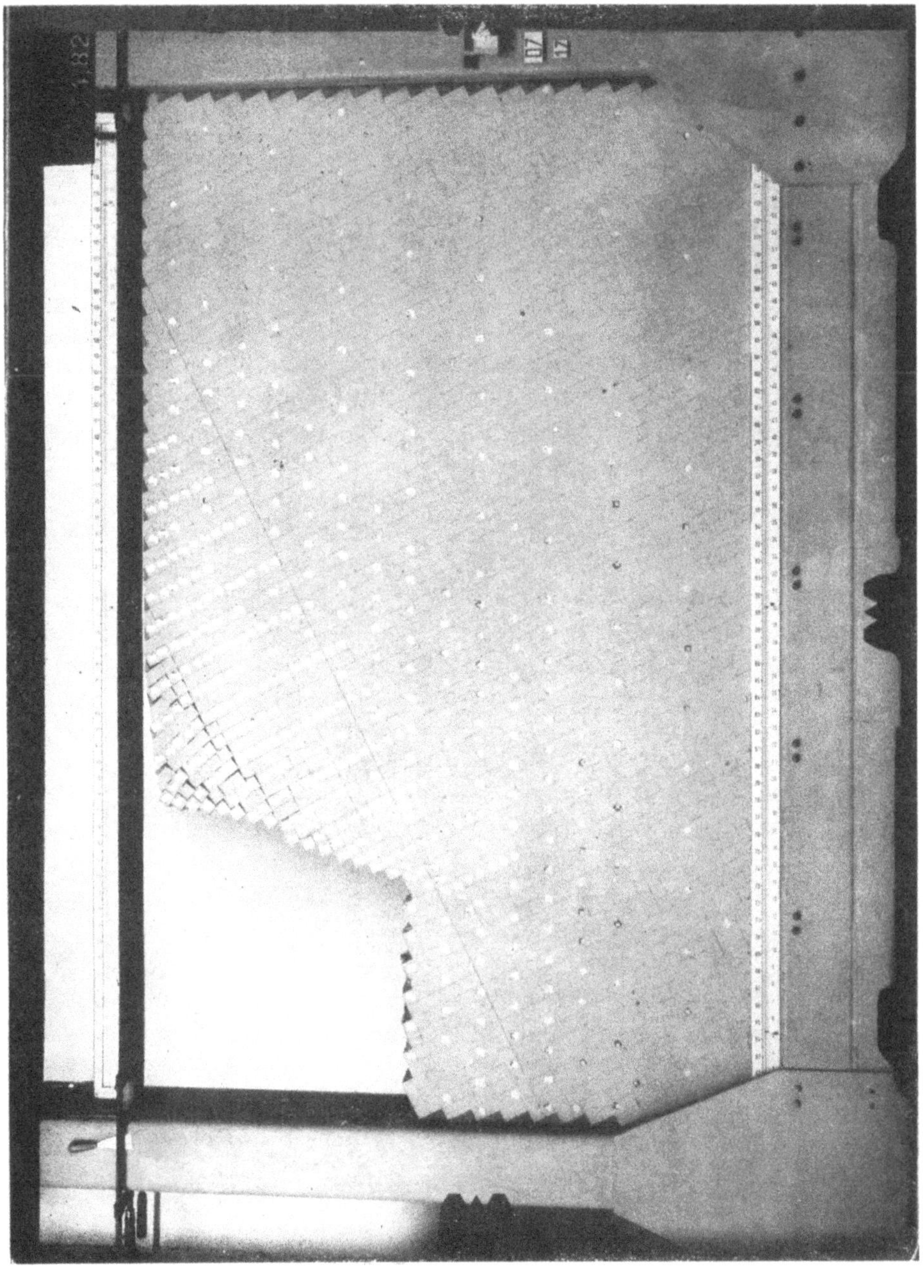

Bild 6. Versuche zu den Brucharten von Böschungsmodellen

Die Verteilung der Spannungen über den Pfeilerquerschnitt wird auf der letzten Seite der Vortragsunterlagen im unteren Teil des Bildes 18c veranschaulicht. Demgegenüber nimmt die Querdehnung vom Pfeilerstoß zum Pfeilerkern hin ab, wie Bild 18a entnommen werden kann. Einer größeren Querdehnung entspricht bei dem in Firste und Sohle eingespannten Pfeiler eine relativ geringe Außenhautspannung und umgekehrt. Der hochgespannte Pfeilerkern zeigt wegen der allseitigen Ummantelung ein nur geringes Querdehnungsbestreben. Dieser Befund weist auf ein weitgehend plastisch reagierendes Gestein hin, wie es in Kaligruben häufig angetroffen wird.

Bezugnehmend auf die von Herrn BORECKI gemachte Diskussionsbemerkung kann in einer Grube aber offenbar auch der umgekehrte Fall eintreten, daß die Spannungen im Pfeilerkern geringer als an der Außenhaut sind. Dies deutet auf das Verhalten eines vorwiegend elastisch reagierenden Gesteins hin.

In jedem Fall wird man mit einer Spannungsverteilung über den Pfeilerquerschnitt zu rechnen haben, deren direkte Messung schwierig ist. Ich möchte daher die Frage an Herrn UHLENBECKER richten, wie man von der Querdehnungsverteilung auf die Spannungsverteilung schließen kann.

Eine weitere Frage an Herrn UHLENBECKER betrifft die Verteilung der Einstanztiefe, welche die Preßplatten erfahren haben. Haben Sie im Bereich des Pfeilerkerns eine größere Einstanztiefe registriert als am Pfeilerrand, und in welcher Größenordnung lagen die Werte in Millimeter?

Herr MUIR

Als Männer der Praxis haben wir die Aufgabe, Salz aus immer tiefer gehenden Grubenbauen zu fördern, und müssen uns mit den Problemen der größeren Teufen auseinandersetzen. Es werden Großgeräte eingesetzt, um die zunehmenden Kosten für Arbeitskräfte auszugleichen. Diese Geräte erfordern große Streckenquerschnitte. Um die erforderliche Sicherheit zu gewährleisten, müßte andererseits das Streckenprofil verringert werden.

In unserem Werk bestehen weniger Schwierigkeiten mit den Pfeilern. Deshalb beschäftigen wir uns in der Gebirgsmechanik auch wenig mit diesem Problem. Unser Augenmerk gilt sicherheitlichen Fragen.

Ich würde es begrüßen, wenn man sich in nächster Zeit dem Studium sicherheitstechnischer Probleme mehr widmen würde. Unser nächster Schritt wird sein, die Streckenquerschnitte zu verringern.

Herr UHLENBECKER

Ergänzend zu den von mir durchgeführten Messungen in der Grube wurden im Labor über 350 Prüfkörper und Modelle aus Salzgestein mit dem Ziel getestet, optimale Pfeilerabmessungen festzulegen. Die Teste, als Kurzzeit- und Dauerstandsversuche durchgeführt, erfolgten mit einer 400-t-, aber überwiegend mit einer 100-t-Presse.

Die Bestätigung der wesentlichen Erkenntnisse bei den Kurzzeitversuchen mit kleinen Versuchskörpern unter einer verhältnismäßig kleinen Presse erfolgte durch etliche gezielt angesetzte Versuche, bei denen große Modelle auf einer großen Presse bis zu 6000 t belastet worden sind.

Die Modelle aus Hartsalz oder Carnallit waren mit Steinsalzkopf- und -fußplatten in einem Stahlrahmen, entsprechend Bild 1, eingespannt worden. Bild 2 zeigt einen Hartsalzmodellversuch unter der 6000-t-Presse.

Diese Versuchsergebnisse bestätigten, daß das Festigkeits- und Verformungsverhalten von kleinen Salzmodellen denen der großen Salzmodelle entspricht. Bild 3 beweist diese Feststellung, was die Verformung anbelangt. Ein Vergleich mit den gemessenen Bewegungen und Verformun-

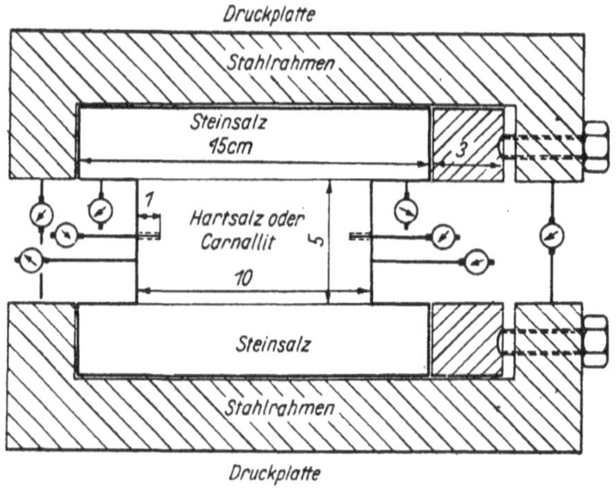

Bild 1. Versuchsdarstellung eines Pfeilermodells mit eingespannter Steinsalzkopf- und Steinsalzfußplatte

Bild 2. Hartsalzmodell während eines Versuches unter einer 6 000-t-Presse

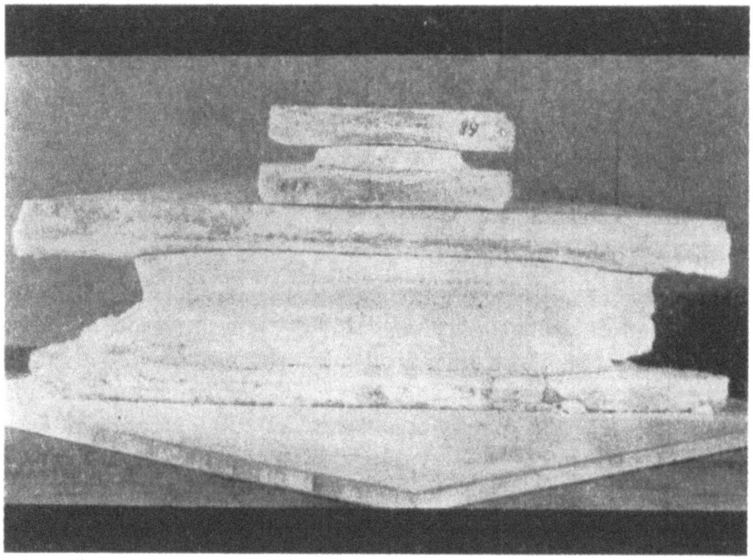

Bild 3. Ähnliches Verformungsverhalten bei kleinen und großen Salzmodellen

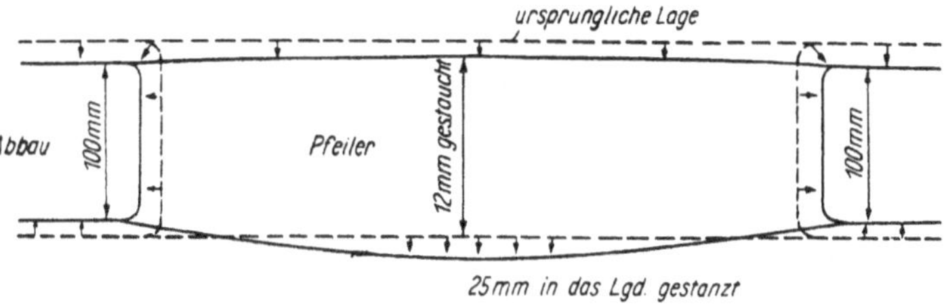

Bild 4. Schema der Bewegung und Verformung in einem 16 × 16 m² Grubenpfeiler

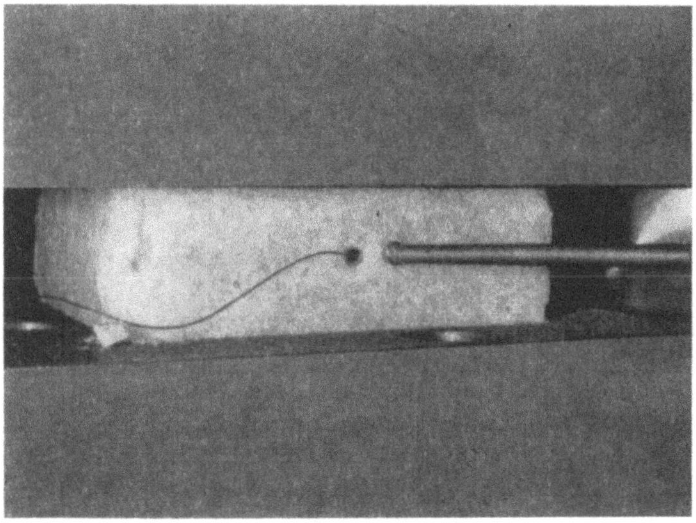

Bild 5a. Modelldarstellung der Dauerstandsversuche zur Bestimmung der Spannungsverteilung im Modellpfeiler mit Bleiröhrchen

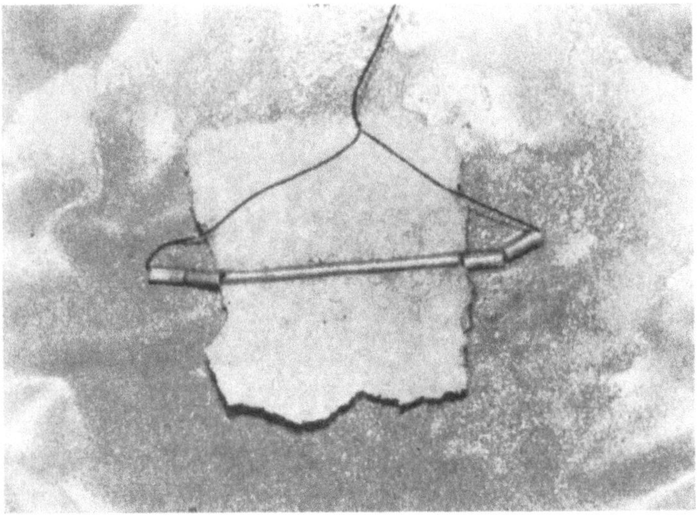

Bild 5b. Verformte Bleiröhrchen in einem aufgelösten Salzmodell

gen an einem 16 × 16 m² Hartsalz-Grubenpfeiler, siehe Bild 4 (im Referat Bild 17), zeigt das gleiche Bild. Die Konvergenz an den Pfeilerkanten beträgt rd. 100 mm, während in der Mitte der Pfeiler nur um 12 mm zusammengedrückt worden ist. Außerdem ist der Pfeiler hier 25 mm in das Liegende eingestanzt worden.

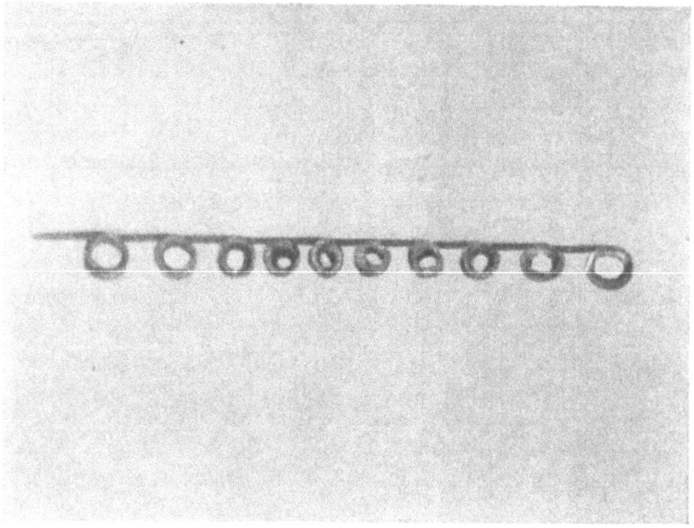

Bild 5c. Verformte Bleiröhrchen, Veränderung des Röhrchen-Querschnittes

Ein ähnliches Verformungsverhalten und die entsprechende Spannungsverteilung im Modell und in Grubenpfeilern demonstrieren die Bilder 5a, b, c und 6.

In Bild 5a ist am Modellpfeilerstoß der Querschnitt eines Bleiröhrchens zu sehen, von dem in der Bohrung eines 30 Tage lang belasteten Hartsalzmodelles 10 Stück angeordnet waren. Nach dem Auflösen des Salzmodelles in Wasser sind die Verformungen der Bleiröhrchen, wie Bild 5a zeigt, gut zu erkennen. In der Mitte sind die Bleiröhrchen radial gleichmäßig zusammengedrückt, s. Bild 5c, während zum Rand hin die radiale Zusammendrückung nachläßt und in eine Ellipsenform übergeht. Dabei liegt die große Achse horizontal.

Vergleicht man diese einfachen Versuchsmerkmale mit den Ergebnissen der Messungen an Großbohrlöchern in Hartsalzpfeilern, siehe Bild 6 (im Referat Bild 18), so ist festzustellen, daß

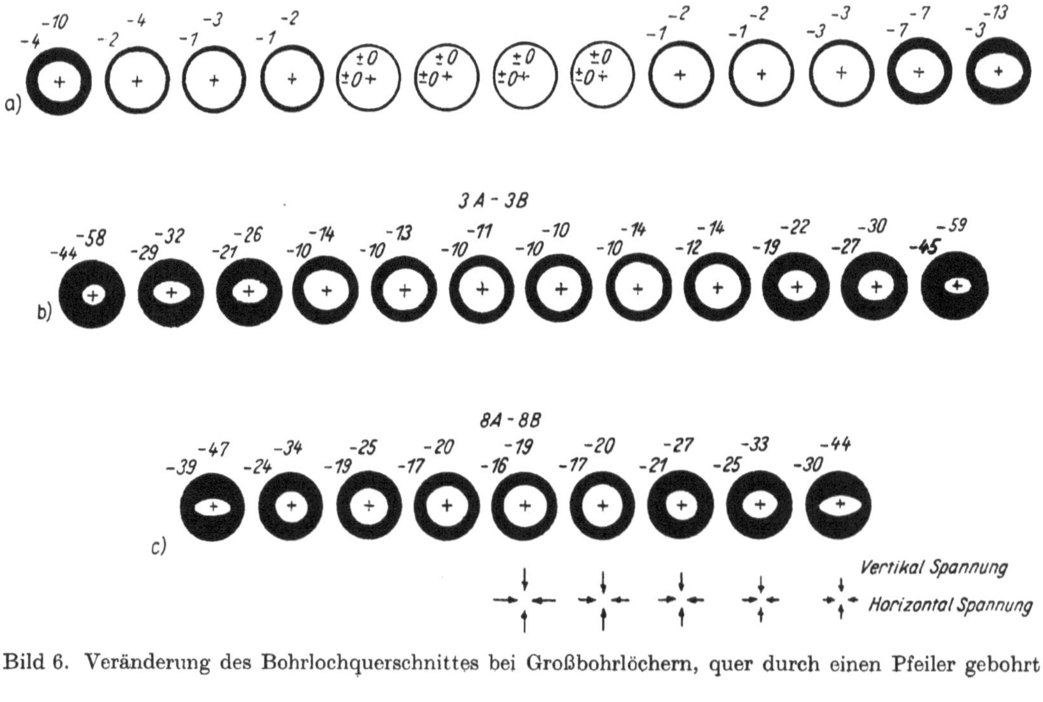

Bild 6. Veränderung des Bohrlochquerschnittes bei Großbohrlöchern, quer durch einen Pfeiler gebohrt

auch hier das Verformungsbild zwischen Praxis und Modell ähnlich ist und entsprechend eine gleiche Spannungsverteilung in diesen Stützelementen vorhanden sein muß.

Herr DREYER

Am Pfeilerrand dürfte die Vertikalspannung eigentlich nicht viel größer sein als die mittlere Fließgrenze des Kristallverbands, deren Wert bei nur einigen Zehnern kp/cm^2 liegt.

Der an der Außenhaut registrierte geringe Vertikaldruck wird durch das Auswandern des Salzmaterials in den freien Kammerhohlraum erzielt, das durch die liegenden Ellipsen der deformierten Rohre (Bild 18a) demonstriert wird. Im Pfeilerinneren liegt dagegen ein Verdämmungseffekt vor, der das Salzmaterial befähigt, sehr hohe Spannungen aufzunehmen.

Herr VIGIER

Ich möchte einige Worte zur Arbeit des Herrn UHLENBECKER sagen. Wir haben in der Tat Messungen der Verformung der Pfeiler durchgeführt, die denen von Herrn UHLENBECKER ähnlich sind. Ich kann sagen, daß qualitativ die Verformungsverteilung im Zentrum des Pfeilerkerns, die keine Hartsalz, sondern Sylvinpfeiler sind, ähnlichen Charakter wie die von Herrn UHLENBECKER hat. Die Lage der Meßstellen und die graphische Darstellung der Verformungen sind aus den Bildern 1 und 2 ersichtlich.

Ich möchte hinzufügen, daß wir auch Messungen beim Pressen von Proben durchgeführt haben. Diese Zusammendrückungsmessungen wurden mit einer Presse, mit der eine Belastung bis 12000 t aufgebracht werden konnte, ausgeführt.

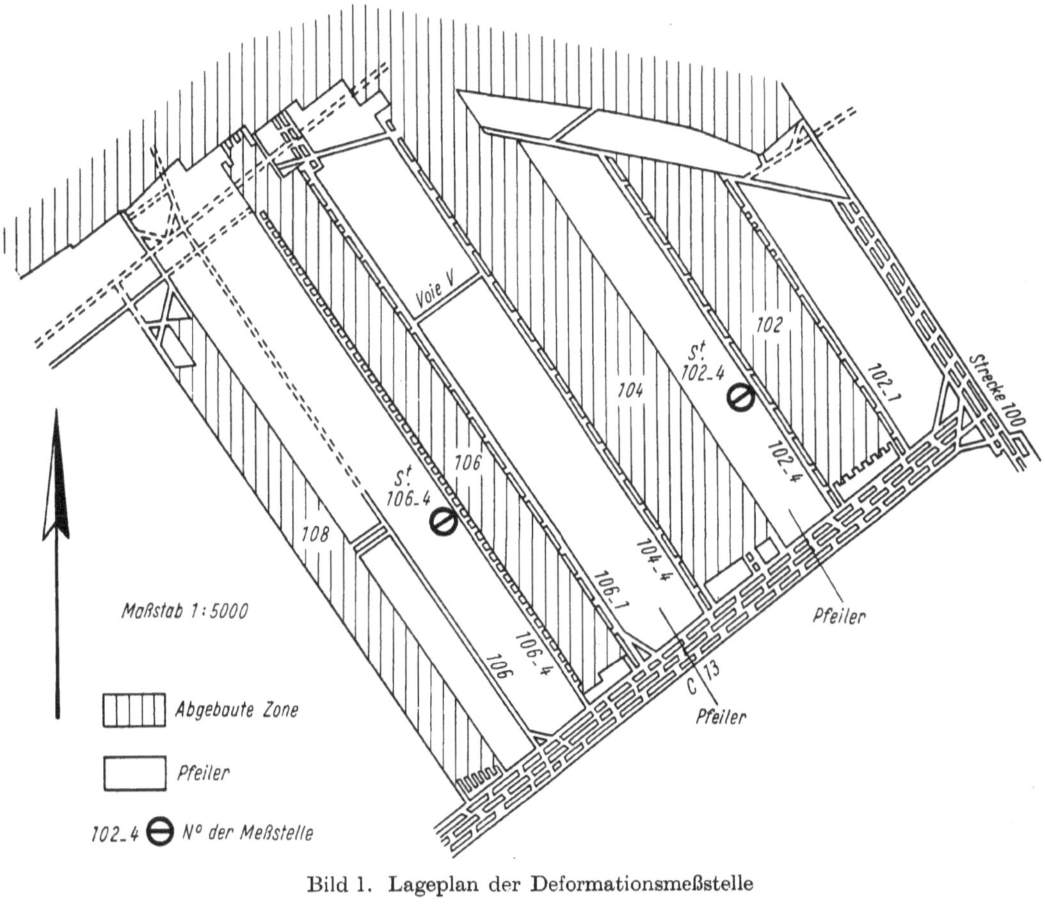

Bild 1. Lageplan der Deformationsmeßstelle

Sie wurden an Proben vorgenommen, bei denen das Verhältnis Breite zur Höhe von der Größenordnung 1 zu 10 war. Die Messungen gelten für Versuche, die mit einer Presse durchgeführt wurden, deren Geschwindigkeit der Belastungssteigerung sehr hoch war. Die Untersuchungen haben gezeigt, daß die Prüfkörper sehr oft zerstört wurden, und zwar in ähnlicher Art wie beim Auseinanderspringen nach einem festen Schlag, mit völliger Trennung der Kristalle bei Druckwerten, die zwischen 750 und 5 500 kp/cm² lagen.

A — 20 m und 13 Tage nach Durchgang des Abbaues
B — 80 m und 41 Tage nach Durchgang des Abbaues
C — 100 Tage nach Durchgang des Abbaues

A — 20 m und 9 Tage nach Durchgang des Abbaues
B — 85 m und 37 Tage nach Durchgang des Abbaues
C — 110 Tage nach Durchgang des Abbaues

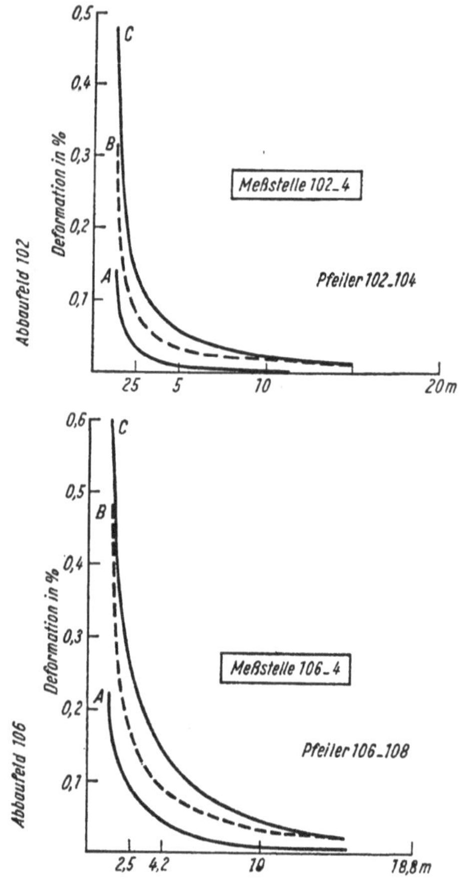

Bild 2. Deformationsmessungen — Sylvinit-Pfeiler

Die Streuung ist also groß, aber ich bin der Meinung, daß es zwei wichtige Erkenntnisse gibt:

1. es ist möglich, solche Zerstörungen bei genügend großer Belastungsgeschwindigkeit zu erhalten und hervorzurufen, und
2. daß einige der gemessenen Belastungswerte in Abbauen erreichbar sind, insofern die Teufe genügend groß ist.

Ich glaube, man sollte dies unter diesem Aspekt sehen. Man muß darauf aufmerksam machen, daß es Möglichkeiten brutaler Zerstörungen von Pfeilern in derartigen Abbauen gibt.

Herr Raffoux

Im Laufe der Diskussion des Vormittags sowie des heutigen Nachmittags erschienen zwei Punkte sehr wichtig, erstens die Notwendigkeit und das Bestreben aller Wissenschaftler, einen Unterschied zu machen zwischen dem Kontinuumsmedium und dem Medium einer stochastischen Art, die ein ganz unterschiedliches Verhalten haben.

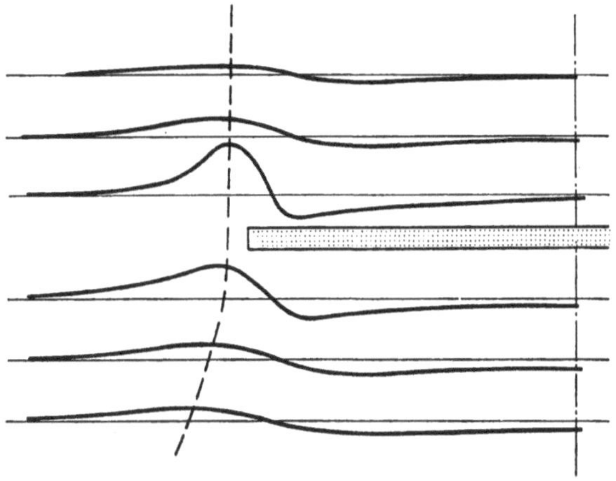

Bild 1. Änderungen der Vertikalspannungen in verschiedenen Höhen über und unter dem Abbau

Der zweite Punkt betrifft die Notwendigkeit und das Bestreben der Forscher, die Ergebnisse der Analyse auf praktische Probleme der bergmännischen Arbeiten zu übertragen. Ich möchte dazu einen kleinen Beitrag leisten.

Es handelte sich hier um die Erforschung der Verformungen der Strecken, die sich über und unter den Abbauen befinden. Die Untersuchung, die ich jetzt erwähne, stellt die Ergebnisse einer mathematischen Berechnung eines elastischen Modells den Ergebnissen der Untertagemessungen gegenüber (Bild 1).

Das mathematische Modell, das wir untersucht haben, wurde nach der Elementmethode behandelt. Wenn man die vertikalen Spannungen über verschiedenen Ebenen oberhalb und unterhalb des Abbaues darstellt, dann wird die Spannungsverteilung ungefähr den aufgezeigten Verlauf haben.

Es ist bekannt, daß sich die Linie der Maxima ungefähr in der Nähe der Abbaukante befindet.

Das zweite Ergebnis der mathematischen Berechnung hat gezeigt, daß eine Strecke, die zwei Spannungen $\sigma_1 > \sigma_2$ unterliegt, Verformungen aufweist, die in die Richtung

$$D1 > D2$$

gehen, und im einzelnen, daß die Konvergenz, die vorausgesetzt wurde, nach dem mathematischen Modell im Falle starker Spannungen größer sein müßte (Bild 2).

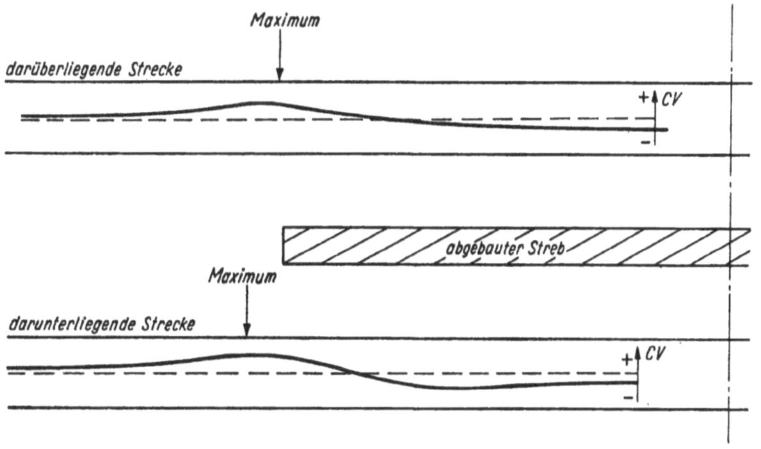

Bild 2. Profil der theoretischen Konvergenzen in den Strecken über und unter dem Abbau

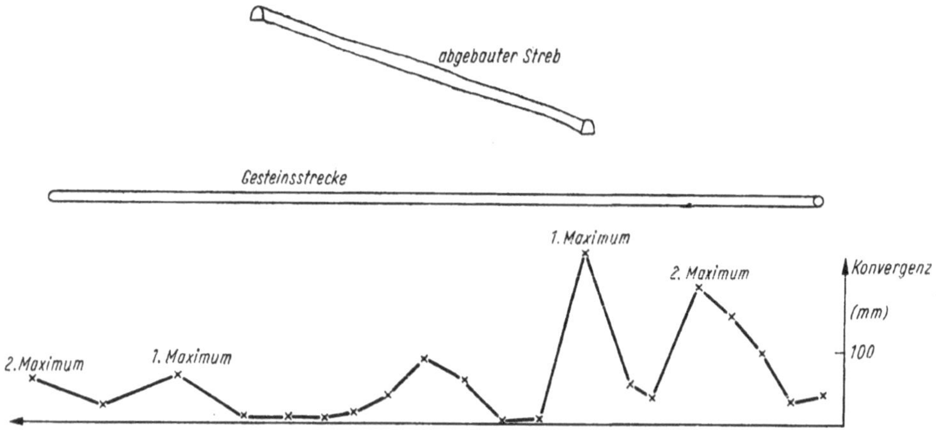

Bild 3. Konvergenz-Profil, beobachtet längs einer Gesteinsstrecke unter einem Abbau

Wenn man die Ergebnisse dieses Modells für eine Strecke verwendet, die sich über oder unter einer Abbaustrecke befindet, ergibt sich in dieser Strecke ein Konvergenzverlauf, der ein Maximum darstellt oder die Nähe einer Abbaukante wiedergibt (Bild 3).

In Wirklichkeit haben die Messungen folgendes gezeigt: In einer Strecke über oder unter einem Abbau kann die Konvergenzlinie zwei Maxima darstellen, die sich zur Abbaufläche symmetrisch verhalten. Das Modell hat ein Maximum ergeben, die Versuche in situ ergaben dagegen zwei.

Es hat also die Untersuchung der Konvergenzkurven nach der Zeit zwei verschiedene Verläufe ergeben. Für das Maximum, das sich am weitesten von der Abbaukante entfernt befand, nahmen die Konvergenzkurven mit der Zeit einen abklingenden Verlauf. Im zweiten Fall (Max. in Höhe der Abbaukante) nahmen die Konvergenzkurven einen stetigen Verlauf mit der Zeit (linearer Verlauf) (Bild 4).

Für insgesamt sechs Strecken, die sich über oder unter Abbauen befanden, bei einem Flözeinfallen zwischen 5° und 15° in den verschiedenen Teufen, gab es vier, die über dem Abbau, und zwei, die unter dem Abbau lagen. Die ersten Maxima lagen fast alle in Höhe der Abbau-

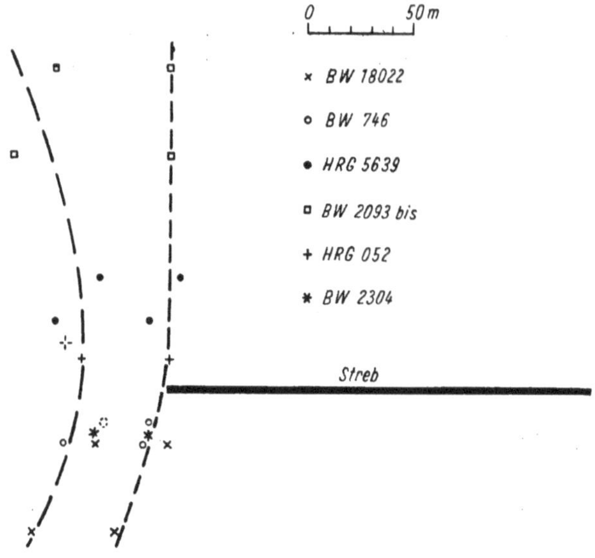

Bild 4.

kante, die zweiten dagegen in einem Abstand, der in der Flözebene des Abbaues ca. 40 m beträgt. In der letzten Ebene — 150 m über dem Abbauflöz — betrug dieser Abstand ungefähr 70 m.

Erste Schlußfolgerung. Die Interpretierung der zwei Maxima, wo Berechnung und Modell nur ein Maximum erwarten ließen, ist folgende:

Die Spannungen haben das Gestein in einem Maße zerstört, daß sein Verhalten nicht mehr elastisch war. Es hatte ein Verhalten plastischer Art, so daß eine Konvergenzkurve entstand, die mit der Zeit nicht mehr abgebremst wurde. Wie kann man die Anwesenheit des zweiten Maximums interpretieren?

Wir sind der Meinung, daß durch den Abbau Spannungen eingeleitet wurden, die zur Zerklüftung führten, so daß die wirkliche Abbaukante an die Stelle (X) übertragen wurde. Die Zone der maximalen Spannungen, die den Berechnungen an Modellen entspricht, befindet sich effektiv vertikal über der Grenzlinie einer sehr zerklüfteten Zone mit einer zweiten Zone mit elastischem Verhalten.

Wir schlußfolgern daraus, daß diese Interpretierung zum Verständnis der Erscheinungen führen kann, die sich über und unter einem Abbau ereignen.

Die zweite praktische Schlußfolgerung führt zur Festlegung des Streckenverlaufes im Abbaugebiet.

Herr Bradáč

Ich möchte Ihre Aufmerksamkeit noch einmal auf die Ergebnisse, die Herr Uhlenbecker angeführt hat, lenken. Vergleichen Sie bitte das Bild 17 auf der letzten Seite des Referates von Herrn Uhlenbecker mit der zweiten Beilage am Ende meines Beitrages. Die Biegungslinie der Sohle $\overline{w}(x)$ verschiebt sich von dem ursprünglichen Niveau nach oben und nach unten um etwa gleiche Werte, und zwar in Abhängigkeit davon, ob es sich um den Mittelpunkt des Pfeilers oder um den Mittelpunkt des Hohlraumes handelt. Die Biegungslinie der Firste $w(x)$ hat einen ungefähr spiegelbildlichen Verlauf, wobei das Null-Niveau gegen die Mittellage der Absenkungen um einen Wert höher ist, was durch die gesamte Senkung des Hangenden über dem Kammerfeld verursacht wird. Das Null-Niveau in meiner Beilage 2 entspricht den gestrichelten Linien in Bild 17. Die vermutliche Verteilung der mittleren Spannungen längs des Pfeilers kann aber auch durch die Störungen an den Pfeilerkanten beeinflußt werden.

Herr Everling

Thema unseres Ländertreffens sind hauptsächlich die Gebirgsbewegungen im Großen vom Abbau bis zur Tagesoberfläche. Dennoch sei mir ein weiterer Beitrag über die Bewegungen des unmittelbaren Hangenden im Stab gestattet, der nicht auf Theorien, sondern nur auf empirische Messungen aufgebaut ist:

„Voruntersuchungen über die Konvergenz in Streben der flachen und mäßig geneigten Lagerung im westdeutschen Steinkohlenbergbau" nach einem Referat von Markschneider Dr.-Ing. Leonhardt, Essen, im Ausschuß für Gebirgsdruckforschung am 20. 2. 1969.

Das Dezernat Kohlengrundlagen des Steinkohlenbergbauvereins, Essen, führte in den letzten 14 Jahren Untersuchungen in 369 Streben oder unterschiedlich ausgebauten Strebteilen durch. Der Zweck dieser Messungen war rein betrieblicher Natur. Sie wurden aber außerdem für Auswertungen mit Hilfe der Einflußgrößenrechnung genutzt.

So war es möglich, einige allgemeingültige Zusammenhänge, die zwischen der Strebkonvergenz und anderen Größen bestehen, quantitativ zu analysieren. Die relative Konvergenz als Zielgröße zeigte große Streuungen.

Um statistisch gesicherte, jedoch nicht plausible Aussagen von vornherein auszuschließen, wurden vor der Ausführung der Regressionsanalysen die erheblich aufwendigeren Varianzanalysen ausgeführt. Dadurch war es möglich, Wechselwirkungen, die zwischen Zielgrößen bestehen, zu erkennen und die Art des zu wählenden Ansatzes für die Regressionsrechnungen zu bestimmen.

Folgende Einflußgrößen wurden in die Varianz- und anschließenden Regressionsanalysen einbezogen:

	Mittelwert
1. die gebaute Flözmächtigkeit M (cm)	163
2. Petrographie der Dachschicht P (Kennziffer)	2,75
3. Verhieb pro Tag v (m)	1,56
4. mittlerer Ausbauwiderstand A (Mp/m^2)	16,4
5. Teufe T (m)	718
6. Versatzart V Kennziffer: 1 = Bruchbau 2 = Vollversatz 3 = Teilversatz	1,26
7. mittlere Strebraumbreite B (m)	4,11
8. Versatzgüte bei Blasversatz oder Bruchverhalten bei Bruchbau Q (Kennziffer (1), (2))	1,79
9. tatsächliche Gewinnungszeit innerhalb von 24 Stunden $t^{(h)}$	7,9

Tafel (1) Versatzgüte	Kennzahl
Guter Handvollversatz mit eingeschalteten festen Bruchsteinmauern oder Kästen	0
Blindörter, Rippen, Bruchörter (Kennzahlerhöhung um 1 Punkt bei schlechter Ausführung der Mauern oder Verwendung weicher bzw. kleiner Bruchsteine)	1
Hand-, Blas- oder Schleuderversatz. Verfüllungsgrad: gut	2
Hand-, Blas- oder Schleuderversatz. Verfüllungsgrad: mittel	3
Hand-, Blas- oder Schleuderversatz. Verfüllungsgrad: schlecht	4

Tafel (2) Bruchverhalten	Kennzahl
Bruch mit mindestens zweifacher Flözmächtigkeit gefallen	0
Bruch mit ein- bis zweifacher Flözmächtigkeit gefallen	1
Bruch mit Flözmächtigkeit gefallen	2
Bruch hängt weniger als 5 m über	3
Bruch hängt weit über (mehr als 5 m)	4
Bruch noch nicht gefallen (beim Anlaufen)	5

Als signifikante Wechselwirkungen ergaben sich vorläufig:

Petrographie der Dachschichten, Teufe und Gewinnungszeit innerhalb 24 h,
täglicher Verhieb und Versatzart,
Ausbauwiderstand und Strebraumbreite.

Mit diesen Wechselwirkungen und gemischt-quadratischen Ansätzen aller Einflußgrößen wurden Regressionsanalysen ausgeführt.

Aus Messungen in 252 Streben oder Strebbereichen mit sehr unterschiedlichen Eigenschaften ergibt sich für die Bestimmung der relativen Konvergenz folgendes:

Von den neun in den Ansatz genommenen Einflüssen sind die Petrographie der Dachschicht, die Teufe und die tatsächliche Gewinnungszeit innerhalb von 24 h *nicht* von signifikantem Einfluß auf die relative Konvergenz.

Für alle übrigen Einflußgrößen ergibt sich folgender optimaler Ansatz:

$$c = 0{,}115\,M - 23{,}4\,V - 21{,}3\,Q + 0{,}8\,v \cdot V - 3{,}01\,v^2 + 3{,}6\,Q^2 - 2{,}86\,\frac{A}{B} + 87{,}0\,\text{mm/mAbbau}.$$

Mehrere willkürlich herausgegriffene Datenkomplexe zeigten sehr gute Übereinstimmung zwischen berechneten und gemessenen Werten.

Die Wirksamkeit der einzelnen Einflüsse kann mit Hilfe der partiellen Differentiale der Regressionsgleichung abgeschätzt werden. Den größten Einfluß auf eine Änderung der Konvergenz haben die gebaute Mächtigkeit und die Versatzgüte (bzw. Bruchverhalten bei Bruchbau), von geringstem Einfluß ist die Verhiebsgeschwindigkeit.

Auch die Messungen der von JACOBI geleiteten Forschungsstelle bestätigen, daß die relative Konvergenz je m Abbau von der Abbaugeschwindigkeit nicht stark beeinflußt wird. Die Abbaugeschwindigkeit beeinflußt dagegen stark die Qualität des Strebhangenden: Mit schnellem Abbau verringert sich die Zeit, in der das Hangende noch nicht durch Ausbau unterstützt ist, und dadurch wird das Hangende wesentlich besser beherrscht.

Auf unsere Modellversuche über den Einfluß von Klüften auf Streb und Strecken werden wir vielleicht im nächsten Jahr zu sprechen kommen, ebenso auf unsere Arbeiten nach der Methode der endlichen Elemente (Finite elements).

Herr HELFRICH

Es wurde vom kleinen Bereich bis zum großen Bereich ein Querschnitt gegeben, der von der mathematischen Behandlung von Deformationsproblemen bis zur Messung der Deformation in situ führte. Die Ausführungen waren äußerst interessant und stimulierend, und sind ein wesentlicher Beitrag, um erweiterte und vertiefte Erkenntnisse gewinnen zu können.

Herr HÖFER

Ich danke Herrn HELFRICH für seine ausgezeichnete Arbeit als Diskussionsleiter.
Ich bitte Herrn NEUBERT die weitere Diskussionsleitung zu übernehmen.

Herr GRAMBERG

Herr GRAMBERG verweist auf die Gebirgsbewegungs- und Bruchwinkeltheorien von GROND und erinnert speziell an die Erweiterung dieser Theorien. Diese vergleicht er mit seinen Beobachtungen über Bruchzone, Überschiebungsfläche und der Materialverschiebung in einer Strecke, mit den Modellversuchen von JACOBI und EVERLING und schließlich mit den Bildern im vorliegenden Referat von BERGER. Er stellt die Frage, ob diese vier unterschiedlichen Erkenntnisse miteinander in Verbindung gesehen, richtig sind.

Herr NEUBERT

Herr GRAMBERG, mir sind die Arbeiten Ihres Kollegen GROND gut bekannt. Die zusätzliche Erweiterung, die Sie hier gegeben haben, stimmt auch in etwa mit unserer Anschauung überein, wobei wir vom Kohlenstoß ab noch die Zone der unvollständigen Versatzdichte zurechnen. Von der unvollständigen Versatzdichte sprechen wir auch beinm Bruchbau, wenn wir also keinen Versatz einbringen. Der Einwirkungswinkel kommt etwa mit der Hälfte der Zone unvollständiger Versatzdichte überein. Es besteht folglich in etwa eine Übereinstimmung, nur die Ausbildung der Spannungen wird sehr wahrscheinlich so sein, wie diese mit der Erweiterung von GROND angegeben wird.

Herr BERGER

Zu der Skizze von Herrn GRAMBERG ist zu sagen, daß die gleiche Situation in meinem Bild äußerst einfach modellmäßig nachgeahmt wurde und sich auf alle Schichtenanteile in ähnlichen geologischen Bereichen bezieht. Es liegen bei ihm natürlich festigkeitsmäßig wesentlich kompliziertere Bedingungen vor, die aber auch, je nach Gesteinsabsonderung, in andere Bruchformen übergehen können.

Ich habe heute nicht die Festgesteine erwähnt. Hier sind aber von KEGEL und SPACKELER ähnliche Situationen, z. B. Schichtenhöhlen, unechte Gewölbewirkungen usw., bereits gebirgsmechanisch in der Literatur ausführlicher beschrieben worden.

Herr GIMM

Ich möchte zu den Ausführungen von Herrn BERGER nur noch ergänzend folgendes sagen: Die gleichen Erdfälle, wie sie hier Herr BERGER über natürlichen Schichten und Höhlen beschrieben hat, gibt es auch über ersaufenden oder ersoffenen Salzgruben bei uns.

Herr BODONYI

Herr BODONYI berichtet über eine Arbeit, die am Bergbauforschungsinstitut in Budapest durchgeführt wurde. Mit Hilfe der Spannungsoptik ermittelte man an Gelatinemodellen die Bewegungsfelder vom Abbau bis zur Tagesoberfläche.

Zur Sichtbarmachung der Spannungskonzentrationen dienten zwei große Polarfilter mit monochromatischem Licht bzw. sogenanntem Sonnenlicht.

Das Modell wurde durch das Eigengewicht belastet. Als Modellmaterial verwendete man verschiedene Gelatinearten. So diente zum Beispiel eine Zusammensetzung mit 12% Gelatine und 19% Glyzerin zur Nachahmung von weichen Sedimentgesteinen. Bei einer Zusammensetzung von 18% Gelatine und 14% Glyzerin wurden Sandstein- und Kalksteinschichten nachgebildet.

Insgesamt wurden fünf Modelle aus homogenem bzw. laminiertgeschichtetem Material aufgebaut. Durch Einführung einer mächtigen festen Schicht in der Sohle hat man auch deren Einfluß auf die Schichtenbewegungen untersucht.

(Dieser Diskussionsbeitrag wird anhand von Lichtbildern erläutert.)

Herr NEUBERT

Meine sehr verehrten Herren!

Es liegen nun keine Diskussionsmeldungen mehr vor. Wenn Sie gestatten, will ich versuchen, die zahlreichen und teilweise sehr umfangreichen Diskussionsbeiträge in einer Kurzfassung sinnvoll zusammenzustellen.

Wie ich bereits in meinen einleitenden Worten zur Diskussion ausführte, bietet das diesjährige Rahmenthema ,,Der Mechanismus der Gebirgsbewegung" vielseitige Möglichkeiten für Forschungen zu komplexen wissenschaftlichen Kollektivarbeiten verschiedener Fachrichtungen unterschiedlicher Schattierungen. Jeder Spezialist geht von seiner Blickrichtung an das Thema heran. So ist es z.B. für einen Markscheider oder Bergmann oft nicht ganz einfach, sich kurzerhand in die Gedankengänge eines Physikers oder Mathematikers eindenken zu können. Ich muß ganz offen gestehen, daß es mir sowie einigen anwesenden Kollegen nicht oder doch nur annähernd gelungen ist, allen Ausführungen der Vortragenden bis in alle Einzelheiten, vor allem den mathematischen Ableitungen komplizierter Vorgänge, folgen zu können. Hierzu wäre es notwendig, die Vorträge einige Tage vor Beginn des Ländertreffens zum Studium zu erhalten. Dieser Wunsch scheitert jedoch an den Schwierigkeiten der rechtzeitigen postalischen Zustellung im Ausland. Wenn ich deshalb in meiner kurzgefaßten Zusammenstellung der Diskussionsbeiträge den einen oder anderen Gedankengang nicht vollinhaltlich zum Ausdruck bringe, so bitte ich gefälligst um Nachsicht.

Von den 12 eingereichten Vorträgen zum Rahmenthema befaßten sich im wesentlichen 3 bis 4 mit theoretischen physikalischen Untersuchungen, die auch den Haupttenor der ersten Vormittagsdiskussion gebildet haben.

Die linearen Modelle nach LITWINISZYN wurden durch die Betrachtungsweise der Vereinigung mit der Kontinuumsmechanik nach BUCHHEIM sinnvoll ergänzt. DREYER und HELFRICH machten gleich zu Beginn darauf aufmerksam, daß Einschränkungen der Gültigkeit der theoretischen Untersuchungen erforderlich sind. BUCHHEIM bezeichnete die Stochastik als einen Extremfall und wies auf den Zusammenhang der Auflockerung und der Spannung mit einer dritten Komponente hin. Er ging ferner auf die mechanischen Nachwirkungen als eine Art Hysterese ein. DREYER unterstrich in diesem Zusammenhang die im Prinzip geringen physikalischen Unterschiede zwischen festem und lockerem Gestein, während HELFRICH die geforderte Linearität der Modelle in der Natur nicht immer erfüllt sieht. LITWINISZYN hält jedoch die Anwendung der Gesetze der Elastizitätstheorie in Verbindung mit der Superposition für nützlich. Auch ist bei HELFRICH das Massenkontinuum im diskontinuierlichen Gebirge eine nicht immer zutreffende Annahme. Er bezweifelt ferner, daß die Mikroseismik der Geophysiker als von so großem Einfluß wie angenommen einzuschätzen ist. Die Deformationen durch Sprengungen großer Ladungen sind beachtlich größer als die durch Mikroseismik (Bodenunruhe) hervorgerufenen. BUCHHEIM bezeichnet bei geringen Werten der Auflockerung und des Spannungszustandes die linearen Gleichungen als nicht mehr zutreffend. HELFRICH unterscheidet deshalb zwischen Bodenunruhen und Zerstörungsvorgängen im Gebirge. BUCHHEIM will Unterschiede in der Betrachtungsweise zwischen einem Geologen und einem Bergmann sehen. HELFRICH ist jedoch der Auffassung, daß diese Annahme für den gebirgsmechanisch denkenden Geologen nicht zutrifft. Für den Praktiker ist der Erwartungstest ausschlaggebend.

Es wird nicht für wahrscheinlich gehalten, daß nach BRADÁČ im unverritzten Gebirge des Abbaufeldes nach Art eines Balkens keine Bruchdeformationen vorhanden sind. HELFRICH betont ferner, daß die POISSONsche Zahl keine Konstante schlechthin ist.

Wie DREYER näher ausführt, sollte das in situ an einem Pfeiler gemessene Verhältnis von Längsstauchung zu Querdehnung nicht als POISSONsche Zahl bezeichnet werden, eine Auffassung, der HELFRICH beipflichtet, aber dann soll diese auch nicht für die Berechnung eines Spannungszustandes in situ verwendet werden. Die Messung der POISSONschen Zahl erfordert neben elastischem Gesteinsverhalten einen einachsigen Beanspruchungszustand, beides ist in situ nicht erfüllt.

GIMM empfiehlt die Untersuchungen bei zunehmenden Drücken. Es wird die Bedeutung der Expansions- und Aufblätterungskoeffizienten von GRAMBERG, HELFRICH und DREYER herausgestellt. Die von ZNAŃSKY vertretene sprunghafte Veränderung der Deformationsvorgänge wird auch durch markscheiderische Messungen bestätigt. Die Absenkung erfolgt nicht stetig, sondern ruckweise.

Von besonderem Interesse waren die Ausführungen von PROTODJAKONOV über die Untersuchungen im Karaganda-Kohlenbecken durch Professor KANLYBAJEVA, worüber sie auch bereits in Freiberg berichtet hat. Es wurden bei Bohrungen im Abbauvorfeld radioaktive Festpunkte verwendet und die Gesteinsverschiebungen mit Hilfe eines beweglichen Koordinatennetzes verdeutlicht. Sowohl in horizontaler als auch in vertikaler Richtung erfolgt eine Einteilung in je drei Zonen.

Der Beitrag von THOMA weist auf die Auswirkungen des Abbaues bei ungestörtem Gebirge und bei zerklüftetem Hangenden hin. Nach KNOTHE ist die Annahme der Volumenbeständigkeit nur eine Annäherung. Er zeigt Unterschiede zwischen Absenkungsbetrag und Abbauhohlraummächtigkeit auf, die im Absenkungsfaktor prozentual angegeben werden.

Von mehreren Diskussionsrednern werden die Erfahrungen mit Modellen in die Diskussion eingebracht. SÍBEK besprach Erkenntnisse innerhalb des Deformationsgebietes und die Verschiebung des Inflexionspunktes in Richtung auf das abgebaute Gebiet. Die Ergebnisse sind durch markscheiderische Messungen bestätigt worden. VOLAROVIČ gibt seine Erfahrungen mit Langzeittests bekannt, während RICHTER die Vorteile der Untersuchungen in mechanischen Modellen sieht. Gegenüber diesen Ergebnissen behandelt BORECKI die Abhängigkeit der Festigkeit des anstehenden Kohlenblockes von dem Verhältnis der Pfeilerdimension $B:H$. Hierzu ermittelt er formelmäßig maximale und minimale Verfestigung. Der Vorteil in der Verwendung dynamischer Methoden wird von VOLAROVIČ hervorgehoben. PROTODJAKONOV will einen Maßstabsfaktor für empirische Formeln angebracht wissen. Dazu empfiehlt DREYER petrographische Untersuchungen, um Gefügeänderungen feststellen zu können, die VOLAROVIČ bei der Bestimmung der POISSONschen Zahl für Strukturänderung von Gesteinen mit Anisotropie in verschiedenen Richtungen für bedeutungsvoll hält. Dazu sind nach DREYER die Anfangsporosität und die Gefügedaten zu beachten. MENCL weist auf die durch Schubspannungen verursachten Volumenänderungen hin, wofür die Elastizitätstheorie nicht mehr zutreffend ist. Über bittere Erfahrungen berichtet KUZNECOV, wenn die verschiedenen Wirkungskomponenten der Kräfte nicht zuvor im Labor ermittelt werden, während GRAMBERG die Spannungsverteilung und Zerklüftung ausreichend genau an Sprödbruchflächen in situ bestimmt, wobei jeder Bruch determiniert wird.

HÖFER weist auf die gut übereinstimmenden Modellergebnisse von Untersuchungen bei KUZNECOV und JOHN hin. Nach JOHN kommt es bei den Modellversuchen auf die Scherverschiebung auf Klüften an. Ermittlung von Gleitbereich und mittlerem Kluftabstand lassen eine Unterteilung in Verformung infolge Kluftgleiten und Verformung der Elemente erkennen. Die Eliminierung der Schubspannungen zwischen Versuchsmaterial und dem Modellrahmen als Anfrage von MENCL wird nach JOHN durch Gummisäcke erreicht.

Die mit dem Salzbergbau zusammenhängenden Probleme werden durch DREYER anhand der beiden Vorträge von MUIR und UHLENBECKER angesprochen. Nach DREYER können die von MUIR angegebenen Abschalungen durch Reduzierung der freien Spannweiten ohne Erhöhung der Abbauverluste vermieden werden, wenn gleichzeitig auch die Pfeilerabmessungen reduziert werden. Untersuchungen über Unterschiede von Spannungen und Querdehnungen im Pfeilerkern bis Pfeilerstoß führen nach UHLENBECKER zu optimalen Pfeilerabmessungen. Die Erkenntnisse werden auf eine große Zahl von Modellversuchen mit hohen Belastungen zurückgeführt, wobei Festigkeits- und Verformungsverhalten kleiner und großer Modelle keine wesentlichen Unterschiede aufweisen. Die Einstanztiefe in Pfeilermitte wird mit 25 mm bestätigt. Einflußzonen im Gebirge werden von PARASCHKEVOV an unter- und überbauten Querschlägen ermittelt, wobei er einen Unterschied in der Auswirkung bei Flözen mit einem Einfallen bis 20° und solchen bis 65° feststellt. Im Kalibergbau von Muhlhouse gibt VIGIER wichtige Elemente an, die zu Zerstörungen durch Firstschläge führen. Die Gegenüberstellung von theoretischen Untersuchungen anhand von Modellen und praktischen Beispielen bezeichnet RAFFOUX als besonders nützlich, wobei die Darstellung in verschiedenen Ebenen Unterschiede aufweist. Im ersten Fall werden ein Maximum, im zweiten Fall zwei Maxima der Konvergenz festgestellt. Er gibt eine Interpretation für das zweite Maximum in 40 m Entfernung von der Abbaukante. Die Resultate von UHLENBECKER vergleicht BRADÁČ mit den von ihm gewonnenen Schlußfolgerungen.

Die Bewegungen des unmittelbaren Hangenden im Streb weist EVERLING anhand von umfangreichen markscheiderischen Messungen von LEONHARDT nach. Er zeigt die Wechselwirkungen zwischen Einflußgrößen und Konvergenz auf und stellt den signifikanten Einfluß einzelner Größen auf die Konvergenz mit Hilfe der Regressionsanalysen aus 250 Streben heraus. Schließlich hebt er den Einfluß der Klüftung auf das Verhalten des Gebirges in Strecken und Abbauen hervor und erwähnt ein beim Steinkohlenbergbauverein neu entwickeltes Rechenprogramm, das zu weiteren erfolgreichen Erkenntnissen führen dürfte.

Im Laufe des dritten Vormittags sprach Herr GRAMBERG die Erweiterung der GRONDschen Darstellung an, die durch die Modellversuche von BERGER und anderen Herren bestätigt wird.

GIMM weist auf die gleichen Auswirkungen über ersoffenen Salzgruben hin. Schließlich behandelt BODONYI mit Hilfe von besonders großen Filtern Modellversuche, wobei er zum Teil von den konservativen Modellen Abstand nimmt. Zum Schluß stellte ŠIŠKA die Abbauauswirkungen in einem Gesteinsberg auf Kurven dar. Das gleiche tat er mit den Auswirkungen in einer Schachtröhre, wobei er die entsprechenden Schlußfolgerungen für den praktischen Bergmann gezogen hat.

Zusammenfassend wird festgestellt, daß die zum 11. Ländertreffen des Internationalen Büros für Gebirgsmechanik gehaltenen Vorträge Anlaß zu umfangreichen interessanten Diskussionsbeiträgen geboten haben. Zahlreiche Fragen wurden aufgeworfen und wertvolle Ergänzungen zu gewonnenen Erkenntnissen hinzugefügt, so daß viele neue Anregungen unser Arbeitsgebiet bereichern und uns der Lösung komplizierter Aufgabenstellungen nähergebracht haben. Mit voller Berechtigung dürfte deshalb das Goethewort vollinhaltlich Gültigkeit für alle Teilnehmer des 11. Ländertreffens besitzen: „Wer vieles bringt, wird manchem etwas bringen, und jeder geht zufrieden aus dem Haus“.

BERICHTE
ÜBER DIE ARBEIT DES INTERNATIONALEN BÜROS FÜR GEBIRGSMECHANIK UND SEINER ARBEITSGRUPPEN IM JAHRE 1969

Bericht über die Arbeit des Internationalen Büros für Gebirgsmechanik im Jahre 1969

von K.-H. Höfer

Das Internationale Büro für Gebirgsmechanik organisierte auch im Jahre 1969 die internationale Zusammenarbeit auf dem Gebiete der Gebirgsmechanik durch die Vorbereitung und Abhaltung von 3 Arbeitsgruppensitzungen sowie des 11. Ländertreffens des IBG.

Außerdem wurden zwei Literaturinformationen erarbeitet, die mit großer Unterstützung der Mitglieder des Büros zusammengestellt werden konnten.

Das 13sprachige Wörterbuch der Gebirgsmechanik wurde fertigbearbeitet und zum Druck gegeben.

Die Korrektur des von der Arbeitsgruppe I vorbereiteten viersprachigen Lexikons der Gebirgsmechanik wurde von der russischen, französischen und englischen Sprachgruppe gelesen.

Der Bericht über das 10. Ländertreffen wurde bearbeitet und ebenfalls zum Druck gegeben.

„Meßgerätetechnik“ im Jahre 1969

von R. Gocman

Die im Jahre 1960 ins Leben gerufene Arbeitsgruppe „Gerätetechnik für Untertagemessungen“ hat ihre erste Hauptaufgabe, die Fertigstellung eines internationalen Gerätekataloges für Untertagemessungen, erfüllt. Dieser Katalog wurde im vorigen Jahr durch das Internationale Büro für Gebirgsmechanik gedruckt herausgegeben und allen interessierten Fachleuten zur Verfügung gestellt. Auf Grund dieser Sachlage wurde während des vorjährigen Ländertreffens des IBG die Arbeitsgruppe reaktiviert und die Festlegung eines neuen Aufgabenbereiches beschlossen.

Diese Arbeitsgruppe „Meßgerätetechnik“ ist dank des Entgegenkommens der Bergakademie Freiberg in der Zeit vom 16. bis 20. April 1969 zu einer Sitzung in Freiberg zusammengetroffen. Während dieser Sitzung wurde anhand von acht vorgelegten Beiträgen über die Möglichkeiten und Grenzen der Spannungsmessungen in situ eingehend diskutiert. Es wurden Probleme der Spannungsmessungen sowohl im elastischen als auch zerklüfteten Gestein besprochen, wobei eine besondere Aufmerksamkeit der Frage der Aufstellung der Meßgeräte gewidmet wurde.

Im Vordergrund der besprochenen Verfahren standen die Kompensationsmethode für Messungen an der Oberfläche von Hohlräumen und die Entlastungsmethode für Messungen im Gebirgsinneren. Es wurde übereinstimmend festgestellt, daß der Bestimmung der im Gebirge absolut wirkenden Spannungen große sichterheistechnische und ökonomische Bedeutung zukommt. Es ist jedoch notwendig, daß die verschiedenartigen Meßverfahren untereinander verglichen werden, um zu routinemäßig anwendbaren Standardverfahren zu kommen, da all diese Methoden noch sehr aufwendig sind.

Es konnte festgestellt werden, daß alle Meßmethoden für das elastische Gebirge gute Ergebnisse liefern. Im geklüfteten Gebirge ergeben sich spezielle Probleme der Aufstellung der Meßgeräte. Eine Messung im inelastischen Gebirge dagegen ist problematisch und erfordert noch weitere Forschungen.

Meßtechnische Verfeinerungen wurden insbesondere durch die Einführung neuer Techniken erreicht. Es ist nützlich, vor den eigentlichen Spannungsmessungen Hilfsmethoden anzuwenden, die einen Überblick über die Eigenart des Gebirges und der am zweckmäßigsten zu wählenden Meßtechniken geben können. Ebenso wie die geologischen Bedingungen beeinflußt aber auch die Aufgabenstellung die zu wählende Meßmethode.

Einfache qualitative Methoden haben sich schon gut für die Ortung gefährdeter Zonen im Gebirge erwiesen. Sie können allerdings nicht zur absoluten Spannungsbestimmung herangezogen werden. Die Erfahrungen mit verschiedenen quantitativen Methoden werden während weiterer Arbeitsgruppensitzungen ausgewertet.

Es wurde weitestgehende Übereinstimmung dahingehend erzielt, daß die Möglichkeiten und Grenzen der Anwendung von Spannungsmeßverfahren durch eine Verbesserung der Eichmethoden ausgeweitet werden können, wobei die Einsatzbedingungen des Meßgerätes im Vordergrund stehen sollten.

In der wissenschaftlichen Aussprache wurde es weiterhin als notwendig erachtet, eine Zusammenstellung aller gebräuchlichen Meßverfahren zu erarbeiten, wobei sowohl die theoretischen Grundlagen als auch die praktischen Erfahrungen mit den betreffenden Meßmethoden vergleichend dargestellt werden sollten. Dieses Buch soll Methoden zur Messung von Spannungen, Verformungen und Bewegungen als auch Reaktionen und die Verfahren zur Bestimmung der physikalisch-mechanischen Eigenschaften im Gebirge umfassen. Zu diesem Zweck wurden eine repräsentative Auswahl der Meßverfahren, die in diesem Buch erfaßt werden sollen, sowie ihre wesentlichsten Merkmale aufgestellt.

Die weiteren Arbeiten werden während der nächsten Sitzung der Arbeitsgruppe, welche im II. Quartal 1970 in der Volksrepublik Polen vorgesehen ist, geführt.

„Festigkeitsuntersuchungen" im Jahre 1969

von K.-H. Höfer

Die 9. Sitzung der Gruppe III „Festigkeitsuntersuchungen" fand vom 18. bis 22. September in Bukarest, Sozialistische Republik Rumänien, auf Einladung des Bergbauforschungsinstitutes ICEMIN statt. Das Ziel der Sitzung war, eine wissenschaftliche Aussprache über das Spannungs-Verformungsverhalten von Gesteinen zu führen, Richtlinien für Verformungsmessungen und ihre Auswertung aufzustellen.

Bedeutung der Kenntnis von σ—ε-Beziehungen für Bergbau und Felsbau

Die Kenntnis der $\sigma-\varepsilon$-Beziehungen ist die Grundlage für die ingenieurmäßige Planung von langlebigen Bauwerken im Gebirge, zur Beurteilung der Gebirgsschlaggefährlichkeit von Kohle- und Salzlagerstätten und einige Sonderfragen der Gebirgsmechanik.

Zur vollständigen Beschreibung des mechanischen Verhaltens von Gestein und Gebirgsverband müssen außer dieser $\sigma-\varepsilon$-Beziehung auch der Einfluß von Zeit, Maßstab und Anisotropie bekannt sein. Die Ermittlung dieser Einflüsse entzieht sich z. Z. jedoch einer Normung. Um die Zeiteinflüsse auszuschalten, muß man eine bestimmte Belastungsgeschwindigkeit vorschreiben. Durch dynamische Messung von Elastizitätskonstanten kann die statische Messung nicht ersetzt werden. Für den speziellen Fall der Ermittlung des Elastizitätsgrades E_0 liegt bereits eine Richtlinie des IBG vor.

Aussprache über zweckmäßige Verfahren der Verformungsmessung bei einachsigen Druckversuchen an Gesteinsproben und ihre Auswertung

Probenabmessungen

Verformungsmessungen werden im Vergleich zu Festigkeitsbestimmungen im allgemeinen an einer kleineren Zahl von Gesteinsproben und an festeren Gesteinen durchgeführt. Daher kann für Verformungsmessungen im Gegensatz zu den Festlegungen in den Richtlinien des IBG für Festigkeitsmessungen ein Verhältnis von Probenlänge zu Probendurchmesser von 2:1 vorgesehen werden.

Die Genauigkeitsansprüche an die Probenbearbeitung in den bisherigen Richtlinien des IBG haben sich bewährt und werden deshalb beibehalten. Zur Kontrolle der Planparallelität kann eine genormte mechanische Meßuhr mit 1/1000-mm-Teilung verwendet werden.

Belastung

Die in den bisherigen Richtlinien festgelegte Belastungsgeschwindigkeit wird beibehalten. Die Belastung soll zügig bis zum Überschreiten der Linearitätsgrenze gesteigert werden.

Messung der Axialverformung

Es wurden folgende Möglichkeiten besprochen:

a) Messung der Abstandsänderung der Druckplatten (Änderung der Gesamtlänge des Probenkörpers)
Vorteil: Einfacheres Meßverfahren
Nachteile: Verfälschung der Anfangswerte,
Verfälschung durch die Endflächenreibung

b) Messung der Abstandsänderungen zweier Meßringe, die an der zylindrischen Probe bei L/4 und 3 L/4 befestigt sind.
Vorteil: Vermeidung der Nachteile des Verfahrens a)
Nachteil: Größerer Arbeits- und Geräteaufwand

c) Messung der Längenänderung von Strecken auf der Probenoberfläche (z. B. aufgeklebte oder nach Vorschlag VNIMI angedrückte Dehnungsmeßstreifen; mechanische Tensometer)
Vorteil: Verfahren VNIMI ist sehr einfach.
Nachteile: Fehler durch kurze Meßlängen; bei aufgeklebten Meßstreifen sehr großer Arbeits- und Kostenaufwand sowie beschränkter Meßbereich; bei Verfahren VNIMI muß Möglichkeit von Verfälschungen infolge unzureichender Haftung überprüft werden.

Als Ergebnis der Diskussion wurde das Meßverfahren b) vorgeschlagen und dabei empfohlen, Meßgeräte zu benutzen, die eine kontinuierliche Registrierung der Verformungswerte gestatten.

Messung der Querverformung

Hierzu wurden vorgeschlagen:

- Unmittelbare punktförmige Messung mit Meßuhren,
- Messung der Umfangsänderung der Probe mit einem eng anliegenden Metallring, der an einer Stelle aufgeschnitten und dort mit einem elektrischen Meßelement überbrückt ist,
- Verfahren VNIMI mit angedrückten Dehnungsmeßstreifen.

Vor der Annahme in eine Richtlinie sollen die Mitglieder der Arbeitsgruppe III diese und alle anderen noch bekannt werdenden Verfahren erproben und darüber dem IBG vor der nächsten Sitzung der Arbeitsgruppe berichten.

Auswertung der axialen Verformungsmessung

Um eine möglichst vielseitige und einfache praktische Anwendung zu ermöglichen, wird die Auswertung der $\sigma-\varepsilon$-Kurve auf die Ermittlung eines einzigen Kennwertes beschränkt. Dies ist der Tangens des linearen Teils der $\sigma-\varepsilon$-Kurve (Elastizitätsmodul) und wird mit

$$E_{\text{statisch } 5-10}$$

bezeichnet (5—10 bedeutet die Belastungsgeschwindigkeit in $\text{kp/cm}^2 \cdot \text{s}$).

Da die Linearitätsgrenze oft wesentlich unterhalb der Druckfestigkeit liegt, ist ihre Größe zusätzlich anzugeben. Wie die Linearitätsgrenze aus dem Diagramm zu ermitteln ist, soll nach Vorliegen ausreichender Erfahrungen festgelegt werden. Als ein mögliches Verfahren hierzu wurde die graphische Differentation vorgeschlagen.

Bericht über die Tätigkeit der Arbeitsgruppe IV

„Analytische Gebirgsmechanik" im Jahre 1969

von W. MENZEL

Die Arbeitsgruppe IV führte ihre 6. Sitzung in der Zeit vom 2. bis 4. Juni 1969 im Institut für Gebirgsmechanik der Polnischen Akademie der Wissenschaften in Kraków durch.

Die Arbeitsgruppenmitglieder möchten an dieser Stelle noch einmal der Polnischen Akademie der Wissenschaften und insbesondere den Herren KNOTHE und LITWINISZYN für die gute Vorbereitung und Durchführung der Tagung und die erwiesene Gastfreundschaft danken.

Entsprechend den Beschlüssen auf der 5. Arbeitsgruppensitzung im Jahre 1968 in Berlin wurde auf der diesjährigen Tagung mit einer kritischen Einschätzung der Anwendungsmöglichkeiten, der Anwendungsbereiche und der Anwendungsbedingungen der Ergebnisse bereits existierender analytischer Lösungen begonnen. Als erstes Unterthema wurde der Aufgabenkomplex „Das Verschiebungsfeld vom Abbau bis zur Tagesoberfläche" betrachtet. Zu diesem Thema wurde eine Reihe von Beiträgen eingereicht und vorgetragen.

Herr AVERŠIN referierte in einem grundlegenden Beitrag über den Entwicklungsstand, der bei der Erforschung der Gebirgsbewegungen um bergmännische Hohlräume in der Sowjetunion erreicht ist. Er zeigte offene Probleme auf und gab wertvolle Hinweise, welche Wege die Forschung in den nächsten Jahren gehen muß, um die vorhandenen Lücken im Erkenntnisstand weiter zu schließen.

Herr BERRY gab einen Überblick über die Anwendung von Lösungen aus der Elastizitätstheorie zur Beschreibung des Verschiebungsfeldes. Dabei wurde zwischen Homogenität und Inhomogenität, Isotropie und Anisotropie sowie räumlicher und ebener Betrachtungsweise unterschieden. Die Grenzen der einzelnen Anwendungsgebiete der verschiedenen Modellvorstellungen wurden aufgezeigt und jeweils positive Beispiele für eine praktische Anwendung gegeben.

Die Herren LITWINISZYN und SMOLARSKI berichteten über den Entwicklungsstand in der anderen großen Forschungsrichtung zur Theorie der Bodensenkungen, und zwar über die mathematischen Modellvorstellungen auf der Grundlage der Theorie des stochastischen Mediums. Dabei wurde vor allem die Allgemeingültigkeit der dieser Theorie zugrunde liegenden Prinzipien diskutiert. Vor- und Nachteile bei einer praktischen Anwendung wurden herausgearbeitet und Hinweise für einen weiteren Ausbau dieser Theorie gegeben.

Herr KOHOUTEK setzte sich kritisch mit der sachgerechten Formulierung der Aufgaben, den zu treffenden Vereinbarungen bei der Modellwahl und den sich daraus ergebenden Kriterien für die Verallgemeinerung und Übertragung der erzielten Ergebnisse auseinander. Für die Formulierung einer Forschungsaufgabe zur Thematik der Gebirgsbewegungen und den zu treffenden Entscheidungen wurde ein Netzwerk entwickelt, anhand dessen die bisher vorliegenden Ergebnisse auf ihre Anwendbarkeit in der Praxis überprüft werden sollen.

Die Herren BODONYI, KNOTHE und MARTOS berichteten über Erfahrungen bei der Anwendung physikalischer Modellvorstellungen zur Klärung der Gebirgsbewegungen infolge des Abbaus. BODONYI benutzte die Spannungsoptik und ermittelte an Gelatinemodellen die Bewegungsfelder. KNOTHE verwendet sogenannte Sandmodelle zur Bestimmung und Überprüfung einiger Parameter, die in der Theorie des stochastischen Mediums Anwendung finden. MARTOS vergleicht die Ergebnisse von Modellversuchen aus äquivalenten Materialien mit den Ergebnissen von übertägigen Senkungsmessungen, die eine statistische Verarbeitung zulassen. Die Anwendung dieser Modellvorstellungen bedingt jedoch sehr viele Einschränkungen, und es müssen vereinfachende Annahmen getroffen werden, die eine Übertragung der erzielten Ergebnisse sehr schwierig erscheinen lassen.

Herr Gil, der als Gast an der Arbeitsgruppensitzung teilnahm, berichtete über ein spezielles Lösungsverfahren zur Untersuchung des Abbaueinflusses auf das Verschiebungsfeld in der Umgebung eines Schachtes.

Herr Malina informierte die Tagungsteilnehmer über Entwicklungstendenzen und Erweiterungen der Anwendungsmöglichkeiten der Finite-Element-Methode. Diese Erweiterungen betreffen vor allem die Berücksichtigung von Trennflächen und Grenzzuständen.

In der Diskussion über die vorgelegten Beiträge wurden insbesondere folgende Hauptprobleme behandelt:

Die Möglichkeiten und Grenzen der Beschreibung von Oberflächenverschiebungen durch empirische Ansätze;

die Beschreibung der Senkungsfunktion mit Hilfe von Einflußfunktionen für die elementare Senkungsmulde;

die Anwendung parabolischer Differentialgleichungen zur Beschreibung des Verschiebungsfeldes;

die Anwendung elliptischer Differentialgleichungen, insbesondere im Hinblick auf die Beschreibung des Verschiebungsfeldes mit Hilfe der verschiedenen Disziplinen der Kontinuumsmechanik; und

die Anwendung physikalischer Modelle bei der Bestimmung des Verschiebungsfeldes.

Aus den Vorträgen und Diskussionen ging hervor, daß bei der Lösung praktischer Probleme verstärkt das Zusammenwirken der verschiedenen Forschungsgebiete, d. h. Theorie, Modellversuche und Messung, gefordert werden muß; daß die theoretischen Untersuchungen im Vordergrund stehen müssen, weil nur auf ihrer Grundlage Erweiterungen und Verallgemeinerungen bezüglich einer allgemeingültigen Theorie der Gebirgsverschiebungen möglich sind; daß zur Lösung praktischer Aufgaben auf der Basis theoretischer Modellvorstellungen gegenwärtig verstärkt die maschinelle Rechentechnik eingesetzt werden muß, um die komplizierten Teilfragen, wie Materialeigenschaften und Rand- und Anfangsbedingungen, überhaupt auch nur näherungsweise erfassen zu können; und daß zur Zeit noch keine allgemeingültige Theorie der Gebirgsverschiebung existiert, so daß in jedem Falle die Besonderheiten der jeweils zu lösenden Aufgabe zu beachten sind, um richtige Entscheidungen bezüglich der Auswahl der Modellvorstellungen und der Lösungsverfahren treffen zu können.

EINFÜHRUNGSVORTRAG ZUR EXKURSION

Überblick über die gebirgsmechanischen Verhältnisse des Kupferschieferbergbaues im Sangerhäuser Revier

von W. Münder, Sangerhausen

1. Allgemeines

Der Kupferschieferbergbau verlagerte sich in den letzten Jahren immer stärker in das Sangerhäuser Revier. Mit Ablauf dieses Jahres wird die Gewinnung des Kupferschiefers in der Mansfelder Mulde eingestellt und dadurch eine weitere Konzentration des Kupferschieferbergbaues im Sangerhäuser Revier bewirkt.

Die geographische Lage des Sangerhäuser Reviers zeigt Bild 1. Der darin gekennzeichnete Hornburger Sattel stellt die Grenze zwischen der Mansfelder Mulde und dem Sangerhäuser Revier dar.

Nachdem bereits im 11. Jahrhundert im Norden des Sangerhäuser Reviers am Ausgehenden des Flözes die Gewinnung des Kupferschiefers begann, erfolgte mit der Inbetriebnahme des Thomas-Müntzer-Schachtes im Jahre 1951 die konzentrierte Abbautätigkeit in diesem Revier. Im Jahre 1958 begann die Erzgewinnung im Bernard-Koenen-Schacht, der z. Z. größten Schachtanlage im Sangerhäuser Revier. Der derzeitige Umfang der Flözgewinnung im Sangerhäuser Revier liegt bei rd. 1 Million m^2 Abbaufläche pro Jahr, wobei etwa $^2/_3$ dieser Flözfläche im Bernard-Koenen-Schacht abgebaut werden.

Das nur wenige Dezimeter mächtige Kupferschieferflöz ist ein mergelartiges Gestein, das in relativ flacher Ablagerung (etwa 5° Einfallen) vorliegt (Bild 2).

Während das unmittelbare Liegende des Flözes aus Sandstein bzw. Konglomerat besteht, wird das Hangende vor allem durch Kalkstein, Anhydrit und Steinsalz gebildet (Bild 3). Das obere Deckgebirge besteht vorwiegend aus mächtigen Ablagerungen des Buntsandsteins.

Der gegenwärtige Abbau des Kupferschieferflözes erfolgt in Teufen zwischen rd. 300 m und 900 m. Das Flöz wird in Streben von 40—70 m Länge, rd. 2 m Breite und 0,8 bis 1,0 m Höhe durch die Kombination von Hack- und Sprengarbeit gewonnen, wobei der tägliche Vortrieb etwa 0,5—1,5 m beträgt. Der Strebausbau besteht aus Holzstempeln oder Holztürstöcken, der Handvollversatz aus dem bei der Gewinnung anfallenden Bergehaufwerk. Die Strebförderung erfolgt durch Plattenbänder, Einschienenförderer, Schrapper oder Strebhunte. Diese kurze Kennzeichnung der Abbautechnologie betrifft nicht den erst seit kurzem angewandten Schälschrapperstrebbau. Bei diesem Abbauverfahren wird das im Vorfeld durch Langlochbohrungen aufgelockerte Flöz durch einen Schälschrapper bei nur rd. 0,2 m Schnitthöhe gewonnen und gefördert. Die Schrappgasse („Streb") bleibt ohne Ausbau, und im Versatzfeld werden Holzkeile zur Dachstützung eingebracht.

2. Gesteinsmechanische Verhältnisse

Den Ausgangspunkt für die Darlegung der gebirgsmechanischen Verhältnisse im Sangerhäuser Revier bildet die kurze Skizzierung des Festigkeitsverhaltens der zu betrachtenden Schichten, da die Kenntnis dieser Parameter sowie deren Schwankungen innerhalb der Lagerstätte für eine praktische Gebirgsmechanik notwendig ist. Es muß in diesem Zusammenhang nicht die Diskrepanz zwischen Verbands- und Gesteinsfestigkeit betont werden. Da weiterhin die im Rou-

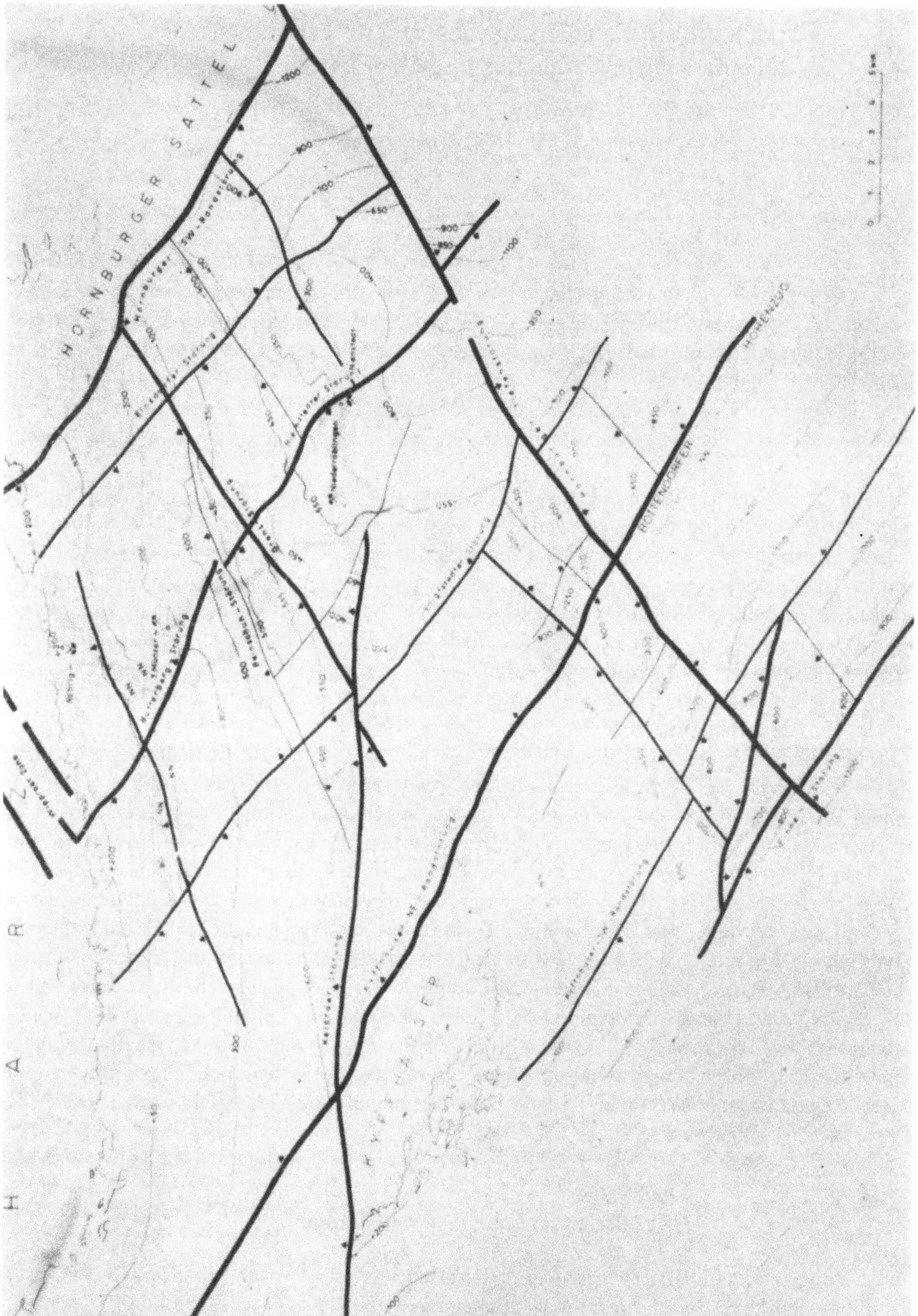

Bild 1. Geographische Lage und tektonische Situation des Sangerhäuser Reviers (entnommen aus [1])

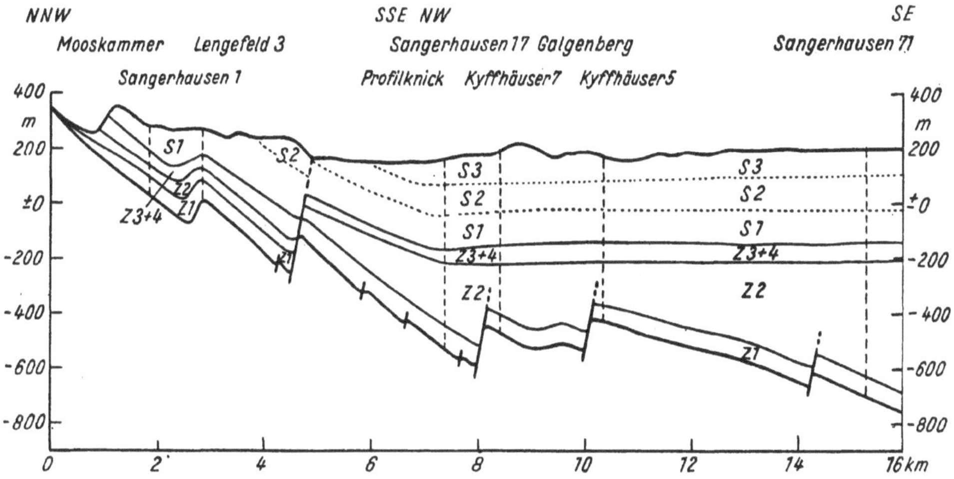

Bild 2. Geologisches Profil des Sangerhäuser Reviers (entnommen aus [1])

Idealprofil des Zechsteins für das Gebiet zwischen Kyffhäuser und Hornburger Sattel
(vollsalinare Ausbildung)

Z4	Anhydrit	Grenzanhydrit (A4r)	0,50– 1,00 m
	Steinsalz	Allersteinsalz (Na4)	0,00– 25,00 m
	Anhydrit	Pegmatitanhydrit (A4)	0,50– 1,50 m
	Ton	Roter Salzton (T4)	5,00– 15,00 m
Z3	Steinsalz	Leinesteinsalz (Na3)	0,00– 60,00 m
	Anhydrit	Hauptanhydrit (A3)	40,00– 50,00 m
	Ton	Grauer Salzton (T3)	3,00– 10,00 m
Z2	Anhydrit	Deckanhydrit (A2r)	2,00– 3,00 m
	Steinsalz	Decksteinsalz (Na2r)	0,50– 1,00 m
	Hartsalz und Carnallitit	Kalilager Staßfurt (K2)	20,00– 45,00 m
	Steinsalz	Staßfurtsteinsalz (Na2)	0,00–650,00 m
	Anhydrit	Basalanhydrit (A2)	2,00– 2,50 m
	Mergelkalk	Stinkschiefer (Ca2st)	5,00– 9,00 m
Z1	Anhydrit	Oberer Werraanhydrit (A1O)	20,00– 30,00 m
	Steinsalz	Werrasteinsalz (Na1)	0,00– 12,00 m
	Anhydrit	Unterer Werraanhydrit (A1u)	30,00– 35,00 m
	Kalkstein	Zechsteinkalk (Ca1)	3,00– 6,00 m
	Mergel	Kupferschiefer (T1)	0,30– 0,40 m
	Sandstein bzw.	Weißliegendes (Z1S) bzw.	0,00– 6,00 m
	Konglomerat	Zechsteinkonglomerat (Z1C)	bzw. 1,00–4,00 m

Bild 3. Idealprofil der Zechsteinablagerungen im Sangerhäuser Revier (entnommen aus [2])

tineverfahren bestimmbaren Parameter des Gesteinsverhaltens keine universellen Kennziffern, sondern nur Zustandsgrößen bei zu definierenden Untersuchungsbedingungen darstellen, ermitteln wir für unseren Bergbaubereich nur gesteinsmechanische Vergleichswerte, die natürlich nur unter den definierten Versuchsbedingungen vergleichbar und keine absolut verwendbaren Parameter sind.

An erbohrten Kernproben der Hangend- und Liegendschichten (Bild 4) wurden (mit Unterstützung verschiedener Institute) nach den Richtlinien des IBG die Druckfestigkeiten und an Probekörpern der Flöz- und Fäuleschichten nach der Protodjakonow-Methode die Bruchfestigkeiten ermittelt (Bild 5 und 6).

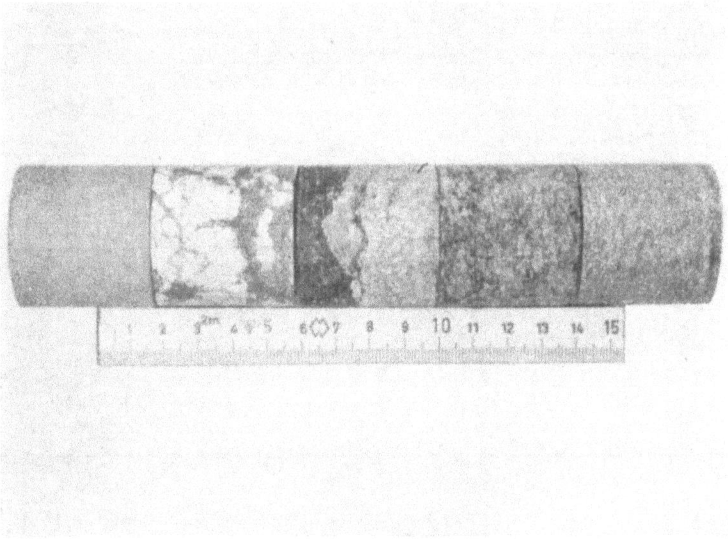

Bild 4. Bearbeitete zylindrische Gesteinsproben aus dem Hangenden (von links nach rechts: Zechsteinkalk Ca 1; Anhydrit A 1 u α; A 1 u β; A 1 u γ; A 1 u δ)

FLEISCHER [3], der bei uns die PROTODJAKONOW-Methode wegen der geringmächtigen Ausbildung der Flözlagen einführte, hat auch umfassende Untersuchungen durchgeführt, die eine Umrechnung der Bruchfestigkeiten nach PROTODJAKONOW und einen Vergleich mit „klassisch" ermittelten Festigkeitswerten für unsere Lagerstättenbedingungen ermöglichen.

Die Ergebnisse der bisherigen gesteinsmechanischen Untersuchungen an über 8000 Proben (davon etwa 2000 nach der klassischen und etwa 6000 nach der PROTODJAKONOV-Methode) zeigen auszugsweise die Bilder 7 und 8.

Die relativ große Druckfestigkeit der flöznahen Hangendgesteine und die insbesondere gegenüber dem Steinkohlenbergbau nur gering differenzierten Festigkeiten der Flöz- und Nebengesteine zeigt Bild 7.

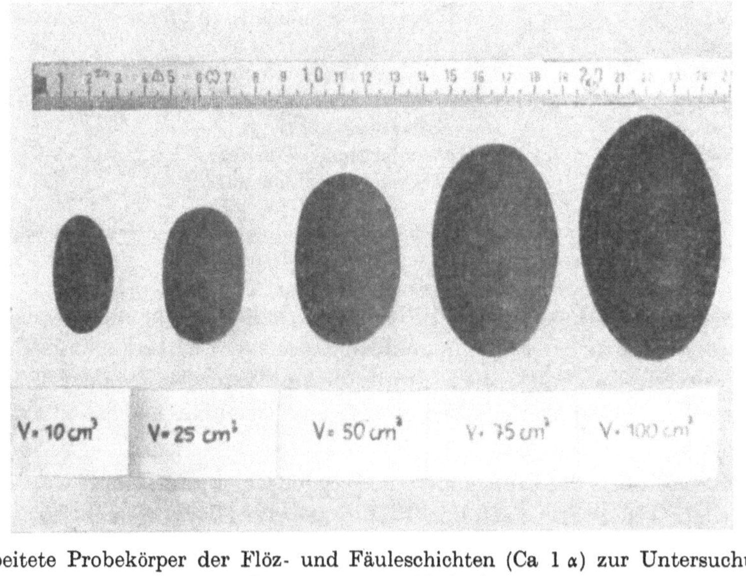

Bild 5. Bearbeitete Probekörper der Flöz- und Fäuleschichten (Ca 1 α) zur Untersuchung nach der PROTODJAKONOV-Methode

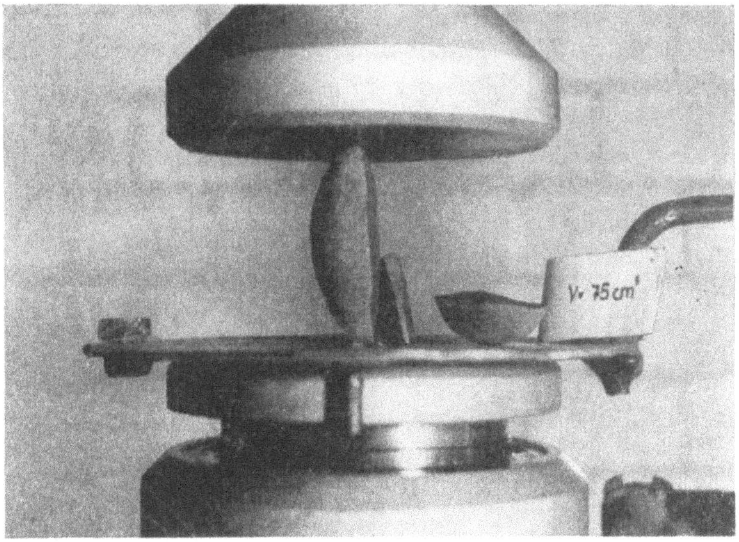

Bild 6. Ermittlung der Bruchfestigkeit mittels Druckpresse (Druckbelastung parallel zur Schichtung)

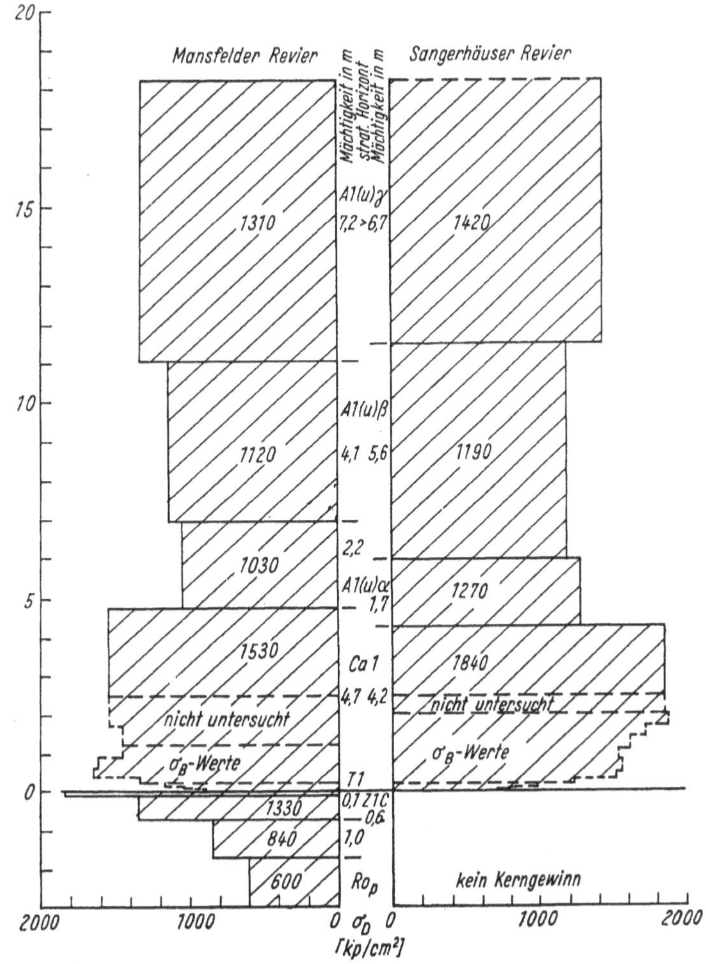

Bild 7. Gesteinsmechanisches Profil im Bereich des Kupferschieferflözes

Daraus lassen sich ganz allgemein ableiten:

a) Die Probleme der Gewinnbarkeit und der eingeengten Mechanisierungsmöglichkeit der Gewinnung infolge der großen Flözfestigkeit; insbesondere auch in Anbetracht des hohen E-Moduls des Kupferschieferflözes.

b) Die generelle Beteiligung der unmittelbaren Liegendschichten am strecken- und abbaudynamischen Entspannungsvorgang wegen der (mit Ausnahme der nur rd. 5 cm starken Hornbank) relativ geringen Festigkeit des Liegenden.

c) Wegen der großen Druckfestigkeit der Hangendschichten und ihres aus anderen Untersuchungen resultierenden hohen Elastizitätsgrades von 80—90% [4] das Auftreten von Periodendrücken bzw. Entspannungsschlägen beim Abbau, die unter besonderen Bedingungen die Stärke von Gebirgsschlägen erreichen können.

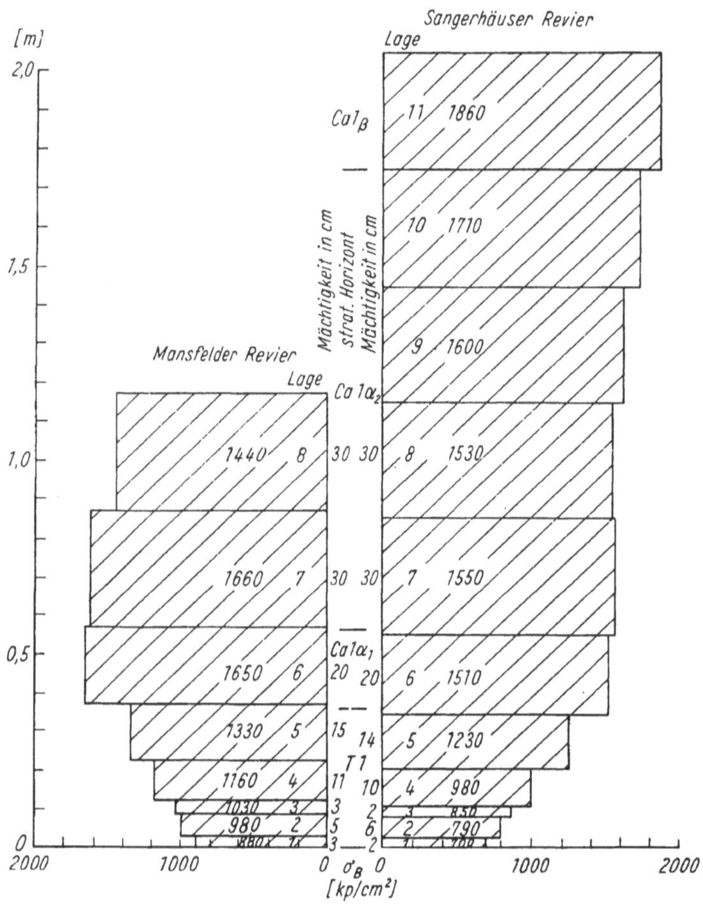

Bild 8. Gesteinsmechanisches Profil der Flöz- und Fäuleschichten (Ca 1 α)

Die im Bild 8 dargestellten Festigkeitsverhältnisse des Flöz- nnd Fäulegesteins (bergmännische Bezeichnung für die Schicht Ca 1α) zeigen relativ geringe Festigkeitsunterschiede zwischen den einzelnen Flözschichten sowie das Fehlen eines deutlich ausgeprägten Festigkeitssprunges zwischen den Flöz- und Dachschichten.

Hieraus ergibt sich das gewinnungstechnische Grundproblem des Kupferschieferbergbaues, das im gleichzeitigen Auftreten der Abbauzerklüftung im Flöz und in der als Dach anzubauenden Fäule besteht. Während die Flözzerklüftung zur Erreichung rationeller Gewinnungsverhältnisse erforderlich ist, schafft die etwa gleichzeitig auftretende Fäulezerklüftung besondere Probleme der Dachbeherrschung.

Wegen der im Kupferschieferbergbau besonders engen Wechselbeziehung zwischen Abbautechnologie und Gebirgsverhalten interessiert für die Planung und Durchführung des Abbaues die horizontale Verteilung der Festigkeitswerte, d. h. deren Schwankungen zwischen den einzelnen Abbaufeldern. Aus den hierfür bisher vorliegenden Untersuchungsergebnissen soll angeführt werden, daß die Festigkeitswerte der Flözschichten in tektonisch stark geprägten Feldesteilen um rd. 20% niedriger liegen als bei „normaler" Flözablagerung.

3. Abbauführung, Streckendynamik und Versatz

Die Darlegung der gesteinsmechanischen Verhältnisse im Kupferschieferbergbau zeigte die gegensinnige Beeinflussung von Gewinnbarkeit und Dachbeherrschung bei der Flözgewinnung. Deshalb wird die Abbauführung der Strebe mit abgesetzten Stößen im Prinzip so vorgenommen, daß die einzelnen Strebe noch beherrschbare Dachverhältnisse bei ausreichender Flözzerklüftung

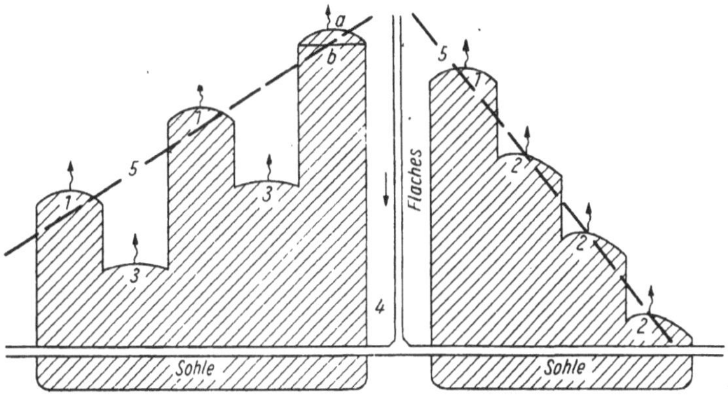

Bild 9. Schematische Darstellung der Abbauführung im Kupferschieferbergbau (Grundriß)
1 – Vorausstreb; *2* – Nachfolgestreb; *3* – Pfeilerstreb; *4* – Restpfeiler; *5* – Generalverhaulinie
a – Bogenstreb; *b* – Geradstreb

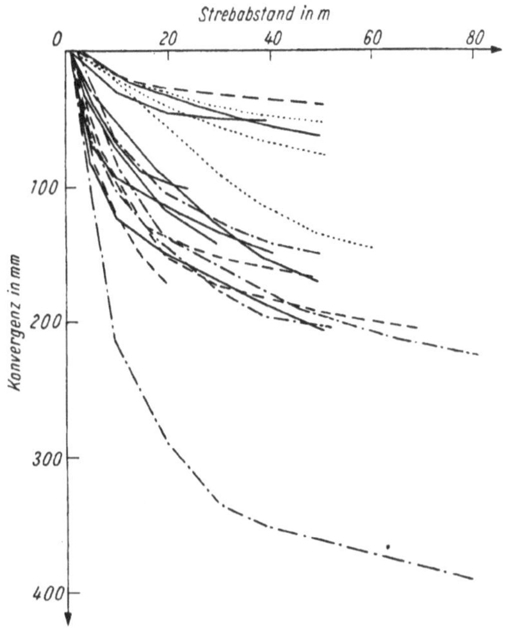

Bild 10. Darstellung der in verschiedenen Streben in Abhängigkeit von der Strebentfernung gemessenen Konvergenz zwischen Sohle und Firste des Strebes
——— Vorausbogen; – – – – Nachfolgebogen; –·–·–·– Pfeilerbogen; ·········· Geradstreb

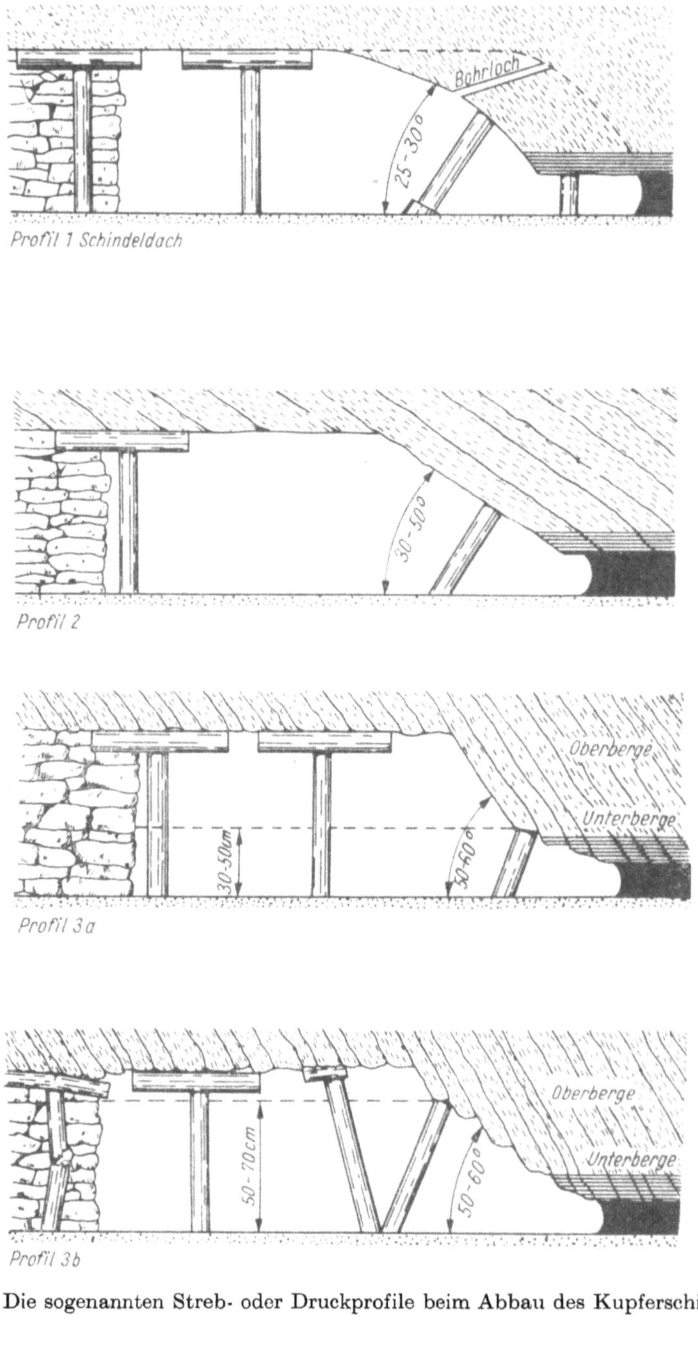

Bild 11. Die sogenannten Streb- oder Druckprofile beim Abbau des Kupferschieferflözes

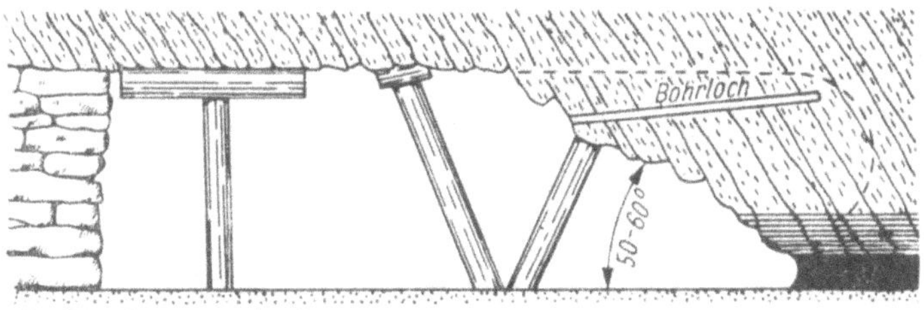

Profil 4 - Abräumarbeit mit Unterhacken

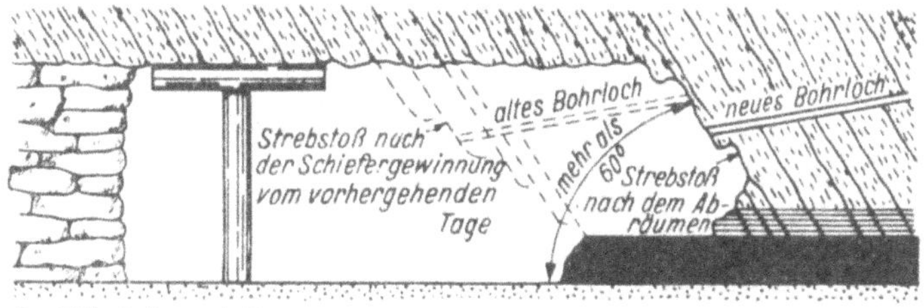

Profil 5 - Abräumarbeit

Profil 6 - Strebstoß mit Kloptebergen

Bild 11

aufweisen. Selbstverständlich wird dieses Grundprinzip überlagert durch technologische Forderungen wie Gewährleistung der Anlegekapazität und Betriebspunktkonzentration, der Bewetterung und der Einbeziehung der Ablagerungsverhältnisse. Insgesamt muß jedoch betont werden, daß speziell im Kupferschieferbergbau eine gute Anpassung vor allem der zeitlichen Abbaufolge an die Gebirgsreaktionen vorhanden ist. Die Grundvarianten der Abbauführung zeigt Bild 9.

Um dies in der Aussagekraft zu konkretisieren, sollen folgende Angaben gemacht werden:

Im Jahre 1968 wurden 16% der gesamten Abbaufläche in Streben mit gerader und 84% in Streben mit bogenförmiger Verhaulinie abgebaut. Von allen Streben waren im gleichen Jahr rd. 48% Vorausstrebe, 28% Nachfolgestrebe und 24% Pfeilerstrebe.

Entsprechend der Stellung des einzelnen Strebes innerhalb der Entwicklung eines Baufeldes sind auch die im Streb sichtbaren Zerklüftungen des Strebstoßes und des Daches sowie die zwischen Strebsohle und -firste meßbaren Konvergenzen differenziert. Das sollen die im Bild 10 dargestellten Konvergenzlinien verschiedener Strebe dokumentieren.

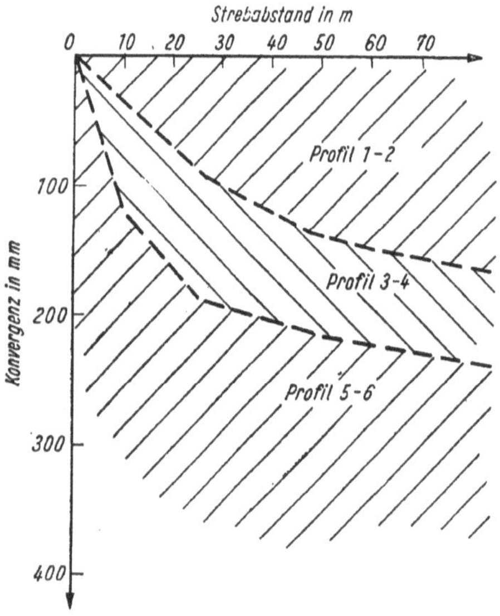

Bild 12. Zusammenhang zwischen Strebprofil und Konvergenz der Strebe

Diese differenzierte Strebbeanspruchung wird im Kupferschieferbergbau durch den Grad der Flöz- und Dachzerklüftung, die sogenannten Strebprofile, charakterisiert (Bild 11). Den Zusammenhang zwischen dem in einem Streb vorhandenen Strebprofil und dem dabei auftretenden „mittleren" Konvergenzverlauf zeigt Bild 12.

Je nach der Lage der Strecken innerhalb der Abbauentwicklung treten auch differenzierte streckendynamische Zerklüftungszonen auf. Solange die im Flözniveau aufgefahrenen Strecken sich außerhalb der Abbauwirkungen befinden, sind nur unwesentliche streckeneigene Verformungen vorhanden, wie die als Beispiel im Bild 13 dargestellten Meßergebnisse der Senkungen über einer Streckenfirste zeigen. Die unter diesen Verhältnissen auftretenden Abschalungen in der Streckenfirste werden durch Holzausbau (Türstöcke, Hängekappen, Sparrenausbau) ausreichend beherrscht. Einen Einblick in die Erweiterung der streckeneigenen Entspannungszone infolge herannahenden Abbaues soll Bild 14 geben. Mittels hammerschlagseismischer Messungen wurde hier in einem parallel zur Abbaukante im Vorfeld gestoßenen Horizontalbohrloch (1 m über dem Liegenden des Flözes) die Reichweite der Entspannungsverformungen im Streckenstoß ermittelt.

Um die Eigenschaften des im Kupferschieferbergbau verwendeten Vollversatzes kurz zu charakterisieren, wurden einige gemessene Versatzkennlinien im Bild 15 dargestellt. Diese Kennlinien stammen im wesentlichen vom gleichen Versatzmaterial, wobei nur die Körnungscharakteristik und die Einbaudichte Schwankungen aufweisen. Aus Bild 15 geht hervor, daß unser Vollversatz erst im Durchschnitt bei rd. 10% Konvergenz (bei einer Strebhöhe von 1 m sind das 0,1 m Konvergenz) eine bemerkenswerte Druckaufnahme zeigt.

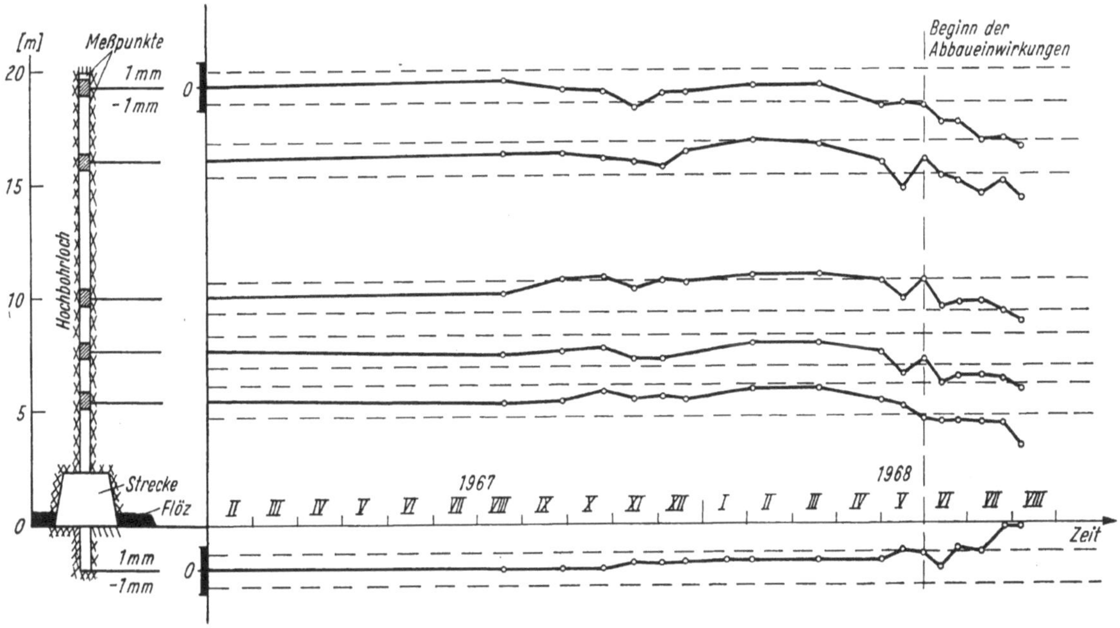

Bild 13. Ergebnisse der Senkungsmessungen im Hangenden einer Strecke

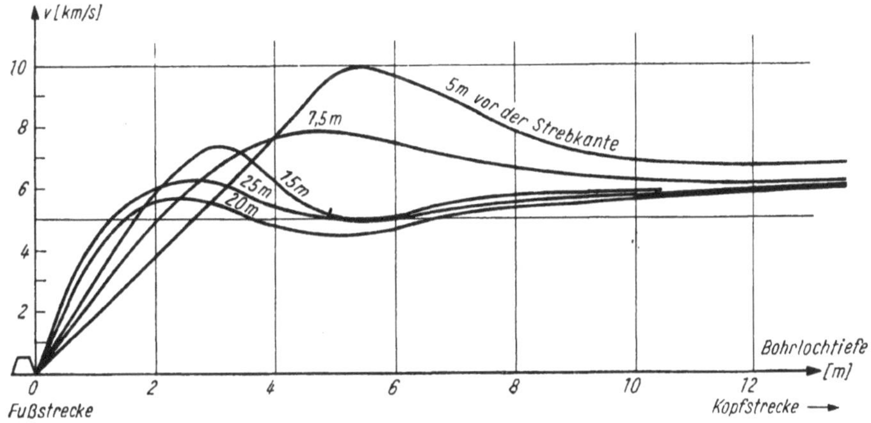

Bild 14. Darstellung der durch hammerschlagseismische Messungen im Vorfeld eines Pfeilerstrebes ermittelten Intervallgeschwindigkeiten in Abhängigkeit von der Bohrlochtiefe und dem Strebabstand

4. Bemerkungen zu abbaudynamischen Erscheinungen

Ausgangspunkt für die Betrachtung abbaudynamischer Vorgänge im Kupferschieferbergbau sind die gesteinsmechanischen Verhältnisse und die Abbauführung, da dadurch

a) die gleichzeitige Zerklüftung des Flözes und der als Dachschicht anzubauenden Fäulebank und

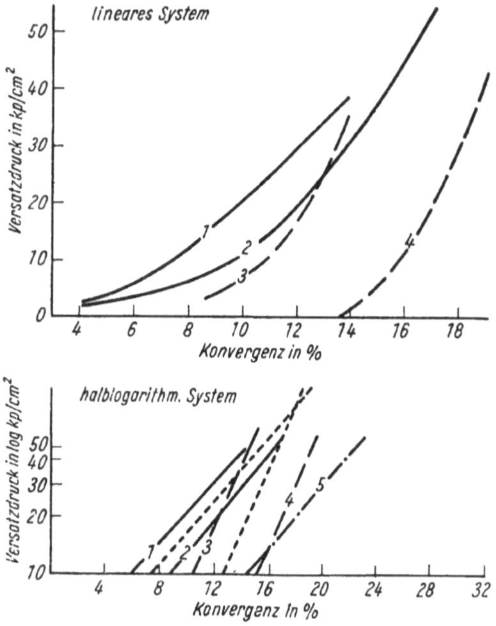

Bild 15. Versatzkennlinien des bei verschiedenen Gewinnungs- und Strebarten im Kupferschieferbergbau eingesetzten Vollversatzes (Bergehaufwerk)

1 ——— Schießversatz (Vorausstrebe)
2 ——— Schießversatz (Pfeilerstrebe)
3 – – – teilw. Hand- und Schießversatz (Pfeilerstrebe)
4 – – – teilw. Hand- und Schießversatz (Pfeilerstrebe)
5 –·–·– Handversatz (Restpfeilerabbau)
-------- Mittelwerte aus 1 und 2 bzw. 3 und 4

b) der unterschiedliche Zerklüftungsgrad (sogen. Strebprofil) der einzelnen Strebe bestimmt werden.

Die mehr oder weniger zerklüftete Dachschicht (in weit geringerem Maße auch das Liegende) erleidet bei der täglichen Gewinnungsarbeit typische Verformungen, wie sie die im Bild 16 dargestellten Konvergenzlinien widerspiegeln.

Diese Darstellung soll dokumentieren, daß die hinter der Strebkante auftretende Konvergenz zwischen Sohle und Firste des Strebes abhängig ist von

a) der Art der Vortriebserzeugung
 (Hack- oder Sprengarbeit)
b) der Zerklüftungsintensität der Dachschicht
 (sogen. Strebprofil).

Diesem unterschiedlichen Konvergenzverlauf kann unser Strebausbau jedoch nicht optimal angepaßt werden. Da eine Anpassung unseres Strebausbaues an die differenzierten Aufgaben

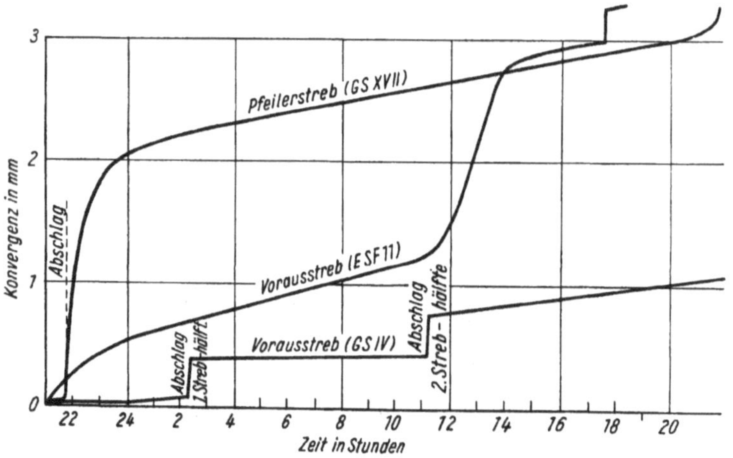

Bild 16. In Abhängigkeit von Gewinnungs- und Strebart auftretender typischer Konvergenzverlauf

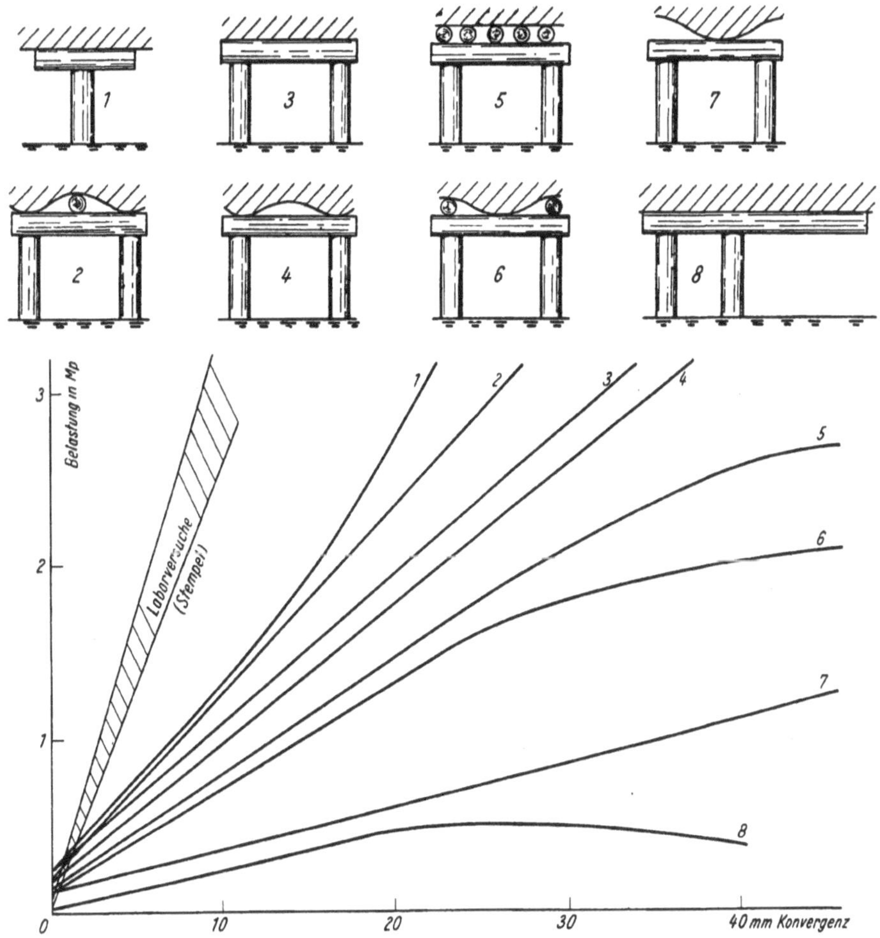

Bild 17. Einfluß der Ausbauqualität auf die Lastaufnahme des Holzstrebausbaues

Bild 18. Auflockerungsbohrlöcher (80 mm Durchmesser; rd. 0,3 m Abstand) im Kupferschieferflöz beim Schälschrapperstrebbau (Foto: Dr. CZUDAJ)

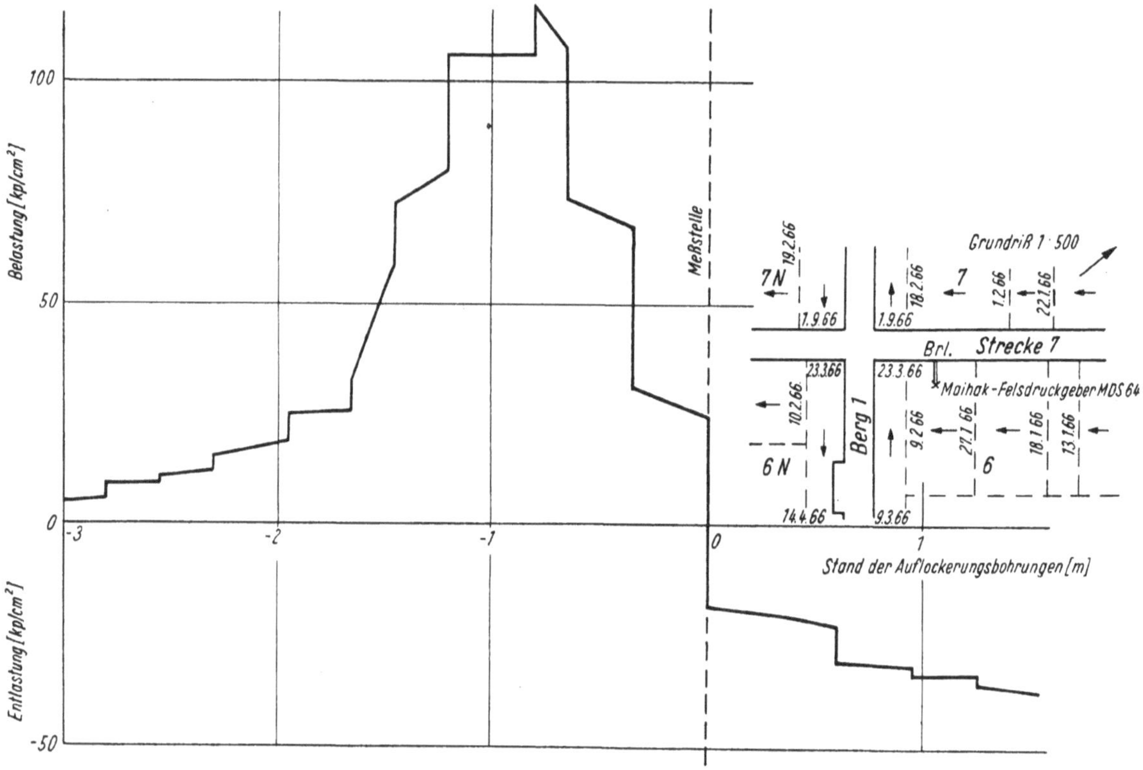

Bild 19. Belastungsveränderungen eines Maihak-Felddruckgebers (0,5 m über dem Flöz eingebaut) infolge Einfluß der Auflockerungsbohrlöcher im Flöz

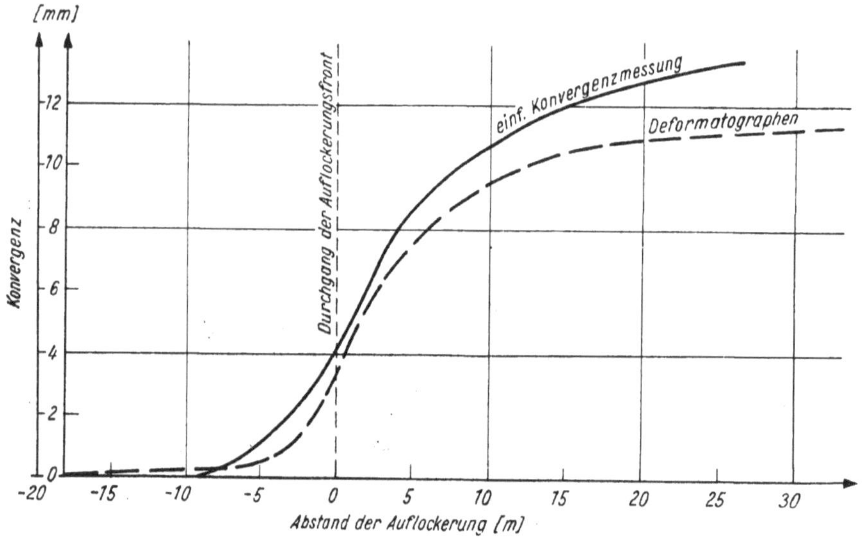

Bild 20. Streckenkonvergenz infolge Flözauflockerung mittels Langlochbohrlöcher

der Dachbeherrschung im wesentlichen nur durch eine variable Ausbaudichte möglich ist und andererseits der Holzausbau ohne nennenswerte Setzlast eingebracht wird, ergeben sich hieraus schon prinzipielle Probleme der Dachbeherrschung. Berücksichtigt man noch die im Bild 17 dargestellten Kennlinien verschiedener Holzausbauqualitäten, die vor allem durch den Zustand der Strebfirste bedingt sind und bei deren Darstellung zur Verdeutlichung des Einflusses der Ausbauqualität bewußt die Lastaufnahme der Stempel auf die Konvergenz in Türstockmitte bezogen ist, dann sind dadurch wesentliche Ursachen für das Auftreten von Schwierigkeiten der Dachbeherrschung erklärt. Diese Schwierigkeiten äußern sich in Dachausbrüchen vor allem bei der Anwendung der Spreng- und Schrapparbeit in Geradstreben. Für die Anwendungsbreite der gewinnungserleichternden Sprengtechnologie bildet die Gewährleistung der Dachbeherrschung gegenwärtig das Kriterium, da hier der Ausbau infolge Spreng- und Schrapparbeit teil-

Bild 21. Schälschrapper vor der rd. 0,2 m hohen Schrappgasse; rechts: Vorfeld; links: Versatzfeld mit sichtbarem Holzkeilausbau (Foto: Dr. CZUDAJ)

Bild 22. Schematische Darstellung des Schälschrapperstrebbaues (nach Dr. CZUDAJ)

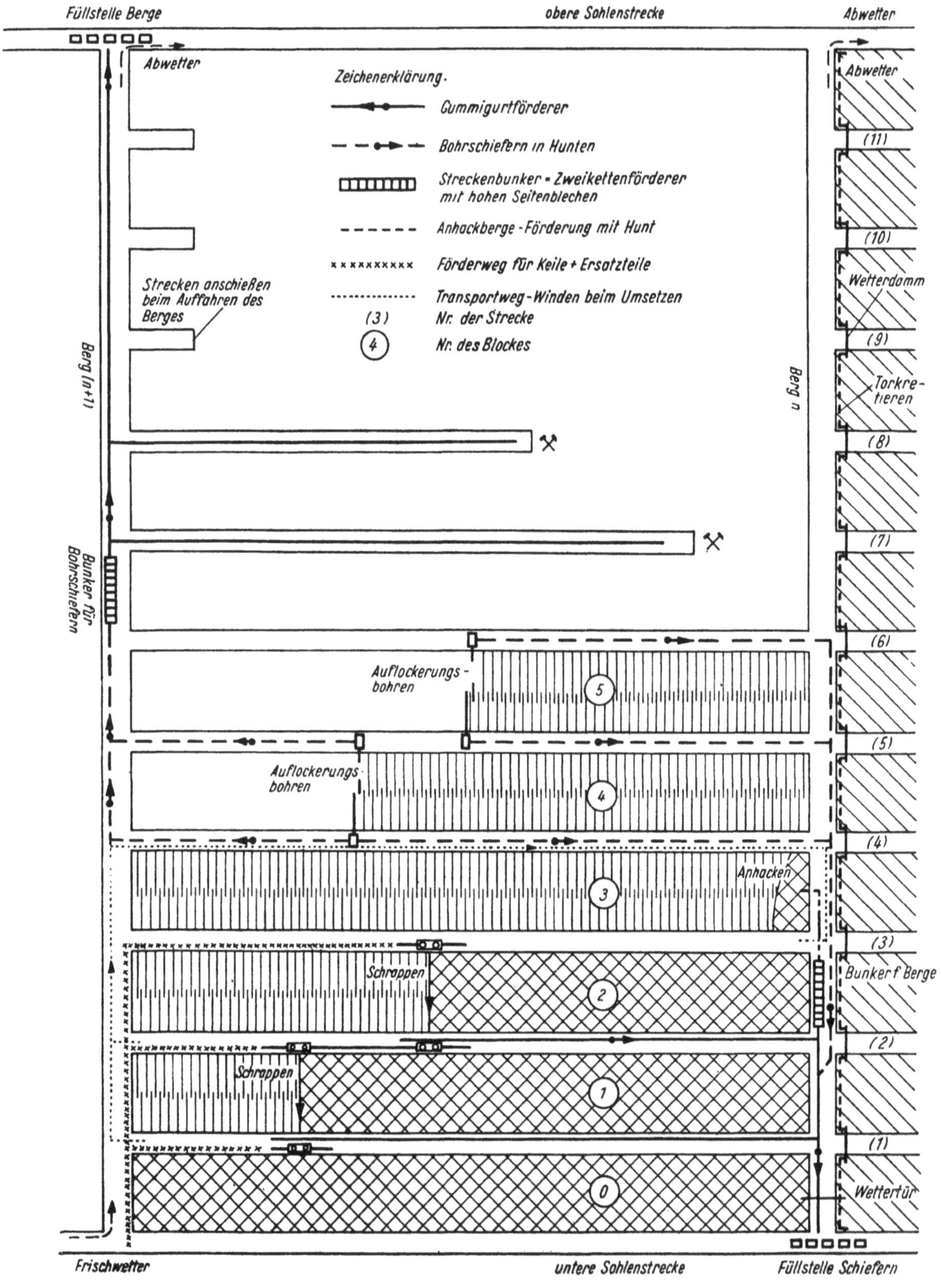

Bild 23. Arbeitsorganisation bei der Flözgewinnung im Schälschrapperstrebbau (nach Dr. CZUDAJ)

weise und zeitweise fehlt. Deshalb ist z. Z. die Anwendung dieser Abbautechnologie nur bei entsprechend guten Dachverhältnissen möglich.

5. Besonderheiten des Schälschrapperstrebbaues

Der von FLEISCHER [5] konzipierte Schälschrapperstrebbau (ursprüngliche Bezeichnung Blockrückbau) ist ein im Kupferschieferbergbau neu entwickeltes Abbauverfahren. Nach einem mehrere Jahre andauernden Forschungs- und Erprobungsstadium wird dieses Abbauverfahren seit etwa einem Monat im normalen Produktionsprozeß angewendet. Die wesentliche Besonderheit dieses Abbauverfahrens besteht darin, daß die eingangs dargestellten Festigkeitsverhältnisse von Flöz und Nebengestein durch die Anwendung der Flözauflockerung zugunsten der

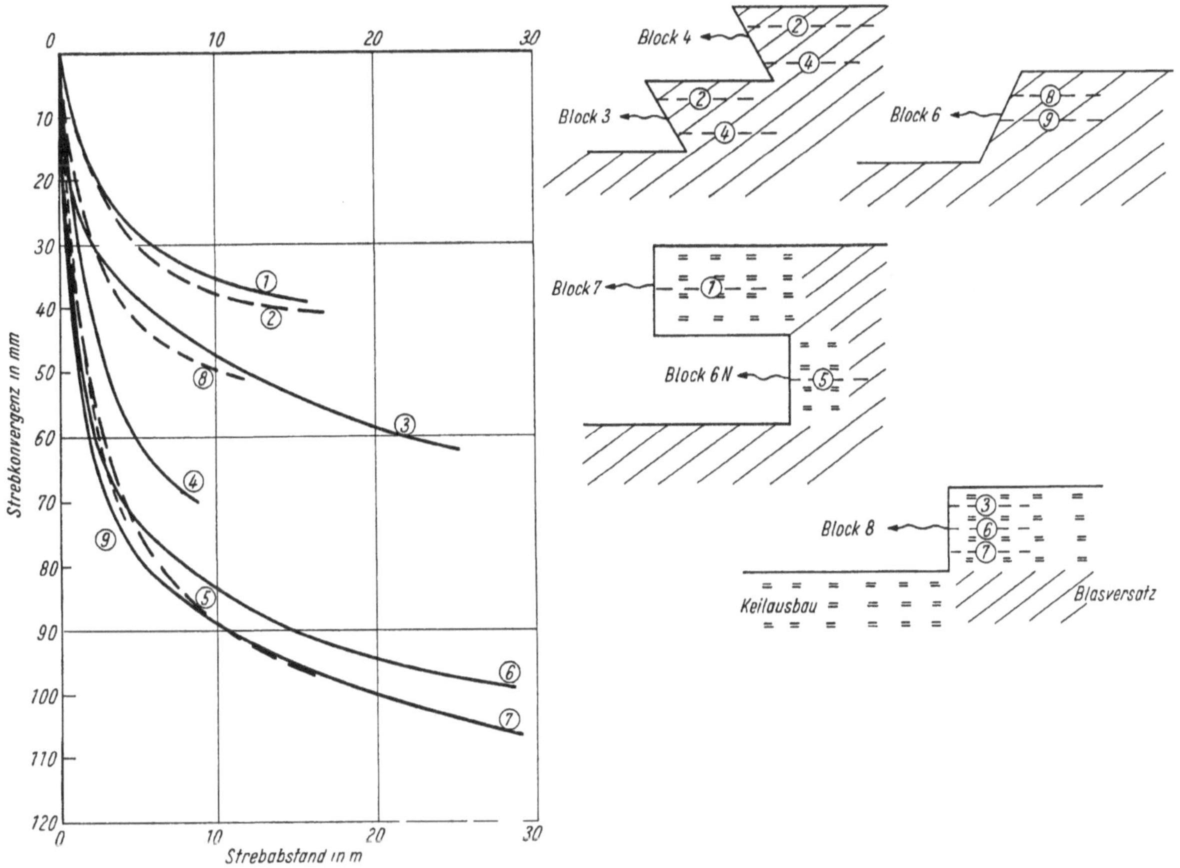

Bild 24. In Abhängigkeit vom Strebabstand ermittelte Konvergenzen bei verschiedenen Abbauvarianten im Schälschrapperstrebbau

mechanisierten Gewinnung des Flözes verändert werden. Hierzu wird das Flöz in rd. 25 m breiten Blöcken durch Langlochbohrlöcher (0,3 m Bohrlochabstand) aufgelockert (Bild 18). Bei diesem Vorgang treten sowohl über dem Flöz (Bild 19) als auch in den Strecken (Bild 20) Spannungsumlagerungen und Verformungen auf, die den Effekt der Flözauflockerung verdeutlichen. Das aufgelockerte Flöz wird unter Ausnutzung des Gebirgsdruckes durch einen Schalschrapper (Bild 21) gewonnen. Die hierzu erforderliche Schrappgasse hat eine Höhe von rd. 0,2 m, eine Breite von rd. 2 m und weist keinen Ausbau auf. Zur Dachbeherrschung werden hinter der Schrappgasse mittels Schälschrapper Doppelholzkeile eingebracht, die eine relativ frühe Dachstützung garantieren sollen. Im Bild 22 ist eine schematische Darstellung dieses Abbauverfahrens vorhanden, aus der das aufgelockerte Vorfeld, die Schrappgasse mit Gewinnungsgerät und das Versatzfeld mit Holzkeilausbau ersichtlich sind. Insbesondere beim Schälschrapperstrebbau hat neben der Auflockerungstechnologie und der Abbaugeschwindigkeit die Abbauführung einen wesentlichen Einfluß auf die ausbaulose Dachbeherrschung der Schrappgasse. Eine mögliche und bereits erprobte Variante der Abbauführung zeigte Bild 23.

Über die bei verschiedenen Abbauvarianten auftretenden Konvergenzen hinter der nur 0,2 m hohen Schrappgasse gibt Bild 24 Auskunft, aus dem sich wiederum der Zusammenhang zwischen Abbauführung und Gebirgsreaktionen ableiten läßt.

6. Schlußbemerkung

Im Rahmen dieses kurzen Einführungsvortrages konnten nur einige der im Kupferschieferbergbau vorhandenen Zusammenhänge zwischen Abbautätigkeit und Gebirgsverhalten angedeutet werden. Es sind auf Grund jahrelanger gebirgsmechanischer Untersuchungen noch gebirgsmechanische Erkenntnisse erreicht worden, deren Darlegung bzw. Diskussion jedoch den Rahmen eines Einführungsvortrages sprengen würde.

Literatur

[1] JUNG, W.: Zum subsalinaren Schollenbau im südöstlichen Harzvorland. Mit einigen Gedanken zur Äquidistanz von Schwächezonen. Geologie **14** (1965) **3**, S. 254.

[2] JUNG, W. und LIEBISCH, K.: Die Grubenhydrogeologie in der Mansfelder Mulde. Z. angew. Geologie **12** (1966) 10, S. 511.

[3] FLEISCHER, O., LANCKAU, E. und WEIGEL, F.: Beitrag zur Untersuchung von statischen Festigkeitsmerkmalen des Kupferschieferflözes. KdT-Mitteilungen der Betriebssektion VEB Mansfeld Kombinat „Wilh. Pieck", (1966).

[4] Bericht der Arbeitsstelle für Geomechanik, Freiberg, über gesteinsmechanische Laborversuche und Deutung der gebirgsmechanischen Meßergebnisse im Mansfeld Kombinat (Freiberg 1964, unveröffentlicht).

[5] FLEISCHER, O.: Über die Verwendung einiger neuerer gebirgsmechanischer Erkenntnisse für den mechanisierten Abbau extrem dünner Flöze, insbesondere des Mansfelder Kupferschieferflözes. Bergbautechnik **12** (1962) 11, S. 590 und Bergbautechnik **12** (1962), 12, S. 636.

VERZEICHNIS DER TEILNEHMER AM 11. LÄNDERTREFFEN DES INTERNATIONALEN BÜROS FÜR GEBIRGSMECHANIK VOM 2. BIS 6. 11. 1969 IN LEIPZIG

BERGER, H.
Prof. Dipl.-Ing.
Institut für Grundbau und Baugrundmechanik, Hochschule für Bauwesen, Leipzig

BERRY, D. E.
Generaldirektor
Geosistemas S. A., Mexiko

BILKENROTH, G.
Prof. Dr.-Ing. Dr. h. c.
Ordentliches Mitglied der Deutschen Akademie der Wissenschaften zu Berlin

BODONYI, J.
Dipl.-Ing.
Forschungsinstitut für Bergbau, Budapest

BORECKI, M.
Prof. Dipl.-Ing.
Vizeminister für Bergbau und Energie, Katowice; Katedra Budownictwa Podziemnego Kopaln, Politechnika Ślaska, Gliwice

BRADÁČ, J.
Dipl.-Ing.
Hutni Projekt, Ostrava

BUCHHEIM, W.
Prof. Dr.-Ing.
Lehrstuhl für Theoretische Physik, Bergakademie Freiberg, Freiberg

DREYER, W.
Dr. rer. nat. habil.; Universitätsdozent
Leiter der Forschungsstelle für Petromechanik und Gesteinsphysik, Technische Universität Clausthal

EVERLING, G.
Dr.-Ing.
Forschungsstelle für Grubenausbau und Gebirgsmechanik, Essen-Kray

EYNON, P.
Dr.-Ing.
Wardell and Partners, Newcastle, Staffs

FODOR, J.
Dr.-Ing.
Technischer Direktor, Bergbauforschungsinstitut ICEMIN, Bukarest

GIMM, W.
Prof. Dr.-Ing.
Lehrstuhl für Geomechanik, Bergakademie Freiberg, Freiberg

GOCMAN, R.
Dipl.-Ing.
Glowny Instytut Gornictwa, Katowice

GRAMBERG, J.
Dipl.-Ing., Senior Scientific Officer
Laboratorium voor Mijnkunde, Technische Universität Delft, Delft

HELFRICH, H. K.
Dr.-Ing., Chefgeologe
Terratest AB, Bromma

HÖFER, K.-H.
Dr.-Ing., Direktor
Ordentliches Mitglied der Deutschen Akademie der Wissenschaften zu Berlin;
Institut für Bergbausicherheit, Leipzig, Leiter des Internationalen Büros für Gebirgsmechanik, Berlin

JOHN, K. W.
Dr.-Ing.
Institut für Bodenmechanik und Felsmechanik, Technische Hochschule Karlsruhe, Karlsruhe

KNOLL, P.
Dipl.-Phys.
Institut für Bergbausicherheit, Leipzig

KNOTHE, ST.
Prof. Dr.-Ing.
Polnische Akademie der Wissenschaften, Zaklad Mechaniki Gorotworu, Krakow

KOBLISKA, M. A.
Prof. Dipl.-Ing.
Abteilung für Bergbau und Geologie, Universität Beograd, Beograd

KUZNECOV, G. N.
Prof. Dr.-Ing. habil.
Allunionsforschungsinstitut für Markscheidewesen und Geomechanik (VNIMI), Leningrad

Litwiniszyn, J.
Prof. Dr.-Ing.
Polnische Akademie der Wissenschaften, Zaklad Mechaniki Gorotworu, Krakow

Mencl, V.
Prof. Dr. Sc.
Technische Hochschule Brno, Brno

Menzel, W.
Dipl.-Math., Sektorenleiter
Institut für Bergbausicherheit, Leipzig

Milanović, P.
Dr.-Ing.
Rudarski Institut, Beograd

Militzer, H.
Prof. Dr. habil.
Lehrstuhl für Ingenieur- und Montangeophysik, Bergakademie Freiberg, Freiberg

Muir, W. G.
Grubendirektor
Domtar Chemicals Ltd., Goderich

Neubert, K.
Prof. Dr.-Ing. habil. em.
Bergakademie Freiberg, Freiberg

Paraschkevov, R.
Dr.-Ing.
Hochschule für Bergbau und Geologie Sofia

Protodjakonov, M. M.
Prof. Dr.-Ing.
Institut für Physik der festen Erde, Moskau

Raffoux, J.-F.
Dr.-Ing.
Ecole National Supérieure de la Métallurgie et de l'Industrie des Mines, Nancy

Richter, R.
Prof. Dr.-Ing.
Fakultät für Bergbau, Technische Hochschule Miskolc

Schmidt, H.
Dipl.-Gwl., Wissenschaftl. Mitarbeiter
Internationales Büro für Gebirgsmechanik, Berlin

Síbek, V.
Dr.-Ing.
Hornicki Ustav, Tschechoslowakische Akademie der Wissenschaften, Prag

Šiška, L.
Prof. Dipl.-Ing., Dr. Sc., Direktor
Vedecko Vyzkumny Uhelny Ustav, Ostrava-Radvanice

Thoma, K.
Dr.-Ing., Forschungsbereichsleiter
Institut für Bergbausicherheit, Leipzig

Uhlenbecker, F.-W.
Dr.-Ing., Markscheider
Kaliwerk Hattorf, Philippstal

Venkovský, M.
Dipl.-Ing.
Hornicki Ustav, Tschechoslowakische Akademie der Wissenschaften, Praha

Vigier, G.
Dipl.-Berging., Dr. Sc, Direktor
Formation et Recherches en Mécanique des Roches, Mines de Potasse S. A., Mulhouse

Volarovič, M. P.
Prof. Dr.-Ing. habil.
Institut für Physik der festen Erde, Moskau

Wöhlbier, H.
Prof. Dr.-Ing. habil.
Institut für Bergbau, Technische Universität Clausthal, Clausthal-Zellerfeld

FSC
www.fsc.org
MIX
Papier | Fördert gute Waldnutzung
FSC® C083411

Kolibri 360 GmbH
Ferdinand-Jühlke-Straße 7
99095 Erfurt, Deutschland
produktsicherheit@kolibri360.de